建设工程质量检测技术及应用

北京建设工程质量检测和房屋建筑安全鉴定行业协会　组织编写

U0253984

中国建筑工业出版社

图书在版编目(CIP)数据

建设工程质量检测技术及应用/北京建设工程质量
检测和房屋建筑安全鉴定行业协会组织编写. —北京：
中国建筑工业出版社，2015.7
ISBN 978-7-112-18169-8

Ⅰ. ①建⋯　Ⅱ. ①北⋯　Ⅲ. ①建筑工程—质量
检验　Ⅳ. ①TU712

中国版本图书馆 CIP 数据核字(2015)第 117160 号

本书涵盖了建设工程质量检测的程序、技术原理、方法等基本内容。在编写过程中，紧密结合建设工程检测人员的培训需求，力求反映检测技术的最新方法，增强创新和解决实际问题的能力。

全书共分 6 个篇章，分别为地基基础检测、混凝土结构检测、钢结构检测，砌体结构检测、木结构检测和建筑幕墙检测。为方便检测人员在实际检测中解决问题的需要，各篇章中都编入了相关工程的检测实例，供读者参阅。

本书可供建设工程的质量检测、监督管理、设计施工及与质量检测有关的专业人员参考使用。

责任编辑：封　毅
责任设计：王国羽
责任校对：姜小莲　党　蕾

建设工程质量检测技术及应用
北京建设工程质量检测和房屋建筑安全鉴定行业协会　组织编写
*
中国建筑工业出版社出版、发行(北京西郊百万庄)
各地新华书店、建筑书店经销
北 京 天 成 排 版 公 司 制 版
环球印刷（北京）有限公司印刷
*
开本：787×1092毫米　1/16　印张：39½　字数：980千字
2015 年 11 月第一版　　2015 年 11 月第一次印刷
定价：**88.00**元
ISBN 978-7-112-18169-8
(27367)

本书编委会

编委会主任：何西令
编委会副主任：任 容 刘 柯 王 霓 岳爱敏
编 委 会：韩继云 李永录 关立军 谢昭晖
李 翀 凡 俊 万成龙 栾桂汉

编写人员及编写内容

序号	内容	章节	编写人
1	第1篇 地基基础 检测	第1章 概述 第2章 地基及复合地基承载力检测 第3章 桩的承载力检测 第4章 桩身完整性检测 第5章 锚杆试验检测	关立军 谢昭晖
2	第2篇 混凝土结构 检测	第1章 概述 第2章 混凝土外观质量和裂缝检测 第3章 混凝土抗压强度检测 第4章 钢筋配置检测 第5章 混凝土预制构件结构性能检测 第6章 后置埋件的拉拔力检测 第7章 混凝土结构构件变形检测 第8章 混凝土结构检测实例	韩继云 李 翀 栾桂汉 王有宗 刘立渠 石 磊
3	第3篇 钢结构 检测	第1章 概述 第2章 钢结构外观质量检测 第3章 钢结构构件尺寸检测 第4章 钢结构表面质量磁粉检测 第5章 钢结构表面质量渗透检测 第6章 钢结构焊缝内部缺陷超声波检测 第7章 钢结构螺栓连接性能检测 第8章 钢结构防火、防腐涂层检测 第9章 网架变形检测 第10章 钢结构动力特性检测 第11章 钢材性能检测 第12章 钢结构的计算分析 第13章 钢结构构造措施检测 第14章 钢结构鉴定分析方法 第15章 钢结构检测报告的格式	李永录 凡 俊 李晓东 易桂香 陈 浩 张 伟 韩腾飞 严洪莲 范新杰

序号	内容	章节	编写人
4	第4篇 砌体结构 检测	第1章 概述 第2章 砌体结构砌筑砂浆强度检测 第3章 砌体结构砌体强度检测 第4章 砌体结构砖强度检测 第5章 砌体结构的其他检测内容 第6章 砌体结构检测实例	李翀 刘长春 周阿娜 郑敬杰
5	第5篇 木结构 检测	第1章 概述 第2章 木结构木材性能和缺陷检测 第3章 木结构尺寸、偏差和连接检测 第4章 木结构变形检测	栾桂汉
6	第6篇 建筑幕墙 检测	第1章 概述 第2章 建筑幕墙物理性能 第3章 建筑幕墙"四性"检测 第4章 结构胶相容性试验 第5章 建筑幕墙检测实例	万成龙

前　　言

　　建设工程质量检测是一项科学实践性很强的活动，是建设工程质量管控的重要组成部分。

　　通常，建设工程质量检测包括两个层面：一是利用目测了解结构或构件的外观质量，其中包括：基础是否有沉降表征；结构或构件是否有裂缝；混凝土结构表面是否存在蜂窝、麻面；钢结构焊缝是否存在夹渣、气泡；结构连接构件是否松动等现象，主要是对工程结构的质量进行定性判别。二是通过仪器设备量测结构或构件几何尺寸，检测各类原材料或构件的物理力学性能，实体检测结构或构件的结构性能等；对检测得到的信息数据进行统计、计算和分析。

　　本书涵盖了建设工程质量检测的程序、技术原理、方法等基本内容。在编写过程中，紧密结合建设工程检测人员的培训需求，力求反映检测技术的最新方法，增强创新和解决实际问题的能力。

　　全书共分 6 个篇章，分别为地基基础检测、混凝土结构检测、钢结构检测，砌体结构检测、木结构检测和建筑幕墙检测。为方便检测人员在实际检测中解决问题的需要，各篇章中都编入了相关工程的检测实例，供读者参阅。

　　本书可供建设工程的质量检测、监督管理、设计施工及与质量检测有关的专业人员参考使用。

　　本书在编写过程中得到了国家建筑工程质量监督检验中心、中冶建筑研究总院有限公司建筑工程检测中心、北京市建设工程质量第一检测所有限责任公司，北京市建设工程质量第二检测所，铁道部第五研究院等单位领导和专家的指教，特此表示感谢。由于编写人员水平有限，书中有不正确的地方，敬请读者批评指正。

编委会

2015.5

目　　录

第1篇　地基基础检测

第3篇　钢结构检测

第4篇 砌体结构检测

第1篇

地基基础检测

第 1 章　概　述

1.1　地基与基础的定义

地基与基础工程是岩土工程专业的研究方向之一,而岩土工程专业是土木工程的分支,因此,地基与基础都是属于大土木工程领域范畴。

地基的定义:承受结构物荷载的岩体、土体。

地基英文名称:foundation soils,subgrade。

基础的定义:直接与地基接触用于传递荷载的结构物的下部扩展部分。

基础英文名称:foundation。

地基与基础示意图见图 1-1.1-1。

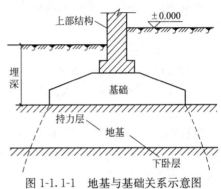

图 1-1.1-1　地基与基础关系示意图

1.2　地基

地基指的是承受上部结构荷载影响的那一部分土体或岩体,即基础下面承受建筑物全部荷载的土体或岩体称为地基。地基不属于建筑的组成部分,它是基础下面承压的岩土持力层,但它对保证建筑物的坚固耐久具有非常重要的作用。作为建筑地基的土层分为岩石、碎石土、砂土、粉土、黏性土和人工填土。地基有天然地基和人工地基两类。

1. 天然地基

不需要对地基进行处理就可以直接放置基础的天然土层。天然地基是自然状态下即可满足承担基础全部荷载要求,不需要人工加固的天然土层。天然地基土分为四大类:岩石、碎石土、砂土、黏性土。

2. 人工地基

天然土层的土质过于软弱或不良的地质条件,需要人工加固或处理后才能修建的地基。

当土层的地质状况较好,承载力较强时可以采用天然地基;而在地质状况不佳的条件下,如坡地、沙地或淤泥地质,或虽然土层质地较好,但上部荷载过大时,为使地基具有足够的承载能力,则要采用人工加固地基,即人工地基。

3. 地基处理

在建筑工程中地基处理是十分重要的。建筑物的地基不够好,地基承载力不能满足上部结构的要求时,上层建筑很可能倒塌。而地基处理的主要目的是采用各种地基处理方法以改善地基条件,使其满足建筑物结构对地基承载力和变形的要求。

地基处理的对象是软弱地基和特殊土地基。我国的《建筑地基基础设计规范》(GB 50007—2011)中明确规定：软弱地基是指主要由淤泥、淤泥质土、冲填土、杂填土或其他高压缩性土层构成的地基。特殊土地基带有地区性的特点，它包括软土、湿陷性黄土、膨胀土、红黏土和冻土等地基。

(1) 地基的改善措施

1) 改善剪切特性

地基的剪切破坏表现在建筑物的地基承载力不够，使结构失稳或土方开挖时边坡失稳，使临近地基产生隆起或基坑开挖时坑底隆起。因此，为了防止剪切破坏，就需要采取增加地基土的抗剪强度的措施。

2) 改善压缩特性

地基的高压缩性表现在建筑物的沉降和差异沉降大，因此需要采取措施提高地基土的压缩模量。

3) 改善透水特性

地基的透水性表现在堤坝、房屋等基础产生的地基渗漏，基坑开挖过程中产生流沙和管涌。因此需要研究和采取使地基土变成不透水或减少其水压力的措施。

4) 改善动力特性

地基的动力特性表现在地震时粉、砂土将会产生液化，由于交通荷载或打桩等原因，使邻近地基产生振动下沉。因此需要研究和采取使地基土防止液化，并改善振动特性以提高地基抗震性能的措施。

5) 改善特殊土的不良地基的特性

主要是指消除或减少黄土的湿陷性和膨胀土的胀缩性等地基处理的措施。

(2) 地基处理方法

以上是基本的改善措施，如果要有坚固的地基就必须根据实际情况来选择合适的处理方法，以下几种地基的处理方法是比较实用的。

1) 换填法：当建筑物基础下的持力层比较软弱、不能满足上部结构荷载对地基的要求时，常采用换土垫层来处理软弱地基。即将基础下一定范围内的土层挖去，然后回填以强度较大的砂、碎石或灰土等，并夯实至密实。

2) 预压法：预压法是一种有效的软土地基处理方法。该方法的实质是，在建筑物或构筑物建造前，先在拟建场地上施加或分级施加与其相当的荷载，使土体中孔隙水排出，孔隙体积变小，土体密实，提高地基承载力和稳定性。堆载预压法处理深度一般达 10m 左右，真空预压法处理深度可达 15m 左右。

3) 强夯法：强夯法是法国 L·梅纳(Menard)1969 年首创的一种地基加固方法，即用几十吨重锤从高处落下，反复多次夯击地面，对地基进行强力夯实。实践证明，经夯击后的地基承载力可提高 2～5 倍，压缩性可降低 200%～500%，影响深度在 10m 以上。

4) 振冲法：振冲法是振动水冲击法的简称，按不同土类可分为振冲置换法和振冲密实法两类。振冲法在黏性土中主要起振冲置换作用，置换后填料形成的桩体与土组成复合地基；在砂土中主要起振动挤密和振动液化作用。振冲法的处理深度可达 10m 左右。

5) 深层搅拌法：深层搅拌法系利用水泥或其他固化剂通过特制的搅拌机械，在地基中将水泥和土体强制拌和，使软弱土硬结成整体，形成具有水稳性和足够强度的水泥土桩或地下连续墙,处理深度可达 8～12m。施工过程:定位→沉入到底部→喷浆搅拌(上升)→重复搅拌(下沉)→重复搅拌(上升)→完毕

6)砂石桩法:振动沉管砂石桩是振动沉管砂桩和振动沉管碎石桩的简称。振动沉管砂石桩就是在振动机的振动作用下,把套管打入规定的设计深度,夯管入土后,挤密了套管周围土体,然后投入砂石,再排砂石于土中,振动密实成桩,多次循环后就成为砂石桩。也可采用锤击沉管方法。桩与桩间土形成复合地基,从而提高地基的承载力和防止砂土振动液化,也可用于增大软弱黏性土的整体稳定性。其处理深度达 10m 左右。

7)土或灰土挤密桩法:土桩及灰土桩是利用沉管、冲击或爆扩等方法在地基中挤土成孔,然后向孔内夯填素土或灰土成桩。成孔时,桩孔部位的土被侧向挤出,从而使桩周土得以加密。土桩及灰土桩挤密地基,是由土桩或灰土桩与桩间挤密土共同组成复合地基。土桩及灰土桩法的特点是:就地取材,以土治土,原位处理,深层加密和费用较低。

地基处理技术还在不断地完善与改进。近 40 年来,国外在地基处理技术方面发展十分迅速,老方法得到改进,新方法不断涌现。在 20 世纪 60 年代中期,从如何提高土的抗拉强度这一思路中,发展了土的"加筋法";从如何有利于土的排水和排水固结这一基本观点出发,发展了土工合成材料、砂井预压和塑料排水带;从如何进行深层密实处理的方法考虑,采用加大击实功的措施,发展了"强夯法"和"振动水冲法"等。另外,现代工业的发展对地基工程提供了强大的生产手段,如能制造重达几十吨的强夯起重机械;潜水电机的出现,带来了振动水冲法中振冲器的施工机械;真空泵的问世,才能建立真空预压法;由于有了大于 200 个大气压的压缩空气机,从而产生了"高压喷射注浆法"。部分人工地基处理示意图见图 1-1.2-1。

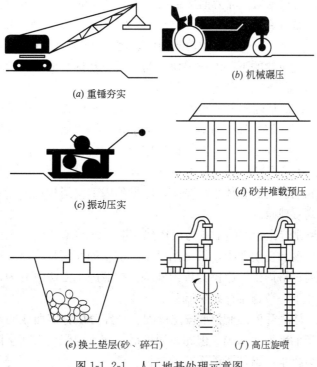

(a) 重锤夯实

(b) 机械碾压

(c) 振动压实

(d) 砂井堆载预压

(e) 换土垫层(砂、碎石)

(f) 高压旋喷

图 1-1.2-1 人工地基处理示意图

1.3　基础

基础是指直接与地基接触用于传递荷载的结构物的下部扩展部分。基础的类型多种多样，其分类形式如下：

按埋置深度可分为：浅基础、深基础。埋置深度不超过 5m 者称为浅基础，大于 5m 者称为深基础，桩基础就属于深基础。

按使用的材料分为：灰土基础、砖基础、毛石基础、混凝土基础、钢筋混凝土基础。

按受力性能可分为：刚性基础和柔性基础。

按构造形式可分为条形基础、独立基础、满堂基础和桩基础。满堂基础又分为筏形基础和箱形基础。

下面具体介绍几种基础：

(1) 条形基础：当建筑物采用砖墙承重时，墙下基础常连续设置，形成通长的条形基础。

(2) 刚性基础：是指用抗压强度较高而抗弯和抗拉强度较低的材料建造的基础。所用材料有混凝土、砖、毛石、灰土、三合土等，一般可用于六层及其以下的民用建筑和墙承重的轻型厂房。

(3) 柔性基础：用抗拉和抗弯强度都很高的材料建造的基础称为柔性基础。一般用钢筋混凝土制作。这种基础适用于上部结构荷载比较大、地基比较柔软、用刚性基础不能满足要求的情况。

(4) 独立基础：当建筑物上部为框架结构或单独柱子时，常采用独立基础；若柱子为预制时，则采用杯形基础。

(5) 满堂基础：当上部结构传下的荷载很大、地基承载力很低、独立基础不能满足地基要求时，常将这个建筑物的下部做成整块钢筋混凝土基础，成为满堂基础。按构造又分为筏形基础和箱形基础两种。

(6) 筏形基础：筏形基础形象于水中漂流的木筏。井格式基础下又用钢筋混凝土板连成一片，大大地增加了建筑物基础与地基的接触面积，换句话说，单位面积地基土层承受的荷载减少了，适合于软弱地基和上部荷载比较大的建筑物。

(7) 箱形基础：当筏形基础埋深较大，并设有地下室时，为了增加基础的刚度，将地下室的底板、顶板和墙浇制成整体箱形基础。箱形的内部空间构成地下室，具有较大的强度和刚度，多用于高层建筑。

(8) 桩基础：当建造比较大的工业与民用建筑时，若地基的软弱土层较厚，采用浅埋基础不能满足地基强度和变形要求，常采用桩基。桩基的作用是将荷载通过桩传给埋藏较深的坚硬土层，或通过桩周围的摩擦力传给地基。按照施工方法可分为钢筋混凝土预制桩和灌注桩。我们将在下一节详细介绍桩基础。

(9) 灰土基础：是由石灰、土和水按比例配合，经分层夯实而成的基础。灰土强度在一定范围内随含灰量的增加而增加。但超过限度后，灰土的强度反而会降低。这是因为消石灰在钙化过程中会析水，增加了消石灰的塑性。

(10) 砖基础：以砖为砌筑材料，形成的建筑物基础。是我国传统的砖木结构砌筑方法，现代常与混凝土结构配合修建住宅、校舍、办公等低层建筑。

(11) 毛石基础：是用强度等级不低于 MU30 的毛石，不低于 M5 的砂浆砌筑而形成。为保证砌筑质量，毛石基础每台阶高度和基础的宽度不宜小于 400mm，每阶两边各伸出宽度不宜大于 200mm。石块应错缝搭砌，缝内砂浆应饱满，且每步台阶不应少于两批毛石。毛石基础的抗冻性较好，在寒冷潮湿地区可用于 6 层以下建筑物基础。

(12) 混凝土基础：是以混凝土为主要承载体的基础形式，包括无筋的混凝土基础和有筋的钢筋混凝土基础 2 种。

图 1-1.3-1 为常见的部分浅基础详图：

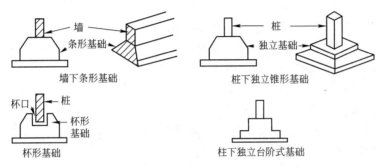

图 1-1.3-1　部分浅基础详图

1.4　桩基础

桩基是一种古老的基础形式。桩工技术经历了几千年的发展过程。早在 7000～8000 年前的新石器时代，人们为了防止猛兽侵犯，曾在湖泊和沼泽地里栽木桩筑平台来修建居住点。这种居住点称为湖上住所。在中国，最早的桩基是浙江省河姆渡的原始社会居住的遗址中发现的。到宋代，桩基技术已经比较成熟。在《营造法式》中载有临水筑基一节。到了明、清两代，桩基技术更趋完善。如清代《工部工程做法》一书对桩基的选料、布置和施工方法等方面都有了规定。从北宋一直保存到现在的上海市龙华镇龙华塔(建于北宋太平兴国二年，977 年)和山西太原市晋祠圣母殿(建于北宋天圣年间，1023～1031 年)，都是中国现存的采用桩基的古建筑。

在现代高层建筑、桥梁、大型厂房等重要建筑工程中，桩基础应用非常广泛。目前，无论是桩基材料和桩类型，或者是桩工机械和施工方法都有了巨大的发展，已经形成了现代化基础工程体系。由于地基基础检测工作中检测比例最大的对象是基桩，因此我们在本节简单介绍桩基础的基本知识。

桩基础由基桩和连接于桩顶的承台共同组成。若桩身全部埋于土中，承台底面与土体接触，则称为低承台桩基；若桩身上部露出地面而承台底位于地面以上，则称为高承台桩基。建筑桩基通常为低承台桩基础。桩基础的构造见图 1-1.4-1。

1. 桩基础的特点

(1) 桩支承于坚硬的(基岩、密实的卵砾石层)或较硬的(硬塑黏性土、中密砂等)持力层，具有很高的竖向单桩承载力或群桩承载力，足以承担高层建筑的全部竖向荷载(包括偏心荷载)。

(2) 桩基具有很大的竖向单桩刚度(端承桩)或群刚度(摩擦桩),在自重或相邻荷载影响下,不产生过大的不均匀沉降,并确保建筑物的倾斜不超过允许范围。

(3) 凭借巨大的单桩侧向刚度(大直径桩)或群桩基础的侧向刚度及其整体抗倾覆能力,抵御由于风和地震引起的水平荷载与力矩荷载,保证高层建筑的抗倾覆稳定性。

(4) 桩身穿过可液化土层而支承于稳定的坚实土层或嵌固于基岩上,在地震造成浅部土层液化与震陷的情况下,桩基凭靠深部稳固土层仍具有足够的抗压与抗拔承载力,从而确保高层建筑的稳定,且不产生过大的沉陷与倾斜。

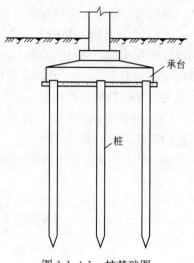

图 1-1.4-1 桩基础图

常用的桩型主要有预制钢筋混凝土桩、预应力钢筋混凝土桩、钻(冲)孔灌注桩、人工挖孔灌注桩、钢管桩等,其适用条件和要求在《建筑桩基技术规范》(JGJ 94—2008)中均有详细规定。

2. 桩基础分类

(1) 按承台位置的高低分

1) 高承台桩基础——承台底面高于地面,它的受力和变形不同于低承台桩基础。一般应用在桥梁、码头工程中。

2) 低承台桩基础——承台底面低于地面,一般用于房屋建筑工程中。

(2) 按承载性质不同

1) 端承桩——是指穿过软弱土层并将建筑物的荷载通过桩传递到桩端坚硬土层或岩层上。桩侧较软弱土对桩身的摩擦作用很小,其摩擦力可忽略不计。

2) 摩擦桩——是指沉入软弱土层一定深度通过桩侧土的摩擦作用,将上部荷载传递扩散于桩周围土中,桩端土也起一定的支承作用,桩尖支承的土不甚密实,桩相对于土有一定的相对位移时,即具有摩擦桩的作用。

(3) 按桩身的材料不同

1) 钢筋混凝土桩——可以预制也可以现浇。根据设计,桩的长度和截面尺寸可任意选择。

2) 钢桩——常用的有直径 250~1200mm 的钢管桩和宽翼工字形钢桩。钢桩的承载力较大,起吊、运输、沉桩、接桩都较方便,但消耗钢材多,造价高。我国目前只在少数重点工程中使用。如上海宝山钢铁总厂工程中,重要的和高速运转的设备基础和柱基础使用了大量的直径 914.4mm 和 600mm,长 60mm 左右的钢管桩。

3) 木桩——目前已很少使用,只在某些加固工程或能就地取材临时工程中使用。在地下水位以下时,木材有很好的耐久性,而在干湿交替的环境下,极易腐蚀。

4) 砂石桩——主要用于地基加固,挤密土壤。

5) 灰土桩——主要用于地基加固。

（4）按桩的使用功能分

1）竖向抗压桩。

2）竖向抗拔桩。

3）水平荷载桩。

4）复合受力桩。

（5）按桩直径大小分

1）小直径桩：$d \leqslant 250mm$。

2）中等直径桩：$250mm < d < 800mm$。

3）大直径桩：$d \geqslant 800mm$。

（6）按成孔方法分

1）非挤土桩：泥浆护壁灌筑桩、人工挖孔灌筑桩，应用较广。

2）部分挤土桩：先钻孔后打入。

3）挤土桩：打入桩。

（7）按制作工艺分

1）预制桩：钢筋混凝土预制桩是在工厂或施工现场预制，用锤击打入、振动沉入等方法，使桩沉入地下。

2）灌筑桩：又叫现浇桩，直接在设计桩位的地基上成孔，在孔内放置钢筋笼或不放钢筋，后在孔内灌筑混凝土而成桩。与预制桩相比，可节省钢材，在持力层起伏不平时，桩长可根据实际情况设计。

（8）按截面形式分

1）方形截面桩：制作、运输和堆放比较方便，截面边长一般为 250～550mm。

2）圆形空心桩（管桩）：是用离心旋转法在工厂中预制，它具有用料省，自重轻，表面积大等特点。国内铁道部门已有定型产品，其直径有 300mm、400mm 和 550mm，管壁厚 80mm，每节长度自 2m 至 12m 不等。

桩基础的基本知识除了上述的简介外，还包桩土荷载传递机理、桩基设计、桩基沉降计算、桩基工程施工等方面的内容，限于篇幅，不再赘述，下面简单介绍常见的基桩质量问题。

3. 基桩工程常见的质量问题

（1）灌注桩常见的质量问题

1）沉管灌注桩

① 桩距较小（小于 3d），或土层较好，沉管过程易使地表土隆起，严重的可能上涌 1～2m，会对邻桩产生一竖向拉力，导致初凝的邻桩被拉裂。

② 锤击或振动沉管过程的冲击力或振动力以及侧向挤土作用，容易把刚初凝的邻桩振断，尤其在软硬交界的土层最易发生。

③ 拔管速度过快，管内浇灌混凝土高度过低，导致沉管桩出现缩径、夹泥或断桩，这种情况在淤泥质土层中最为明显。

④ 地层存在有承压水的砂层，砂层上又覆盖有透水性差的黏土层，由于压力水作用，易沿未凝固混凝土桩身向上消散压力，桩顶发生冒水现象，导致形成断桩。

⑤ 预制混凝土桩尖质量差，沉管过程被击碎而塞入桩管内，当拔管至一定高度后，

桩尖下落被孔壁卡住，形成桩身下段无混凝土的"吊脚桩"。

⑥ 振动沉管采用活瓣桩尖时，如活瓣张开不灵活，混凝土下落不畅，易导致断桩或者桩身混凝土密实度差。

2）钻孔（冲孔）灌注桩

① 对泥浆护壁的钻孔灌注桩，孔壁泥皮过厚导致桩身侧阻力不能完全发挥。或者清孔时间过短，导致孔底沉渣太厚，严重影响端承力的发挥。

② 由于停电等原因，浇灌混凝土不连续，间隔一定时间，隔水层混凝土凝固导致被迫上拔导管，易使得泥浆进入管内形成断桩，或使得桩身混凝土质量降低。

③ 水下浇灌混凝土时（尤其是桩径小于 600mm 的桩），有时混凝土上升困难，容易堵管，形成断桩或者钢筋笼上浮。

④ 泥浆密度配置不当，地层松散或呈流塑状，易导致孔壁坍塌，桩身就会出现扩径、缩径或断桩等情况。

⑤ 水下混凝土配置不当，水泥用量不足水灰比过大、坍落度不合适或者导管密封不好，将导致桩身混凝土产生离析现象，严重导致断桩。

⑥ 干作业的钻孔灌注桩，当孔壁地层稳定性差出现塌孔时，桩身会出现夹泥或断裂情况。桩底虚土过厚也会导致端承力严重降低。

3）人工挖孔灌注桩

① 地下水渗流严重的地层、易使护壁坍塌、土体失稳塌落，使得桩身不均匀。

② 浇注混凝土方法不当（如未用混凝土导管或溜槽），将导致桩身混凝土离析。

③ 在有流砂层或有水压力土层挖孔，护壁土层有时突然失去强度，泥土随水急速涌出，产生井涌，使得护壁与土体脱空，或形成孔形不规则。

④ 孔底有水未完全抽干就浇注混凝土，使得桩底混凝土被稀释，混凝土发生离析，影响端承力发挥。

⑤ 在地下水丰富的地区，挖孔过程边挖边抽水，致使地下水位下降，护壁受到地层下降产生的负摩擦力作用，受拉产生环向裂缝。当护壁受到周围土体压力不均匀时，将产生弯矩和剪力作用，易引起垂直裂缝，成桩后护壁作为桩身的一部分，护壁裂缝、错位将影响桩身质量和侧阻力的发挥。

（2）预制桩常见的质量问题

1）打桩时桩锤选用不合适，或者锤垫、桩垫过软或过硬时，导致桩无法打至设计标高，或者导致锤击次数过多，造成桩身疲劳破坏，或者击碎桩头，导致桩作废。

2）打桩锤击拉应力使得桩身混凝土开裂，当打桩压力波反射为拉力波，产生的拉力波超过混凝土的抗拉强度时，桩身混凝土将被拉裂，桩身将出现环形裂缝。

3）因地层变化较大、有硬夹层、填土障碍物或孤石，桩身倾斜、锤击偏心等原因导致沉桩困难、达不到设计标高，或导致桩身开裂，折断。

4）接桩处焊接质量不佳，在后续的反复锤击后，容易导致焊口处开裂，形成断桩。

5）桩距过小，打桩挤土效应导致后桩难以打入，或导致地表土隆起，打好的桩上浮，严重影响端承力发挥。

6）预制桩制作时，桩头钢筋网片设置、配筋、混凝土保护层不合要求，或桩顶不平、混凝土强度过低等，打桩时都易击碎桩头和桩身。

1.5　地基基础工程检测范围说明

根据《建设工程质量检测管理办法》（中华人民共和国建设部第 141 号部令）的规定，地基基础工程专项检测的范围包括下列内容：

(1) 地基及复合地基承载力静载检测。

(2) 桩的承载力检测。

(3) 桩身完整性检测。

(4) 锚杆锁定力检测。

北京市住房和城乡建设委员会发布的《北京市建设工程质量检测管理规定》（京建发〔2010〕344 号）又对上述四种检测业务的检测方法作了具体规定，其中地基及复合地基承载力静载检测、桩的承载力检测两个业务的检测方法都规定为静载试验法。同时由于地基及复合地基承载力静载检测与桩的承载力静载检测所用的仪器设备是通用的，只是在加载、位移观测、稳定标准等环节有所不同，因此，本培训教材只从桩的承载力检测、桩的完整性检测、锚杆试验检测三部分进行讲解。

思考题

1. 地基与基础的概念，他们的位置关系是什么？

2. 地基的类型有哪几种？

3. 常见的地基处理方法有哪几种？

4. 按照构造形式来分，可将基础分为哪几种类型？

5. 桩基础具有哪些特点？

6. 按照桩的承载性质不同划分，可将基桩分为那几种类型？

第 2 章　地基及复合地基承载力检测

2.1　概述

在建筑工程领域，地基可分为天然地基、人工地基和复合地基三种。天然地基为自然土体或岩土形成的地基。人工地基是为提高地基承载力、改善土的性质，经人工处理后而形成的地基，如换填地基、强夯地基、预压处理地基、不加填料的振冲加密地基。复合地基是指部分土体被增强或被置换，由地基土和增强体共同承担荷载的人工地基，如碎石桩复合地基、水泥搅拌桩复合地基、CFG 桩复合地基。

地基承载力是指地基所能承受荷载的能力，与地基变形密切相关。按照现行《建筑地基基础设计规范》GB 50007—2011，地基承载力有极限承载力和承载力特征值两个指标。极限承载力是指当地基处于极限平衡状态时所承受的荷载，实际上地基土在变形增大时，承载力也不断加大，所以这个指标一般很难界定。建筑工程中，地基设计的原则是在确保地基稳定性的前提下，产生的变形也没有超过建筑物正常使用时的限值，即地基的设计是在正常使用极限状态下进行的，所选定的地基承载力是由载荷试验确定的地基土压力变形曲线线性变形段内规定的变形所对应的压力值，即按变形控制的地基承载力特征值。

地基承载力的检测方法以原位测试为主，其中平板载荷试验是确定承压板下应力主要影响范围内浅部天然地基、人工地基和复合地基承载力和变形参数的最有效的方法。对有经验的地区，也可根据静力触探、动力触探或标准贯入试验等方法，并根据建筑地基基础设计等级，结合室内土工试验成果，对地基承载力进行推定。

2.2　天然地基、人工地基载荷试验

根据《建筑地基基础设计规范》GB 50007—2011 的规定，确定地基土承载力最主要的方法是现场载荷试验，主要分为浅层平板载荷试验、深层平板载荷试验和岩石地基载荷试验。

2.2.1　浅层平板载荷试验

浅层平板载荷试验是基础的缩尺试验，用来模拟基础持力层一定深度范围内地基土的承载能力和变形特性，计算地基土的变形模量，并预估实体基础的沉降。

《建筑地基基础设计规范》GB 50007—2011 附录 C 中，对试验要点进行了规定。现说明如下：

1. 对承压板的要求：(1)承压板可采用混凝土或钢板制成，并具有足够的刚度，以保证在受荷时不发生挠曲变形；(2)承压板底面应平整；(3)承压板可加工成圆形或方形，但

使用圆形承压板时地基土受力更加均匀；（4）承压板的面积不应小于 0.25m²，对软土地基不应小于 0.5m²。

要说明的是，根据《建筑地基处理技术规范》JGJ 79—2012 的要求，对人工地基，如换填地基、压实或夯实地基、预压地基等，压板尺寸应根据承压板有效影响深度确定，且不应小于 1.0m²，对夯实地基，不宜小于 2.0m²；必要时，应结合其他原位测试方法对地基承载力进行综合评定。

2. 试验基坑宽度或直径不应小于承压板宽度或直径的 3 倍，以模拟半无限体表面局部荷载作用。

3. 应保证试验土层的天然湿度和原状结构。

4. 试坑试验标高应与基底设计标高一致。

5. 试验时，承压板底面可用中砂或粗砂找平，厚度不超过 20mm。

6. 当基础尺寸不大时，可采用与基础原型尺寸相同的承压板。

7. 对试验加载装置、仪表和测试元件的要求参见第 3 章。

8. 试验方法和要求如下：

（1）试验荷载分级不少于 8 级，最大加载量不应小于设计要求的两倍。

（2）每级加载后，按间隔 10min、10min、10min、15min、15min，以后每隔半小时测读一次沉降量，当在连续两小时内，每小时的沉降量小于 0.1mm 时，则认为已趋于稳定，可加下一级荷载。

（3）终止加载条件：

1）承压板周围的土明显侧向地挤出；

2）沉降 s 急骤增大，荷载-沉降（p-s）曲线出现陡降段；

3）在某一级荷载下，24h 内沉降速率达不到稳定标准；

4）沉降量与承压板宽度或直径之比大于或等于 0.06。

（4）当满足 8.3 条前第三款情况之一时，其对应的前一级荷载为极限荷载。

（5）地基承载力特征值的确定：

1）当 p-s 曲线上有比例界限时，取该比例界限所对应的荷载值；

2）当极限荷载小于对应比例界限的荷载值的 2 倍时，取极限荷载值的一半；

3）当不能按上述二款要求确定时，当压板面积为 0.25～0.50m² 时，取 $s/b=0.01$～0.015 所对应的荷载，但其值不应大于最大加载量的一半。

9. 同一土层参加统计的试验点不应少于三点，当各试验点实测值的极差不超过其平均值的 30% 时，取其平均值作为该土层地基承载力特征值。

土体变形模量的计算［参照《岩土工程勘察规范》GB 50021—2001（2009 年版）］：

根据浅层平板载荷试验结果，按均质各向同性半无限弹性介质的弹性理论假设，地基土变形模量 E_0 可按下式计算：

$$E_0 = I_0(1-\nu^2)pd/s \tag{1-2.1-1}$$

式中　I_0——刚性承压板的形状系数，圆形取 0.785，方形取 0.886。

ν——土的泊松比（碎石土取 0.27，砂土取 0.30，粉土取 0.35，粉质黏土取 0.38，黏土取 0.42）。

d——承压板直径或边长（m）。

p——p-s 曲线线性段的压力（kPa）。

s——与 p 对应的沉降量（mm）。

2.2.2 深层平板载荷试验

深层平板载荷试验适用于埋深等于或大于 3m 和地下水位以上的地基土层的承载力测试，或用来确定大直径桩桩端主要应力影响区的承载力，试验结果不用深度修正。

试验时，试验面的平整处理和承压板的安装对试验结果影响较大。对大直径桩，特别是人工挖孔桩，由于试验人员能够下到孔底，试验面的处理效果好，试验质量可以得到保证。

深层平板载荷试验的反力系统可与浅层平板载荷试验相同。在埋深不是很大时，利用刚性传力杆引致地面进行加载；对坑壁稳定、埋深 1.5m 以上的，也有采用撑壁式加载的，但设备的安装难度加大。

《建筑地基基础设计规范》GB 50007—2011 附录 D 中，对试验要点进行了规定。现说明如下：

1. 承压板为直径 800mm 的刚性板。

2. 紧靠承压板周围外侧土层的高度不小于 800mm，以保证对试验点地基土的约束作用。

3. 对试验加载装置、仪表和测试元件的要求同浅层平板载荷试验基本一致。

4. 试验方法和要求如下：

（1）试验荷载按预估极限承载力的 1/10～1/15 分级；

（2）每级加载后，按间隔 10min、10min、10min、15min、15min，以后每隔半小时测读一次沉降量，当在连续两小时内，每小时的沉降量小于 0.1mm 时，则认为已趋于稳定，可加下一级荷载。

（3）终止加载条件：

1）沉降 s 急骤增大，荷载-沉降（p-s）曲线上有可判定极限承载力的陡降段，且沉降量超过 0.04d（d 为承压板直径）；

2）在某一级荷载下，24h 内沉降速率达不到稳定；

3）本级沉降量大于前一级沉降量的 5 倍；

4）当持力层土层坚硬，沉降量很小时，最大加载量不小于设计要求的 2 倍。

（4）地基承载力特征值的确定：

1）当 p-s 曲线上有比例界限时，取该比例界限所对应的荷载值；

2）当极限荷载可确定，且极限值小于比例界限对应荷载值的 2 倍时，取极限荷载值的一半；

3）当不能按上述二款要求确定时，$s/d=0.01～0.015$ 所对应的荷载，但其值不应大于最大加载量的一半。

5. 同一土层参加统计的试验点不应少于三点，当各试验点实测值的极差不超过其平均值的 30% 时，取其平均值作为该土层地基承载力特征值。

6. 土体变形模量的计算（参照《岩土工程勘察规范》GB50021）

根据深层平板载荷试验结果，考虑地基内部垂直均布荷载的作用，由 Mindlin 理论解推导的地基土变形模量 E_0 可按下式计算：

$$E_0 = \omega p d / s \tag{1-2.1-2}$$

式中 ω——与试验深度和土类有关的系数，可按《岩土工程勘察规范》GB 50021 查表。

其他参数的定义同式(1-2.1-1)。

2.2.3 岩石地基载荷试验

岩基载荷试验适用于确定完整、较完整、较破碎岩石地基作为天然地基或桩基础持力层时的承载力。对于岩体基本质量等级为Ⅰ级、Ⅱ级或Ⅲ级的岩石地基，其强度与混凝土相当，作为天然地基一般没有问题。当作为桩基持力层时，承载力主要由桩身强度控制。对于破碎或极破碎的岩石，就不适用岩基载荷试验，但可采用平板载荷试验确定其地基承载力。完整或较完整的软岩和极软岩，也适用于岩基载荷试验。岩基载荷试验结果不用深宽修正。

《建筑地基基础设计规范》GB 50007 附录 H 中，对试验要点进行了规定。现说明如下：

1. 承压板为直径 300mm 圆形的刚性板；这主要考虑了岩石地基承载力较高的原因。

2. 当岩石埋深较大时，可采用钢筋混凝土桩，但需消除桩侧阻力的影响。

3. 对试验加载装置、仪表和测试元件的要求同浅层平板载荷试验基本一致。

4. 试验方法和要求如下：

(1) 测量系统的初始稳定读数观测应在加压前，每隔 10min 读数一次，连续三次读数不变可开始试验。

(2) 加载分级按预估最大试验荷载的 1/10 分级，第一级荷载为 1/5。

(3) 每级加载后，应立即进行沉降观测，以后每 10min 测读一次沉降量；连续三次读数之差均不大于 0.01mm 时，可视为达到稳定标准，可施加下一级荷载。

(4) 每级卸载为加载时的 2 倍，如为奇数，第一级可为 3 倍；每级卸载后，隔 10min 测读一次，测读三次后可卸下一级荷载；全部卸载后，当测读到半小时回弹量小于 0.01mm 时，即认为达到稳定。

(5) 终止加载条件：

1) 沉降量读数不断变化，在 24h 内，沉降速率有增大的趋势；

2) 压力加不上或勉强加上而不能保持稳定。

(6) 岩石地基承载力的确定：

1) 对应于 $p\text{-}s$ 曲线上起始直线段的终点为比例界限。符合终止加载条件的前一级荷载为极限荷载。将极限荷载除以 3 的安全系数，所得值与对应于比例界限的荷载相比较，取小值；

2) 每个场地载荷试验的数量不应少于 3 个，取最小值作为岩石地基承载力特征值。

2.3 复合地基载荷试验

复合地基是指由竖向增强体和地基土共同承担外部荷载的人工地基。根据增强体材料的粘结特性、强度和压缩性，大致可分为刚性桩复合地基、粘结材料桩复合地基和无粘结材料桩复合地基，其承载力的大小和变形取决于增强体的承载力、长度、面积置换率以及地基土的性质和承载力发挥程度。

复合地基载荷试验主要用于确定承压板下应力主要影响范围内复合土层的承载能力和变形参数，同时检验复合地基的处理效果，以确定复合地基的强度和变形模量。根据工程的重要程度和地区经验，可进行单桩复合地基载荷试验或多桩复合地基载荷试验。

《建筑地基基础设计规范》GB 50007 和《建筑地基处理技术规范》JGJ 79，对复合地基载荷试验的试验方法和相关技术要求作出了明确规定。现结合两本规范的要求，对复合地基的承载力检验做如下解释和说明，以供检测人员参考。

2.3.1 基本原则

1. 对散体材料复合地基，承载力试验和验收检测应采用复合地基载荷试验。根据规范 JGJ 79 的规定，包括振冲碎石桩、沉管砂石桩复合地基，灰土挤密桩、土挤密桩复合地基，柱锤冲扩桩复合地基，均采用复合地基载荷试验方法进行验收。

2. 对有粘结强度复合地基，承载力试验和验收检测应采用复合地基载荷试验和增强体的单桩静载试验，当施工工艺对桩间土承载力有影响时，还应进行桩间土承载力检验。包括水泥搅拌桩复合地基，旋喷桩复合地基，夯实水泥土桩复合地基，水泥粉煤灰碎石桩复合地基以及多桩型复合地基的承载力验收检测。

在规范 GB 50007 中，对于桩身强度较高的刚性桩复合地基，考虑桩可以将荷载传递到较深土层，当桩较长时，由于载荷板宽度有限，不能全面反映复合地基的承载特性。为保证复合地基的质量满足建筑物的使用安全，增加了增强体的单桩静载试验，以确保增强体本身的质量和承载能力满足要求。

同时规范 GB 50007 中也规定，当施工工艺对桩间土承载力影响小且有地区经验时，也可以采用单桩静载试验和桩间土载荷试验结果确定刚性桩复合地基承载力。但复合地基中增强体的实际承载力不同于单桩静载试验确定的承载力，存在桩土相互作用、相互约束的影响，机理分析也比较复杂。所以必须积累足够的对比经验，才能采用此法进行复合地基承载力验收检测。

对采用复合地基的条形基础或柱下独立基础，如采用设计的褥垫层厚度，宜采用与基础宽度一致的承压板进行试验，否则应考虑褥垫层厚度对试验结果的影响，必要时进行多桩复合地基载荷试验。

2.3.2 技术要求

1. 承压板要有足够刚度，满足在受荷条件下不发生挠曲变形；对宽度或直径大于 2m 的承压板，不宜采用预制钢板，以现浇钢筋混凝土板为最佳。

2. 承压板可加工成圆形、方形或矩形，板的面积应为增强体所承担的处理面积，可采用工程桩的置换率进行计算。

3. 承压板中心应与试验桩中心或形心一致，并与加载作用点重合。

4. 试验时，承压板底面下宜铺设中砂或粗砂垫层，垫层厚度 100～150mm。

5. 载荷试验应在设计基底标高处进行。

6. 试坑宽度和长度不应小于承压板尺寸的 3 倍。基准梁及加荷平台支点(或锚桩)宜设在试坑之外,且与承压板边的净距不小于 2m。

7. 应采取有效措施,防止试验点处地基土含水量的变化或受到扰动。

8. 最大加载量不应小于设计要求的、修正前的复合地基承载力特征值的 2 倍。

9. 对采用复合地基载荷试验进行验收检测的单体工程,试验数量不应少于总桩数的 1%,且不应少于 3 点;对采用复合地基载荷试验和单桩静载试验进行验收检测的单体工程,试验数量不应少于总桩数的 1%,且复合地基载荷试验数量不应少于 3 点。

2.3.3　试验方法

对地基处理后桩间土的载荷试验和增强体的单桩静载试验方法可分别参照本章 2.2 节和本书第 3 章的相关内容。

根据规范 JGJ 79 的规定,复合地基载荷试验的试验方法如下:

1. 加荷等级可分为 8~12 级。测试前的预压荷载不能大于最大加载量的 5%。

2. 每加一级荷载前后均应测读承压板沉降量,以后每隔 30min 测读一次。当 1h 内沉降量小于 0.1mm 时,即可加下一级荷载。

3. 当出现下列现象之一时可终止试验:

(1) 沉降急剧增大,土被挤出或承压板周围出现明显的隆起。

(2) 承压板的累计沉降量已大于其宽度或直径的 6%。

(3) 当达不到极限荷载,而最大加载压力已大于设计要求的 2 倍。

4. 卸载级数为可加载级数的一半,等量进行,每卸一级,间隔 30min,测读回弹量,待卸安全部荷载后间隔 3h 测读总回弹量。

5. 复合地基承载力特征值的确定应复合下列规定:

(1) 当压力—沉降曲线上极限荷载能确定,取极限荷载一半和比例界限之间的小值。

(2) 对缓变型的压力—沉降曲线,按下列相对变形值的要求确定。

1) 对沉管砂石桩、振冲碎石桩和柱锤冲扩桩复合地基,可取 s/b 或 s/d 等于 0.01 所对应的压力;

2) 对灰土挤密桩、土挤密桩复合地基,可取 s/b 或 s/d 等于 0.008 所对应的压力;

3) 对于水泥粉煤灰碎石桩或夯实水泥土桩复合地基,对以卵石、圆砾、密实粗中砂为主的地基,可取 s/b 或 s/d 等于 0.008 所对应的压力;对以黏性土、粉土为主的地基,可取 s/b 或 s/d 等于 0.01 所对应的压力;

4) 对水泥搅拌桩或旋喷桩复合地基,可取 s/b 或 s/d 等于 0.006~0.008 所对应的压力,桩身强度大于 1.0MPa 且桩身质量均匀时可取高值;

5) 对有经验地区,可按当地经验确定相对变形值,但原地基土为高压缩性土层时,相对变形值的最大值不应大于 0.015;

6) 复合地基载荷试验,当采用边长或直径大于 2m 的承压板进行试验时,b 或 d 按 2m 计;

7) 按相对变形值确定的承载力特征值不应大于最大加载量的一半。

6. 试验数量不应少于 3 点,当满足极差不超过平均值的 30% 时,可取平均值为复合地基承载力特征值。当极差超过平均值的 30% 时,应分析极差过大的原因,需要时应增加试验数量，并结合工程具体情况确定复合地基承载力特征值。工程验收时应视建筑物结构、基础形式综合评价，对于桩数少于 5 根的独立基础或桩数少于 3 排的条形基础，复合地基承载力特征值应取低值。

思考题

　　1. 天然地基、人工地基和复合地基检测在试验设备、试验方法上有什么不同？

　　2. 浅层平板载荷试验和深层平板载荷试验的目的有什么不同？

　　3. 复合地基检测如何确定承压板的面积？

　　4. 天然地基载荷试验和复合地基载荷试验在持荷稳定标准上有什么不同？持荷时间最少为多少？

　　5. 对缓变形压力-沉降曲线的复合地基载荷试验，确定承载力特征值的关键是什么？

第3章　桩的承载力检测

3.1　概述

桩是用来支撑上部结构或作为支护结构的构件，其承载力能力的可靠性，是结构安全的重要保证。桩的承载力检测的目的主要有两个：一是为桩基的经济、合理设计提供依据，这一般通过工程前期的试验性工作来完成；二是对工程桩成桩后的质量检验，即工程桩的验收检测。

桩的承载力从广义上讲，包括竖向承载力和水平承载力两种，承载力大小取决于桩周（端）介质对桩的支撑阻力以及桩身材料的强度。

在工程实践中，桩多以承受竖向抗压荷载为主，抗拔荷载试验以斜向拉拔、斜桩竖拔、竖桩竖拔为主要形式，水平荷载试验则更集中的是探讨桩顶浅层地基土的力学性能，其目的是通过试验确定单桩的横向承载力和地基土的横向抗力系数，当桩身内埋设测试元件时，还可求得桩身弯矩分布。

现行《建筑基桩检测技术规范》JGJ 106 中，对桩的承载力检测有了明确的规定。其中静载试验是获得桩的轴向抗压、抗拔以及水平承载力的最基本而且可靠的方法。

3.2　单桩竖向抗压静载试验

3.2.1　试验目的和要求

1. 为设计提供依据

在桩基础初步设计阶段，选择有代表性的区域，进行试验桩的静载试验，以确定设计参数的合理性和施工工艺的可行性。当有需要时，也可在桩身埋设测量桩身应力、应变、位移、桩底反力的传感器或位移杆，以测定分层侧阻力和桩端阻力。

国家标准《建筑地基基础设计规范》GB 50007 中规定，为了保证桩基设计的可靠性，除地基基础设计等级为丙级的建筑物可采用静力触探及标贯试验参数确定单桩竖向承载力特征值外，其他建筑物的单桩竖向承载力特征值应通过单桩竖向静载荷试验确定。在同一条件下的试桩数量，不宜少于总桩数的1％，且不应少于3根。

行业标准《建筑基桩检测技术规范》JG J106 中规定，为设计提供依据的静载试验应加载至破坏，即试验应进行到能判定单桩极限承载力为止。对于以桩身强度控制承载力的桩型，如端承型桩，可按设计要求的加载量进行试验。检测数量在同一条件下不应少于3根，且不宜少于总桩数的1％；当工程桩总数在50根以内时，不应少于2根。当设计有要求或满足下列条件之一时，施工前应采用静载试验确定单桩极限承载力：

(1) 设计等级为甲级的桩基；

(2) 无相关试桩资料可参照的设计等级为乙级的桩基；

(3) 地基条件复杂、基桩施工质量可靠性低；

(4) 本地区采用的新桩型或新工艺。

2. 为工程验收提供依据

为工程验收提供依据的静载试验，可按设计要求的最大加载量进行分级加载，达到预定荷载后即可终止加载。如设计没有要求，验收检测的最大加载量一般为单桩承载力特征值的 2.0 倍。

要强调的是，荷载作用效应与承载力的设计取值是相关联的，试验人员应有能力区分和校核设计计算书中所提供的抗力指标，了解设计单位采用的设计规范，避免硬套检测标准，误算试验荷载。

3. 验证检测

当采用钻芯法或声波透射法等完整性检测方法发现桩身质量有问题，或对高应变承载力检测结果有疑问时，可采用静载试验进行验证检测，以判定桩的竖向抗压承载力是否满足设计要求。

4. 桩侧和桩端阻力测试

主要用于大型或重点工程的设计指导或进行科研试验。

3.2.2　试验装置、仪表和测试元件

1. 试验加载装置

一般使用单台或多台同型号千斤顶并联加载，加载反力装置可根据现有条件选取下述三种型式之一。

(1) 锚桩横梁反力装置

这是大直径灌注桩静载试验最常用的加载反力系统，由试桩、锚桩、主梁、次梁、拉筋、锚笼（或锚盘）、千斤顶等组成，见图 1-3.2-1。次梁可放在主梁的上面或放在主梁的下面。锚桩、反力梁装置提供的反力不应小于预估最大试验荷载的 1.2～1.5 倍。当采用工程桩作锚桩时，锚桩数量不得少于 4 根。当试验荷载较大时，可采用 6 根甚至更多的锚桩，具体锚桩数量要通过验算各锚桩的抗拔力来确定，锚桩布置图可参考图 1-3.2-2。

如用灌注桩作锚桩，其钢筋笼要通长配置；如用预制桩，则要加强接头的连接。试验过程中还应加强对锚桩上拔量的监测。主、次梁的强度和刚度与锚接拉筋总断面在试验前要进行验算。

(2) 压重平台反力装置

压重平台反力装置（俗称堆载法）由重物、工字

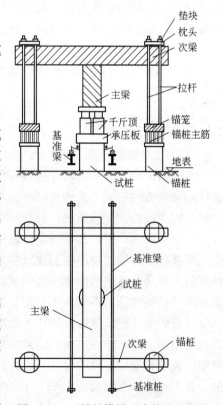

图 1-3.2-1　锚桩横梁反力装置示意图

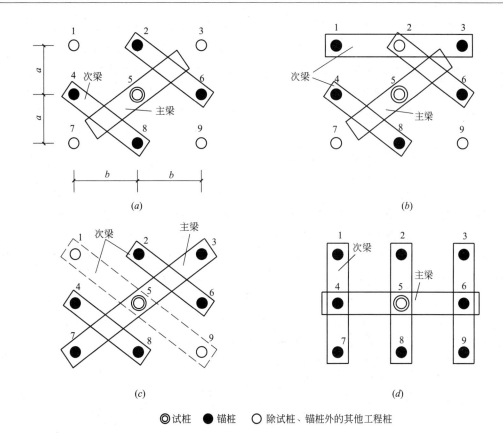

◎试桩　●锚桩　○除试桩、锚桩外的其他工程桩

图 1-3.2-2　锚桩布置图

（a）四根锚桩的情况；（b）五根锚桩的情况；（c）六根锚桩的情况；（d）八根锚桩的情况；

钢（次梁）、主梁、千斤顶等构成，见图 1-3.2-3。常用的堆重材料为铁锭、混凝土块或砂袋等。压重不得少于预估最大试验荷载的 1.2 倍，且压重宜在试验开始之前一次加上，并均匀稳固的放置于平台之上。

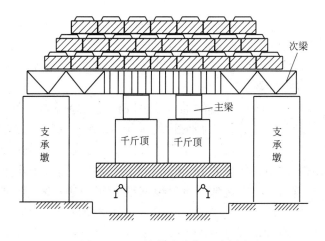

图 1-3.2-3　堆载试验装置示意图

在软土地基上的大量堆载将引起地面的明显下沉，基准梁最好支承在其他工程桩上，并远离沉降影响范围。作为基准梁的工字钢，应较长且不能太柔，高跨比宜≤1/40。

《建筑基桩检测技术规范》JGJ 106 中要求，压重施加于地基土的压应力不宜大于地基土承载力特征值的 1.5 倍。压重平台支墩尺寸较小时，压重平台支墩施加于地基土的压应力可能会大于地基土承载力，造成地基土破坏或明显下沉，导致堆载平台倾斜甚至坍塌。

堆载的优点是能随机抽样，并适合于不配或少配筋的桩基工程。

（3）锚桩压重联合反力装置

当最大加载量超过锚桩的抗拔能力时，可在主梁或次梁上堆重或悬挂一定重物，由锚桩和重物共同作为千斤顶的加载反力。采用锚桩压重联合反力装置应注意两个问题，一是当各锚桩的抗拔力不一样时，重物应相对集中在抗拔力较小的锚桩附近；二是重物和锚桩反力的同步性问题，拉杆（筋）应预留足够的空隙，保证试验前期锚桩暂不受力，先用重物作为试验荷载，试验后期联合反力装置共同起作用。

除上述三种主要加载反力装置外，还有其他型式。例如地锚反力装置，如图 1-3.2-4，适用于较小桩的试验加载。采用地锚反力装置应注意基准桩、地锚锚杆、试验桩之间的间距应符合表 1-3.2-1 的规定；对岩面浅的嵌岩桩，可利用岩锚提供反力；对于静力压桩工程，可利用静力压桩机的自重作为反力装置进行静载试验，但应注意不能直接利用静力压桩机的加载装置，而应架设合适的主梁，采用千斤顶加载，且基准桩的设置应符合规范规定。

试桩、锚桩（或压重平台支墩边）和基准桩之间的中心距离应符合表 1-3.2-1 的规定。

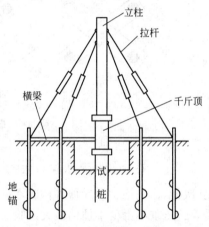

图 1-3.2-4　伞形地锚装置示意图

2. 仪表和测试元件

荷载测量可用放置在千斤顶上的荷重传感器直接测定，或采用并联于千斤顶油路的压力表或压力传感器测定油压，根据千斤顶率定曲线换算荷载。传感器的测量误差不应大于1%，压力表精度应优于或等于 0.4 级。试验用千斤顶、油泵、油管在最大加载时的压力不应超过规定工作压力的 80%。

沉降测量一般采用 30～50mm 标距的百分表或位移传感器，测量误差不大于 0.1% FS，分辨力优于或等于 0.01mm。直径或边宽大于 500mm 的桩，应在其两个方向对称安置 4 个位移测试仪表，直径或边宽小于等于 500mm 的桩可对称安置 2 个位移测试仪表。沉降测定平面离桩顶距离宜在桩顶 200mm 以下位置，最好不小于 0.5 倍桩径。固定和支承百分表的夹具和横梁在构造上应确保不受气温影响而发生竖向变位。基准梁应具有一定的刚度，梁的一端应固定、另一端应简支于基准桩上，以减少温度变化引起的基准梁挠曲变形。当采用堆载反力装置时，为了防止堆载引起的地面下沉影响测读精度，基准梁系统需用水准仪进行监控。在满足规范规定的条件下，基准梁不宜过长，并应采取有效遮挡措施，以减少温度变化和刮风下雨、振动及其他外界因素的影响，尤其在昼夜温差较大且白天有阳光照射时更应注意。一般情况下，温度对沉降的影响约为1～2mm。

基桩内力测试宜采用应变式传感器或钢弦式传感器。根据测试目的及要求，宜按表 1-3.2-2 中的传感器技术、环境特性，选择适合的传感器，也可采用滑动测微计。需要检测桩身某断面或桩底位移时，可在需检测断面设置沉降杆。

试桩、锚桩(或压重平台支墩边)和基准桩之间的中心距离　　　　　　表 1-3. 2-1

反力装置	试桩中心与锚桩中心 (或压重平台支墩边)	试桩中心与基准桩中心	基准桩中心与锚桩中心 (或压重平台支墩边)
锚桩横梁	≥4(3)D 且>2.0m	≥4(3)D 且>2.0m	≥4(3)D 且>2.0m
压重平台	≥4(3)D 且>2.0m	≥4(3)D 且>2.0m	≥4(3)D 且>2.0m
地锚装置	≥4D 且>2.0m	≥4(3)D 且>2.0m	≥4(3)D 且>2.0m

注：1　D 为试桩、锚桩或地锚的设计直径或边宽，取其较大者。
　　2　如试桩或锚桩为扩底桩或多支盘桩时，试桩与锚桩的中心距尚不应小于 2 倍扩大端直径。
　　3　括号内数值可用于工程桩验收检测时多排桩设计桩中心距离小于 4D 或压重平台支墩下 2～3 倍宽影响范围内的地基土已进行加固处理的情况。
　　4　软土场地压重平台堆载重量较大时，宜增加支墩边与基准桩中心和试桩中心之间的距离，并在试验过程中观测基准桩的竖向位移。

传感器技术、环境特性一览表　　　　　　表 1-3. 2-2

类型 特性	钢弦式传感器	应变式传感器
传感器体积	大	较小
蠕变	较小，适宜于长期观测	较大，需提高制作技术、工艺解决
测量灵敏度	较低	较高
温度变化的影响	温度变化范围较大时需要修正	可以实现温度变化的自补偿
长导线影响	不影响测试结果	需进行长导线电阻影响的修正
自身补偿能力	补偿能力弱	对自身的弯曲、扭曲可以自补偿
对绝缘的要求	要求不高	要求高
动态响应	差	好

传感器宜放在两种不同性质土层的界面处，以测量桩在不同土层中的分层侧阻力。在试验桩桩顶下(不小于 1 倍桩径)应设置一个测量断面作为传感器标定断面。传感器埋设断面距桩顶和桩底的距离不应小于 1 倍桩径。在同一断面处可对称设置 2～4 个传感器，当桩径较大或试验要求较高时取高值。

应变式传感器可按全桥或半桥方式制作，宜优先采用全桥方式。传感器的测量片和补偿片应选用同一规格同一批号的产品，按轴向、横向准确地粘贴在钢筋同一断面上。测点的连接应采用屏蔽电缆，导线的对地绝缘电阻值应在 500MΩ 以上。使用前应将整卷电缆除两端外全部浸入水中 1h，测量芯线与水的绝缘；电缆屏蔽线应与钢筋绝缘；测量和补偿所用连接电缆的长度和线径应相同。电阻应变计及其连接电缆均应有可靠的防潮绝缘防护措施；正式试验前电阻应变计及电缆的系统绝缘电阻不应低于 200MΩ。

不同材质的电阻应变计粘贴时应使用不同的粘贴剂。在选用电阻应变计、粘贴剂和导线时，应充分考虑试验桩在制作、养护和施工过程中的环境条件。对采用蒸汽养护或高压养护的混凝土预制桩，应选用耐高温的电阻应变计、粘贴剂和导线。

电阻应变测量所用的电阻应变仪宜具有多点自动测量功能，仪器的分辨力应优于或等于 $1\mu\varepsilon$，并有存储和打印功能。弦式钢筋计应按主筋直径大小选择。仪器的可测频率范围应大于桩在最大加载时的频率的 1.2 倍。使用前应对钢筋计逐个标定，得出压力（推力）与频率之间的关系。带有接长杆弦式钢筋计可焊接在主筋上，不宜采用螺纹连接。弦式钢筋计通过与之匹配的频率仪进行测量，频率仪的分辨力应优于或等于 1Hz。

采用应变式传感器测量时，按下列公式对实测应变值进行导线电阻修正：

采用半桥测量时：$\varepsilon = \varepsilon'\left(1+\dfrac{r}{R}\right)$

采用全桥测量时：$\varepsilon = \varepsilon'\left(1+\dfrac{2r}{R}\right)$

式中　ε——修正后的应变值；

　　　ε'——修正前的应变值；

　　　r——导线电阻（Ω）；

　　　R——应变计电阻（Ω）。

采用弦式传感器测量时，将钢筋计实测频率通过率定系数换算成力，再计算成与钢筋计断面处的混凝土应变相等的钢筋应变量。

在数据整理过程中，应将零漂大、变化无规律的测点删除，求出同一断面有效测点的应变平均值，并按下式计算该断面处桩身轴力：

$$Q_i = \overline{\varepsilon}_i \cdot E_i \cdot A_i$$

式中　Q_i——桩身第 i 断面处轴力（kN）；

　　　$\overline{\varepsilon}_i$——第 i 断面处应变平均值；

　　　E_i——第 i 断面处桩身材料弹性模量（kPa），当桩身断面、配筋一致时，宜按标定断面处的应力与应变的比值确定；

　　　A_i——第 i 断面处桩身截面面积（m²）。

按每级试验荷载下桩身不同断面处的轴力值制成表格，并绘制轴力分布图。再由桩顶极限荷载下对应的各断面轴力值计算桩侧土的分层极限侧阻力和极限端阻力：

$$q_{si} = \frac{Q_i - Q_{i+1}}{u \cdot l_i}$$

$$q_p = \frac{Q_n}{A_0}$$

式中　q_{si}——桩第 i 断面与 $i+1$ 断面间侧阻力（kPa）；

　　　q_p——桩的端阻力（kPa）；

　　　i——桩检测断面顺序号，$i=1, 2\cdots\cdots n$，并自桩顶以下从小到大排列；

　　　u——桩身周长（m）；

l_i——第 i 断面与第 $i+1$ 断面之间的桩长(m);

Q_n——桩端的轴力(kN);

A_0——桩端面积(m^2)。

桩身第 i 断面处的钢筋应力可按下式计算:

$$\sigma_{si} = E_s \cdot \varepsilon_{si}$$

式中 σ_{si}——桩身第 i 断面处的钢筋应力(kPa);

E_s——钢筋弹性模量(kPa);

ε_{si}——桩身第 i 断面处的钢筋应变。

沉降杆宜采用内外管形式:外管固定在桩身,内管下端固定在需测试断面,顶端高出外管 100~200mm,并可与固定断面同步位移。沉降杆应具有一定的刚度;沉降杆外径与外管内径之差不宜小于 10mm,沉降杆接头处应光滑。测量沉降杆位移的检测仪器应与前述桩顶沉降的技术要求一致,数据的测读应与桩顶位移测量同步。

当沉降杆底端固定断面处桩身埋设有内力测试传感器时,可得到该断面处桩身轴力 Q_i 和位移 Δ_i,经计算而求应变与荷载。这种方法也是美国材料及试验学会(ASTM)所推荐的。示意图如图 1-3.2-5。

$$Q_3 = \frac{2AE\Delta_3}{L_3} - Q$$

$$Q_2 = \frac{2AE\Delta_2}{L_2} - Q$$

$$Q_1 = \frac{2AE\Delta_1}{L_1} - Q$$

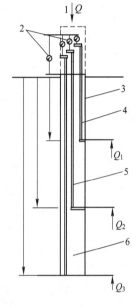

图 1-3.2-5 测杆式应变计
1—荷载;2—量测测杆趾部相对于桩头处的下沉量时用的千分表;3—空心钢管桩或空心箱形钢柱;4—测桩 1;5—测杆 2;6—测杆 3

法国在桩身内埋元件中,曾采用在试验桩桩体内预留孔洞中安置多点串式应变计,试验后可整串回收,成桩后安装比灌注混凝土时预埋操作简便,尚可回收,试验费用较省。

应变等数据可自动采集打印,为了使整个测试系统量测精度满足试验要求,要防止阳光直照,宜将整个试验装置遮蔽起来。

3.2.3 试桩制备、加载与测试

1. 试桩制备

试验桩的成桩工艺和质量控制标准应与工程桩一致。对于工程桩的静载验收检验,原则上宜随机抽样。

灌注桩的试桩,应先凿掉桩顶部的破碎层和软弱混凝土,露出主筋,待桩头冲洗干净后再浇注桩帽,并符合下列规定:

(1)桩帽顶面应水平、平整、桩帽中轴线与原桩身上部的中轴线严格对中,桩帽面积大于或等于原桩身截面积,桩帽截面形状可为圆形或方形。

（2）桩帽主筋应全部直通至桩帽混凝土保护层之下，如原桩身露出主筋长度不够时，应通过焊接加长主筋，各主筋应在同一高度上，桩帽主筋应与原桩身主筋按规定焊接。

（3）距桩顶1倍桩径范围内，宜用3～5mm厚的钢板围裹，或距桩顶1.5倍桩径范围内设置箍筋，间距不宜大于150mm。桩帽应设置钢筋网片3～5层，间距80～150mm。

（4）桩帽混凝土强度等级宜比桩身混凝土提高1～2级，且不得低于C30。

对预制桩，如果未进行截桩处理、桩头质量正常，单桩设计承载力合理，可不进行处理。预应力管桩，尤其是进行了截桩处理的预应力管桩，可采用填芯处理，填芯高度 h 一般为1～2m，可放置钢筋也可不放钢筋，填芯用的混凝土宜按C25～C30配制，也可用特制夹具箍住桩头。桩头加固图参见图1-3.2-6。

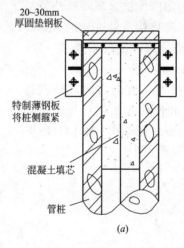

(a)

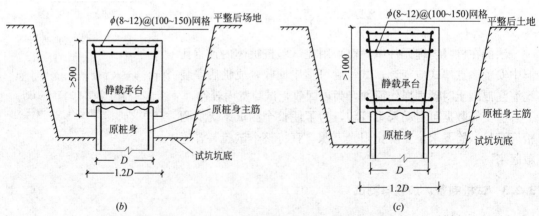

(b)　　　　　　　　　　　　　　　(c)

图1-3.2-6　静载试验桩桩帽设计示意图（单位：mm）

（a）管桩静载试验桩；（b）小吨位静载试验桩；（c）大吨位静载试验桩

试桩桩顶标高最好由检测单位根据自己的试验设备来确定，特别是对大吨位静载试验更有必要。为便于沉降测量仪表安装，试桩顶部宜高出试坑地面；为使试验桩受力条件与设计条件相同，试坑地面宜与承台底标高一致。

试桩间歇时间，在满足混凝土设计强度的情况下，应满足表1-3.2-3的规定。对于黏土与砂交互层地基可取中间值；对于淤泥或淤泥质土，不应少于 25 天。在试验桩间歇期间还应注意试桩区 30m 范围内，不要进行如打桩一类的能造成地下孔隙水压力增高的环境干扰。

休止时间

表 1-3.2-3

土的类别		休止时间(d)
砂土		7
粉土		10
黏性土	非饱和	15
	饱和	25

注：对于泥浆护壁灌注桩，宜适当延长休止时间。不考虑桩在今后使用中因桩周土沉陷、液化引起的承载力降低问题。

2.加载卸载方法

一般采用慢速维持荷载法，分级荷载宜为预估极限承载力的 1/10，每级荷载达到相对稳定后，再加下一级荷载，直到试验破坏，然后按每级加荷量的 2 倍卸荷到零。对于工程桩的验收，有时也采用快速维持荷载法，即一般每隔 1 小时加一级荷载。经与慢速维持荷载法试验对比，上海地区已作了定量分析：快速法极限荷载定值提高的幅度大致为一级或不足一级加荷增量。快速维持荷载法所得极限荷载所对应的沉降值比慢速法的偏小百分之十几。但软土地基中摩擦桩所得的桩顶沉降值，不论用什么试桩方法取得，通常都不能作为建筑物桩基沉降计算的依据。所以快速维持荷载法仍然可以推荐应用，该法在沿海软土地区已在推广。

根据工程桩的荷载特征，也可采用多循环加、卸载法，即每级荷载达到相对稳定后卸荷到零再加载；或用等速率贯入法（CRP 法），此法的加荷速率通常取 0.5mm/min，每 2 分钟读数一次并记下荷载值，一般加载至总贯入量为 50～70mm 或荷载不再增大时终止。

3.检测技术

(1) 系统检查

在所有试验设备安装完毕之后，应进行一次系统检查。其方法是对试桩施加一较小的荷载进行预压，其目的是消除整个量测系统和被检桩本身由于安装、桩头处理等人为因素造成的间隙而引起的非桩身沉降；排除千斤顶和管路中之空气；检查管路接头、阀门等是否漏油等。如一切正常，卸载至零，待百分表显示的读数稳定后，并记录百分表初始读数，即可开始进行正式加载。

(2) 慢速维持荷载法

1) 每级荷载施加后按第 5min、15min、30min、45min、60min 测读桩顶沉降量，以后每隔 30min 测读一次。

2) 试桩沉降相对稳定标准：每一小时内的桩顶沉降量不超过 0.1mm，并连续出现两次（从每级荷载施加后第 30min 开始，由三次或三次以上每 30min 的沉降观测值计算）。

3) 当桩顶沉降速率达到相对稳定标准时，再施加下一级荷载。

4）卸载时，每级荷载维持 1h，按第 5、15、30、60min 测读桩顶沉降量；卸载至零后，应测读桩顶残余沉降量，维持时间为 3h，测读时间为 5、15、30min，以后每隔 30min 测读一次。

（3）快速维持荷载法

1）每级荷载施加后按第 5、15、30min 测读桩顶沉降量，以后每隔 15min 测读一次。

2）试桩沉降相对稳定标准：加载时每级荷载维持时间不少于 1 小时，最后 15min 时间间隔的桩顶沉降增量小于相邻 15min 时间间隔的桩顶沉降增量。

3）当桩顶沉降速率达到相对稳定标准时，再施加下一级荷载。

4）卸载时，每级荷载维持 15min，按第 5、15min 测读桩顶沉降量后，即可卸下一级荷载；卸载至零后，应测读桩顶残余沉降量，维持时间为 2h，测读时间为第 5、10、15、30min，以后每隔 30min 测读一次。

（4）终止加载条件

当出现下列情况之一时，即可终止加载：

1）某级荷载作用下，桩顶沉降量大于前一级荷载作用下沉降量的 5 倍。当桩顶沉降能稳定且总沉降量小于 40mm 时，宜加载至桩顶总沉降量超过 40mm。

当桩身存在水平整合型缝隙、桩端有沉渣或吊脚时，在较低竖向荷载时常出现本级荷载沉降超过上一级荷载对应沉降 5 倍的陡降，当缝隙闭合或桩端与硬持力层接触后，随着持载时间或荷载增加，变形梯度逐渐变缓；当桩身强度不足、桩被压断时，也会出现陡降，但与前相反，随着沉降增加，荷载不能维持甚至大幅降低。所以，出现陡降后不宜立即卸荷，而应使桩顶下沉量超过 40mm，以大致判断造成陡降的原因。

2）某级荷载作用下，桩顶沉降量大于前一级荷载作用下沉降量的 2 倍，且经 24h 尚未达到稳定标准。

3）已达加载反力装置的最大加载量。

4）已达到设计要求的最大加载量。

5）当工程桩作锚桩时，锚桩上拔量已达到允许值。

6）当荷载—沉降曲线呈缓变型时，可加载至桩顶总沉降量 60～80mm；在特殊情况下，可根据具体要求加载至桩顶累计沉降量超过 80mm。

非嵌岩的长（超长）桩和大直径（扩底）桩的 $Q\text{-}s$ 曲线一般呈缓变型，前者由于长细比大、桩身较柔，弹性压缩量大，桩顶沉降较大时，桩端位移还很小；后者虽桩端位移较大，但尚不足以使端阻力充分发挥。在桩顶沉降达到 40mm 时，桩端阻力一般不能充分发挥，因此，放宽桩顶总沉降量控制标准是合理的。此外，国际上普遍的看法是：当沉降量达到桩径的 10% 时，才可能达到破坏荷载。

3.2.4 试验成果整理

1. 静载试验资料应准确记录。试验前应收集工程地质资料、设计资料、施工资料等，填写桩静载试验概况表（见表 1-3.2-4）。概况表包括三部分信息，一是有关拟建工程资料，二是试验设备资料，千斤顶、压力表、百分表的编号等，三是受检桩试验前后表观情况及试验异常情况的记录。试验油压值应根据千斤顶校准公式计算确定。试验过程记录表可按表 1-3.2-5 记录。

桩静载试验概况表   表1-3.2-4

工程名称		建设单位		工程地点		委托单位	
承建单位		质量监督机构		设计单位		勘察单位	
监理单位		基桩施工单位		结构形式		层数	
建筑面积(m²)		工程桩总数		混凝土强度设计等级			
桩型		持力层		单桩承载力特征值(kN)			
桩径(mm)		设计桩长(m)		试验最大荷载(kN)			
千斤顶编号及校准公式				压力表编号			
百分表编号							
试验序号	工程桩号	试验前桩头观察情况		试验后桩头观察情况		试验异常情况	
1							
2							
3							
4							
其他情况说明：							

桩静载试验记录表   表1-3.2-5

工程名称：　　　　　日期：　　　　　桩号：　　　　　试验序号：

油压表读数(MPa)	荷载(kN)	读数时间	时间间隔(min)	读数(mm)					沉降(mm)		备注
				表1	表2	表3	表4	平均	本次	累计	

试验记录：　　　　　校对：　　　　　审核：　　　　　页次：

2. 绘制有关试验成果曲线。为了确定单桩的极限荷载，一般绘制竖向荷载—沉降(Q-s)、沉降—时间对数(s-$\lg t$)曲线，需要时还应绘制 s-$\lg Q$、$\lg s$-$\lg Q$ 等其他辅助分析所需曲线。Q-s 曲线一般按整个图形比例横：竖＝2：3进行绘制。

3. 当进行桩身应力、应变和桩端反力测定时，应整理出有关数据的记录表和绘制桩身轴力分布、侧阻力分布、桩端阻力等与各级荷载关系曲线。

3.2.5 检测数据的分析与判定

1. 单桩竖向抗压极限承载力确定

单桩竖向抗压极限承载力 Q_u 可按下列方法综合分析确定：

(1) 根据沉降随荷载变化的特征确定：对于陡降型 Q-s 曲线，单桩竖向抗压极限承载力取其发生明显陡降的起始点所对应的荷载值。

(2) 根据沉降随时间变化的特征确定：在前面若干级荷载作用下，s-$\lg t$ 曲线呈直线状态，随着荷载的增加，s-$\lg t$ 曲线变为双折线甚至三折线，尾部斜率呈增大趋势，单桩竖向抗压极限承载力取 s-$\lg t$ 曲线尾部出现明显向下弯曲的前一级荷载值。采用 s-$\lg t$ 曲线判定极限承载力时，还应结合各曲线的间距是否明显增大来判断，如果 s-$\lg t$ 曲线尾部明显向下弯曲，本级荷载对应的 s-$\lg t$ 曲线与前一级荷载的间距明显增大，那么，前一级荷载即为桩的极限承载力；必要时应结合 Q-s 曲线综合判定。

（3）如果在某级荷载作用下，桩顶沉降量大于前一级荷载作用下沉降量的 2 倍，且经 24h 尚未达到稳定标准，则单桩竖向抗压极限承载力取前一级荷载值。

（4）已达到加载反力装置或设计要求的最大加载量，或锚桩上拔量已达到允许值而终止加载，如果桩的总沉降量不大，则桩的竖向抗压极限承载力取最大试验荷载值。

（5）对于缓变型 Q-s 曲线可根据沉降量确定，宜取 $s=40\text{mm}$ 对应的荷载值；当桩长大于 40m 时，宜考虑桩身弹性压缩量；对直径大于或等于 800mm 的桩，可取 $s=0.05D$（D 为桩端直径）对应的荷载值。

对于缓变型 Q-s 曲线，根据沉降量确定极限承载力，各国标准和国内不同领域的规范规程均有不同的规定，但基本原则是尽可能挖掘桩的极限承载力而又保证有足够的安全储备。

桩身弹性压缩量可根据最大试验荷载时的桩身平均轴力 $\overline{Q}$、桩长 L、横截面积 A、桩身弹性模量 E，按 $\overline{Q}L/AE$ 来近似计算。桩身轴力一般按梯形分布考虑（桩端轴力应根据实践经验估计），对于摩擦桩，桩身轴力可按三角形分布计算（近似假设桩端轴力为零），对于端承桩，桩身轴力可按矩形分布计算（近似假设桩端轴力等于桩顶轴力）。

2. 单桩竖向抗压极限承载力统计值确定

《建筑地基基础设计规范》GB 50007 规定，参加统计的试桩，当满足其极差不超过平均值的 30% 时，可取其平均值为单桩竖向极限承载力。极差超过平均值的 30% 时，宜增加试桩数量并分析极差过大的原因，结合工程具体情况确定极限承载力统计值。对桩数为 3 根及 3 根以下的柱下桩台，取最小值。

《建筑基桩检测技术规范》JGJ 106 规定，为设计提供依据的试验桩单桩竖向抗压极限承载力统计值宜符合以下规定：

（1）参加统计的试验结果满足极差不超过平均值的 30% 时，取其平均值为单桩竖向抗压极限承载力；

（2）极差超过平均值的 30% 时，应分析极差过大的原因，结合桩型、施工工艺、地基条件、基础形式等工程具体情况综合确定极限承载力，必要时可增加试桩数量；

（3）试验桩数量为 2 根或桩基承台下的桩数小于或等于 3 根时，应取低值。

3. 单桩竖向抗压承载力特征值确定

《建筑地基基础设计规范》GB 50007 规定，单桩竖向抗压承载力特征值是按单桩竖向抗压极限承载力统计值除以安全系数 2 得到的。

《建筑基桩检测技术规范》JGJ 106 规定，单位工程同一条件下的单桩竖向抗压承载力特征值应按单桩竖向抗压极限承载力的 50% 取值。

3.2.6 检测实例

1. 工程概况

拟建工程位于四川省宜宾市，地上 17 层，地下 1 层，框架剪力墙结构。基础采用 $\phi1000$ 冲孔灌注桩，桩身混凝土强度等级 C25，有效桩长 16.7～35.3m，总桩数 165 根；根据设计要求，主楼下 $\phi1000$ 试验桩单桩竖向抗压极限承载力标准值不小于 10000kN。

2. 地质情况

本场地地质勘查资料见下表 1-3.2-6。

土层岩性及物理力学性质　　　　　　　　　　表 1-3.2-6

成因 年代	岩性	极限侧阻力 标准值(kPa)	极限端阻力 标准值(kPa)	分层承载力 特征值(kPa)
Q_4^{ml}	松散素填土，揭露厚度 4.2~15.2m	10	/	80
	松散块石，揭露厚度 0.0~4.8m	20	/	120
Q_4^{al+pl}	松散卵石，揭露厚度 0.6~14.5m	20	/	120
	稍密卵石，揭露厚度 0.8~20.5m	60	/	280
	中密卵石，揭露厚度 0.7~7.2m	140	2500	450
	稍密漂石，揭露厚度 0.5~4.7m	140	2500	400
J_{2s}	强风化泥质砂岩，厚度 1.2~2.5m	180	/	500
	中风化泥质砂岩，揭露最大厚度 8.5m	/	5000	1000

3. 试验技术

本次试验根据《建筑基桩检测技术规范》JGJ 106 的有关规定进行。试验采用锚桩法，荷载由 4 台 5000kN 油压千斤顶提供，量值由 80MPa 油压传感器读取油压，桩顶沉降由 50mm 容栅式位移传感器测量。

试验采用慢速维持荷载法。每级加载值为最大试验荷载的 10000kN 的 1/10，即 1000kN，第一级为 1/5。三根试验桩加载至试验要求的最大加载量或出现极限荷载即终止加载。

4. 试验结果

试桩 TP1~TP3 的 Q-s 和 s-$\lg t$ 曲线分别见图 1-3.2-7~图 1-3.2-9。

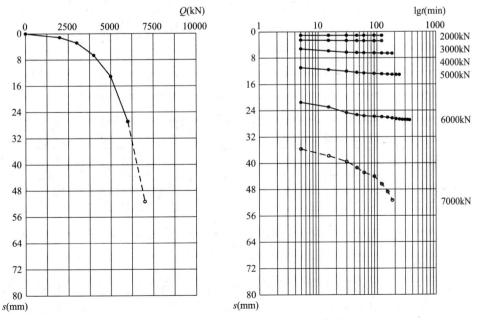

图 1-3.2-7　试桩 TP1 的 Q-s 和 s-$\lg t$ 曲线

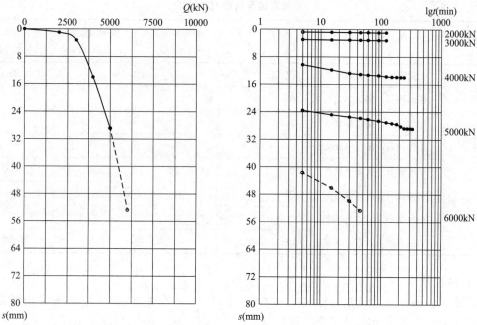

图 1-3.2-8　试桩 TP2 的 Q-s 和 s-lg$t$ 曲线

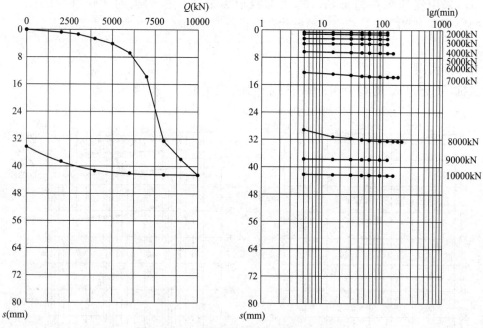

图 1-3.2-9　试桩 TP3 的 Q-s 和 s-lg$t$ 曲线

数据分析如下：

（1）试桩 TP1：实际最大加载 7000kN，桩顶累计沉降量大于 52mm，且本级荷载无法保持稳定，s-lg$t$ 曲线出现明显向下弯曲。该试验桩的极限抗压承载力取值前一级荷载，为 6000kN。

（2）试桩 TP2：实际最大加载 6000kN，桩顶累计沉降量大于 53mm，且本级荷载无法保持稳定，s-lg$t$ 曲线尾部斜率呈明显增大趋势。该试验桩的极限抗压承载力取值前一级荷载，为 5000kN。

（3）试桩 TP3：实际最大加载 10000kN，桩顶累计沉降量 42.60mm。但从 Q-s 和 s-lg$t$ 曲线上可以看出，7000kN 时对应的沉降量为 13.82mm，加载至 8000kN 时，该桩沉降量明显增大，达到 32.65mm，随后本级荷载逐步稳定，而且后续加载也比较稳定，没有出现更大的变形量。

本次试验桩出现这么多问题，与其施工工艺有很大关系。本工程因地质原因，采用冲击成孔法施工，施工过程中多次出现塌孔、卡钻等问题，采用抽渣筒进行排渣也不是很好的排渣方式，因为桩底大粒径的碎石无法及时排出。

所以考虑了地质条件、施工工艺等综合因素，对第三根试验桩 TP3 的极限抗压承载力取值为 7000kN。

至此，本工程三根试验桩的极限承载力分别为 6000kN、5000kN 和 7000kN，平均值为 6000kN，且试验结果满足极差不超过平均值的 30% 的规定，本工程单桩竖向抗压极限承载力最终取值 6000kN，单桩竖向抗压承载力特征值应按单桩竖向抗压极限承载力的 50% 取值，为 3000kN。

3.3　单桩竖向抗拔静载试验

3.3.1　概述

在上拔荷载作用下，桩身将荷载以侧阻力的形式传递到周围土中，初始阶段，上拔阻力主要由浅部土层提供，桩身的拉应力主要分布在桩的上部；随着上拔位移量的增加，桩身应力逐渐向下扩展，桩的中、下部的上拔土阻力逐渐发挥。当桩端位移量超过某一数值（通常为 6~10mm）时，就可以认为整个桩身的土层抗拔阻力达到极限，其后就会下降。此时，如果继续增加上拔荷载，就会产生破坏。

承受上拔荷载单桩的破坏形态可归纳为图 1-3.3-1 所示的几种形态。

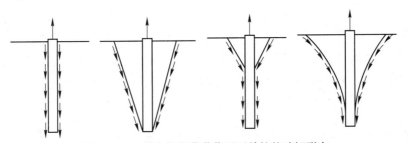

图 1-3.3-1　竖向抗拔荷载作用下单桩的破坏形态

一般认为，桩的最大抗拔土阻力与桩顶位移之间的关系比较固定，基本上与桩径无关。

影响单桩竖向抗拔承载力的因素主要有以下几个方面：

（1）桩周围土体的影响：桩周土的性质、抗剪强度、侧压力系数和应力历史都会对抗拔承载力产生一定的影响。一般说来，在黏土中，桩的极限侧阻力与土的不排水抗剪强度接近；在砂土中，极限侧阻力可用有效应力法来估计，抗剪强度越大，极限侧阻力也就越大。

（2）桩自身因素的影响：桩侧表面的粗糙程度越大，桩的抗拔承载力就越大，且这种影响在砂土中比在黏土中明显；此外，桩截面形状、桩长、桩的刚度和桩材的泊松比等都会对单桩竖向抗拔承载力产生不同程度的影响。有试验证明，粗糙侧表面桩的抗拔极限承载力是光滑表面桩的1.7倍。

（3）施工因素的影响：在施工过程中，桩周土体的扰动、打入桩中的残余应力、桩身完整性、桩的倾斜角度等也将影响单桩竖向抗拔承载力的大小。

（4）休止时间的影响：从成桩到开始试验之间的休止时间长短对单桩竖向抗拔承载力影响是明显的。

另外，桩顶的加载方式、荷载维持时间、加卸载过程等都对抗拔承载力有影响。

3.3.2　仪器设备和试验方法

单桩竖向抗拔静载试验设备主要由主梁、次梁（适用时）、反力桩或反力支承墩等反力装置，千斤顶、油泵加载装置，压力表、压力传感器或荷重传感器等荷载测量装置，百分表或位移传感器等位移测量装置组成。

1. 反力装置

抗拔试验反力装置宜采用反力桩（或工程桩）提供支座反力，也可根据现场情况采用天然地基提供支座反力；反力架系统应具有不小于1.2倍的安全系数。

采用反力桩（或工程桩）提供支座反力时，反力桩顶面应平整并具有一定的强度。为保证反力梁的稳定性，应注意反力桩顶面直径（或边长）不宜小于反力梁的梁宽，否则，应加垫钢板以确保试验设备的稳定性。

采用天然地基提供反力时，两边支座处的地基强度应相近，且两边支座与地面的接触面积宜相同，施加于地基的压应力不宜超过地基承载力特征值的1.5倍，避免加载过程中两边沉降不均造成试桩偏心受拉，反力梁的支点重心应与支座中心重合。

用于加载的油压千斤顶的安装有两种方式：一种是千斤顶放在试桩的上方、主梁的上面，适用于一个千斤顶的情况，特别是穿心张拉千斤顶，如图1-3.3-2(*a*)；当采用二台以上千斤顶加载时，应采取一定的安全措施，防止千斤顶倾倒或其他意外事故发生。另一种是将两个千斤顶分别放在反力桩或支承墩的上面，如图1-3.3-2(*b*)，通过"抬"的形式对试桩施加上拔荷载。对于大直径、高承载力的桩，宜采用后一种形式。

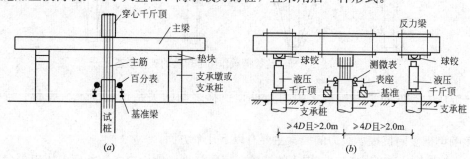

图 1-3.3-2　抗拔试验装置示意图

2. 荷载测量

荷载测量一是通过放置在千斤顶上的荷重传感器或并联于千斤顶油路的压力表或压力传感器测定油压，根据千斤顶率定曲线换算荷载。在选择千斤顶和压力表时，应注意量程问题，特别是对试验荷载较小的试验桩，当采用"抬"的形式时，应选择相适应的小吨位千斤顶，避免"大秤称轻物"。对于大直径、高承载力的试桩，可采用两台及两台以上千斤顶加载，但为了避免受检桩偏心受荷，千斤顶型号、规格应相同，且应并联同步工作。

3. 上拔量测量

上拔量观测点宜设置在桩顶下不小于 1 倍桩径的桩身上；对于大直径灌注桩，可设置在钢筋笼内侧的桩顶面混凝土上，且尽可能远离主筋；不得在受拉钢筋上安置观测点，以避免因钢筋变形导致观测数据失实。为防止支座处地基沉降对基准梁的影响，一是应使基准桩与反力支座、试桩各自之间的间距满足有关规定（与单桩抗压静载试验相同），二是基准桩需打入试坑地面以下一定深度（一般不小于 1m）。

4. 检测技术

单桩竖向抗拔静载试验宜采用慢速维持荷载法。需要时，也可采用多循环加、卸载方法。

（1）慢速维持荷载法的加卸载分级、上拔量的测量及变形相对稳定标准与竖向抗压静载试验基本相同。需要注意的是，加、卸载时应使荷载传递均匀、连续、无冲击，每级荷载在维持过程中的变化幅度不得超过分级荷载的±10%。试验时应注意观察桩身混凝土开裂情况。

（2）终止加载条件

当出现下列情况之一时，可终止加载：

1）在某级荷载作用下，桩顶上拔量大于前一级上拔荷载作用下的上拔量 5 倍；

2）按桩顶上拔量控制，累计桩顶上拔量超过 100mm；

3）按钢筋抗拉强度控制，钢筋应力达到钢筋强度设计值，或某根钢筋拉断；

4）对于工程桩验收检测，达到设计或抗裂要求的最大上拔量或上拔荷载值。

如果在较小荷载下出现某级荷载的桩顶上拔量大于前一级荷载下的 5 倍时，应综合分析原因。若是试验桩，必要时可继续加载。当桩身混凝土出现多条环向裂缝后，其桩顶位移会出现小的突变，而此时并非达到桩侧土的极限抗拔力。

（3）抗拔桩的桩头无须特殊处理，只要剔除桩顶浮浆露出新鲜混凝土面即可。

（4）试验资料的收集与记录可参照竖向抗压试验的有关规定执行。

3.3.3　检测数据分析

1. 抗拔极限承载力

判定单桩竖向抗拔极限承载力应绘制上拔荷载 U 与桩顶上拔量 δ 之间的关系曲线（U-δ）和上拔量 δ 与时间对数之间的曲线（δ-$\lg t$ 曲线）。但当上述二种曲线难以判别时，可辅以 δ-$\lg U$ 曲线或 $\lg U$-$\lg \delta$ 曲线，以确定拐点位置。

单桩竖向抗拔静载试验确定的抗拔极限承载力是土的极限抗拔阻力与桩（包括桩向上运动所带动的土体）的自重标准值两部分之和，可按下列方法综合判定：

（1）根据上拔量随荷载变化的特征确定：对陡变型 U-δ 曲线，取陡升起始点对应的荷载值，如图 1-3.3-3 所示。大量试验结果表明，U-δ 曲线大致上可划分为三段：第Ⅰ段为直线段，U-δ 按比例增加；第Ⅱ段为曲线段，随着桩土相对位移的增大，上拔位移量比侧阻力增加的速率快；第Ⅲ段又呈直线段，此时即使上拔荷载增加很小，桩的位移量仍急剧上升，同时桩周地面往往出现环向裂缝。第Ⅲ段起始点所对应的荷载值即为桩的竖向抗拔极限承载力 U_u。

（2）根据上拔量随时间变化的特征确定：取 δ-$\lg t$ 曲线斜率明显变陡或曲线尾部明显弯曲的前一级荷载值，如图 1-3.3-4 所示。

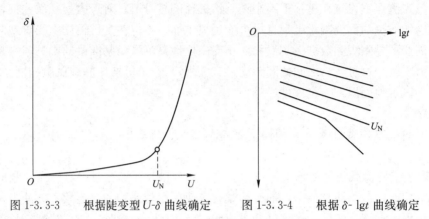

图 1-3.3-3　根据陡变型 U-δ 曲线确定　　图 1-3.3-4　根据 δ-$\lg t$ 曲线确定

（3）当在某级荷载下抗拔钢筋断裂时，取其前一级荷载为该桩的抗拔极限承载力值。这里所指的"断裂"，是指因钢筋强度不足情况下的断裂。如果因抗拔钢筋受力不均匀，部分钢筋因受力太大而断裂时，应视为该桩试验失效，并进行补充试验，此时不能将钢筋断裂前一级荷载作为极限荷载。

（4）根据 $\lg U$-$\lg \delta$ 曲线来确定单桩竖向抗拔极限承载力时，可取 $\lg U$-$\lg \delta$ 双对数曲线第二拐点所对应的荷载为极限荷载。

（5）当根据 δ-$\lg U$ 曲线来确定单桩竖向抗拔极限承载力时，可取 δ-$\lg U$ 曲线的直线段的起始点所对应的荷载值作为极限荷载。

工程桩验收检测时，混凝土桩抗拔承载力可能受抗裂或钢筋强度制约，而土的抗拔阻力尚未发挥到极限，若未出现陡变型 U-δ 曲线、δ-$\lg t$ 曲线斜率明显变陡或曲线尾部明显弯曲等情况时，应综合分析判定，一般取最大荷载、钢筋应力达到设计强度值时对应的荷载或取上拔量控制值对应的荷载作为极限荷载，不能轻易外推。

为设计提供依据的试验桩单桩竖向抗拔极限承载力统计取值与竖向抗压静载试验一致。

2. 抗拔承载力特征值

单桩竖向抗拔承载力特征值应按单桩竖向抗拔极限承载力统计值的 50% 取值。当工程桩不允许带裂缝工作时，取桩身开裂的前一级荷载作为单桩竖向抗拔承载力特征值，并与按极限荷载 50% 取值确定的承载力特征值相比取小值。

3.3.4　检测实例

1. 工程概况

拟建工程位于北京市平谷区马坊镇，基础拟采用复合载体夯扩桩。根据委托单位要求，本工程需进行前期载体桩抗拔静载试验，以确定单桩竖向抗拔极限承载力。抗拔载体桩有效桩长 17.0m，桩径 430mm，桩身混凝土强度等级 C30，设计要求单桩竖向抗拔承载力特征值不小于 600kN。

2. 地质情况

本场地地质勘查资料见表 1-3.3-1。

土层岩性及物理力学性质　　　　　　　　　　　　　　　　表 1-3.3-1

成因年代	岩性	极限侧阻力标准值(kPa)	极限端阻力标准值(kPa)	分层承载力标准值(kPa)
人工堆积层	粉质黏土～黏质粉土填土①层	/	/	/
新近沉积层	砂质粉土～黏质粉土②层	25	/	140
	粉质黏土～重粉质黏土②1层	22.5	/	110
	有机质、泥炭质重粉质黏土及粉质黏土③层	22.5	/	110
	砂质粉土～黏质粉土③1层	25	/	150
一般第四纪沉积层	有机质粉质黏土～重粉质黏土④层	25	200	140
	细砂④1层	/	/	230
	砂质粉土④2层	/	/	180
	粉质黏土⑤层	/	/	170
	砂质粉土⑤1层	/	/	200

3. 试验技术

试验根据《建筑基桩检测技术规范》JGJ 106 的有关规定进行。试验采用加固后的地基土作为支撑反力，荷载由 1 台 3200kN 油压千斤顶提供，量值由 80MPa 油压传感器读取油压，桩顶上拔量由 50mm 容栅式位移传感器测量。

试验采用慢速维持荷载法。每级加载值为最大试验荷载的 1200kN 的 1/10，即 120kN，第一级为 1/5。三根试验桩加载至试验要求的最大加载量或出现极限荷载即终止加载。

4. 试验结果

试桩 TP1～TP3 的 U-δ 和 δ-lg$t$ 曲线分别见图 1-3.3-5～图 1-3.3-7。

数据分析如下：

(1) 试桩 TP1：在加载至 1080kN 时，桩顶上拔量出现陡升，而且基本无法达到稳定标准，s-lg$t$ 曲线的尾部斜率也逐渐增大趋势，经验判断桩身已经多处开裂。

该试验桩虽经业主要求又加至 1200kN，但桩顶上拔量逐步增大、荷载基本无法维持，试验终止。单桩竖向抗拔极限承载力取值为 960kN。

(2) 试桩 TP2：与 TP1 的试验过程及试验结果基本一致。

(3) 试桩 TP3：加载至 1200kN 时，桩顶上拔量出现陡升，s-lg$t$ 曲线的尾部斜率明显增大。单桩竖向抗拔极限承载力取前一级荷载，为 1080kN；经验判断该桩已经拔起。

至此，本工程三根试验桩的极限抗拔力分别为 960kN、960kN 和 1080kN，平均值为 1000kN，且试验结果满足极差不超过平均值的 30% 的规定，本工程单桩竖向抗拔极限承载力最终取值 1000kN，单桩竖向抗压承载力特征值应按单桩竖向抗压极限承载力的 50% 取值，为 500kN。

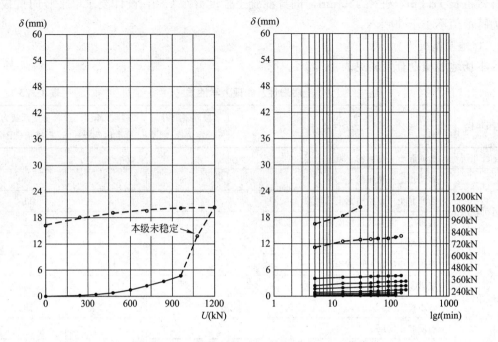

图 1-3.3-5　抗拔试桩 TP1 的 U-δ 和 δ-lg$t$ 曲线

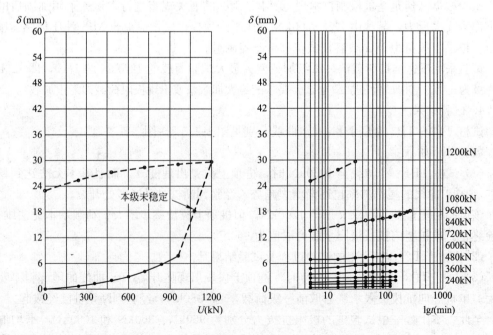

图 1-3.3-6　抗拔试桩 TP2 的 U-δ 和 δ-lg$t$ 曲线

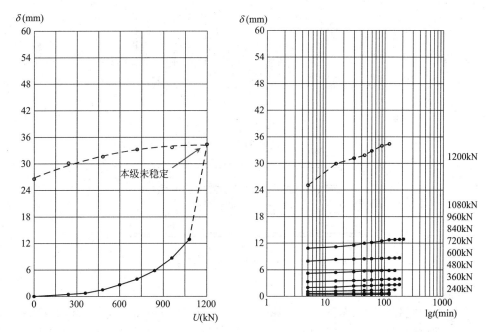

图 1-3.3-7　抗拔试桩 TP3 的 U-δ 和 δ-lg$t$ 曲线

3.4　单桩水平静载试验

3.4.1　概述

单桩水平静载试验是采用接近于水平受荷桩实际工作条件的试验方法,确定单桩水平临界荷载和极限荷载,推定土抗力参数,或对工程桩的水平承载力进行检验和评价。当桩身埋设有应变测量传感器时,可测量相应水平荷载作用下的桩身应力,并由此计算得出桩身弯矩分布情况,确定钢筋混凝土桩受拉区混凝土开裂时对应的水平荷载,可为检验桩身强度、推求不同深度弹性地基系数提供依据。

桩顶实际工作条件包括桩顶自由状态、桩顶受不同约束而不能自由转动及桩顶受垂直荷载作用等等。试验条件与桩的实际工作条件接近,试验结果才能真实反映工程桩的实际工作过程。但在通常情况下,试验条件很难做到和工程桩的情况完全一致。此时应通过试验桩测得桩周土的地基反力特性,即地基土的水平抗力系数,它反映了桩在不同深度处桩侧土抗力和水平位移的关系,可视为土的固有特性,然后根据实际工程桩的情况(如不同桩顶约束、不同自由长度),用它确定土抗力大小,进而计算单桩的水平承载力和弯矩。

为设计提供依据的试验桩宜加载至桩顶出现较大的水平位移或桩身结构破坏。对工程桩的验收检测,一般按设计要求的水平位移允许值控制加载。

3.4.2　仪器设备和试验方法

试验装置与仪器设备见图 1-3.4-1。

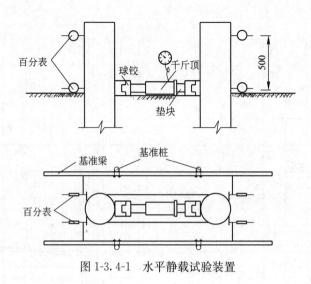

图 1-3.4-1　水平静载试验装置

1. 加载与反力装置

水平推力加载装置宜采用油压千斤顶(卧式),加载能力不得小于最大试验荷载的 1.2 倍。采用荷重传感器直接测定荷载大小,或用并联油路的油压表或油压传感器测量油压,根据千斤顶率定曲线换算荷载。

水平力作用点宜与实际工程的桩基承台底面标高一致,如果高于承台底标高,试验时在相对承台底面处会产生附加弯矩,会影响测试结果,也不利于将试验成果根据桩顶的约束予以修正。千斤顶与试桩接触处需安置一球形支座,使水平作用力方向始终水平和通过桩身轴线,不随桩的倾斜和扭转而改变,同时可以保证千斤顶对试桩的施力点位置在试验过程中保持不变。

试验时,为防止力作用点受局部挤压破坏,千斤顶与试桩的接触处宜适当补强。

反力装置应根据现场具体条件选用,最常见的方法是利用相邻桩提供反力,即两根试桩对顶,如图 1-3.4-1 所示;也可利用周围现有的结构物作为反力装置或专门设置反力结构,但其承载能力和作用方向上刚度应大于试验桩的 1.2 倍。

2. 量测装置

桩的水平位移测量宜采用大量程位移计。在水平力作用平面的受检桩两侧应对称安装两个位移计,以测量地面处的桩水平位移;当需测量桩顶转角时,尚应在水平力作用平面以上 50cm 的受检桩两侧对称安装两个位移计。

固定位移计的基准点宜设置在试验影响范围之外(影响区见图 1-3.4-2),与作用力方向垂直且与位移方向相反的试桩侧面,基准点与试桩净距不小于 1 倍桩径。在陆上试桩可用入土 1.5m 的钢钎或型钢作为基准点,在港口码头工程设置基准点时,因水深较大,可采用专门设置的桩作为基准点,同组试桩的基准点一般不少于 2 个。搁置在基准点上的基准梁要有一定的刚度,以减少晃动,整个基准装置系统应保持相对独立。为减少温度对测量的影响,基准梁应采取简支的形式,顶上有篷布遮阳。

当对灌注桩或预制桩测量桩身应力或应变时,各测试断面

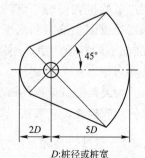

D:桩径或桩宽

图 1-3.4-2　试桩影响区

的测量传感器应沿受力方向对称布置在远离中性轴的受拉和受压主筋上，埋设传感器的纵剖面与受力方向之间的夹角不得大于 10，以保证各测试断面的应力最大值及相应弯矩的量测精度(桩身弯矩并不能直接测到，只能通过桩身应变值进行推算)。对承受水平荷载的桩，桩的破坏是由于桩身弯矩引起的结构破坏；对中长桩，浅层土对限制桩的变形起到重要作用，而弯矩在此范围里变化也最大，为找出最大弯矩及其位置，应加密测试断面。

3. 检测技术

单桩水平静载试验宜根据工程桩实际受力特性，选用单向多循环加载法或慢速维持荷载法。单向多循环加载法主要是模拟实际结构的受力形式，但由于结构物承受的实际荷载异常复杂，很难达到预期目的。对于长期承受水平荷载作用的工程桩，加载方式宜采用慢速维持荷载法。对需测量桩身应力或应变的试验桩不宜采取单向多循环加载法，因为它会对桩身内力的测试带来不稳定因素，此时应采用慢速或快速维持荷载法。水平试验桩通常以结构破坏为主，为缩短试验时间，可采用更短时间的快速维持荷载法，例如《港口工程桩基规范》(桩的水平承载力设计)JTJ 254—98 规定每级荷载维持 20min。

(1) 加卸载方式和水平位移测量

单向多循环加载法的分级荷载应小于预估水平极限承载力或最大试验荷载的 1/10，每级荷载施加后，恒载 4min 后可测读水平位移，然后卸载为零，停 2min 测读残余水平位移。至此完成一个加卸载循环，如此循环 5 次，完成一级荷载的位移观测。试验不得中间停顿。

慢速维持荷载法的加卸载分级、试验方法及稳定标准应按"单桩竖向抗压静载试验"一章的相关规定进行。测量桩身应力或应变时，测试数据的测读宜与水平位移测量同步。

(2) 终止加载条件

当出现下列情况之一时，可终止加载：

1) 桩身折断。对长桩和中长桩，水平承载力作用下的破坏特征是桩身弯曲破坏，即桩发生折断，此时试验自然终止。

2) 水平位移超过 30~40mm(软土取 40mm)。

3) 水平位移达到设计要求的水平位移允许值。本条主要针对水平承载力验收检测。

(3) 检测数据可按表 1-3.4-1 的格式记录。

单桩水平静载试验记录表　　　　　　　　表 1-3.4-1

工程名称				桩号		日期		上下表距			
油压 (MPa)	荷载 (kN)	观测 时间	循环数	加载		卸载		水平位移(mm)		加载上下 表读数差	转角	备注
				上表	下表	上表	下表	加载	卸载			

检测单位：　　　　　校核：　　　　　记录：

3.4.3　检测数据的分析与判定

1. 绘制有关试验成果曲线

(1) 采用单向多循环加载法，应绘制水平力—时间—作用点位移(H-t-Y_0)关系曲线和水平力—位移梯度(H-$\Delta Y_0/\Delta H$)关系曲线。

(2) 采用慢速维持荷载法，应绘制水平力—时间—力作用点位移(H-t-Y_0)关系曲线、水平力-位移梯度(H-$\Delta Y_0/\Delta H$)关系曲线、力作用点位移-时间对数(Y_0-$\lg t$)关系曲线和水平力—力作用点位移双对数($\lg H$-$\lg Y_0$)关系曲线。

(3) 绘制水平力、水平力作用点位移—地基土水平抗力系数的比例系数的关系曲线(H-m、Y_0-m)。当桩顶自由且水平力作用位置位于地面处时，m 值可根据试验结果按下列公式确定：

$$m = \frac{(\nu_y \cdot H)^{\frac{5}{3}}}{b_0 Y_0^{\frac{5}{3}} (EI)^{\frac{2}{3}}}$$

$$\alpha = \left(\frac{mb_0}{EI}\right)^{\frac{1}{5}}$$

式中　m——地基土水平土抗力系数的比例系数(kN/m^4)；

$\quad\quad\alpha$——桩的水平变形系数(m^{-1})；

$\quad\quad\nu_y$——桩顶水平位移系数；

$\quad\quad H$——作用于地面的水平力(kN)；

$\quad\quad Y_0$——水平力作用点的水平位移(m)；

$\quad\quad EI$——桩身抗弯刚度($kN \cdot m^2$)；

$\quad\quad b_0$——桩身计算宽度(m)；对于圆形桩：当桩径 $D \leqslant 1m$ 时，$b_0 = 0.9(1.5D + 0.5)$；当桩径 $D > 1m$ 时，$b_0 = 0.9(D+1)$。对于矩形桩：当边宽 $B \leqslant 1m$ 时，$b_0 = 1.5B + 0.5$；当边宽 $B > 1m$ 时，$b_0 = B + 1$。

对 $\alpha h > 4.0$ 的弹性长桩(h 为桩的入土深度)，可取 $\alpha h = 4.0$，$\nu_y = 2.441$；对 $2.5 < \alpha h < 4.0$ 的有限长度中长桩，应根据表 1-3.4-2 调整 ν_y 重新计算 m 值。

桩顶水平位移系数 ν_y　　　　　　　　　　　　　　　　表 1-3.4-2

桩的换算埋深 αh	4.0	3.5	3.0	2.8	2.6	2.4
桩顶自由或铰接时的 ν_y 值	2.441	2.502	2.727	2.905	3.163	3.526

注：当 $\alpha h > 4.0$ 时取 $\alpha h = 4.0$。

试验得到的地基土水平抗力系数的比例系数 m 不是一个常量，而是随地面水平位移及荷载变化的曲线。

(4) 当桩身埋设有应力或应变测量传感器时，应绘制下列曲线并列表给出相应的数据：

1) 各级水平力作用下的桩身弯矩图；

2) 水平力—最大桩身弯矩截面钢筋拉应力曲线。

2. 单桩水平临界荷载(桩身受拉区混凝土明显退出工作前的最大荷载)的确定

(1) 取单向多循环加载法时的 H-t-Y_0 曲线或慢速维持荷载法时的 H-Y_0 曲线出现拐

点的前一级水平荷载值。

（2）取 H-$\Delta Y_0/\Delta H$ 曲线或 $\lg H$-$\lg Y_0$ 曲线上第一拐点对应的水平荷载值。

（3）取 H-σ_s 曲线第一拐点对应的水平荷载值。

对中长桩而言，桩在水平荷载作用下，桩侧土体随着荷载的增加，其塑性区自上而下逐渐开展扩大，最大弯矩断面下移，最后形成桩身结构的破坏。水平临界荷载 H_{cr} 即当桩身产生开裂时所对应的水平荷载。因为只有混凝土桩才会产生开裂，故只有混凝土桩才有临界荷载。

3. 单桩水平极限承载力的确定

（1）取单向多循环加载法时的 H-t-Y_0 曲线或慢速维持荷载法时的 H-Y_0 曲线产生明显陡降的起始点对应的水平荷载值。

（2）取慢速维持荷载法时的 Y_0-$\lg t$ 曲线尾部出现明显弯曲的前一级水平荷载值。

（3）取 H-$\Delta Y_0/\Delta H$ 曲线或 $\lg H$-$\lg Y_0$ 曲线上第二拐点对应的水平荷载值。

（4）取桩身折断或受拉钢筋屈服时的前一级水平荷载值。

对于单向多循环加载法中利用 H-t-Y_0 曲线确定水平临界荷载和极限荷载，可参照图 1-3.4-3。

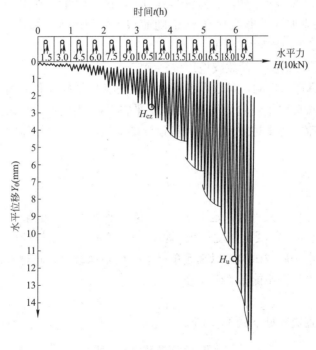

图 1-3.4-3 单向多循环加载法 H-t-Y_0 曲线

4. 单桩水平承载力特征值的确定

（1）当桩身不允许开裂或灌注桩的桩身配筋率小于 0.65% 时，取水平临界荷载的 0.75 倍为单桩水平承载力特征值。

（2）对钢筋混凝土预制桩、钢桩和桩身配筋率不小于 0.65% 的灌注桩，取设计桩顶标高处水平位移为 10mm（对水平位移敏感的建筑物取 6mm）所对应荷载的 0.75 倍为单桩水平承载力特征值。

（3）按设计要求的水平允许位移对应的荷载作为单桩水平承载力特征值，但应同时满足桩身抗裂要求。

单桩水平承载力特征值除与桩的材料强度、截面刚度、入土深度、土质条件、桩顶水平位移允许值有关外，还与桩顶边界条件（嵌固情况和桩顶竖向荷载大小）有关。由于建筑工程的基桩桩顶嵌入承台长度通常较短，其与承台连接的实际约束条件介于固接与铰接之间，这种连接相对于桩顶完全自由时可减少桩顶位移，相对于桩顶完全固接时可降低桩顶约束弯矩并重新分配桩身弯矩。如果桩顶完全固接，水平承载力按位移控制时，是桩顶自由时的 2.60 倍；对较低配筋率的灌注桩按桩身强度（开裂）控制时，由于桩顶弯矩的增加，水平临界承载力是桩顶自由时的 0.83 倍。如果考虑桩顶竖向荷载作用，混凝土桩的水平承载力将会产生变化，桩顶荷载是压力，其水平承载力增加，反之减小。

5. m 值的确定

桩顶自由的单桩水平试验得到的承载力和弯矩仅代表试桩条件的情况，要得到符合实际工程桩嵌固条件的受力特性，需将试桩结果转化，由于地基土水平抗力系数的比例系数 m 值反映了桩在不同深度处桩侧土抗力和水平位移之间的关系，可视为土的固有特性（对于弹性长桩，主要为浅部土层的固有特性），因而求得 m 值是实现这一转化的关键。考虑到水平荷载-位移关系曲线的非线性且 m 值随荷载或位移增加而减小，有必要给出 $H\text{-}m$ 和 $Y_0\text{-}m$ 曲线并按以下考虑确定 m 值：

（1）可按设计给出的实际荷载或桩顶位移确定 m 值；

（2）设计未做具体规定的，可取水平承载力特征值对应的 m 值；对由桩身强度控制的低配筋率灌注桩，按试验得到的 $H\text{-}m$ 曲线取水平临界荷载所对应的 m 值；对由水平允许位移控制的高配筋率混凝土桩或钢桩，可按设计要求的水平允许位移选取 m 值。

3.4.4　检测实例

1. 工程概况

拟建工程位于北京市大兴区，地上 11～16 层，地下 1 层，框架剪力墙结构，基础采用 600mm 钻孔灌注桩，混凝土强度等级 C30，桩长 15m。根据设计单位要求，本工程需进行 1 根试验桩的水平静载试验，以确定单桩水平极限承载力；同时考虑地下水具有轻度腐蚀性，本工程要求桩身不能带裂缝工作。

2. 地质情况

本场地地质勘查资料见下表 1-3.4-3。

土层岩性及物理力学性质
表 1-3.4-3

成因年代	岩性	极限侧阻力标准值(kPa)	极限端阻力标准值(kPa)
新近沉积层	粉质黏土～黏质粉土②层	45	/
	粉质黏土②1层	50	/
	细砂～粉砂②2层	35	/
	黏土～重粉质黏土②3层	45	/

续表

成因年代	岩性	极限侧阻力标准值（kPa）	极限端阻力标准值（kPa）
第四纪沉积层	黏质粉土～砂质粉土③层	65	/
	粉质黏土～黏质粉土③1层	60	/
	细砂～中砂④层	55	1000（桩长大于 5m）
	粉质黏土④1层	60	/
	圆砾～卵石⑤层	120	2000
	细砂～中砂⑤1层	60	1200
	砂质粉土～黏质粉土⑤2层	/	/

3. 试验技术

试验根据《建筑基桩检测技术规范》JGJ 106 的有关规定、采用单向多循环加卸载法进行。

试验的加荷装置由工字钢和相邻工程桩组成，荷载由千斤顶逐级施加，其量值由标准压力表读取油压，根据千斤顶的率定曲线换算荷载。桩的水平位移由固定在基准梁上的 2 个大量程位移计测量，位移计安装在水平力作用平面的受检桩两侧。

试验方法采用单向多循环加载法，分级荷载为预估最大试验荷载的 1/10，每级荷载施加后，恒载 4min 测读水平位移，然后卸载至零，停 2min 测读残余水平位移，至此完成一个加卸载循环。如此循环 5 次，即完成一级荷载的位移观测。

4. 试验结果

根据试验数据绘制的 H-t-Y_0 和 H-$\Delta Y_0/\Delta H_0$ 关系曲线如图 1-3.4-4 所示。

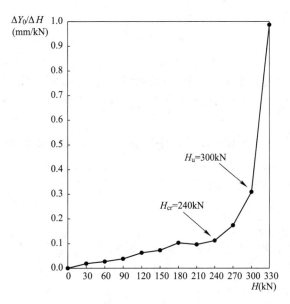

图 1-3.4-4　水平静载试验 H-$\Delta Y_0/\Delta H_0$ 和 H-t-Y_0 曲线

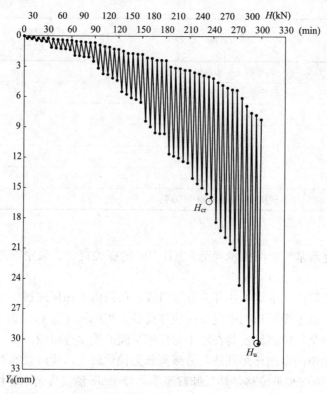

图 1-3.4-4　水平静载试验 H-ΔY_0/ΔH_0 和 H-t-Y_0 曲线（续）

数据分析如下：

（1）在加载至 270kN 时，桩顶水平位移第一次出现增大趋势，从 H-ΔY_0/ΔH_0 梯度曲线上可以判断，第一拐点对应的水平荷载为 240kN，表明桩身受拉区混凝土明显退出工作前的荷载即水平临界荷载，可取值 240kN。

（2）加载至 330kN 时，桩顶水平位移急骤增大，H-ΔY_0/ΔH_0 梯度曲线上出现第二拐点，其所对应的试验荷载为 300kN，此荷载即为单桩水平极限承载力。

（3）从测试结果分析，对临界荷载和极限荷载的判别，梯度曲线更为明显，且不易误判。

由于本工程只进行了 1 根试验桩的水平静载试验，水平极限荷载无法统计分析，本工程单桩水平极限承载力最终取值 300kN；考虑本工程桩身不能带裂缝工作的设计要求，单桩水平承载力特征值按临界荷载的 75％取值，为 180kN。

思考题

1. 桩基静载试验中的加载反力装置各有什么优缺点？你认为应该如何选择？

2. 对要为设计提供依据的大直径灌注桩静载试验，为了全面、准确分析桩的承载信息，试验方案编制时应考虑哪些内容？

3. 简述一下桩身内力测试的方法、采用的设备和测试过程中应注意的事项。

4. 单桩竖向抗压极限承载力和特征值应如何确定？考虑的因素有哪些？

5. 为设计提供依据的抗压静载试验和工程桩的承载力验收检测，在试验方法和数据处理上有何不同?

    6. 桩基抗拔静载试验应如何确定最大试验荷载?

    7. 抗拔静载试验时,上拔量的监测应注意哪些问题?

    8. 抗拔桩的桩身内力测试与抗压桩在分析上主要有什么不同?

    9. 影响水平承载力的因素主要有哪些?

    10. 水平静载试验的最大试验荷载应如何确定?

    11. 水平承载力特征值的确定要考虑哪些因素?

    12. 地基土水平抗力系数的比例系数 m 值的含义是什么? 如何确定?

    13. 水平静载试验桩身内力测试的主要目的是什么?

第4章 桩身完整性检测

4.1 概述

根据现行《建筑基桩检测技术规范》JGJ 106（以下简称《规范》JGJ 106），桩的完整性检测方法主要有以下几种：低应变法、高应变法、声波透射法以及钻芯法。

1. 低应变法

采用低能量瞬态或稳态激振方式在桩顶激振，实测桩顶部的速度时程曲线或速度导纳曲线，通过波动理论分析或频域分析，对桩身完整性进行判定的检测方法。目前国内外普遍采用瞬态冲击方式，利用一维波动理论分析对桩身阻抗变化的截面和桩底进行定性识别，进而判断整个桩身的完整性，这种方法称之为反射波法（或瞬态时域分析法）。由于市场上的动测仪器一般都具有傅立叶变换功能，所以还可通过速度频域曲线做辅助分析，即瞬态频域分析法；有些动测仪器还具备实测锤击力并对其进行傅立叶变换的功能，进而得到导纳曲线，这称之为瞬态机械阻抗法。

2. 高应变法

在桩顶实施重锤冲击，使桩产生的动位移量级接近常规静载试桩的沉降量级，以使桩周岩土阻力充分发挥，通过实测的桩顶部速度和力的时程曲线，利用波动理论分析，对桩的竖向承载力和桩身完整性进行判定的检测方法。波动方程法是我国目前常用的高应变检测方法，主要包括 CASE 法和实测波形拟合法。

与低应变法相比，高应变法检测桩身完整性存在设备笨重、效率低及费用高等缺点，但由于激励能量和检测有效深度大等优点，特别是在判定桩身水平整合型缝隙、预制桩接头等缺陷时，既可以查明这些缺陷对承载力的影响，又可以合理判定缺陷程度，因而可作为低应变检测的一种补充验证手段。不过，带有普查性的桩身完整性检测，还是采用低应变法更为适合。

3. 声波透射法

通过在桩身预埋声测管（钢管或塑料管），将声波发射、接受换能器分别放入 2 根管内，管内注满清水为耦合剂，换能器可置于同一水平面或保持一定高差，进行声波发射和接受，通过实测声波在混凝土介质中传播的声时、频率和波幅衰减等声学参数的相对变化，对桩身完整性进行检测的方法。

声波透射法一般不受场地限制，测试精度高，在缺陷的判断上较其他方法更全面，检测范围可覆盖全桩长的各个横截面，是检验大直径灌注桩完整性的较好方法。但由于需要预埋声测管，抽样的随机性差，且对桩身直径有一定的要求，检测成本也相对较高。

4. 钻芯法

钻芯法是一种微破损或局部破损的完整性检测方法，具有科学、直观、实用等特点，不仅可以检测桩身混凝土质量、利用芯样试件抗压强度结果综合评价桩身混凝土强度，而且还可查明桩底沉渣厚度、混凝土与持力层的接触情况、持力层的岩土性状以及是否存在夹层，同时还可测定有效桩长；对于有缺陷却无法定性判别缺陷类型的桩，钻芯法可通过钻取芯样的表观质量对缺陷类型进行识别和判定。

钻芯法存在现场检测时间长、成本高等缺点。对于长桩和超长桩，钻芯法因成孔的垂直度、钻芯孔的垂直度、钻芯设备及操作人员等多种因素影响，可能达不到全长取芯的目的，钻头在钻进途中就偏出桩身；在对钻取芯样试件的抗压强度评定上，因芯样强度与立方体强度比值的统计结果离散性较大，目前还不能给出科学、准确的强度修正计算方法。

4.2　低应变反射波法检测

4.2.1　基本原理

低应变法检测以一维弹性杆的波动方程为理论基础，将桩等价于一维杆。假定桩材料是均质各向同性的，并遵循虎克定律，同时杆件的平截面假设成立，即在轴向外力作用后，变形后的杆截面仍保持为平面，且截面上的应力是均匀分布的。其一维波动方程为其波动方程的表达形式如下（公式推导略）：

$$\frac{\partial^2 u}{\partial t^2} - c^2 \frac{\partial^2 u}{\partial x^2} = 0 \qquad (1\text{-}4.2\text{-}1)$$

式中 $c = \sqrt{\dfrac{E}{\rho}}$ 为位移、速度、应变或应力波在杆中的纵向传播速度；要说明的是，一维杆的纵波传播速度 c 与三维介质中的纵波（压缩波）传播速度不同。三维纵波波速的表达式为 $c_P = \sqrt{\dfrac{1-\nu}{(1-2\nu)(1+\nu)}} \cdot c$（式中 ν 为介质材料的泊松比），相当于声波透射法中定义的声速。

对波动方程(1-4.2-1)，常采用行波理论或特征线法对其求解。采用行波理论的通解形式如下（特征线法略）：

$$u\,(x,\ t) = W(x \mp ct) = W_d\,(x - ct) + W_u\,(x + ct) \qquad (1\text{-}4.2\text{-}2)$$

式中波形函数 W_d 以波速 c 沿 x 轴正向传播，称为下行波；W_u 以波速 c 沿 x 轴负向传播，称为上行波。W_d 和 W_u 在传播过程中形状保持不变，利用叠加原理可求出杆在任意时刻任意位置处的合力 F、速度 V 和位移 u。

根据公式(1-4.2-2)，作变换 $\xi = x \mp ct$，分别求 $W(x \mp ct)$ 对 x 和 t 的偏导数，即

$$\varepsilon = \frac{\partial u}{\partial x} = \frac{\partial W(x \mp ct)}{\partial x} = \frac{\partial W(\xi)}{\partial \xi}\frac{\partial \xi}{\partial x} = W'\,(x \mp ct) \qquad (1\text{-}4.2\text{-}3)$$

$$V = \frac{\partial u}{\partial t} = \frac{\partial W(x \mp ct)}{\partial t} = \frac{\partial W(\xi)}{\partial \xi}\frac{\partial \xi}{\partial t} = \mp cW'\,(x \mp ct) \qquad (1\text{-}4.2\text{-}4)$$

按习惯定义位移 u 和 e 质点运动速度 V 以向下为正（x 轴正向），桩身轴力 F，应力 σ 和应变 ε 以受压为正。由式(1-4.2-3)和(1-4.2-4)可得到：

$$V = \pm c \cdot \varepsilon \qquad (1\text{-}4.2\text{-}5)$$

利用(1-4.2-5)，根据 $\varepsilon = \dfrac{\sigma}{E} = \dfrac{F}{EA}$，可导出以下两个重要公式

$$\sigma = \pm \rho c \cdot V \qquad (1\text{-}4.2\text{-}6)$$

$$F = \pm \rho c A \cdot V = \frac{EA}{c} \cdot V = \pm Z \cdot V \qquad (1\text{-}4.2\text{-}7)$$

上式中，$\rho c A$ 称为弹性杆的波（声）阻抗或简称阻抗，当杆为等截面时，阻抗 $Z = \dfrac{mc}{L}$（式中 m 为杆的质量）。

现在讨论杆力学阻抗变化对应力波传播性状的影响。

假设图 1-4.2-1 所示的杆由两种不同阻抗材料（或截面面积）组成，当应力从波阻抗 Z_1 的介质入射至阻抗 Z_2 的介质时，在两种不同阻抗的界面上将产生反射波和透射波，用下标 I、R 和 T 分别代表入射、反射和透射。

根据阻抗变化界面处的连续条件和牛顿第三定律，有如下平衡方程：

$$F_I + F_R = F_T \qquad (1\text{-}4.2\text{-}8)$$

$$V_I + V_R = V_T \qquad (1\text{-}4.2\text{-}9)$$

将式(1-4.2-7)代入式(1-4.2-9)，得到

$$F_I/Z_1 - F_R/Z_1 = F_T/Z_2 \qquad (1\text{-}4.2\text{-}10)$$

由式(1-4.2-8)和式(1-4.2-10)联立求解得：

$$F_T = \frac{2Z_2}{Z_1 + Z_2} F_I = \frac{2Z_1 Z_2}{Z_1 + Z_2} V_I$$

$$V_T = \frac{2}{Z_1 + Z_2} F_I = \frac{2Z_1}{Z_1 + Z_2} V_I$$

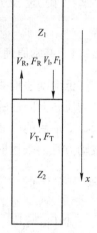

图 1-4.2-1　两种
阻抗材料的杆件

记截面完整性系数 $\beta = Z_2/Z_1$，反射系数 $\zeta_R = (\beta-1)/(1+\beta)$，透射系数 $\zeta_T = 2\beta/(1+\beta)$，可得下列公式：

$$F_R = \zeta_R \cdot F_I \quad V_R = -\zeta_R \cdot V_I \qquad (1\text{-}4.2\text{-}11)$$

$$F_T = \zeta_T \cdot F_I \quad V_T = 2/(1+\beta)V_I \qquad (1\text{-}4.2\text{-}12)$$

由此看出：

(1) 由于截面阻抗变化处的 β 值为常量，透射波和反射波的波形和初始的应力波波形在理论上是一致的。

(2) 由于 $\zeta_T \geqslant 0$，所以透射波总是与入射波同号。

(3) $\beta = 1$，即桩身阻抗无变化，反射系数 $\zeta_R = 0$，透射系数 $\zeta_T = 1$，$F_T = F_I$，说明入射力波将一直沿杆正向传播，而波形保持不变。

(4) $\beta > 1$，即应力波从小阻抗介质传入大阻抗介质，如桩的扩径或桩端嵌岩情况。因 $\zeta_R \geqslant 0$，故反射波与入射力波同号。若入射波为下行压力波，则反射的仍是上行压力波，与后面的压力波叠加后起增强作用；因反射波与入射波运行方向相反，则反射力波引起的质点运动速度 V_R 与入射波的 V_I 异号，与后面的压力波速度叠加后有抵消作用；又因 $\zeta_T \geqslant 1$，则透射波的幅度总是大于或等于入射力波。特别地，当 $\beta \to \infty$ 时，相当于刚性固定端反射，此时有 $\zeta_R = 1$ 和 $\zeta_T = 2$，在该界面处入射波和反射波叠加使力幅值加倍，而质点

运动速度叠加后变为零。

（5）$\beta<1$，即波从大阻抗介质传入小阻抗介质，如桩的缩径、混凝土离析、夹泥或断桩等情况。因 $\zeta_R\leqslant0$，故反射力波与入射力波异号。若入射波为下行压力波，则反射的是上行拉力波，与后面入射的压力波叠加起卸载作用；因反射波与入射波运行方向也相反，则反射力波引起的质点运动速度 V_R 与入射波的 V_I 同号，显然与后面入射的下行压力波引起的正向运动速度叠加有增强作用；又因 $\zeta_T\leqslant1$，则透射力波的幅度总是小于或等于入射力波。特别地，当 $\beta\to0$ 时，相当于自由端反射，此时有 $\zeta_R=-1$ 和 $\zeta_T=0$，在该界面处入射波和反射波的叠加使力幅值变为零，而质点运动速度叠加后加倍。

为了更好地从理论上说明不同桩身阻抗变化条件对桩顶速度响应的影响，下面给出采用特征线波动分析计算（波形拟合）软件、同时考虑土的阻尼和线弹性阶段土的阻力共同作用计算的一些典型的实例波形，见图 1-4.2-2～图 1-4.2-4，以供参考。在所有列出的计算实例中，除改变桩的横截面尺寸外，桩的物理常数、冲击力脉冲的宽度和幅值、土的阻尼和阻力均不变。

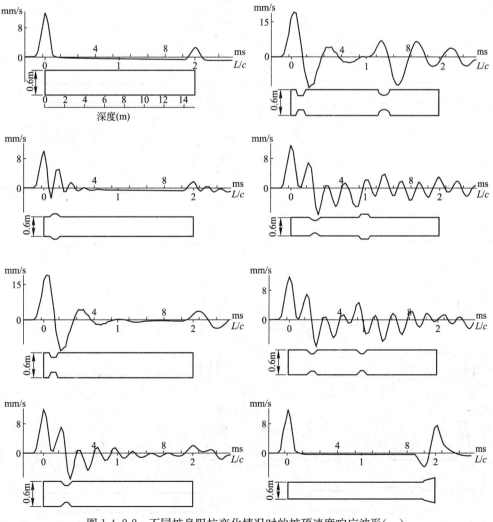

图 1-4.2-2　不同桩身阻抗变化情况时的桩顶速度响应波形（一）

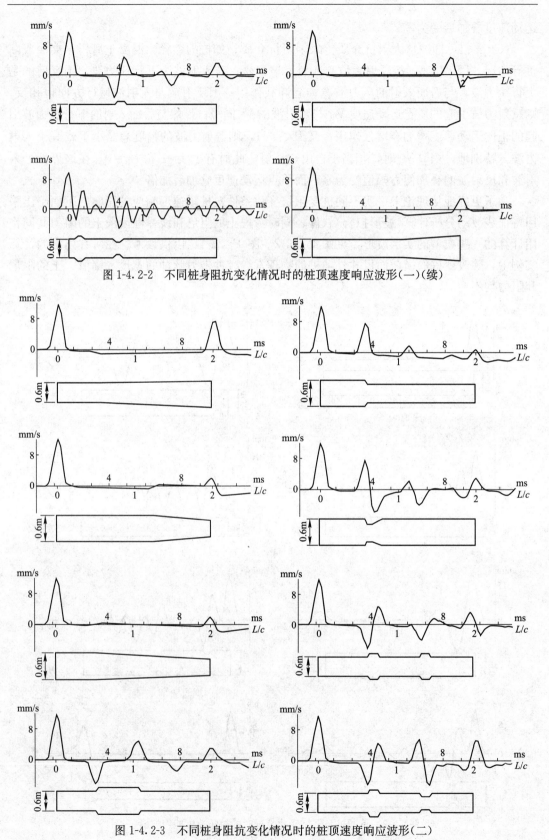

图 1-4.2-2　不同桩身阻抗变化情况时的桩顶速度响应波形（一）（续）

图 1-4.2-3　不同桩身阻抗变化情况时的桩顶速度响应波形（二）

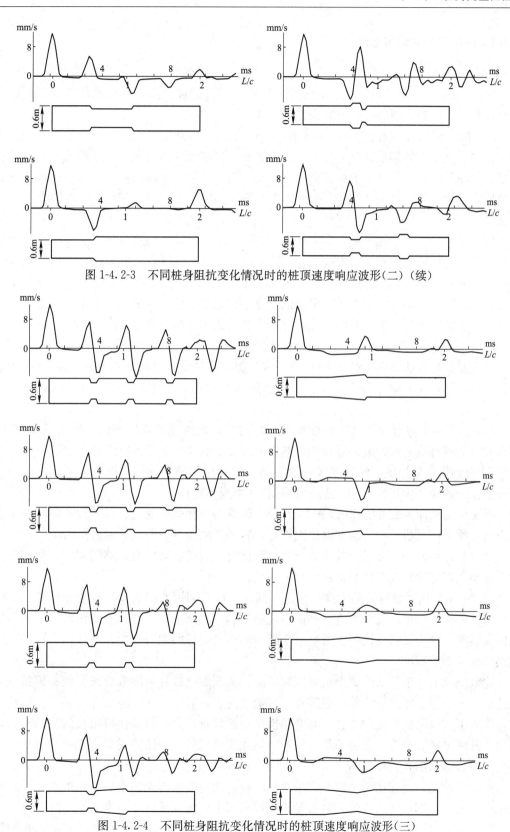

图 1-4.2-3　不同桩身阻抗变化情况时的桩顶速度响应波形(二)（续）

图 1-4.2-4　不同桩身阻抗变化情况时的桩顶速度响应波形(三)

4.2.2　检测目的和适用范围

1. 检测目的

根据《规范》JGJ 106，低应变反射波法的主要目的是检测桩身缺陷位置和判定桩身完整性类别。需要说明的是以下二点：

(1) 根据测试波形无法准确判定缺陷类型。因为无论缺陷是缩径、夹泥或是混凝土离析，在波形上反应的都是桩身阻抗的变化，波形反射特征基本相同，对于严重缺陷和断桩也很难明确划分。有经验的工程师会根据桩型、施工工艺、地质条件、施工中出现的问题以及地方经验，初步判定缺陷类型和产生缺陷的原因，然后采用开挖或钻芯法进一步验证。

(2) 桩身完整性的判断为定性判断而非定量，所以对其类别的划分不能与桩是否合格直接相关。比如说Ⅲ类桩在《规范》JGJ 106 的定义为"桩身有明显缺陷，对桩身结构承载力有影响"，说明了Ⅲ类桩的确存在安全隐患，但低应变法做出的结论毕竟在技术层面上带有经验成分，必要时还需进一步验证，直接把完整性类别与桩是否合格相关联，在一定程度上就会带有盲目性，规范中也没有给出合格或不合格的评定标准。

2. 适用范围

低应变反射波法适用于混凝土桩(包括灌注桩，预制桩及复合地基中的增强体等)的桩身完整性检测，判定缺陷程度和位置。现场检测与数据后处理过程中，应注意以下几个问题：

(1) 一维应力波理论要求波在桩身中传播时平截面假设成立。因此受检桩的长细比、瞬态激励脉冲有效高频分量的波长与桩的横向尺寸之比均宜大于 5；而对薄壁钢管桩和类似于 H 型钢桩的异型桩，低应变法一般不适用。对于薄壁钢管桩，桩身完整性可以通过在桩顶施加扭矩产生扭转波的办法进行测试(详细内容略)。

对于桩身截面多变的灌注桩(如支盘桩)，因应力波在截面变化处的多次反射将产生交互影响，使对信号质量的判断变得很困难，也容易产生误判，所以应慎重使用。

对大直径桩，为弥补尺寸效应的影响，测试时的激励脉冲应有足够的宽度，但同时要注意脉冲宽将导致对浅部缺陷识别精度的降低。

(2) 反射波法对桩身缺陷程度只作定性判定，尽管利用实测曲线拟合法分析能给出定量的结果，但由于桩的尺寸效应、测试系统的幅频、相频响应、高频波的弥散、滤波等造成的实测波形畸变，以及桩侧土阻尼、土阻力和桩身阻尼的耦合影响，曲线拟合法还不能达到精确定量的程度。

少数情况下，桩的缺陷类型是可以判断的，如预制桩桩身裂隙或焊点开焊；因机械开挖造成的中小直径灌注桩浅部断裂等等。多数情况下，对于存在缺陷的灌注桩，测试信号主要反映了桩身阻抗变化的信息，而缺陷性质一般较难区分，如灌注桩出现的缩颈与局部松散或低强度区、夹泥、空洞等都有关系，只凭测试信号区分缺陷类型尚无理论依据，必要时应结合地质勘查资料和施工工艺等因素进行详细判别。

要说明的是，对存在两个以上严重缺陷的桩，低应变法将无法给出全面的判断；对桩身纵向裂缝、深部缺陷的方位、钢筋笼长度以及沉渣厚度，低应变法也不能进行判断。

(3) 受桩周土约束、激振能量、桩身材料阻尼和桩身截面阻抗变化等多种因素的影响，应力波的能量和幅值在传播过程中将逐渐衰减。如果桩的长径比较大，桩土刚度比过小或桩身截面阻抗变幅较大，应力波可能尚未反射回桩顶甚至尚未传到桩底，其能量就已经完全衰减；另外还有一种特殊情况，即桩的阻抗与桩端持力层阻抗相匹配。上述情况均可能因检测不到桩底反射信号而无法对整根桩的完整性进行判定。在我国，各地提出的有效检测范围变化很大，如长径比 30～50、桩长 30～50m 等，《建筑基桩检测技术规范》JGJ 106—2014 中也没有对有效检测长度的控制范围做出明确规定。所以具体工程的有效检测桩长，应通过现场试验、依据能否识别桩底反射信号来确定。

对于有效检测桩长小于实际桩长的桩，尽管测不到桩底反射信号，但如果有效检测长度范围内存在缺陷，则实测信号中必有缺陷反射信号。此时，低应变法只可用于查明有效检测长度范围内是否存在缺陷。

（4）波速的大小与骨料品种、粒径级配、水灰比等多种因素有关，与混凝土强度之间呈正相关关系，即强度高则波速高，但二者间不能定量推算。中国建筑科学研究院的试验资料表明，采用普硅水泥、粗骨料相同、不同试配强度及龄期强度相差 1 倍时，声速变化仅为 10％ 左右；根据辽宁省建设科学研究院的试验结果，采用矿渣水泥，28 天强度为 3 天强度的 4～5 倍，一维波速增加 20％～30％；分别采用碎石和卵石并按相同强度等级试配，发现以碎石为粗骨料的混凝土一维波速比卵石高约 13％；但福建省建筑科学研究院的试验结果正相反，即骨料为卵石的混凝土声速略高于骨料为碎石的混凝土。另外，低应变法得到的波速为整个桩长范围内的平均波速，如果桩身存在缺陷，平均波速值将降低，但不能说桩身混凝土强度偏低；所以单纯依据波速大小评定混凝土强度等级是不准确的。这点与声波透射法检测不同，因为声透法可直接将试件声速与强度建立关系。

（5）对复合地基中的竖向增强体，当混凝土强度等级不低于 C15 时，采用低应变法对桩身完整性检验是可行的。但对水泥土桩，因桩身强度不高且施工质量离散性大，低应变法检测的可行性有时应视现场情况而定，其可靠性和成熟性还有待进一步探究。

3. 现场检测技术

（1）测试仪器和激振设备的选择

1）测量响应系统

建议采用的测量响应传感器为压电式加速度传感器。

根据压电式加速度计的结构特点和动态性能，当传感器的可用上限频率在其安装谐振频率的 1/5 以下时，可保证较高的冲击测量精度，且在此范围内，相位误差完全可以忽略。所以应尽量选用自振频率较高的加速度传感器。

对于桩顶瞬态响应测量，习惯上是将加速度计的实测波形积分成速度波形，并据此进行判读。实践表明：除采用小锤硬碰硬敲击外，速度信号中的有效高频成分一般在 2000Hz 以内。但这并不等于说，加速度计的频响线性段达到 2000Hz 就足够了。这是因为，加速度原始信号比积分后的速度波形中要包含更多和更尖的毛刺，高频尖峰毛刺的宽窄和多少决定了它们在频谱上占据的频带宽窄和能量大小。事实上，对加速度信号的积分相当于低通滤波，这种滤波作用对尖峰毛刺特别明显。当加速度计的频响线性段较窄时，就会造成信号失真。所以，在 ±10％ 幅频误差内，加速度计幅频线性段的高限不宜小于 5000Hz，同时也应避免在桩顶敲击处表面凹凸不平时用硬质材料锤（或不加锤垫）直接敲击。

对磁电式速度传感器的稳态和冲击响应性能的研究表明，对高频窄脉冲冲击响应的测量不宜使用速度传感器。此外，由于速度传感器的体积和质量均较大，其安装谐振频率受安装条件影响很大，安装不良时的安装谐振频率会大幅下降并产生自身振荡，虽然可通过低通滤波将自振信号滤除，但如果安装谐振频率与信号的有用频率成分重叠，则安装谐振频率附近的有用信息也将被滤除。

2）激振设备

瞬态激振操作应通过现场试验选择不同材质的锤头或锤垫，以获得低频宽脉冲或高频窄脉冲。除大直径桩外，冲击脉冲中的有效高频分量可选择不超过 2000Hz（钟形力脉冲宽度为 1ms，对应的高频截止分量约为 2000Hz），桩直径小时脉冲可稍窄一些。激振设备可选择力锤或力棒。锤头的软硬或锤垫的厚薄和锤的质量都能起到控制脉冲宽窄的作用，通常前者起主要作用；而后者（包括手锤轻敲或加力锤击）主要是控制力脉冲幅值。因为不同的测量系统灵敏度和增益设置不同，灵敏度和增益都较低时，加速度或速度响应弱，相对而言降低了测量系统的信噪比或动态范围；两者均较高时又容易产生过载和削波。通常在一定锤重和加力条件下，当敲击点处凹凸不平、软硬不一时，冲击加速度幅值变化范围很大（脉冲宽窄也发生较明显变化），有些仪器没有加速度超载报警功能，而削波的加速度波形积分成速度波形后可能不容易被察觉。锤头及锤体质量选择并不需要拘泥某一种固定形式，可选用工程塑料、尼龙、铝、铜、铁、硬橡胶等材料制成的锤头，或用橡皮垫作为缓冲垫层，锤的质量也可几百克至几十千克不等，主要目的有以下两点：

① 控制激励脉冲的宽窄以获得清晰的桩身阻抗变化的反射或桩底反射（见图 1-4.2-5），同时又不产生明显的波形失真或高频干扰；

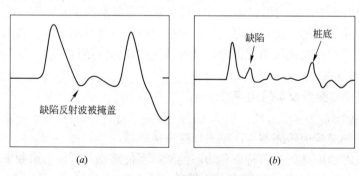

图 1-4.2-5 不同激励脉冲宽度

（a）脉冲过宽；（b）脉冲宽度合适

② 获得较大的信号动态范围而不超载。

（2）桩头处理

桩顶条件和桩头处理好坏直接影响测试信号的质量。对低应变动测而言，判断桩身阻抗相对变化的基准是桩头部位的阻抗。因此，要求受检桩桩顶的混凝土质量、截面尺寸应与桩身设计条件基本等同。灌注桩应凿去桩顶浮浆或松散、破损部分，并露出坚硬的混凝土表面；桩顶表面应平整干净且无积水；应将敲击点和响应测量传感器安装点部位磨平，多次锤击信号重复性较差时，多与敲击或安装部位不平整有关；妨碍正常测试的桩顶外露主筋应割掉。对于预应力管桩，当法兰盘与桩身混凝土之间结合紧密时，可不进行处理，否则，应采用电锯将桩头锯平。

当桩头与承台或垫层相连时，相当于桩头处存在很大的截面阻抗变化，对测试信号会产生影响。因此，测试时桩头应与混凝土承台断开；当桩头侧面与垫层相连时，除非对测试信号没有影响，否则应断开。

（3）测试参数设定

从时域波形中找到桩底反射位置，仅仅是确定了桩底反射的时间，根据 $\Delta T = 2L/c$，只有已知桩长 L 才能计算波速 c，或已知波速 c 计算桩长 L。因此，桩长参数应以实际记录的施工桩长为依据，按测点至桩底的距离设定。测试前桩身波速可根据本地区同类桩型的测试值初步设定。根据前面测试的若干根桩的真实波速的平均值，对初步设定的波速调整。

对于时域信号，采样频率越高，则采集的数字信号越接近模拟信号，越有利于缺陷位置的准确判断。一般应在保证测得完整信号（时段 $2L/c+5\mathrm{ms}$，1024 个采样点）的前提下，选用较高的采样频率或较小的采样时间间隔。但是，若要兼顾频域分辨率，则应按采样定理适当降低采样频率或增加采样点数。如采样时间间隔为 $50\mu\mathrm{s}$，采样点数 1024，FFT 频域分辨率仅为 19.5Hz。

（4）传感器安装和激振操作

1）传感器用耦合剂粘结时，粘结层应尽可能薄；必要时可采用冲击钻打孔安装方式，传感器底安装面应与桩顶面紧密接触。激振以及传感器安装均应沿桩的轴线方向。

2）激振点与传感器安装点应远离钢筋笼的主筋，其目的是减少外露主筋振动对测试产生干扰信号。若外露主筋过长而影响正常测试时，应将其割短。

3）测桩的目的是激励桩的纵向振动振型，但相对桩顶横截面尺寸而言，激振点处为集中力作用，在桩顶部位难免出现与桩的径向振型相对应的高频干扰。当锤击脉冲变窄或桩径增加时，这种由三维尺寸效应引起的干扰加剧。

传感器安装点与激振点距离和位置不同，所受干扰的程度各异。研究成果表明：实心桩安装点在距桩中心约 2/3 半径 R 时，所受干扰相对较小；空心桩安装点与激振点平面夹角等于或略大于 $90°$ 时也有类似效果，该处相当于径向耦合低阶振型的驻点。另外，加大安装与激振两点间距离或平面夹角，将增大锤击点与安装点响应信号的时间差，造成波速或缺陷定位误差。传感器安装点、锤击点布置见图 1-4.2-6。

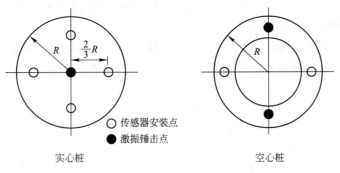

○ 传感器安装点
● 激振锤击点

实心桩　　　　　　　　　　空心桩

图 1-4.2-6　传感器安装点、锤击点布置示意图

4）当预制桩、预应力管桩等桩顶高于地面很多，或灌注桩桩顶部分桩身截面很不规

则，或桩顶与承台等其他结构相连而不具备传感器安装条件时，可将两支测量响应传感器对称安装在桩顶以下的桩侧表面，且宜远离桩顶。

5）瞬态激振通过改变锤的重量及锤头材料，可改变冲击入射波的脉冲宽度及频率成分。锤头质量较大或刚度较小时，冲击入射波脉冲较宽，低频成分为主；当冲击力大小相同时，其能量较大，应力波衰减较慢，适合于获得长桩桩底信号或下部缺陷的识别（见图 1-4.2-7）。锤头较轻或刚度较大时，冲击入射波脉冲较窄，含高频成分较多；冲击力大小相同时，虽其能量较小并加剧大直径桩的尺寸效应影响，但较适宜于桩身浅部缺陷的识别及定位。

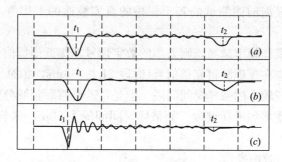

图 1-4.2-7　不同的锤击工具引起不同的动力响应

（桩型：40cm×40cm 预制方桩）

(a)手锤；(b)带尼龙头力锤；(c)细金属杆

6）为了能对室内信号分析发现的异常提供必要的比较或解释依据，检测过程中，同一工程的同一批试桩的试验操作宜保持同条件，不仅要对激振操作、传感器和激振点布置等某一条件改变进行记录，也要记录桩头外观尺寸和混凝土质量的异常情况。

7）桩径增大时，桩截面各部位的运动不均匀性也会增加，桩浅部的阻抗变化往往表现出明显的方向性。故应增加检测点数量，通过各接收点的波形差异，大致判断浅部缺陷是否存在方向性。每个检测点有效信号数不宜少于 3 个，而且应具有良好的重复性，通过叠加平均提高信噪比。

4. 检测数据的分析与判定

（1）桩身平均波速的确定

为分析不同时段或频段测试波形中反映的桩身阻抗变化信息、核验桩底信号并确定桩身缺陷位置，需要确定桩身平均波速值。

当桩长已知、桩底反射信号明确时，在地质条件、设计桩型、成桩工艺相同的基桩中，选取不少于 5 根 I 类桩的桩身波速值按下列三式计算其平均值。

$$c_m = \frac{1}{n} \sum_{i=1}^{n} c_i$$

$$c_i = \frac{2L}{\Delta T}$$

$$c_i = 2L \cdot \Delta f$$

式中　c_m——桩身波速的平均值；

c_i——第 i 根受检桩的桩身波速值，《规范》JGJ 106 要求 c_i 取值的离散性不能太

大，即 $|c_i - c_m|/c_m \leqslant 5\%$；

L——测点下桩长；

ΔT——速度波第一峰与桩底反射波峰间的时间差，见图 1-4.2-8；

Δf——幅频曲线上桩底相邻谐振峰间的频差，见图 1-4.2-9；

n——参加波速平均值计算的基桩数量($n \geqslant 5$)。

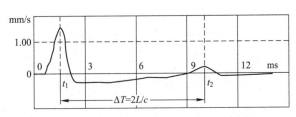

图 1-4.2-8 完整桩典型时域信号特征图

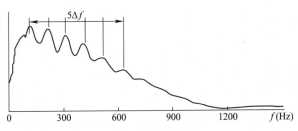

图 1-4.2-9 完整桩典型速度幅频信号特征

对 $|c_i - c_m|/c_m \leqslant 5\%$ 的规定比较严格，而影响波速准确性的因素很多，所以参加平均波速统计的被检桩的测试条件应尽可能一致，桩身也不应有明显扩径。

当无法按上述方法确定时，波速平均值可根据本地区相同桩型及成桩工艺的其他桩基工程的实测值，结合桩身混凝土的骨料品种和强度等级综合确定。虽然波速与混凝土强度二者并不呈一一对应关系，但考虑到二者整体趋势上呈正相关关系，且强度等级是现场最易得到的参考数据，故对于超长桩或无法明确找出桩底反射信号的桩，可根据本地区经验并结合混凝土强度等级，综合确定波速平均值，或利用成桩工艺、桩型相同，且桩长相对较短并能够找出桩底反射信号的桩确定的波速，作为波速平均值。

此外，当某根桩露出地面且有一定的高度时，可沿桩长方向间隔一可测量的距离段安置两个测振传感器，通过测量两个传感器的响应时差，计算该桩段的波速值，以该值代表整根桩的波速值。

(2) 桩身缺陷位置的确定

桩身缺陷位置计算采用以下两式之一：

$$x = \frac{1}{2} \cdot \Delta t_x \cdot c$$

$$x = \frac{1}{2} \cdot \frac{c}{\Delta f'}$$

式中 x——桩身缺陷至传感器安装点的距离；

Δt_x——速度波第一峰与缺陷反射波峰间的时间差，见图 1-4.2-10；

c——受检桩的桩身波速，无法确定时用 c_m 值替代；

$\Delta f'$——幅频信号曲线上缺陷相邻谐振峰间的频差，见图 1-4.2-11。

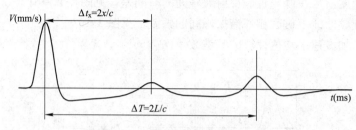

图 1-4.2-10　缺陷桩典型时域信号特征

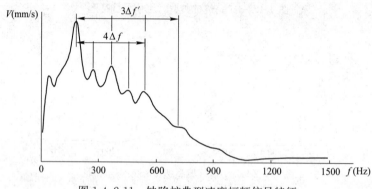

图 1-4.2-11　缺陷桩典型速度幅频信号特征

采用上述方法确定桩身缺陷的位置是有误差的，原因是：

1）缺陷位置处 Δt_x 和 $\Delta f'$ 存在读数误差；采样点数不变时，提高时域采样频率降低了频域分辨率；波速确定的方式及用波速平均值 c_m 替代带来的误差。

2）横向尺寸效应和纵向尺寸效应的影响。

（3）桩身完整性类别的判定及注意事项

建议采用时域和频域波形分析相结合的方法进行桩身完整性判定，也可单独根据时域或频域波形进行完整性判定。一般在实际应用中以时域分析为主，频域分析为辅。

依据实测时域或幅频信号特征进行桩身完整性定性判定的分类标准见表 1-4.2-1。这里需特别强调，仅依据信号特征判定桩身完整性是不够的，需要检测分析人员结合缺陷出现的深度、测试信号衰减特性以及设计桩型、成桩工艺、地质条件、施工情况等综合分析判定。

桩身完整性判定　　　　　　　　　　　　　　　　　　　　　表 1-4.2-1

类别	时域信号特征	幅频信号特征
I	$2L/c$ 时刻前无缺陷反射波，有桩底反射波	桩底谐振峰排列基本等间距，其相邻频差 $\Delta f \approx c/2L$
II	$2L/c$ 时刻前出现轻微缺陷反射波，有桩底反射波	桩底谐振峰排列基本等间距，其相邻频差 $\Delta f \approx c/2L$，轻微缺陷产生的谐振峰与桩底谐振峰之间的频差 $\Delta f' > c/2L$

类别	时域信号特征	幅频信号特征
Ⅲ	有明显缺陷反射波，其他特征介于Ⅱ类和Ⅳ类之间	
Ⅳ	$2L/c$ 时刻前出现严重缺陷反射波或周期性反射波，无桩底反射波； 或因桩身浅部严重缺陷使波形呈现低频大振幅衰减振动，无桩底反射波	缺陷谐振峰排列基本等间距，相邻频差 $\Delta f' > c/2L$，无桩底谐振峰； 或因桩身浅部严重缺陷只出现单一谐振峰，无桩底谐振峰

表 1-4.2-1 没有列出桩身无缺陷或有轻微缺陷但无桩底反射这种信号特征的类别划分。事实上，低应变法测不到桩底反射信号这类情形受多种因素影响，例如：①软土地区的超长桩，长径比很大；②桩周土约束很大，应力波衰减很快；③桩身阻抗与持力层阻抗匹配良好；④桩身截面阻抗显著突变或沿桩长多变、渐变；⑤预制桩接头缝隙影响。

事实上，当桩侧和桩端阻力很强时，高应变法同样也测不出桩底反射。所以，上述原因造成无桩底反射也属正常。此时的桩身完整性判定，只能结合经验、参照本场地和本地区的同类型桩综合分析或采用其他方法进一步检测。

所以，绝对要求同一工程所有的Ⅰ、Ⅱ类桩都有清晰的桩底反射也不现实。对同一场地、地质条件相近、桩型和成桩工艺相同的基桩，因桩端部分桩身阻抗与持力层阻抗相匹配而导致实测信号无桩底反射时，只能按本场地同条件下有桩底反射的实测信号判定桩身完整性类别。

从时域或频域曲线特征提供的信息对完整桩进行判定相对来说较简单，而缺陷桩信号的分析则相对复杂。有的信号的确是因施工质量缺陷产生的，但也有是因设计构造或成桩工艺本身的局限性导致不连续（断面）而产生的，例如预制打入桩的接缝、灌注桩的逐渐扩径再缩回原桩径的变截面、地层硬夹层影响等。因此，在分析测试信号时，应仔细分清哪些是缺陷波或缺陷谐振峰，哪些是因桩身构造、成桩工艺、土层影响造成的类似缺陷信号特征。另外，根据测试信号幅值大小判定缺陷程度，除受缺陷程度影响外，还受桩周土阻尼大小及缺陷所处深度的影响。相同程度的缺陷因桩周土性不同或缺陷埋深不同，在测试信号中其幅值大小各异。因此，如何正确判定缺陷程度，特别是缺陷十分明显时，如何区分是Ⅲ类桩还是Ⅳ类桩，应仔细对照桩型、地质条件、施工情况结合当地经验综合分析判断。不仅如此，还应结合基础和上部结构型式对桩的承载安全性要求，考虑桩身承载力不足引发桩身结构破坏的可能性，进行缺陷类别划分，不宜单凭测试信号定论。比如，在桩身阻抗存在多变或渐变时，低应变法就很容易产生误判。

《建筑基桩检测技术规范规范》JGJ 106—2014 建议，对实测信号复杂、无规律，以及桩身截面渐变或多变，且变化幅度较大的混凝土灌注桩的桩身完整性判定，宜结合其他检测方法进行；但实测信号有明显的桩底或桩深部缺陷反射信息，则桩身上部一般不可能出现很明显或严重的缺陷。

当桩身阻抗渐变时，采用时域信号分析时应区分桩身截面渐变后恢复至原桩径并在该阻抗突变处的一次反射，或扩径突变处的二次反射。

（4）对检测报告的要求

人员水平低、测试过程和测量系统各环节出现异常、人为信号再处理影响信号真实性等，均直接影响结论判断的正确性，只有根据原始信号曲线才能鉴别。《规范》JGJ 106 规定，低应变检测报告应给出桩身完整性检测的实测信号曲线。

检测报告还应包括足够的信息：

1）工程概述；

2）岩土工程条件；

3）检测方法、原理、仪器设备和过程叙述；

4）受检桩的桩号、桩位平面图和相关的施工记录；

5）桩身波速取值；

6）桩身完整性描述、缺陷的位置及桩身完整性类别；

7）时域信号时段所对应的桩身长度标尺、指数或线性放大的范围及倍数；或幅频信号曲线分析的频率范围、桩底或桩身缺陷对应的相邻谐振峰间的频差；

8）必要的说明和建议，比如对扩大或验证检测的建议。

4.3　高应变法检测

高应变法采用一维应力波理论，同时考虑土弹簧和土阻尼的非线性影响，综合计算分析桩-土系统响应，以达到对桩侧和桩端土阻力进行测量的主要目的。

4.3.1　土阻力测量

下面，我们采用波动理论计算分析桩-土相互作用的土阻力问题。

由于测量激励和响应的传感器一般安装在桩顶附近，习惯上将安装传感器的截面视为桩顶（$x=0$ 边界），传感器安装位置至桩底的距离称为测点下桩长 L。对于等截面均匀桩，桩顶实测到的力和速度包含了桩侧和桩端土阻力的影响，任一深度 x 处的土阻力 R_x 在冲击过程中对桩顶的力和速度的影响为：

下行入射波通过 x 界面时，将在界面处分别产生幅值各为 $R_x/2$ 的向上反射压力波和向下传播的拉力波，见图 1-4.3-1。即 $t=x/c$ 时刻 R_x 被激发，$R_x/2$ 的压力波影响于 $2x/c$ 时刻反射回桩顶，它将使桩顶力曲线上升 $R_x/2$，同时使速度曲线下降 $R_x/2Z$。如果将速度曲线以力的单位归一化，即将速度乘以阻抗 Z 与力曲线同时显示，这样 R_x 对桩顶力和速度曲线的影响将使两曲线的差值增加为：

$$\frac{R_x}{2}-\left(-\frac{R_x}{2Z}\right)\cdot Z=R_x$$

由于深度 x 是任意的，于是可以得出如下结论：在桩顶力和速度时程曲线的 $2x/c(x\leqslant L)$ 时刻，力曲线与速度曲线之间的差值代表了应力波从桩顶下行至 x 深度的过程中所受到的所有土阻力之和（见图 1-4.3-2），即

$$R_x=F(0,2x/c)-Z\cdot V(0,2x/c)$$

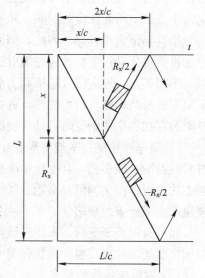

图 1-4.3-1　土阻力波传播示意

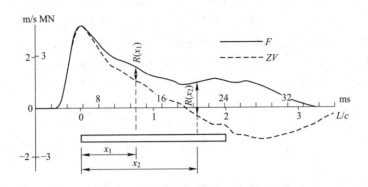

图 1-4.3-2　打桩过程的土阻力测量

　　这里除假定等截面均匀桩外，再没有做其他假定，所以打桩过程中的土阻力是直接测量得到的。R_x 越大，则 x 界面以上桩段的土阻力就越强。图 1-4.3-2 中，$R(x_1)$ 和 $R(x_2)$ 分别代表锤击时所测量到的桩顶以下 x_1 和 x_2 桩段的打桩土阻力。

　　打桩土阻力的大小显然与桩的竖向承载力高低有关，桩承载力愈高，打桩土阻力愈强。尽管土阻力是直接测量的，但土阻力中所包含的静阻力和动阻力的具体量值是未知的，力与速度曲线之差只说明了桩竖向承载力的高低。

4.3.2　检测目的和适用范围

　　1. 检测目的

　　(1) 判定单桩竖向抗压承载力是否满足设计要求。这里所说的承载力是指在桩身结构强度满足轴向荷载的前提下，桩周岩土对桩身的静承载能力，它是通过锤击后激发的总动态阻力间接推算出来的，而且只有在桩侧和桩端土阻力被充分激发的条件下，才能得到极限承载力，否则只能得到承载力检测值，据此对试桩承载能力做出判断。

　　(2) 判定桩身完整性。高应变法的激励能量高，有效检测深度大，在判定预制桩焊缝是否开裂和桩身水平整合型缝隙等缺陷上优于低应变法。另外，对于等截面桩可由桩身完整性系数 β 定量判定桩顶下第一缺陷的缺陷程度及是否影响桩身结构承载力，属于直接定量的测试方法。但带有普查性的完整性检测，采用低应变法则更为简便、快速。

　　(3) 打桩过程的监控。高应变检测技术是从打入式预制桩发展起来的，以取代动力打桩公式。试打桩和打桩监控是高应变法的特有功能，目的有二：一是验证打入桩设计的可行性，即是否能够在设定深度内提供预期的承载力；二是监测预制桩打入时的桩身应力、锤击能量的传递、桩身完整性变化，为沉桩工艺参数如收锤标准，桩长、桩型的选择以及沉桩设备的匹配能力提供依据。

　　2. 适用范围

　　(1) 高应变法在检测桩承载力方面属于半直接法，它是通过应力波直接测量打桩时的土阻力，然后根据假设的桩土力学模型及参数，从中再提取我们所要求的静阻力信息。

　　高应变法在某种程度上仍是经验方法。首先，模型的建立和参数的选择带有近似性和经验性，它们是否合理、准确，依赖于大量工程经验的积累和可靠的静动对比资料；其次，对检测数据分析结果的准确程度取决于检测人员的技术水平和经验。所以，在基桩检测规范中，明确了高应变法只能作为工程桩的检验而不能作为设计性试桩，或在有本地区相近条件对比资料的前提下，可作为工程桩承载力验收时静载试验的补充。

（2）灌注桩的截面尺寸不规则，材质也不均匀，加之施工的隐蔽性，承载力检测结果的变异性普遍高于预制桩；受混凝土材料的非线性、传感器安装条件及安装处混凝土质量的影响，灌注桩采集的波形质量明显低于预制桩，波形拟合分析时参数设定的不确定性和分析的复杂程度又明显高于预制桩。因此，《规范》JGJ 106 特别强调了灌注桩应在具有现场实测经验和本地区相近条件下的可靠对比验证资料下才能实施高应变法承载力检测。

（3）大直径灌注桩或扩底桩（墩），静载试验的 Q-s 曲线通常表现为缓变型。此时，桩端阻力的充分发挥需要很大的位移量。另外，在土阻力相同的条件下，桩身直径的增加使桩身截面阻抗（或桩的惯性）与直径成平方的关系增加，造成锤与桩的匹配能力下降，而高应变检测所用锤的重量有限（一般在 200kN 以内），且很难在桩顶产生持续时间较长的作用荷载，达不到使土阻力充分发挥所需的位移量，从而不能得到桩的极限承载力，承载力检测值也往往偏低，有时会因达不到设计要求而出现争议。因此，《规范》JGJ 106 规定了对这类桩不宜采用高应变法检测承载力。

但规范中也没有限制高应变法对嵌岩桩的检测，主要考虑的是可以通过对嵌岩桩测试波形特征的解读和承载力检测值的大小对其作出分析和判定；而且对于长径比较大的嵌岩桩，桩身的弹性压缩量就足以使桩侧土阻力得到充分发挥。

4.3.3　检测技术

1. 测试仪器

检测仪器的主要技术性能不应低于行业标准《基桩动测仪》JG/T 3055 表 1 规定的 2 级标准，且应具有保存、显示实测力与速度信号和信号处理与分析的功能。

2. 锤击设备

高应变检测的锤击设备包括以下两种：一是自由落锤，它适用于各种桩型；二是打桩锤，适用于打入桩，如筒式柴油锤、蒸汽锤、液压锤等具有导向装置的打桩机械都可作为锤击设备，但对导杆式柴油锤，因力和速度上升过于缓慢，容易造成速度响应信号失真，所以不建议采用。

基桩检测规范对锤击设备的规定如下：

（1）落锤应形状对称、高径（宽）比不得小于 1。当采取自由落锤安装加速度传感器的方式实测锤击力时，重锤应整体铸造，且高径（宽）比应在 1.0～1.5 范围内。

（2）锤击装置应具有稳固导向装置。

（3）锤重不得小于单桩竖向抗压承载力特征值的 2%。混凝土桩的桩径大于 600mm 或桩长大于 30m 时，尚应考虑桩径或桩长增加引起的桩-锤匹配能力下降，对锤的重量与单桩竖向抗压承载力特征值的比值予以提高补偿。

（4）采用自由落锤时，应重锤低击，最大落距不宜大于 2.5m。

锤的重量不足时，即使提高落距，也不能有效提高锤传递给桩的能量和增大桩顶位移以激发桩周土的静阻力，而且锤击时的脉冲窄、力脉冲作用时间短，会造成桩身受力和运动的不均匀性。落距大、冲击速度较高时，实测波形中土的动阻力影响加剧，而与位移相关的土的静阻力的分析误差将增加；而且落距越高，锤击应力和偏心越大，越容易击碎桩头。因此，重锤低击是确保高应变法检测承载力准确性的基本原则。

对自由落锤装置，锤架的安放应确保其承重后不会发生倾斜，同时也要避免锤体反弹对导向装置的横向撞击。

3. 桩头加固

混凝土灌注桩在进行高应变检测前一般均应进行桩头加固处理。加固要求如下：

(1) 应凿掉桩顶浮浆层至新鲜混凝土，并冲洗干净。

(2) 桩头主筋应全部直通至新接桩头桩顶，各主筋应在同一高度上。

(3) 桩顶下 1 倍桩径范围内，宜用厚度为 $3 \sim 5$mm 的钢板围裹，或在新接桩头内设置箍筋，箍筋间距不宜大于 100mm。

(4) 桩顶应设置钢筋网片 $2 \sim 3$ 层，间距 $60 \sim 100$mm。

(5) 桩头混凝土强度等级宜比桩身提高 $1 \sim 2$ 级，且不得低于 C30；桩顶面用水准尺找平，并确保保护层厚度。

(6) 桩头测点处截面尺寸应与原桩身截面尺寸相同。

4. 传感器及其安装

(1) 加速度计。目前常用的压电式加速度计有二种：一种是电压输出，带内装放大；一种是电荷输出。加速度计的安装谐振频率不应低于 10000Hz，量程应大于预估最大冲击加速度 1 倍以上。如对混凝土桩，可选择量程为 $1000 \sim 2000$g 的加速度计，对钢桩为 $3000 \sim 5000$g。

(2) 应变式力传感器。目前用于高应变检测的力传感器都是专门设计制作的，材料一般为铝合金，结构型式为圆环式或双梁式结构，采用全桥方式内贴 4 片电阻应变片，且可温度自补偿。力传感器的线性工作范围一般不应小于 $\pm 1000 \mu \varepsilon$，非线性误差在 $\pm 1\%$ 以内；但考虑到锤击偏心、传感器安装初变形以及钢桩测试等因素，最大轴向应变范围不宜小于 $\pm 2500 \sim \pm 3000 \mu \varepsilon$，而相应的应变调适仪应具有较大的电阻平衡范围。

(3) 传感器安装见图 1-4.3-3。传感器的安装位置一般在桩顶下 $(1 \sim 2)D$（D 为试桩的直径或边宽）的桩侧表面。实际安装时，应根据现场条件尽量向下安装，以避免锤击时应力集中和偏心的影响。传感器数量每种均不得少于两个，美国 PDI 公司甚至建议每种 4 个，以提高力与速度测试结果的精度。用锤上安装加速度传感器进行冲击力量测时，传感器的安装位置在自由落锤锤体 $0.5H_r$ 处（H_r 为锤体高度）；在此条件下，对称安装在桩侧表面的加速度传感器距桩顶的距离不得小于 $0.4H_r$ 或 $1D$，并取两者之中的高值。

应变式力传感器的安装应符合下列规定：

1) 力传感器与加速度传感器的中心应位于同一水平线上；同侧的传感器间的水平距离不宜大于 80mm。安装后传感器的检测方向必须与桩身轴线平行。

2) 传感器的安装面材质应均匀、密实、平整，必要时采用磨光机将其磨平，以避免传感器的初始不平衡值超标。安装完毕后的传感器应紧贴桩身表面，锤击时传感器不得产生滑动。为保证检测时的最大应变值在传感器的线性工作范围内，安装后的传感器初始应变应能保证锤击时的可测轴向变形余量，混凝土桩应大于 $\pm 1000 \mu \varepsilon$，钢桩应大于 $\pm$

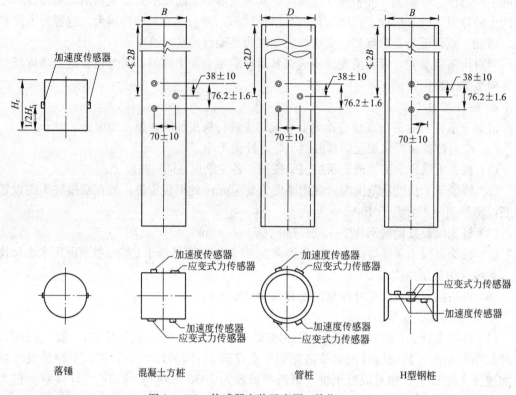

图1-4.3-3 传感器安装示意图（单位：mm）

$1500\mu\varepsilon$，且允许拉应变的初始值比压应变大一些。

3）当连续锤击监测时，应将传感器连接电缆包括电缆接头有效固定。

5. 参数设定

（1）采样时间间隔宜为 $50\sim200\mu s$，信号采样点数不宜少于1024点。对于超长桩（大于60m），采样时间间隔取高值，或增加采样点数。

（2）传感器的灵敏度设定值按检定或校准结果取值。

（3）自由落锤安装加速度传感器测力时，力的设定值由加速度传感器设定值与重锤质量的乘积确定，单位为 kN/V。

（4）检测截面的面积 A 应按实际测量确定。

（5）测点下桩长 L 可采用设计图纸或施工记录提供的数据作为设定值。对预制的打入桩，桩尖长度一般不予计入。

（6）桩身材料质量密度 ρ 可按表1-4.3-1取值。

桩身材料质量密度（t/m³） 表1-4.3-1

钢桩	混凝土预制桩	离心管桩	混凝土灌注桩
7.85	2.45～2.55	2.55～2.60	2.40

（7）对混凝土灌注桩或预制桩，桩身波速 c 可根据经验初步设定，然后根据实测信号确定的波速进行修正。对于普通钢桩，桩身波速可直接设定为5120m/s。

（8）按 $E=\rho c^2$ 和 $Z=\rho cA$ 计算或调整桩身材料弹性模量和截面阻抗。

6. 检测开始前的系统调试

（1）利用仪器的自检功能，确认仪器内部的工作状态；如利用仪器内置的标准模拟信号，触发所有测试通道进行自检，以确认包括传感器、连接电缆在内的仪器系统属于正常工作状态。

（2）对应变式力传感器进行初偏值的检查；

（3）当采用交流电给仪器供电时，因传感器外壳与仪器外壳共地，易出现 50Hz 干扰，所以应采取良好接地措施。

7. 贯入度测量

贯入度测量的目的主要是校核波动分析结果，同时也是推定桩侧和桩端土阻力是否发挥的依据。对于具有陡降型 $Q\text{-}s$ 曲线的摩擦桩和部分打入桩，贯入度大小是确保试桩极限承载力发挥的必要条件。

贯入度的测量可采用精密水准仪等光学仪器，但对于打入桩，也可根据一阵锤（10锤）后桩的总下沉量计算单击贯入度。

利用桩顶附近截面实测的加速度 $a(t)$，经过两次积分可得到桩顶整个动位移过程，从而获得最终贯入度值，这是一种简便而有效的检测方法。但结果可能会因下列原因产生很大的误差：

（1）由于记录长度不足，信号采集结束时桩的运动尚未停止，这时只能获得最大动位移而无法得到正确的贯入度值，这在用柴油锤打长桩时尤为明显。

（2）加速度计的质量优劣直接影响测试结果的精度和可靠性，如零漂大和因时间常数小导致的低频响应差等问题都会影响积分曲线的趋势。

基桩检测规范给出了单击贯入度宜在 2～6mm 之间，以保证承载力计算结果的可靠性。因贯入度过大会造成桩周土的扰动大，这时高应变法所假设的土的力学模型将变得不符合实际。根据国内和国外的统计资料，贯入度较大时，采用常规的理想弹-塑性土阻力模型进行实测曲线拟合分析，得到的承载力多数明显低于静载试验结果，且统计结果离散性大。而贯入度较小、甚至桩几乎未被打动时，静动对比的误差相对较小，且统计结果的离散性也不大。

8. 信号质量的检查与判别

信号质量以及信号中有效的桩土相互作用信息是高应变分析的基础。由于同一根试桩的高应变检测往往在离开测试现场后无法进行复核或重新测试，所以检测人员应能正确判断波形质量，熟练地诊断测量系统的各类故障，排除干扰因素，确保采集到可靠的数据。

根据实测的 F 和 ZV 曲线对信号质量进行初判。如：①多数情况下力和速度信号第一峰前后区段应基本成比例或重合，除非桩身浅部阻抗变化或地表有较大土阻力的影响；②除柴油锤施打长桩外，力和速度的时程曲线尾部应基本归零，否则有可能造成采集的数据记录长度不足。力信号尾部不归零的原因有二：一是混凝土桩测点处有塑性变形或开裂；二是传感器安装不牢固。

利用辅助曲线对信号质量做进一步判断。如：①对四个通道（F1 和 F2，V1 和 V2）的实测曲线逐一进行检查，主要用来判断锤击的偏心程度和检测通道是否正常工作。严禁采用单边力信号代替平均力信号，而对单边速度信号，因锤击偏心对加速度信号的对称性影响一般较小，如果检测人员对单边信号质量有把握，将其作为平均加速度信号采用是可行的；基桩检测规范规定，对两侧力信号幅值相差超过1倍的高应变锤击信号，不得作为承载力分析的依据；②根据动位移曲线观察检测截面的动位移过程、判断锤击是否充分以及贯入度的情况；③根据能量曲线反映锤击系统的沉桩能力以及桩身从锤体接收到的能量大小。

用β法对桩身完整性作出判断。当桩身有明显缺陷或缺陷程度加剧时，应停止检测。

根据实测速度曲线的最大值，初步判定桩身的最大压应力，在已知桩身混凝土强度的条件下，调整锤击落距。

利用采集软件提供的数据分析结果，检查混凝土桩锤击拉、压应力的大小，以决定是否进一步锤击，以免桩头或桩身受损。对预制桩，桩基规范中规定，最大锤击压应力和最大锤击拉应力分别不应超过混凝土的轴心抗压强度设计值和轴心抗拉强度设计值。

9. 桩身平均波速的确定

桩身平均波速应根据实测的 $F-V$ 曲线，首选峰-峰法或起升沿-起升沿法确定，也可根据导出的上、下行波曲线的起跳点法确定。

当桩底反射明显且尖锐时，可利用速度曲线的波峰和桩底反射的波峰间的时间差，结合测点下桩长确定平均波速值，见图1-4.3-4。但当测试波形畸变明显或桩身有水平裂缝时，这种方法的误差将增大。

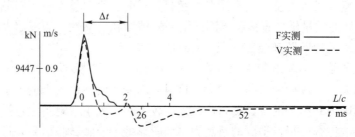

图 1-4.3-4　根据峰-峰法确定桩身波速

当桩底反射的波峰较宽、准确定位峰值点有困难时，可根据速度曲线第一峰起升沿的起点和桩底反射峰的起点之间的时间差确定平均波速，见图1-4.3-5。这种方法的误差大小与起跳点定位精度有关，而且易受噪声或其他杂波的干扰。

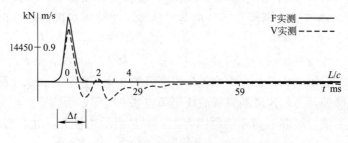

图 1-4.3-5　根据起升沿-起升沿法确定桩身波速

当桩底反射不明显时，平均波速可根据下行波波形起升沿的起点到上行波下降沿的起点之间的时间差确定，见图 1-4.3-6。但要注意的是，当桩底附近有明显缺陷时，上行波曲线下降起跳点的判断可能会变得相对复杂。

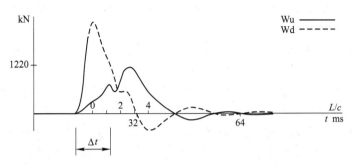

图 1-4.3-6　根据上下行波确定桩身波速

当无法明确看到桩底反射时，可根据桩长、混凝土波速的合理取值范围或邻近桩的桩身波速值综合确定，结果则取决于检测人员的实践经验。

10. 信号的选取与幅值调整

(1) 信号选取的基本原则如下：

1) 对桩身完整性的判别可选能量较低的锤击信号。

2) 对承载力测试，当采用自由落锤时宜选取能量较大且靠前的锤击信号。对打桩机，沉桩监控对承载力进行初判时，收锤阶段的一阵锤击宜选靠后的锤击信号，而对复打试验时的承载力测试，则应尽可能选取靠前的锤击信号。

3) 当连续锤击使桩周土受到扰动，如因触变效应使桩侧土体强度下降，或因锤击使桩身缺陷进一步发展或拉应力使桩身混凝土产生裂隙时，则应对连续的几个锤击信号进行分析计算，以明确土阻力的变化，合理判定承载力的大小，或通过对缺陷程度较大的测试信号的分析计算，判定桩身结构承载力是否满足使用要求。

当出现下列情况之一时，高应变锤击信号不得作为承载力分析计算的依据：

1) 传感器安装处混凝土开裂或出现严重塑性变形使力曲线最终未归零。

2) 严重锤击偏心，两侧力信号幅值相差超过 1 倍。

3) 四通道测试数据不全。

(2) 对信号幅值的调整主要有以下几个方面：

1) 当平均波速按实测波形改变后，测点处的原设定波速也按比例线性改变，模量则按平方的比例关系改变。当采用应变式传感器测力且以速度 $(V = c \cdot \varepsilon)$ 的单位存储，如果仪器不能自动修正，则应在模量改变后按下式对原始实测力值进行校正。

$$F = Z \cdot V = Z \cdot c \cdot \varepsilon = \rho \cdot c^2 A \cdot \varepsilon$$

2) 当传感器设定值或仪器增益的输入错误时，可将速度或力曲线乘以一个固定数值来改变整个曲线的幅值。

3) 采用应变式传感器测力时，因测点处混凝土的非线性造成力值明显偏高时，可对力值幅值进行调整，以避免计算承载力过高。另外，桩浅部阻抗变化、锤击力波上升缓慢或桩很短时，以及土阻力波或桩底反射波的影响，都会造成力和速度信号第一峰起始比例失调。《规范》JGJ 106 规定，高应变实测的力和速度信号第一峰起始比例失调时，不得进行比例调整。

4）对于采取自由落锤安装加速度传感器实测锤击力的方式，无论桩身材料弹性模量是否调整，均不得对原始实测力值进行调整，但应扣除响应传感器安装测点以上桩头质量产生的惯性力，对实测桩顶力值修正。

11. CASE 法判定单桩承载力

（1）CASE 法基本假定及数学模型

由于在推导过程中对桩土体系做了假定，CASE 法承载力的计算结果被称为一维波动方程的准封闭解。其简化假定及说明如下：

1）在整个桩长范围内，桩身阻抗（$Z=\rho cA$）恒定，即 $F-V$ 曲线图上，只有土阻力和桩底反射的信息，没有桩身阻抗变化的反射波，$2L/c$ 时刻以前实测 $F-V$ 曲线之差只反映了土阻力的大小；

2）只考虑桩端阻尼，忽略桩侧阻尼的影响，即动阻力 R_d 全部集中在桩底而忽略桩侧动阻力，或者把桩侧动阻力的影响近似合并到桩底动阻力中。

动阻力 R_d 的线性黏滞阻尼表达式为：$R_d=J \cdot V$（式中 J 为动阻力作用界面的黏滞阻尼系数，单位为 kN·s/m；V 为桩身运动速度，单位为 m/s）；

对于采用 CASE 阻尼系数的动阻力表达式为：$R_d=J_c \cdot Z \cdot V$（式中 J_c 为 CASE 无量纲阻尼系数）；

对于采用 Smith 阻尼系数的动阻力表达式为：$R_d=J_s \cdot R_u \cdot V$（式中 J_s 为 Smith 阻尼系数，R_u 为土的极限阻力）。

3）应力波在沿桩身传播时，除土阻力影响外，不会通过桩身侧面向土中逸散，也不会因桩身内阻尼造成能量耗散和波形畸变；

4）土的静阻力 R_s 采用理想刚塑性模型，即只要桩产生位移（应力波到达），土的静阻力立即达到极限值 R_u，即 $R_s=R_u$，且始终保持为常量。

（2）CASE 法计算桩承载力

利用叠加原理，桩周土体对桩的动态总阻力 R_T 可看作是静阻力和动阻力之和，即：

$$R_T=R_s+R_d \tag{1-4.3-1}$$

记初始速度曲线第一峰的时刻为 t_1，$t_2=t_1+2L/c$ 为应力波反射回桩顶的时刻，经推导可求得应力波在 $2L/c$ 一个完整行程中动态总阻力公式的通用表达方式（西方文献中称作 CASE-Goble 公式）为：

$$R_T=\frac{1}{2}\left[F(t_1)+ZV(t_1)\right]+\frac{1}{2}\left[F(t_2)-ZV(t_2)\right] \tag{1-4.3-2}$$

由于 R_T 含有土阻尼即土的动阻力 R_d 的影响，要得到桩周土体对桩所能提供的极限静阻力 R_u，必须扣除 R_d。在计算 R_T 的过程中，需要考虑以下几个问题：

1）正确选择 $F-V$ 曲线上的 t_1 时刻，使 R_T 中包含的静阻力充分发挥。Goble 教授建议直接取速度曲线峰值出现时刻作为 t_1 时刻，但对于速度曲线为双峰的情况，可分别选取第一峰（RS_1）、第二峰（RS_2）或最高峰（RS_M）作为 t_1 时刻，然后选择提供最大极限静阻力的峰值时刻作为 t_1 时刻。

2) 打桩时，桩周土应出现塑性变形，即桩应出现永久贯入度，以保证桩侧土极限阻力的充分发挥。

3) 考虑桩的承载力随时间变化的因素，应在合理休止时间、土体强度恢复后，通过复打试验确定桩的承载力。

根据 CASE 法的四个基本假定和行波理论，可推导出标准形式的 CASE 法极限静阻力 R_c 的计算公式如下：

$$R_c = \frac{1}{2}(1-J_c) \cdot \left[F(t_1) + Z \cdot V(t_1)\right] + \frac{1}{2}(1+J_c) \cdot$$

$$\left[F\left(t_1 + \frac{2L}{c}\right) - Z \cdot V\left(t_1 + \frac{2L}{c}\right)\right] \quad (1\text{-}4.3\text{-}3)$$

这个承载力计算公式适宜于长度适中且截面规则的中、小直径摩擦桩，且在 $t_1 + 2L/c$ 时刻桩侧和桩端土阻力均已充分发挥。

(3) CASE 法阻尼系数 J_c 的确定

阻尼系数 J_c 与桩端土层的类别有关，土的颗粒越细，J_c 值越大，一般可通过静动对比试验得到。表 1-4.3-2 是美国 PDI 公司早期通过预制桩的静动对比试验推荐的阻尼系数取值。

PDI 公司 CASE 法阻尼系数经验取值

表 1-4.3-2

桩端土类别	砂土	粉质砂土、砂质粉土	粉土	粉质黏土和黏质粉土	黏土
J_c	0.1~0.15	0.15~0.25	0.25~0.4	0.4~0.7	0.7~1.0

J_c 的取值对承载力计算结果影响很大。所以，当缺乏同条件下的静动对比校核或大量相近条件下的对比资料时，其使用范围将受到限制。为避免 CASE 法的不合理应用，阻尼系数 J_c 宜根据同条件下静载试验结果进行校核，或采用实测曲线拟合法，通过一定数量检测桩的拟合分析，反推 J_c 值。拟合计算的桩数不应少于检测总桩数的 30%，且不应少于 3 根。在同一场地、地质条件相近和桩型及其几何尺寸相同情况下，J_c 值的极差不宜大于平均值的 30%。

(4) 确定 CASE 法极限静阻力的几种修正方法

1) 最大阻力修正法（RMX 法）

由于桩周土对桩的静阻力是位移的函数，只有在桩身产生一定的位移后，土阻力才能达到最大值，即最大土阻力的出现要比应力波的峰值滞后。t_1 时刻可能是桩顶速度值最大，但桩顶位移却不一定最大，出现位移最大值的滞后时间为 $t_{u,0}$，见图 1-4.3-7 所示。对于以侧阻为主且需要较大弹性变形才能发挥极限阻力的桩，刚-塑性模型的假定将产生很大的误差，此时按 $t_1 \sim t_2$ 时段确定的承载力将显著偏低。同样道理，对于以端阻力为主或桩端阻力的充分发挥需要较大桩端位移时（如大直径桩），按公式 (1-4.3-3) 计算得出的承载力也不可能包含全部端阻力充分发挥的信息。为了解决这个问题，美国 PDI 公司提出了如下修正方法，即将 t_1 和 t_2 同步后移，直到找到极限阻力的最大值 $R_{s,max}$ 为止。这就是 CASE 法的最大阻力修正法，也称 RMX 法。

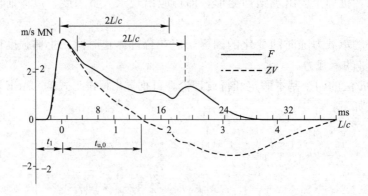

图 1-4.3-7　最大阻力修正法

2）卸载修正法

对于长桩或桩上部侧阻较大，或者虽然桩不是很长，但锤击能量偏小时，都会使桩上部一定范围的桩段在 t_2 前出现反弹，产生的负阻力波将导致该段的土阻力卸载，因此需对此做出修正。

CASE 法给出的卸载修正方法，考虑了在 $2L/c$ 时段内卸载的全部土阻力，卸载时间和卸载段长度分别按下两式计算，各符号的意义见图 1-4.3-8。

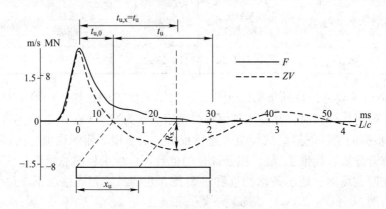

图 1-4.3-8　卸载修正法

$$t_{\mathrm{u}} = t_1 + \frac{2L}{c} - t_{\mathrm{u,0}}$$

$$x_{\mathrm{u}} = \frac{c}{2} \cdot t_{\mathrm{u}}$$

为了估计卸载土阻力 R_{UN}，令在 $t_1 + t_{\mathrm{u}}$ 时刻，力与速度曲线之差为 x_{u} 段激发的总阻力 R_{x}，取 $R_{\mathrm{UN}} = R_{\mathrm{x}}/2$，将 R_{UN} 加到总阻力 R_{T} 上，以补偿由于提前卸载所造成的 R_{T} 减小。这个方法称为 RSU 法。

CASE 法的其他修正方法在这里就不详细介绍，它们是：

1）当忽略桩侧动阻力的影响，且动阻力与桩身运动速度成正比关系时，则桩尖质点运动速度为零，动阻力也为零。此时有两种计算承载力的"自动"法，且均与 J_c 无关，即 RAU 法和 RA2 法。前者只有在桩侧阻力很小的情况下，才能获得比较准确的极限静阻力，后者则适用于桩侧阻力适中的场合，有时常用 RA2 快速估算试桩承载力。

2) 通过延时求出承载力最小值的最小阻力法（RMN 法）。与 RMX 法不同，RMN 法不是固定 $2L/c$，而是固定 t_1，左右变化 $2L/c$ 值，用公式(1-4.3-3)找出承载力的最小值。这个方法主要用于桩底反射不明显或滞后，或桩极易被打动等情况，以避免出现高估承载力的危险。

12. 实测曲线拟合法判定单桩承载力

实测曲线拟合法是通过波动问题数值计算，反演确定桩和土的力学模型及其参数值。拟合分析时，整个桩土系统被分为若干计算单元，首先假定各桩、土单元的力学模型及模型参数，然后利用实测的速度（或力、上行波、下行波）曲线作为边界条件，利用一维波动理论数值求解波动方程，反算桩顶的力（或速度、下行波、上行波）曲线。若计算曲线与实测曲线不吻合，说明假设的模型或参数不合理，则再有针对性地调整模型或单元参数反复试凑计算，直至计算曲线与实测曲线（以及贯入度的计算值与实测值）的吻合程度良好且不易进一步改善为止。

通过拟合分析，不仅可以得到桩的静阻力，而且可以清楚地了解到桩侧土阻力、桩身轴力和桩身阻抗的分布情况及桩端阻力的大小，还可通过计算获得模拟的静载试验 $Q\text{-}s$ 曲线。

下面从六个方面对实测曲线拟合法的关键技术问题进行阐述：

(1) 拟合法采用的桩土数学模型

1) 桩身模型

把桩身看成是一根一维的连续弹性杆，按特征线差分格式的要求，将桩划分成 N 个单元，每个桩单元的截面积 A、弹性模量 E 和波速 c 均可不同，以模拟桩身阻抗不规则的情况。单元的长度按等时原则划分，即应力波通过每个单元所需的时间相等，见图 1-4.3-9。

桩单元除考虑 A、E、c 等参数外，也要考虑桩身阻尼和裂隙，如为模拟接桩或桩身裂隙，在桩单元相邻界面设置的桩身拉-压裂隙模型。对开口管桩或 H 型桩，土塞的形成使桩在贯入时产生较大的排土量，而且在土塞比较坚固时还

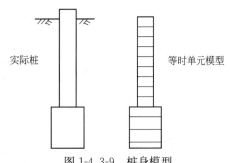

图 1-4.3-9　桩身模型

可能出现闭塞效应。为了近似模拟这一特性，最简单的方法是把土塞的土质量等量地折算成相邻桩单元的附加质量。

2) 土的静阻力模型

土的静阻力模型原则上采用理想的弹塑性模型，静阻力 R_s 与桩单元的位移有关。目前市场上的数值分析软件基本上都采用这种模型，见图 1-4.3-10。

图中 R_u 为土的极限静阻力，s_q 和 s_{qu} 分别为加载与卸载最大弹性变形值；α 为土的加工硬化系数（$\alpha > 0$）或软化（$\alpha < 0$）系数；R_L 为土的残余强度（$\alpha < 0$ 时）；u_0 为达到残余强度所需的位移；R_{EL} 为重加载水平，即土弹簧按卸载刚度 R_u/s_{qu} 卸载后又重新加载，当静阻

力 R_s 超过 R_{EL} 时，土的弹簧刚度又变为 $R_u/$ s_q；U_{NL} 为卸载弹性限，即负向极限强度。在桩端，由于土弹簧不能承受拉力，则 U_{NL} 恒为零。

模型中的主要参数 R_u 和 s_q，可以通过静载试验来验证。为模拟桩侧土的非线性特征，有时也采用考虑土体硬化或软化的双线性模型，但其成熟经验不多。

3）土的动阻力模型

土的动阻力模型见图 1-4.3-11，采用了与桩身运动速度成正比的线性粘滞阻尼，表达式与 CASE 法相同，为 $R_d = J_c \cdot Z \cdot V$ 或 $R_d = J_s \cdot R_u \cdot V$，只是 CASE 法中 J_c 只与桩端土层的类别有关。

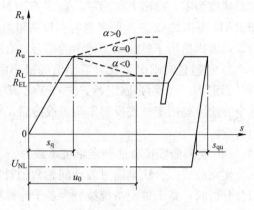

图 1-4.3-10　土的静阻力模型

4）桩端缝隙模型

对桩端缝隙的模拟，一般的做法是预设一定厚度的缝隙 G_{ap}，当桩端沉降量小于 G_{ap} 时，桩端的静、动阻力均为零。但对桩底只是存在沉渣而非真正缝隙时，如钻孔灌注桩，则可以采用非线性桩端缝隙模型（见图 1-4.3-12），以模拟沉渣在压缩过程中的非线性，即当桩端沉降小于 G_{ap} 时，端阻力-位移曲线为抛物线形式，超过后则呈线性变化。

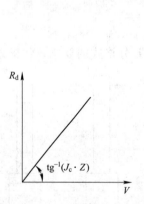

图 1-4.3-11　土的动阻力模型

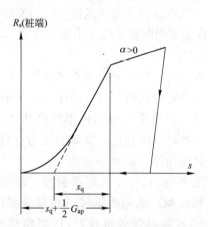

图 1-4.3-12　桩端缝隙模型

此外，对沿桩身传播的应力波，考虑其部分能量将向桩周土外泄，美国 PDI 公司提出了辐射阻尼模型，以桩土间的相对运动参数确定动阻力和静阻力的大小。考虑辐射阻尼的影响后，桩的计算承载力将有所提高，但阻尼系数明显降低。

（2）对拟合分析的基本规定

考虑桩土间相互作用、地质条件的复杂性以及人为因素，波形拟合法还不能十分准确地求解桩的动力学和承载力问题，实际拟合结果也不唯一。针对这个问题，《规范》JGJ 106 对实测曲线拟合法做了如下规定：

1）桩土力学模型的物理力学概念应明确，参数取值应能限定，不应采用使承载力计算结果产生较大变异的桩-土模型及参数。

2) 拟合时应根据波形特征，结合施工和地质条件调整桩土参数，选用的参数应在岩土工程的合理范围内。

3) 曲线拟合时间段长度在 $t_1 + 2L/c$ 时刻后延续时间不应小于 20ms；对于柴油锤打桩信号，在 $t_1 + 2L/c$ 时刻后延续时间不应小于 30ms。

拟合分析长度的规定是基于以下考虑：一是自由落锤产生的力脉冲持续时间通常不超过 20ms(除非采用很重的落锤)，而柴油锤信号在主峰过后的尾部仍能产生较长的低力幅延续；二是与位移相关的总静阻力一般会不同程度地滞后于 $2L/c$ 发挥。特别是端承型桩，因端阻力的发挥需要很大的位移，土阻力发挥将产生严重滞后，故规定 $2L/c$ 后应延时足够的时间，使曲线拟合能包含土阻力响应区段的全部土阻力信息；三是分析时间应尽量延长到桩身运动停止，以保证获得正确的贯入度值。

美国 PDI 公司的 CAP 软件要求曲线拟合时间段长度必须同时满足以下两个条件：① $\geqslant t_1 + 5L/c$；② $\geqslant t_1 + 2L/c + 20ms$。

4) 各单元所选用的土的最大弹性位移值不应超过相应桩单元的最大计算位移值，以避免实际土阻力没有充分发挥而缺乏根据的外推承载力。

5) 拟合完成时，土阻力响应区段的计算曲线与实测曲线应吻合，其他区段的曲线应基本吻合。土阻力响应区是指波形上呈现的土阻力信息较为突出的时间段，如从 t_1 到 $t_1 + 2L/c$ 时间段，主要反映桩侧土阻力的信息，之后的 5ms 时间段反映的是总的土阻力和滞后端阻力信息，而后大约 20ms 的区间，应力波往返于桩身、携带的信息着重反映了土的加、卸载参数和桩身阻抗变化的影响。加强土阻力响应区段的拟合质量，并通过合理的加权方式计算总的拟合质量系数 MQ，以判别拟合质量的优劣。由于不同的拟合程序对土阻力响应区段的划分和界限以及各拟合时间段加权系数大小的差异，所以用拟合质量系数对波形拟合质量的评价标准也不同。

6) 贯入度的计算值与实测值接近，证明拟合选用的参数、特别是 s_q 值的合理性。但强调的是，对端承桩，特别是嵌岩桩的高应变检测，贯入度值可能很小或者根本无法打动。对此类工程桩的验收检测，承载力检测值是否满足设计要求是主要目的，而非必须探明其极限承载力。此时应根据波形特征对试验桩的承载性状加以分析和判断，贯入度指标只作为辅助分析之用。

(3) 拟合参数对计算曲线的影响

影响拟合结果的主要参数包括：土的静阻力 R_u、阻尼系数 J_c、加载与卸载最大弹性变形值 s_q 和 s_{qu} 以及卸载弹性限 U_{NL}；对灌注桩，还要考虑桩身阻抗的变化。另外，桩身阻尼、土塞、桩尖缝隙模型以及辐射阻尼等参数在特定条件下也会对拟合结果产生影响。实践证明，熟知每个拟合参数的合理取值范围、了解各参数调整后对计算曲线和贯入度的影响以及对桩土数学模型的深刻理解是确保拟合速度和拟合质量的关键。

下面以图 1-4.3-13 所示波形的拟合结果，分析主要土阻力参数变化对拟合曲线的影响(注：拟合方式以实测速度曲线为边界条件计算力值)。

1) 静阻力的增加将使计算力曲线的幅值增大，反之亦然。一般从侧阻变化部位开始或 t_2 时刻以后的土阻力响应区段曲线变化明显，见图 1-4.3-14 所示。根据土的静阻力模型，静阻力的发挥程度还与 s_q 的大小有关，即 s_q 值影响着土阻力对计算曲线的实际影响时刻。

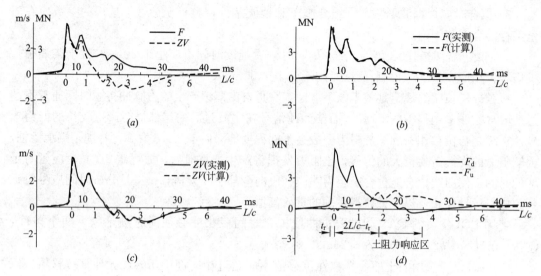

图 1-4.3-13　实测曲线及拟合结果

（a）实测力和速度曲线；（b）实测与拟合的力曲线；（c）实测与拟合的速度曲线；（d）实测上、下行波

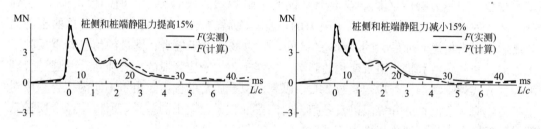

图 1-4.3-14　静阻力变化时对拟合曲线的影响

静阻力的增加将使质点运动速度和桩身位移减少，最终导致计算贯入度的减少。

2）加载最大弹性变形值 s_q 影响着极限土阻力发挥的快慢，如增大 s_q 值，相当于使土弹簧的刚度减少，相应桩单元极限阻力 R_u 的出现就将滞后，此时，计算力曲线在相应时刻出现幅值降低而后面时段增加的情况，反之亦然。图 1-4.3-15 为因 s_q 值减少造成力曲线幅值前增后减的情况。

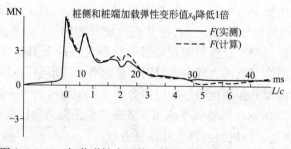

图 1-4.3-15　加载弹性变形值 s_q 变化时对拟合曲线的影响

3）在静阻力不变的情况下，阻尼系数的调整将使动阻力发生变化，如增大 J_c 值，动阻力的增加导致局部计算力曲线的幅值增大，见图 1-4.3-16，同时计算贯入度减小。另

外，增大阻尼系数对减少计算波形振荡的效果明显。

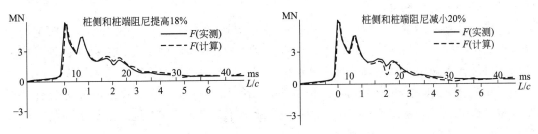

图 1-4.3-16　阻尼系数 J_c 变化时对拟合曲线的影响

4）卸载弹性变形值 s_{qu} 一般以 s_q 值的百分比表示，如 $s_{qu}=100\%$，则表示卸载与加载弹性变形值相等，$s_{qu}=0$ 则表示刚性卸载。s_{qu} 值愈小，卸载愈快，造成回弹时段的计算力曲线幅值下降迅速，见图 1-4.3-17 所示。

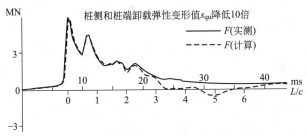

图 1-4.3-17　卸载弹性变形值 s_{qu} 变化时对拟合曲线的影响

5）卸载弹性限 U_{NL} 以 R_u 的百分比表示。增大 U_{NL} 将直接导致计算力曲线的后段下移，如图 1-4.3-18 所示。

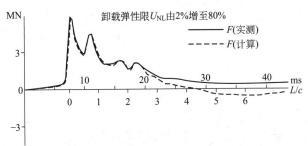

图 1-4.3-18　卸载弹性限 U_{NL} 变化时对拟合曲线的影响

6）桩身阻抗分布的调整，主要应用在灌注桩的实测波形拟合上。一般情况下，局部桩单元的阻抗增大，将导致计算力曲线在相应局部时段的幅值前增后减，而不像静阻力增大那样会使计算力曲线在某一时段内的幅值整体上升。关于阻抗变化的位置和范围，检测人员应根据地质情况、施工资料及施工方法，基于岩土工程知识和检测经验综合判定。

实际拟合分析时，部分土参数存在相互间的影响，如桩较长且桩侧阻力较强时，$2L/c$ 以前桩中、上部出现回弹卸载(但桩下部的岩土阻力仍处于加载阶段)，则卸载弹性变形值 s_{qu}、卸载弹性限 U_{NL} 将提前发挥作用。

为提高拟合效率，分析人员应从计算曲线的整体趋势、局部细化和模型调整等几个方面入手，有针对性地选择要调整的土参数，如增大土阻力还是调整阻尼或桩身阻抗等。

13. 桩身完整性的判定

高应变法锤击能量大，对深部缺陷的判别优于低应变法，且可对缺陷程度直接定量计算，连续锤击时还可观察缺陷的扩大或逐步闭合情况。在桩身情况复杂或存在多处阻抗变化时，可优先考虑用实测曲线拟合法判定桩身完整性。桩身完整性判定可采用以下方法：

(1) 采用实测曲线拟合法判定。拟合所选用的桩土参数应按承载力拟合时的有关规定；根据桩的成桩工艺，拟合时可采用桩身阻抗拟合或桩身裂隙（包括混凝土预制桩的接桩缝隙）拟合。

(2) 对于等截面桩，用桩顶实测力和速度表示的桩身完整性系数 β 的表达式如下：

$$\beta=\frac{F(t_1)+F(t_x)-2R_x+Z\cdot[V(t_1)-V(t_x)]}{F(t_1)-F(t_x)+Z\cdot[V(t_1)+V(t_x)]}\qquad(1\text{-}4.3\text{-}4)$$

式中　Z——传感器安装点处的桩身阻抗；

x——桩身缺陷至传感器安装点的距离；

t_x——缺陷反射峰对应的时刻；

R_x——缺陷以上部位土阻力的估计值，等于缺陷反射波起始点的力与速度乘以桩身截面力学阻抗之差值，取值方法见图 1-4.3-19。

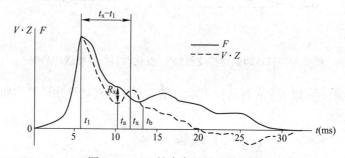

图 1-4.3-19　桩身完整性系数计算

当土阻力 R_x 先于 t_x 时刻发挥并产生桩中上部强烈反弹时，即 R_x 提前卸载，造成 R_x 被低估，β 计算值被放大，此种情况多在长桩存在深部缺陷时出现。此时公式(1-4.3-4)不适用。

我国及世界各国普遍认可的桩身完整性分类见表 1-4.3-3。

(3) 对下列情况，桩身完整性宜根据工程地质条件、施工工艺并结合实测曲线拟合法或其他检测方法综合判定：

桩身完整性判定　　　　　　　　　　　　表 1-4.3-3

类别	β 值	类别	β 值
I	$\beta=1.0$	III	$0.6\leqslant\beta<0.8$
II	$0.8\leqslant\beta<1.0$	IV	$\beta<0.6$

1) 桩身有扩径；

2) 桩身截面渐变或多变；

3) 力和速度曲线在峰值附近比例失调，桩身浅部有缺陷；

78

4）锤击力波上升缓慢，力与速度曲线比例失调。

采用实测曲线拟合法分析桩身扩径、桩身截面渐变或多变的情况时，应注意土参数选择的合理性，因为土阻力(土弹簧刚度或土阻尼)取值过大或过小，对桩身阻抗的实际变化会产生负面影响。

高应变法锤击的荷载上升时间一般不小于2ms，因此对桩身浅部缺陷位置的判定存在盲区，无法根据公式(1-4.3-4)来判定缺陷程度，也不能定量给出缺陷的具体位置，只能根据力和速度曲线的比例失调程度对缺陷程度做定性估计。对浅部缺陷桩，宜用低应变法检测并进行缺陷定位。

4.3.4　高应变法检测的优缺点

与静载试验相比，高应变法最突出的优点是检测速度快、检测数量大且检测费用相对较低，在地质条件复杂、特别是土层不均匀情况下成桩的工程，能够提高桩基检测的覆盖面，进而对桩基的整体施工质量进行评价。不可否认，高应变法的测试精度还不能与静载试验相比，但检测数量大的优势有利于提高其检测结果在整体评价上的置信度。

高应变法优于静载试验还体现在以下几个方面：

(1) 完整性的判定。正如上节中提到的，高应变法能够对桩身深部缺陷进行判别，采用波形拟合法时还能了解桩身阻抗的分布情况，而且在连续锤击下，可以观察到缺陷的变化趋势和发展情况。

(2) 明确土阻力的分布。通过波形拟合分析，可以对桩侧与桩端土阻力的分布情况一目了然，为进一步研究荷载传递机理奠定基础。而静载试验一般要靠在桩身预埋测试元件的方法对土阻力进行分析，不但检测成本高，而且有时也因桩身垂直度和截面尺寸等问题导致测试结果存在偏差。

(3) 试打桩和打桩监控，以验证打入桩的可行性，为沉桩工艺参数、沉桩设备的匹配提供依据。

(4) 当对不同桩长和不同休止期的试验桩进行承载力分析，以选择桩端持力层和考虑桩周土时效影响时，在桩型多、地质条件变化大的工程中，有时高应变法要比静载试验更加适合，或利用高应变作为静载试验的补充。

高应变法存在的问题主要体现在以下几个方面：

(1) 动力分析所假定的桩土数学模型在一定场合下存在偏差。基桩检测规范对高应变的限制条件中，对"单击贯入度大，桩底同向反射强烈且反射峰较宽，侧阻力波、端阻力波反射弱，即波形表现出竖向承载性状明显与勘察报告中的地质条件不符合"的情况，要求采用静载试验做进一步验证。实际上，贯入度大带来的桩身位移和运动速度偏大、桩底反射强烈的情况，与贯入度特别小、桩打不动的情况一样，都会因土的力学模型假定与实际桩土相互作用差别很大的原因，使高应变分析结果变得不可靠。

(2) 采集信号的可靠性与精度问题。由于采用重锤进行动力试验，高应变法实际上对试验条件的要求是很高的，如桩头的加固处理、防止偏心锤击等，而且要在确保桩身没有发生结构破坏的条件下使桩周土阻力得到正常发挥。如果因操作原因或准备条件不充分，造成采集到的信号质量很差，如因偏心造成的桩顶塑性位移过大，高应变分析就只能靠经验推断了。

　　另外，动态采集的精度远低于静态采集，测定误差偏高也是高应变法无法回避的技术问题。

　　（3）与静载试验相比，高应变法因加载速率快，桩侧土强度和变形将会受到孔隙水压力、惯性效应或辐射阻尼效应的影响。

　　（4）不论是 CASE 法还是实测波形拟合法，桩土参数的设定都存在着经验成分，所以人为因素有时会决定检测结果。

　　（5）有试验证实，桩端土强度或刚度的高低直接影响着桩侧土阻力的发挥，桩侧阻力和桩端阻力并非简单的代数相加，这可能会在一定程度上限制高应变法的应用，有待研究。

　　高应变动测法的局限性还远不止这些，需要我们在工程实践中体会、总结和积累经验，同时也应该对影响动测承载力的各种因素做客观评价，使这项检测技术发挥其应有的作用。

4.4　声波透射法检测

4.4.1　基本原理

　　利用包含多种频率成分的脉冲声波在穿越介质后声学参数（包括声时、声速、波幅以及频率）的变化和波形的畸变来探测介质性状的动测方法，我们称之为声波透射法。在桩基检测领域，涉及的固体传播介质主要为混凝土，声波的频率范围一般为 $2\times10^{4}\sim2.5\times10^{5}$ Hz。

　　对混凝土灌注桩，特别是大直径灌注桩的完整性检测，声波透射法是最重要的检测手段之一，其检测原理如下：当声波在混凝土这种近似黏弹塑性、非均质介质中传播时，其传播速度是有一定范围的。当传播路径上的混凝土有缺陷时，声波将在局部范围内发生绕射、反射和折射，或在传播速度较慢的介质中通过，造成能量衰减，波幅减小，声时增大，声速降低，甚至波形发生畸变。利用这些声学参数的变化，就可以发现和评定各种缺陷，进而对整个桩长范围内的混凝土质量作出全面、细致的判断。

4.4.2　适用范围

　　声波透射法适用于已预埋声测管且桩径大于 600mm 的混凝土灌注桩的完整性检测；而当桩径小于 600mm 时，声测管的声耦合会造成测试误差。

　　声波透射法可对桩长范围内的各个截面的桩身质量情况进行检测，且不受长径比和桩长的限制，比低应变法更加直观、可靠；但需预埋声测管，检测缺乏代表性。

　　对钻芯法检测时有两个及两个以上钻孔的基桩，当需进一步了解钻芯孔之间混凝土质量时，也可采用声波法检测桩身完整性。

　　由于桩内跨孔测试的测试误差高于上部结构混凝土的检测，且桩身混凝土纵向各部位硬化环境不同，粗细骨料分布也不均匀，因此不应用声波法推定桩身混凝土强度。

4.4.3　仪器设备

　　混凝土声波检测设备主要由声波仪和换能器（探头）两部分组成。

1. 声波仪

目前国内检测机构基本上都使用智能型数字式声波仪，即第四代混凝土声波仪，模拟式非金属超声仪已很少使用。

数字式声波仪主要由高压发射与控制、程控放大与衰减、A/D 转换与采集和计算机四大部分组成。高压发射电路受主机同步信号控制，产生受控高压脉冲激励发射换能器，使电能转换为声能。声波脉冲传入被测介质后，用接收换能器接收穿过被测介质的声波信号，然后将声能转换为电能，电信号经程控放大与衰减，将接收信号调节到最佳电平，输送给高速 A/D 采集板，经 A/D 转换后的数字信号以 DMA 方式送入计算机，进行各种信息处理。

对混凝土桩的完整性测试，要求声波仪的技术性能应符合如下规定：

（1）具有清晰、显示稳定的示波装置，能同时显示接收波形和声波传播时间。

（2）显示时间范围宜大于 3000μs，声时测量分辨力优于或等于 0.5μs，声波幅值测量相对误差小于 5%。

（3）接收放大系统的频带宽度宜为 1～200kHz，增益应大于 100dB，并带有 0～60（或 80)dB 的衰减器，其分辨率应为 1dB，衰减器的误差应小于 1dB，其档间误差应小于 1%。

（4）反射系统应输出 200～1000V 的脉冲电压，其波形可为阶跃脉冲或矩形脉冲。

（5）具有首波实时显示功能。

（6）具有自动记录声波发射与接收换能器位置功能。

对数字式声波仪，还要求具有手动游标测读、自动测读两种方式以及频谱分析(FFT)等功能。

2. 声波换能器

换能器的作用是实现电能与声能的相互转换，其中发射换能器实现电能向声能的转换，接收换能器实现声能向电能的转换，二者的基本构成相同，一般情况下可以互换使用。但有的接收换能器为了增加测试系统的接收灵敏度而增设了前置放大器，这时，收、发换能器就不能互换了。

对灌注桩完整性检测使用的换能器的技术性能要求如下：

（1）应采用圆柱状径向振动的换能器，且沿径向(水平向)无指向性。

（2）径向换能器的谐振频率宜采用 30～60kHz，有效工作面轴向长度不大于 150mm（长度过大将夸大缺陷实际尺寸，并影响测试结果）。当接收信号较弱时，宜选用带前置放大器的接收换能器。

（3）换能器的绝缘电阻应达 5MΩ，水密性应满足在 1MPa 水压(即 100m 水深)下不漏水。桩径较大时，宜采用增压式柱状探头。

4.4.4　现场检测技术及要求

1. 声测管的埋设及要求

声测管是径向换能器的通道，管材可选用钢管、塑料管或钢质波纹管。声测管内径宜为 50～60mm，一般要求比换能器的外径大 10mm 左右，过大则声耦合误差明显。考虑到钢管的安装和连接方便，受环境影响小，且可代替部分钢筋，所以建议优先选择钢管作为声测管。

声测管的埋设数量由受检桩桩径 d 大小决定，要求如下：

(1) 桩径 $d \leqslant 0.8m$，声测管不少于两根。

(2) 桩径 $0.8m < d \leqslant 1.5m$，声测管不少于三根。

(3) 桩径 $d > 1.5m$，声测管不少于四根。

当桩径 $d > 2.5m$ 时宜增加预埋声测管数量。

声测管的埋设及顺时针编号顺序如图 1-4.4-1 所示：

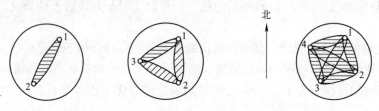

图 1-4.4-1　声测管布置及编号(图中阴影部分为声波的有效检测范围)

对声测管的技术要求如下：

(1) 声测管应焊接或绑扎在钢筋笼的内侧，且检测管之间应互相平行。

(2) 声测管底端及接头应严格密封，保证管外泥浆在 1MPa 压力下不会渗入管内。管间的连接方式一般为螺纹连接和套筒连接(如图 1-4.4-2 所示)。连接后管间应光滑过渡，不应有突出的焊点或毛刺。

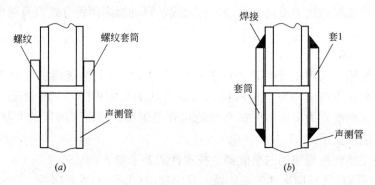

图 1-4.4-2　声测管的连接

(a)螺纹连接；(b)套筒连接

(3) 声测管埋设后，管口应封闭，以防止异物进入；同时管口应高出桩顶 100mm 以上。

2. 检测前的准备工作及要求

(1) 混凝土龄期要求

基桩检测规范规定，当采用低应变法或声波透射法检测桩身完整性时，受检桩混凝土强度至少达到设计强度的 70%，且不小于 15MPa。这主要是考虑了声波法完整性检测不涉及强度的问题，也不会因检测导致桩身混凝土强度降低或破坏，而且对各种声参数的判别采用的是相对比较法，且混凝土内部缺陷一般也不会因时间的增长而明显改善。因此，原则上只要求混凝土达到一定强度即可进行检测。

（2）仪器系统延迟时间的确定

即使将发射和接受换能器紧紧耦合在一起，中间没有被测介质，声波仪仍然会测到一定的声时，这个延迟时间我们称之为仪器零读数，常用符号 t_0 表示。它主要包括电延迟时间、电声转换时间和声延迟三部分，其中，声延迟所占比例最大。声波测试时，应将 t_0 从所测声时中减去，才能得到桩身混凝土的真实声时。

检测前，首先要对检测装置进行零读数校正。校正方法如下：

将发、收换能器平行悬于清水中，逐次改变两换能器的间距，并测定相应声时和两换能器间距，做若干点的声时～间距线性回归曲线，利用式(1-4.4-1)，就可求得 t_0。

$$t = t_0 + b \cdot l \tag{1-4.4-1}$$

式中　b——回归直线斜率；

$\quad\quad\ l$——发、收换能器辐射面边缘间距；

$\quad\quad\ t$——仪器各次测读的声时；

$\quad\quad\ t_0$——时间轴上的截距(μs)，即测试系统的延时。

另外，声波检测时也要考虑声波在耦合介质及声测管壁中传播的延迟时间。可按下式计算声测管及耦合水层的声时修正值 t'：

$$t' = \frac{D-d}{v_t} + \frac{d-d'}{v_w} \tag{1-4.4-2}$$

式中　D——检测管外径(mm)；

$\quad\quad\ d$——检测管内径(mm)；

$\quad\quad\ d'$——换能器外径(mm)；

$\quad\quad\ v_t$——声测管壁厚度方向声速(km/s)；

$\quad\quad\ v_w$——水的声速(km/s)；

$\quad\quad\ t'$——声测管及耦合水层声时修正值(μs)。

最后，以 $t_0 + t'$ 作为检测系统的零读数，在数据后处理时扣除。

（3）测量各声测管外壁间的净距离。

（4）将各声测管内注满清水作为声波耦合剂，用假探头检查声测管畅通情况。

4.4.5　现场检测方式

声波透射法检测混凝土灌注桩可分为以下三种方式：（1）桩内跨孔透射法；（2）桩内单孔透射法；（3）桩外孔透射法，见图 1-4.4-3 所示。其中(2)、(3)两种方式一般在特殊场合下用到，如桩身内只有 1 个测孔或没有测孔，但方法的实施、数据的分析和判断均存一定困难，测试结果的可靠性也较低。而桩内跨孔透射法比较成熟、可靠，基桩检测规范中的声波透射法就是指这种方法。

桩内跨孔检测需在桩身混凝土浇筑前，根据桩身直径大小在桩内预埋两根或两根以上的声测管。跨孔检测根据发、收换能器高程的变化分为平测、斜测、扇形扫测三种方式（见图 1-4.4-4）。

平测普查是基本方式，检测时把发射、接收换能器分别置于声测管底部，然后按一定的间距(声测线间距不大于 10cm)同步提升换能器，每提升一次，进行一次测试，根据测点声波信号的时程曲线，读取声时、首波幅值，同时显示频谱曲线和主频值。根据接收波

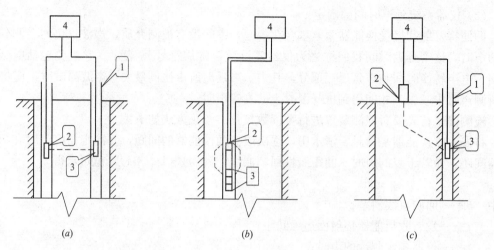

图 1-4.4-3　声波透射法检测方式示意图

(a)桩内跨孔检测；(b)桩内单孔检测；(c)桩外孔检测

1—声测管(或钻孔)；2—发射换能器；3—接收换能器；4—声波检测仪

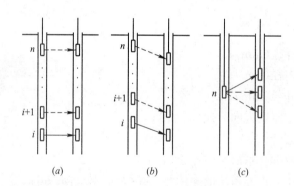

图 1-4.4-4　平测、斜测和扇形扫测示意图

(a)平测；(b)斜测；(c)扇形扫测

形声时、波幅和主频等声学参数的相对变化及实测波形的形态就可以对有效检测范围内的混凝土质量进行评判。测量时，声波发射电压和仪器设置参数应保持不变。

斜测和扇形扫射实际上都是对异常点的进一步细测，以查明缺陷部位和范围。

斜测法是让发、收换能器保持一定的高差，在声测管内以相同步长同步升降进行测试。这种测试有利于发现桩身的水平状缺陷，如横截面断裂。由于径向换能器在垂直面上存在指向性，因此，斜测时，发、收换能器水平测角不应大于 30°。

扇形扫射是发射或接收换能器固定在某高程不动，另一只换能器逐点移动，测线呈扇形分布，以查明桩身局部缺陷的分布状况。由于扇形测量时各测点测距及角度不同，测点间只能采用换算的波速值进行比较，而波幅因与测距及方位角有关且非线性，各测点间就没有相互可比性了。采用扇形扫测时，两个换能器中点连线的水平夹角不宜大于 40°。

4.4.6　检测数据的分析与判定

当声测管弯曲时，各声测线测距将发生变化，声速值可能会偏离混凝土声速正常取值。一般情况下，声测管倾斜造成的各测线测距变化沿深度方向有一定规律，表现为各条声测线的声速值有规律地偏离混凝土体正常取值，此时可采用高阶曲线拟合等方法对各条测线测距作合理修正，然后重新计算各测线的声速。但当声测管严重倾斜扭弯，不能进行有效斜管修正时，声速或声时的检测结果将出现严重偏差。

灌注桩的声波透射法检测反映桩身质量的主要声学参数是声速（或声时）、波幅及主频，同时在检测时也要注意对实测波形的观察和记录。

1. 声速判据

由于混凝土质量波动符合正态分布，所以反映混凝土质量的指标如强度是服从正态分布的随机变量，考虑强度和声速的相关性，一般假定声速指标也服从正态分布。此时，利用各测点的计算声速值和数理统计学判断异常值的方法就可以对桩身混凝土是否存在缺陷进行判断。另外，声速的测试值受非缺陷因素影响小，声速的测试值稳定，不同剖面间的声速测试值具有可比性，所以声速判据是桩身完整性的主要判定依据。

（1）声速临界值的概率计算方法

声速临界值的计算常用单边剔除法，即只剔除小值，这是原基桩检测规范规定的方法。相比单边剔除法，双边剔除法既剔除小值，也剔除异常大值，对于混凝土质量较稳定的桩，声速临界值接近或略高于单边剔除法，工程使用上偏于安全；而对于混凝土质量不稳定的桩，尤其是桩身存在多个严重缺陷的桩，双边剔除法可有效降低因为声速标准差过大而导致声速临界值过低（小于 3500m/s）的情况。

下面对双边剔除计算声速临界值的概率计算方法加以介绍。

1）将同一检测面各声测线的声速值 v_i 由大到小依次排序，即：

$$v_1 \geqslant v_2 \geqslant \cdots \geqslant v_l \geqslant \cdots \geqslant v_i \geqslant \cdots \geqslant v_{n-k} \geqslant \cdots \geqslant v_{n-1} \geqslant v_n \tag{1-4.4-3}$$

式中　v_i——按序列排列后的第 i 声测线的声速测量值；

　　　n——某检测剖面的声测线总数；

　　　k——拟去掉的低声速值的数据个数，$k=0$，1，2，$\cdots\cdots$；

　　　l——拟去掉的高声速值的数据个数，$l=0$，1，2，$\cdots\cdots$。

2）对逐一去掉 v_i 序列中 k 个最小数值和 l 个最大数值后的其余数据进行统计计算：

$$v_{01} = v_m - \lambda s_x \tag{1-4.4-4}$$

$$v_{02} = v_m + \lambda s_x \tag{1-4.4-5}$$

$$v_m = \frac{1}{n-k-l} \sum_{i=l+1}^{n-k} v_i \tag{1-4.4-6}$$

$$s_x = \sqrt{\frac{1}{n-k-l-1} \sum_{i=l+1}^{n-k} (v_i - v_m)^2} \tag{1-4.4-7}$$

式中　v_{01}——声速异常小值判断值；

　　　v_{02}——声速异常大值判断值；

　　　v_m——（n-k-l）个数据的平均值；

　　　s_x——（n-k-l）个数据的标准差；

λ——由表 1-4.4-1 查得的与$(n\text{-}k\text{-}l)$相对应的系数。

统计数据个数$(n\text{-}k\text{-}l)$与对应的 λ 值　　　　　　　　　表 1-4.4-1

$n-k-l$	20	22	24	26	28	30	32	34	36	38
λ	1.64	1.69	1.73	1.77	1.80	1.83	1.86	1.89	1.91	1.94
$n-k-l$	40	42	44	46	48	50	52	54	56	58
λ	1.96	1.98	2.00	2.02	2.04	2.05	2.07	2.09	2.10	2.11
$n-k-l$	60	62	64	66	68	70	72	74	76	78
λ	2.13	2.14	2.15	2.17	2.18	2.19	2.20	2.21	2.22	2.23
$n-k-l$	80	82	84	86	88	90	92	94	96	98
λ	2.24	2.25	2.26	2.27	2.28	2.29	2.29	2.30	2.31	2.32
$n-k-l$	100	105	110	115	120	125	130	135	140	145
λ	2.33	2.34	2.36	2.38	2.39	2.41	2.42	2.43	2.43	2.46
$n-k-l$	150	160	170	180	190	200	220	240	260	280
λ	2.47	2.50	2.52	2.54	2.56	2.58	2.61	2.64	2.67	2.69
$n-k-l$	300	320	340	360	380	400	420	440	470	500
λ	2.72	2.74	2.76	2.77	2.79	2.81	2.82	2.84	2.86	2.88

3)按 $k=0$、$l=0$、$k=1$、$l=1$、$k=2$、$l=2$……的顺序，将参加统计的数列的最小数据 $v_{n\text{-}k}$ 与异常判断值 v_{01} 进行比较，当 $v_{n\text{-}k}\leqslant v_{01}$ 时，则去掉最小数据；将最大数据 v_{l+1} 与 v_{02} 进行比较，当 $v_{l+1}\geqslant v_{02}$ 时去掉最大数据，然后对剩余数据构成的数列重复式(1-4.4-4)~(1-4.4-7)的计算步骤，直到下列两式成立：

$$v_{n-k}>v_{01} \tag{1-4.4-8}$$

$$v_{l+1}<v_{02} \tag{1-4.4-9}$$

此时，v_{01} 为声速异常判断概率统计值。

4）声速临界值确定

根据预留同条件混凝土试件或钻芯法获取的芯样试件的抗压强度与声速对比试验，结合本地区经验，确定正常情况下桩身混凝土声速的低限值 v_L，平均值 v_p。当 $v_L<v_{01}<v_p$ 时：

$$v_c=v_{01} \tag{1-4.4-10}$$

当 $v_{01}\leqslant v_L$ 或 $v_{01}\geqslant v_p$ 时，应分析原因，v_c 的取值可参考同一桩的其他检测剖面的声速异常判断临界值或同一工程相同桩型的混凝土质量较稳定的受检桩的声速异常判断临界值综合确定。

对单个检测剖面的桩，其声速异常判断临界值等于检测剖面声速异常判断临界值。对于有三个或三个以上检测剖面的桩，应取各个检测剖面声速异常判断临界值的平均值作为该桩的声速异常判断临界值。

（2）声速异常时的临界值判据为：

$$v_i<v_c \tag{1-4.4-11}$$

当式(1-4.4-11)成立时，声速可判定为异常。

2. 波幅判据

首波波幅对缺陷的反应比声速更敏感，但波幅的测试值易受换能器与介质的耦合状态、仪器设备等多种非缺陷因素的影响，不如声速稳定；而且波幅的实测数据离散性大，用数理统计学方法计算波幅临界值缺乏可靠理论依据。所以波幅判据对各检测剖面没有取平均值，而是采用单剖面判据，这也考虑了不同剖面间的测距及声耦合状况差别大，波幅不具有可比性的特点。

基桩检测规范中采用下列方法确定波幅临界值判据：

$$A_m = \frac{1}{n} \sum_{i=1}^{n} A_{pi} \tag{1-4.4-12}$$

$$A_{pi} < A_m - 6 \tag{1-4.4-13}$$

式中　A_m——同一检测剖面各测点的波幅平均值(dB)；

　　　　n——同一检测剖面测点数。

即波幅异常的临界值判据为同一剖面各测点波幅平均值的一半。

当式(1-4.4-13)成立时，波幅可判定为异常。但在实际应用中，应将异常点波幅与混凝土的其他声参量进行综合分析。

3. PSD 法判据(斜率法判据)

所谓 PSD 判据，就是采用上下相邻测点声时随深度的变化速率和声时差值的乘积作为判据。采用 PSD 法突出了声时的变化，对缺陷较敏感，同时，也减小了因声测管不平行或混凝土不均匀等非缺陷因素造成的测试误差对数据分析判断的影响。

PSD 判据为：

$$K_i = \frac{(t_{ci} - t_{ci-1})^2}{z_i - z_{i-1}} \tag{1-4.4-14}$$

$$\Delta t = t_{ci} - t_{ci-1} \tag{1-4.4-15}$$

式中　K_i——第 i 测点的 PSD 判据；

t_{ci}、t_{ci-1}——分别为第 i 测点和第 $i-1$ 测点声时；

z_i、z_{i-1}——分别为第 i 测点和第 $i-1$ 测点深度。

根据实测声时计算某一剖面各测点的 PSD 判据，绘制"PSD 值—深度"曲线，然后根据 PSD 值在某深度处的突变，结合波幅变化情况，进行异常点判定。

4. 主频判据

声波接收信号的主频漂移程度反映了声波在桩身混凝土中传播时的衰减程度，而这种衰减程度又能体现混凝土质量的优劣。声波接收信号的主频漂移越大，该测点的混凝土质量就越差，在主频—深度曲线上主频值明显降低的测点可判定为异常点。但接收信号的主频受诸如测试系统的状态、声耦合状况、测距等许多非缺陷因素的影响，测试值没有声速稳定，对缺陷的敏感性也不及波幅。在基桩检测规范中，主频判据只是作为声速、波幅等主要声参数判据的辅助判据。

5. 桩身完整性类别的判定

对桩身完整性类别的判定可按表 1-4.4-2 描述的特征进行。除了根据声参量的变化和各种判据判定外，还要根据桩的承载性状(摩擦桩或端承桩)、承载方式(抗压或抗拔)、基础类型(单桩或群桩)或缺陷部位进行综合判定。

桩身完整性判定　　　　　　　　　　　　表 1-4.4-2

类别	特征	
	一个检测剖面	多个检测剖面
Ⅰ	声学参数基本正常，无声速低于低限值异常	
Ⅱ	个别声测线的声学参数出现异常，无声速低于低限值异常	某一检测剖面个别声测线的声学参数出现异常，无声速低于低限值异常
Ⅲ	有下列情况之一：连续 $0.5D$ 范围内多条测线的声学参数出现异常；局部混凝土声速出现低于低限值异常	有下列情况之一：某一检测剖面连续 $0.5D$ 范围内的多条声测线的声学参数出现异常；两个或两个以上检测剖面在同一深度声测线的声学参数出现异常；局部混凝土声速出现低于低限值异常
Ⅳ	有下列情况之一：连续 $0.5D$ 范围内多条声测线的声学参数出现明显异常；桩身混凝土声速出现普遍低于低限值异常或无法检测首波或声波接收信号严重畸变	有下列情况之一：某一检测剖面连续 $0.5D$ 范围内多条声测线的声学参数出现明显异常；两个或两个以上检测剖面在同一深度声测线的声学参数出现明显异常；桩身混凝土声速出现普遍低于低限值异常或无法检测首波或声波接收信号严重畸变

4.5　钻芯法检测

4.5.1　适用范围及限制条件

对混凝土灌注桩，特别是大直径灌注桩的桩身完整性检测，钻芯法是最直接、有效的检测手段。其优势如下：

（1）可全桩长范围钻取混凝土芯样，通过对芯样表观质量的直接观察，识别桩身是否存在缺陷或验证可能的缺陷，进而对桩身完整性类别做出判断。此法可弥补动测法只知缺陷的存在而无法明确缺陷类型的弊端。

（2）对桩长的直观识别，以校核施工记录桩长。

（3）利用芯样试件抗压强度的统计结果整体评价桩身混凝土强度。

（4）对桩底沉渣厚度的定量判断，以验证是否满足设计或规范要求。

（5）可查明混凝土与持力层的接触情况。

（6）鉴别持力层的岩土性状，对是否存在软弱夹层、断裂破碎带等进行检验。这点对嵌岩灌注桩的质量评价尤为重要。

另外，钻芯法还可检测地下连续墙的施工质量。

钻芯法存在的问题主要体现在以下几个方面：

（1）钻芯法属破损检测，可能会对桩身局部结构承载力有影响。

（2）有一孔之见之嫌、代表性差，可能因钻芯方位的限制对桩身局部缺陷无法探明，如对严重缩径而取芯孔位于桩身中部附近时，则缺陷无法识别。

（3）检测受长径比的制约，对长桩或超长桩，受成孔垂直度和钻芯孔垂直度等多方面的影响，可能导致钻头中途就钻出桩身。一般要求受检桩的桩径不宜小于 800mm，长径比不宜大于 30。

（4）不能对预制桩和钢桩的成桩质量进行检测。

（5）在桩身混凝土抗压强度评定上，因芯样试件强度和立方体试件强度的相关性上存在离散型，如何对芯样试件强度进行修正，各地方标准不完全统一。

（6）对复合地基中的低强度增强体，如水泥土桩、深层搅拌桩、高压喷射注浆桩等，受施工工艺、地质条件的影响，桩身质量一般都很不均匀，强度离散性大，同时受钻芯工艺的影响，芯样的完整率也不高；即使完善取芯方法，如采用单动双管钻具，但因芯样试件强度的变异系数大，在对检测结果的分析与评价上有很多困难或者根本无法整体评价，如深层搅拌桩在砂层部分的桩身强度可高达 10MPa，而在淤泥部分可能不到 1MPa。

4.5.2　钻芯设备及安装

钻芯检测宜采用液压操纵的钻机，并配有相应的钻塔和牢固的底座，钻机的立轴旷动不能过大。钻机的额定最高转速不应低于 790r/min，额定最高转速宜不低于 1000r/min，转速调节范围应不少于 4 档，额定配用压力不应低于 1.5MPa，钻机压力越大钻孔越深。实践证明，加大钻机的底座重量有利于钻机钻进过程中的稳定性，对提高芯样质量和采取率有益。

钻机应配备单动双管钻具及相应的孔口管、扩孔器、卡簧、扶正稳定器（导向器）及可捞取松软渣样的钻具。当桩较长时，可使用扶正稳定器确保钻芯孔的垂直度。实践证明，单管钻具钻取的芯样质量一般无法保证，基桩检测规范规定：为保证桩身混凝土芯样的完整性，不得使用单动单管钻具钻取芯样。

钻头应根据混凝土设计强度等级选用合适粒度、浓度、胎体硬度的金刚石钻头。金刚石钻头切削刀细、破碎岩石平稳、钻具孔壁间隙小、破碎孔底环状面积小，且由于金刚石较硬、研磨性较强，高速钻进时，芯样受钻具磨损时间短，容易获得比较真实的芯样。为保证芯样钻进质量，钻头胎体不得有肉眼可见的裂纹、缺边、少角及喇叭形磨损。

目前，钻头外径有 76mm、91mm、101mm、110mm 和 130mm 等几种规格，钻芯时应根据混凝土粗骨料粒径大小选取；如当骨料最大粒径小于 30mm 时，可选用外径为 91mm 的钻头；如果不检测混凝土强度，可选用外径为 76mm 的钻头。试验表明，芯样试件直径不宜小于骨料最大粒径的 3 倍，在任何情况下不得小于骨料最大粒径的 2 倍，否则试件强度的离散性较大。

钻杆应选用直径较粗、刚度大且平直的钻杆，直径宜为 50mm。钻杆刚度大、与孔壁的间隙小，钻进时晃动就小，钻孔的垂直度就容易保证。

钻芯时的冲洗液主要用来清洗孔底、携带和悬浮岩粉、冷却钻头、润滑钻头和钻具以及保护孔壁。基桩钻芯法检测时采用的冲洗液一般为清水，清水钻进的优点是黏度小，冲洗能力强，冷却效果好，可获得较高的机械钻速。水泵的排水量宜为 50～160L/min、泵压宜为 1.0～2.0MPa。

钻机安装时应周正、稳固、底座水平，立轴中心、天轮中心（天车前沿切点）与孔口中心必须在同一铅垂线上。设备安装后，应进行试运转，在确认正常后方能开钻。钻进开始阶段，应对钻机立轴进行校正，及时纠正立轴偏差，确保钻机在钻进过程中不发生倾斜、移位。钻芯孔垂直度偏差不大于0.5%。

桩顶面与钻机塔座距离大于2m时，宜安装孔口管。开孔宜采用合金钻头、开孔深为0.3～0.5m后安装孔口管，孔口管下入时应严格测量垂直度，然后固定。

4.5.3 钻芯法检测技术

（1）抽样数量及要求

基桩钻芯检验抽取数量不应少于总桩数的5%，且不少于5根；当总桩数不大于50根时，钻芯检验桩数不应少于3根。

对于端承型大直径灌注桩，当受设备或现场条件限制无法检测单桩竖向抗压承载力时，可采用钻芯法测定桩底沉渣厚度，并钻取桩端持力层岩土芯样检验桩端持力层。抽检数量不应少于总桩数的10%，且不应少于10根。

一般情况下，基桩钻芯法属于验证性检测，包括对桩身强度的验证和对桩身质量有怀疑时的进一步核实，以提高检测结果的可靠性，如对超长桩下部混凝土强度的验证，以了解施工情况和施工水平；对声波法或高低应变法判定的深部缺陷进行钻芯验证，以明确缺陷类型等。对桩径大于1.5m的大直径灌注桩，如果没有预埋声测管，则钻芯法可能是完整性检测最优先选择的手段。

钻芯法检测时桩身混凝土龄期不宜少于28d，即使可以提前检测，混凝土强度也至少要达到C20以上，以便获得较高的芯样采取率。芯样试件的强度试验建议达到28d的混凝土龄期，以免芯样强度不足而产生争议。

（2）对钻孔的技术要求

钻芯孔数量应根据桩径大小确定。$D<1.2m$时，每桩钻1孔，钻孔位置宜距桩中心10～15cm。这主要考虑了导管附近的混凝土质量相对较差、不具有代表性；$1.2m\leqslant D\leqslant 1.6m$时，每桩宜钻2孔；$D>1.6m$时，每桩宜钻3孔。当钻芯孔为两个或两个以上时，开孔位置宜在距桩中心$0.15\sim0.25D$内均匀对称布置。

对桩端持力层的钻探，每桩至少应有一孔钻至设计要求的深度，如果没有明确的设计要求，宜钻入持力层三倍桩径且不应少于3m。

《建筑地基基础设计规范》GB 50007明确规定，对大直径的嵌岩灌注桩，桩端以下三倍桩径且不小于5m范围内应无软弱夹层、断裂破碎带和洞穴分布，且在桩底应力扩散范围内无岩体临空面。除每桩都有探孔的柱下单桩基础以外，一般工程因受勘探孔数量的限制，在地质条件复杂时，很难全面了解岩石和土层的分布情况。此时通过钻芯孔在桩底进行足够深度的钻探以查明持力层岩土性状，对端承桩、特别是大直径嵌岩桩的安全使用有很大作用。

（3）钻芯技术

1）桩身钻芯技术

每回次进尺宜控制在1.5m内。钻进过程中，应经常对钻机立轴垂直度进行校正，同时注意钻机塔座的稳定性，确保钻芯过程不发生倾斜、移位。如果发现芯样侧面有明显的波浪状磨痕或芯样端面有明显磨痕，应查找原因，如重新调整钻头、扩孔器、卡簧的搭配，检查塔座是否牢固稳定等。

钻进过程中，钻孔内循环水流不得中断，应根据回水含砂量及颜色调整钻进速度；同时要随时观察冲洗液量和泵压的变化，正常泵压应为 0.5～1MPa，发现异常应查明原因，立即处理。

松散的混凝土应采用合金钻"烧结法"钻取，必要时应回灌水泥浆护壁，待护壁稳定后再钻取下一段芯样。

应区分松散混凝土和破碎混凝土芯样，松散混凝土芯样完全是施工所致，而破碎混凝土仍处于胶结状态，但施工造成其强度低，钻机机械扰动使之破碎。

2）桩底钻芯技术

钻至桩底时，应采取适宜的钻芯方法和工艺钻取沉渣并测定沉渣厚度。为检测桩底沉渣或虚土厚度，当钻至桩底时，应采用减压、慢速钻进；若遇钻具突降，应立即停钻，及时测量机上余尺，准确记录孔深及有关情况。当持力层为中、微风化岩石时，可将桩底 0.5m 左右的混凝土芯样、0.5m 左右的持力层以及沉渣纳入同一回次。当持力层为强风化岩层或土层时，钻至桩底时，立即改用合金钢钻头干钻、反循环吸取法等适宜的钻芯方法和工艺钻取沉渣并测定沉渣厚度。

3）持力层钻芯技术

应采用适宜的方法对桩底持力层岩土性状进行鉴别。

对中、微风化岩的桩底持力层，应采用单动双管钻具钻取芯样；如果是软质岩，拟截取的岩石芯样应及时包裹并浸泡在水中，避免芯样受损。根据钻取的芯样和岩石单轴抗压强度对岩性进行判断。

对于强风化岩层或土层，宜采用合金钻钻取芯样，并进行动力触探或标准贯入试验等，试验宜在距桩底 1m 内进行，并准确记录试验结果。根据试验结果及钻取的芯样对岩性进行鉴别。

对桩身钻芯，当出现钻芯孔与桩体偏离时，应立即停机记录，分析原因。当有争议时，可进行钻孔测斜，以判断是受检桩倾斜超过规范要求还是钻芯孔倾斜超过规定要求。

钻芯工作结束后，当单桩质量评价满足设计要求时，则应对钻芯留下的孔洞作回灌封闭处理，以保证基桩的工作性能；可采用 0.5～1.0MPa 压力，从钻芯孔孔底往上用水泥浆回灌封闭，水泥浆的水灰比宜为 0.5～0.7。

如果检测结果不满足设计要求，则应封存钻芯孔，留待处理。钻芯孔可作为桩身或桩底高压灌浆加固的补强孔。

4.5.4　钻芯法现场记录

（1）操作记录

钻取的芯样应由上而下按回次顺序放进芯样箱，一般一个回次摆成一排，芯样侧面应清晰标明回次数、块号和本回次总块数。采用带分数的记录方式溯源性较好，是常用的标识方法，如标识为 $2\frac{3}{5}$ 的芯样，表示第 2 回次共 5 块芯样中的第 3 块。

现场应及时记录钻进情况和钻进异常情况，并对芯样质量做初步描述，包括记录孔号、回次数、起至深度、块数、总块数等，记录格式见表 1-4.5-1。有条件时，可采用钻孔电视辅助判断混凝土质量。

钻芯法检测现场操作记录表 表 1-4.5-1

桩号					孔号			工程名称		
时间			钻进(m)			芯样编号	芯样长度(m)	残留芯样	芯样初步描述及异常情况记录	
自	至	自	至	计					
检测日期						机长:		记录:	页次:	

（2）芯样编录

按表 1-4.5-2 的格式对芯样混凝土、桩底沉渣及桩端持力层做详细编录。

钻芯法检测芯样编录表 表 1-4.5-2

工程名称				日期	
桩号/钻芯孔号			桩径	混凝土设计强度等级	
项目	分段(层)深度(m)	芯样描述		取样编号取样深度	备注
桩身混凝土		混凝土钻进深度，芯样连续性、完整性、胶结情况、表面光滑情况、断口吻合程度、混凝土芯是否为柱状、骨料大小分布情况，以及气孔、空洞、蜂窝麻面、沟槽、破碎、夹泥、松散的情况			
桩底沉渣		桩端混凝土与持力层接触情况、沉渣厚度			
持力层		持力层钻进深度，岩土名称、芯样颜色、结构构造、裂隙发育程度、坚硬及风化程度；分层岩层应分层描述		（强风化或土层时的动力触探或标贯结果）	
检测单位		记录员:		检测人员:	

对桩身混凝土芯样的描述包括混凝土钻进深度，芯样连续性、完整性、胶结情况、表面光滑情况、断口吻合程度、混凝土芯是否为柱状、骨料大小分布情况，气孔、蜂窝麻面、沟槽、破碎、夹泥、松散的情况，以及取样编号和取样位置。

对持力层的描述包括持力层钻进深度，岩土名称、芯样颜色、结构构造、裂隙发育程度、坚硬及风化程度以及取样编号和取样位置，或动力触探、标准贯入试验位置和结果；分层岩层应分别描述。

（3）芯样照片

应先拍彩色照片，后截取芯样试件。芯样照片应包括芯样和标有工程名称、桩号、钻芯孔号、芯样试件采取位置、桩长、孔深、检测单位名称标示牌等内容。拍照前应将被包封浸泡在水中的岩样打开并摆在相应位置。取样完毕剩余的芯样宜移交委托单位妥善保存。

4.5.5　芯样截取、制作与抗压试验

（1）混凝土芯样的截取

基桩检测规范要求截取混凝土抗压芯样试件应符合下列规定：

1）当桩长为 10～30m 时，每孔截取 3 组芯样；当桩长小于 10m 时，可取 2 组；当桩长大于 30m 时，不少于 4 组。

2）上部芯样位置距桩顶设计标高不宜大于 1 倍桩径或 2m，下部芯样位置距桩底不宜大于 1 倍桩径或 2m，中间芯样宜等间距截取。

3）缺陷位置能取样时，应截取一组芯样进行混凝土抗压试验。

4）如果同一基桩的钻芯孔数大于一个，其中一孔在某深度存在缺陷时，应在其他孔的该深度处截取芯样进行混凝土抗压试验。

芯样截取的原则是既要客观、准确地评价混凝土强度，也要避免人为因素影响，即只选择好的或差的混凝土芯样进行抗压强度试验。当芯样混凝土均匀性较差或存在缺陷时，应根据实际情况，增加芯样数量。所有取样位置应标明其深度或标高。

一般来说，蜂窝麻面、沟槽等缺陷部位的混凝土较正常胶结混凝土的强度低，所以无论是为了查明质量隐患，还是对结构承载力进行验算，都有必要对缺陷部位的混凝土截取芯样进行抗压试验。

当试桩钻芯孔数不止一个，其中一孔在某深度存在蜂窝麻面、沟槽、空洞等缺陷、芯样试件强度可能不满足设计要求时，有必要在其他孔的相同深度部位取样，按多孔强度计算原则，确定该深度处混凝土抗压强度代表值，在保证结构承载能力的前提下，减少工程加固处理费用。

（2）岩石芯样的截取

当桩底持力层为中、微风化岩层且岩芯可制作成试件时，应在接近桩底部位截取一组岩石芯样；如遇分层岩性时宜在各层取样。为便于设计人员对端承力的验算，提供分层岩性的各层强度值是必要的。为保证岩石原始性状，避免岩芯暴露时间过长，而改变其强度，拟选取的岩石芯样应及时包装并浸泡在水中。

下面对地方标准在芯样截取上的规定做简单介绍：

1）广东省标准《基桩和地下连续墙钻芯检验技术规程》DBJ 15—28—2001 要求混凝土抗压芯样试件采取数量应符合如下规定：

① 当桩长或墙深小于 10m 时，应在上半部和下半部取代表性芯样 2 组，每组连续取 3 个芯样试件；当桩长或墙深在 10～30m 时，每孔应在上、中、下三个部位分别选取有代表性芯样 3 组；当桩长或墙深大于 30m 时，每孔选取不少于 4 组代表性芯样；

② 当缺陷部位经确认可进行取样时，必须进行取样；

③ 当一桩钻孔在两个或以上且其中一孔因缺陷严重未能取样时，应在其他孔相同深度取样进行混凝土抗压试验。

2）福建省标准《基桩钻芯法检测技术规程》DBJ 13—28—1999 规定：

混凝土抗压试验芯样应从检测桩上、中、下三段随机连续选取 3 组，每组 3 块，试件芯样不应少于 9 块。当桩长大于 30m 时，宜适当增加试验组数，选取的试件均应具有代表性。

　　3）深圳市标准《深圳地区基桩质量检测技术规程》SJG 09－99 规定：

每孔均应选取桩芯混凝土抗压试件芯样，每 1.5m 应有 1 块，且每孔不应少于 10 块，宜沿桩长均匀选取。

　　（3）芯样制作

由于混凝土芯样试件的高度对抗压强度有较大的影响，为避免高径比修正带来误差，应取试件高径比为 1，即混凝土芯样抗压试件的高度与芯样试件平均直径之比应在 0.95～1.05 的范围内。

　　每组芯样应制作三个芯样抗压试件。

对于基桩混凝土芯样，要求芯样试件不能有裂缝或其他较大缺陷，也不能含有钢筋；为了避免试件强度出现大的离散性，在选取芯样试件时，应观察芯样侧面的表观混凝土粗骨料粒径，确保芯样试件平均直径不小于 2 倍表观混凝土粗骨料最大粒径。

　　1）芯样试件加工

应采用双面锯切机加工芯样试件，加工时应将芯样固定，锯切平面垂直于芯样轴线。锯切过程中应淋水冷却金刚石圆锯片。

锯切过程中，由于受到振动、夹持不紧、锯片高速旋转过程中发生偏斜等因素的影响，芯样端面的平整度及垂直度不能满足试验要求时，可采用在磨平机上磨平或在专用补平装置上补平的方法进行端面加工。

常用的补平方法有硫磺胶泥（或硫磺、环氧胶泥）补平和用水泥砂浆（或水泥净浆）补平两种。硫磺胶泥的补平厚度不宜大于 1.5mm，一般适用于自然干燥状态下的芯样试件补平；水泥砂浆的补平厚度不宜大于 5mm，一般适用于潮湿状态下的芯样试件补平。

采用补平方法处理端面应注意的问题是：①经端面补平后的芯样高度和直径之比应符合有关规定；②补平层应与芯样结合牢固，抗压试验时补平层与芯样的结合面不得提前破坏。

　　2）芯样试件测量

试验前，应对芯样试件的几何尺寸做下列测量：

　　① 平均直径：用游标卡尺测量芯样中部，在相互垂直的两个位置上，取其两次测量的算术平均值，精确至 0.5mm。如果试件侧面有较明显的波浪状，选择不同高度对直径进行测量，测量值可相差 1～2mm，误差可达 5%，引起的强度偏差为 1～2MPa。考虑到钻芯过程对芯样直径的影响是强度低的地方直径偏小，而抗压试验时直径偏小的地方容易破坏，因此，在测量芯样平均直径时宜选择表观直径偏小的芯样中部部位。

　　② 芯样高度：用钢卷尺或钢板尺进行测量，精确至 1mm。

　　③ 垂直度：用游标量角器测量两个端面与母线的夹角，精确至 0.1°。如图 1-4.5-1 所示。

　　④ 平整度：用钢板尺或角尺立起紧靠在芯样端面上，一面转动钢板尺，一面用塞尺测量与芯样端面之间的最大缝隙，如图 1-4.5-2 所示。实用上，如对直径为 80mm 的芯样试件，可采用 0.08mm 的塞尺检查，看能否塞入最大间隙中去，能塞进去为不合格，不能塞进去为合格。

芯样试件端面的平整度对芯样的抗压强度影响较大。有数据表明，平整度不足时，强度可降低 20%～30%。

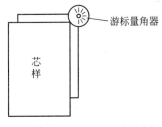
图 1-4.5-1　垂直度测量示意图

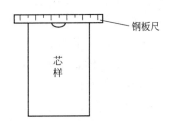
图 1-4.5-2　平整度测量示意图

3）试件合格标准

除芯样选取时对芯样的规定外，制作完成后的芯样试件尺寸偏差超过下列数值时，也不得用作抗压强度试验：

① 芯样试件高度小于 $0.95d$ 或大于 $1.05d$ 时（d 为芯样试件平均直径）。

② 沿试件高度任一直径与平均直径相差达 2mm 以上。

③ 试件端面的不平整度在 100mm 长度内超过 0.1mm。

④ 试件端面与轴线的不垂直度超过 2°。

⑤ 芯样试件平均直径小于 2 倍表观混凝土粗骨料最大粒径。

（4）芯样试件抗压强度试验

1）混凝土芯样试件的强度试验

基桩检测规范规定，芯样试件加工完毕可立即进行抗压强度试验，这主要是考虑钻芯过程中导致芯样强度降低的因素较多，另一方面也是出于方便考虑。实际上，混凝土芯样试件的含水量对抗压强度有一定影响，含水量越大则强度越低。但这种影响也与混凝土的强度有关，混凝土强度等级高时影响相对小一些。根据国内的试验资料，浸水饱和后的芯样强度比干燥状态时下降 7～22%，平均下降 14%。

根据桩的工作环境状态，试件宜在 20±5℃ 的清水中浸泡一段时间后（一般 40～48h 可达饱和）立即进行抗压强度试验。广东省标准《基桩和地下连续墙钻芯检验技术规程》DBJ 15—28—2001 规定：芯样试件宜在与被检测对象混凝土湿度基本一致的条件下进行试验。

混凝土芯样试件的抗压强度试验应按《普通混凝土力学性能试验方法》GB 50081 的有关规定执行。芯样试件抗压破坏时的最大压力值与混凝土标准试件明显不同，试验应合理选择压力机的量程和加荷速率，以保证试验精度。试验时应均匀加荷，加荷速度为：混凝土强度等级低于 C30 时，取每秒钟 0.3～0.5MPa；混凝土强度等级高于或等于 C30 时，取每秒钟 0.5～0.8MPa。当试件接近破坏而开始迅速变形时，停止调整试验机油门，直至试件破坏。

抗压强度试验后，若发现芯样试件平均直径小于 2 倍试件内混凝土粗骨料最大粒径、强度值异常时，则该试件的强度值无效。当截取芯样未能制作成试件或芯样试件平均直径小于 2 倍试件内混凝土粗骨料最大粒径时，应重新截取芯样试件进行抗压强度试验。

混凝土芯样试件抗压强度应按下列公式计算：

$$f_{cu} = \xi \cdot \frac{4P}{\pi d^2}$$

式中　f_{cu}——混凝土芯样试件抗压强度(MPa)，精确至 0.1MPa；

　　　　P——芯样试件抗压试验测得的破坏荷载(N)；

　　　　d——芯样试件的平均直径(mm)；

　　　　ξ——混凝土芯样试件抗压强度折算系数，取为 1.0。当有地方标准时，可按地方标准规定取值。

对混凝土芯样抗压强度折减系数 ξ 的取值，到目前仍存在一定的争议，现对此作如下说明：

混凝土芯样试件的强度与标准养护或同条件养护立方体试件抗压强度均不同，其中标准养护的试件强度通常要比实体强度高，而同条件养护的试件强度一般能代表实际混凝土强度；钻芯法中的芯样试件强度虽然也能较真实地反映混凝土强度，但受温度、湿度和机械扰动等诸多因素的影响，一般认为芯样强度会因此降低，需要对其进行修正。这就是 ξ 的由来。

《钻芯法检测混凝土强度技术规程》CECS03：88 的条文说明中指出，龄期 28 天的芯样试件强度换算值为标准强度的 86%，为同条件养护试块的 88%。同时推荐 ξ 取值 1/0.88。

广东省有 137 组试验数据表明，桩身混凝土中的钻芯强度与立方体强度的比值的统计平均值为 0.749。为考察小芯样取芯的离散性(如尺寸效应、机械扰动等)，基桩检测规范编制组委托广东、福建、河南等地的 6 家单位进行类似试验，共完成 184 组的对比试验，其中混凝土强度等级 C15～C50，芯样直径 68～100mm。结果表明：芯样试件强度与立方体强度的比值分别为 0.689、0.848、0.895、0.915、1.106、1.106，平均为 0.943。

排除龄期和养护条件(温度、湿度)的差异，尽管普遍认同芯样(尤其是在桩身混凝土中钻取的芯样)强度低于立方体强度，但上述试验结果的离散性表明，尚不能采用统一的折算系数来反映芯样强度与立方体强度的差异。基桩检测规范中没有推荐采用 1/0.88 对芯样强度进行修正，而是留待各地根据试验结果进行调整。

2)岩石芯样试验

桩底岩芯单轴抗压强度试验可参照《建筑地基基础设计规范》GB 50007 执行。当岩石芯样抗压强度试验仅仅是配合判断桩底持力层岩性时，检测报告中可不给出岩石饱和单轴抗压强度标准值，只给出平均值；当需要确定岩石饱和单轴抗压强度标准值时，宜按规范 GB 50007 附录 J 执行。

4.5.6　检测数据的分析与判定

(1) 芯样强度代表值的确定

由于混凝土芯样试件抗压强度的离散性比标准试件大，可能无法根据《混凝土强度检验评定标准》GBJ 107 来评定芯样试件抗压强度代表值。大量试验数据表明，采用每组三个芯样的抗压强度平均值作为芯样试件抗压强度的代表值是简便、可行的方法。

(2) 混凝土桩芯样强度代表值的确定

同一根桩有两个或两个以上钻芯孔时，应综合考虑各孔芯样强度来评价桩身结构承载能力。基桩检测规范规定，受检桩在同一深度部位各孔芯样试件抗压强度代表值的平均值作为该深度的混凝土芯样试件抗压强度代表值。整根受检桩的混凝土芯样抗压强度代表值指该桩中不同深度位置的混凝土芯样试件抗压强度代表值中的最小值。

上述单根桩的强度评定方法有时也会产生异议，如水下灌注桩，因桩身混凝土强度的离散性大，可能会出现个别受检桩在局部深度处强度偏低的情况，进而对整个桩基础工程的验收产生影响。目前提出的改进办法是参照现行混凝土结构强度检测评定方法，将所有受检桩作为一个检验批进行强度的整体评定，对个别强度不满足要求的桩另行处理。

（3）持力层的评价

桩底持力层岩土性状应根据芯样特征、岩石芯样单轴抗压强度试验结果、动力触探或标准贯入试验结果综合判定，对岩土性状的描述和判定应有工程地质专业人员参与，并应符合《岩土工程勘察规范》GB 50021 的有关规定。当只对受检桩桩底持力层岩石强度评价时，每组岩石芯样单轴抗压强度均应满足设计或规范要求。

（4）成桩质量评价

灌注桩的成桩质量因混凝土浇筑的非均匀性和地质条件的不确定性，还无法同批量生产的产品一样进行概率统计学意义上的质量评价。钻芯法也不例外，只能对受检桩的桩身完整性和混凝土强度进行评价，且评价应结合钻芯孔数、芯样特征以及强度试验结果综合判定。桩身完整性判定见表 1-4.5-3。

桩身完整性判定

表 1-4.5-3

类别	特征		
	单孔	两孔	三孔
Ⅰ	混凝土芯样连续、完整、胶结好，芯样侧面表面光滑、骨料分布均匀，芯样呈长柱状、断口吻合。		
	芯样侧面仅见少量气孔	局部芯样侧面有少量气孔、蜂窝麻面、沟槽，但在两孔的同一深度部位的芯样中未同时出现	局部芯样侧面有少量气孔、蜂窝麻面、沟槽，但在三孔的同一深度部位的芯样中未同时出现
Ⅱ	混凝土芯样连续、完整、胶结较好、芯样侧面表面较光滑、骨料分布基本均匀，芯样呈柱状、断口基本吻合		
	局部芯样侧面有蜂窝麻面、沟槽或较多气孔。 芯样骨料分布极不均匀、芯样侧面蜂窝麻面严重或沟槽连续；但对应部位的混凝土芯样试件抗压强度满足设计要求，否则应判为Ⅲ类	芯样侧面有较多气孔，连续的蜂窝麻面、沟槽或局部混凝土芯样骨料分布不均匀，但在两孔的同一深度部位的芯样中未同时出现。芯样侧面有较多气孔，连续的蜂窝麻面、沟槽或局部混凝土芯样骨料分布不均匀，且在两孔的同一深度部位的芯样中同时出现；但该深度部位的混凝土芯样试件抗压强度代表值满足设计要求，否则应判为Ⅲ类。 任一孔局部混凝土芯样破碎段长度不大于 10cm，且另一孔的同一深度部位的混凝土芯样质量完好，否则应判为Ⅲ类。	芯样侧面有较多气孔，连续的蜂窝麻面、沟槽或局部混凝土芯样骨料分布不均匀，但在三孔的同一深度部位的芯样中未同时出现。芯样侧面有较多气孔，连续的蜂窝麻面、沟槽或局部混凝土芯样骨料分布不均匀，且在三孔的同一深度部位的芯样中同时出现，但该深度部位的混凝土芯样试件抗压强度代表值满足设计要求，否则应判为Ⅲ类。 任一孔局部混凝土芯样破碎段长度不大于 10cm，且另外两孔的同一深度部位的混凝土芯样质量完好，否则应判为Ⅲ类

类别	特征		
	单孔	两孔	三孔
Ⅲ	大部分混凝土芯样胶结较好，无松散、夹泥现象，但有下列情况之一： 局部混凝土芯样破碎段长度不大于 10cm； 芯样不连续完整、多呈短柱状或块状	任一孔局部混凝土芯样破碎段长度大于 10cm 但不大于 20cm，且另一孔的同一深度部位的混凝土芯样质量完好，否则应判为Ⅳ类	任一孔局部混凝土芯样破碎段长度大于 10cm 但不大于 30cm，且另外两孔的同一深度部位的混凝土芯样质量完好，否则应判为Ⅳ类。 任一孔局部混凝土芯样松散段长度不大于 10cm，且另外两孔的同一深度部位的混凝土芯样质量完好，否则应判为Ⅳ类。
Ⅳ	有下列情况之一： 因混凝土胶结质量差而难以钻进； 混凝土芯样任一段松散或夹泥； 局部混凝土芯样破碎长度大于 10cm	有下列情况之一： 任一孔因混凝土胶结质量差而难以钻进； 混凝土芯样任一段松散或夹泥； 任一孔局部混凝土芯样破碎长度大于 20cm； 两孔在同一深度部位的混凝土芯样破碎	有下列情况之一： 任一孔因混凝土胶结质量差而难以钻进； 混凝土芯样任一段夹泥或松散段长度大于 10cm； 任一孔局部混凝土芯样破碎长度大于 30cm； 其中两孔在同一深度部位的混凝土芯样破碎、夹泥或松散

注：1. 如果上一缺陷的底部位置标高与下一缺陷的顶部位置标高的高差小于 30cm，则定为两缺陷处于同一深度部位。
　　2. 混凝土出现分层现象，宜截取分层部位的芯样进行抗压强度试验。抗压强度满足设计要求的，可判为Ⅱ类；抗压强度不满足设计要求或未能制作成芯样试件的，判为Ⅳ类。
　　3. 存在水平裂缝的，应判为Ⅲ类。
　　4. 多于三孔的桩身完整性判断参照三孔。

要说明的是，在单桩钻芯孔为两个或两个以上时，应根据各钻芯孔质量综合评定受检桩质量，而不应单孔评定。

基桩检测规范规定，当出现下列情况之一时，应判定该受检桩不满足设计要求：

（1）桩身完整性类别为Ⅳ类。

（2）桩身混凝土芯样试件抗压强度代表值小于混凝土设计强度等级。

（3）桩长、桩底沉渣厚度不满足设计或规范要求。

（4）桩底持力层岩土性状（强度）或厚度未达到设计或规范要求。

钻芯法可准确测定桩长，所以对实测桩长小于施工记录桩长的受检桩，即使不影响桩的承载力，但按桩身完整性定义中连续性的含义，也应判为Ⅳ类桩。对端承桩，沉渣厚度大或持力层（岩性或厚度）没有达到设计要求都会影响桩的承载能力，所以应判Ⅳ类桩，而钻芯法正是最直接、最准确的检测手段。

通过芯样特征对桩身完整性分类，有比低应变法更直观的一面，也有一孔之见代表性差的一面。所以当同一根桩有两个或两个以上钻芯孔时，桩身完整性应综合考虑各钻芯孔的芯样质量确定类别；当不同钻芯孔的芯样在同一深度部位均存在缺陷时，则该位置的缺陷程度可能较严重；一般来说，只要桩身存在缺陷，不管缺陷是什么类型，都会影响强度指标。因此钻芯法的完整性分类应结合芯样强度值综合判定。

思考题

1. 低应变反射波法测试桩身完整性，采样时应注意哪些问题？
2. 桩身存在浅部缺陷时，测试波形有什么特征？如何更好地识别浅部缺陷？
3. 如何区分桩侧土、桩身扩径和缩颈对测试波形的影响？
4. 低应变测试时，激振设备的选择、采样频率的设定与桩的设计参数有何关联？
5. 工程桩检测时，对桩身有明显缺陷的Ⅲ类桩，应做如何处理？
6. 高应变检测的适用范围是什么？
7. 如何保证高应变检测信息的有效性？
8. 波形拟合法与 CASE 法的测试原理有何不同？存在的最大差别是什么？
9. 高应变检测时，如果贯入度很小，确定极限承载力时应怎么考虑？
10. 请论述一下高应变和低应变检测桩身完整性的优缺点。
11. 声波透射法判别桩身完整性与高、低应变法有何区别？
12. 声波透射法的判据有哪些？各有什么优缺点？
13. 如何理解声速判据中采用的双边剔除法？有何优点？
14. 影响声波透射法判别的因素主要有哪些？
15. 声波透射法检测时，一般在桩身哪些部位容易造成判断上的不确定性？
16. 请简述一下钻芯法的优缺点和检测目的。
17. 钻芯法对检测设备有何要求？
18. 钻芯法检测过程中，容易出现的问题主要有哪些？
19. 钻芯法检测，桩身强度指标如何评价？
20. 如何根据钻芯结果，综合、合理的评价桩身完整性？

第5章 锚杆试验检测

5.1 概述

5.1.1 锚杆定义和组成

锚杆是指能将拉力传递到稳定的或适宜的岩土体中的一种受拉杆件(体系)。一般由锚头、杆体自由段和杆体锚固段组成。当采用钢绞线或钢丝束作杆体材料时，可称锚索。锚杆和锚杆施工见图1-5.1-1。为方便起见，本章将锚杆和锚索统一简称为锚杆进行叙述。

锚杆组成必须具备以下几个因素：

(1) 一个抗拉强度高于岩土体的杆体；

(2) 杆体一端可以和岩土体紧密接触形成摩擦(或粘结)阻力；

(3) 杆体位于岩土体外部的另一端能够形成对岩土体的径向阻力。

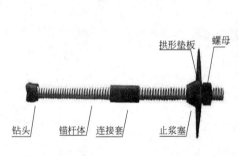

图1-5.1-1 锚杆和锚杆施工

锚杆作为深入地层的受拉构件，它一端与工程构筑物连接，另一端深入地层中，整根锚杆分为自由段和锚固段，自由段是指将锚杆头处的拉力传至锚固体的区域，其功能是对锚杆施加预应力；锚固段是指水泥浆体将预应力筋与土层粘结的区域，其功能是将锚固体与土层的粘结摩擦作用增大，增加锚固体的承压作用，将自由段的拉力传至土体深处。

锚杆是岩土体加固的杆件体系结构，从力学观点上主要是提高了围岩体的黏聚力 C 和内摩擦角 φ。它通过锚杆杆体的纵向拉力作用，克服岩土体抗拉能力远远低于抗压能力的缺点，其实质上锚杆位于岩土体内与岩土体形成一个新的复合体，这个复合体中的锚杆是解决围岩体的抗拉能力低的关键，从而使得岩土体自身的承载能力大大加强。

现在锚杆不仅应用于各种边坡支护、建筑基坑支护、建筑基础抗浮，也广泛用于矿山开采、隧道，坝体等进行主动加固工程领域。

5.1.2 锚杆分类

(1) 按锚固方式分：机械式锚杆、摩擦式锚杆，倒楔式锚杆，胀壳式锚杆，楔逢式锚杆，胀管式锚杆(水力胀管、爆破胀管)，粘结式锚杆(水泥、树脂、聚氨酯、砂浆等)，阻力式锚杆(旋丝刻入、自旋、螺旋、倒锥)等。

(2) 按照杆体形式分：刚性锚杆(钢筋、玻璃钢)，柔性锚杆(钢绞线、钢丝绳、铁丝)，刚柔性锚杆(木、压缩木、竹)等。

(3) 按照用途分：支护锚杆，基础锚杆；

(4) 按照锚杆段埋置地层分：岩石锚杆、土层锚杆。

下面简单介绍几种新型的锚杆。

1. 管缝式锚杆

管缝式锚杆是一种全长锚固，主动加固围岩的新型锚杆，它立体部分是一根纵向开缝的高强度钢管，当安装于比管径稍小的钻孔时，可立即在全长范围内对孔壁施加径向压力和阻止围岩下滑的摩擦力，加上锚杆托盘托板的承托力，从而使围岩处于三向受力状态。在爆破震动围岩锚移等情况下，后期锚固力有明显增大，当围岩发生显著位移时，锚杆并不失去其支护抗力，它比涨壳式锚杆有更好的特性。

(1) 主要技术性能

1) 初始锚固力：3～7t；

2) 管环拉脱荷载：8～10t；

3) 锚杆管抗拉断能力：12～13t；

4) 耐腐蚀性能比 A3 钢高 20%～30%，利于长期使用。

(2) 规格

1) 外径(毫米)：ϕ30，ϕ33，ϕ40，ϕ43($\pm$0.5)；

2) 长度(毫米)：1200、1500、1800、2000、2500(可根据客户的需要规格生产)；

3) 材质：16Mn，20Mnsi；

管缝式锚杆现在煤矿使用比较少。

2. 自旋锚杆

自旋锚杆是螺旋锚杆的一种，如果合理使用就成为顶级锚杆。螺旋锚杆是上世纪初期开发的软土层锚杆之一，因为这种锚杆施工简单快速被广泛应用在一些野外工程或岩土体的辅助锚固上。在长期的研究实践中，西安科技大学惠兴田教授深入分析传统螺旋锚杆并在 1999 年发明了一种新型的螺旋式锚杆——自旋锚杆。自旋锚杆扬弃传统螺旋锚杆的大锚叶结构，采用中空连续小旋丝结构，采用不同的施工工艺就使得自旋锚杆的应用发生了根本性变化。从而派生出一系列功能的一个全能体系。以下是各种类别自旋锚杆简述。

(1) 自攻旋进锚杆：自攻旋进锚杆在预先钻好的孔中先钻孔，用钻机带动锚杆，在转动过程中使锚杆旋丝刻入钻孔壁内起到锚固作用。

在钻孔中自攻旋进安装不使用锚固剂就能达到 70kN 锚固力。

创新点：不使用锚固剂的全长锚固锚杆。

优点：成本低，施工速度快。

缺点：安装要求钻孔精确，各项参数配合恰当。施工中难以达到要求。

(2) 自攻挤压旋进锚杆：自攻挤压旋进锚杆锚杆上带钻头，用钻机直接带动锚杆旋入土体中。锚杆在旋进过程中挤压杆体周围土体，使紧贴杆体周围土体参数强化。

自攻挤压旋进锚杆不同于自钻锚杆，自钻锚杆的锚固全凭后期锚固注浆，注浆对于向上的孔很难达到饱和注浆，锚固可靠性较差。自旋锚杆自身形成锚固力安装结束就完成。任何角度都能够保障锚固力相同。

自攻挤压旋进锚杆适用条件：湿陷性黄土，淤泥，松散岩土。

该锚杆在土层中无须钻孔直接挤压旋进安装锚固力 20kN/m。

创新点：不钻眼，不注浆的全长锚固锚杆。

优点：挤压强化土体结构使土体承载力大大提高，施工速度快，锚固及时。

缺点：钻机扭矩要求大，适应性受限，个别情况下单位锚固力小。

（3）自旋注浆锚杆：在钻孔中安装结束后利用自旋锚杆注浆就成为具有初锚力的自旋注浆锚杆。施工时预先钻孔，将自旋锚杆旋入钻孔内，安装到位后利用杆体中空注浆，一部分浆液沿旋丝充满旋丝空间，一部分浆液渗入岩体加固岩层，使得岩体旋体锚固同时岩体得到加固注浆。

适用条件：任何地层，特别适用于松软破碎岩土体自旋喷浆锚杆。在复杂土体层采用锚杆边旋进边注浆，这样旋喷钻进安装结束注浆就完成。

创新点：具有初锚力且是全长锚固的注浆锚杆。

优点：具有一定初锚力，适应于各种松软岩土体。

缺点：注浆程序占用时间，施工环境差，速度受限制。

（4）自旋树脂锚杆：在钻孔中安装的同时自旋锚杆将树脂药卷搅拌成为具有初锚力的自旋树脂锚杆。自旋树脂锚杆是在自旋锚杆前端放入树脂锚固剂，在自旋锚杆安装过程中树脂被加压并搅拌挤压使得树脂锚固剂充满旋丝，锚固剂和旋丝共同起到锚固作用。

创新点：药卷搅拌结束立即施加预应力的树脂锚杆。

优点：锚固可靠，适应性广。

缺点：锚杆安装需要专用钻具。

（5）自钻自锚固锚杆：在自旋锚杆中空内放入钻杆使钻眼安装一次完成，是具有初锚力的自钻锚杆。

创新点：钻眼安装一次完成且具有初锚力的自钻锚杆。

优点：有一定的初锚力，安装快速，适应于任何岩土层。

缺点：安装需要专用钻具。

（6）自旋喷浆锚杆：在土层中边喷浆边钻进安装锚注一次完成锚固力 35kN/m。

创新点：钻眼安装和注浆一次完成的土层锚杆。

优点：适应于松散岩土体。

缺点：不能用于岩体破碎带松散体。

5.1.3　锚杆试验检测方式与试验检测相关标准

1. 锚杆试验方式

对锚杆进行试验检测方式主要有以下几种：锚杆极限抗拔力试验、锚杆抗拔验收试验、锚杆蠕变试验和锚杆锁定力测试，下面分别说明：

（1）锚杆极限抗拔力试验：工程锚杆正式施工前，为确定锚杆设计参数和施工工艺，在现场进行的锚杆极限抗拔力试验。对支护型锚杆的极限抗拔力试验通常采用基本试验的方法来进行。

（2）锚杆抗拔验收试验：为检验工程锚杆质量和性能是否符合设计承载力要求的抗拔力试验。

（3）锚杆蠕变试验：确定锚杆在不同加荷等级的恒定荷载作用下位移随时间变化规律的试验。

（4）锚杆锁定力测试：在预应力锚杆张拉锁定完成后，测试传递于锚头的初始预拉力。

在上述几种锚杆检测试验中，在北京地区目前最常用的是锚杆抗拔验收试验和锚杆极限抗拔力试验。

2. 试验检测相关标准

现行锚杆试验方法标准较多，主要的标准如下：

（1）《建筑地基基础设计规范》GB 50007—2011；

（2）《建筑边坡工程技术规范》GB 50330—2013；

（3）《建筑基坑支护技术规程》JGJ 120—2012；

（4）《锚杆喷射混凝土支护技术规范》GB 50086—2001；

（5）《岩土锚杆技术规程》CECS22：2005；

（6）《锚杆锚固质量无损检测技术规程》JGJ/T 182—2009。

此外，根据住房和城乡建设部《关于印发＜2011 年工程建设标准规范制订、修订计划＞的通知》（建标［2011］17 号)的要求，由广东省建筑科学研究院会同有关单位共同编制了行业标准《锚杆检测与监测技术规程》目前已经完成征求意见，正在形成报批稿，该规范发布实施后，有望完善统一和规范工民建领域的锚杆质量检测。

上述若干锚杆质量检测的相关标准总体要求虽然大同小异，但各个具体标准在检测数量、检测方式，最大试验加载量。循环加载次数、加载稳定时间等相关细节上都有不同的规定，检测单位在进行检测时，需要根据锚杆设计单位具体要求，参照相关技术标准进行锚杆的试验检测，本培训教材所讲的检测方法步骤主要参照即将发布的建设部行业新标准《锚杆检测与监测技术规程》的规定编写，仅供相关单位在检测时参考使用。

5.2 锚杆检测的基本规定

锚杆检测是对锚杆承载能力、锚固质量、受力变形状态的试验与测试，包括施工前为设计提供依据的试验、施工过程锁定力测试、施工后为竣工验收提供依据的检测。锚杆检测通常按照下面的图 1-5.2-1 工作流程进行：

锚杆检测分为锚杆极限抗拔力试验、锚杆抗拔验收试验、锚杆蠕变试验和锚杆锁定力测试。锚杆极限抗拔力试验包括支护型土层锚杆抗拔基本试验、支护型岩石锚杆抗拔基本试验、基础锚杆抗拔承载力试验、土钉抗拔基本试验；锚杆抗拔验收试验包括支护型土层锚杆抗拔验收试验、支护型岩石锚杆抗拔验收试验、基础锚杆抗拔验收试验和土钉抗拔验收试验。

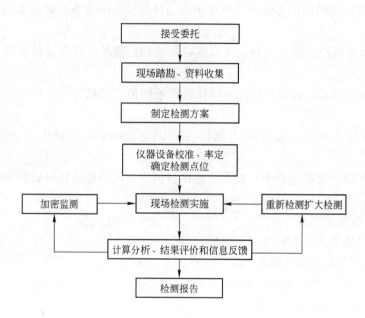

图 1-5.2-1　锚杆试验检测工作流程

锚杆检测方法一般应根据相应工程设计等级、锚杆特点、方法适应性，根据锚杆类型、检测目的按表 1-5.2-1 合理选择。

锚杆检测方法及检测目的　　　　　　　　　　　　　表 1-5.2-1

锚杆类型	检测方法	检测目的
支护型锚杆	土层锚杆基本试验	确定锚杆极限承载力 当埋设有内力测试元件时，可确定锚固体与岩土体之间的粘结强度 采用短锚固段锚杆时，可确定锚固体与岩土体之间的粘结强度
	岩石锚杆基本试验	
	土层锚杆验收试验	判定锚杆验收荷载(抗拔力)是否满足设计要求
	岩石锚杆验收试验	
	蠕变试验	确定预应力锚杆的蠕变特性
基础锚杆	承载力试验	确定锚杆极限承载力；当埋设有内力测试元件时可确定锚杆与岩土体之间的粘结强度或锚固强度
	验收试验	判定锚杆验收荷载(抗拔力)是否满足设计要求
	蠕变试验	确定预应力锚杆的蠕变特性
土钉	基本试验	确定土钉极限承载力 当埋设有内力测试元件时，可确定锚固体与岩土体之间的粘结强度
	验收试验	判定土钉验收荷载是否满足设计要求
预应力锚杆	锁定力测试	确定预应力锚杆的初始预拉力

锚杆检测时间一般应该等到锚固段注浆体强度达到试验规范要求的强度后进行，通常应该满足下列规定：

（1）锚杆极限抗拔力试验应在锚固段注浆体不少于 28 天龄期或锚固段注浆体强度达

到设计强度的 90% 后进行。

(2) 锚杆验收试验宜在锚固段注浆体强度达到设计强度的 75% 后进行，或土层锚杆锚固段注浆体强度达到 15MPa、土钉注浆体强度达到 10MPa 后进行。

不同的检测技术标准对锚杆的具体试验检测项目、检测数量的规定不完全相同，检测单位在进行试验检测时，应该按照具体执行的检测标准来进行检测。在编的建设部行业标准对检测数量有如下规定：

1. 锚杆极限抗拔力试验的检测数量规定

(1) 支护锚杆基本试验的试验数量，永久性锚杆不应少于 6 根，临时性锚杆不应少于 3 根。

(2) 土钉基本试验的试验数量，每一典型土层不应少于 3 根。

(3) 基础锚杆承载力的试验数量不应少于 6 根。

2. 对施工完成后的锚杆进行锚杆抗拔力验收试验的检测数量规定

(1) 支护锚杆验收试验、基础锚杆验收试验的检测数量不应少于锚杆总数的 5%，且不得少于 6 根。

(2) 土钉验收试验的检测数量不宜少于土钉总数的 1%，且不应少于 6 根。

3. 预应力锚杆施工完成后进行的锁定力测试教量

测试锚杆数量不得少于锚杆总数的 5%，且不得少于 6 根。

4. 蠕变试验

(1) 蠕变试验适用于塑性指数大于 17 的预应力土层锚杆、极度风化的泥质岩层中或节理裂隙发育张开且充填有黏性土的预应力岩石锚杆。

(2) 锚杆蠕变试验数量不得少于 3 根。

5.3　锚杆检测的仪器设备及安装

5.3.1　锚杆拉拔试验仪器设备

锚杆拉拔试验仪器设备主要包括荷重传感器、油压千斤顶、压力表或压力传感器、位移传感器或大量程百分表、锚杆测力计、读数仪或频率计等，此外还有承压板、支座横梁、基准桩等辅助装置。

试验仪器设备性能指标应符合下列规定：

(1) 荷重传感器、压力传感器的测量误差不应大于 1%，压力表精度应优于或等于 0.4 级。

(2) 在试验荷载达到最大试验荷载时，试验用油泵、油管的工作压力不应超过额定工作压力的 80%。

(3) 荷重传感器、千斤顶、压力表或压力传感器的量程应与测量范围相适应，测量值宜控制在全量程的 30%～80% 范围内。

(4) 位移测量仪表的测量误差不大于 0.1%FS，分辨力优于或等于 0.01mm。

5.3.2　反力装置的选取

1. 承压板式反力装置

承压板应有足够的刚度、足够的面积，试验时支撑构件或混凝土面层不得破坏。

2. 支座横梁反力装置

应符合下列规定：

(1) 加载反力装置能提供的反力不得小于最大试验荷载的 1.2 倍。

(2) 对加载反力装置的主要构件进行强度和变形验算。

(3) 支座底的压应力不宜大于支座底的岩土承载力特征值的 1.5 倍。

(4) 支护锚杆、土钉中心与支座边的距离应大于等于 1B（B 为支座边宽）且大于 0.5m。

(5) 基础锚杆中心与支座边的距离应大于等于 2B（B 为支座边宽）且大于 1.0m。

3. 支护型锚杆抗拔试验的加载反力装置

宜采用支座横梁反力装置，在下列条件下也可采用承压板式反力装置：

(1) 支护锚杆支撑体系中设置有连续墙、排桩、腰梁、圈梁等支撑构件，支撑构件能提供足够的加载反力。

(2) 土质边坡、基坑侧壁设置有足够厚度的混凝土面层，或在支护型锚杆周围为试验而设置有足够厚度的混凝土面层，混凝土面层能提供足够的加载反力。

(3) 岩质边坡。

4. 土钉抗拔试验的加载反力装置

宜采用支座横梁反力装置，在下列条件下也可采用承压板式反力装置：

(1) 土质边坡、基坑侧壁设置有足够厚度的混凝土面层，或在土钉周围为试验而设置有足够厚度的混凝土面层。

(2) 混凝土面层能提供足够的加载反力。

5. 基础锚杆抗拔试验的加载反力装置

应选用支座横梁反力装置。

5.3.3　荷载与位移量测装置的安装

(1) 试验荷载的加载宜采用油压千斤顶，其作用力方向应与锚杆轴线重合。

(2) 荷载量测可采用放置在千斤顶上的荷重传感器直接测定，或采用并联于千斤顶油路的压力表或压力传感器测定油压，根据千斤顶校准结果换算荷载。

(3) 采用位移传感器或大量程百分表对锚杆位移进行测量。其安装应符合下列规定：

1) 位移测量点应选择在锚杆孔口的杆体上，对支护锚杆也可选择在非受力杆体上。

2) 应安装 1～2 个位移测量仪表，测量仪表应安装在基准梁上，不得选择在千斤顶上。

3) 位移测量方向应沿着支护锚杆的轴向变形方向。

4) 基准桩中心与支护锚杆、土钉中心的距离应大于等于 6d（d 为锚杆钻孔直径）且大于 1.0m，基准桩中心与承压板（反力支座）边的距离应大于承压板（反力支座）边宽且大于 1.0m。

5) 基准桩中心与基础锚杆中心的距离应大于等于 6d（d 为锚杆钻孔直径）且大于 2.0m，基准桩中心与反力支座边的距离应大于等于 1.5B（B 为支座边宽）且大于 2.0m。

6）基准梁应具有足够的刚度，并应稳固地安置在基准桩上。

7）基准桩、基准梁和固定位移测量仪表的夹具应避免太阳照射、振动及其他外界因素的影响。

各类加载反力装置的安装参见图 1-5.3-1～图 1-5.3-3。

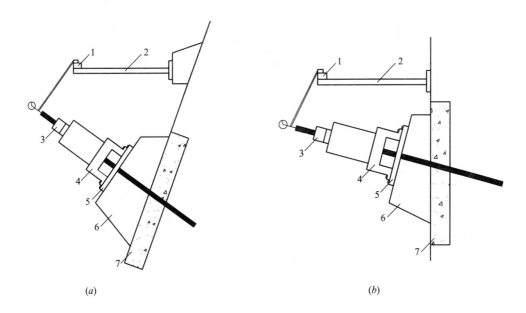

图 1-5.3-1　支护锚杆抗拔试验承压板式反力装置安装示意图

1—基准梁；2—基准支架；3—锚头；4—支座；5—承压板；6—腰梁；7—支挡结构

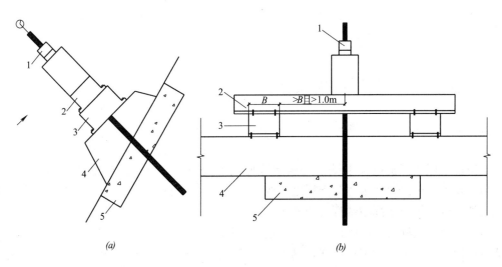

图 1-5.3-2　支护锚杆抗拔试验支座横梁反力装置安装示意图

1—锚头；2—横梁；3—支座；4—腰梁；5—支挡结构

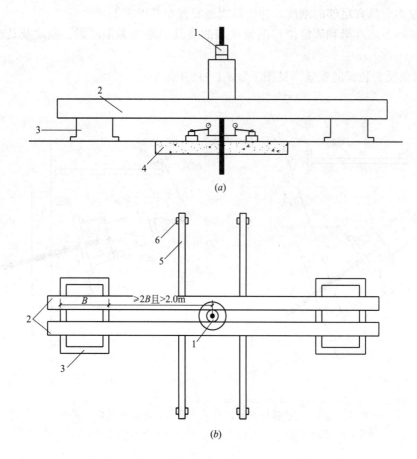

图 1-5.3-3 基础锚杆抗拔试验支座横梁反力装置示意图
1—锚头；2—横梁；3—支座；4—垫层；5—基准梁；6—基准桩

5.4 支护型土层锚杆抗拔试验

支护型土层锚杆抗拔试验分为基本试验、验收试验、蠕变试验，适用于荷载集中型锚杆。

支护型土层锚杆抗拔基本试验可确定锚杆极限抗拔力，提供设计参数和验证施工工艺；当需要确定锚固段注浆体与土层之间的粘结强度时，可在试验时埋设锚杆内力与变形测试元件，或采用短锚固段锚杆抗拔基本试验。

支护型土层锚杆抗拔验收试验采用接近于支护锚杆实际工作条件的试验方法，确定验收荷载作用下支护锚杆的工作性状，判定锚杆验收荷载是否满足设计要求，为工程验收提供依据。

锚杆蠕变试验可确定锚杆蠕变特性，为有效控制蠕变量和预应力损失提供锚杆设计参数和荷载使用水平。

5.4.1 基本试验现场操作

1. 锚杆最大试验荷载（Q_{max}）的确定应符合下列要求

（1）对钢绞线、钢丝束，不应超过杆体极限承载力的 0.9 倍；对普通钢筋，不应超过杆体极限承载力。

（2）应大于预估的土体破坏荷载。

（3）但当杆体强度不足时，可加大杆体的截面面积。

2. 锚杆杆体极限承载力可按下列公式计算

$$T_{gt} = f_{ptk}A_s \qquad (1\text{-}5.4\text{-}1)$$

$$T_{gt} = f_{yk}A_s \qquad (1\text{-}5.4\text{-}2)$$

式中 T_{gt}——锚杆杆体极限承载力（N）；

A_s——锚杆杆体钢筋面积（mm^2），对钢绞线可按现行国家标准《预应力混凝土用钢绞线》GB/T 5224—2003 的有关规定取值；

f_{ptk}——钢绞线抗拉强度标准值（N/mm^2）；

f_{yk}——螺纹钢筋抗拉强度标准值、普通热轧钢筋屈服强度标准值。

3. 预估锚杆的土体破坏荷载可按下式计算

$$T_{yt} = \pi d \sum q_{ski}L_{ai} \qquad (1\text{-}5.4\text{-}3)$$

式中 T_{yt}——预估锚杆的岩土体破坏荷载（kN）；

q_{ski}——锚固段注浆体与第 i 层土体之间极限粘结强度（kPa），可按现行行业标准《建筑基坑支护技术规程》JGJ 120—2012 的有关要求取值；

L_{ai}——锚杆在第 i 层土中的锚固段长度（m）；

d——锚杆锚固段钻孔直径（m）。

4. 试验锚杆的锚固段长度应符合下列规定

（1）当进行确定锚固段注浆体与土层间极限粘结强度的试验时，可采取增加锚杆钢筋用量（锚固段长度取设计锚固段长度）或减短锚固段长度（锚固段长度取设计锚固段长度的 0.4~0.6 倍，硬质岩取小值）的措施。

（2）当进行确定锚固段变形参数和应力分布的试验时，锚固段长度应取设计锚固长度。

5. 基本试验

一般采用多循环加卸载法，加载分级和锚头位移观测时间按表 1-5.4-1 确定。

多循环加卸载法的加卸载分级与锚头位移观测时间　　　　　　　表 1-5.4-1

循环次数	分级荷载与预估最大试验荷载的百分比（%）									
	初始荷载	加载过程						卸载过程		
第一循环	10	30	—	—	—	—	50	—	—	30	10
第二循环	10	30	50	—	—	—	60	—	50	30	10
第三循环	10	30	50	—	—	60	70	—	50	30	10

续表

循环次数	分级荷载与预估最大试验荷载的百分比(%)										
	初始荷载	加载过程							卸载过程		
第四循环	10	30	50	—	—	60	70	80	—	50	30	10
第五循环	10	30	50	—	60	70	80	90	70	50	30	10
第六循环	10	30	50	60	70	80	90	100	70	50	30	10
观测时间(min)	5	5	5	5	5	5	≥10	5	5	5	5

6. 多循环加卸载法锚头位移测读和加卸载应符合下列规定

(1) 试验中的加荷速度宜为 $50\sim100$kN/min；卸荷速度宜为 $100\sim200$kN/min。

(2) 在初始荷载作用下，应测读锚头位移基准值 3 次，当间隔 5min 的读数不大于测读仪表的分辨力时，方可作为锚头位移基准值。

(3) 在每一循环的非最大荷载作用下，观测（持荷）5min，按 0、5min 测读，不判稳。

(4) 在每一循环的最大荷载作用下，当锚头位移稳定后，方可卸载。稳定标准：荷载稳定后，在观测时间内每 5min 测读锚头位移 1 次，当相邻两次锚头位移增量不大于 0.1mm 时，可视为位移稳定。若 30min 内锚头位移仍不稳定，则应延长观测时间至 2h，并应每隔 30min 测读锚头位移 1 次，当出现 2h 内锚头位移增量小于 2.0mm 时，可视为位移稳定。

(5) 加至最大试验荷载后，当锚杆尚未出现破坏情况时，宜按最大试验荷载 10% 的荷载增量继续进行 $1\sim2$ 个循环加卸载试验。

7. 锚杆试验中遇下列情况之一时可视为破坏，应终止加载

(1) 多循环加卸载法：从第二循环加载开始，后一循环荷载产生的单位荷载下的锚头位移增量达到或超过前一循环荷载产生的单位荷载下的位移增量的 5 倍。

(2) 单循环加卸载法：从第二级加载开始，后一级荷载产生的单位荷载下的锚头位移增量达到或超过前一级荷载产生的单位荷载下的位移增量的 5 倍。

(3) 锚头位移不收敛。

(4) 锚杆杆体破坏。

8. 试验也可采用单循环加卸载法，加载分级和锚头位移观测时间应按表 1-5.4-2 确定。

单循环加卸载法的加载分级与锚头位移观测时间　　　　　　　　表 1-5.4-2

分级荷载与预估最大试验荷载的百分比(%)											
初始荷载	加载过程							卸载过程			
10	30	50	60	70	80	90	100	70	50	30	10
30	—	50	60	70	80	90	100	70	50	30	—
50	—	—	60	70	80	90	100	70	50	—	—
观测时间(min)	≥10							5			

9. 单循环加卸载法锚头位移测读和加、卸载应符合下列规定

(1) 试验中的加荷速度宜为 50～100kN/min，卸荷速度宜为 100～200kN/min。

(2) 在初始荷载作用下，应测读锚头位移基准值 3 次，当间隔 5min 的读数不大于测读仪表的分辨力时，方可作为锚头位移基准值。

(3) 在每级荷载作用下，当锚头位移稳定后，方可施加下一级荷载。稳定标准：荷载稳定后，在观测时间内每 5min 测读锚头位移 1 次，当相邻两次锚头位移增量不大于 0.1mm 时，可视为位移稳定；若 30min 内锚头位移仍不稳定，则应延长观测时间至 2h，并应每隔 30min 测读锚头位移 1 次，当出现 2h 内锚头位移增量小于 2.0mm 时，可视为位移稳定。

(4) 加至最大试验荷载后，当锚杆尚未出现破坏而需要终止加载情况时，宜按最大试验荷载 10% 的荷载增量继续进行 1～2 级加载试验。

5.4.2　验收试验现场操作

(1) 试验时，支护锚杆应与支撑构件或混凝土面层脱离，处于独立受力状态。

(2) 支护锚杆验收试验的最大试验荷载 (Q_{max}) 不应小于锚杆抗拔承载力检测值 (Ty)，抗拔承载力检测值 (Ty) 的确定应符合下列规定：

1) 临时性支护锚杆的最大试验荷载应根据锚固工程的重要性，取锚杆轴向拉力设计值 1.2 倍、锚杆轴向拉力标准值的 1.2～1.4 倍。

2) 永久性支护锚杆的最大试验荷载应取锚杆轴向拉力设计值的 1.5 倍。

3) 最大试验荷在下的锚杆杆体应力不宜大于杆体抗拉强度设计值的 0.9 倍。

4) 当设计有规定时按设计要求。

(3) 预应力锚杆试验前应解除预应力，锚杆卸锚装置按照图 1-5.4-1 的要求。

(4) 试验可采用单循环加卸载法，其加载分级和锚头位移观测时间应按表 1-5.4-3 确定。

(5) 单循环加卸载法锚头位移测读和加、卸载应符合下列规定：

1) 试验中的加荷速度宜为 50～100kN/min，卸荷速度宜为 100～200kN/min。

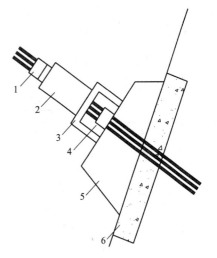

图 1-5.4-1　锚杆的卸锚装置示意图
1—工具锚；2—千斤顶；3—反力架；
4—工作锚；5—腰梁；6—支挡结构

单循环加卸载法的加载分级与锚头位移观测时间　　　　　　　　表 1-5.4-3

最大试验荷载	分级荷载与 (N_k、N_t、N_{ak}) 的百分比 (%)													
	加载过程							卸载过程						
$1.2(N_k$、N_t、$N_{ak})$	10	30	60	80	100	—	—	120	—	—	100	80	50	30	10
$1.3N_k$	10	30	60	80	100	120	—	130	—	120	100	80	50	30	10

续表

最大试验荷载	分级荷载与(N_k、N_t、N_{ak})的百分比(%)													
	加载过程								卸载过程					
$1.4N_k$	10	30	60	80	100	120	—	140	—	120	100	80	50	30	10
$1.5(N_t、N_{ak})$	10	30	60	80	100	120	140	150	140	120	100	80	50	30	10
观测时间(min)	5	5	5	5	5	5	5	10	5	5	5	5	5	5	5

注：1. 非预应力锚杆初始荷载取(N_k、N_t、N_{ak})的10%，预应力锚杆初始荷载可取(N_k、N_t、N_{ak})的30%。

2. 系统锚杆可根据具体情况增加$0.9Ty$、$1.1Ty$两级，并对荷载分级作相应调整。

2）在初始荷载作用下，应测读锚头位移基准值3次，当间隔5min的读数不大于测读仪表的分辨力时，方可作为锚头位移基准值。

3）在每级荷载作用下，荷载稳定后，观测(持荷)5min，按0、5min测读，不判稳。

4）在最大试验荷载作用下，荷载稳定后：按0、5、10min测读，在10min持荷时间内锚杆的位移量不大于1mm时，可视为位移稳定；否则，应延长观测时间60min，并应每隔10min测读锚头位移1次；当60min内锚头位移增量小于2.0mm时，可视为锚头位移收敛，否则视为不收敛。

（6）当出现可视为破坏情况时，应终止锚杆试验。

5.4.3 蠕变试验现场操作

（1）蠕变试验的加载分级和锚头位移观测时间应按表1-5.4-4确定，在观测时间内荷载必须保持恒定。

蠕变试验的加载分级和锚头位移观测时间表　　　　表1-5.4-4

加荷等级	观测时间(min)			
	临时锚杆		永久锚杆	
	观测时间 t_1	观测时间 t_2	观测时间 t_1	观测时间 t_2
$0.25N_k$	—	—	5	10
$0.50N_k$	5	10	15	30
$0.75N_k$	15	30	30	60
$1.00N_k$	30	60	60	120
$1.20N_k$	45	90	120	240
$1.50N_k$	60	120	180	360

（2）在每个分级荷载作用下，分别按第1、5、10、15、30、45、60、90、120、150、180、210、240、270、300、330、360（单位：min）的时间记录蠕变量。

5.4.4 检测数据分析与判断

1. 基本试验

（1）试验结果应按每级荷载对应的锚头位移列表整理，多循环加卸载法应按要求绘制锚杆的荷载—位移(Q-s)曲线、荷载—弹性位移(Q-s_e)曲线和荷载—塑性位移(Q-s_p)曲线；单循环加卸载法应按要求绘制锚杆的荷载—位移(Q-s)曲线；必要时宜绘制 $s-\lg t$ 曲线或其他辅助分析曲线。

(2) 锚杆极限承载力应按下列方法确定：

1) 单根锚杆的极限承载力取破坏荷载前一级的荷载值；在最大试验荷载作用下未达到规定的破坏标准时，极限承载力取最大试验荷载值。

2) 参加统计的试验锚杆，当其试验结果满足极差不超过平均值的 30% 时，取平均值为极限承载力；若极差超过 30%，应增加试验数量，并分析极差过大的原因，结合工程实际情况确定锚杆极限承载力，必要时可增加试验锚杆数量。

(3) 预应力锚杆弹性变形应满足下列要求：

1) 拉力集中型锚杆在最大试验荷载作用下，所测得的弹性位移量应大于该荷载下锚杆杆体自由段长度的理论弹性伸长值的 80%。

2) 压力集中型锚杆在最大试验荷载作用下，所测得的弹性位移量应大于锚杆杆体非粘结段长度的理论弹性伸长值的 90%(80%)。

3) 锚杆杆体自由段长度、非粘结段长度的理论弹性伸长值可按相关规定进行计算。

4) 当锚杆弹性变形验算结果不满足上述第 1)、2) 款时，应建议有关方调整设计参数、施工工艺。

(4) 锚固段注浆体与土层间的极限粘结强度的确定应符合下列规定：

1) 当埋设有传感器等测试元件进行锚杆内力与变形测试时，应按相关确定锚固段注浆体与不同土层间的极限粘结强度。

2) 当采用短锚固段锚杆进行基本试验时，应按有关规定确定锚固段注浆体与该土层间的极限粘结强度。

(5) 锚拉式支挡结构的弹性支点刚度系数 k_R 可由锚杆基本试验按下式计算：

$$k_R = \frac{(Q_2-Q_1)b_a}{(s_2-s_1)s} \tag{1-5.4-4}$$

式中　Q_1、Q_2——锚杆循环加荷或逐级加荷试验中($Q-s$)曲线上对应锚杆锁定值与轴向拉力标准值的荷载值(kN)；

s_1、s_2——($Q-s$)曲线上对应于荷载为 Q_1、Q_2 的锚头位移值(m)；

b_a——结构计算宽度(m)；

s——锚杆水平间距(m)。

2. 验收试验

(1) 试验结果应按每级荷载对应的锚头位移列表整理，单循环加卸载法应按相关要求绘制锚杆的荷载—位移($Q-s$)曲线，必要时宜绘制 $s-\lg t$ 曲线或其他辅助分析曲线。

(2) 锚杆验收试验中，符合下列要求的锚杆应判定合格：

1) 在最大试验荷载下，锚杆位移稳定或收敛(0~10min 持荷时间内锚杆的位移量不大于 1mm，如超过，则延长的 60min 内的锚头位移增量不大于 2.0mm)。

2) 拉力集中型锚杆在最大试验荷载作用下，所测得的锚杆弹性位移量不应小于杆体自由段长度的理论弹性伸长值的 80%，且不应大于杆体自由段长度与 1/2 杆体锚固段长度之和的理论弹性伸长值。

3）压力集中型锚杆在最大试验荷载作用下，所测得的弹性位移量应大于锚杆杆体非粘结长度的理论弹性伸长值的90%（80%），且小于锚杆杆体非粘结长度理论弹性伸长值的110%（120%）。

4）当设计有要求时锚杆的变形应满足设计要求。

（3）锚杆弹性位移量的取值和伸长值的计算应符合下列规定：

1）锚杆从初始荷载至最大试验荷载所测得的总弹性位移量为最大试验荷载时的锚头总位移与卸载至初始荷载时的残余位移之差。

2）锚杆自由段长度、非粘结段长度、自由段长度与1/2锚固段长度之和的杆体理论弹性伸长值可按下列公式计算：

$$\Delta L_f = \frac{(Q_{max} - Q_0)L_f}{EA_s} \tag{1-5.4-5}$$

$$\Delta L = \frac{(Q_{max} - Q_0)L}{EA_s} \tag{1-5.4-6}$$

$$\Delta L_f + \frac{\Delta L_a}{2} = \frac{(Q_{max} - Q_0)(L_f + L_a/2)}{EA_s} \tag{1-5.4-7}$$

式中　Q_{max}——最大试验荷载（kN）；

Q_0——初始试验荷载（kN）；

ΔL_f——从初始荷载至最大试验荷载，锚杆自由段长度杆体理论弹性伸长值（mm）；

ΔL——从初始荷载至最大试验荷载，锚杆非粘结段长度杆体理论弹性伸长值（mm）；

ΔL_a——从初始荷载至最大试验荷载，锚杆锚固段长度的杆体理论弹性伸长值（mm）；

L_f——锚杆自由段长度（m）；

L——锚杆非粘结段长度（m）；

L_a——杆体锚固段长度（m）；

E——杆体弹性模量（MPa）；

A_s——杆体横截面积（m²）。

（4）系统锚杆验收试验当采用相关规定增加0.9T_y、1.1T_y两级荷载进行试验时，锚杆验收标准应对同一条件的锚杆验收试验结果进行统计分析，当满足下列条件时，判定所检测的锚杆验收试验结果满足设计要求：

1）抗拔力平均值应不小于锚杆抗拔承载力检测值T_y。

2）抗拔力最小值应不小于锚杆抗拔承载力检测值T_y的0.9倍。

（5）锚杆验收试验不合格时，应增加锚杆试验数量，增加的锚杆试验根数应为不合格锚杆的2倍。

3．蠕变试验

（1）试验结果应按每级荷载对应的锚头位移列表整理，并按要求绘制每级荷载下锚杆的蠕变量－时间对数$(s-\lg t)$曲线。

（2）蠕变率应按下式计算：

$$k_c = \frac{s_2 - s_1}{\lg t_2 - \lg t_1}$$ （1-5.4-8）

式中　k_c——锚杆蠕变率；

s_1——t_1时间测得的蠕变量（mm）；

s_2——t_2时间测得的蠕变量（mm）。

（3）锚杆的蠕变率不应大于 2.0mm。

（4）检测报告除应满足相关规范规定内容，通常应包括下列内容：

1）受检锚杆孔位对应的地质柱状图（如果有）；

2）加载反力装置，加卸载方法，荷载分级；

3）绘制的曲线及对应的数据表；

4）锚杆承载力确定标准、锚杆承载力；

5）锚杆验收标准与评定依据、锚杆验收荷载；

6）变形验算结果；

7）当进行极限粘结强度测试时，应给出锚固段注浆体与岩土体之间极限粘结强度，并应包括传感器类型、安装位置、轴力计算方法，各级荷载作用下的杆身轴力曲线，或短锚固段锚杆的设置情况描述。

5.5　支护型岩石锚杆抗拔试验

支护型岩石锚杆抗拔试验分为基本试验、验收试验、蠕变试验，适用于荷载集中型锚杆。

岩石锚杆基本试验可确定锚杆极限抗拔力，提供设计参数和验证施工工艺。当需要确定锚固注浆体与土层之间的粘结强度时，可在试验时埋设锚杆内力与变形测试元件，或采用短锚固段锚杆抗拔基本试验。

锚杆验收试验采用接近于支护锚杆实际工作条件的试验方法，确定验收荷载作用下支护锚杆的工作性状，判定锚杆验收荷载是否满足设计要求，为工程验收提供依据。

锚杆蠕变试验可确定锚杆蠕变特性，为有效控制蠕变量和预应力损失提供锚杆设计参数和荷载使用水平。试验方法可参照支护型土层锚杆蠕变试验的规定执行。

5.5.1　基本试验现场操作

（1）锚杆最大试验荷载的确定应符合下列要求：

1）对钢绞线、钢丝束，不应超过杆体极限承载力的 0.9 倍；对普通钢筋，不应超过杆体极限承载力；

2）应大于预估的土体破坏荷载；

3）但当杆体强度不足时，可加大杆体的截面面积。

（2）锚杆杆体极限承载力可按公式（1-5.4-1）计算。

（3）预估锚杆的岩体破坏荷载可按下式计算：

$$T_{yt} = 2\pi d f h_r \qquad (1\text{-}5.5\text{-}1)$$

式中　T_{yt}——预估锚杆的岩土体破坏荷载(kN)；

$\quad\quad f$——砂浆与岩石间的粘结强度特征值(kPa)，可按现行行业标准《建筑地基基础设计规范》GB 50007—2011 的有关要求取值；

$\quad\quad h_r$——锚杆锚固段嵌入岩层中的长度(m)，当长度超过 13 倍锚杆直径时，按 13 倍直径计算；

$\quad\quad d$——锚杆锚固段直径周长(m)。

(4) 试验锚杆的锚固长度应符合相关要求。

(5) 支护型岩石锚杆基本试验宜采用多循环加卸载法，其加载分级和锚头位移观测时间可按表 1-5.5-1 确定。

多循环加卸载法的加载分级与锚头位移观测时间　　　　表 1-5.5-1

循环次数	分级荷载与最大试验荷载的百分比(%)								
	初始荷载	加载过程						卸载过程	
第一循环	10	30	—	—	—	—	50	30	10
第二循环	10	30	50	—	—	—	60	30	10
第三循环	10	30	50	60	—	—	70	30	10
第四循环	10	30	50	60	70	—	80	30	10
第五循环	10	30	50	60	70	80	90	30	10
第六循环	10	30	50	60	70	80	90	100	30	10
观测时间(min)	5	5	5	5	5	5	≥10	5	5

(6) 支护型岩石锚杆基本试验的多循环加卸载法，其锚头位移测读和加卸载应符合下列规定：

1) 初始荷载取最大试验荷载的 0.1 倍，对锚索，初始荷载可取最大试验荷载的 0.3 倍；

2) 试验中的加荷速度宜为 50～100kN/min，卸荷速度宜为 100～200kN/min；

3) 在初始荷载作用下，应测读锚头位移基准值 3 次，当间隔 5min 的读数不大于测读仪表的分辨力时，方可作为锚头位移基准值；

4) 在每一循环的非最大荷载作用下，观测(持荷)5min，按 0、5min 测读，不判稳；

5) 在每一循环的最大荷载作用下，在观测时间内每 5min 测读锚头位移 1 次；当相邻两次锚头位移增量不大于 0.01mm 时，可视为位移稳定，可施加下一级荷载；连续 1h 不稳定则终止试验；

6) 加至最大试验荷载后，当锚杆尚未出现相关标准规定的终止加载情况时，宜按最大试验荷载 10% 的荷载增量继续进行 1～2 个循环加卸载试验。

(7) 锚杆抗拔试验出现下列情况之一时，可判定锚杆破坏：

1) 锚头位移持续增长，锚头位移不收敛；

2) 锚固体从岩层中拔出或锚杆从锚固体中拔出；

3) 锚杆杆体断裂。

（8）支护型锚杆基本试验也可采用分级维持荷载法，并应符合相关规程的规定。

5.5.2　验收试验现场操作

（1）抗拔试验时锚杆应与支撑构件或混凝土面层脱离，处于独立受力状态。

（2）多循环加卸载法和单循环加卸载法的最大试验荷载（Q_{max}）不应小于锚杆抗拔承载力检测值（T_y），抗拔承载力检测值（T_y）的确定应符合下列规定：

1）临时性锚杆应取其轴向受拉承载力设计值的 1.2 倍，永久性锚杆应取轴向受拉承载力设计值 1.5 倍；

2）临时性锚杆宜应取其轴向受拉承载力特征值、轴向拉力标准值的 1.2～1.5 倍；永久性锚杆宜取其轴向受拉承载力特征值、轴向拉力标准值的 1.5～2.0 倍；

3）最大试验荷载下的锚杆杆体应力不宜大于杆体抗拉强度设计值的 0.9 倍；

4）当设计有规定时按设计要求。

（3）预应力锚杆试验前应解除预应力，锚杆卸锚装置应符合图 1-5.4-1 的要求。

（4）当锚杆验收试验采用多循环加载法与单循环加卸载法联合试验时，单循环加卸载法的抗拔承载力检测值（T_y），永久性锚杆也可取锚杆轴向拉力设计值的 1.2 倍，临时性锚杆也可取锚杆轴向拉力设计值的 1.1 倍。

（5）对超长、超高吨位的锚杆宜选用多循环加卸载法，其加载分级和锚头位移观测时间应按表 1-5.5-2 确定。

多循环加卸载法的加载分级与锚头位移观测时间　　　　　表 1-5.5-2

循环次数	分级荷载与设计荷载的比值									
	初始荷载	加载过程				卸载过程				
第一循环	0.1				0.3					0.1
第二循环	0.1	0.3			0.6				0.3	0.1
第三循环	0.1	0.3	0.6		0.9			0.6	0.3	0.1
第四循环	0.1	0.3	0.6	0.9	1.2		0.9	0.6	0.3	0.1
第五循环	0.1	0.3	0.6	0.9	1.2	1.5	1.2	0.9	0.6	0.3	0.1
观测时间（min）	1	1	1	1	≥10	1	1	1	1	1

注：1. 系统锚杆可根据具体情况增加 $0.9T_y$、$1.1T_y$ 两级，并对荷载分级作相应调整；

　　2. 当最大试验荷载与受拉承载力设计值为其他比值时，可作相应的调整。

（6）多循环加卸载法验收试验应符合下列规定：

1）初始荷载宜取设计荷载的 0.1 倍；对预应力锚杆，初始荷载可取设计荷载的 0.3 倍。

2）加荷速度宜为 50～100kN/min，卸荷速度宜为 100～200kN/min。

3）在每一循环的非最大荷载作用下，观测（持荷）1min，测读一次位移，不判稳；

4）在每一循环的最大荷载作用下，在观测时间内每 5min 测读锚头位移一次；当相邻两次锚头位移增量不大于 0.1mm 时，可视为位移稳定；否则应延长观测 60min，并应每隔 10min 测读锚头位移一次，当 60min 内锚头位移增量小于 1.0mm 时，可视为位移稳定；当锚头位移稳定后，方可施加下一级荷载。

5）最大试验荷载下，达到稳定标准后，分级卸荷至初始荷载并测读锚杆位移，对预应力锚杆再加载至锁定荷载锁定。

6）当锚杆出现破坏情况时，可终止锚杆试验。

（7）单循环加卸载法的加载分级和锚头位移观测时间应按表 1-5.5-3 确定。

单循环加卸载法的加载分级与锚头位移观测时间　　　　　　表 1-5.5-3

最大试验荷载	分级荷载与设计荷载 N_t 的百分比（%）														
	加载过程								卸载过程						
$1.2N_t$	10	30	60	80	100	—	—	120	—	—	100	80	50	30	10
$1.5N_t$	10	30	60	80	100	120	140	150	140	120	100	80	50	30	10
观测时间（min）	5	5	5	5	5	5	10		5	5	5	5	5	5	10

注：1. 系统锚杆可根据具体情况增加 $0.9T_y$、$1.1T_y$ 两级，并对荷载分级作相应调整；

2. 当最大试验荷载与受拉承载力设计值为其他比值时，可作相应调整。

（8）单循环加卸载法锚头位移测读和加、卸载应符合下列规定：

1）初始荷载宜取设计荷载的 0.1 倍；对预应力锚杆，初始荷载也可取设计荷载的 0.3 倍。

2）加荷速度宜为 $50\sim100$kN/min，卸荷速度宜为 $100\sim100$kN/min。

3）在非最大荷载作用下，荷载稳定后，观测（持荷）5min，按 0、5min 测读，不判稳。

4）在最大试验荷载条件下，荷载稳定后：按 0、5、10min 测读，在 10min 持荷时间内锚杆的位移量不大于 0.1mm 时，可视为位移稳定；否则，应延长观测时间 60min，并应每隔 10min 测读锚头位移 1 次；当 60min 内锚头位移增量小于 1.0mm 时，可视为锚头位移收敛，否则视为不收敛。

5）最大试验载荷下，达到稳定标准后，分级卸荷至初始荷载并测读锚杆位移，对预应力锚杆再加载至锁定荷载锁定。

6）当遇相关规范规定的终止加载情况时，可终止锚杆试验。

（9）支护型岩石锚杆试验亦可选用分级维持荷载法，并应符合相关规程的规定。

5.5.3　检测数据分析与判定

1. 基本试验

（1）试验结果应按每级荷载对应的锚头位移列表整理，多循环加卸载法应按要求绘制锚杆的荷载－位移（$Q-s$）曲线、荷载－弹性位移（$Q-s_e$）曲线和荷载－塑性位移（$Q-s_p$）曲线；单循环加卸载法应按要求绘制锚杆的荷载－位移（$Q-s$）曲线；必要时宜绘制 $s-\lg t$ 曲线或其他辅助分析曲线。

（2）锚杆极限承载力应取破坏荷载的前一循环的最大荷载。在最大试验荷载下未达到相关破坏标准时，锚杆的极限承载力应取最大试验荷载。

（3）参加统计的试验锚杆，当其试验结果满足极差不超过平均值的 30% 时，取平均值为极限承载力；若极差超过 30%，应增加试验数量，并分析极差过大的原因，结合工程实际情况确定锚杆极限承载力。

（4）预应力锚杆基本试验弹性变形的验算应符合相关规程的要求。

（5）锚固段注浆体与岩层间的极限粘结强度的确定应符合下列规定：

1）当埋设有传感器等测试元件进行锚杆内力与变形测试时，应按相关规程的规定分别确定锚固段注浆体与不同岩层间的极限粘结强度。

2）当采用短锚固段锚杆进行基本试验时，应按有关规定确定锚固段注浆体与该岩层间的极限粘结强度。

2. 验收试验

（1）试验结果应按每级荷载对应的锚头位移列表整理，多循环加卸载法应按相关规程的要求绘制锚杆的荷载－位移(Q-s)曲线、荷载－弹性位移(Q-s_e)曲线和荷载－塑性位移(Q-s_p)曲线；单循环加卸载法应按要求绘制锚杆的荷载－位移(Q-s)曲线；必要时宜绘制 s－$\lg t$ 曲线或其他辅助分析曲线。

（2）荷载集中型锚杆验收试验中，符合下列要求的锚杆应判定合格：

1）在最大试验荷载持荷下，锚头位移稳定或收敛($0\sim10$min 的锚头位移增量不大于 0.1mm，如超过，则延长的 60min 内锚头位移增量不大于 1.0mm)。

2）拉力集中型锚杆在最大试验荷载作用下，所测得的锚杆弹性位移量不应小于杆体自由段长度的理论弹性伸长值的 80%，且不应大于杆体自由段长度与 $1/2$ 杆体锚固段长度之和的理论弹性伸长值。

3）压力集中型锚杆在最大试验荷载作用下，所测得的弹性位移量应大于锚杆杆体非粘结长度的理论弹性伸长值的 90%(80%)，且小于锚杆杆体非粘结长度理论弹性伸长值的 110%(120%)。

4）当设计有要求时，锚杆的变形应满足设计要求。

（3）锚杆弹性变形的取值和计算应符合相关规程的规定。

（4）锚杆验收试验不合格时，应增加锚杆试验数量。增加的锚杆试验根数应为不合格锚杆的 2 倍。

（5）检测报告除应符合相关规范要求的内容以外，一般还包括下列内容：

1）受检锚杆孔位对应的地质柱状图(如果有)；

2）加载反力装置，加卸载方法，荷载分级；

3）按要求绘制的曲线及对应的数据表；

4）锚杆承载力确定标准、锚杆承载力；

5）锚杆验收标准与评定依据、锚杆验收荷载；

6）变形验算结果；

7）当进行极限粘结强度测试时，应给出锚固段注浆体与岩土体之间极限粘结强度，并应包括传感器类型、安装位置、轴力计算方法，各级荷载作用下的杆身轴力曲线，或短锚固段锚杆的设置情况描述。

5.6 基础锚杆抗拔试验

基础锚杆抗拔试验分为承载力试验、验收试验和蠕变试验，适用于荷载集中型锚杆。

基础锚杆承载力试验采用接近于基础锚杆的实际工作条件的试验方法，确定基础锚杆的极限承载力；为锚杆设计提供设计参数和施工工艺。当需要确定锚固注浆体与土层之间的粘结强度时，可在试验时埋设锚杆内力与变形测试元件，或采用短锚固段锚杆抗拔基本试验。

基础锚杆验收试验采用接近于基础锚杆实际工作条件的试验方法，检验验收荷载作用下基础锚杆的工作性状，判定锚杆验收荷载是否满足设计要求，为工程验收提供依据。

锚杆蠕变试验可确定锚杆蠕变特性，为有效控制蠕变量和预应力损失提供锚杆设计参数和荷载使用水平；试验方法可参照支护型土层锚杆蠕变试验的规定执行。

5.6.1 承载力试验现场操作

(1) 试验时，基础锚杆应与垫层等脱离，处于独立受力状态。

(2) 锚杆最大试验荷载的确定应符合下列要求：

1) 对钢绞线、钢丝束，不应超过杆体极限承载力的 0.9 倍；对普通钢筋，不应超过杆体极限承载力。

2) 应大于预估的(岩)土体破坏荷载。

3) 但当杆体强度不足时，可加大杆体的截面面积。

(3) 锚杆杆体极限承载力可按公式(1-5.4-1)计算。

(4) 预估锚杆的岩土体破坏荷载可按下式计算：

$$T_{yt} = \pi D \sum f_{rbki} L_{ai} \tag{1-5.6-1}$$

式中 T_{yt}——预估锚杆的岩土体破坏荷载(kN)；

f_{rbki}——岩土层与锚固体极限粘结强度标准值(kPa)，可按现行国家标准《建筑边坡工程技术规范》GB 50330—2013 的有关要求取值；

L_{ai}——锚杆在第 i 层土中的锚固段长度(m)；

D——锚杆锚固段钻孔直径(m)；

(5) 试验锚杆的锚固长度应符合相关规范要求。

(6) 分级维持荷载法的试验加卸载方式应符合下列规定：

1) 加载应分级进行，采用逐级等量加载，分级荷载宜为最大试验荷载的 1/10。

2) 卸载应分级进行，每级卸载量取加载时分级荷载的 2 倍，逐级等量卸载。

3) 加、卸载时应使荷载传递均匀、连续、无冲击，每级荷载在维持过程中的变化幅度不得超过该级增减量的 ±10%。

(7) 分级维持荷载法的试验步骤应符合下列规定：

1) 每级荷载施加稳定后，应测读位移量。以后：岩石锚杆按每间隔 5min 测读一次；土层锚杆按第 5min、15min、30min 测读位移量，以后每隔 15min 测读位移量。

2) 位移稳定标准：30min 内岩石锚杆的锚头位移不大于 0.05mm，土层锚杆 30min 内的锚头位移不大于 0.30mm。

3) 锚头位移达到相对稳定标准时，可继续施加下一级荷载。

4) 卸载时，每级荷载维持 15min，按第 5min、10min、15min 测读锚头位移。

(8) 锚杆抗拔试验，当出现下列情况之一时，即可终止加载：

1) 在某级荷载作用下，锚头位移不收敛，岩石锚杆在 1 小时或土层锚杆在 3 小时内未达到位移稳定标准。

2）在某级荷载作用下，荷载无法维持稳定。

3）在某级荷载作用下，基础锚杆杆体被拔断。

4）已达到最大试验荷载要求，锚头位移达到位移稳定标准。

（9）当基础锚杆承载力试验采用多循环加卸载试验时，应符合相关规程的有关规定。

5.6.2 验收试验现场操作

（1）基础锚杆验收试验最大试验荷载不应小于设计要求的基础锚杆抗拔承载力特征值的2.0倍。验收试验的最大试验荷载当小于基础锚杆抗拔承载力特征值的2.0倍时，应由设计确定。

（2）试验时，基础锚杆应与垫层等脱离，处于独立受力状态。

（3）基础锚杆验收试验可采用分级维持荷载法，并应符合上节（6）、（7）、（8）条的规定；也可采用单循环加卸载法。

（4）单循环加卸载法的加载分级和锚头位移观测时间应按表5.6-1确定。

单循环加卸载法的加载分级与锚头位移观测时间　　　　表1-5.6-1

加卸载过程	加载过程								卸载过程				
分级荷载与R_t的百分比	0	40	80	100	120	140	160	180	200	160	120	80	40	0
观测时间(min)		5	5	5	5	5	5	5	10	5	5	5	5	10

（5）单循环加卸载法的试验步骤应符合下列规定：

1）每级荷载施加后，观测（持荷）5min，按第0、5min测读锚杆位移量，不判稳。

2）加荷至最大试验荷载持荷时，岩石锚杆按每间隔5min测读位移量一次；土层锚杆按第5min、15min、30min、60min测读位移量，以后每隔30min测读位移量。

3）最大试验荷载的位移稳定标准：30min内岩石锚杆的锚头位移不大于0.05mm，土层锚杆1小时内的锚头位移不大于0.50mm。

4）达到位移稳定标准后，进行分级卸荷。

5）每级卸荷完成后按第0、5min测读锚头位移，每级荷载达到持荷时间并测读位移后继续卸载下一级荷载。

6）荷载卸至0时，记录锚杆位移，直至达到位移相对稳定标准。

（7）当出现上节第（8）条规定的终止加载情况时，可终止锚杆试验。

5.6.3 检测数据分析与判定

（1）试验结果应按每级荷载对应的锚头位移列表整理，分级维持荷载法、单循环加卸载法应绘制锚杆的荷载－位移（$Q-s$）曲线、位移－时间对数（$s-\lg t$）曲线或其他辅助分析曲线。

（2）基础锚杆极限抗拔承载力和抗拔承载力特征值的确定应符合下列规定：

1）当符合上节第（8）条第1）、2）、3）款时，应取终止加载的前一级荷载为该基础锚杆的极限抗拔力。

2）当符合上节第（8）条第4）款时，应取最大试验荷载为该基础锚杆的极限抗拔力。

3）将基础锚杆极限抗拔力除以安全系数 2 即为该基础锚杆抗拔承载力特征值 Rt。

（3）锚固段注浆体与岩土层间的极限粘结强度的确定应符合下列规定：

1）当埋设有传感器等测试元件进行锚杆内力与变形测试时，应按相关规定分别确定锚固段注浆体与不同岩土层间的极限粘结强度。

2）当采用短锚固段锚杆进行基本试验时，应按有关规定确定锚固段注浆体与该岩土层间的极限粘结强度。

（4）荷载集中型锚杆当符合下列要求时，应判定验收合格：

1）在最大试验荷载下所测得的位移量不超过锚杆工作位移允许值。

2）已达到最大试验荷载要求，锚头位移达到位移相对稳定标准。

（5）锚杆验收试验不合格时，应增加锚杆试验数量。增加的锚杆试验根数应为不合格锚杆的 2 倍。

（6）检测报告除应满足相关规范规定内容，通常应包括下列内容：

1）受检锚杆孔位对应的地质柱状图（如果有）；

2）加载反力装置，加卸载方法，荷载分级；

3）绘制的曲线及对应的数据表；

4）锚杆承载力确定标准、锚杆承载力；

5）锚杆验收标准与评定依据、锚杆验收荷载；

6）变形验算结果；

7）当进行极限粘结强度测试时，应给出锚固段注浆体与岩土体之间极限粘结强度，并应包括传感器类型、安装位置、轴力计算方法，各级荷载作用下的杆身轴力曲线，或短锚固段锚杆的设置情况描述。

5.7　土钉抗拔试验

土钉抗拔试验分为基本试验和验收试验。基本试验适用于确定土钉极限抗拔力，评估注浆体与土层之间的粘结强度；为土钉设计提供设计参数和施工工艺。当需要确定注浆体与土层之间的粘结强度时，可在试验时埋设内力与变形测试元件。

验收试验采用接近于土钉实际工作条件的试验方法，确定验收荷载作用下土钉的工作性状，确定土钉验收荷载是否满足设计要求，为工程验收提供依据。

5.7.1　基本试验现场操作

（1）用于基本试验的土钉应为非工作土钉，宜设置 0.5～1.0m 的自由段。在土钉墙面层上进行试验时，试验土钉应与喷射混凝土面层分离。

（2）土钉基本试验的最大试验荷载的确定应符合下列要求：

1）不应超过其杆体极限承载力标准值；

2）应大于预估土钉的土体破坏荷载；

3）但当杆体强度不足时，可加大杆体的截面面积。

（3）土钉杆体极限承载力标准值可按下式计算：

$$T_{gt} = f_{yk} A_s \qquad (1\text{-}5.7\text{-}1)$$

式中　T_{gt}——土钉杆体极限承载力标准值(kN)；

　　　A_s——土钉杆体钢筋面积(mm^2)；

　　　f_{yk}——螺纹钢筋抗拉强度标准值、普通热轧钢筋屈服强度标准值(N/mm^2)，可按相关规定取值。

（4）预估土钉的土体破坏荷载可按下式计算：

$$T_{yt}=\pi d \sum q_{ski}L_i \tag{1-5.7-2}$$

式中　T_{yt}——预估土钉的土体破坏荷载(kN)；

　　　d——土钉钻孔直径(m)；

　　　q_{ski}——注浆体与土体之间极限粘结强度(kPa)，可按现行国家标准《复合土钉墙基坑支护技术规范》GB 50739—2011 的有关规定进行取值；

　　　L_i——土钉在第 i 层土中的长度(m)。

（5）试验宜采用单循环加载法，加载分级和钉头位移观测时间应按表 1-5.7-1 确定。

单循环加载法的加载分级与钉头位移观测时间　　　　　　　表 1-5.7-1

分级荷载与预估土钉的土体破坏荷载 T_{yt} 的比值							
加荷等级	0.1	0.3	0.6	0.8	0.9	1.0	…	破坏
观测时间(min)	2	5	5	10	10	10	10	—

（6）土钉单循环加载法的钉头位移测读和加载应符合下列规定：

1）在初始荷载作用下，应测读锚头位移基准值 3 次。按 0、5、10、15min 测读，当间隔 5min 的读数相同时，方可作为锚头位移基准值。

2）每级加荷稳定后、下级加荷前及中间时刻宜各测读钉头位移 1 次。

3）每级加荷观测时间内如钉头位移增量小于 1.0mm，可施加下一级荷载，否则应延长观测时间 15min；如增量仍大于 1.0mm，应再次延长观测时间 45min，并应分别在 15、30、45、60min 时测读钉头位移；延长观测时间 45min 内位移增量小于 2mm 可视为稳定，可施加下一级荷载。

（7）试验荷载超过 T_{yt} 后，宜按每级增量 $0.1T_{myt}$ 继续加荷试验，直至破坏。

（8）基本试验出现下述情况之一时可判定土钉破坏，终止试验：

1）后一级荷载产生的位移量达到或超过前一级荷载产生位移量的 5 倍。

2）钉头位移不收敛（延长观测时间 45min 内位移增量大于 2.0mm）。

3）土钉杆体断裂。

4）土钉被拔出。

5.7.2　验收试验现场操作

（1）验收试验的土钉应与面层混凝土及加强钢筋完全脱开，试验装置应保证土钉与千斤顶同轴。

（2）土钉验收试验最大试验荷载不应小于抗拔承载力检测值（T_y），抗拔承载力检测值（T_y）的确定应符合下列规定：

1）对临时性工程宜取抗拔承载力设计值的 1.0～1.1 倍；对安全等级为二级、三级的土钉墙，分别不应小于土钉轴向拉力标准值的 1.3 倍、1.2 倍。

2）对永久性工程宜取抗拔承载力设计值的 1.2～1.5 倍。

3）设计有要求按设计要求取值。

（3）土钉验收试验宜采用单循环加载法，其加载分级和土钉位移观测时间应按表 1-5.7-2 确定。

单循环加载法的加载分级与土钉位移观测时间　　　表 1-5.7-2

最大试验荷载	分级荷载与抗拔承载力检测值的百分比（%）							卸载过程
	加载过程							
T_y	10	50	70	80	90	100	—	10
观测时间（min）	5	5	5	5	5	10	—	5
$1.1T_y$	10	50	70	80	90	100	110	10
观测时间（min）	5	5	5	5	10	10	10	5

（4）土钉验收试验的单循环加卸载法应符合下列规定：

1）初始荷载取最大试验荷载的 0.1 倍。

2）加荷速度宜为 50～100kN/min，卸荷速度宜为 100～100kN/min。

3）在每级加荷等级观测时间内，测读钉头位移不应少于 3 次。

4）每级加荷观测时间内如钉头位移增量小于 1.0mm，可施加下一级荷载，否则应延长观测时间 15min；如增量仍大于 1.0mm，应再次延长观测时间 45min，并应分别在 15、30、45、60min 时测读钉头位移；延长观测时间 45min 内位移增量小于 2mm 可视为稳定，可施加下一级荷载。

5）验收试验达到要求试验荷载后，观测 10min，卸荷到 $0.1T_y$ 并测读土钉头位移。

（5）验收试验土钉终止试验条件：

1）后一级荷载产生的位移量达到或超过前一级荷载产生位移量的 5 倍。

2）钉头位移不稳定（延长观测时间 45min 内位移增量大于 2.0mm）。

3）土钉杆体断裂或土钉被拔出。

4）加载到最大试验荷载且位移稳定。

5.7.3　试验数据分析与判定

（1）试验结束后，应按每级荷载及对应的钉头位移整理制表，绘制荷载－位移（Q-s）曲线。

（2）土钉极限抗拔力应取破坏荷载的前一级荷载，如没有破坏则取最大试验荷载。

（3）基本试验每组试验值极差不大于 30% 时，应取最小值作为极限抗拔力标准值；极差大于 30% 时，应增加试验数量，并按 95% 保证概率计算极限抗拔力标准值。

（4）当埋设有土钉内力测试与变形元件时，应按相关规定确定不同土层的注浆体与土层的粘结强度。

（5）当未埋设土钉内力测试与变形元件时，注浆体与土层的粘结强度的确定、估算应符合下列规定：

1）按上述第（3）条的规定确定土钉极限承载力。

2）对单一土层的土钉，按下式确定该土层的锚固体与土层的极限粘结强度：

$$q_{sk} = \frac{Q_u}{\pi d l} \tag{1-5.7-3}$$

式中　Q_u——土钉极限承载力(kN);

　　　　d——土钉钻孔的直径(m);

　　　　l——土钉长度(m);

　　3)对多个土层中的土钉,按下式估算各土层的注浆体与土层的粘结强度:

$$Q_u = \pi d \sum q_{ski} L_i \tag{1-5.7-4}$$

式中　q_{ski}——第 i 层土中土钉的锚固体与土层的粘结强度估算值(kPa);

　　　　L_i——土钉在第 i 层土中的长度(m)。

(6)锚杆验收试验中,当最大试验荷载取土钉抗拔承载力检测值(T_y)时,符合下列要求的土钉应判定合格:

1)在最大试验荷载下,土钉位移稳定或收敛(0~10min 持荷时间内土钉的位移量不大于 1mm,如超过,则延长的 45min 内的锚头位移增量不大于 2.0mm)。

2)当设计有要求时土钉的变形应满足设计要求。

(7)土钉验收试验合格标准,当最大试验荷载取土钉抗拔承载力检测值(T_y)的 1.1 倍时,应对同一条件的土钉进行统计分析,当满足下列条件时,可判定所检测的土钉满足验收要求:

1)土钉抗拔力平均值不小于抗拔承载力检测值。

2)土钉抗拔力最小值不小于抗拔承载力检测值 0.9(0.8)倍。

(8)土钉验收不合格时,可抽取不合格数量 2 倍的样本扩大检验。

(9)检测报告除应满足相关规范规定内容,通常应包括下列内容:

1)受检土钉孔位对应的地质柱状图(如果有);

2)加载反力装置、检测仪器设备与受检土钉同轴程度等,加卸载方法,荷载分级;

3)按要求绘制的曲线及对应的数据表;

4)土钉承载力确定标准、土钉承载力;

5)土钉验收标准与评定依据、土钉验收荷载;

6)当进行极限粘结强度测试时,应给出段注浆体与土体之间极限粘结强度,并应包括传感器类型、安装位置、轴力计算方法,各级荷载作用下的杆身轴力曲线;或土钉粘结强度估算值及依据。

5.8　锚杆锁定力测试

锚杆锁定力测试用于测定锚杆的初始预应力,为锚杆张拉锁定工艺提供依据。

5.8.1　锚杆锁定力测试现场操作

(1)测试锚杆的选取应符合下列规定:

1)施工环境复杂,预应力加载工艺不容易控制的锚杆;

2)采用新技术、新工艺的锚杆;

3)地质条件复杂区域的锚杆;

4）建设单位认为需要检测的锚杆；

5）设计方认为对结构稳定性影响较大的锚杆。

（2）锚杆锁定力测试宜采用环式锚杆测力计，其安装应符合下列规定：

1）安装表面应垂直锚杆轴线，锚杆应在孔口出露足够长度。

2）测力计受压面应与锚杆轴线垂直，偏斜应不大于 0.5°，测力计受力中心与孔轴线偏差，应不大于 5mm。

3）安装张拉设备和锚具，张拉程序和要求应与非测试锚杆相同；有特殊要求的测试锚杆，可另行设计张拉程序。

4）测力计、观测电缆和集线箱应设保护装置。

5）仪器安装情况应进行记录。

（3）锚杆张拉锁定装置参照图 1-5.8-1，张拉装置应该满足下列要求：

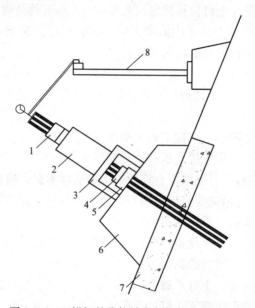

图 1-5.8-1　锚杆的张拉锁定与卸锚装置示意图

1—工具锚；2—千斤顶；3—反力架；4—工作锚；5—测力计；6—腰梁；7—支挡结构；8—位移测试仪器

1）锚头台座的承压面应平整，并与锚杆轴线方向垂直。

2）张拉千斤顶的轴线应与锚索轴线一致。

3）锚杆张拉时，注浆体和混凝土台座的抗压强度值应符合表 1-5.8-1 的要求。

锚杆张拉时注浆体和混凝土台座抗压强度值表　　　　　　　表 1-5.8-1

锚杆类型		抗压强度值（MPa）	
		注浆体	台座混凝土
土层锚杆	拉力型	15	20
	压力型和压力分散型	30	20
岩石锚杆	拉力型	25	25
	压力型和压力分散型	30	25

(4) 锚索张拉前宜单束钢绞线进行预紧，单束钢绞线预紧荷载宜为$(0.1 \sim 0.2)N_t$的$1/n$（n 为钢绞线的束数），当连续两遍预紧伸长增量不超过 3mm 时，可终止预紧。

(5) 荷载集中型测量锚杆的张拉锁定应采用整束张拉锁定方法，其张拉荷载的分级和位移观测时间应符合表 1-5.8-2 的规定。

锚杆张拉荷载分级和拉移观测时间表　　　　　　　　表 1-5.8-2

荷载分级	位移观测时间(min)		加荷速率(kN/min)
	岩层、砂土层	黏性土层	
$0.10N_t \sim 0.20N_t$	5	5	不大于 100
$0.50N_t$	5	5	
$0.75N_t$	5	5	
$1.00N_t$	5	10	不大于 50
$1.05N_t \sim 1.10N_t$	10	15	
卸荷至锁定荷载设计值	5	5	不大于 100

(6) 荷载集中型测量锚杆的整束张拉锁定方法，其锚头位移测读和加载应符合下列规定：

1) 初始荷载宜取 $0.10 \sim 0.20N_t$。

2) 加荷速度宜为 $50 \sim 100$kN/min，卸荷速度宜为 100kN/min。

3) 在非最大张拉荷载的每级张拉荷载作用下，荷载稳定后，观测（持荷）$5 \sim 10$min，按 0、5、10min 测读锚头位移，当伸长量满足其控制标准时，可张拉下一级荷载；伸长量检验控制标准：张拉伸长量的实测值未超出计算值（-5%，$+10\%$）允许偏差范围。

4) 锚杆张拉至 $1.05 \sim 1.10N_t$ 时，对岩层、砂性土层保持 10min，对黏性土层保持 15min，当张拉伸长量满足其控制标准时，可卸荷至锁定荷载设计值进行锁定，并测读锚固锁定时预应力筋的回缩值。

5) 当设计未给出锁定荷载设计值时，锁定荷载设计值可取 $1.05 \sim 1.1$ 或 $1.1 \sim 1.15$ 锁定力。

(7) 荷载分散型测量锚杆的张拉锁定应采用补偿张拉方法，即采用预先逐个单元补偿差异荷载，然后整体张拉方法进行张拉锁定；其张拉锁定方法应符合下列规定：

1) 补偿张拉荷载 ΔQk 可按相关规程公式计算；

2) 补偿张拉方法符合相关规范的要求；

3) 补偿张拉荷载施加后整体张拉至初始荷载，初始荷载可取最大张拉荷载的 30%；

4) 张拉至初始荷载后，其余张拉方法应符合上述第 5~6 条的规定。

(8) 荷载集中型锚杆自由段长度、非粘结段长度、自由段长度与 1/2 锚固段长度之和的杆体理论弹性张拉伸长值的计算可按相关规定进行计算；荷载分散型锚杆杆体自由段长度、非粘结段长度、锚杆自由段长度与 1/2 杆体锚固段长度之和的张拉伸长值的计算可按前述相关规定进行计算。

(9) 当锚杆张拉伸长量、回缩值的实测值超出允许偏差范围时，应暂停张拉，分析原因，采取措施予以调整后，方可继续张拉。

（10）锚杆锁定力测试应按下列步骤进行：

1）测力计安装就位并在加载张拉前，应进行观测基准值读数；每隔 5min 读数 1 次，读数不应小于 3 次，当 3 次读数的最大差值不大于读数仪允许误差时，取 3 次读数的平均值作为观测基准值。

2）锚头锁定后，按 5min 测读锚杆测力计数据。

3）记录工程施工或运行情况。

5.8.2　测试数据分析与判定

（1）锚杆锁定力的计算，当采用振弦式锚杆测力计时，可按下式计算：

$$P = k(f_t^2 - f_0^2) \tag{1-5.8-1}$$

式中　P——锚杆锁定力(kN)；

k——传感器灵敏度系数(MPa/Hz^2)；

f_t——t 时刻频率值(Hz)；

f_0——初始频率值(Hz)。

（2）当采用其他传感器的锚杆测力计时，锚杆锁定力可按相应的计算方法确定。

（3）锚杆锁定力的试验结果判定：测得的锁定力与设计锁定力的偏差绝对值应小于等于设计锁定力的 10%。

（4）若不满足上条规定，则重新张拉锁定，如第二次重新张拉锁定后的锁定力仍不满足要求，则判定该锚杆锁定力值不满足要求。

（5）对锚杆锁定力的测试结果应及时反馈给设计、施工单位或工程管理部门。

（6）测试报告除应满足相关规范规定内容，通常应包括下列内容：

1）测试锚杆孔位对应的地质柱状图(如果有)；

2）锚杆张拉锁定记录；

3）锚杆测力计安装记录；

4）测点布置图，测试过程叙述；

5）测试过程的异常情况描述(必要时)；

6）锚杆的测试数据，实测与计算分析曲线、表格和汇总结果；

7）锚杆测试数据分析与计算依据；

8）与测试内容相应的测试结论。

思考题

1. 锚杆一般有哪几种分类方式，按照杆体形式分，可分为哪几种类型？

2. 锚杆的定义是什么？

3. 涉及锚杆试验检测的现行国家和行业标准主要有哪几种？

4. 进行锚杆试验检测时，对支座横梁反力装置，应满足哪些要求？

5. 锚杆检测时，如采用位移传感器或大量程百分表对锚杆位移进行测量时，其安装应符合哪些要求？

6. 简述支护型土层锚杆抗拔验收试验的现场操作要点。

7. 简述支护型岩石锚杆抗拔基本试验的现场操作要点。

8. 简述基础锚杆验收试验现场操作要点。

9. 土钉抗拔基本试验与验收试验的区别有哪些?

10. 进行锚杆锁定力测试,对荷载集中型测量锚杆的张拉锁定应采用何种方法? 其张拉荷载的分级和位移观测时间是如何规定的?

本 篇 参 考 文 献

[1]　《建筑地基基础设计规范》GB 50007—2011. 北京：中国建筑工业出版社，2011

[2]　《建筑地基基础工程施工质量验收规范》GB 50202—2002. 北京：中国建筑工业出版社，2002

[3]　《建筑基桩检测技术规范》JGJ 106—2013. 北京：中国建筑工业出版社，2013

[4]　《建筑桩基技术规范》JGJ 94—2008. 北京：中国建筑工业出版社，2008

[5]　《岩土工程勘察规范》GB 50021—2001. 北京：中国建筑工业出版社，2001

[6]　《混凝土结构设计规范》GB 50010—2010. 北京：中国建筑工业出版社，2010

[7]　《建筑基坑支护技术规程》JGJ 120—2012. 北京：中国建筑工业出版社，2012

[8]　《北京地区建筑地基基础勘察设计规范》DBJ 11—501—2009. 北京：中国计划出版社，2009

[9]　《铁路工程基桩检测技术规程》TB 10218—2008. 北京，中国铁道出版社，2009

[10]　陈凡主编. 基桩质量检测技术. 北京：中国建筑工业出版社，2003

[11]　本书编委会. 建筑地基基础设计规范理解与应用(第二版). 北京：中国建筑工业出版社，2012

[12]　史佩栋主编. 桩基工程手册. 北京：人民交通出版社，2008

[13]　本书编委会. 工程地质手册(第四版). 北京：中国建筑工业出版社，2007

[14]　林宗元主编. 岩土工程试验监测手册. 北京：中国建筑工业出版社，2005

[15]　广东省标准《建筑地基基础检测规范》DBJ 15—60—2008. 北京：中国建筑工业出版社，2008

[16]　广东省建筑科学研究院主编.《锚杆检测与监测技术规程》(征求意见稿)

第 2 篇

混凝土结构检测

第1章 概 述

1.1 混凝土结构发展概况

相对于砖石结构、木结构和钢结构而言，混凝土结构发展较晚，它的应用只有一百多年的历史。1824 年英国的烧瓦工人 Joseph Aspdin 调配石灰岩和黏土，烧成了硅酸盐水泥并获得了专利，成为水泥工业的鼻祖。如何克服混凝土抗拉强度低的问题，1854 年法国技师 J. L. Lambot 将铁丝网加入混凝土中制成了小船，并于第二年在巴黎博览会上展出，这可以说是最早的钢筋混凝土产品。1867 年法国人 Joseph Monier 取得了用格子状配筋制作桥面板的专利，施工工艺迅速地向前发展，并建成了全世界最早的钢筋混凝土桥梁。混凝土结构在 19 世纪中期开始得到应用，由于当时水泥和混凝土的质量都很差，同时设计计算理论尚未建立，所以发展比较缓慢。直到 19 世纪末以后，随着生产的发展和试验工作的开展、计算理论的建立、材料及施工技术的改进，钢筋混凝土结构才得到了较快的发展，目前已成为现代工程建设中应用最广泛的建筑材料，不仅在房屋建筑及构筑物，还有铁路、公路、水工、港口、轨道交通等领域大量应用。

钢筋混凝土构件可以作为建筑物中的所有基本构件——梁、板、柱、墙，近年来趋向于做到一件多用或仅用较少几种类型的构件，如梁板合一构件、墙柱合一构件等就能建造成各类房屋。

在 19 世纪末 20 世纪初，我国也开始有了钢筋混凝土建筑物，如北京的前门、上海的外滩、广州的沙面等地方，但工程规模很小，建筑数量也很少。新中国成立以后，我国进行了大规模的社会主义建设，随着工程建设的发展及国家进一步的改革开放，混凝土结构在我国各项工程建设中得到迅速的发展和广泛的应用。民用建筑、公共建筑和工业建筑，以及桥梁、隧道等工程中，钢筋混凝土结构逐渐取代砌体结构。

混凝土结构又分为素混凝土、钢筋混凝土和预应力混凝土。素混凝土是针对钢筋混凝土、预应力混凝土等而言的。素混凝土是钢筋混凝土结构的重要组成部分，由水泥、砂、石子、矿物掺合料、外加剂等，按一定比例混合后加一定比例的水拌制而成。当构件的配筋率小于钢筋混凝土中纵向受力钢筋最小配筋百分率时，应视为素混凝土结构，这种构件具有较高的抗压强度，很低的抗拉强度，故一般在以受压为主的结构构件中采用，如柱墩、基础墙等。

在混凝土中配以适量的钢筋，则为钢筋混凝土。钢筋和混凝土这种物理、力学性能很不相同的材料之所以能有效地结合在一起共同工作，主要靠两者之间的粘结力，荷载作用下协调变形，再者这两种材料温度线膨胀系数接近。钢筋包裹在混凝土中，使钢筋难以锈蚀，并提高构件的防火性能。由于钢筋混凝土结构合理地利用了钢筋和混凝土两者性能特点，可形成强度较高，刚度较大的结构，其耐久性和防火性能好，可模性好，结构造型灵活，以及整体性、延性好，减少自身重量，适用于抗震结构等特点，因而在建筑结构及其他土木工程中得到广泛应用。

预应力混凝土是在构件承受荷载之前，利用张拉配在混凝土中的高强度预应力钢筋而使混凝土受到挤压，所产生的预压应力可以抵销外荷载所引起的拉应力，提高了结构构件的抗裂度。这样的预应力混凝土一方面由于不出现裂缝或裂缝宽度较小，所以它比相应的普通钢筋混凝土的刚度提高，变形减小；另一方面预应力使构件或结构产生的变形与外荷载产生的变形方向相反，因而可抵销后者一部分变形，使之容易满足结构对变形的要求，故预应力混凝土适宜于建造大跨度结构。混凝土和预应力钢筋强度越高，可建立的预应力值越大，则构件的抗裂性越好。同时，由于合理有效地利用高强度钢材，从而节约钢材，减轻结构自重。由于抗裂性高，可建造水工、储水和其他不渗漏结构。

1.2　混凝土结构的特点

1.2.1　混凝土结构优点

和其他材料的结构相比，混凝土结构的主要优点具体体现在以下几个方面：

（1）耐久性好：在混凝土结构中，钢筋埋置在混凝土中，受到保护不易锈蚀，因此混凝土结构具有良好的耐久性，不像钢结构那样需要定期经常地保养和维护。

（2）耐火性好：混凝土为不良导热体，当火灾发生时，混凝土不会像木结构那样迅速燃烧，也不会像钢结构那样很快软化而破坏。

（3）整体性好：现浇或装配整体式混凝土结构具有良好的整体性，其刚度较大，有利于抵抗地震作用或强烈爆炸时冲击波的作用。

（4）可塑性好：混凝土结构可根据需要浇筑成任何形状，有利于建筑造型。

（5）就地取材：混凝土的骨料部分，如砂和石均可就地取材，还可以有效利用矿渣、粉煤灰等工业废料。

（6）节约钢材：钢筋混凝土结构合理地发挥了钢筋和混凝土两种材料的性能，与钢结构相比，可以节约钢材并降低造价。

1.2.2　混凝土结构的缺点

同时混凝土结构也存在着缺点，主要缺点体现在以下几个方面：

（1）自重大：在承担相同荷载的情况下，混凝土结构的截面尺寸都比钢结构大，结构本身重量增加，这对大跨结构、高层建筑结构都是不利的。另外，较大的自重会使结构地震作用增大，对结构抗震不利。

（2）抗裂性差：由于混凝土的抗拉强度较低，在施工期间或正常使用时，由于温度影响、材料收缩和荷载作用等，钢筋混凝土构件会出现裂缝，引起漏水和有害介质侵入，影响结构的耐久性和适用性。

（3）施工周期长：混凝土结构的制作，需用模板以成型，浇筑的混凝土需要时间养护才能建立强度，拆模后再进行下一步施工。

（4）现场作业多：混凝土结构施工工序复杂，现场作业多，受自然环境和人为因素的影响较大，质量控制难度高。

1.3　混凝土结构存在的问题

混凝土作为一种常见的结构形式，施工中经常出现的问题有：

1. 外观质量缺陷

混凝土又称人工石，简写砼，由粗细骨料、胶凝材料、水、掺合料和外加剂等多种原材料按比例配合组成，经硬化而成非匀质、非线性、不连续的材料。水泥为主要胶结材料，按一定比例加入砂石、水、外加剂等搅拌而成为混凝土，构件制作时现场需要支撑支护和模板定形，铺设钢筋，然后浇筑混凝土，并对混凝土进行振捣及养护。新浇筑的混凝土没有强度，不能受力，待混凝土达到一定的强度时，拆除模板和支撑，混凝土才开始受力，拆除模板后，有时会发现蜂窝、麻面、孔洞、夹渣、露筋、裂缝、疏松区和不同时间浇筑的混凝土结合面质量差等外观质量缺陷。

2. 裂缝

混凝土成型过程是逐步硬化的过程，开始浇筑时没有强度，在温度、湿度的作用下，由初凝到终凝到硬化，强度不断增长，水分等蒸发，混凝土收缩变形大、钢筋收缩变形小，以及水泥水化热使构件内外温差加大，或气温作用等，使混凝土经常会出现温度、收缩裂缝。

3. 模板和支撑变形

由于混凝土自重较大，模板固定不好，会出现胀模、跑模等情况，构件截面尺寸出现偏差，楼板厚度不够。

支撑刚度或强度不够，有时会发生构件变形，严重的出现支撑倒塌事故。

4. 支座位置钢筋下沉

支座的负筋在施工时容易踩下去，支座位置钢筋保护层加大。

5. 构件位置偏差

放线精度不够，竖向构件在楼层之间位置出现偏差，或竖向构件倾斜。

6. 强度达不到设计要求

原材料质量问题，或配合比设计不合理，或施工工艺、施工措施等问题，导致混凝土强度达不到设计要求。

1.4　混凝土结构检测技术概述

混凝土结构检测是为工程质量的评定提供依据，工程质量的评定是对工程质量的状况与设计要求的指标或规范限定的指标比较判定其符合性的工作，当遇到下列情况之一时，应进行工程质量的检测：

（1）涉及结构工程质量的试块、试件以及有关材料检验数量不足；

（2）对施工质量的抽测结果达不到设计与施工验收规范的要求；

（3）相关标准要求进行的工程质量第三方检测；

（4）对施工质量有怀疑或争议；

（5）发生工程质量或安全事故，需要分析事故的原因、确认事故责任；

（6）相关行政主管部门要求进行的工程质量第三方检测。

现场检测是通过仪器设备，采用非破损或局部破损的检测方法，现场采集有关数据，根据检测标准规范进行数据统计分析及处理，得出结果，做出判断。

首先应根据工程需求，明确检测的范围、内容和项目，然后选择合适的抽样方案，包括随机抽样和重点抽样。

接下来需要选择合适的检测方法，不同的检测项目采用不同的检测方法和相应的仪器设备。就同一检测项目中有多种方法可供选择时，应根据建筑结构状况和现场条件选择相适应的方法。

对于现场采集的检测数据，应按检测标准规定进行数据处理，得到检测评定结论。

近年来，混凝土结构的检测技术取得了很大的发展，目前已经制订了一些检测标准。但是，这些检测标准和检测方法存在一些问题，如混凝土抗压强度有多种检测方法；同一个参数不同检测方法的检测结果之间缺乏可比性；钢筋保护层厚度和钢筋间距的检测，允许偏差参照施工验收规范，而施工验收是在钢筋绑扎好未浇筑混凝土之前的要求。

1.5　检测项目及流程

1. 混凝土结构现场检测可根据委托方的要求进行下列项目的检测：

（1）材料强度及性能

材料强度的检测是结构评定的重要指标，如混凝土抗压强度、抗拉强度、静力受压弹性模量和表面硬度；钢筋的力学性能及化学成分、冷弯性能等。混凝土使用性能，包括混凝土抗渗性、抗冻性、离子渗透性、抗硫酸盐侵蚀性等项目。

（2）几何尺寸检测与偏差的评定

几何尺寸是构件性能验算的一项指标，截面尺寸也是计算构件自重的指标。

（3）外观质量和缺陷检测

检测混凝土构件的外观是否有露筋、蜂窝、孔洞、局部振捣不实等，重点检测裂缝及渗漏现象。

（4）钢筋配置检测

钢筋位置、混凝土保护层厚度、钢筋直径、钢筋锈蚀状态等项目。

（5）变形检测

水平构件的变形是检测其挠度，垂直构件的变形是检测其倾斜。

（6）结构的作用

作用在结构上的荷载，包括荷载种类、荷载值的大小、作用的位置，如果是活荷载或灾害作用，应检测或调查荷载的类型、作用时间，还应包括火灾的着火时间、最高温度；飓风的级别、方向；水灾的最高水位、作用时间；地震的震级、震源等。

2. 检测工作流程

混凝土结构现场检测工作的基本程序，宜按图 2-1.5-1 的框图进行。

（1）委托

委托方委托有资质的部门进行检测，检测部门接受委托后开始工作。

（2）初步调查

检测部门要求委托方提供有关资料，包括设计图纸、施工记录、监理日志、施工验收文件以及受灾情况等。根据上述资料进行现场考察、核实，确定建筑物的结构形式、使用条件、环境条件，存在问题，必要时可走访设计、施工、监理、建设方等有关人员。

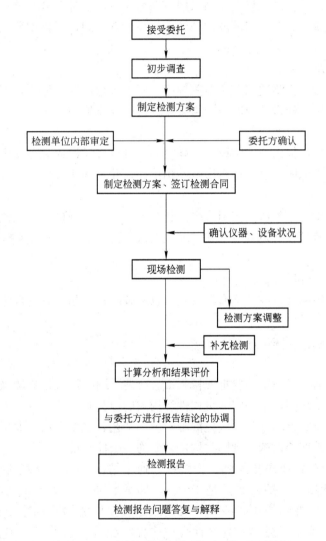

图 2-1.5-1　混凝土结构现场检测工作程序框图

（3）检测方案

制定检测方案与委托方共同确定合同的基础，建筑结构的检测方案应根据检测目的、建筑结构现状的调查结果来制定，检测方案宜包括建筑物的概况、检测目的、检测依据、检测项目、选用的检测方法和检测数量等，以及采用的仪器设备和所需要委托方配合的现场工作，如现场需要的水、电条件是否具备，现场检测的安全和环保措施等，还包括现场检测需要的时间和提出检验报告的时间。经检测单位内部审定后，由委托方确认后签订合同。

（4）确定仪器、设备状况

检测时应确保所使用的仪器设备在检定或校准周期内，并处于正常状态。仪器设备的精度应满足检测项目的要求。

（5）现场检测

检测的原始记录，应记录在专用记录纸上，数据准确、字迹清晰，信息完整，不得追记、涂改，如有笔误，应进行杠改。当采用自动记录时，应符合有关要求。原始记录必须由检测及记录人员签字。发现问题或现场情况与预期有差别，可根据现场情况，调整检测方案，并经委托方认可。

（6）数据分析处理

现场检测结束后，检测数据应按有关规范、标准进行计算、分析，当发现检测数据数量不足或检测数据出现异常情况时，应再去现场进行补充检测。

（7）结果评定

对检测数据分析，得出检测结论，并评定其是否符合设计或规范要求，如存在问题或不符合要求，应分析原因，确定是否影响结构性能，并与委托方协调。

（8）检测报告

检测机构完成检测业务后，应当及时出具检测报告。检测报告经检测人员签字、检测机构法定代表人或者其授权的签字人签署，并加盖检测机构公章或者检测专用章后方可生效。

（9）检测报告的问题答复与解释

有关各方如对检测报告或结论有异议及难以理解时，检测单位负责答复和解释。

1.6　检测项目的抽样方法

在检测抽样之前，应确定检验批或检测批。所谓检测批，就是检测项目相同、质量要求和生产工艺等基本相同，由一定数量构件等构成的检测对象。

混凝土强度的检验批的划分，应把混凝土生产工艺、强度等级，原材料、配合比、养护条件基本一致且龄期相近的一批同类构件划分为一个检验批。

抽样方法包括全数抽样和随机抽样两种。通常情况下对于外观质量和缺陷通过目测或简单仪器检测项目，抽样数量是 100%，即全数抽样方案。遇到下列情况时，采用全数检测方式：①在结构中查找存在表面缺陷或损伤的构件；②受检范围较小或构件数量较少；③检验指标或参数变异性大或构件状况差异较大；④灾害发生后对结构受损情况的检测；⑤需减少结构的处理费用或处理范围；⑥委托方要求进行全数检测。

随机抽样的现场检测项目包括计数抽样或计量抽样方案两种。几何尺寸和尺寸偏差的检测，宜选用一次或二次计数抽样方案；材料强度和其他按检测批检测的项目，应进行计量抽样方案。抽样数量可以按专用检测标准进行抽样，也可以采用通用标准进行抽样。依照《建筑结构检测技术标准》GB/T 50344—2004 中的规定，首先统计各检测批的容量，根据检测类别确定样本最小容量，检测批的最小样本容量见表 2-1.6-1 的限定值。

建筑结构抽样检测的最小样本容量 表 2-1.6-1

检测批的容量	检测类别和样本最小容量			检测批的容量	检测类别和样本最小容量		
	A	B	C		A	B	C
2～8	2	2	3	501～1200	32	80	125
9～15	2	3	5	1201～3200	50	125	200
16～25	3	5	8	3201～10000	80	200	315
26～50	5	8	13	10001～35000	125	315	500
51～90	5	13	20	35001～150000	200	500	800
91～150	8	20	32	150001～500000	315	800	1250
151～280	13	32	50	＞500000	500	1250	2000
281～500	20	50	80	—	—	—	—

注：检测类别 A 适用于一般施工质量的检测，检测类别 B 适用于结构质量或性能的检测，检测类别 C 适用于结构质量或性能的严格检测或复检。

遇有下列情况时可采用约定抽样的方法：①委托方限定了抽样范围；②避免检测过程中出现安全事故或结构的破坏，选择易于实施检测的部位或构件；③在有把握的前提下，选择同类构件中荷载效应相对较大和施工质量相对较差构件进行结构性能的实荷检验；④结构功能性检测且现场条件受到限制；⑤结构构造连接的检测，应选择对结构安全影响大的部位进行抽样；⑥受到灾害影响、环境侵蚀影响构件中有代表性的构件。

思考题

1. 混凝土有哪些特点？
2. 混凝土结构施工经常出现的质量问题有哪些？
3. 混凝土现场检测有哪几种抽样方法？
4. 什么情况下采用全数抽样方案？

第2章 混凝土外观质量和裂缝检测

2.1 概述

混凝土由多种原材料按比例配合，经过搅拌、浇筑、养护成形，构件制作时现场需要支撑支护和模板定形，铺设钢筋，然后浇筑混凝土，并对混凝土振捣及养护。新浇筑的混凝土没有强度，不能受力，待混凝土达到一定的强度时，拆除模板和支撑，混凝土才开始受力，拆除模板后有时会发现蜂窝、麻面、孔洞、夹渣、露筋、裂缝、疏松区和不同时间浇筑的混凝土结合面质量差等外观质量缺陷，因此需要对外观质量进行检测，结构外观质量检测目的是对施工质量进行评定，为工程验收提供资料；或者对既有工程的结构性能评定提供依据。

多年以来，在土木工程领域中存在一个相当普遍的问题即结构裂缝，裂缝产生的原因众多而复杂，有的工程在施工过程中就已出现裂缝，有的裂缝是在竣工验收后出现并有逐步扩大的趋势，有的工程在投入使用后出现裂缝。裂缝的出现可能预示着承载力不足，影响安全性，还会影响结构的适用性和耐久性，国内外工程技术人员对裂缝的研究已有很多年，积累了许多经验，但是在裂缝的形成机理和扩展机理等方面还需要深入研究、探讨。裂缝的检测目的是为了推断建筑物开裂的原因、判断有无必要进行修补与加固补强。

混凝土结构外观质量检测主要针对现浇混凝土，内容包括构件外观是否有露筋、蜂窝、孔洞、夹渣、疏松、裂缝、连接部位缺陷、外形缺陷、外表缺陷、局部振捣不实等，参照《混凝土工程施工质量验收规范》GB50204，对混凝土结构缺陷的定义及严重程度判断如表2-2.1-1所示。其中缺陷程度分为两级，即一般缺陷和严重缺陷。

现浇混凝土结构外观质量缺陷定义及分级　　　　　　　　　　表 2-2.1-1

缺陷名称	外观缺陷的表现	严重缺陷	一般缺陷
露筋	构件内钢筋未被混凝土包裹而外露	纵向受力钢筋有露筋	其他钢筋有少量露筋
蜂窝	混凝土表面缺少水泥砂浆而形成石子外露	构件主要受力部位有蜂窝	其他部位有少量蜂窝
孔洞	混凝土中孔穴深度和长度均超过保护层厚度	构件主要受力部位有孔洞	其他部位有少量孔洞
夹渣	混凝土中夹渣有杂物且深度超过保护层厚度	构件主要受力部位有夹渣	其他部位有少量夹渣
疏松	混凝土中局部不密实	构件主要受力部位有疏松	其他部位有少量疏松

缺陷名称	外观缺陷的表现	严重缺陷	一般缺陷
裂缝	缝隙从混凝土表面延伸至混凝土内部	构件主要受力部位有影响结构性能或使用功能的裂缝	其他部位有少量不影响结构性能或使用功能的裂缝
连接部位缺陷	构件连接处混凝土缺陷及连接钢筋、连接件松动	连接部位有影响结构传力性能的缺陷	连接部位有基本不影响结构传力性能的缺陷
外形缺陷	缺棱掉角、棱角不直、翘曲不平、飞边凸肋等	清水混凝土构件有影响使用功能或装饰效果的外形缺陷	其他混凝土构件有不影响使用功能的外形缺陷
外表缺陷	构件表面麻面、掉皮、起砂、沾污等	具有重要装饰效果的清水混凝土构件有外表缺陷	其他混凝土构件有不影响使用功能的外表缺陷

2.2 检测方法

对于建筑结构外部缺陷的检测，宜选用全数检测方案，抽样数量是 100%，所有的构件都需要进行检查，对存在的缺陷进行记录。

混凝土构件外观质量缺陷的检查主要通过观察，必要时辅助于尺量和仪器等方法检测，根据缺陷的几何尺寸和部位确定对结构性能的影响程度。

混凝土构件外观缺陷的评定，按《混凝土结构工程施工质量验收规范》GB 50204 分为一般缺陷和严重缺陷，结构外观质量缺陷是难免的，故施工质量验收时允许存在一般缺陷，但应控制其数量和程度，缺陷点数不超过总检查点数的 20%，对结构安全和使用功能有决定性影响的缺陷称为严重缺陷，严重的缺陷应采取措施进行处理，对于缺陷的评定要求检测人员有清晰的力学概念、结构常识和丰富的工程经验，避免漏判和误判，如露筋是纵向受力钢筋属于严重缺陷；构件主要受力部位有蜂窝、孔洞、夹渣、混凝土疏松等是严重缺陷；裂缝位于主要受力部位且影响结构性能或使用功能为严重缺陷。检验人员应清楚地知道所检测构件的主要受力部位、受力形式、主筋保护层厚度等。

混凝土缺陷如露筋、蜂窝、孔洞、夹渣、连接部位缺陷、外形缺陷、外表缺陷等，破坏了构件的连续性和整体性，一般通过眼睛观察确定缺陷的位置、数量；蜂窝、孔洞需要用钢尺测量深度和长度；混凝土内部缺陷或浇筑不密实区域的检测，可采用超声法、冲击反射法等非破损方法进行检测，必要时可采用如钻芯等局部破损方法对非破损的检测结果进行验证。

采用超声法检测混凝土内部缺陷时，可参照《超声法检测混凝土缺陷技术规程》CECS21 的规定执行。

混凝土不密实是指混凝土浇筑时，因振捣不充分或漏振、高抛施工使混凝土离析或钢筋密集使石子架空等形成的蜂窝、孔洞、露筋；或因缺少水泥等胶凝材料形成的松散状；或在凝固过程中因受到意外损伤而形成的疏松状的区域；施工接槎处理不当造成两次浇筑的结合面缺陷等。可利用非金属超声仪采用超声波法检测，原理是超声波遇到尺寸比其波长小的缺陷或绕过缺陷区，从而使声程加大、时间延长；大部分脉冲波在缺陷位置界面被散射、绕射或反射，到达接收器的波幅显著降低以及波形产生畸变；在缺陷界面超声波的频率会衰减，频率越高，衰减越大，因此主频率明显降低。

非金属超声仪如图 2-2.2-1 所示，有两个探头，一个发射超声波，另一个接收超声波，探头上要涂抹黄油等耦合剂，以保证与构件表面良好接触，接触面无空气、粉尘等，耦合剂越薄越好。被测混凝土应处于自然干燥状态，缺陷中不应有水。

当混凝土的原材料和成形工艺等条件一致，测试距离相同时，各测点的声速、波幅和主频等参数应无大的差别，如果混凝土内部存在不密实区，超声波通过该处时声速较小、声时增大，波幅和频率降低，波形产生畸变，可依据这些参数的相对变化判断缺陷的性质、范围、尺寸大小。

采用检测超声法检测混凝土不密实区和空洞时，要求被测构件有相互平行的测试面，测试范围应大于有怀疑的区域，在两个测试面画出同样的等间距的网格，布点画线，混凝土表

图 2-2.2-1　非金属超声仪

面处理平整干净，涂耦合剂，可对测也可交叉斜测，记录声时、波幅、频率和波形等参数，记录每次测量探头之间的距离。对测法适用于内部缺陷和混凝土匀质性检测，斜侧法适用于混凝土施工接槎缺陷，加固修补混凝土结合质量及裂缝检测。如果只有一个测试面，可采用平测法，将发射和接收换能器置于同一面，用相同测距或逐点增加测距的方法检测，平测法适用于裂缝深度及混凝土表面损伤层厚度的检测。

缺陷区域与正常的部位进行对比，对比区测点数应大于 20 个，记录每一个测点的声时、波幅、主频及测距，对数据进行计算和分析，计算其声学参数的平均值、标准差等，并对异常数据进行判断，主要依据概率统计方法判断数据的异常值，数据异常的部位即混凝土缺陷位置。

混凝土结构或构件裂缝的检测，应包括裂缝的位置、裂缝的形式、裂缝走向、长度、宽度、深度、数量、裂缝发生及开展的时间过程、裂缝是否稳定，裂缝内有无盐析、锈水等渗出物，裂缝表面的干湿度，裂缝周围材料的风化剥离情况，开裂的时间、开裂的过程等等。裂缝的记录一般采用结构或构件的裂缝展开图和照片、录像等形式。

裂缝的位置、数量、走向可用目测观察，然后记录下来，绘制裂缝展开图，将检测结果详细记录到裂缝展开图上，也可用照相机、摄像机等设备记录。

裂缝的宽度、长度、裂缝的稳定性等观察则需要用专门的检测仪器和设备，检测裂缝长度的仪器比较简单，用直尺、钢卷尺等长度测量工具既可，如图 2.2-2-2 所示。

裂缝深度可采用超声法检测或局部凿开检查，必要时可钻取芯样予以验证。超声法

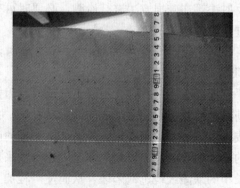

图 2.2-2-2　裂缝长度检测

检测采用非金属超声仪检测，裂缝中不能有积水，当构件只有一个可测面且裂缝深度小于 500mm 时（如楼板、抗震墙等），应用单面平测法如图 2-2.2-3，在裂缝的两侧以不同的测距，测试超声波传递的时间，距离与时间之比得到声速，同时观察首波相位的变化，与附近非开裂的部位的声速经过公式计算得出裂缝深度；当构件有两个相互平行的可测面时（如梁、柱），可采用双面穿透斜测法，根据波幅、声时、主频的突变，判断裂缝深度；大体积混凝土且裂缝深度大于 500mm 时，可采用在裂缝两侧钻孔法用超声仪检测，根据波幅得到裂缝深度。超声仪检测裂缝深度影响因素较多，测试精度不高，必要时浅裂缝可局部剔凿检查深度，深裂缝可采用取芯样验证，从芯样的侧面可量测裂缝深度，也可先在裂缝处灌入有颜色的墨水再骑缝钻芯，量测混凝土芯样墨水的位置即裂缝深度。

检测裂缝宽度的仪器有裂缝对比卡如图 2-2.2-4、刻度放大镜（放大倍数 10～20）、裂缝塞尺、百分表、千分表、手持式引伸仪、弓形引伸仪、接触式引伸仪等。裂缝宽度较小时，采用裂缝刻度放大镜、裂缝对比卡；裂缝宽度较大时，可采用塞尺等。裂缝的宽度测量应注意同一条裂缝上其宽度是不均匀的，检测目标是找出最大裂缝宽度。所谓裂缝最大宽度通常是指裂缝较宽区段内宽度的平均值，一般是指该裂缝长度的 10%～15%范围内的平均宽度，同样裂缝最小宽度是指裂缝长度的 10%～15%较窄区段内的平均宽度。

　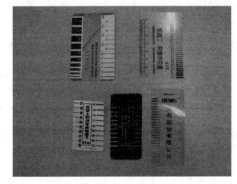

图 2-2.2-3　裂缝深度超声法检测　　　　图 2-2.2-4　裂缝宽度对比卡

裂缝的性质可分为稳定裂缝和活动裂缝两种。活动裂缝亦为发展的裂缝，对于仍在发展的裂缝应进行定期观测，在构件上作出标记，用裂缝宽度观测仪器如接触式引伸仪、振弦式应变仪等记录其变化，或骑缝贴石膏饼，观测裂缝发展变化。常用的也是最简单的方法是在裂缝处贴石膏饼，用厚 10mm 左右，宽约 50～80mm 的石膏饼牢固地粘贴在裂缝处，因为石膏抗拉强度极低，裂缝的微小活动就会使石膏随之开裂。另一种方法是在裂缝两侧粘贴几对手持式应变仪的头子，或用接触式引伸仪、弓形引伸仪测量，也可以粘贴百分表、千分表的支座，用百分表、千分表测量，测量时注意，在裂缝位置标出裂缝在不同时间的最大宽度、长度，长度变化通过在裂缝的端头按时间定期作记号观察。

2.3　裂缝的形成机理

混凝土又称人工石，是由粗细骨料、胶凝材料、水、掺合料和外加剂等组成经硬化而成的非匀质、非线性、不连续的材料，见图 2-2.3-1。水泥为主要胶结材料，按一定比例加入砂石、水、外加剂等，经过搅拌、浇筑在模板中成型，然后振捣、养护、拆除模板等工序而成为结构构件。混凝土成型过程是逐步硬化的过程，开始浇筑时没有强度，在温度、湿度的作用下，由初凝到终凝到硬化，强度不断增长，同时产生体积变形，这种变形是不均匀的，水泥石的收缩变形较大，骨料的收缩变形较小；水泥石的热胀系数较大，骨料的热胀系数较小，变形不一致，材料相互之间产生约束

图 2-2.3-1　混凝土内部结构图

应力，水泥石与骨料的接触面是混凝土内部的薄弱环节，在混凝土中，由于水泥浆体的泌水，会在界面区形成一层以氢氧化钙和钙矾石为主要成分的多孔区，这一区域是混凝土中的最薄弱区，易首先形成微裂缝，同时在结构中构件之间由于相互约束，变形受到限制，在荷载和其他物理、化学因素作用下，微裂缝继续扩展和连通，形成裂缝。

变形和约束是混凝土裂缝产生的两个要素，变形是产生裂缝的必要条件，裂缝发生必然有变形存在，变形主要表现形式有三种：体积膨胀、体积收缩和位移。约束也是产生裂缝的必要条件，两体之间的接触是约束的前提，混凝土受到的约束有三种：混凝土内部各部分间的约束、混凝土各构件之间的约束、非混凝土体（钢筋、砖墙、地基等）对混凝土体的约束。如楼板支撑在周围梁或墙上，也就受到梁和墙的约束，板的刚度和强度都远远低于梁和墙，受到的约束最多，因此是最容易出现裂缝的构件。梁受到两端柱或墙的约束，条形基础受到地基的约束等。没有约束，混凝土构件自由伸缩变形，只会发生体积增大或减小，有约束存在时，约束双方变形同向但不同量时或当双方变形异向时，都将产生变形差，变形不一致产生拉应力，混凝土抗拉强度较低，抗压强度较高，两者相差约 10 倍，抵抗外界因素作用下产生拉应力或剪应力的能力很弱，拉应力超过混凝土抗拉强度，并且拉应变达到极限拉应变时出现裂缝。通常，硬化后的混凝土极限拉应变约为 150×10^{-6}，即 10m 长的构件，产生 1.5mm 的很小受拉变形即会产生裂缝。

由于结构中约束的作用，产生裂缝的过程如图 2-2.3-2 所示。

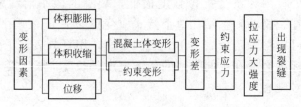

图 2-2.3-2　约束作用产生裂缝

2.4　裂缝分类及特征

2.4.1　裂缝分类

裂缝按其形状分为表面的、纵深的(深度达 1/2 的)、贯穿的、上宽下窄的、下宽上窄的、枣核形的、外宽内窄的等。裂缝按其性质可分为稳定的和不稳定的，裂缝的不稳定包含三种含意：一是裂缝宽度的不断扩大与缩小，二是裂缝长度的不断延伸，三是裂缝数量的增加。稳定的裂缝是指裂缝出现后宽度不再扩展，长度不再延伸，如收缩、徐变引起的裂缝，经过一定的时间，收缩、徐变完成，裂缝就不变了，不均匀沉降裂缝，沉降停止，裂缝也不再发生变化。不稳定的裂缝是指裂缝随着影响因素的变化而改变，如温度引起的裂缝，随着冬、夏季节的温度变化或一天内 24 小时中午和晚上的温度变化，裂缝宽度、长度、数量也在不断变化。裂缝按其出现位置有构件裂缝和结构裂缝两种，如单个梁、板、柱、墙基本构件上出现裂缝，或结构整体因不均匀沉降出现多个构件同时产生裂缝等。

虽然裂缝的表现形式有多种，按其开裂原因分类，可归纳为两大类：一是荷载引起的受力裂缝，二是约束变形引起的非受力裂缝。根据大量工程裂缝问题统计，荷载引起的裂缝约占 20%，变形引起的裂缝约占 80%。

荷载引起的裂缝有受弯裂缝、受剪裂缝、受压裂缝、受扭裂缝等，裂缝的位置和走向极有规律，与荷载大小、方向和构件材料强度、截面尺寸、配筋多少等有关，大多数是竖向裂缝和水平裂缝，只有少量的斜裂缝和不规则裂缝。根据作用效应与结构抗力的关系，一般通过内力和承载力的计算分析可以得出确切的结论。

非受力裂缝(变形引起的裂缝)主要与材料种类、环境温度、湿度、约束等因素有关，变形裂缝包括：收缩裂缝、温度裂缝、不均匀沉降裂缝、应力集中裂缝、冻融裂缝、钢筋锈蚀裂缝、碱集料反应裂缝、构造裂缝等。非受力裂缝是由结构约束变形引起的，由于外界温度变化、地基变形、基础不均匀沉降、材料本身的收缩、徐变等因素作用，结构首先要求变形，当变形得不到满足或变形受到约束、限制时，构件内也将产生较大的应力，这种应力大小主要与结构刚度有关，当刚度较大时，应力也大，应力超过材料强度就会引起结构和构件开裂。变形引起的裂缝形式大多数是斜裂缝和不规则裂缝，只有少量的竖向裂缝和水平裂缝。

非受力裂缝的特点是裂缝出现后，变形得到满足或部分满足，应力就得到释放，某些结构虽然材料强度不高，但如果有良好的韧性，也可适应变形的要求，可能不会开裂；相反，某些结构虽然材料强度很高，但刚度较大或约束较强，抗变形能力差，也比较容易开裂，这是区别于受力裂缝的主要特点，另一个特点是变形裂缝的产生有一个时间过程，受力裂缝从荷载作用，内力形成，直到裂缝出现与扩展是一次完成；而变形裂缝从环境变化，变形产生，到约束应力形成，裂缝出现与扩展等都不是同一时间完成的，而是通过传递过程完成，是一个多次产生和发展的过程，这是区别于受力裂缝的第二个特点，特别是温度裂缝，它是不稳定裂缝，有反复过程。

2.4.2　受力裂缝的特征

受力裂缝是由于构件承受外荷载的作用，其应力超过材料强度或稳定性不够而产生，根据外荷载的作用方式，受力裂缝又分为轴心受拉裂缝、弯曲受拉裂缝、受剪裂缝、受压裂缝、受扭裂缝、局部承压裂缝等。裂缝形状与受力状态有直接关系，一般说来，受拉裂缝的方向与主拉应力方向垂直，受压裂缝与压应力方向平行，受压裂缝通常是顺压力方向的竖向裂缝；受剪裂缝和受扭裂缝为斜裂缝，受力裂缝的特点是在结构承受拉力或剪力最大的位置出现，裂缝的方向为拉应力或剪应力作用的方向，与受力钢筋的方向垂直。

1. 楼板受力裂缝

楼板是水平构件，通常由钢筋混凝土材料制作，周围有梁或墙支承，板柱结构（无梁楼盖）由柱支撑，在结构中楼板只承受竖向荷载，板的内力主要是弯矩的作用（预应力构件有轴力），对于水平荷载（风荷载或地震作用），楼板只起传递作用。根据楼板两个方向的尺寸比，楼板在承载力计算时又分为单向板和双向板及多边板，多边板受力很复杂，不在这里讨论。现浇楼盖当楼板厚度不够，或配筋不够，混凝土强度偏低或荷载较大时，楼板会出现受力裂缝，板底、板面裂缝位置不同，板面裂缝成环状，沿框架梁边分布；板底裂缝成十字或米字，集中于板跨中。一般单向板板面受力裂缝见图 2-2.4-1，板底裂缝见图 2-2.4-2；双向板板面受力裂缝见图 2-2.4-3，板底裂缝见图 2-2.4-4。

预应力大型屋面板张拉裂缝如图 2-2.4-5，裂缝分布于板面，垂直于长轴，由板面向下延伸；有的纵肋预应力筋端部还存在局压裂缝。

转角阳台或挑檐板受力比较复杂，裂缝如图 2-2.4-6 所示，位于板面，起始于墙板交界，以角点为中心成米字形向外延伸。

图 2-2.4-1　单向板板面受力裂缝

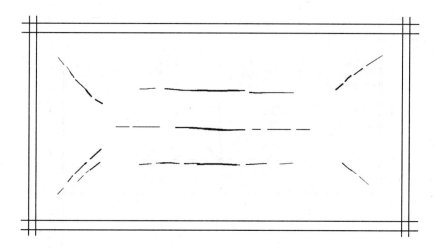

图 2-2.4-2　单向板板底受力裂缝

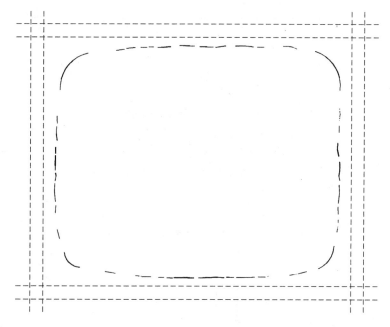

图 2-2.4-3　双向板板面受力裂缝

2. 梁受力裂缝

梁也是水平构件，两端支承在柱或墙上，通常由钢筋混凝土材料或型钢制作，梁除承受板传来的竖向荷载外，还承担柱或墙分配来的水平荷载，梁的内力主要是弯矩和剪力（预应力构件有轴力），如受弯抗力不够，产生的裂缝在梁跨中底部，裂缝一般为竖向楔形，在梁的两侧同时出现，梁底形成兜圈，梁底裂缝下宽上窄，延伸至梁的中和轴，不再上升，见图 2-2.4-7。

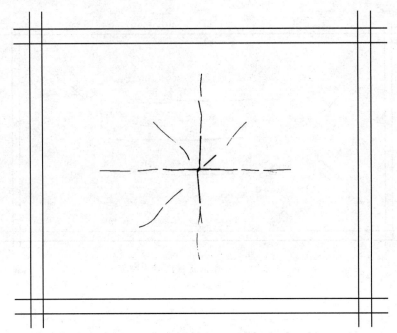

图 2-2.4-4　双向板板底受力裂缝

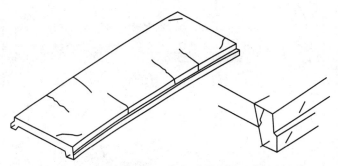

图 2-2.4-5　预应力大型屋面板张拉裂缝（位于板面）

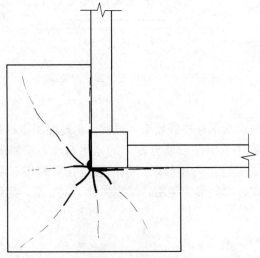

图 2-2.4-6　转角阳台或挑檐板裂缝（位于板面）

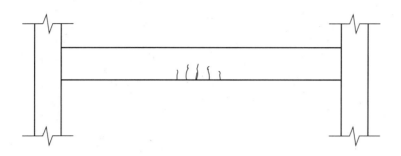

图 2-2.4-7　梁跨中底部受弯产生的裂缝

如梁受剪抗力不够，产生的裂缝在梁的两端，走向为 45 度斜向裂缝，分布在梁两侧面的中部，见图 2-2.4-8，梁扭矩较大抗扭承载力不足时，出现扭转裂缝，见图 2-2.4-9。

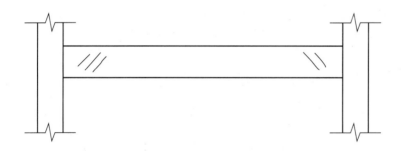

图 2-2.4-8　梁产生的受剪裂缝

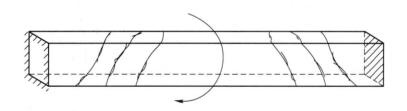

图 2-2.4-9　梁扭转裂缝

3. 柱受力裂缝

柱为竖向构件，除承受梁或板传来的竖向荷载外，还承受水平荷载的作用，可由钢筋混凝土或型钢或砌块材料制作，柱的内力包括轴力、弯矩、剪力，根据内力的比值，柱分为大偏心受压和小偏心受压，大偏心受压柱抗力不够时，混凝土柱易在柱顶或柱底单侧出现水平裂缝，裂缝集中在最大弯矩部位，受拉面裂缝为水平走向，外大内小，如图 2-2.4-10；临近极限状态，受压面混凝土有压碎现象，如图 2-2.4-11 所示。

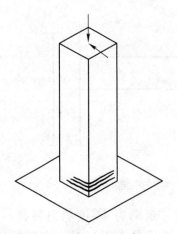

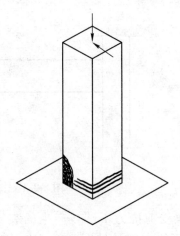

图 2-2.4-10　大偏心受压柱柱顶或　　　　　图 2-2.4-11　大偏心受压柱临近极限状态
柱底单侧出现水平裂缝　　　　　　　　　　受压面混凝土有压碎现象

小偏心受压柱和轴心受压柱抗力不够时，易在柱中出现竖向裂缝，如图 2-2.4-12 所示，裂缝沿柱轴纵向分布，中间稍密；临近极限状态，受压面有压碎现象，如图 2-2.4-13 所示。

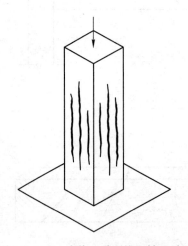

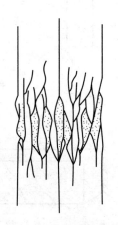

图 2-2.4-12　小偏心受压柱和轴心受压　　　　图 2-2.4-13　临近极限状态混凝土
柱柱中出现竖向裂缝　　　　　　　　　　　　有压碎现象

多层框架结构在水平地震作用下的裂缝如图 2-2.4-14，主要发生在梁柱交界部位的柱端和梁端，亦呈 x 形。

4. 抗震墙受力裂缝

抗震墙主要承受水平荷载，由钢筋混凝土或砌块材料制作，水平荷载在建筑物中主要是风荷载或地震作用，水平荷载可两个方向反复作用，如果其抗力不够，在墙中间部位产生交叉裂缝，如图 2-2.4-15。如果有门窗，在窗间墙上产生交叉裂缝，如图 2-2.4-16 所示。

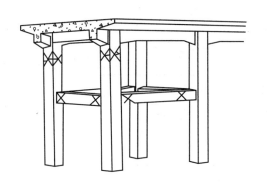 

图 2-2.4-14 多层框架结构地震作用下的裂缝　　　图 2-2.4-15 抗震墙产生交叉裂缝

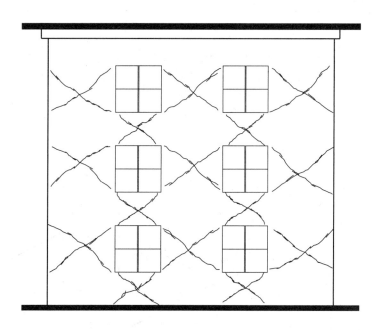

图 2-2.4-16 窗间墙上产生交叉裂缝

5. 结构应力集中裂缝

在建筑物平面或立面凸出凹进的转角处，或门窗洞口的角部，或集中荷载作用的部位，会产生应力集中，其应力是其他部位的几倍甚至几十倍，超过混凝土强度时，将产生裂缝。一般多为主体结构建成后出现，且斜向楔形状裂缝居多。

在混凝土梁集中荷载较大的部位，如果箍筋加密不够或构造钢筋少易产生劈裂状的裂缝如图 2-2.4-17 所示；在预应力构件的锚固端局部承压处，局部承压构造钢筋不足或混凝土强度不够等易出现一条或数条放射状的裂缝如图 2-2.4-18，混凝土柱牛腿受力裂缝如图 2-2.4-19，受剪裂缝起始于集中荷载作用点，斜向牛腿外斜面与下柱面交汇点延伸，受弯裂缝起始于牛腿支承面与上柱面交汇点，斜向柱内延伸，无梁楼盖(板柱结构)节点抗冲切不够时，在楼板面产生冲切裂缝如图 2-2.4-20 所示。

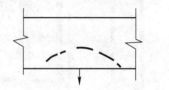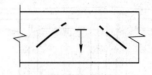

图 2-2.4-17　混凝土梁劈裂状裂缝

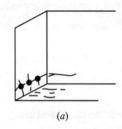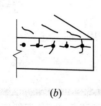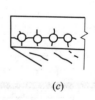

(a)　　　　　(b)　　　　　(c)

图 2-2.4-18　预应力构件的锚固端局部承压处裂缝
(a)预应力锚固区的局压裂缝及劈裂裂缝；(b)先张法构件的局压裂缝；
(c)后张法预应力构件留孔处的挤压裂缝

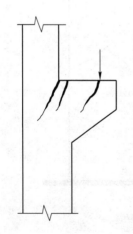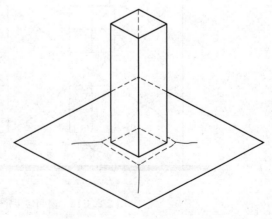

图 2-2.4-19　牛腿受力裂缝　　　　图 2-2.4-20　板柱结构冲切裂缝

2.4.3　非受力裂缝特征

1. 收缩裂缝

混凝土收缩裂缝又分为很多种，如沉降收缩，塑性收缩，干燥收缩，化学收缩，碳化收缩，自收缩，温度收缩等。

温度收缩是指大体积混凝土由于水化热而引起混凝土内外温差，内部温度升高体积膨胀大，外部温度低体积膨胀小，从而在混凝土表面产生拉应力，当拉应力超过混凝土抗拉强度时，混凝土表面出现裂缝。

收缩裂缝常在现浇混凝土板中出现，梁次之，柱很少。现浇板收缩裂缝的特点是裂缝不规则，板面数量多、板底数量少，板面裂缝宽度大，板底裂缝宽度小，严重时上下贯通常有渗水痕迹，特别是板面中心部位，由于负筋没有连通时最容易出现裂缝，如图 2-2.4-21。现浇混凝土梁收缩裂缝的特点在梁两个侧面中部，形态为中间宽两边窄的枣核形，到梁上下主筋处截止，如图 2-2.4-22。据调查，收缩裂缝与原材料品质、施工质量及结构类型较为密切，一般现浇结构或超静定结构较装配式结构或静定结构收缩裂缝多，平面尺寸大、施工质量差的房屋收缩裂缝相对较多，混凝土强度越高，收缩裂缝越多。

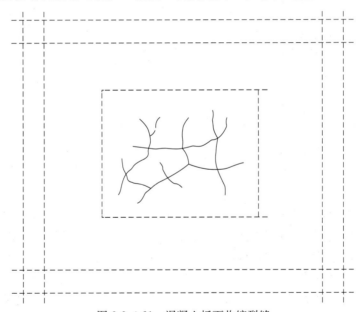

图 2-2.4-21　混凝土板面收缩裂缝

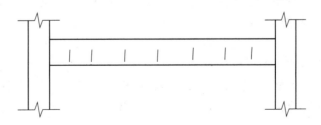

图 2-2.4-22　混凝土梁收缩裂缝

混凝土框架结构与填充墙之间易产生收缩裂缝如图 2-2.4-23 所示，裂缝主要表现为砌体墙上的斜向裂缝，墙与框架梁之间的水平裂缝和与框架柱之间的竖向裂缝，主要原因是材料收缩变形不一致，同样条件下混凝土收缩变形小而砌体收缩变形大，黏土砖砌筑的墙体收缩变形大于混凝土框架，由于墙体材料改革，黏土砖的应用越来越少，各种砌块材料越来越多的应用在工程中，砌块砌筑的墙体收缩变形大于黏土砖墙，砌块结构收缩裂缝与砖砌体裂缝相似，但更普遍更严重，尤其是工业废料砌块，原因是砌块本身后期收缩比较大，砌块与砂浆的粘结力比砖差，砌块砌体抗拉、抗剪强度比砖砌体低，仅为砌体的 25%～30% 和 40%～50%，如果墙体拉结筋设置不够，砌块出池后没有足够的静停时间（30～50 天），砌块表面脱模剂及粉尘清除不良，或采用的砂浆砌筑粘结力差、和易性不好，铺灰长度和灰缝厚度控制不好，芯柱、圈梁、伸缩缝设置不合理，在温度、收缩比较敏感的部位局部未配置水平钢筋等，都会加大收缩裂缝。

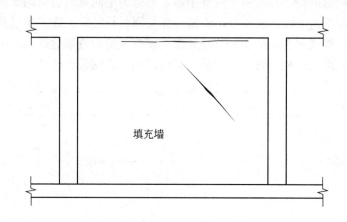

图 2-2.4-23　混凝土框架与填充墙之间收缩裂缝

2. 温度裂缝

由于外界温度变化，结构构件在外界升温时产生膨胀，降温时产生收缩，这种热胀冷缩的变化称为温度变形，混凝土线膨胀系数 10×10^{-6}，黏土砖线膨胀系数 10×10^{-4}，粉煤灰蒸养砖线膨胀系数 8×10^{-6}。构件之间约束的存在，温度变形受到限制，构件内产生应力，此应力超过材料抗拉强度时，便产生温度裂缝。对于高层混凝土结构，尤其是外墙做内保温时，外墙在温度作用下产生变形，使得楼板出现温度裂缝。温度裂缝是一种随着温度变化而不断变化的裂缝，根据试验研究，温度裂缝在一天 24 小时内会发生变化，一年四季也在发生变化，它出现的位置、变化规律与温度场分布、温差大小、约束情况以及结构类型有关，温度裂缝是混凝土裂缝中较为复杂的一种。

从建筑物平面布置来看，典型的现浇楼板由于温度收缩作用，裂缝主要集中于房屋薄弱部，如楼梯间楼板不连续的部位（见图 2-2.4-24），裂缝沿楼层没有明显差异，形态多为枣核状，中间粗两端细，绝大部分止于梁或墙边，如果平面布置对称、均匀，一般温度收缩裂缝在两端较多，中间较少，建筑物平面长度超过伸缩缝间距规定时，裂缝较多。

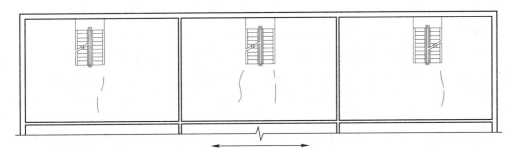

图 2-2.4-24　现浇楼板温度收缩裂缝集中房屋薄弱部

　　构件的最小尺寸大于 800mm 时，通常可认为是大体积混凝土，对于大体积混凝土，由于水泥水化热的影响，内部温度较大，构件外周温度较低，内外温差很大，引起内外混凝土膨胀变形差异。内部混凝土膨胀受到外部混凝土的变形约束，而使构件表面产生裂缝。这种裂缝在构件表面通常呈直交状况如图 2-2.4-25 所示，水泥水化过程中产生大量的水化热，按伍茨 (woods) 等提出，水化放热量可用下式大致估算：1 克水泥的水化热量（卡）＝136(C_3S)＋62(C_2S)＋200(C_3A)＋30(C_4AF)。式中括号内系指各矿物含量的百分数，按上式计算，每克水泥中放出约 50.2 卡的热量，如果以水泥用量 300～450kg/m³ 来计算，每立方米混凝土放出 15000～22500 千卡的热量，从而使混凝土内部温度升高。在浇筑温度的基础上，通常升高 30℃左右。如果按照我国施工验收规范规定浇筑温度为 28℃，则可使混凝土内部温度达到 60℃左右。如果没有降温措施或浇筑温度过高，混凝土内部温度高达 70～80℃的情况也时有发生。水泥水化热在 1～3 天可放出热量的 50%，热量的传递积存混凝土内部的最高温度大约发生浇筑的 3～5 天。混凝土内部和表面的温度梯度，造成温度变形和温度应力。温度应力和温差成正比。温差越大，温度应力也越大。当这种温度应力超过混凝土的外约束力（包括混凝土抗拉强度）时，就会产生裂缝。而且往往裂缝出现在混凝土浇筑的 3～5 天。初期出现的裂缝很细，随着时间的延续而扩大，甚至达到贯穿的情况。

　　混凝土抗震墙结构（尤其是高层建筑），在温度应力作用下产生伸缩变形，会引起楼板温度裂缝，尤其是外墙采用内保温的高层混凝土建筑物，几乎层层楼板角部都会出现斜裂缝，如图 2-2.4-26 所示。有时一块楼板一道裂缝，严重时多条平行的裂缝，特别是建筑物的西南角最为常见。

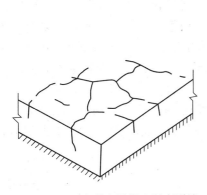

图 2-2.4-25　大体积混凝土温度裂缝

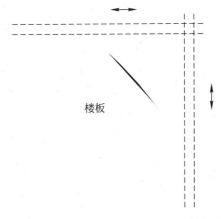

楼板

图 2-2.4-26　由于外墙温度变形混凝土楼板裂缝

3. 不均匀沉降裂缝

地基不均匀沉降裂缝一般在房屋建成后出现，有时在施工后期出现，一般一两年内就稳定的，有的随着时间长期变化，裂缝开展宽度至十几厘米才稳定。基础变形和地面运动，通过基础带动上部结构，在上部结构中产生较大的附加内力，构件中的应力一般是弯曲应力和剪切应力，该应力和其他应力叠加，超过了材料强度时，上部墙体或梁柱产生裂缝。对于建筑物整体而言，不均匀沉降裂缝特点是：底层重、上层轻；外墙重、内墙轻；开洞墙重、实体墙轻，且大多为斜向裂缝，少数为竖向和水平裂缝。混凝土框架结构不均匀沉降裂缝首先在柱或梁上出现，或在梁、柱交界处出现，在梁上出现时裂缝分布在两端，在沉降大的一端，梁底开始出现下宽上窄的裂缝，在沉降小的一端，梁顶开始出现上宽下窄的裂缝，如图 2-2.4-27 所示。

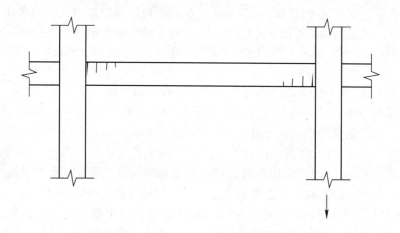

图 2-2.4-27　混凝土框架结构不均匀沉降裂缝

地基变形不协调时，如建筑物地基沉降不均匀，各部位存在较大差异，当这种差异大到一定程度后，就会引起上部结构裂缝。造成地基变形不协调的因素很多，如地基土质不均匀，局部存在软土、填土、冲河、古河道等；基底荷载差异过大，建筑物存在高低差，基础形式和埋深不同；结构物刚度悬殊，建筑物各部分结构类型不同等等。当房屋中部沉降大、两端沉降小时，房屋的中下部受拉、上部受压、端部受剪，墙体由于剪力产生的主拉应力过大而开裂，这种沉降裂缝一般呈正八字形，裂缝越在中下部的门窗孔部位越严重，中间沉降大的地基变形引起的上部结构裂缝如图 2-2.4-28 所示；当两端沉降大、中部沉降小时，房屋一般由于中部受拉出现竖向裂缝，两端沉降大时引起的上部结构裂缝如图 2-2.4-29 所示，当房屋一端存在软弱土层沉降大，另一端沉降小时，一般由于剪应力产生斜向裂缝，一端沉降大时引起的上部结构倾斜出现裂缝如图 2-2.4-30、图 2-2.4-31 所示。由于基础类型和埋深不同，在交界处墙面产生上大下小的竖向裂缝如图 2-2.4-32 所示。

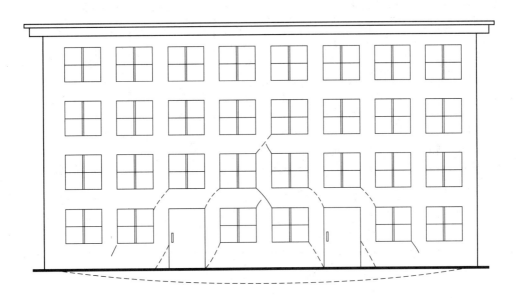

图 2-2.4-28 中间沉降大不均匀沉降裂缝

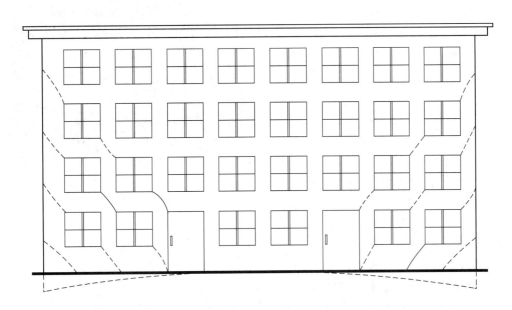

图 2-2.4-29 两端沉降大不均匀沉降裂缝

4. 钢筋锈蚀裂缝

由于混凝土内部含有氯离子，或外界侵入的氯离子，或混凝土结构处于腐蚀性环境中，或由于混凝土碳化后处于潮湿环境中，或由于混凝土保护层太薄，都会使混凝土中的钢筋产生锈蚀现象，锈蚀产物体积膨胀，将混凝土保护层胀裂。

锈蚀裂缝都是沿着钢筋方向，并在钢筋所在的位置，又称为顺筋裂缝。

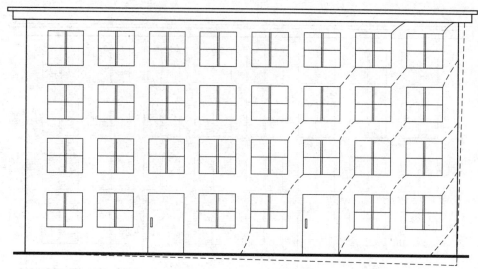

图 2-2.4-30　一端沉降大，另一端沉降小不均匀沉降裂缝

混凝土碳化会引起钢筋锈蚀，混凝土碳化到钢筋部位，钢筋失去了混凝土钝化膜保护，会逐渐生锈，钢筋生锈后体积膨胀，会引起混凝土沿钢筋开裂；混凝土裂缝的开展，反过来又促使钢筋更快锈蚀，尤其是当环境湿度较大，周围存在有害介质时，这种恶性循环速度显著加快。

氯离子侵蚀会引起钢筋锈蚀，氯化物浸入，钢筋周围氯离子含量较高，均可引起钢筋表面氧化膜破坏，钢筋中铁离子与侵入到混凝土中的氧气和水分发生锈蚀反应，其锈蚀物氢氧化铁体积比原来增长约 2～4 倍，从

图 2-2.4-31　不均匀沉降裂缝照片

而对周围混凝土产生膨胀应力，导致保护层混凝土开裂、剥落，沿钢筋纵向产生裂缝，并有锈迹渗到混凝土表面。由于锈蚀，使钢筋有效断面积减小，钢筋与混凝土握裹力削弱，结构承载力下降，并将诱发其他形式的裂缝，加剧钢筋锈蚀，导致结构破坏。

一般是由于在混凝土中使用外加剂不当（如使用了超量的氯离子的外加剂、防冻剂）或混凝土结构处于有腐蚀性气体或液体的环境中，以及施工时控制不严，混凝土保护层过薄或露筋，致使混凝土中钢筋生锈，锈蚀产物体积膨胀，致使混凝土产生裂缝。此外，当混凝土碳化深度超过钢筋的保护层时，也会导致钢筋锈蚀膨胀，使混凝土产生裂缝，这是因为混凝土中的氯氧化钙与空气中的二氧化碳产生化学反应，生成碳酸钙，从而消耗了混凝土中的羟基离子，使混凝土碱性降低，一般混凝土的 pH 值不大于 13，而碳化的混凝土的 pH 值可能降低到 9 以下，在高碱性环境下，钢筋表面可形成氧化铁保护膜。而当混凝土中 pH 值降低到 11 以下时，这层氧化膜遭到破坏，从而加速了钢筋的锈蚀，混凝土出现裂缝。

钢筋锈蚀裂缝如图 2-2.4-33，锈蚀裂缝的特征是，裂缝沿钢筋分布，系由膨胀铁锈向外将混凝土胀开，裂缝周围混凝土发酥，高出原有混凝土表面，并附着有褐色锈渍渗出

物，梁柱类构件角部钢筋易锈蚀、开裂。锈蚀严重时混凝土保护层脱落，露出钢筋，再严重时钢筋锈断，同样条件下钢筋直径较小时易锈断，直径较大时直径减小，如梁柱箍筋锈断，主筋直径减小，板墙钢筋锈蚀、顺筋裂缝、保护层脱落、钢筋锈断。

这种裂缝严重时会破坏钢筋与混凝土之间的粘结力，还会因钢筋直径减小，降低结构的承载力。

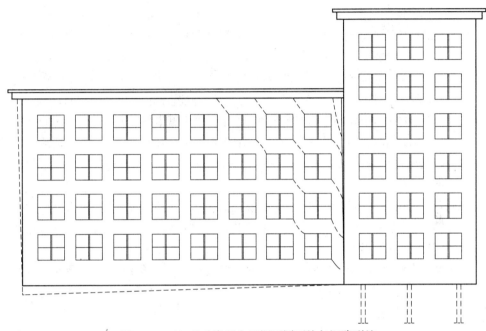

图 2-2.4-32　基础类型和埋深不同不均匀沉降裂缝

5. 碱集料反应裂缝

由于混凝土中水泥、外加剂或水中的碱性物质，与骨料中的活性物质发生化学反应，反应生成物吸水，产生体积膨胀引起混凝土裂缝。碱骨料反应裂缝通常在混凝土浇筑成型若干年后出现，在潮湿的环境中反应较快，特别是在混凝土遇水的情况下，其体积膨胀约3～4 倍，在干燥的环境中 反应是非常缓慢的。由于活性骨料均匀分布在混凝土中，发生碱骨料反应的裂缝一般为不规则的，也有在钢筋的部位比较严重，如图 2-2.4-34所示。

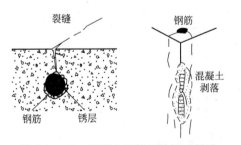

图 2-2.4-33　混凝土构件钢筋锈蚀裂缝

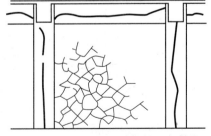

图 2-2.4-34　混凝土碱集料反应裂缝

发生碱骨料反应需具备三个条件：混凝土原材料中含碱量高；骨料中有相当的活性成分；有充分的水分或潮湿环境。

混凝土碱集料反应裂缝有一些与其他裂缝不同的特征，如：

（1）在一般情况下，混凝土经搅拌、运输、浇筑成型后，只要混凝土体系内存在一定数量的碱和活性集料，碱和活性集料即开始反应。但反应产物有个积累过程，待反应产物积累达到一定数量遇潮湿环境即可吸水膨胀，导致混凝土产生内应力而出现裂缝。

（2）混凝土碱集料反应裂缝是膨胀性裂缝在没有约束的情况下出现网状裂缝，在有钢筋约束的情况下，由于钢筋妨碍膨胀，钢筋两侧的膨胀力较大，因而出现顺筋裂缝。由于膨胀部位的碱活性集料粒径不一，或反应产物积存数量在不同部位不一样，因而出现不很均匀的膨胀。有的裂缝两侧不平，有的局部鼓起，这是区别混凝土收缩性网状裂缝的一个特征。

（3）混凝土在相对湿度并不很大的情况下，只要体系内部具备碱集料反应因素，反应和积累就照常进行。待反应产物积累到一定数量，遇到潮湿环境，混凝土就会吸湿膨胀开裂。往往在同一个混凝土构件上，在接触水或潮湿的部位，混凝土已经出现较严重的吸湿膨胀裂缝，而在同一构件的相对干燥部位则安然无恙，这是混凝土碱集料反应裂缝常出现的重要特征。

（4）常见的碱硅酸反应的产物为白色透明的碱硅酸凝物胶，这些凝胶时常沿裂缝溢出，有时沿裂缝两边出现接近等宽度的类似湿润的凝胶边缘，成为碱硅酸反应裂缝的一个鲜明外观特征。

（5）在梁柱等构件主筋和箍筋以内的混凝土，由于受钢筋的约束，膨胀反而使混凝土密实，强度提高，因而在碱集料反应前期对于构件起到预应力作用。而在钢筋约束以外的部分，裂缝深度达到保护边缘。

（6）由于碱集料反应是膨胀性病害，因而除使混凝土产生裂缝外，还会导致整个构件胀大，有时将伸缩缝挤紧。在两端约束时，会使构件整体上拱或挤破邻近建筑物。

6. 施工及构造裂缝

由于施工时混凝土接槎不好，形成接缝，预制板间处理不好，出现裂缝，应力集中部位未采取措施，出现裂缝，截面较大的梁，构造钢筋较少，出现裂缝等。

模板变形产生的裂缝如图 2-2.4-35，支撑下沉产生的裂缝如图 2-2.4-36，浇筑先后时差过长，先浇筑的混凝土已硬化，导致交接缝混凝土不连续，或接缝处未清理干净等导致的交接裂缝如图 2-2.4-37 所示。

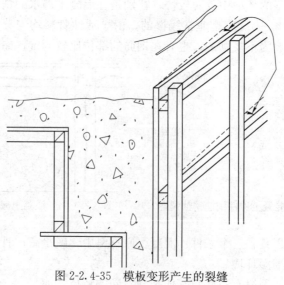

图 2-2.4-35　模板变形产生的裂缝

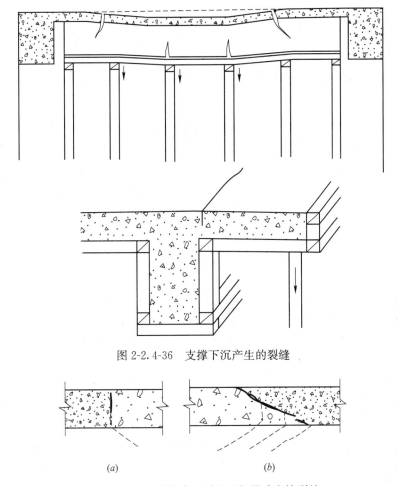

图 2-2.4-36　支撑下沉产生的裂缝

图 2-2.4-37　浇筑先后时差过长导致交接裂缝

快速浇筑及混凝土沉降产生的裂缝如图 2-2.4-38 所示，掺合料不均匀产生的局部膨胀收缩裂缝如图 2-2.4-39 所示，长时间搅拌或运输时间过长产生的网状裂缝，振捣不充分产生的局部裂缝如图 2-4.3-40 所示。

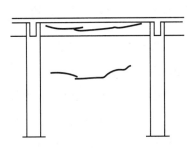

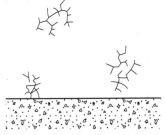

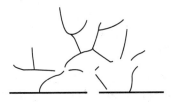

图 2-2.4-38　快速浇筑及混凝土　　图 2-2.4-39　掺合料不均匀产生的　　图 2-2.4-40　长时间搅拌或运输
沉降产生的裂缝　　　　　　　　局部膨胀收缩裂缝　　　　　　　时间过长产生的网状裂缝

2.5　裂缝的原因分析

2.5.1　从裂缝形成的特征分析原因

实际工程中的结构裂缝往往不是单一因素的作用，常常是两种或两种以上的原因共同作用，如温度与收缩同时作用，沉降与温度同时作用，温度与应力集中，收缩与应力集中等，因此正确判断裂缝的原因，根据裂缝特点，可从下述几方面进行分析：

1. 裂缝位置、形态

裂缝出现的位置和裂缝的形态，是判断裂缝原因的首要因素，如温度裂缝在砖混结构中主要出现在房屋顶层的两端，多在横墙出现，纵墙裂缝较少，建筑物较长而未设置伸缩缝时两端楼板出现温度裂缝；不均匀沉降缝主要出现在房屋的底层或下面几层，多在纵墙出现，横墙较少，温度裂缝形态多为斜向裂缝；干缩裂缝主要出现在墙体抹灰层或混凝土构件配筋较少的位置，裂缝形态不规则；应力集中裂缝出现在应力较大部位、集中荷载作用的位置、平立面凹凸变化的位置等；冻融裂缝或碱骨料反应裂缝出现在室外经常有水作用的地方或湿度较大的地方；钢筋锈蚀裂缝出现在配筋的位置；各种受力裂缝出现在构件内力最大的部位，裂缝的走向及位置与所受弯矩、剪力、轴力、扭矩等对应，有规律可循。

2. 出现裂缝的时间

根据裂缝出现的时间判断裂缝的原因，如温度裂缝出现在房屋建成投入使用半年以后，裂缝随着季节变化不断发展，是不稳定裂缝；不均匀沉降裂缝在房屋建成后不久或施工期间就出现，一两年后就稳定不再发展；干缩裂缝在施工完很快就出现，初期收缩大，一段时间就稳定；受力裂缝与构件或结构所承受的荷载有关，一般在荷载突然加大时出现。

建筑物裂缝可以出现在施工阶段，也可能出现在使用阶段，可以是混凝土浇筑后的数小时至一天或数天，也可以是数十天后。施工阶段产生的裂缝主要应从施工方法、施工质量及原材料选用上找原因，当然，有的裂缝虽发生在施工阶段，但责任却与设计也有关，如原材料选定、施工缝设置、施工荷载验算等；使用阶段出现是裂缝则较为复杂，分早期与晚期，设计错误、施工质量低劣、原材料选用不合理以及使用不当及环境因素均可能引发，应逐项分析。

3. 裂缝的稳定性

裂缝是否稳定，可以通过定期观察确定，不均匀沉降裂缝一般随着时间发展，沉降差加大，裂缝不断扩展；温度裂缝与温差变化有关，随着温度变化，不断开展与闭合，裂缝宽度不断增加或减小；应力集中裂缝、受力裂缝是当荷载增加时出现，荷载不大，又不再增加时，裂缝不再变化。温度裂缝是可逆的，其他裂缝是不可逆的。

2.5.2　从裂缝形成的过程分析原因

建筑结构裂缝原因分析，首先要对设计、施工资料进行调查分析，然后对结构构件所处的环境和承受的荷载进行调查，根据调查结果以及裂缝的位置形态等特征的检测结果，从宏观责任上有四个方面分析判断：设计错误、原材料质量低劣或选用不当、施工质量不合格、使用不当或环境的不良影响。结合裂缝产生的时间过程及裂缝形态等方面进行综合分析，逐项地对可能引起结构裂缝的各种因素的肯定与否定，找出各种分析中的共同原因，此原因可判定为该结构的真正原因，若一时找不出开裂的共同原因或主要原因，则应在有争议的小范围内，对裂缝的成因进行详细调查和计算分析，根据调查分析结果，进一步筛选，推断其开裂的最终原因，若还找不出确切的开裂原因时，则应聘请对该类结构有较高理论水平及丰富实践经验的专家或专家组进行高水平的分析判断。

1. 设计

设计错误或考虑不周造成的结构裂缝，主要表现为：

（1）结构方案及布置不合理。如结构平面布置中出现较大的凹凸处和角部，收缩裂缝和应力集中裂缝往往出现在薄弱截面上和平面变化处，建筑平面不规则，而结构设计时没有采取加强措施，在凹凸角处容易造成楼板开裂。

（2）结构计算错误，结构或构件刚度小、抗裂性过低。内力分析常见的错误是，计算简图与实际不符，荷载取值偏小或漏项，未考虑温度收缩应力及地基差异沉降所产生的内力。承载力计算常见的错误是，安全度取值偏低，配筋量不足，只算抗弯，不计算抗剪、抗扭，尤其是受弯构件，当跨度较大，板厚度和梁高度较小时，构件刚度小，结构抗裂和挠度验算常易被忽视。

（3）结构构造不合理、构造钢筋配置不够。主要是配筋不合理，只配受力钢筋，忽略构造钢筋的作用和配置，如梁板入墙不配负筋，现浇连续板不设收缩温度筋，板配筋间距偏大，特别是板面抵抗负弯矩的钢筋未通长设置，致使板面中间部分和在靠近板边缘处沿负弯矩筋端部出现裂缝，高截面梁不设腰筋或腰筋少等。楼板中设置线管，由于楼板较薄，在埋有 PVC 管线处楼板截面削弱很大，而楼板跨中部位一般只有一层下部钢筋，容易出现顺着 PVC 管线走向的裂缝，如经常发现板中部的通长裂缝经常从灯头处穿过。

2. 材料

原材料对混凝土结构裂缝影响最大的是水泥品种及质量，单就裂缝而言，硅酸盐水泥及普通硅酸盐水泥水化热较高，大体量现浇混凝土结构易产生裂缝；火山灰水泥及快硬水泥干缩性大，大面积混凝土结构易产生裂缝；矿渣水泥、火山灰水泥及粉煤灰水泥抗冻性较差，干湿交替工程易产生裂缝。矿渣水泥易发生沉缩和泌水现象。水泥含量越高，混凝土收缩越大，产生裂缝的可能性就越大。砂石含泥量过大，存在反应性骨料，外加剂不当或过量等，均容易造成混凝土结构裂缝。砌块结构较烧制黏土砖结构易产生裂缝，特别是砌筑前静停期较短的工业废料砌块，原因是砌块收缩性大，与砂浆的粘界能力较差。

（1）混凝土配合比不当

由于混凝土配合比不当，造成混凝土分层、离析，特别是梁板结构的板，由于混凝土的离析，上部出现富水泥浆层，收缩大，引起板面裂缝。

目前普遍采用商品混凝土，为了保证商品混凝土的流动性能，坍落度较大（一般在 12cm～20cm 之间），因此其水灰比较大，一般在 0.4～0.6 之间。而混凝土中参与水化反应的水量一般为 20%～25%，大部分水是为了保证混凝土和易性的要求，这些水在蒸发后会在混凝土中产生大量毛细孔增加混凝土的收缩。

（2）混凝土强度高、水泥用量过大

混凝土强度高，水泥用量就大，同样会增加混凝土的收缩变形。工程中，为了提高混凝土的强度，水泥用量从过去的 $300kg/m^3$ 增加到了 $400kg/m^3$。增加水泥用量，水化热就高，混凝土的收缩变形也增加。水泥标号越高，越快硬高强，水泥水化的发热量就越大，收缩也会越大。

如北京某住宅楼楼板设计混凝土强度为 C25，混凝土试块强度达到 47.5MPa，现场检测混凝土强度达到 40MPa。该批混凝土为现场搅拌混凝土，经审核，发现水泥用量大，导致混凝土收缩过大，出现裂缝。

（3）粉状掺合料大、品质不良引起的裂缝

粉剂掺合料的使用，如硅粉、粉煤灰、矿渣等，也会增加混凝土的收缩。粉状材料的用量越大，收缩也越大。如某工程使用某搅拌站提供的免振捣自流平商品混凝土施工，施工后，剪力墙及顶板出现裂缝，经检查，该批混凝土的粉煤灰用量及砂率偏大，其研制报告提供的自收缩量远大于混凝土的收缩值。

（4）细骨料用量减少和粒径减小

为了保证混凝土的可泵性，工程中一般选用较小粒径的粗骨料，或减少粗骨料的用量。粗骨料用量的减少和粗骨料粒径的减小，会使混凝土的体积稳定性下降，不稳定性变大，从而增大了混凝土收缩。过去混凝土的收缩为 300 微应变（μm），现在达到 400 微应变（μm），而泵送混凝土则达到 500 微应变（μm）。

此外，细骨料含泥量大，也会导致混凝土收缩量大，出现裂缝。如北京某综合楼楼板采用商品混凝土，混凝土浇筑 1 天，就发现板面出现裂纹，几个月后裂缝伸展至板底，形成网状裂缝，经检查，该批混凝土为堆场底部砂，由于露天堆场，雨水作用，底部砂子的含泥量大，超过规范规定的 3% 要求，致使混凝土收缩大，出现裂缝。

（5）外加剂应用不当引起的裂缝

现代混凝土中外加剂起到不可替代的作用，外加剂应用不当直接引起混凝土种种质量问题。并且外加剂的使用也会增大混凝土的收缩，使用外加剂后混凝土的收缩量大约要增大 30%～38%。如外加剂与水泥的适应性不好，将导致水泥假凝、泌水等，增加混凝土收缩，从而导致混凝土出现裂缝。由于工期模板周转及冬季施工的需要，混凝土中往往掺加早强促凝剂，早强促凝剂的使用不当，特别是 $CaCl_2$ 使用会显著增加混凝土的收缩值，导致混凝土收缩，引起混凝土开裂。缓凝剂的使用：高效减水剂的使用需要克服的关键问题是坍落度损失问题，为解决坍落度的损失，高效减水剂往往复配缓凝剂，由于用于复配缓凝剂的品种繁多，部分缓凝剂会增加混凝土的收缩值，导致混凝土出现裂缝。微膨胀剂的使用：在整体浇筑混凝土中使用 UEA 等微膨胀剂，只是对混凝土的收缩时间进行调节，而不能改变混凝土的总收缩量。同时，掺加微膨胀剂的混凝土必须进行水中养护才能发挥其膨胀的作用，甚至在常温下浇水养护都不能发挥其微膨胀的作用。因此，往往是掺加 UEA 等微膨胀剂的墙板构件仍然会出现收缩裂缝。如某博物院地下珍宝馆墙板工程，由于使用微膨胀剂，没有进行水养护，而是采用定时的浇水养护，结果墙板开裂。

3. 施工

施工质量不合格导致建筑物裂缝形成，可分混凝土、钢筋、模板三方面。

（1）混凝土

如混凝土配合比不当或泵送时改变了配合比，混凝土掺合料拌合不匀，混凝土搅拌时间过长，混凝土浇筑顺序或接打处理不当，混凝土振捣不充分，混凝土硬化前受震动或受力，混凝土养护不及时或不充分或受冻，混凝土浇筑速度太快等。混凝土强度过低会直接降低结构的抗裂性，混凝土强度未达到设计要求，同时混凝土的抗拉强度降低，从而引起楼板开裂。如某住宅楼楼板，设计要求混凝土强度等级为 C20，而实测混凝土强度仅达到 14.5MPa，强度远远达不到设计要求。另一种情况是施工中混凝土强度提高太多也会产生裂缝。混凝土强度提高一个等级，混凝土的弹性模量随之约提高 1 倍，而抗拉强度却只提高 0.5 倍。混凝土的弹性模量越大，对变形越敏感，收缩变化也越大，因而也更易出现裂缝。

（2）钢筋

钢筋配置不符合设计和施工验收规范的要求，如混凝土在结硬期钢筋被扰动，钢筋保护层过小，钢筋间距偏大，均会导致构件开裂。严重时，由于施工中擅自减小配筋量，则会引起构件的安全问题。施工浇筑混凝土时为铺设跳板，施工人员在钢筋上踩踏，致使上层钢筋的保护层厚度偏大，引起板面开裂。

（3）模板和养护

模板和支撑是混凝土结构施工中必不可少的重要工具，模板和支撑必须有足够的承载力和稳定性，使其能够承受浇筑混凝土的重量，并能够承受浇筑时的冲击力和振捣压力。如果支撑下沉会使混凝土产生裂缝：施工过程，大量集中堆料，施工荷载过大，特别是某些人为因素产生的冲击荷载对混凝土产生的危害更为严重。例如：塔吊吊放各类较重材料、大模板、设备时不能做到慢起吊，轻放下，直接对构件造成冲击，或支撑刚度不够、间距过大等造成支撑下沉；过早拆模也会使混凝土产生裂缝：在组织安排流水段作业施工中，所投入的模板支撑体系满足不了生产进度的需要，往往在混凝土龄期还未达到拆模强度要求就提前拆掉部分模板支撑，甚至全部，造成楼板、梁过早受载；混凝土构件模板变形，模板支撑下沉，模板漏浆。未采取适当的养护措施会产生裂缝：混凝土浇筑后，没有按要求进行养护，导致板收缩开裂，如掺加外加剂、硅灰、矿渣或粉煤灰的混凝土，必须严格养护，才能达到提高强度同时控制收缩裂缝的目的。

对于砌体结构，主要是砌筑方法不合理，如通缝，马牙槎，碎砖过多，砖浇水不透，砂浆与块体粘结强度过低等。

4. 使用

使用不当及环境的不良影响，多表现为荷载超过设计规定，或受到较大的振动荷载，周围有打桩、爆破，地下水位急剧变化，附近有深基坑开挖支护不当，地基有不均匀沉降等；或周围存在酸、盐及氯化物等有害介质作用，所处环境温、湿度急剧变化，构件各部位温、湿度差过大，表面受热过度或遭受火灾、水灾、台风、煤气爆炸等灾害，建筑物处于反复冻融状态等。

2.5.3 裂缝的危害性评定

裂缝对建筑危害主要表现在对结构持久承载力和建筑正常使用功能的降低。对于无筋结构，裂缝的出现预示着结构承载力可能不足或存在严重问题；对于配筋结构，裂缝的存在及超标会引起钢筋锈蚀，降低结构耐久性。裂缝对建筑正常使用功能的影响，主要是降低了结构的防水性能和气密性，影响建筑物美观，给人们造成一种不安全的精神压力和心理负担。危害性大小与裂缝性状、结构功能要求、环境条件及结构抗蚀性有关，其主要变量是裂缝宽度，主要表现在钢筋锈蚀及结构渗漏均随裂缝宽度的增大而加快。当裂缝宽度大到一定程度，则认为是不允许的，必须进行修补处理；相反，当裂缝宽度小于一定数值，其不利影响就完全可以忽略不计。根据国内外经验，必须修补与无须修补的裂缝宽度限值，可按表 2-2.5-1 采用。从耐久性可考虑，表 2-2.5-1 中裂缝宽度限值主要考虑的是环境因素及钢筋锈蚀敏感性。环境因素分为"恶劣的"、"中等的"和"优良的"三档。"恶劣的"指露天受雨淋，处于干湿交替状态或潮湿状态结冻，或受海水及有害气体腐蚀环境；"中等的"指不被雨淋的一般地上结构，浸泡在水中不结冰的地下结构及水下结构；"优良的"指与外界大气及腐蚀环境完全隔绝的情况。对钢筋腐蚀影响程度"大""中""小"，是按裂缝深度（贯通、中间、表面）、保护层厚度（<4cm，4～7cm，>7cm）、混凝土表面有无涂层、混凝土密实度及钢筋对腐蚀的敏感性等条件综合判断。对于中等的优良的环境条件，对钢筋锈蚀及结构腐蚀的影响可以忽略不计，无须修补的裂缝宽度限值 0.2～0.3mm，相当于我国《混凝土结构设计规范》（GBJ10-89）中三级裂缝控制等级规定值，此规定是比较严的。调查研究表明，在任何情况都必须修补的裂缝宽度可放宽到 0.4～1.0mm。影响结构耐久性的因素是多方面的，当裂缝宽度介于表 2-2.5-1 中的必须修补和无须修补之间时，则应由有经验的专家，根据结构承载力验算结果、开裂原因、裂缝性状、裂缝对钢筋腐蚀影响程度以及环境条件等因素，综合分析判断确定是否需要修补或补强加固。从防水性考虑，对裂缝宽度限制较严。渗水试验及调查研究表明，对渗漏没有影响无须修补的裂缝宽度为 0.05mm，对渗漏有较大影响必须修补的裂缝宽度为 0.2mm。

必须修补与无须修补的裂缝宽度限值　　　　　　　　　　表 2-2.5-1

考虑因素准则	裂缝对钢筋腐蚀影响程度	按耐久性考虑			按防水性考虑
		环境因素			
		恶劣的	中等的	优良的	
必须修补的裂缝宽度(mm)	大	>0.4	>0.4	>0.6	>0.2
	中		>0.6	>0.8	
	小	>0.6	>0.8	>1.0	
无须修补的裂缝宽度(mm)	大	≤0.1	≤0.2	≤0.2	≤0.05
	中			≤0.3	
	小	≤0.2	≤0.3		

混凝土的裂缝是不可避免的，其微观裂缝是本身物理力学性质决定的，但它的有害程度是可以控制的，有害程度的标准是根据使用条件决定的。目前世界各国的规定不完全一致，但大致相同。如从结构耐久性要求、承载力要求及正常使用要求，最严格的允许裂缝宽度为 0.1mm。近年来，许多国家已根据大量试验与泵送混凝土的经验将其放宽到 0.2mm。当结构所处的环境正常，保护层厚度满足设计要求，无侵蚀介质，钢筋混凝土裂缝宽度可放宽至 0.4mm；在湿气及土中为 0.3mm；在海水及干湿交替中为 0.15mm。沿钢筋的顺筋裂缝有害程度高，必须处理。

综上所述，以最大裂缝宽度考虑的控制标准为：

1) 无侵蚀介质、无抗渗要求，结构处于正常状态下，最大裂缝宽度不得大于 0.3mm。

2) 有轻微侵蚀，无抗渗要求时，最大裂缝宽度不得大于 0.2mm。

3) 有较重侵蚀和抗渗要求时，最大裂缝宽度不得大于 0.1mm。

4) 混凝土有自防水要求时，最大裂缝不得大于 0.2mm。

上述标准是从耐久强度考虑的，为设计中和裂缝检测中的控制范围，但在工程实践中有些结构存在数毫米宽的裂缝仍然正在使用，而且多年后也没有破坏危险。一些专家和学者根据对结构裂缝处理的实际经验，认为规范中限制的裂缝宽度应当根据具体条件加以放宽。如像大量的表面裂缝如果经过周密的研究分析确定是由于变形作用引起的，其裂缝宽度可适当放宽，只需做表面封闭处理即可。

近年来预应力混凝土应用范围逐渐推广到更多的结构领域，如大跨超长、超厚及超静定框架结构，其混凝土强度等级必须提高至 C50。在采用泵送条件下，其收缩与水化热大大增加，约束应力裂缝很难避免，张拉前开裂，张拉后又不闭合，裂缝控制的难度更加困难。预应力结构裂缝允许宽度是严格的，预应力筋腐蚀属"应力腐蚀"并有可能脆性断裂，预兆性较小，裂缝扩展速度快。裂缝深度 h 与结构厚度 H 的关系如下：$h \leqslant 0.1H$ 表面裂缝；$0.1H < h < 0.5H$ 浅层裂缝；$0.5H \leqslant h < 1.0H$ 纵深裂缝；$h = H$ 贯穿裂缝。

2.6　裂缝的修补技术

修补裂缝的目的在于使混凝土结构物因开裂而降低的性能及耐久性得以恢复。首先必须基于裂缝调查结果充分掌握裂缝的现状，更重要的是要选择与修补目的相吻合的最佳方法。裂缝修补不仅应考虑最大的裂缝宽度，还应综合考虑开裂的原因、裂缝深度、裂缝的位置和开裂构件的环境、使用要求、荷载等。从结构的安全性、适用性、耐久性和裂缝原因等综合分析，必要时除裂缝修补外，还需结构加固。

1. 表面处理法（包括表面涂抹和表面贴补法）

表面涂抹适用范围是浆材难以灌入的细而浅的裂缝，深度未达到钢筋表面的发丝裂缝，不漏水的缝，不伸缩的裂缝以及不再活动的裂缝。表面贴补（土工膜或其他防水片）法适用于大面积漏水（蜂窝麻面等或不易确定具体漏水位置、变形缝）的防渗堵漏。表面处理法是针对微细裂缝（裂缝宽度小于 0.2mm），采用弹性涂膜防水材料、聚合物水泥膏及渗透性防水剂等，涂刷于裂缝表面，达到恢复其防水性及耐久性的一种常用裂缝修补方法。该法施工简单，但涂料无法深入到裂缝内部。表面处理法分骑缝涂覆修补及全部涂覆修补。对于稀而少的裂缝，可骑缝涂覆修补；对于细而密的裂缝应采用全部涂覆修补。表面处理由于涂层较薄，涂覆材料应选用粘附力强且不易老化的材料。对于活动性裂缝，尚应采用延伸率较大的弹性材料。

表面处理法的施工要点是：先用钢丝刷将混凝土表面刷毛，清除表面附着污物，用水冲洗干净，干燥后先用环氧胶泥、乳胶水泥等嵌补混凝土表面缺损，最后才用所选择的材料涂覆。注意涂覆应均匀，不得有气泡。

2. 填充法

用修补材料直接填充裂缝，一般用来修补较宽的裂缝（0.3mm），作业简单，费用低。宽度小于 0.3mm，深度较浅的裂缝，或是裂缝中有充填物，用灌浆法很难达到效果的裂缝，以及小规模裂缝的简易处理可采取开 V 型槽，然后作填充处理。

　　填充法又称凿槽法，是沿裂缝将混凝土开凿成"U"形或"V"形槽，然后嵌填各种修补材料，达到恢复防水性和耐久性，以及部分恢复结构整体性的目的，适用于数量较少的宽大裂缝（>0.5mm）及钢筋锈蚀所产生的裂缝修补。填充法所使用的嵌填材料视修补目的而定，可选择环氧树脂或可挠性环氧树脂胶泥、环氧砂浆、聚合物水泥砂浆或纯水泥砂浆、聚氯乙烯胶泥以及沥青油膏等。对于活动性裂缝，应采用极限变形值较大的延伸性材料。对于锈蚀裂缝，应先展宽加深凿槽，直至完全露出钢筋生锈部位，彻底进行钢筋除锈，然后涂上防锈涂料，再填充聚合物水泥砂浆及环氧砂浆等，为增强界面粘结力，嵌填时应于槽面涂一层环氧树脂浆液。

　　3. 灌浆法

　　灌浆法又称注入法，是采用各种黏度较小的胶粘剂及密封剂浆液灌入裂缝深部，达到恢复结构整体性、耐久性及防水性的目的。适用于裂缝宽度较大（≥0.3mm）、深度较深的裂缝修补，尤其是受力裂缝的修补。

　　灌浆法施工工艺流程：

　　埋设灌浆嘴（盒、管）→封缝→密封检查→配制浆液→灌浆→封口结束→灌浆质量检查

　　4. 结构补强法

　　因超荷载产生的裂缝、裂缝长时间不处理会导致的混凝土耐久性降低以及火灾造成的裂缝等，影响结构强度，可采取结构补强法。包括断面补强法、锚固补强法、预应力法等。

2.7　外观检测结果判定及处理

　　1. 外观质量主控项目

　　现浇结构的外观质量不应有严重缺陷，对已经出现的严重缺陷，应由施工单位提出技术处理方案，并经监理（建设）单位认可后进行处理。对经处理的部位，应重新检查验收。

　　2. 外观质量一般项目

　　现浇结构的外观质量不宜有一般缺陷，对已经出现的一般缺陷，应由施工单位按技术处理方案进行处理，并重新检查验收。

　　3. 现浇结构拆模后，应由监理（建设）单位、施工单位对外观质量和尺寸偏差进行检查，做出记录，并应及时按施工技术方案对缺陷进行处理。

　　4. 裂缝处理施工质量检验

　　对修补材料性能进行实验室检验。对灌缝施工质量有钻芯取样检查，压水试验，压气试验等现场检验方法。

思考题

　　1. 混凝土外观质量缺陷有哪些？

　　2. 外观质量缺陷分级原则？

　　3. 混凝土构件裂缝检验指标包括哪些？

　　4. 非金属超声仪在混凝土外观缺陷检测中能检测哪些项目？

　　5. 裂缝对混凝土结构的危害有哪些？

6. 受力裂缝有哪几类?

7. 基础不均匀沉降产生的裂缝有哪些特征?

8. 哪些因素引起钢筋锈蚀?

9. 裂缝处理方法有哪几种?

10. 外观检测结果如何判定及处理?

第3章 混凝土抗压强度检测

3.1 概述

混凝土是当代建筑工程中用量最大的结构材料之一。混凝土抗压强度是混凝土最主要的参数之一，已成为混凝土结构的设计、施工及验收的基本依据。《普通混凝土力学性能试验方法标准》GB/T 50081—2002 及《混凝土强度检验评定标准》GB/T 50107—2010 对混凝土试块的制作及试验方法作出了明确规定，为按试件强度进行混凝土质量监控奠定了基础。但混凝土标准试件的抗压试验对结构混凝土来说，毕竟是一种间接测定值。由于试件的成型条件、养护条件及受力状态都不可能和结构物上的混凝土完全一致，因此，试件测量值只能作为混凝土在特定的条件下的性能反映，而不能代表结构混凝土的真实状态。

《混凝土结构工程施工质量验收规范》GB 50204—2015 第 7.1.3 条规定："当混凝土试件强度评定不合格时，可采用非破损或局部破损的检测方法，按有关国家现行有关标准的规定对结构构件中的混凝土强度进行推定，并作为处理的依据"。《混凝土强度检验评定标准》GB/T 50107—2010 和《混凝土结构工程施工质量验收规范》GB 50204—2015 均是对正常施工验收而言的。混凝土强度评定时以 28 天的标养试块或同条件养护试块为前提，并以试块的平均值或中值作为其强度的代表值。而依据《回弹法检测混凝土抗压强度技术规程》JGJ/T 23—2011、《钻芯法检测混凝土强度技术规程》CECS 03：2007 等检测所得出的强度是检测时所对应龄期的混凝土结构强度。

目前混凝土强度现场检测的常用方法有非破损法、局部破损法和综合法。

非破损方法目前主要有回弹法、超声脉冲法、超声—回弹综合法、射线法等。混凝土非破损检测技术是指在不破损混凝土内部结构和使用性能的情况下，利用声、光、电、磁和射线等方法，测定有关混凝土性能方面的物理量。由于某些物理量与混凝土强度之间有较好的相关关系，可采用获取的物理量去推定混凝土强度。非破损检测可直接在结构混凝土上作全面检测，能比较真实地反映混凝土强度，能获得破坏试验不能获得的信息，可进行连续测试和重复测试，但由于是间接检测，检测结果要受许多因素的影响，检测精度要低于破损性检测，它以某些物理量与混凝土强度之间的相关性为基本依据，在不破坏结构混凝土的前提下，测出混凝土的某些物理特性，并按相关关系推算出混凝土的特征强度作为检测结果。其中回弹法及超声—回弹综合法已被广泛用于工程检测，我国已制订相应的技术规程——《回弹法检测混凝土抗压强度技术规程》JGJ/T 23—2011、《高强混凝土强度检测技术规程》JGJ/T 294—2013、《超声回弹综合法检测混凝土强度技术规程》CECS 02：2005。此外，江苏、山东、陕西等地还有相应的地方规程。

局部破损法目前常用的有钻芯法、拔出法、剪压法、射钉法等，它以在不严重影响结构构件承载能力的前提下，在结构构件上直接进行局部破坏试验或直接取样，将试验所得的值换算成特征强度，作为检测结果。目前钻芯法、剪压法和拔出法使用较多，我国已制订相应的技术规程——《钻芯法检测混凝土强度技术规程》CECS 03：2007、《剪压法检测混凝土挤压强度技术规程》CECS 278：2010、《拔出法检测混凝土强度技术规程》CECS 69：2011。

综合法是半破损法与非破损法的综合使用，这两者的综合运用，可同时提高检测效率和检测精度，因而受到广泛重视，例如用钻芯法的结果对回弹法的数据进行修正，或钻芯法的结果对超声－回弹法的结果进行修正。

现场检测前应先确定构件抽样检测的范围，然后调查拟检测构件的相关信息，以确定采用何种方法进行检测。应了解的内容一般包括：

（1）结构或构件名称、外形尺寸、数量及混凝土强度等级。

（2）水泥品种、强度等级、安定性、厂名；砂、石种类、粒径；外加剂或掺合料品种、掺量；混凝土配合比等。

（3）施工时材料计量情况，模板、浇筑、养护情况及成型日期等。

（4）必要的设计图纸和施工记录。

（5）检测原因。

了解以上信息的目的是为构件分批和确定抽样数量，在根据现场实际情况确定检测方法后，《建筑结构检测技术标准》GB/T 50344—2004 规定，检测数量与检测对象的确定可以有两类：一类指定检测对象和范围，另一类是抽样的方法。对于建筑结构的检测两类情况都可能遇到。当指定检测对象和范围时，其检测结果不能反映其他构件的情况，因此检测结果的适用范围不能随意扩大。

在相同的生产工艺条件下，混凝土强度等级相同，原材料、配合比、成型工艺、养护条件基本一致且龄期相近的同类结构或构件，可以按批进行检测。抽检构件时，应随机抽取并使所选构件具有代表性。

当委托方指定检测对象或范围，或因环境侵蚀或火灾、爆炸、高温以及人为因素等造成部分构件损伤时，检测对象可以是单个构件或部分构件。但检测结论不得扩大到未检测的构件或范围。

由于现行检测标准或规程均为推荐性标准，所采用的标准不同，抽样检测方案也会有差别。专用标准《回弹法检测混凝土抗压强度技术规程》JGJ/T 23—2011 和《超声回弹综合法检测混凝土强度技术规程》CECS 02：2005 规定相同：按批进行检测的构件，抽检数量不得少于同批构件总数的 30% 且构件数量不得少于 10 件。抽检构件时，应随机抽取并使所选构件具有代表性。

从一般常识来看，对于同一个工程，采用不同的检测方法，得到的检测结果应该是相同的，或者至少是相近的。然而，检测实践中发现，同一工程采用不同的检测方法，得到的检测结果往往存在较大差异，有时这种差异会导致在评定混凝土强度是否满足设计要求时出现两种截然不同的结论。在工程检测中，混凝土强度检测常用的检测方法有：回弹法、超声-回弹综合法、拔出法和钻芯法。除钻芯法直接钻取芯样测定结构混凝土的实际强度外，其另外的三种方法都是通过间接的参数来换算混凝土强度。

就回弹法、超声-回弹综合法、拔出法和钻芯法本身，国内外都有大量的研究，几种方法都有相应的技术规程。根据混凝土技术的发展,在总结检测应用经验的基础上,检测规程也在不断得到修订。

钻芯法准确度最高,它反应的是同条件养护同龄期的混凝土强度;拔出法是代表 30～40mm 深度的混凝土强度,根据拔出力推断混凝土抗压强度;超声回弹综合法和回弹法是非破损的方法,回弹法是通过混凝土表面硬度来对应混凝土强度,超声法是通过混凝土的密实度对应混凝土强度,误差较大,常需要用钻芯来修正。

回弹法和超声回弹综合法现场检测比较方便,对结构构件没有损伤,只需要剔除构件表面抹灰层;拔出法现场需要电源,预先安装埋件,然后拉拔仪进行拉拔;钻芯法现场需要有电,还需要用水给钻芯机冷却,拔出法和钻芯法都对结构有损伤,检测结束后需要修补。

回弹法和超声回弹综合法都有全国的统一测强曲线,可以查表或公式计算得出混凝土强度推定值,而拔出法没有全国通用的曲线公式,各地方需要自己制定。

混凝土抗压强度检测方法有很多,建筑结构检测应根据检测项目、检测目的、建筑结构状况和现场条件选择适宜的检测方法。每种检测方法均有其自身的局限性,现场检测前应根据现场实际情况确定适合的检测方法。

3.2　回弹法

1. 适用范围

被检测混凝土的表层质量应具有代表性,对标准能量为 2.207J 的回弹仪(图 2-3.2-1),符合下列条件的混凝土方可采用该方法进行检测:

(1) 普通混凝土采用材料、拌和用水符合现行国家有关标准。

(2) 不掺外加剂或仅掺非引气型外加剂。

(3) 采用普通成型工艺。

(4) 采用符合现行国家标准《混凝土结构工程施工及验收规范》GB 50204 规定的钢模、木模及其他材料制作的模板。

(5) 自然养护或蒸气养护出池后经自然养护 7d 以上,且混凝土表层为干燥状态。

(6) 龄期为 14～1000d。

图 2-3.2-1　混凝土回弹仪

(7) 抗压强度为 10～60MPa。

2. 普通混凝土回弹法检测数据处理

(1) 计算测区平均回弹值,应从该测区的 16 个回弹值中剔除 3 个最大值和 3 个最小值,余下的 10 个回弹值进行计算。

(2) 非水平方向检测混凝土浇筑侧面时,应进行回弹仪测试方向的修正。

(3) 水平方向检测混凝土浇筑表面或底面时,应进行表面或底面的修正。

(4) 当检测时回弹仪为非水平方向且测试面为非混凝土的浇筑侧面时,应先对回弹值进行角度修正,再对修正后的值进行浇筑面修正。

（5）检测泵送混凝土强度时，测区应选在混凝土浇筑侧面。

（6）混凝土强度的计算：

1）结构或构件第 i 个测区混凝土强度换算值，可按平均回弹值（R_m）及平均碳化深度值（d_m）由测区混凝土强度换算表得出。当有地区测强曲线或专用测强曲线时，混凝土强度换算值应按地区测强曲线或专用测强曲线换算得出。

2）结构或构件的测区混凝土强度平均值可根据可测区的混凝土强度换算值计算。当测区数为 10 个及以上时，应计算强度标准差。平均值及标准差应按下列公式计算：

$$m_{f^c_{cu}} = \frac{1}{n} \sum_{i=1}^{n} f^c_{cu,\ i} \qquad (2\text{-}3.2\text{-}1)$$

$$s_{f^c_{cu}} = \sqrt{\frac{\sum_{i=1}^{n} (f^c_{cu,\ i})^2 - n(m_{f^c_{cu}})^2}{n-1}} \qquad (2\text{-}3.2\text{-}2)$$

式中　$m_{f^c_{cu}}$——结构或构件测区混凝土强度换算值的平均值（MPa），精确至 0.1MPa；

n——对于单个检测的构件，取一个构件的测区数；对批量检测的构件，取被抽检构件测区数之和；

$s_{f^c_{cu}}$——结构或构件测区混凝土强度换算值的标准差（MPa），精确至 0.01MPa。

（7）结构或构件的混凝土强度推定值（$f_{cu,e}$）应按下列公式确定：

1）当该结构或构件测区数少于 10 个时：

$$f_{cu,e} = f^c_{cu,min} \qquad (2\text{-}3.2\text{-}3)$$

式中　$f^c_{cu,min}$——构件中最小的测区混凝土强度换算值；

2）当该结构或构件的测区强度值中出现小于 10.0MPa 时：

$$f_{cu,e} < 10.0\text{MPa} \qquad (2\text{-}3.2\text{-}4)$$

3）当该结构或构件测区数不少于 10 个时，应按下列公式计算：

$$f_{cu,e} = m_{f^c_{cu}} - 1.645 S_{f^c_{cu}} \qquad (2\text{-}3.2\text{-}5)$$

4）当批量检测时，应按下列公式计算：

$$f_{cu,e} = m_{f^c_{cu}} - k S_{f^c_{cu}} \qquad (2\text{-}3.2\text{-}6)$$

式中　k——推定系数，宜取 1.645。当需要进行推定强度区间时，可按国家现行有关标准的规定取值。

（注：结构或构件的混凝土强度推定值是指相应于强度换算值总体分布中保证率不低于 95% 的结构或构件中的混凝土抗压强度值。）

（8）对按批量检测的构件，当该批构件混凝土强度标准差出现下列情况之一时，则该批构件应全部按单个构件检测：

1）当该批构件混凝土强度平均值小于 25MPa 时：

$$S_{f^c_{cu}} > 3.5\text{MPa}$$

2）当该批构件混凝土强度平均值不小于 25MPa 且不大于 60MPa 时：

$$S_{f^c_{cu}} > 5.5\text{MPa}$$

3. 高强混凝土回弹法检测数据处理

（1）回弹值的计算方法与普通混凝土类似，结构或构件第 i 个测区的混凝土强度换算值 $f^c_{cu,i}$，应根据测区回弹值的代表值（R_m）、碳化深度平均值（d_m），采用下列公式计算确定。

$$f^c_{cu,i} = -8.684 + 0.820 \times R_{m,i} + 0.00629 \times R^2_{m,i} \qquad (2\text{-}3.2\text{-}7)$$

式中　$f^c_{cu,i}$——第 i 个测区的混凝土强度换算值（MPa）；

　　　$R_{m,i}$——第 i 个测区回弹值的代表值。

（2）当结构或构件所用材料与制定的测强曲线所用材料有较大差异时，应用同条件试块或从结构构件测区钻取的混凝土芯样进行修正，试件数量不应少于 3 个。此时，得到的测区强度换算值应乘以修正系数。修正系数可按下列公式计算：

1）有同条件试块时

$$\eta = \frac{1}{n} \sum_{i=1}^{n} f_{cu,\,i} \ / \ f^c_{cu,\,i} \qquad (2\text{-}3.2\text{-}8)$$

2）有混凝土芯样试件时

$$\eta = \frac{1}{n} \sum_{i=1}^{n} f_{cor,\,i} \ / \ f^c_{cu,\,i} \qquad (2\text{-}3.2\text{-}9)$$

3）没有试件修正时，取 $\eta = 1$。

式中　η——修正系数，精确至小数点后两位；

　　　$f_{cu,i}$——第 i 个混凝土立方体试块（$150 \times 150 \times 150$mm）抗压强度值（MPa），精确至 0.1MPa；

　　　$f_{cor,i}$——第 i 个混凝土芯样试件（$\Phi100 \times 100$mm）抗压强度值（MPa），精确至 0.1MPa；

　　　$f^c_{cu,i}$——第 i 个立方体试块或芯样试件对应的测区混凝土强度换算值（MPa），精确至 0.1MPa；

　　　n——试件数。

（3）结构或构件的混凝土强度推定值 $f^c_{cu,e}$，可按下列条件确定：

1）当按单个构件检测时，应取该构件测区中最小的混凝土强度换算值 $f^c_{cu,min}$ 作为该构件的混凝土强度推定值 $f^c_{cu,e}$。

2）当按批抽样检测时，该批构件的混凝土强度推定值应按下列公式中的较大值作为该批构件的混凝土强度推定值：

$$f_{cu,e1} = m_{f_{cu}} - 1.645 S_{f_{cu}} \qquad (2\text{-}3.2\text{-}10)$$

$$f_{cu,\,e2} = m_{f_{cu,\,min}} = \frac{1}{m} \sum_{j=1}^{m} f^c_{cu,\,min,\,j} \qquad (2\text{-}3.2\text{-}11)$$

以上式中的各测区混凝土强度换算值的平均值 $m_{f_{cu}}$ 及标准差 $S_{f_{cu}}$ 应按下列公式计算：

$$m_{f_{cu}} = \frac{1}{n} \sum_{i=1}^{n} f^c_{cu,\,i} \qquad (2\text{-}3.2\text{-}12)$$

$$S_{f_{cu}} = \sqrt{\frac{\sum_{i=1}^{n} (f^c_{cu,\,i})^2 - n (m_{f_{cu}})^2}{n-1}} \qquad (2\text{-}3.2\text{-}13)$$

式中　$m_{f_{cu}}$——同批构件测区混凝土强度换算值的平均值（MPa），精确至 0.1MPa；

　　　n——同批构件总的测区数；

　　　$S_{f_{cu}}$——同批构件测区混凝土强度换算值的标准差（MPa），精确至 0.01MPa；

　　　$m_{f_{cu,min}}$——该批每个构件中最小的测区混凝土强度换算值的平均值（MPa），精确至 0.1MPa；

$f^{c}_{cu,min,j}$——第 j 个构件中最小测区混凝土强度换算值（MPa），精确至 0.1MPa；

m——同批抽取的构件数量。

（4）当属同批构件抽样检测时，若全部测区强度的标准差出现下列情况时，则该批构件应全部按单个构件推定强度：

1）当该批构件混凝土强度平均值小于 50MPa 时：

$$S_{f^c_{cu}} > 3.5MPa$$

2）当该批构件混凝土强度平均值不小于 50MPa 时：

$$S_{f^c_{cu}} > 5.5MPa$$

3.3　超声回弹综合法

超声回弹综合法是指采用混凝土回弹仪、混凝土超声波检测仪（见图 2-3.3-1）综合检测并推断普通混凝土强度的检测方法。

1. 适用范围

被检测混凝土的内外质量应无明显差异，且符合下列条件的混凝土方可采用该方法进行检测：

（1）混凝土用水泥应符合现行国家标准《硅酸盐水泥、普通硅酸盐水泥》GB 175、《矿渣硅酸盐水泥、火山灰质硅酸盐水泥及粉煤灰硅酸盐水泥》GB 1344 和《复合硅酸盐水泥》GB 12958 的要求。

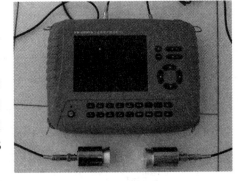

图 2-3.3-1　混凝土超声仪

（2）混凝土用砂、石骨料应符合现行行业标准《普通混凝土用砂石质量标准及检验方法》JGJ 52 的要求。

（3）可掺或不掺矿物掺合料、外加剂、粉煤灰、泵送剂。

（4）人工或一般机械搅拌的混凝土或泵送混凝土。

（5）自然养护。

（6）龄期 7～2000d。

（7）混凝土强度 10～70MPa。

2. 混凝土抗压强度数据处理

《超声回弹综合法检测混凝土强度技术规程》CECS 02：2005 中第五章给出了测区回弹值及声速值的计算方法、混凝土强度的推定方法，现将其摘录如下。

（1）测区平均回弹值的计算

测区回弹代表值应从该测区的 16 个回弹值中剔除 3 个较大值和 3 个较小值，根据其余 10 个有效回弹值按下列公式计算：

$$R = \frac{1}{10}\sum_{i=1}^{10} R_i \qquad\qquad (2\text{-}3.3\text{-}1)$$

式中　R——测区回弹代表值，取有效测试数据的平均值，精确至 0.1；

　　R_i——第 i 个测点的有效回弹值。

（2）回弹值的修正

1）非水平状态下测得的回弹值，应按下列公式修正：

$$R_a = R + R_{a\alpha} \qquad\qquad (2\text{-}3.3\text{-}2)$$

式中　R_a——修正后的测区回弹代表值；

　　$R_{a\alpha}$——测试角度为 α 时的回弹修正值，按表 2-3.3-1 选用。

2）由混凝土浇灌方向的顶面或底面测得的回弹值，应按下列公式修正：

$$R_a = R + (R_a^t + R_a^b) \qquad\qquad (2\text{-}3.3\text{-}3)$$

式中　R_a^t——测顶面时的回弹修正值，按表 2-3.3-2 选用；

　　R_a^b——测底面时的回弹修正值，按表 2-3.3-2 选用。

非水平状态测得的回弹修正值 $R_{a\alpha}$　　　　　表 2-3.3-1

测试 $R_{a\alpha}$ 角度　R_m	回弹仪向上				回弹仪向下			
	$+90°$	$+60°$	$+45°$	$+30°$	$-30°$	$-45°$	$-60°$	$-90°$
20	-6.0	-5.0	-4.0	-3.0	$+2.5$	$+3.0$	$+3.5$	$+4.0$
30	-5.0	-4.0	-3.5	-2.5	$+2.0$	$+2.5$	$+3.0$	$+3.5$
40	-4.0	-3.5	-3.0	-2.0	$+1.5$	$+2.0$	$+2.5$	$+3.0$
50	-3.5	-3.0	-2.5	-1.5	$+1.0$	$+1.5$	$+2.0$	$+2.5$

注：1. 当测试角度 $\alpha=0°$ 时，修正值为 0；R 小于 20 或大于 50 时，分别按 20 或 50 查表；

　　2. 表中未列出数值，可用内插法求得，精确至 0.1。

由混凝土浇灌的顶面或底面测得的回弹修正值 R_a^t、R_a^b　　　　表 2-3.3-2

测试面　R 或 R_a	顶面 R_a^t	底面 R_a^b
20	$+2.5$	-3.0
25	$+2.0$	-2.5
30	$+1.5$	-2.0
35	$+1.0$	-1.5
40	$+0.5$	-1.0
45	0	-0.5
50	0	0

注：1. 在测试角度等于 0 时，修正值为 0；R 小于 20 或大于 50 时，分别按 20 或 50 查表；

　　2. 当先进行角度修正时，采用修正后的回弹代表值 R_a；

　　3. 表中未列数值，可用内插法求得，精确至 0.1。

（3）在测试时，如仪器位于非水平状态，同时构件测区又非混凝土的浇筑侧面，则应对测得的回弹值先进行角度修正，然后再进行顶面或底面修正。

3. 测区声速的计算方法

超声测点应布置在回弹测试的同一侧面内，每一测区布置 3 个测点。超声测试宜优先采用对测或角测，当被测构件不具备对测或角测条件时，可采用单面平测。

超声测试时，换能器辐射面应通过耦合剂与混凝土测试面良好耦合。

声时测量应精确至 $0.1\mu s$，超声测距测量应精确至 $1.0mm$，且测量误差不应超过 $\pm 1\%$。声速计算应精确至 $0.01km/s$。

测区声速应按下列公式计算：

$$v = l/t_m \tag{2-3.3-4}$$
$$t_m = (t_1 + t_2 + t_3)/3 \tag{2-3.3-5}$$

式中　　v——测区声速值（km/s）；

　　　　l——超声测距（mm）；

　　　　t_m——测区平均声时值（μs）；

t_1，t_2，t_3——分别为测区中 3 个测点的声时值（μs）。

当在混凝土浇灌方向的侧面对测时，测区混凝土中声速代表值应根据该测区中 3 个测点的混凝土中声速值，按下列公式计算：

$$v = \frac{1}{3} \sum_{i=1}^{3} \frac{l_i}{t_i - t_0}$$

式中　　v——测区混凝土中声速代表值（km/s）；

　　　　l_i——第 i 个测点的声速测距（mm）；

　　　　t_i——第 i 个测点的声时读数（μs）；

　　　　t_0——声时初读数（μs）。

当在混凝土浇灌的顶面与底面测试时，测区声速代表值应按下列公式修正：

$$v_a = \beta v \tag{2-3.3-6}$$

式中　　v_a——修正后的测区声速代表值（km/s）；

　　　　β——超声测试面修正系数。在混凝土浇灌顶面及底面对测或斜测时，$\beta = 1.034$；在混凝土浇筑的顶面和底面对测或斜测时，测区混凝土中声速代表值应按规程（CECS 02：2005）附录 B 第 B.2 节结算和修正。

4. 强度换算值计算方法

（1）构件第 i 个测区的混凝土强度换算值 $f_{cu,i}^c$，应根据修正后测区回弹值 R_{ai} 及修正后的测区声速值 v_{ai}，优先采用专用或地区测强曲线推定。当无该类测强曲线时，经验证后也可按下列公式计算：

1）粗骨料为卵石时

$$f_{cu,i}^c = 0.0056 v_{ai}^{1.439} R_{ai}^{1.769} \tag{2-3.3-7}$$

2）粗骨料为碎石时

$$f_{cu,i}^c = 0.0162 v_{ai}^{1.656} R_{ai}^{1.410} \tag{2-3.3-8}$$

式中　　$f_{cu,i}^c$——第 i 个测区混凝土强度换算值（MPa），精确至 0.1MPa；

　　　　v_{ai}——第 i 个测区修正后的声速值，精确至 0.01km/s；

　　　　R_{ai}——第 i 个测区修正后的回弹值，精确至 0.1。

（2）当结构或构件所采用的材料及其龄期与制定测强曲线所采用的材料及其龄期有较大差异时，应采用同条件立方体试块或从结构构件测区中钻取的混凝土芯样试样进行修正。试件数量不应少于 4 个。此时，得到的测区混凝土强度换算值应乘以修正系数，修正系数可按下列公式计算。

1）有同条件立方试块时

$$\eta = \frac{1}{n} \sum_{i=1}^{n} f_{cu,\,i}^{o} / f_{cu,\,i}^{c} \qquad (2\text{-}3.3\text{-}9)$$

2）有混凝土芯样试件时

$$\eta = \frac{1}{n} \sum_{i=1}^{n} f_{cor,\,i}^{o} / f_{cu,\,i}^{c} \qquad (2\text{-}3.3\text{-}10)$$

式中　η——修正系数，精确至小数点后两位；

$f_{cu,i}^{c}$——对应于第 i 个立方试块或芯样试件的混凝土强度换算值（MPa），精确至 0.1MPa；

$f_{cu,i}^{o}$——第 i 个混凝土立方体（MPa）试块抗压强度值（边长为 150mm），精确至 0.1MPa；

$f_{cor,i}^{o}$——第 i 个混凝土芯样（MPa）试件抗压强度值（$\phi 100 \times 100$mm），精确至 0.1MPa；

n——试件数。

（3）结构或构件的混凝土强度推定值 $f_{cu,e}$，可按下列条件确定：

1）当结构或构件的测区抗压强度换算值中出现小于 10.0MPa 的值时，该构件的混凝土抗压强度推定值 $f_{cu,e}$ 取小于 10MPa。

2）当按批抽样检测或测区数不少于 10 个时，该批构件的混凝土强度推定值应按下列公式计算：

$$f_{cu,e} = m_{f_{cu}} - 1.645 s_{f_{cu}} \qquad (2\text{-}3.3\text{-}11)$$

3）当按批抽样检测或测区数少于 10 个时：

$$f_{cu,e} = f_{cu,min}^{c} \qquad (2\text{-}3.3\text{-}12)$$

式中的各测区混凝土强度换算值的平均值及标准差，应按下列公式计算：

$$m_{f_{cu}} = \frac{1}{n} \sum_{i=1}^{n} f_{cu,\,i}^{c} \qquad (2\text{-}3.3\text{-}13)$$

$$s_{f_{cu}} = \sqrt{\frac{\sum_{i=1}^{n} (f_{cu,\,i}^{c})^2 - n(m_{f_{cu}})^2}{n-1}} \qquad (2\text{-}3.3\text{-}14)$$

式中　$f_{cu,i}^{c}$——结构或构件第 i 个测区的混凝土抗压强度换算值（MPa）；

$m_{f_{cu}}$——结构或构件测区混凝土抗压强度换算值的平均值（MPa），精确至 0.1MPa；

$s_{f_{cu}}$——结构或构件测区混凝土抗压强度换算值的标准差（MPa），精确至 0.1MPa；

n——测区数。对单个检测的构件，取一个构件的测区数；对批量检测的构件，取被抽检构件测区数的总和。

（4）当属同批构件按批抽样检测时，若全部测区强度的标准差出现下列情况，则该批构件应全部按单个构件检测：

1）一批构件的混凝土抗压强度平均值 $m_{f_{cu}} < 25.0$MPa，标准差 $s_{f_{cu}} > 3.50$MPa；

2）一批构件的混凝土抗压强度平均值 $m_{f_{cu}} = 25.0 \sim 50.0$MPa，标准差 $s_{f_{cu}} > 5.50$MPa。

3）一批构件的混凝土抗压强度平均值 $m_{f_{cu}} > 50.0$MPa，标准差 $s_{f_{cu}} > 6.50$MPa。

3.4　钻芯法

1. 适用范围

取芯法适用于抗压强度不大于 80MPa 的普通混凝土抗压强度的检测，对于强度等级高于 80MPa 的混凝土、轻骨料混凝土和钢纤维混凝土的强度检测，应通过专门的试验确定。

2. 钻芯法检测混凝土抗压强度数据处理

（1）芯样试件的混凝土强度换算值系指用钻芯法测得的芯样强度，换算成相应于测试龄期的、边长为 150mm 的立方体试块的抗压强度值。

（2）芯样试件的混凝土强度换算值，应按下列公式计算：

$$f_{cu}^c = \frac{4F}{\pi d^2} \tag{2-3.4-1}$$

式中　f_{cu}^c——芯样试件混凝土强度换算值(MPa)，精确至 0.1MPa；

　　　　F——芯样试件抗压试验测得的最大压力(N)；

　　　　d——芯样试件的平均直径(mm)；

（3）高度和直径均为 100mm 或 150mm 芯样试件的抗压强度测试值，可直接作为混凝土的强度换算值。

（4）单个构件或单个构件的局部区域，可取芯样试件混凝土强度换算值中的最小值作为其代表值。

（5）钻芯法确定检测批的混凝土强度推定值时，应遵守下列规定：1)芯样试件的数量应根据检测批的容量确定。标准芯样试件的最小样本量不宜少于 15 个，小直径芯样试件的最小样本量应适当增加。2)芯样应从检测批的结构构件中随机抽取，每个芯样应取自一个构件或结构的局部部位。

（6）检测批的混凝土强度推定值应计算推定区间，推定区间的上限值和下限值按下列公式计算：

$$上限值\ f_{cu,e1} = f_{cu,cor,m} - k_1 S_{cor} \tag{2-3.4-2}$$

$$下限值\ f_{cu,e2} = f_{cu,cor,m} - k_2 S_{cor} \tag{2-3.4-3}$$

$$平均值\ f_{cu,cor,m} = \frac{\sum_{i=1}^{n} f_{cu,cor,i}}{n} \tag{2-3.4-4}$$

$$标准差\ S_{cor} = \sqrt{\frac{\sum_{i=1}^{n}(f_{cu,cor,i} - f_{cu,cor,m})^2}{n-1}} \tag{2-3.4-5}$$

式中　$f_{cu,cor,m}$——芯样试件的混凝土抗压强度平均值(MPa)，精确至 0.1MPa；

　　　　$f_{cu,e1}$——混凝土抗压强度推定上限值(MPa)，精确至 0.1MPa；

　　　　$f_{cu,e2}$——混凝土抗压强度推定下限值(MPa)，精确至 0.1MPa；

　　　　S_{cor}——芯样试件抗压强度样本的标准差(MPa)，精确至 0.1MPa。

宜以 $f_{cu,e1}$ 作为检测批混凝土强度的推定值。

3.5　剪压法

剪压法是指专用剪压仪(图 2-3.5-1)对混凝土构件直角边施加垂直于承压面的压力,使构件直角边产生局部剪压破坏,并根据剪压力来推定混凝土强度的检测方法。

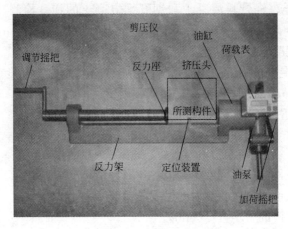

图 2-3.5-1　剪压仪

1. 适用范围

被检测结构或构件的混凝土应符合下列规定:

(1)混凝土用水泥应符合现行国家标准《通用硅酸盐水泥》GB 175 的规定。

(2)混凝土用砂、石骨料应符合现行行业标准《普通混凝土用砂、石质量及检验方法标准》JGJ 52 的规定。

(3)混凝土应采用普通成型工艺。

(4)钢模、木模及其他材料制作的模板应符合现行国家标准《混凝土结构工程施工质量验收规范》GB 50204 的规定。

(5)龄期不应少于 14d。

(6)抗压强度应在 10～60MPa 范围内。

(7)结构或构件厚度不应少于 80mm。

2. 剪压仪检测方法

检测时,应将剪压仪在测位安装就位,圆形压头轴线与构件承压面应垂直,压头圆柱面与构件承压面垂直的相邻面应相切(图 2-3.5-2)。

按检测批抽样检测时,构件抽样数不应少于同批构件的 10%;当同一检测批中构件间混凝土外观质量有较大差异或构件混凝土强度标准差较大时,应适当扩大抽样数。测位数量与布置应符合下列规定:

(1)在所检测构件上应均匀布置 3 个测位,当 3 个剪压力中的最大值与中间值之差及中间值与最小值之差均超过中间值的 15%时,应再加测 2 个测位。

(2)测位宜沿构件纵向均匀布置,相邻两测位宜布置在构件的不同侧面上。测位离构件端头不应小于 0.2m,两相邻测位间的距离不应小于 0.3m。

(3)测位处混凝土应平整、无裂缝、疏松、孔洞、蜂窝等外观缺陷。测位不得布置在

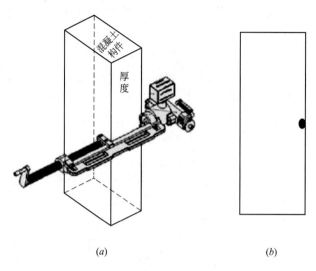

(a)　　　　　　　　　　　(b)

图 2-3.5-2　剪压仪安装使用方法

(a)压头轴线与承压面垂直；(b)压头圆柱面与构件承压面垂直的相邻面相切

混凝土成型的顶面。

（4）测位处相邻面的夹角应在 88°～92° 之间，当不满足这一要求时，可用砂轮略作打磨处理。

（5）测位应避开预埋件和钢筋。

摇动手摇泵手柄，应连续均匀施加剪压力，加力速度宜控制在 1.0kN/s 以内，直至剪压部位混凝土破坏，记录破坏状态和破坏时的剪压力，精确至 0.1kN。

当剪压破坏面出现下列情况之一时，检测无效，并应在距测位 0.3～0.5m 处补测：

1）有外露的钢筋；

2）有外露的预埋件；

3）有夹杂物；

4）有空洞；

5）其他异常情况。

其他异常情况指：当剪压仪安装不妥，加压后剪压仪滑脱，而引起剪压破坏面过小，剪压力偏低；当测位处有粗骨料，加压后仅粗骨料从混凝土中剥脱，也引起剪压破坏面过小，剪压力偏低；当剪压破坏面中未发现有粗骨料时，剪压力会偏低。

3. 剪压仪检测数据处理

结构或构件第 i 个测位混凝土强度换算值应按下式计算：

$$f_{cu,i}^c = 1.4 N_i \qquad\qquad (2\text{-}3.5\text{-}1)$$

式中　$f_{cu,i}^c$——测位混凝土强度换算值(MPa)，精确至 0.1MPa；

N_i——测位的剪压力(kN)，精确至 0.1kN。

参照《混凝土强度检验评定标准》GB 50107，混凝土强度推定值如下：

（1）取构件中各测位强度换算值的平均值作为该构件混凝土强度代表值。

（2）当按单个构件检测时，将构件混凝土强度代表值除以 1.15 后的值作为构件混凝土强度推定值。

181

（3）当检验批中所抽检构件数少于 10 个时，检验批的混凝土强度推定值取二者的较小值：

$$f_{cu,e1} = m_{f_{cu}}/1.15 \qquad (2\text{-}3.5\text{-}2)$$

$$f_{cu,e2} = m_{f_{cu,min}}/0.95 \qquad (2\text{-}3.5\text{-}3)$$

（4）当检验批中所抽检构件数不少于 10 个时，检验批的混凝土强度推定值取二者的较小值：

$$f_{cu,e1} = m_{f_{cu}} - \lambda_1 s_{f_{cu}} \qquad (2\text{-}3.5\text{-}4)$$

$$f_{cu,e2} = f^c_{m,min}/\lambda_2 \qquad (2\text{-}3.5\text{-}5)$$

上式中，λ_1，λ_2——判定系数，应按表 2-3.5-1 取值；其他系数与回弹法相同。

混凝土强度判定系数　　　　　　　　　　　　表 2-3.5-1

抽检构件数	10~14	15~19	≥20
λ_1	1.15	1.05	0.95
λ_2	0.9	0.85	

3.6　拔出法

拔出法的设备是由钻孔机、磨槽机、锚固件及拔出仪等组成。现场检测时，首先由钻孔机在构件上钻孔，然后用磨槽机在孔底扩空，磨出凹槽，并在孔内安装锚固件，通过拉拔仪拉拔锚固件从混凝土构件中拔出，根据拉拔力推算混凝土抗压强度。

1. 适用范围

适用于混凝土抗压强度为 10.0~80.0MPa 的既有结构或在建结构混凝土强度的检测与鉴定。

2. 检测方法

拉拔仪有圆环式支承和三点式反力支承两种，圆环式反力支承内径 $d_3 = 55mm$，锚固件的锚固深度 $h = 25mm$，钻孔直径 $d_1 = 18mm$，圆环式适用于粗骨料最大粒径不大于 40mm 的混凝土。三点式反力支承内径 $d_3 = 120mm$，锚固件的锚固深度 $h = 35mm$，钻孔直径 $d_1 = 22mm$，三点式适用于粗骨料最大粒径大于 40mm 且不大于 60mm 的混凝土。

单个构件上均匀布置 3 个测点，按式（2-3.6-1）计算混凝土抗压强度。如果 3 个拔出力中的最大值和最小值与中间值之差均小于中间值的 15%，仅布置 3 个测点即可；当最大值或最小值与中间值之差大于中间值的 15%（包括两者均大于中间值的 15%）时，应在最小拔出力测点附近再加测 2 个点。当按批抽样检测时，抽检数量应符合现行国家标准《建筑结构检测技术标准》GB/T 50344 的有关规定，每个构件宜布置 1 个测点，且最小样本容量不宜少于 15 个。

$$f^c_{cu} = A \cdot F + B \qquad (2\text{-}3.6\text{-}1)$$

式中　f^c_{cu}——混凝土强度换算值（MPa），精确至 0.1MPa；

　　　F——拔出力（kN）精确到 0.1kN；

　　　A，B——测强公式回归系数，可查 CECS 69：2011。

当有地区测强曲线或专用测强曲线时，应按地区测强曲线或专用测强曲线计算。

　　按单个构件检测时其构件拔出力的计算如下，当构件 3 个拔出力中的最大值和最小值与中间值之差小于中间值的 15%，取最小值作为该构件拔出力计算值；当加测时，加测的 2 个拔出力值和最小拔出力值相加后取平均值，再与原先的拔出力中间值比较，取两者的小值作为该构件拔出力计算值。

　　3. 检测数据处理

　　单个构件的拔出力代表值根据不同的检测方法代入对应公式计算强度换算值，作为单个构件混凝土强度推定值 $f_{cu,e}$。

　　按批构件检测时，其批强度的评定与回弹法批推定相同。

3.7　后锚固法

　　后锚固法试验装置应由拔出仪、锚固件、钻孔机、定位圆盘及反力支承圆环等组成。测点布置完成后进行钻孔，钻孔过程中钻头应始终与混凝土表面保持垂直，钻孔完毕后，将定位圆盘与锚固件连接后注射锚固胶，待锚固胶固化后进行拔出试验，根据拉拔力推算混凝土抗压强度。

　　1. 适用范围

　　适用下列条件的混凝土：

　　(1) 符合普通混凝土用材料且粗骨料为碎石，其最大粗径不大于 40mm。

　　(2) 抗压强度范围为（10～80MPa）。

　　(3) 采用普通成型工艺。

　　(4) 自然养护 14d 或蒸气养护出池后经自然养护 7d 以上。

　　2. 检测方法

　　测点布置应符合以下规定：

　　(1) 每一构件应均匀布置 3 个测点，最大拔出力或最小拔出力与中间值之差大于中间值的 15% 时，应在最小拔出力测点附近再加测 2 个测点。

　　(2) 测点应优先布置在混凝土浇筑侧面，混凝土浇筑侧面无法布置测点，可在混凝土浇筑顶面布置测点，布置测点前，应清除混凝土表层浮浆，如混凝土浇筑面不平整时，应将测点部位混凝土打磨平整。

　　(3) 相邻两测点的间距不应小于 300mm，测点距构件边缘不应小于 150mm。

　　(4) 测点应避开接缝、蜂窝、麻面部位，且后锚固法破坏体破坏面无外露钢筋。

　　(5) 测点应标有编号，必要时宜描绘测点布置的示意图。

　　成孔尺寸应符合：钻孔直径应为（27±1）mm；钻孔深度应为（45±5）mm。

　　拔出试验过程中，施加拔出力应连续、均匀，其速度应控制在（0.5～1.0）kN/s。施加拔出力至拔出仪测力装置计数不再增加为止，记录极限拔出力，精确至 0.1kN。

　　3. 检测数据处理

　　当无专用测强曲线和地区测强曲线时，可按下式计算混凝土强度换算值：

$$f_{cu,i}^{c} = 2.1667 P_i + 1.8288 \qquad (2\text{-}3.7\text{-}1)$$

式中　$f_{cu,i}^{c}$——测位混凝土强度换算值（MPa），精确至 0.1MPa；

　　　　P_i——测位的拔出力（kN），精确至 0.1kN。

　　单个构件检测时，构件 3 个拔出力中最大和最小值与中间值之差均小于中间值 15％时，应取最小值作为该构件拔出力计算值。根据此拔出力计算值，按式(2-3.7-1)计算其强度换算值，并将此强度换算值作为单个构件混凝土强度推定值。

　　按批构件检测时，其批强度的评定与回弹法批推定相同。

思考题

　　1. 混凝土抗压强度常用检测方法有几种？各自的特点与适用范围是什么？

　　2. 回弹法检测混凝土抗压强度的原理是什么，符合什么条件的混凝土可适用回弹法？

　　3. 回弹法按批量检测构件时，当混凝土强度标准差什么情况下应按单个构件评定？

　　4. 采用超声检测方法，具备什么条件时采用对测或斜测、单面平测？

　　5. 剪压法现场检测时，如何安装剪压仪，需要注意哪些问题？

　　6. 如果现场检测工作中，如混凝土抗压强度高于 60MPa 情况下，应考虑那些检测方法？

　　7. 对于喷射混凝土(即混凝土表面不平整、截面厚度小等情况)为了检测混凝土强度，应考虑哪些方法检测混凝土强度？

　　8. 接受委托准备检测混凝土强度时，应及时了解哪些情况，有助于决定采取适用的检测方法？

第4章 钢筋配置检测

4.1 概述

钢筋配置检测是混凝土结构实体检验的项目之一，目的是确定钢筋有效位置，确保结构安全性和耐久性。本章详述了钢筋混凝土结构及构件中钢筋间距、保护层厚度、钢筋直径和钢筋锈蚀状况检测时的常用检测方法，常用仪器设备及其工作原理，以及检测结果的评价方法。

4.2 仪器设备

4.2.1 钢筋探测仪

钢筋探测仪(磁感仪)是用来无损检测混凝土构件中钢筋间距、混凝土保护层厚度和钢筋直径的仪器。其基本原理是根据钢筋对仪器探头所发出的电磁场的感应强度来判定钢筋的位置和深度的。钢筋探测仪有多种型号，早期的钢筋探测仪采用指针指示，目前常用的为数字显示或成像显示式(见图 2-4.2-1)，利用随机所带的软件，可将图像传送至计算机，通过打印机输出图像。当混凝土保护层厚度为 10～50mm 时，应用校准试件来校准，混凝土保护层厚度和钢筋公称直径的检测误差不应大于±1mm，钢筋间距检测误差不应大于±3mm。

4.2.2 雷达仪

雷达仪是用来无损检测钢筋间距及混凝土保护层厚度的仪器。其工作原理是利用雷达波(电磁波的一种)在混凝土中的传播速度来推算其传播距离，判断钢筋位置及保护层厚度。雷达仪也有多种型号(见图 2-4.2-2)，可以成像，宜用于结构构件中钢筋间距的大面积扫描检测。当检测精度满足要求时，也可用于钢筋混凝土保护层厚度检测。

图 2-4.2-1 钢筋探测仪

图 2-4.2-2 雷达仪

4.2.3　钢筋锈蚀检测仪

　　钢筋锈蚀检测仪是用来检测钢筋锈蚀情况的仪器。其工作原理是利用检测仪器的电化
学原理来定性判断混凝土中钢筋锈蚀程度，可
采用极化电极原理或半电池原理的检测方法。
当混凝土中的钢筋锈蚀时，钢筋表面便形成腐
蚀电流，钢筋表面与混凝土表面间存在电位差，
电位差的大小与钢筋锈蚀程度有关，运用电位
测量装置，可大致判断钢筋锈蚀的范围及其严
重程度。测定钢筋锈蚀电流和测定混凝土的电
阻率，可大致判断钢筋的锈蚀速率、构件损伤
年限以及锈蚀状态。钢筋锈蚀检测仪器如
图 2-4.2-3。

图 2-4.2-3　钢筋锈蚀检测仪

4.3　抽样数量及检测方法

4.3.1　钢筋间距和保护层厚度

　　建筑结构工程质量的检测和既有建筑性能检测时，每批构件钢筋间距和混凝土保护层
厚度的最小抽样数量不宜小于《建筑结构检测技术标准》GB/T 50344—2004 表 3.3.13 的
限定值。

　　混凝土结构施工验收实体检验时，同一检测批钢筋间距检测的数量，对梁、柱和独立
基础，应抽查构件数量的 10%，且不少于 3 件；对墙和板，应按有代表性的自然间抽查
10%，且不少于 3 件；对于大空间结构，墙可按相邻轴线间高度 5m 左右划分检查面，板
可按纵、横轴线划分检查面，抽查 10%，且不少于 3 面。混凝土保护层厚度检测的数量，
对于梁类、板类构件，抽样数量为各抽取梁类或板类构件总数的 2% 且不少于 5 个构件进
行检验；当有悬挑构件时，抽取的构件中悬挑梁类、板类构件所占比例均不宜小于 50%。
对于选定的梁类构件，应检验全部的纵向受力钢筋的保护层厚度；对选定的板类构件，应
抽取不少于 6 根纵向受力钢筋的保护层厚度进行检验，对每根钢筋，应在有代表性的部位
测量 1 点。

　　1. 钢筋探测仪检测

　　使用钢筋探测仪检测钢筋间距和保护层厚度前，应对钢筋探测仪进行预热和调零，调
零时应远离金属物体，减少不必要的数据漂移。在整个检测过程中应注意仪器的零点位
置，如有异常，应重新调零后再继续检测。

　　实际检测时，应使钢筋探测仪探头在检测面上，沿垂直于受测钢筋长度方向缓慢移
动，直到钢筋探测仪保护层厚度示值最小，此时探头中心线与钢筋轴线重合，在探头中心
线处的检测面上做好标记，继续移动探头，按上述步骤，检测其他钢筋的位置。

　　钢筋位置确定好以后，设定好钢筋探测仪的量程及被测钢筋直径，避开接头和绑丝，
选择相邻钢筋影响较小的位置测量混凝土保护层厚度。在同一位置，检测 2 次混凝土保护

层厚度，当 2 次读值相差大于 1mm 时，则该组数据无效，应查明原因重新检测，如果仍然不满足要求，则应更换钢筋探测仪或者采用剔凿、钻孔的方法进行验证。

当混凝土保护层厚度过小时，有些钢筋探测仪无法进行检测或示值偏差较大，可采用在探头下附加垫块来人为增大保护层厚度的检测值。垫块对钢筋探测仪检测结果不应产生干扰，表面应光滑平整，其各方向厚度值偏差不应大于 0.1mm，所加垫块厚度在计算时应予扣除。

当遇到下列情况之一时，应选取不少于已测钢筋 30%，且不少于 6 处(当实际测点少于 6 处时应全部选取)，采用钻孔、剔凿等方法进行验证：

(1) 怀疑相邻钢筋距离过近，产生影响；

(2) 钢筋公称直径未知或存异议；

(3) 钢筋的实际根数及位置与设计相差较大；

(4) 钢筋或者混凝土材质与校准试件差异较大。

2. 雷达仪检测

雷达仪器宜用于结构或构件钢筋间距的大面积扫描检测，当精度满足要求时，也可用于钢筋的混凝土保护层厚度检测。检测时应根据被测构件中钢筋的排列方向，雷达仪探头或天线应沿垂直于被测钢筋轴线方向扫描，雷达仪采集并记录被测部位的反射信号，经过处理后，雷达仪可显示被测部位的断面图像，应根据钢筋的反射波位置来确定钢筋间距和混凝土保护层厚度检测值。钢筋位置确定后可用直尺量测其距离，即为钢筋间距。

当遇到下列情况之一时，应选取不少于已测钢筋 30%，且不少于 6 处(当实际测点少于 6 处时应全部选取)，采用钻孔、剔凿等方法进行验证：

(1) 怀疑相邻钢筋距离过近，产生影响；

(2) 钢筋的实际 、位置与设计偏差较大或者无资料可查时；

(3) 混凝土含水率较高；

(4) 钢筋或者混凝土材质与校准试件差异较大。

非破损的方法检测保护层厚度存在误差。要提高检测精度，可采用在钢筋位置的表面少量钻孔、剔凿，直接量测保护层厚度对非破损测量结果进行修正。钻孔、剔凿的时候不得损坏钢筋，实测保护层厚度采用游标卡尺量测，量测精度为 0.1mm。

3. 检测数据处理

钢筋间距可根据实际需要，以绘图方式给出具体结果。当同一构件被测钢筋不少于 7 根(6 个间距)时，也可给出最大间距、最小间距及平均间距。

钢筋的混凝土保护层厚度平均检测值应按下式计算：

$$c_{m,i}^t = (c_1^t + c_2^t + 2c_c - 2c^0)/2 \qquad (2\text{-}4.3\text{-}1)$$

式中 $c_{m,i}^t$——第 i 测点混凝土保护层厚度平均检测值，精确至 1mm；

      c_1^t、c_2^t——第 1、2 次检测的混凝土保护层厚度检测值，精确至 1mm；

      c_c——混凝土保护层厚度修正值，为同一规格钢筋混凝土保护层厚度实测验证值减去检测值，精确至 0.1mm；

      c^0——探头垫块厚度，精确至 0.1mm；不加垫块时 $c^0 = 0$。

4.3.2 钢筋直径

应采用数字显示钢筋探测仪来检测钢筋公称直径。对于校准试件，钢筋探测仪对钢筋公称直径的检测误差应小于±1mm。当检测误差不能满足要求时，应以剔凿实测结果为准。建筑结构常用的钢筋外形有光圆钢筋和螺纹钢筋，钢筋直径是以2mm的差值递增的，螺纹钢筋以公称直径来表示，因此对于钢筋公称直径的检测，要求检测仪器的精度要高，如果误差超过2mm则失去了检测意义。由于钢筋探测仪容易受到邻近钢筋的干扰而导致检测误差的增大，因此当误差较大时，应以剔凿实测结果为准。

钢筋的公称直径检测应采用钢筋探测仪检测并结合钻孔、剔凿的方法进行。钢筋钻孔、剔凿的数量不应少于30%的该规格已测钢筋且不应少于3处（当实际测点少于3处时全部选取）。钻孔、剔凿的时候不得损坏钢筋，实测采用游标卡尺量测，精度为0.1mm。根据游标卡尺的测量结果，可通过相关的钢筋产品标准查出对应的钢筋公称直径。当钢筋探测仪测得的钢筋公称直径与钢筋实际公称直径之差大于1mm时，应以实测结果为准。检测时，应注意被测钢筋与相邻钢筋的间距，避免相邻钢筋影响检测结果，每根钢筋须重复检测2次，第2次检测时探头应旋转180度，每次读数必须一致。

4.3.3　钢筋锈蚀

检测钢筋锈蚀的方法有剔凿法、取样法、电化学测定方法和综合分析判定法。

1. 剔凿法

凿开混凝土保护层，用钢丝刷刷去浮锈，用游标卡尺测量钢筋剩余直径，主要量测钢筋截面有缺损部位的钢筋直径，以此计算钢筋截面损失率。

2. 取样法

取样可用合金钻头、手锯或电焊截取，样品的长度视测试项目而定，若需测试钢筋的力学性能，样品应符合钢材试验要求，仅测定钢筋锈蚀量的样品其长度可为直径的3~5倍。

将取回的样品端部锯平或磨平，用游标卡尺测量样品的实际长度，在氢氧化钠溶液中通电除锈。将除锈后的试样放在天平秤上称出残余质量，残余质量与该种钢筋公称质量之比即为钢筋的剩余截面率。当已知锈前钢筋质量时，则取锈前质量与称量质量之差来衡量钢筋的锈蚀率。

3. 电化学测定方法

电化学测定方法又分为极化电极原理检测方法和半电池原理检测方法，是通过测定钢筋的电位、锈蚀电流及混凝土电阻率来判断钢筋的锈蚀状况、锈蚀速率等。

使用钢筋锈蚀检测仪检测钢筋锈蚀情况，应根据构件的环境差异及外观检查的结果来确定测区，测区应能代表不同的环境条件和不同的锈蚀外观表征，每种条件的测区数量不宜少于3个。测区面积不宜大于5m×5m，并应按确定的位置编号。在测区上布置测试网格，网格节点即为电位测点，网格间距可为100mm~500mm见方，常用的为200mm×200mm、300mm×300mm或200mm×100mm等，根据构件尺寸和仪器功能而定，测区中的测点数不宜少于20个，测点与构件边缘的距离应大于50mm。

检测前应在结构或构件的适当位置剔出钢筋，并充分润湿测区混凝土，将导线的一端接入电压计的负输入端，另一端接于混凝土中的钢筋上，钢筋应无锈清洁，确保连接有效，测区内的钢筋与连接点的钢筋必须形成电通路，再另用一根导线，连接半电池的接头和电压计的正输入端，同时应确保半电池的稳定性符合要求。

电化学方法检测操作应遵守所使用检测仪器的操作规定，并应注意：

（1）电极铜棒应清洁、无明显缺陷；

（2）混凝土表面应清洁，无涂料、浮浆、污物或尘土等，测点处混凝土应湿润；

（3）保证仪器连接点钢筋与测点钢筋连通；

（4）测点读数应稳定，电位读数变动不超过 2mV；同一测点同一枝参考电极重复读数差异不得超过 10mV，同一测点不同参考电极重复读数差异不得超过 20mV；

（5）应避免各种电磁场的干扰；

（6）应注意环境温度对测试结果的影响，必要时应进行修正。

4.4　检测结果及评价

4.4.1　钢筋间距检测结果及评价

混凝土构件受力钢筋间距的允许偏差为±10mm；绑扎钢筋网、绑扎箍筋和横向钢筋间距的允许偏差为±20mm。

建筑结构工程质量的检测和既有建筑性能检测，计数抽样检测时，钢筋间距检测批的合格判定标准应参照《建筑结构检测技术标准》（GB/T 50344—2004）表 3.3.14-3 和表 3.3.14-4。

混凝土结构施工验收时，钢筋间距检验批质量合格的判定标准为检测合格点率不小于80%。

4.4.2　混凝土保护层检测结果及评价

梁类构件钢筋保护层厚度检验时纵向钢筋保护层厚度的允许偏差为＋10mm，－7mm；板类构件纵向钢筋保护层厚度的允许偏差为＋8mm，－5mm。

建筑结构工程质量的检测和既有建筑性能检测，计数抽样检测时，混凝土保护层检测批的合格判定标准应参照《建筑结构检测技术标准》GB/T 50344—2004 表 3.3.14-3 和表 3.3.14-4。

混凝土结构施工验收时，当全部钢筋保护层厚度检验的合格率大于等于90%时判为合格，当全部钢筋保护层厚度检验的合格率在80%～90%之间时，可再抽取相同数量的构件进行检验，当两次抽样总和计算的合格率为90%以上时，仍判为合格，每次抽样检验结果中梁类构件不合格点的最大偏差均不应大于＋15mm，－10mm；板类构件不合格点的最大偏差均不应大于＋12mm，－8mm。

4.4.3　钢筋直径的检测结果及评价

结构实体检测时，钢筋直径检测工作的主要内容是核对实配钢筋与结构图纸中设计钢筋截面规格是否一致，当无相关图纸及施工资料可参照时，可依据检测结果和剔凿验证结果来判断钢筋的截面规格，不须判别钢筋直径的生产与加工偏差。如有特殊情况，需要了解钢筋的精确截面尺寸时，建议使用游标卡尺（精度为 0.1mm）采用剔凿检测的方法，依据《钢筋混凝土用钢》GB 1499—2007 和其他相关标准加以判断。

4.4.4　钢筋锈蚀检测结果及评价

电化学测试结果的表达要按一定的比例绘出测区平面图，图 2-4.4-1 标出相应测点位置的钢筋锈蚀电位，得到数据阵列，绘出电位等值线图，通过数值相等各点或内插各等值点绘出等值线，等值线差值宜为 100mV。

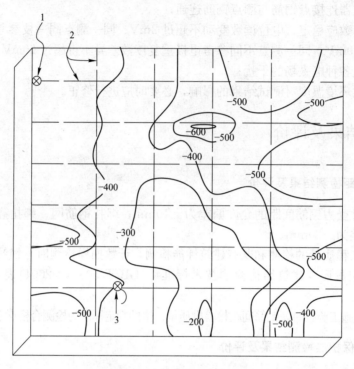

图 2-4.4-1　电位等值线示意图

1—钢筋锈蚀检测仪与钢筋连接点；2—钢筋；3—铜-硫酸铜半电池

钢筋锈蚀结果评定有下列三种方法：1）半电池电位评价；2）钢筋锈蚀电流评价；3）混凝土电阻率与钢筋锈蚀状况判别，分别见表 2-4.4-1、表 2-4.4-2、表 2-4.4-3。

半电池电位值评价钢筋锈蚀性状的判据　　　　　　　　　　　　表 2-4.4-1

电位水平(mV)	钢筋锈蚀性状
>−200	不发生锈蚀的概率>90%
−200~−350	锈蚀性状不确定
<−350	发生锈蚀的概率>90%

钢筋锈蚀电流与钢筋锈蚀速率和构件损伤年限判别　　　　　　　表 2-4.4-2

序号	锈蚀电流 $I_{corr}(\mu A/cm^2)$	锈蚀速率	保护层出现损伤年限
1	<0.2	钝化状态	—
2	0.2~0.5	低锈蚀速率	>15 年
3	0.5~1.0	中等锈蚀速率	10~15 年
4	1.0~10	高锈蚀速率	2~10 年
5	>10	极高锈蚀速率	不足 2 年

混凝土电阻率与钢筋锈蚀状态判别　　　　　　　　　　表 2-4.4-3

序号	混凝土电阻率(kΩcm)	钢筋锈蚀状态判别
1	＞100	钢筋不会锈蚀
2	50～100	低锈蚀速率
3	10～50	钢筋活化时,可出现中高锈蚀速率
4	＜10	电阻率不是锈蚀的控制因素

4.5　检测中注意的问题

(1) 检测工作前,应根据钢筋的设计资料和现场实际情况,选择适当的检测工作面,尽量避开钢筋接头、绑丝及金属预埋件,否则检测精度将受到影响。

(2) 检测时应注意经常将仪器设备调零,并注意观察仪器设备的工作状态、电量情况及零点漂移情况,这些因素均可能影响无损检测结果的精度。

(3) 由于工作原理的原因,铁磁类物质均在不同程度上的影响钢筋探测仪和雷达仪的检测精度,因此钢筋探测仪和雷达仪均不适合检测含有铁磁性物质的混凝土构件的钢筋配置。

(4) 具有饰面层的构件,应清除饰面层,在混凝土表面开展检测工作,或局部剔凿饰面层,测量出其厚度,仪器检测出的数值减去饰面层的厚度,即为保护层厚度。

(5) 钢筋探测仪的基本工作原理是根据钢筋对仪器探头所发出的电磁场的感应强度来判定钢筋的直径和深度,而钢筋的公称直径和深度是相互关联的,对于同样强度的磁感应信号,当钢筋直径较大时其混凝土保护层厚度较深,因此,为准确得到钢筋的混凝土保护层厚度值,应该按照钢筋实际公称直径进行设定。

(6) 雷达仪的雷达波在混凝土中的传播速度与其介电常数相关,为达到检测所需的精度,应根据被检测结构及构件所采用的素混凝土情况,对雷达仪进行介电常数的校正。

(7) 当混凝土保护层厚度很小时,公式(2-4.3-1)的计算结果可能会出现负值,此时,一般不需要对其进行修正。

(8) 一般建筑结构及构件常用的钢筋公称直径是以 2mm 递增的,当对钢筋的公称直径进行检测时,如果误差超过 2mm 则失去了检测意义。由于钢筋探测仪容易受到邻近钢筋的干扰而导致检测误差过大,因此实际检测时,应尽量避开干扰,多次重复对选定测点进行检测,并采用实测与剔凿验证相结合的方法检测钢筋直径。

(9) 使用半电池法检测混凝土中钢筋的锈蚀情况时,为保证半电池的电连接垫与测点处混凝土有良好接触,测点处混凝土表面应平整、清洁,如果表面有水泥浮浆、绝缘涂层或其他杂物时,应用砂轮或钢丝刷打磨,将其剔掉。

(10) 检测混凝土中钢筋锈蚀时,可先剔凿露出被测构件的 2 处钢筋,然后用万用表测量此 2 处钢筋是否形成电通路,用以验证检测区内的钢筋网或钢筋是否与连接点的钢筋形成通路。

思考题

1. 采用无损方法检测钢筋的公称直径、混凝土保护层和间距时，允许的检测误差别为多少？

2. 为什么进行钢筋保护层厚度检测时，检测批内抽取悬挑类构件的数量不宜少于50%？

3. 对于大空间结构的板类构件，应如何检测并评价其钢筋配置情况？

第 5 章　混凝土预制构件结构性能检测

5.1　概述

混凝土预制构件指在工厂或现场预先生产成型的混凝土构件，通常简称"预制构件"。

关于预制构件的检测项目包括多方面的内容，本章主要介绍预制构件的结构性能检验。结构性能检验是指针对预制构件的承载力、挠度、裂缝控制性能等各项指标所进行的检验。

对混凝土预制构件进行结构性能检验是很必要的一项措施，因为：

（1）预制构件作为承重构件，涉及结构的安全；

（2）预制构件的连接、构造措施较为简单，故失效概率高；

（3）使用不当对预制构件造成的影响较大；

（4）大量的事故表明，预制构件出现的质量问题后果相当严重，直接危及生命和财产安全。

《混凝土结构工程施工质量验收规范》GB 50204—2015 中规定：梁板类简支受弯预制构件进场时应进行结构性能检验。

混凝土预制构件结构性能检测依据标准为《混凝土结构工程施工质量验收规范》GB 50204—2015、《混凝土结构设计规范》GB 50010—2010、《混凝土结构试验方法标准》GB 50152—2012、标准图集及设计要求。

5.2　仪器设备

5.2.1　支承装置

1. 试验试件的支承应满足下列要求

（1）支承装置应保证试验试件的边界约束条件和受力状态符合试验方案的计算简图；

（2）支承试件的装置应有足够的刚度、承载力和稳定性；

（3）试件的支承装置不应产生影响试件正常受力和测试精度的变形；

（4）为保证支承面紧密接触，支承装置上下钢垫板宜预埋在试件或支墩内；也可采用砂浆或干砂将钢垫板与试件、支墩垫平。当试件承受较大支座反力时，应进行局部承压验算。

2. 简支受弯试件的支座要求

以下是对简支梁以及单向简支板等简支受弯试件支座的要求。试验中也可采用其他形式的支座构造，但应满足本要求。对无法满足理想简支条件时，一般情况下水平移动受阻会在加载之初引起水平推力，在加载后期引起水平拉力，而转动受阻会引起阻止正常受力变形的约束弯矩。

（1）简支支座应仅提供垂直于跨度方向的竖向反力；

（2）单跨试件和多跨连续试件的支座，除一端应为固定铰支座外，其他应为滚动铰支座（见图2-5.2-1），铰支座的长度不宜小于试件在支承处的宽度；

图 2-5.2-1　简支受弯试件的支承方式
1—试件；2—固定铰支座；3—滚动铰支座

（3）固定铰支座应限制试件在跨度方向的位移，但不应限制试件在支座处的转动；滚动铰支座不应影响试件在跨度方向的变形和位移，以及在支座处的转动（见图2-5.2-2）；

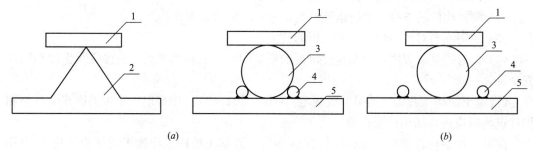

(a)　　　　　　　　　　　　　　　　　(b)

图 2-5.2-2　铰支座的形式
(a)固定铰支座；(b)滚动铰支座
1—上垫板；2—带刀口的下垫板；3—钢滚轴；4—限位钢筋；5—下垫板

（4）各支座的轴线布置应符合计算简图的要求；当试件平面为矩形时，各支座的轴线应彼此平行，且垂直于试件的纵向轴线；各支座轴线间的距离应等于试件的试验跨度；

（5）试件铰支座的长度不宜小于试件的宽度；上垫板的宽度宜与试件的设计支承宽度一致；垫板的厚宽比不宜小于1/6；钢滚轴直径宜按表2-5.2-1取用；

钢滚轴的直径 表 2-5.2-1

支座单位长度上的荷载(kN/mm)	直径(mm)
2.0	50
2.0～4.0	60～80
2.0～6.0	80～100

（6）当无法满足上述理想简支条件时，应考虑支座处水平移动受阻引起的约束力或支座处转动受阻引起的约束弯矩等因素对试验的影响。

3. 四角简支及四边简支双向板试件的支座应保证支承处构件能自由转动、支承面可以相对水平移动；支座只提供向上的竖向反力而无水平力和弯矩，允许有水平方向的位移和转动，但应保证不发生水平滑脱。支座应有足够的承载力和刚度，钢球、滚轴及角钢与试件之间应设置垫板。常用的两种简支双向板支座形式见图 2-5.2-3 所示。

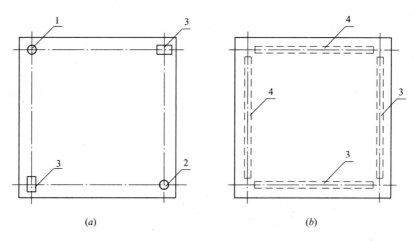

图 2-5.2-3 简支双向板的支承方式

(a)四角简支；(b)四边简支

1—钢球；2—半圆钢球；3—滚轴；4—角钢

5.2.2　加载设备

试件加载应根据设计文件规定的加载要求、试件类型及设备条件等，按荷载效应等效原则选取加载方式从而确定加载设备。

1. 千斤顶加载

在实验室条件下，对于预制构件试验，千斤顶是最常用的加载设备之一，适用于集中加载。千斤顶只作为加载设备，加载量值由压力传感器直接测定。对于预制构件试验，如不方便采用压力传感器，可通过油压表读数计算千斤顶的加载量，但油压表的精度不应低于 1.5 级，并应与千斤顶配套进行标定，绘制标定的油压表读值—荷载曲线，曲线的重复性允许误差为 65%。同一油泵带动的各个千斤顶，其相对高差不应大于 5m。

对需要在多处加载的试验，可采用分配梁系统进行多点加载（见图 2-5.2-4）。分配比例不宜大于 4：1；分配级数不应大于 3 级；加载点不应多于 8 点。分配梁的刚度应满足试验要求，支座应采用单跨简支支座。

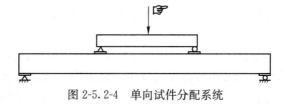

图 2-5.2-4　单向试件分配系统

2. 重物加载

荷重块加载适用于板类构件的均布加载，重物加载时应符合下列规定：

(1) 加载物应重量均匀一致，形状规则；

(2) 不宜采用有吸水性的加载物；

(3) 铁块、混凝土块、砖块等加载物重量应满足加载分级的要求，单块重量不宜大于 250N；

(4) 试验前应对加载物称重，求得其平均重量；

(5) 加载物应分堆码放，沿单向受力试件跨度方向的堆积长度宜为 1m 左右，且不应大于试件跨度的 1/6～1/4；

(6) 堆与堆之间宜预留不小于 100mm 的间隙，避免试件变形后形成拱作用，如图 2-5.2-5所示。

(7) 荷重块的最大边长不宜大于 500mm。

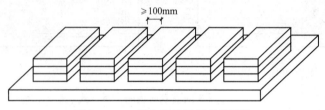

≥100mm

图 2-5.2-5　单向板按区段分堆码放

5.2.3　量测仪表

1. 力值量测

各种主要力值量测仪表应符合下列要求：

(1) 荷载传感器的精度不应低于 C 级；最小分度值不宜大于被测力值总量的 1.0%，示值允许误差为量程的 1.0%；

(2) 当采用分配梁及其他加载设备进行加载时，宜通过荷载传感器直接量测施加于试件的力值，利用试验机读数或其他间接量测方法计算力值时，应计入加载设备的重量；

(3) 重物加载时，以每堆加载物的数量乘以单重，再折算成区格内的均布加载值；称量加载物重量的衡器允许误差为量程的 61.0%。

2. 挠度量测

(1) 挠度量测的仪器、仪表可根据精度及数据采集的要求，选用百分表、位移传感器、水平仪、直尺等。

(2) 对于试验后期变形较大的情况，可拆除仪表改用水准仪—标尺量测或采用拉线—直尺等方法进行量测。

(3) 各种位移量测仪器、仪表的精度、误差应符合下列规定：百分表、千分表和钢直尺的误差允许值应符合国家现行相关标准的规定，根据现行《指示表》GB/T1219 和《金属直尺》GB/T9056 的规定，误差允许值见表 2-5.2-2；位移传感器的准确度不应低于 1.0 级；位移传感器的指示仪表的最小分度值不宜大于所测总位移的 1.0%，示值允许误差为量程的 1.0%。

百分表、千分表和钢直尺的误差允许值　　　　表 2-5.2-2

名称	量程 S (mm)	最大允许误差(μm)							回程误差 (μm)	重复性 (μm)
		任意 0.05mm	任意 0.1mm	任意 0.2mm	任意 0.5mm	任意 1mm	任意 2mm	全量程		
百分表 分度值 0.01mm	S≤3							614	3	3
	3'S≤5		65		68	610	612	616		
	5'S≤10							620		
	10'S≤20	—		—				625	5	4
	20'S≤30					615		635	7	
	30'S≤50				—		—	640	8	5
	50'S≤100							650	9	
千分表 分度值 0.001mm	S≤1	62		63		—	—	65	0.3	
	1'S≤3	62.5	—	63.5	—	65	66	68	0.5	0.6
	3'S≤5	62.5		63.5		65	66	69	0.5	
千分表 分度值 0.002mm	S≤1	63		64				67	0.6	0.6
	1'S≤3	63	—	65		65	66	69		
	3'S≤5	63		65		65	66	611		
	5'S≤10	63		65		—	66	612		
钢直尺	150、300、500			—				150		
	600、1000							200		

3. 裂缝量测

试件裂缝的宽度可选用刻度放大镜、电子裂缝观测仪、振弦式测缝计、裂缝宽度检验卡等仪表进行测量，量测仪表应符合下列规定：

（1）刻度放大镜最小分度不宜大于 0.05mm；

（2）电子裂缝观测仪的测量精度不应低于 0.02mm；

（3）振弦式测缝计的量程不应大于 50mm，分辨率不应大于量程的 0.05％；

（4）裂缝宽度检验卡最小分度值不应大于 0.05mm。

5.3　检测方法

预制构件的检验试验包括型式检验、首件检验和合格性检验三种类型。预制构件标准图设计时宜进行型式检验，除了必须进行使用状态和承载力各项目检验外，还宜进行后期加载，以确定安全裕量、破坏形态和恢复性能。预制构件在批量生产之前由生产单位进行首件检验，是确定试生产的构件合格与否、探讨检验裕量、调整和优化生产相关的材料及工艺。批量生产的预制构件产品应按检验批抽样进行合格性检验，产品检验合格后方能出厂并投入工程使用。

本文主要介绍预制构件的合格性检验方法，《混凝土结构工程施工质量验收规范》GB 50204—2015 中规定梁板类简支受弯预制构件进场时应进行结构性能检验，检验指标包括：

（1）钢筋混凝土构件和允许出现裂缝的预应力混凝土构件，应进行承载力、挠度和裂缝宽度检验；

（2）要求不出现裂缝的预应力混凝土构件，应进行承载力、挠度和抗裂检验；

（3）对大型构件及有可靠应用经验的构件，可只进行裂缝宽度、抗裂和挠度检验。

5.3.1　相关术语介绍

（1）荷载效应：由荷载引起的结构或结构构件的反应例如内力、变形和裂缝等。

（2）荷载组合：按极限状态设计时，为保证结构的可靠性而对同时出现的各种荷载设计值的规定。

（3）基本组合：承载能力极限状态计算时，永久荷载和可变荷载的组合。

（4）标准组合：正常使用极限状态验算时，采用标准值或组合值为荷载代表值的组合。

（5）准永久组合：正常使用极限状态验算时，对可变荷载采用准永久值为荷载代表值的组合。

（6）极限状态：整个结构或结构的一部分超过某一特定状态，就不能满足设计规定的某一功能要求，此特定状态为该功能的极限状态。

（7）承载力极限状态：结构或结构构件达到最大承载力或达到不适于继续承载的变形的状态。

（8）正常使用极限状态：结构或结构构件达到正常使用或耐久性能的某项规定限值的状态。

（9）承载力检验的荷载设计值：承载能力极限状态下，根据构件设计控制截面上的内力设计值与构件检验的加载方式，经换算后确定的荷载值。

（10）正常使用极限状态检验的荷载标准值：正常使用极限状态下，根据构件设计控制截面上的荷载标准组合效应与构件检验的加载方式，经换算后确定的荷载值。

5.3.2　检验数量

对梁板类简支受弯预制构件，同一类型预制构件不超过1000个为一批，每批随机抽取1个构件进行结构性能检验。

"同类型产品"是指同一钢种、同一混凝土强度等级、同一生产工艺和同一结构形式的构件。对同类型产品进行抽样检验时，宜从设计荷载最大、受力最不利或生产数量最多的构件中抽取。

对使用数量较少的梁板类简支受弯预制构件，当能提供可靠依据时，可不进行结构性能检验。对其他预制构件，除设计有专门要求外，进场时也可不做结构性能检验。对于进场时不做结构性能检验的预制构件，应采取下列措施：

（1）施工单位或监理单位代表应驻厂监督生产过程。

（2）当无驻厂监督时，预制构件进场时应对其主要受力钢筋数量、规格、间距、保护层厚度及混凝土强度等进行实体检验。

5.3.3　检验条件

（1）构件应在 0℃以上的温度中进行试验。

（2）蒸汽养护后的构件应在冷却至常温后进行试验。

（3）预制构件的混凝土强度应达到设计强度的 100％以上。

（4）构件在试验前应量测其实际尺寸，并仔细检查构件的表面，所有的缺陷和裂缝应在构件上标出。

（5）试验用的加荷设备及量测仪表应预先进行标定或校准。

5.3.4　试验荷载确定

1. 试验荷载值

试验前应认真查阅预制构件的标准图（或设计图纸），分别确定下列试验荷载值：对结构构件的挠度、裂缝宽度及抗裂检验，应确定正常使用极限状态检验荷载标准值；对结构构件的承载力检验，应确定承载能力极限状态检验荷载设计值。试件自重和作用在其上加载设备的重量，应作为试验荷载的一部分，并根据加载模式进行换算后从加载值中扣除。

2. 试验荷载布置

构件的试验荷载布置应符合标准图或设计规定。当试验荷载的布置不能完全与标准图或设计的要求相符时，应按荷载效应等效的原则换算，即使构件试验的内力图形与设计的内力图形相似，并使控制截面上的内力值相等，但改变荷载布置形式对试件其他部位产生不利影响并可能影响试验结果时，应采取相应的措施。

当采用集中力模拟均布荷载对简支受弯构件进行等效加载时，可按表 2-5.3-1 所示方式进行加载。加载值 P 及挠度实测值的修正系数 χ 应采用表 2-5.3-1 所列数值。

简支受弯构件等效加载模式及等效集中荷载 P 和挠度修正系数 χ　　　表 2-5.3-1

名称	等效加载模式及加载值 P	挠度修正系数 χ
均布荷载	q；l	1.00
四分点集中力加载	$ql/2$，$ql/2$；$l/4$，$l/2$，$l/4$	0.91
三分点集中力加载	$3ql/8$，$3ql/8$；$l/3$，$l/3$，$l/3$	0.98
剪跨 a 集中力加载	$ql^2/8a$，$ql^2/8a$；a，$l-2a$，a	计算确定

名称	等效加载模式及加载值 P	挠度修正系数 χ
八分点集中力加载	$ql/4$ 加载示意图，$l/8$、$l/4\times3$、$l/8$	0.97
十六分点集中力加载	$ql/8$ 加载示意图，$l/16$、$l/8\times7$、$l/16$	1.00

5.3.5 加载程序

结构试验开始前宜进行预加载，检验支座是否平稳，仪表及加载设备是否正常，并对仪表设备进行调零。预加载应控制试件在弹性范围内受力，不应产生裂缝及其他形式的加载残余值。

构件应分级加荷。当荷载小于荷载标准值时，每级荷载不应大于荷载标准值的20%；当荷载大于荷载标准值时，每级荷载不应大于荷载标准值的10%；当荷载接近抗裂检验荷载值时，每级荷载不应大于荷载标准值的5%；当荷载接近承载力检验荷载值时，每级荷载不应大于承载力荷载检验设计值的5%。作用在构件上的试验设备重量及构件自重应作为第一次加载的一部分。

对仅作挠度、抗裂或裂缝宽度检验的构件应分级卸荷。

每级加载完成后，应持续10~15min，在荷载标准值作用下，应持续30min。在持续时间内，应观察裂缝的出现和开展，以及钢筋有无滑移等；在持续时间结束时，应观察并记录各项读数。

5.3.6 挠度检验

试验时，应量测构件跨中位移和支座沉陷。对宽度较大的构件，应在每一量测截面的两边或两肋布置测点，并取其量测结果的平均值作为该处的位移。对具有边肋的单向板，除应量测边肋挠度外，还宜量测板宽中央的最大挠度。

试件自重和加载设备重量产生的挠度值一般在开始试验量测时就已经产生，所以实测值未包含这部分变形。在分析试件总挠度时需要通过计算考虑试件在自重和加载设备重量作用下的挠度计算值。当试验荷载竖直向下作用时，对水平放置的试件，在各级荷载下的跨中挠度实测值应按下列公式计算：

$$a_t^0 = a_q^0 + a_g^0 \tag{2-5.3-1}$$

$$a_q^0 = v_m^0 - (v_l^0 + v_r^0)/2 \tag{2-5.3-2}$$

$$a_g^0 = \frac{M_g}{M_b} a_b^0 \tag{2-5.3-3}$$

式中　a_t^0——全部荷载作用下构件跨中的挠度实测值(mm)；

a_q^0——外加试验荷载作用下构件跨中的挠度实测值(mm)；

a_g^0——构件自重和加荷设备产生的跨中挠度实测值(mm)；

v_m^0——外加试验荷载作用下构件跨中的位移实测值(mm)；

v_l^0，v_r^0——外加试验荷载作用下构件左右端支座沉陷位移的实测值(mm)；

M_g——构件自重和加荷设备重产生的跨中弯矩值(kN·m)；

M_b——从外加试验荷载开始至构件出现裂缝的前一级荷载为止的外加荷载产生的跨中弯矩值(kN·m)；

a_b^0——从外加试验荷载开始至构件出现裂缝的前一级荷载为止的外加荷载产生的跨中挠度实测值(mm)。

当采用等效集中力加载模拟均布荷载进行试验时，挠度实测值应乘以修正系数 χ，χ 应按表 2-5.3-1 选取。

5.3.7　裂缝检验

对正截面裂缝，应量测受拉主筋处的最大裂缝宽度；对斜截面裂缝，应量测腹部斜裂缝的最大裂缝宽度。确定受弯构件受拉主筋处的裂缝宽度时，应在构件侧面量测。

若试验中未能及时观察到正截面裂缝的出现，可取荷载—挠度曲线上的转折点(曲线第一弯转段两端点切线的交点)的荷载值作为构件的开裂荷载实测值。

5.3.8　安全事项

(1)试验的加荷设备、支架、支墩等，应有足够的承载力安全储备。现场试验的地基应有足够的承载力和刚度。

(2)试验过程中应确保人员安全，试验区域内应设置明显的标志。试验过程中，试验人员测读仪表、观察裂缝和进行加载等操作均应有可靠的工作台或脚手架。工作台或脚手架不应妨碍试验结构的正常变形。

(3)试验人员应与试验设施保持足够的安全距离，或设置专门的防护装置，将试件与人员和设备隔离，避免因试件、堆载或设备倒塌及倾覆造成伤害。对可能发生试件脆性破坏的试验，应采取屏蔽措施，防止试件突然破坏时碎片或锚具等物体飞出危及人身、仪表和设备的安全。

(4)对屋架等大型构件，必须根据设计要求设置侧向支承，以防止构件受力后产生侧向弯曲或倾倒。侧向支承应不妨碍构件在其平面内的位移。

(5)试验用千斤顶、分配梁、仪表等应采取防坠落措施。仪表宜采用防护罩加以保护。当加载至接近试件极限承载力时，宜拆除可能因结构破坏而损坏的仪表，改用其他测量方法；对需继续量测的仪表，应采取有效的保护措施。

5.4　检测结果及评价

5.4.1　构件的承载力检验

对构件进行承载力检验时，应加载至预制构件出现承载能力极限状态的检验标志之一后结束试验。当在规定的荷载持续时间内出现表 2-5.4-1 承载能力极限状态的检验标志之一时，应取本级荷载值与前一级荷载值的平均值作为其承载力检验荷载实测值；当在规定的荷载持续时间结束后出现承载能力极限状态的检验标志之一时，应取本级荷载值作为其承载力检验荷载实测值。

（1）当按混凝土结构设计规范的规定进行检验时，应符合下式的要求：

$$\gamma_u^0 \geqslant \gamma_0 [\gamma_u] \tag{2-5.4-1}$$

式中　γ_u^0——构件的承载力检验系数实测值，即试件的荷载实测值与荷载设计值（均包括自重）的比值；

γ_0——结构重要性系数，按设计要求确定，当无专门要求时取 1.0；

$[\gamma_u]$——构件的承载力检验系数允许值，按表 2-5.4-1 选用。

（2）当按构件实配钢筋进行承载力检验时，应符合下式的要求：

$$\gamma_u^0 \geqslant \gamma_0 \eta [\gamma_u] \tag{2-5.4-2}$$

式中　η——构件的承载力检验修正系数，根据现行国家标准《混凝土结构设计规范》GB 50010 按实配钢筋的承载力计算确定。

构件的承载力检验系数允许值　　　　　　　表 2-5.4-1

受力情况	达到承载能力极限状态的检验标志		$[\gamma_u]$
受弯	受拉主筋处的最大裂缝宽度达到 1.5mm，或挠度达到跨度的 1/50	有屈服点热轧钢筋	1.20
		无屈服点钢筋（钢丝、钢绞线、冷加工钢筋、无屈服点热轧钢筋）	1.35
	受压区混凝土破坏	有屈服点热轧钢筋	1.30
		无屈服点钢筋（钢丝、钢绞线、冷加工钢筋、无屈服点热轧钢筋）	1.50
	受拉主筋拉断		1.50
受弯构件的受剪	腹部斜裂缝达到 1.5mm，或斜裂缝末端受压混凝土剪压破坏		1.40
	沿斜截面混凝土斜压、斜拉破坏，受拉主筋在端部滑脱或其他锚固破坏		1.55
	叠合构件叠合面、接槎处		1.45

5.4.2　构件的挠度检验

（1）当按混凝土结构设计规范的规定进行检验时，应符合下式的要求：

$$a_s^0 \leqslant [a_s] \tag{2-5.4-3}$$

按荷载标准组合值计算预应力混凝土受弯构件时：

$$[a_s] = \frac{M_k}{M_q(\theta-1)+M_k}[a_f] \tag{2-5.4-4}$$

按荷载准永久组合值计算钢筋混凝土受弯构件时：

$$[a_s] = [a_f]/\theta \tag{2-5.4-5}$$

式中　a_s^0——在检验用荷载标准组合值或荷载准永久组合值作用下的构件挠度实测值（mm）；

　　$[a_s]$——挠度检验允许值（mm）；

　　$[a_f]$——受弯构件的挠度限值，按现行国家标准《混凝土结构设计规范》GB 50010 确定；

　　M_k——按荷载标准组合计算的弯矩值；

　　M_q——按荷载标准组合计算的弯矩值；

　　θ——考虑荷载长期作用对挠度增大的影响系数，按现行国家标准《混凝土结构设计规范》GB 50010 确定。

（2）当按构件实配钢筋进行挠度检验或仅检验构件的挠度、抗裂或裂缝宽度时，应符合下列公式的要求，同时还应符合式 2-5.4-3 的要求。

$$a_s^0 \leqslant 1.2a_s^c \tag{2-5.4-6}$$

式中　a_s^c——在检验用荷载标准组合值或荷载准永久组合值作用下，按实配钢筋确定的构件短期挠度计算值，按现行国家标准《混凝土结构设计规范》GB 50010 确定。

5.4.3　构件的抗裂检验

构件抗裂检验中，当在规定的荷载持续时间内出现裂缝时，应取本级荷载值与前一级荷载值的平均值作为其开裂荷载实测值；当在规定的荷载持续时间结束后出现裂缝时，应取本级荷载值作为其开裂荷载实测值。

$$\gamma_{cr}^0 \geqslant [\gamma_{cr}] \tag{2-5.4-7}$$

$$[\gamma_{cr}] = 0.95 \frac{\sigma_{pc} + \gamma f_{tk}}{\sigma_{ck}} \tag{2-5.4-8}$$

式中　γ_{cr}^0——构件的抗裂检验系数实测值，即试件的开裂荷载实测值与荷载标准值（均包括自重）的比值；

　　$[\gamma_{cr}]$——构件的抗裂检验系数允许值；

　　σ_{pc}——由预加力产生的构件抗拉边缘混凝土法向应力值，按现行国家标准《混凝土结构设计规范》GB 50010 确定；

　　γ——混凝土构件截面抵抗矩塑性影响系数，按现行国家标准《混凝土结构设计规范》GB 50010 计算确定；

　　f_{tk}——混凝土抗拉强度标准值；

　　σ_{ck}——由荷载标准值产生的构件抗拉边缘混凝土法向应力值，按现行国家标准《混凝土结构设计规范》GB 50010 计算确定。

5.4.4　构件的裂缝宽度检验

$$w_{s,max}^0 \leqslant [w_{max}] \tag{2-5.4-9}$$

式中　$w_{s,max}^0$——在检验用荷载标准组合值或荷载准永久组合值作用下，受拉主筋处的最大裂缝宽度实测值(mm)；

$[w_{max}]$——构件检验的最大裂缝宽度允许值(mm)，按下表2-5.4-2取用。

构件的最大裂缝宽度允许值(mm)　　　　　　　　　　表2-5.4-2

设计要求的最大裂缝宽度限值	0.1	0.2	0.3	0.4
$[w_{max}]$	0.07	0.15	0.20	0.25

5.4.5　检验结果评定

（1）当预制构件结构性能的全部检验结果均符合规定允许值要求时，该批构件的结构性能应评为合格。

（2）当第一个构件的检验结果未达到标准，但又能符合第二次检验指标要求时，可再抽取两个预制构件进行二次检验。第二次检验的指标要求为：对抗裂、承载力检验系数的允许值应取规定允许值减0.05；对挠度检验系数的允许值应取规定允许值的1.10倍。

（3）当进行二次检验时，如第一个检验的预制构件的全部检验结果均符合要求时，该批构件可判为合格；如两个预制构件的全部检验结果均满足第二次检验指标要求，该批构件也可判为合格。

5.4.6　试验报告内容

（1）试验报告应包括试验背景、试验方案、试验记录、检验结论等内容，不得漏项缺检。

（2）试验报告中的原始数据和观察记录必须真实、准确，不得任意涂抹篡改。

（3）试验报告宜在试验现场完成，及时审核、签字、盖章，并登记归档。

5.5　检测实例介绍

5.5.1　被检预制构件介绍

本次被检构件为SP预应力空心板SP15D6010，根据国家建筑标准设计图集《SP预应力空心板》05SG408可知：被测构件设计尺寸为6000mm×1200mm×150mm，混凝土设计强度等级为C40，自重为2.50kN/m²，设计配筋为10根直径8.6mm钢绞线。采用荷重块均布加载方式对SP预应力空心板SP15D6010进行结构性能检测。

5.5.2　检验指标

依据国家建筑标准设计图集《SP预应力空心板》05SG408及《混凝土结构工程施工质量验收规范》GB 50204—2015所规定的检验指标，具体数值见表2-5.5-1。

SP 预应力空心板 SP15D6010 检验指标　　　　　　　　　　表 2-5.5-1

检验荷载标准值 q_s(kN/m²)	抗裂弯矩检验允许值 Mcr(kN·m)	承载力弯矩检验允许值 Mu(kN·m)	受弯破坏			受剪破坏	
			标志①	标志②	标志③	标志④	标志⑤
6.36	42.6	43.5	1.35	1.50	1.50	1.40	1.55

一、加荷示意图

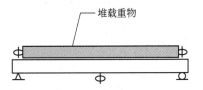

二、破坏特征

　　"标志①"为受拉主筋处的最大裂缝宽度达 1.5mm，或者挠度达到跨度的 1/50。

　　"标志②"为受压区混凝土破坏。

　　"标志③"为受拉主筋拉断。

　　"标志④"为腹部斜裂缝宽度达到 1.5mm，或斜裂缝末端受压混凝土剪压破坏。

　　"标志⑤"为沿斜截面混凝土斜压、斜拉破坏，受拉主筋在端部滑脱或其他锚固破坏。

5.5.3　检验加载方案

　　对 SP 预应力空心板 SP15D6010 布置 4 个测点，计算跨度为板轴跨减 100mm，具体布置如图 2-5.5-1 所示。

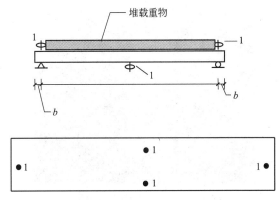

图 2-5.5-1　加载简图及测点布置图

图中：1 为百分表、b=50mm

　　在未达到检验荷载标准值前，每级加荷：$q_i = q_s \times 20\%$；当荷载接近抗裂荷载检验值时，每级加荷：$q_i = q_s \times 5\%$；当荷载接近承载力荷载检验值时，每级加荷 q_i 为承载力荷载检验值的 5%。每级加荷完成后，持续 10~15min。在检验荷载标准值下，持续 30min。

　　在每级持荷完毕后，记录数显百分表读数，观测 SP 预应力空心板 SP15D6010 裂缝出现及发展情况。

5.5.4　检验过程

1. 加载前外观检查

经检查可知：被测板外观质量良好，未发现有露筋、裂缝、麻面、蜂窝、外形缺陷等现象。并对其实际外形尺寸、保护层厚度及配筋情况进行了量测，具体情况见表 2-5.5-2。

SP 预应力空心板 SP15D6010 加载前检查　　　　　　　　表 2-5.5-2

项目	外形尺寸(mm)	保护层厚度(mm)	配筋数量及规格
设计	6000×1200×150	20	10Φ8.6
实测	6000×1196×150	20	10 根

2. 挠度检验

在各级荷载作用下，均应记录 4 个测点在加荷过程中的采集数值并计算其相应挠度值，

本构件在检验荷载标准值 q_s 作用下，挠度值为 7.00mm。

3. 裂缝检验

在各级荷载作用下，均应记录裂缝的产生和开展情况。在抗裂检验系数 γ_{cr}° 为 1.37 时出现第一条裂缝，裂缝宽度为 0.04mm。

4. 承载力检验

在承载力检验系数 γ_u° 为 1.55 时，受拉主筋处的最大裂缝宽度达到 1.51mm，为受弯破坏形式。

5. 加荷过程照片（见图 2-5.5-2）

图 2-5.5-2　加荷过程中的照片

5.5.5　检验结果

在检验荷载标准值下，构件跨中挠度　满　足　要求。即：$a_s^\circ = 7.0\text{mm} < 1.1a_s^c = 9.4\text{mm}$。

抗裂检验　满　足　要求。即：$\gamma_{cr}^\circ = 1.37 > \gamma_{cr} = 0.95$。

承载力检验　满　足　要求。即：$\gamma_u^\circ = 1.55 > \gamma_u = 1.35$。

被检 SP 预应力空心板 SP15D6010 结构性能检验　满　足　要　求。

思考题

1. 什么是混凝土预制构件的结构性能检验?
2. 简支受弯构件的支座要求有哪些?
3. 荷重块加载时应符合哪些规定?
4. 结构性能检验指标包括哪些?
5. 如何划定预制构件的检验批?
6. 结构性能试验的加载程序如何规定?
7. 检验时应注意的安全事项有哪些?
8. 如何确定承载力检验荷载实测值?
9. 如何确定开裂荷载实测值?
10. 对预制构件结构性能检验结果如何评定?

第6章 后置埋件的拉拔力检测

6.1 概述

后置埋件是指通过相关技术手段在既有建筑结构上安装的锚固件。一般情况下，后置埋件主要涉及三种客体：结构基材、锚固件和被连接体。

后置埋件是伴随后锚固技术的发展而逐渐发展的。通过相关技术手段在既有建筑结构上的锚固称为后锚固（post-installed fastenings），既有建筑结构主要包括混凝土结构和砌体结构。

后锚固技术确实在很早以前就在土木工程中得到了应用，我国古代的城墙上的后加劲木勒和木柱以及宫殿大门的栓钉都属于后锚固技术的应用。现代采用混凝土后锚固技术的应用和研究始于40年前发明的S型锚栓，它明显地降低了材料与时间成本，导致锚固技术发生了一场革命。自此国外很多企业和研究人员都随着材料科学的进步和工程中实际需要的发展，不断地开展着后锚固技术的研究和新产品的开发利用。目前德国、美国、日本、瑞士等发达国家在长期的研究中收集获取了大量的实验数据，开发了各种类型和用途的高性能锚栓和胶结材料，形成了较为完善的后锚固技术的理论体系，开发出了相应的设计软件，并根据市场的需要，不断开发新的产品以及相应的施工设备，使后锚固技术广泛应用于各种类型和荷载条件下的工程中，大大促进了工程技术的全面发展。

目前世界各国采用的后锚固设计理论并不统一，各个国家使用各种不同方法和理论。目前CC设计法（Concrete Capacity Design）是应用比较普遍的方法，该方法实际上就是承载力极限状态设计法，考虑各种因素对承载力的影响，将其影响通过影响系数表示。CC设计法是目前工程界专家认为比较合理的锚栓承载力设计法。

我国锚固技术的发展是从煤炭工业领域开始起步的。由于我国煤炭工业发展的需要，锚固技术在我国研究较早，成果较多。但这些锚固技术一般是指锚杆支护技术，多用于井下煤巷等，与后锚固技术有较大区别。

我国在工程领域内后锚固技术的应用和研究起步较晚，以前仅较多采用低荷载条件下普通膨胀式锚栓，由于价格低廉，施工方便，使用范围较广，但也有很多缺点，使用缺乏规范性。随着后锚固技术在工程中的广泛应用，并借鉴发达国家的规范，目前我国已经形成了基本完整的后锚固设计方法，促进了高科技锚栓、施工设备等的相应出现，为改建、新建、加固等提供了方便，促进了施工技术的发展。

由于后锚固技术具有施工简便、使用灵活、时间限制少等优点，在实际工程中得到了应用广泛，目前后置埋件广泛应用于建筑加固改造工程。此外，在新建工程中后置埋件也逐步代替了预埋构件。

由于后置埋件的受力状态复杂，破坏类型较多，失效概率较大，破坏以后会造成严重后果，因此必须重视后置埋件的力学性能检测。

6.2　后置埋件的工作原理及分类

6.2.1　后置埋件的工作原理

后置埋件工作的可靠性主要取决于两个方面：一是锚固件本身的质量，二是后埋置技术。

在实际工程中，后置埋件的作用就是将通过锚固件将被连接件与结构基材进行连接和固定，将连接件上的荷载传递至结构基材，形成明确的传力途径，从而达到安全、稳定和牢固的功效。

根据锚固件与结构基材之间传力原理的差异，后置埋件的作用原理可以分为机械锁定嵌固结合(凸形结合)、摩擦结合和材料结合三种。

机械锁定嵌固结合是指锚固件与结构基材之间通过机构啮合来传递荷载。此类结合的钻孔须采用专门与锚固件相匹配的钻头进行拓孔，锚固件在拓孔与结构基材形成凸形结合，通过啮合将荷载传给结构基材。

摩擦结合是指锚固件与结构基材之间通过摩阻力来传递荷载，如膨胀式锚栓。

材料结合是指通过胶合体将锚固件受到的荷载传给结构基材，如当今应用很广泛的植筋技术。

6.2.2　后置埋件的分类

后置埋件的种类很多，基本可以分为两大类：锚栓锚固和化学植筋。

锚栓多用于钢材和混凝土之间的连接，利用端头承载力，分为金属锚栓与化学锚栓两种，其长度和规格是固定的，是按照预期的破坏形式进行生产的成品，其受力分析是基于素混凝土理论。

植筋多用于混凝土和混凝土之间的连接，利用整体粘结受力，其长度可以人为改变，钢筋为市场上常用带肋钢筋，其承载力分析时设定为钢材破坏，受力理论基于钢筋混凝土。

根据《混凝土结构后锚固技术规程》JGJ 145—2004 的分类，后锚固连接包括膨胀型锚栓连接、扩孔型锚栓连接、粘结型锚栓连接和化学植筋及其他类型锚栓。

1. 锚栓锚固

按工作原理以及构造的不同，锚栓可分为膨胀型锚栓(按照形成膨胀力来源分为扭矩控制式和位移控制式)、扩孔型锚栓(按照扩孔方式可分为自扩孔和预扩孔)、粘结型锚栓及化学植筋四大类。

膨胀型锚栓简称膨胀栓，是利用锥体与膨胀片(或膨胀套筒)的相对移动，促使膨胀片膨胀，与孔壁混凝土产生膨胀挤压力，并通过剪切摩擦作用产生抗拔力，实现对被连接件锚固的一种组件。

膨胀型锚栓按安装时膨胀力控制方式的不同，分为扭矩控制式和位移控制式。前者以扭力控制，主要包括套筒式(壳式)和膨胀片式(光杆式)，如图 2-6.2-1 所示；后者以位移控制，主要包括锥下型（内塞）、杆下型（穿透式）、套下型（外塞）和套下型（穿透式），如图 2-6.2-2所示。

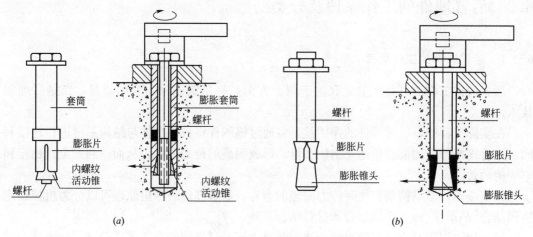

图 2-6.2-1　扭矩控制式膨胀型锚栓
(a)套筒式(壳式)；(b)膨胀片式(光杆式)

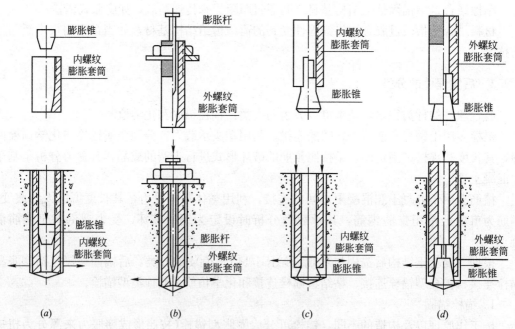

图 2-6.2-2　位移控制式膨胀型锚栓
(a)锥下型(内塞)；(b)杆下型(穿透式)；(c)套下型(外塞)；(d)套下型(穿透式)

　　膨胀型锚栓由于定型较为粗短，埋深一般较浅，受力时主要表现为混凝土基材破坏，因此，不适用于受拉、边缘受剪、拉剪复合受力之结构构件的后锚固连接。

　　扩孔型锚栓简称扩孔栓或切槽栓，是通过对钻孔底部混凝土的再次切槽扩孔，利用扩孔后形成的混凝土承压面与锚栓膨胀扩大头间的机械互锁，实现对被连接件锚固的一种组件。

扩孔型锚栓按扩孔方式的不同，分为预扩孔和自扩孔，如图 2-6.2-3 所示。前者以专

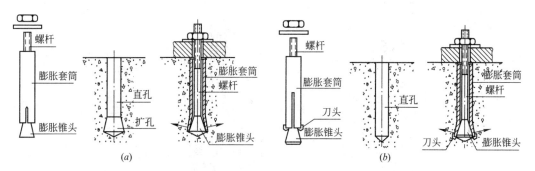

图 2-6.2-3　扩孔型锚栓

(*a*)预扩孔普通栓；(*b*)自扩孔专用栓

用钻具预先切槽扩孔；后者锚栓自带刀具，安装时自行切槽扩孔，切槽安装一次完成。由于扩孔型锚栓锚固力主要是通过混凝土承压面与锚栓膨胀扩大头间的顶承作用直接传递荷载，膨胀剪切摩擦作用较小。扩孔型锚栓可有条件应用于无抗震设防要求的受拉、边缘受剪、拉剪复合受力的结构构件的后锚固连接；当有抗震设防要求时，则必须保证仅发生锚固系列延性破坏，如锚栓钢材破坏。

粘结型锚栓是以特制的化学胶粘剂(锚固胶)，将螺杆及内螺纹管等胶结固定于混凝土基材钻孔中，通过粘结剂与螺杆及粘结剂与混凝土孔壁间的粘结与锁键(interlock)作用，以实现对被连接件锚固的一种组件，如图 2-6.2-4 所示。

此外，还有混凝土螺钉(Concrete Screws)、射钉、混凝土钉等，都属于锚栓范围。

混凝土螺钉连接的构造与锚固机理与木螺钉相似，是以特制工艺滚压淬制出坚硬锋利的刀口螺纹螺杆，安装时先预钻较小孔径的直孔，后将螺钉拧入，利用螺纹与孔壁混凝土间的咬合作用产生抗拔力，实现对被连接件锚固的一种组件，如图 2-6.2-5 所示。

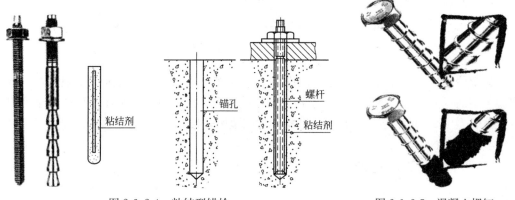

图 2-6.2-4　粘结型锚栓　　　　　　图 2-6.2-5　混凝土螺钉

射钉连接是一种以火药或高压气体为动力，用射钉枪将高硬度钢钉包括螺钉，射入混凝土、砌体或金属结构等基材内，利用其射入时与混凝土之间产生的高温(约 900℃)，使钢钉与基材因化学熔结及夹紧作用而结为一体，以实现对被连接件的锚固，如图 2-6.2-6

所示。

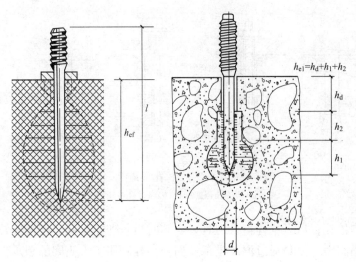

图 2-6.2-6　射钉

2. 化学植筋锚固

化学植筋锚固简称植筋，是我国工程界广泛应用的一种后锚固连接技术，是以化学粘结剂——锚固胶，将带肋钢筋用螺杆胶结固定于混凝土基材钻孔中，通过粘结与锁键作用，以实现对被连接件锚固的一种组件，如图 2-6.2-7 所示。

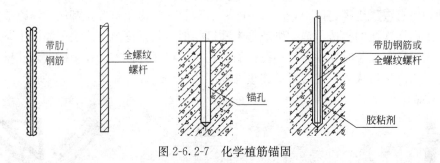

图 2-6.2-7　化学植筋锚固

化学植筋锚固基理与粘结型锚栓相同，但化学植筋用螺杆由于长度不受限制，与现浇混凝土钢筋锚固相似，破坏形态易于控制，一般均可以控制为锚筋破坏，故适用于静力及抗震设防烈度≤8 度的结构构件或非结构构件的锚固连接。

6.3　后锚固技术的适用范围及其工程应用

6.3.1　后锚固技术的适用范围

目前，后锚固技术在工程实际中得到了广泛的应用，但在使用过程中，由于结构类型以及受力类型不同，锚栓的选用类型也不同。

各类锚栓的适用范围，除本身性能差异外，还应考虑基材是否开裂，锚固连接的受力性质（拉、压、中心受剪、边缘受剪），被连接结构类型（结构构件，非结构构件），有无抗震设防要求等因素的综合影响，各种锚栓的适用范围如表 2-6.3-1 所示。

锚栓适用范围

表 2-6.3-1

锚栓类型	锚栓受力性质及被连接结构类型 有无抗震设防要求	受拉、边缘受剪($c<10h_{ef}$)、拉剪复合受力		非结构构件及受压、中心受剪、压剪复合受力的结构构件
		结构构件及生命线工程非结构构件	非结构构件	
膨胀型锚栓	有	×	○	○
	无	×	○	○
扩孔型锚栓	有	×	○	○
	无	×△	○	○
粘结型锚栓	有	×	×	△
	无	×	×△	○
化学植筋	有	○	○	○
	无	○	○	○
混凝土螺钉	有	×	○	○
	无	×	○	○
射钉及混凝土钉	有	×	△	△
	无	×	△	○

注：○适用，×不适用，△有条件适用。

1. 有条件应用是指该锚栓的锚固性能除满足相应产品标准及工程实际要求外，还应有充分的试验依据、可靠的构造措施和工程经验，并经国家指定的机构技术认证许可。

2. 粘结型锚栓除专用开裂粘结型锚栓外，一般粘结型锚栓不宜用于开裂混凝土基材之非结构构件的后锚固连接。

3. c 为锚栓至构件边的距离，h_{ef} 为锚栓的有效埋深。有抗震设防要求的锚固连接所用之锚栓，应选用化学植筋、专用开裂粘结型锚栓和能防止膨胀片松弛的扩孔型锚栓或扭矩控制式膨胀型锚栓，不应选用锥体与套筒分离的位移控制式膨胀型锚栓。

6.3.2 后锚固技术的工程应用

近年来，伴随着经济的发展和社会需求的提高，建筑工程中遇到越来越多的结构翻新、建筑用途和使用功能的改变、建筑的改扩建及大量新建工程施工的需要，后锚固技术的研究及应用变得越来越重要。过去在结构施工中设置预埋件的做法已经很难满足建筑功能的需要，并造成很大的人力、财力、物力的浪费。而使用后锚固技术可以在已有的混凝土梁、板、柱、剪力墙，或已砌成的墙体上进行锚固，这可以大大简化施工方法和加快施工进度，节省大量人力和物力，且不必考虑在浇筑混凝土时产生的应力及预埋件的位置等问题，特别在对已有混凝土结构的改建、扩建、装饰工程施工中，混凝土后锚固技术的应用越来越现出卓越的地位，发挥其优越的作用。

后锚固技术在实际工程中的应用领域十分广泛，在新建工程中后锚固技术的应用可简化施工程序，在房屋的扩建和改建中，其作用更是举足轻重。后锚固技术不仅可在新建工程、房屋改扩建工程中应用，还可广泛应用于设备安装、幕墙安装、桥梁、港口、码头、隧道和地下结构等。

213

在工程实际中，后锚固技术主要应用于以下几个方面。

1. 混凝土本体加固用作剪力键

在实际工程中，经常遇到由于改变使用功能或其他原因而导致作用在混凝土构件上的荷载增加，从而需要加大混凝土构件的断面，即混凝土本体加固，例如对混凝土梁、混凝土柱或混凝土基础进行截面增大。

混凝土本体加固效果的关键是保证新、旧混凝土紧密结合，协同工作。为了提高新旧混凝土的结合效果，增强新旧混凝土界面的抗剪能力，工程中经常采用的有效措施就是在混凝土结合面上设置膨胀锚栓、植短钢筋，起剪力键的作用，增大截面的抗剪承载力。

2. 混凝土加大截面加固新增钢筋的锚固

钢筋混凝土梁、板、柱当截面承载力不能满足承载力要求时，当其他加固方法不适用时，可采用加大截面法加固。

增大截面法加固具有工艺简单、使用经验丰富、受力可靠、加固费用低廉等优点，很容易为人们所接受，但它的固有缺点，如湿作业工作量大、养护期长、占用建筑空间较多等，也使得其应用受到限制，目前该方法主要集中在一般结构的梁、板、柱上。

增大截面法加固设计中，新增钢筋一般采用化学植筋技术锚固在既有结构的基础、梁、柱中。为了保证新旧混凝土界面的粘结强度，一般采用植入剪切-摩擦筋来改善结合面的粘结抗剪和抗拉能力，因此必须保证基材能够为植筋提供足够的锚固力。

3. 混凝土梁锚栓-钢板法加固

随着锚栓质量性能的不断提高、锚栓相关设计方法及产品检验标准不断完善、锚栓的使用范围亦越来越广泛，一种新型的加固方法——锚栓-钢板加固法也开始被应用于工程实践。

混凝土结构采用粘钢、碳纤维布加固有其局限性，特别是混凝土强度、环境因素的影响往往限制了上述方法的采用，主要原因是不能保证粘结效果，以及环境对粘结剂耐久性的影响，这时可以采用锚栓-钢板法进行加固。

锚栓-钢板加固法的应用原理是用锚栓将钢板固定于混凝土构件表面或局部需加载部位，以提高结构构件的承载力，它的特点是适用范围广、施工方便、工期短、造价较低廉和质量可靠、基本不增加结构荷载等优点，也适用于抗剪加固。

大量的试验和理论分析表明，采用锚栓-钢板加固法能有效避免粘贴钢板法加固中易出现的钢板与混凝土剥离的脆性破坏，同时还可以有效地保护原有构件的混凝土，抑制了裂缝的发展，及提高其刚度和抗裂能力。采用锚栓-钢板加固法效果取决于锚栓根数（总抗剪承载力），但是，加固的效果取决于钢板的强度。

4. 后砌墙体与混凝土结构的连接

为了保证混凝土结构的抗震性能，使得结构能够抵抗不均匀沉降，必须保证混凝土结构中的填充墙与主体结构共同工作，在填充墙体和主体结构之间设置拉结钢筋是一种常见的有效方法。通过设置拉结钢筋还有助于抵抗混凝土和砌体的差异变形。

随着后锚固技术的发展，目前多数混凝土结构施工中拉结钢筋都采用植筋的方法进行设置。采用植筋方法施工简单，不需要对混凝土构件表面进行剔凿，因而在工程实际中得到了广泛的应用。

5. 砌体与砌体的连接加固

在以往老旧房屋的施工中，很多纵横墙的交接处、房屋的转角处没有接槎或接槎不规范，在基础不均匀沉降、振动等的影响下会沿接槎发生开裂。

不考虑其他方面缺陷，如果仅对接槎处的裂缝进行加固处理，采用植筋方法是一种有效的手段。

6.4 后锚固连接的施工质量控制

6.4.1 后锚固连接的施工工艺

由于工作原理不同，植筋(包括全螺纹螺杆)和锚栓的施工工序存在明显的区别。

1. 植筋工程

植筋工程的施工顺序如图 2-6.4-1 所示。

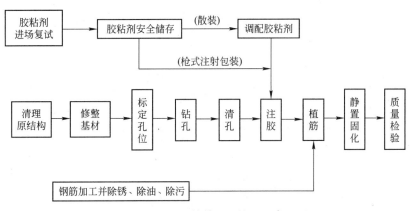

图 2-6.4-1 植筋工程施工工序

2. 锚栓连接

施工工艺流程如下：

熟悉现场/图纸→测量放初始定位线→确定锚孔位置→钻孔→清孔→隐蔽工程验收→钢筋处理→安装后置埋件→测试→单项验收。

在整个施工工艺流程中，由于钻孔和后置埋件的安装受施工质量的影响最大，因而对后锚固连接的影响最大。

(1) 钻孔

在进行钻孔之前，采用电磁感应法或现场剔凿，确定构件内部钢筋位置，在钻孔操作中要避开钢筋位置，防止切断或破坏钢筋。

在施工过程中，一般都是采用电锤或水钻进行钻孔。采用水钻进行施工时，钻孔完毕用清水对钻孔进行清洗。当原构件混凝土质量较差，构件内部可能存在裂缝时，为了防止施工时产生的振动对原构件造成破坏，建议采用水钻进行钻孔。

后锚固连接的锚孔应该符合设计或产品安装说明书的要求。钻孔施工完毕，应检查锚孔的直径、深度和垂直度是否符合相关要求，当无具体要求时，应符合相关规程和规范的要求。目前，《混凝土结构后锚固技术规程》JGJ 145—2004、《建筑结构加固工程施工质量验收规范》GB 50550—2010 和《混凝土结构工程无机材料后锚固技术规程》JGJ/T 271—2012 等对锚孔的质量和直径偏差的规定存在差别，具体如表 2-6.4-1 所示。

锚孔质量要求　　　　　　　表 2-6.4-1

项目		《混凝土结构后锚固技术规程》JGJ 145—2004	《建筑结构加固工程施工质量验收规范》GB 50550—2010		《混凝土结构工程无机材料后锚固技术规程》JGJ/T 271—2012
锚孔深度（mm）	锚栓	≥0，且≤10	≥0，且≤5		
	扩孔型锚栓的扩孔	≥0，且≤5	/		/
	化学植筋	≥0，且≤20	基础	+20.0	≥10，且≤30
			上部结构	+10.0	
			连接节点	+5.0	
垂直度允许偏差	锚栓	5°	2.0%		
	化学植筋	5°	基础	50mm/m	/
			上部结构	30mm/m	
			连接节点	10mm/m	
位置允许偏差（mm）	锚栓	5	5		10
	化学植筋		基础	10	
			上部结构	5	
			连接节点	5	

锚孔直径允许公差（mm）

		锚栓直径	允许公差	锚栓直径	允许公差	锚栓直径	允许公差	锚栓直径	允许公差	JGJ/T 271—2012
锚孔直径允许公差（mm）	锚栓	6～10	≤+0.4	12～18	≤+0.50	≤14	≤+0.3	24～28	≤+0.5	≥0，且≤5
		20～30	≤+0.6	32～37	≤+0.70	16～22	≤+0.4	30～32	≤+0.6	
		≥40	≤+0.8							
	化学植筋					<14	≤+1.0	22～32	≤+2.0	
						14～20	≤+1.5	34～40	≤+2.5	

钻孔完毕，对于膨胀型锚栓和扩孔型锚栓的锚孔，应用空压机或手动气筒吹净孔内粉屑；对于化学锚栓和化学植筋的锚孔，应先用空压机或手动气筒彻底吹净孔内碎渣和粉尘，做到孔内无明显浮尘，再用脱脂棉沾丙酮擦拭孔道，并保持孔道清洁、干燥。

采用无机材料进行后锚固施工时，锚孔的孔壁宜潮湿，但锚孔内不得有水。

对于施工中造成的废孔，应采用化学锚固胶或高强度等级的树脂水泥砂浆填实。

（2）后置埋件的安装

对于不同种类的后置埋件，施工工艺流程基本是类似的，但是由于不同种类的锚栓工作原理不同，锚栓的安装和锚固存在差别。

锚栓的安装方法，应根据设计选型及连接构造的不同，采用预插式安装、穿透式安装或离开基面的安装，如图 2-6.4-2 所示。锚栓安装前，应彻底清除表面附着物、浮锈和油污。

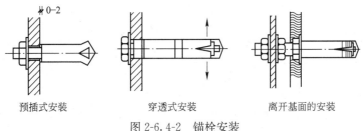

预插式安装   穿透式安装   离开基面的安装

图 2-6.4-2 锚栓安装

  化学锚栓和植筋的安装流程比较复杂，基本流程如图 2-6.4-3 所示。由于锚固胶在高温下容易发生破坏，使得锚固力降低，因此在施工中对成批的植筋应坚持先焊接后植筋的原则，如果个别钢筋确实需要后焊时，除应采取断续施焊的降温措施外，尚应控制施焊部位与胶孔顶面的距离，并采取有效的降温措施，如用冰水浸渍多层湿毛巾包裹在植筋外露的根部。

  注胶时选用的注胶方式应不妨碍孔中的空气排出，注胶量以植入钢筋后有少许胶溢出为宜。注胶以后应立即插入钢筋，并按单一方向边转边插，直至达到规定的深度，并且要及时校正方向，使植入的钢筋与孔壁间的间隙均匀，保证锚固效果。

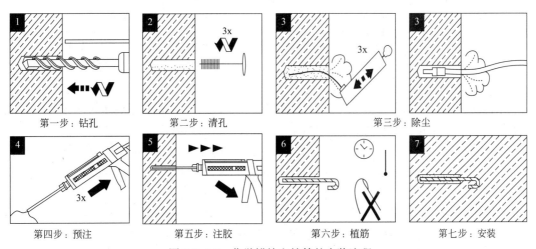

第一步：钻孔   第二步：清孔   第三步：除尘

第四步：预注   第五步：注胶   第六步：植筋   第七步：安装

图 2-6.4-3 化学锚栓和植筋的安装流程

6.4.2 后锚固施工的质量控制要点

1. 基材要求

  作为后锚固连接的母体——基材混凝土构件和砌体构件应坚实、坚固、可靠，相对于被连接件，应具有较大体量；同时，基材结构本身尚应具有相应的安全余量，以承担被连接件所产生的附加内力和全部附加荷载，并获得较高锚固力。

  存在严重缺陷和材料强度等级较低的基材，锚固承载力也低，可靠性也很低。连接结构的荷载通过锚栓的机械内锁、摩擦、粘结等作用传递到基材上，一般情况下，荷载的传递主要依靠基材——混凝土或砌体的抗拉能力。因此，现行规范对结构基材有明确要求，风化混凝土和砌体、严重裂损混凝土和砌体、不密实混凝土、结构抹灰层、装饰层等，均不得作为锚固基材，各种规范具体要求如表 2-6.4-2 所示。

现行各规范对锚固基材的要求　　　　　　　　　　表 2-6.4-2

规范名称	对基材的要求
《混凝土结构后锚固技术规程》JGJ 145—2004	3.1.1 混凝土基材应坚实，且具有较大体量，能承担对被连接件的锚固和全部附加荷载。 3.1.2 风化混凝土、严重裂损混凝土、不密实混凝土、结构抹灰层，装饰层等，均不得作为锚固基材。 3.1.3 基材混凝土强度等级不应低于 C20。基材混凝土强度指标及弹性模量取值应根据现场实测结果按现行国家标准《混凝土结构设计规范》GB 50010—2010 确定
《混凝土结构加固设计规范》GB 50367—2006	12.1.2 采用植筋技术时，原构件的混凝土强度等级应符合下列规定： 1. 当新增构件为悬挑结构构件时，其原构件混凝土强度等级不得低于 C25；2. 当新增构件为其他结构构件时，其原构件混凝土强度等级不得低于 C20。 12.1.3 采用植筋锚固时，其锚固部位的原构件混凝土不得有局部缺陷。若有局部缺陷，应先进行补强或加固处理后再植筋。 13.1.2 混凝土结构采用锚栓技术时，其混凝土强度等级：对重要构件不应低于 C30 级；对一般构件不应低于 C20 级
《混凝土结构工程无机材料后锚固技术规程》JGJ/T 271—2012	3.0.4 基体应密实，后锚固区域不应有裂缝、风化等劣化现象，并应能承担锚筋传递的作用。 3.0.5 基体混凝土实测强度不宜低于 20MPa，且不应低于 15MPa

2. 锚栓材质及力学性能

结构所用锚栓的材质可为碳素钢、不锈钢或合金钢，应根据环境条件的差异及耐久性要求的不同，选用相应的品种，并符合国家相关规范和标准的要求。

锚栓的性能应符合中华人民共和国建筑工业行业标准《混凝土用膨胀型、扩孔型建筑锚栓》JG 160—2004 的相关规定。锚栓材料性能等级及机械性能指标，主要按国家标准《紧固件机械性能—螺栓、螺钉和螺柱》GB 3098.1—82 确定。

化学植筋的钢筋及螺杆，应采用 HRB400 级和 HRB335 级带肋钢筋及 Q235 和 Q345 钢螺杆。钢筋的强度指标按现行国家标准《混凝土结构设计规范》GB 50010—2010 规定采用，锚栓弹性模量可取 $E_s = 2.0 \times 10^5 \text{MPa}$。

3. 锚固胶的质量

化学植筋的锚固性能主要取决于锚固胶(又称胶粘剂、粘结剂)和施工方法，化学植筋所用锚固胶的锚固性能应通过专门的试验确定。对获准使用的锚固胶，除说明书规定可以掺入定量的掺和剂(填料)外，现场施工中不宜随意增添掺料。

锚固胶按使用形态的不同分为管装式、机械注入式和现场配制式，应根据使用对象的特征和现场条件合理选用。

目前，我国使用最广的锚固胶是环氧基锚固胶，相关规范和规程对环氧基锚固胶的性能指标及使用条件提出了要求。其他品种的锚固胶，主要指无机锚固胶和进口胶，其性能应由厂家通过专门的试验确定和认证，并满足规范要求。

6.5　后锚固连接的设计原则与破坏类型

6.5.1　后锚固的设计原则

目前我国后锚固连接设计计算较为混乱，有经验法、容许应力法、总安全系数法及极限状态法等多种方法。

《混凝土结构后锚固技术规程》JGJ 145—2004 根据国家标准《建筑结构可靠度设计统一标准》GB 500681—2001，参考《混凝土用锚栓欧洲技术批准指南》（ETAG），采用了以试验研究数据和工程经验为依据，以分项系数为表达形式的极限状态设计方法。

后锚固连接破坏型态多样且复杂，相对于结构，失效概率较大，所以应设置安全等级。根据锚固连接破坏后果的严重程度，《混凝土结构后锚固技术规程》JGJ145-2004 将后锚固连接的安全等级分为二级。混凝土结构后锚固连接设计，应按表 2-6.5-1 的规定采用相应的安全等级，但不应低于被连接结构的安全等级。

锚固连接安全等级　　　　　　　　　　　　　　　　表 2-6.5-1

安全等级	破坏后果	锚固类型
一级	很严重	重要的锚固
二级	严重	一般的锚固

所谓重要的锚固，是指后接大梁、悬臂梁、桁架、网架，以及大偏心受压柱等结构构件及生命线工程非结构构件之锚固连接，这些锚固连接一旦失效，破坏后果很严重，故定为一级。一般锚固，是指荷载较轻的中小型梁板结构，以及一般非结构件的锚固连接，此种锚固连接失效，破坏后果远不如一级严重，故定为二级。锚固连接的安全等级宜与整个被连接结构的安全等级相应或略高，即锚固设计的安全等级及取值，应取被连接结构和锚固连接二者中的较高值。

后锚固连接设计全过程，应按图 2-6.5-1 框图进行。基本程序为：分析基材性能特征→选定锚栓品种及相关锚固参数→锚栓内力分析→锚固抗力计算→承载力分析→锚固设计完成。为获得最佳方案，其中的个别环节，有时需要作多次反复调整和修正。

为了使锚固设计更经济合理，后锚固连接设计所采用的设计基准期 T，应与整个被连接结构的设计基准期一致，显然，它比新建工程所规定的设计基准期短。

对于有抗震设防要求的建筑，规范明确规定在考虑地震作用的结构中严禁采用膨胀型锚栓作为承重构件的连接件。当在地震区承重结构中采用锚栓时，应采用加长型后扩底锚栓，且仅允许用于设防烈度不高于 8 度、建于 I、II 类场地的建筑物；定型化学锚栓仅允许用于设防烈度不高于 7 度的建筑物。建议选用化学植筋和能防止膨胀片松弛的扩孔型锚栓或扭矩控制式膨胀型锚栓，不应选用锥体与套筒分离的位移控制式膨胀型锚栓；后锚固连接宜布置在构件的受压区、非开裂区，不应布置在素混凝土区；对于高烈度区一级抗震之重要结构构件的锚固连接，宜布置在有纵横钢筋环绕的区域；后锚固连接应合理选择锚固深度、边距、间距等锚固参数，或采用有效的隔震和消能减震措施。抗震锚固连接锚栓的最小有效锚固深度宜满足有关标准的规定。

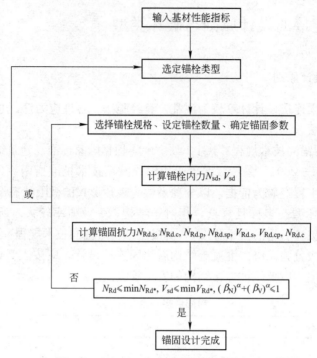

图 2-6.5-1　后锚固连接设计全过程

6.5.2　后锚固系统的破坏形式

　　后锚固系统的破坏类型与锚栓品种、锚固参数、基材性能及作用力性质等因素有关，后锚固连接设计，应根据被连接结构类型、锚固连接受力性质及锚栓类型的不同，对其破坏型态加以控制，最大限度地提高锚固连接的安全可靠性及使用合理性。

　　进行后锚固设计时，锚栓承受的荷载主要有拉力、剪力、拉剪组合以及弯矩、扭矩等，这些荷载可能是静荷载，也可能是动荷载。一般情况下后装膨胀锚栓不承受压力，粘结锚栓和后切式锚栓除外，遇到压力荷载作用时，受压的荷载有三种承担方式，分别为从锚板传递到基材上(图 2-6.5-2a)、由垫圈传递到基材上(图 2-6.5-2b)或由锚栓传递受压荷载(图 2-6.5-2c)。

　　荷载作用下，后锚固连接有锚栓或锚筋钢材破坏、混凝土基材破坏及锚栓拔出破坏(包括机械锚栓的拔出破坏、化学锚栓和化学植筋的拔出破坏)等三种破坏模式。

　　1. 锚栓或锚筋钢材破坏

　　锚栓或锚筋钢材破坏分为拉断破坏、剪坏及拉剪复合受力破坏(图 2-6.5-3)，主要发生在锚固深度 h_{ef} 超过临界深度 h_{cr} 时，或混凝土强度较高，或锚固区钢筋密集，或锚栓、锚筋材质强度较低或有效截面偏小时。此种破坏，一般具有明显的塑性变形，破坏荷载离散性较小。

　　根据《建筑结构可靠度设计统一标准》，对受拉、边缘受剪、拉剪复合受力的结构构件及生命线工程非结构构件的锚固连接，宜控制为锚栓或锚筋钢材破坏，不应控制为混凝土基材破坏。

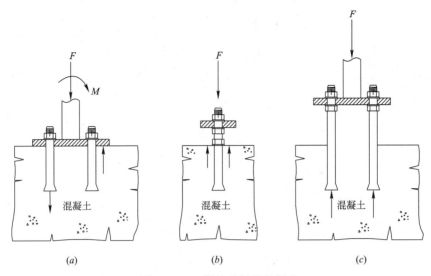

图 2-6.5-2　锚栓承担荷载类型

(a)荷载由锚板承担；(b)荷载由垫圈承担；(c)锚栓传递受压荷载

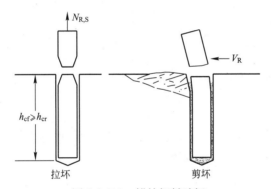

图 2-6.5-3　锚栓钢材破坏

2. 基材混凝土破坏

后锚固连接发生混凝土基材破坏，主要有四种形式。

(1) 拉力作用下混凝土锥体破坏

锚栓受拉时混凝土基材形成以锚栓为中心的倒锥体破坏形式称为混凝土锥体破坏。

当锚栓受拉时，形成以锚栓为中心的一定深度的混凝土锥体受拉破坏(图 2-6.5-4a)，或受拉锥体与拔出混合型破坏(图 2-6.5-4b)。

锥体的直径和形状与锚栓种类及基材配筋情况有关，对于膨胀型锚栓和扩孔型锚栓，破坏锥体一般较大，锥顶一般位于锚栓膨胀扩大头处，锥径约三倍锚固深度($3h_{ef}$)(图 2-6.5-4b)。

化学植筋和粘结型锚栓受拉时形成以基材表面混凝土锥体及深部粘结拔出之组合破坏形式的锥体一般较小，锥顶位于约 $h_{ef}/3$ 处，锥径约一倍锚深，其余 $2h_{ef}/3$ 为粘结拔出(图 2-6.5-4c)。

化学植筋或粘结型锚栓受拉时，形成上部锥体及深部粘结拔出之混合破坏形式。当锚固深度小于钢材拉断之临界深度时($h_{ef} < h_{cr}$)，一般多发生混合型破坏。

221

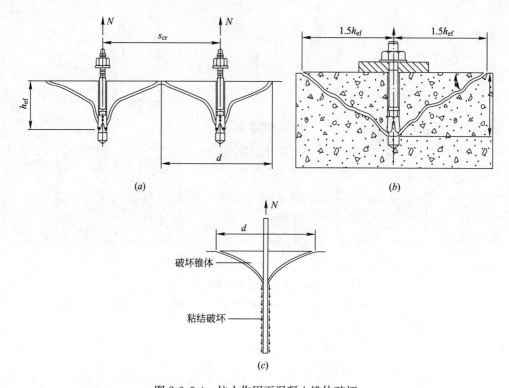

图 2-6.5-4　拉力作用下混凝土锥体破坏

（a）混凝土锥体受拉破坏；（b）混凝土锥体受拉与拔出混合型破坏；（c）混合型受拉破坏

（2）剪力作用下混凝土边缘破坏

当锚栓受剪时，基材边缘受剪，形成以基材边缘的锚栓轴为顶点的混凝土楔形体受剪破坏（图 2-6.5-5），称为混凝土边缘破坏。

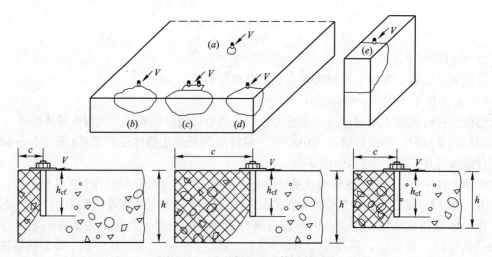

图 2-6.5-5　混凝土楔形体受剪破坏

楔形体大小和形状与边距 C、锚深 h_{ef} 及锚栓外径 d_{nom} 或 d 有关。

（3）剪撬破坏

当锚栓中心受剪时，基材混凝土沿与剪力反方向被锚栓撬坏（图 2-6.5-6）。

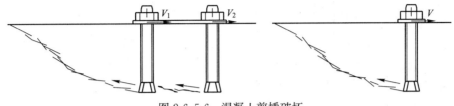

图 2-6.5-6　混凝土剪撬破坏

基材中部锚栓受剪时，形成基材局部混凝土沿剪力反方向被锚栓撬坏的破坏形式。剪撬破坏一般发生在埋深较浅的粗短锚栓情况。

（4）劈裂破坏

当群锚受拉时，混凝土受锚栓的胀力产生沿锚栓连线的劈裂破坏（图 2-6.5-7）。

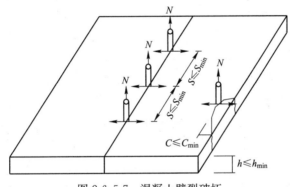

图 2-6.5-7　混凝土劈裂破坏

基材混凝土因锚栓的膨胀挤压，形成沿锚栓轴线或群锚轴线连线之胀裂破坏形式，称为劈裂破坏。劈裂破坏与锚栓类型、边距 c、间距 s 及基材厚度 h 有关。

基材混凝土破坏，尤其是第一、第二种破坏是锚固破坏的基本形式，特别是短粗的机械锚栓；此种破坏表现出一定脆性，破坏荷载离散性较大。对于结构构件及生命线工程非结构构件后锚固连接设计，宜避免这种破坏形式。

3. 拔出破坏

（1）机械锚栓拔出破坏

对机械锚栓有两种破坏形式，一种是锚栓受拉时整个锚栓从锚孔中整体拔出（图 2-6.5-8），称为拔出破坏。另一种是膨胀型锚栓受拉时，螺杆从膨胀套筒中穿出，而膨胀套筒（或膨胀片）仍留在锚孔中（图 2-6.5-9），称为穿出破坏。

拔出破坏主要是施工安装方法不当，如钻孔过大，锚栓预紧力不够等情况，拔出破坏承载力很低，离散性大，难于统计出有用的承载力指标。

穿出破坏是锚栓常见破坏现象，主要原因是锚栓设计构造不合理，如锚栓套筒或膨胀片材质过软，壁厚过薄，接触表面过于光滑等，因穿出破坏缺乏系统试验统计数据，其承载力只能由厂家提供，且荷载变形曲线存在一定滑移。

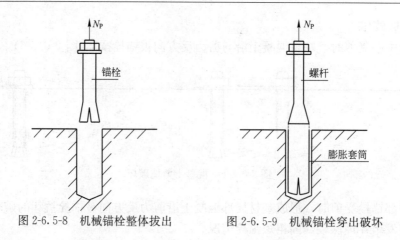

图 2-6.5-8　机械锚栓整体拔出　　　图 2-6.5-9　机械锚栓穿出破坏

对于整体拔出破坏，由于承载力很低，且离散性大，很难统计出有用的承载力设计指标，因此不允许发生。至于穿出破坏，偶发性检验表明虽具有一定承载力，但缺乏系统的试验统计数据供应用，且变形曲线存在较大滑移，对于结构构件受拉、边缘受剪、拉剪复合受力之锚固连接，宜避免发生，一旦发生应通过承载力现场检验予以评定，且检验数量加倍，以保证应有的安全可靠性。

对于膨胀型锚栓及扩孔型锚栓锚固连接，不应发生整体拔出破坏，不宜产生锚杆穿出破坏。

(2)粘结型锚栓、植筋和植螺杆的界面破坏

粘结性锚栓、植筋和植螺杆的界面破坏有两种形式，一种是沿胶粘剂与钢筋界面之拔出破坏形式(图 2-6.5-10)，称为胶筋界面破坏。胶筋界面破坏多发生在粘结剂强度较低，基材混凝土强度较高，锚固区配筋较多，钢筋表面较为光滑等情况。

另一种是沿胶粘剂与混凝土孔壁界面之拔出破坏形式(图 2-6.5-11)，称为胶混界面破

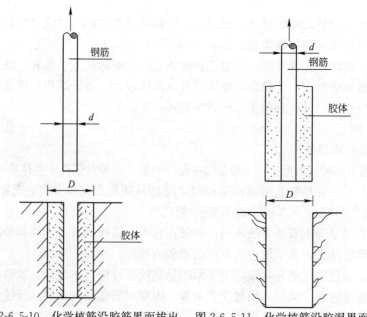

图 2-6.5-10　化学植筋沿胶筋界面拔出　　图 2-6.5-11　化学植筋沿胶混界面拔出

坏。胶混界面破坏主要发生在锚孔表面处理不当,如未清孔(存在大量灰粉),孔道过湿,孔道表面被油污等。

拔出破坏多发生在锚深过浅时,其性能远不如钢材破坏好。对化学植筋,不论是结构构件或非结构构件,应避免发生拔出破坏;对于粘结型锚栓,因长度有限,当为受拉、边缘受剪、拉剪复合受力之结构构件,宜避免发生拔出破坏。

对于满足锚固深度要求的化学植筋及长螺杆,不应产生混凝土基材破坏及拔出破坏(包括沿胶筋界面破坏和胶混界面破坏)。

(3)破坏类型及影响因素总结

现将锚栓类型及相应的锚栓破坏类型、破坏荷载、影响破坏荷载的因素、常发生的场合归纳为表 2-6.5-2。

锚栓破坏类型及影响因素　　　　　　　　表 2-6.5-2

破坏类型	锚栓类型	破坏荷载	影响破坏荷载因素	常发生场合
锚栓或锚筋钢材破坏(拉断破坏、剪破坏、拉剪破坏等)	膨胀型锚栓 扩孔型锚栓 化学植筋	有塑性变形,破坏荷载一般较高、离散性小	锚栓或植筋本身性能为主要控制因素	锚固深度较深、混凝土强度高、锚固区钢筋密集、锚栓或锚筋材质差以及有效截面面积小
混凝土锥体破坏	膨胀型锚栓 扩孔型锚栓	破坏为脆性,离散性大	混凝土强度、锚固深度	机械锚固受拉场合,特别是粗短锚固
混合破坏形式	化学植筋 粘结锚固	脆性比混凝土锥体破坏小,锚固件有明显位移	锚固深度、胶粘剂性能以及混凝土强度	锚固深度小于临界深度
混凝土边缘破坏	机械锚固 化学植筋	楔体形破坏,锚固件位置有一定偏移	边距、锚固深度、锚栓外径、混凝土抗剪强度	机械锚固受剪且距边缘较近的场合
剪撬破坏	机械锚固 化学植筋	锚固件位置有一定偏移	锚栓类型、混凝土抗剪强度	基材中部受剪,一般为粗短锚栓
劈裂破坏	群锚	脆性破坏,本质为混凝土抗拉破坏	锚栓类型、边距、间距、基材厚度	锚栓轴线或群锚轴线连线
拔出破坏	机械锚固	承载力低、离散性大	施工质量	施工安装
穿出破坏	膨胀型锚栓	离散性较大、脆性破坏	锚栓质量	膨胀套筒材质软或薄、接触面过于光滑
胶筋界面破坏	化学植筋	脆性破坏	锚固胶质量、钢筋表面胶粘剂强度低、施工质量、混凝土强度高、钢筋密集、钢筋表面光滑	锚孔质量、混凝土强度
胶混界面破坏	化学植筋	脆性破坏	锚孔质量、混凝土强度	除尘干燥、混凝土强度低的锚孔表面

6.6　后置埋件的现场检测

6.6.1　基本规定

在混凝土后锚固工程中，为确定后置埋件在承载能力极限状态和正常使用极限状态下的力学性能，保证建筑锚栓的施工质量和相关建筑物的安全使用，必须进行后置埋件的力学性能现场抽样检测。

后置埋件力学性能的现场检验可分为非破坏性检验和破坏性检验。对于一般结构及非结构构件，可采用非破坏性检验；对于重要结构构件及生命线工程非结构构件应采用破坏性检验，但必须注意做破坏性试验时应选择修补容易、受力较小的次要部位，主要包括重要结构构件、悬挑结构构件、对工程锚固质量有怀疑和需要进行仲裁性检验的构件。

由于目前我国规范只是对锚固件抗拔承载力的现场抽样检验作出了明确规定，本章节内容仅限于锚固件的抗拔承载力的现场抽样检验。

6.6.2　检测依据

目前，我国现行的涉及后置埋件锚固力现场检测的规范和规程如下：

《混凝土结构后锚固技术规程》JGJ 145—2013；

《建筑结构加固工程施工质量验收规范》GB 50550—2010；

《混凝土结构工程无机材料后锚固技术规程》JGJ/T 271—2012。

6.6.3　仪器设备

一般情况下，后置埋件锚固力的现场检测所用仪器设备主要有拉拔仪、抗剪仪、x-y记录仪、电子荷载位移测量仪、电子荷载位移测量仪和电脑等。各规范和规程对仪器设备均作出详细要求，对于仪器设备的加荷能力、支撑内环直径等要求也不尽相同，具体内容如下：

1. 设备的加荷能力

为了保证检测过程中施加的荷载能够达到试验荷载，设备必须具有足够的加荷能力。

《混凝土结构后锚固技术规程》JGJ 145—2013 第 C.3.1 条规定：

C.3.1　现场检测用的加荷设备，可采用专门的拉拔仪，应符合下列规定：

1　设备的加荷能力应比预计的检验荷载值至少大 20%，且不大于检验荷载的 2.5 倍，应能连续、平稳、速度可控地运行。

《建筑结构加固工程施工质量验收规范》GB 50550—2010 第 W.3.1 条规定：

W.3.1　现场检测用的加荷设备，可采用专门的拉拔仪或自行组装的拉拔装置，但应符合下列要求：

1　设备的加荷能力应比预计的检验荷载值至少大 20%，且应能连续、平稳、速度可控地运行。

《混凝土结构工程无机材料后锚固技术规程》JGJ/T 271—2012 第 A.2.2 条规定：

A.2.2　测力系统应符合下列规定：

1　压力表和千斤顶的量程应为最大试验荷载的(1.5~5.0)倍。

对比上述规定，不同的规范对加荷设备加荷能力的要求有明显的差异，《混凝土结构后锚固技术规程》JGJ 145—2013 对加荷设备的要求相对于其他规范更为严格。因此，在检测过程中要根据检测所依据的规范和规程选用不同的加荷设备。

2. 压力表和系统整机允许偏差

众所周知，所有的测试仪器都存在偏差，在一定范围内的偏差是允许存在的。当偏差过大时，会影响检测结果以及后续的判定。因此，为了保证检测结果的有效性，必须对压力表和系统整机允许偏差进行规定。

《混凝土结构后锚固技术规程》JGJ 145—2013 第 C.3.1 条规定如下：

2　加载设备应能够按照规定的速度加载，测力系统整机允许偏差为全量程的±2%。

《建筑结构加固工程施工质量验收规范》GB 50550—2010 第 W.3.1 条规定：

2　设备的测力系统，其整机误差不得超过全量程的±2%，且应具有峰值贮存功能。

《混凝土结构工程无机材料后锚固技术规程》JGJ/T 271—2012 第 A.2.2 条对持荷过程中的降荷值没有明确规定，但是对压力表的精度有明确的规定，其规定如下：

1　压力表精度不应低于 1.5 级；

2　压力系统整机误差应为±2%F.S。

3. 持荷过程中的降荷值

在检测过程中，当加荷达到检验荷载值时，在持荷过程中可能会出现降荷现象。《混凝土结构后锚固技术规程》JGJ 145—2013 和《建筑结构加固工程施工质量验收规范》GB 50550—2010 对降荷值的规定基本是一致的，《混凝土结构工程无机材料后锚固技术规程》JGJ/T 271—2012 对降荷值没有明确规定。

《混凝土结构后锚固技术规程》JGJ 145—2013 第 C.3.1 条规定：

3　设备的液压加荷系统持荷时间不超过 5min 时，其降荷值不应大于 5%。

《建筑结构加固工程施工质量验收规范》GB 50550—2010 第 W.3.1 条规定：

3　设备的液压加荷系统在短时(≤5min)保持荷载期间，其降荷值不得大于 5%。

4. 拉伸荷载方向

只有当拉伸荷载的方向与后锚固构件的轴线一致时，加荷设备才能够显示后锚固件的真实锚固力。各规范和规程对拉伸荷载方向的规定基本是一致的。

《混凝土结构后锚固技术规程》JGJ 145—2013 第 C.3.1 条规定：

4　加载设备应能够保证所施加的拉伸荷载始终与后锚固构件的轴线一致。

《建筑结构加固工程施工质量验收规范》GB 50550—2010 第 W.3.1 条规定：

4　设备的夹持器应能保持力线与锚固件轴线的对中。

《混凝土结构工程无机材料后锚固技术规程》JGJ/T 271—2012 规定：

A.3.2　抗拔承载力检验的支撑环应紧贴基体，保证施加的荷载直接传递至被检验锚筋，且荷载作用线应与被检验锚筋的轴线重合。

5. 支撑环内径 D_0

加荷设备的支撑点与锚栓之间的净间距对基材混凝土的破坏影响较大，为了保证基材混凝土的破坏不受约束，避免影响检测的结果，必须对加载设备的支撑环的直径作出明确的要求。

《混凝土结构后锚固技术规程》JGJ 145—2013 对现场检测仪器的具体要求如下：

5　加载设备支撑环内径 D_0 应符合下列规定：

1）植筋：D_0 不应小于 12d 和 250mm 的较大值；

2）膨胀型锚栓和扩底型锚栓：D_0 不应小于 $4h_{ef}$；

3）化学锚栓发生混合破坏及钢材破坏时：D_0 不应小于 12d 和 250mm 的较大值；

4）化学锚栓发生混凝土锥体破坏时：D_0 不应小于 $4h_{ef}$。

《建筑结构加固工程施工质量验收规范》GB 50550—2010 规定：

5　设备的支承点与植筋之间的净间距，不应小于 3d（d 为植筋或锚栓的直径），且不应小于 60mm；设备的支承点与锚栓的净间距不应小于 $1.5h_{ef}$（h_{ef} 为有效埋深）。

《混凝土结构工程无机材料后锚固技术规程》JGJ/T 271—2012 规定：

A.3.3　加荷设备支撑环内径 D_0 应符合下式规定：

$$D_0 \geqslant \max(7d，150mm)$$

在检测过程中，应根据后锚固件的类型、依据的标准和规程选用合适的支撑环。

6. 其他

除上述规定以外，《混凝土结构后锚固技术规程》JGJ 145—2013 和《建筑结构加固工程施工质量验收规范》GB 50550—2010 对检测重要结构锚固件连接的荷载—位移曲线的仪器设备以及仪器检定还作了详细规定，二者的规定基本是一致的。

《混凝土结构后锚固技术规程》JGJ 145—2013 规定如下：

C.3.2　当委托方要求检测重要结构锚固件连接的荷载—位移曲线时，现场测量位移的装置应符合下列规定：

1　仪表的量程不应小于 50mm；其测量的允许偏差应为 ±0.02mm；

2　测量位移装置应能与测力系统同步工作，连续记录，测出锚固件相对于混凝土表面的垂直位移，并绘制荷载—位移的全程曲线。

C.3.3　现场检验用的仪器设备应定期由法定计量检定机构进行检定。遇到下列情况之一时，还应重新检定：

1　读数出现异常；

2　拆卸检查或更换零部件后。

（2）《建筑结构加固工程施工质量验收规范》GB 50550—2010 对性如下：

W.3.2　当委托方要求检测重要结构锚固件连接的荷载—位移曲线时，现场测量位移的装置，应符合下列要求：

1　仪表的量程不应小于 50mm；其测量的误差不应超过 ±0.02mm；

2　测量位移装置应能与测力系统同步工作，连续记录，测出锚固件相对于混凝土表面的垂直位移，并绘制荷载—位移的全程曲线。

注：若受条件限制，允许采用百分表，以手工操作进行分段记录。此时，在试样到达荷载峰值前，其位移记录点应在 12 点以上。

W.3.3　现场检验用的仪器设备应定期送检定机构检定。若遇到下列情况之一时，还应及时重新检定：

1　读数出现异常；

2　被拆卸检查或更换零部件后。

6.6.4　抽样规则

目前现场检测一般都是采取随机抽样方法进行抽样。随机抽样方法很多，有一次随机抽样法、二次随机抽样法和机械随机抽样法，各规范和规程都对抽样方法进行了详细规定。

(1)《混凝土结构后锚固技术规程》JGJ 145—2013 对现场检测的抽样规定如下：

C.2.1　锚固质量现场检验抽样时，应以同品种、同规格、同强度等级的锚固件安装于锚固部位基本相同的同类构件为一检验批，并应从每一检验批所含的锚固件中进行抽样。

C.2.2　现场破坏性检验宜选择锚固区以外的同条件位置，应取每一检验批锚固件总数的 0.1％且不少于 5 件进行检验。锚固件为植筋且数量不超过 100 件时，可取 3 件进行检验。

C.2.3　现场非破损检验的抽样数量，应符合下列规定：

1　锚栓锚固质量的非破损检验

1)　对重要结构构件及生命线工程的非结构构件，应按表 C.2.3 规定的抽样数量对该检验批的锚栓进行检验；

重要结构构件及生命线工程的非结构构件

锚栓锚固质量非破损检验抽样表　　　　　　表 C.2.3

检验批的锚栓总数	≤100	500	1000	2500	≥5000
按检验批锚栓总数计算的最小抽样量	20％且不少于 5 件	10％	7％	4％	3％

注：当锚栓总数介于两栏数量之间时，可按线性内插法确定抽样数量。

2)　对一般结构构件，应取重要结构构件抽样量的 50％且不少于 5 件进行检验；

3)　对非生命线工程的非结构构件，应取每一检验批锚固件总数的 0.1％且不少于 5 件进行检验。

2　植筋锚固质量的非破损检验

1)　对重要结构构件及生命线工程的非结构构件，应取每一检验批植筋总数的 3％且不少于 5 件进行检验；

2)　对一般结构构件，应取每一检验批植筋总数的 1％且不少于 3 件进行检验；

3)　对非生命线工程的非结构构件，应取每一检验批锚固件总数的 0.1％且不少于 3 件进行检验。

(2)《建筑结构加固工程施工质量验收规范》GB 50550—2010 对现场检测的抽样规定如下：

W.2.1　锚固质量现场检验抽样时，应以同品种、同规格、同强度等级的锚固件安装于锚固部位基本相同的同类构件为一检验批，并应从每一检验批所含的锚固件中进行抽样。

W.2.2　现场破坏性检验的抽样，应选择易修复和易补种的位置，取每一检验批锚固件总数的 1‰，且不少于 5 件进行检验。若锚固件为植筋，且种植的数量不超过 100 件时，可取 3 件进行检验。仲裁性检验的数量应加倍。

　　W.2.3　现场非破损检验的抽样，应符合下列规定：

　　1　锚栓锚固质量的非破损检验：

　　1）对重要结构构件，应在检查该检验批锚栓外观质量合格的基础上，按表 W.2.3 规定的抽样数量，对该检验批的锚栓进行随机抽样。

重要结构构件锚栓锚固质量非破损检验抽样表　　　　　表 W.2.3

检验批的锚栓总数	≤100	500	1000	2500	≥5000
按检验批锚栓总数计算的最小抽样量	20%，且不少于 5 件	10%	7%	4%	3%

　　注：当锚栓总数介于两栏数量之间时，可按线性内插法确定抽样数量。

　　2）对一般结构构件，可按重要结构构件抽样量的 50%，且不少于 5 件进行随机抽样。

　　2　植筋锚固质量的非破损检验

　　1）对重要结构构件，应按其检验批植筋总数的 3%，且不少于 5 件进行随机检验。

　　2）对一般结构构件，应按 1%，且不少于 3 件进行随机抽样。

　　W.2.4　当不同行业标准的抽样规则与本规范不一致时，对承重结构加固工程的锚固质量检验，必须按本规范的规定执行。

　　(3)《混凝土结构工程无机材料后锚固技术规程》JGJ/T 271—2012 对现场检测的抽样规定如下：

　　A.1.2　后锚固施工质量现场检验抽样时，应以同一规格型号、基本相同的施工条件和受力状态的锚筋为同一检验批。

　　A.1.3　锚筋抗拔承载力检验应分为破坏性检验和非破坏性检验，并应符合下列规定：

　　1　破坏性检验用于检验后不再继续工作，并与其他锚筋应处于同一施工工艺水平的锚筋；破坏性检验应按同一检验批数量的 1%，且不少于 3 根进行随机抽样；

　　2　非破坏性检验用于检验完成后仍将处于工作状态的锚筋；对于重要结构构件及生命线工程非结构构件，非破坏性检验应按同一检验批数量的 3%，且不少于 5 根进行随机抽样；对于一般构件及其他非结构构件，非破坏性检验应按同一检验批数量的 2%，且不少于 5 根进行随机抽样。

　　对于检验批的规定，三本规范和规程的规定基本是一致的。对于破坏性检验，《混凝土结构后锚固技术规程》JGJ 145—2013 和《建筑结构加固工程施工质量验收规范》GB 50550—2010 都明确规定抽取每一检验批锚固件总数的 1‰，且不少于 5 件进行检验。若锚固件为植筋，且种植的数量不超过 100 件时，可取 3 件进行检验；《混凝土结构工程无机材料后锚固技术规程》JGJ/T 271—2012 规定破坏性检验应按同一检验批数量的 1%，且不少于 3 根进行随机抽样。此外，《建筑结构加固工程施工质量验收规范》GB 50550—2010 还明确规定，仲裁性检验的数量应加倍。

　　此外，为了避免现场检测过程中各种规范和规程对抽样规定的不一致而导致的结果不同，《建筑结构加固工程施工质量验收规范》GB 50550—2010 第 W.2.4 条明确规定，当不同行业标准的抽样规则与本规范不一致时，对承重结构加固工程的锚固质量检验，必须按本规范的规定执行。

6.6.4　检测前的准备工作及现场检测条件

进行现场检测之前，要做好各项准备工作，主要内容如下：

1. 试验前应检测试验装置，使各部件均处于正常状态。

2. 位移测量仪应安装在锚栓、植筋或植螺杆根部，位移值的计算应减去锚栓、植筋或植螺杆的变形量。

3. 群锚试验时加载板的安装应确保每一锚栓的承载比例与设计要求相符。

4. 抗拔试验装置应紧固于结构部位，并保证施加的荷载直接传递至试件，且荷载作用线应与试件轴线垂直；剪切板的厚度应不小于试件的直径；剪切板的孔径应比试件直径大 1.5 ± 0.75mm，且边缘应倒角磨圆。

5. 建筑锚栓抗剪试验时，应在剪切板与结构表面之间放置最大厚度为 2.0mm 的平滑的垫片（如聚四氟乙烯），以使锚栓直接承受剪力。

6. 若试验过程中出现试验装置倾斜、结构基材边缘开裂等异常情况时，应将该试验值舍去，另行选择一个试件重新试验。

在进场检测以前，现场要满足以下条件：

1. 在工程现场外进行试验时，试件及相关条件应与工程中采用的建筑锚栓的类型、规格型号、基材强度等级、施工工艺和环境条件等相同。

2. 在工程现场检测时，当现场操作环境不符合仪器设备的使用要求时，应采取有效的防护措施。

3. 基材强度和结构胶的强度，应达到规定的设计强度等级。

4. 试件的环境温度和湿度应与给定锚固系统的参数要求相适应。

5. 试验需要等到混凝土以及锚固胶到达规定的龄期，否则，不宜试验或需要在报告中注明。

6.6.5　试验荷载

对于确定建筑锚栓的抗拔极限承载力的试验，应进行破坏性试验，即加载至建筑锚栓出现破坏形态；对于建筑锚栓的抗拔性能的工程验收性试验，应进行非破坏性试验。

在进行现场检测之前，要根据试验类型确定相应的试验荷载。

《混凝土结构后锚固技术规程》JGJ 145—2013 规定，进行非破坏性试验，荷载检验值应取 $0.9f_{yk}A_s$ 和 $0.8N_{Rk,*}$ 计算之较小值。$N_{Rk,*}$ 为非钢材破坏承载力标准值，可按本规程 6.1 节有关规定计算。非破坏性检验荷载取 $0.9f_{yk}A_s$，主要考虑的是防止钢材屈服；而取 $0.8N_{Rk,c}$，主要在于检验锚栓或植筋滑移及混凝土基材破坏前的状态。

《建筑结构加固工程施工质量验收规范》GB 50550—2010 规定，非破损检验的荷载检验值应符合下列规定：

a. 对植筋，应取 $1.15N_t$ 作为检验荷载；

b. 对锚栓，应取 $1.3N_t$ 作为检验荷载。

注：N_t 为锚固件连接受拉承载力设计值，应由设计单位提供；检测单位及其他单位均无权自行确定。

荷载检验值之所以用 $[\gamma]N_t$ 的形式表达，主要是为了要求 N_t 值应由设计单位给出，以保证检验结果的可靠性。

《混凝土结构工程无机材料后锚固技术规程》JGJ/T 271—2012 第 A.4.1 条规定，破坏性检验的检验荷载值不应小于 $1.45N_s$；非破坏性检验的检验荷载值不应小于 $1.15N_s$，其中锚筋受拉承载力设计值 N_s 应符合下式规定：

$$N_s \geqslant f_s A_s$$

式中　f_s——锚筋锚固段在承载力极限状态下的强度设计值，应由设计单位提供。设计单位未提供时，宜取 f_y；

　　　A_s——所检锚筋材料的截面面积。

对上述条文进行汇总如表 2-6.6-1 所示。

锚栓的抗拔极限承载力的检验荷载　　　　　　　　　表 2-6.6-1

序号	规范/规程	非破坏性检验荷载	破坏性检验荷载
1	《混凝土结构后锚固技术规程》JGJ 145—2013	$\min(0.9f_{yk}A_s, 0.8N_{Rk,*})$	/
2	《建筑结构加固工程施工质量验收规范》GB 50550—2010	a. 对植筋，应取 $1.15N_t$	/
		b. 对锚栓，应取 $1.3N_t$	/
3	《混凝土结构工程无机材料后锚固技术规程》JGJ/T 271—2012	不应小于 $1.45N_s$	不应小于 $1.15N_s$

6.6.6　加载方法

检验锚固拉拔承载力的加荷制度分为连续加荷和分级加荷两种，在检测过程中应根据实际条件进行选用，并符合相应的规范和规程的相关规定。

《混凝土结构后锚固技术规程》JGJ 145—2013 第 C.4.2 条和第 C.4.3 条规定如下：

C.4.2　进行非破损检验时，施加荷载应符合下列规定：

1　连续加载时，应以均匀速率在 2min～3min 时间内加载至设定的检验荷载，并持荷 2min；

2　分级加载时，应将设定的检验荷载均分为 10 级，每级持荷 1min，直至设定的检验荷载，并持荷 2min；

C.4.3　进行破坏性检验时，施加荷载应符合下列规定：

1　连续加载时，对锚栓应以均匀速率在 2min～3min 时间内加荷至锚固破坏，对植筋应以均匀速率在 2min～7min 时间内加荷至锚固破坏；

2　分级加载时，前 8 级，每级荷载增量应取为 $0.1N_u$，且每级持荷 1min～1.5min；自第 9 级起，每级荷载增量应取为 $0.05N_u$，且每级持荷 30s，直至锚固破坏。N_u 为计算的破坏荷载值。

《建筑结构加固工程施工质量验收规范》GB 50550—2010 第 W.4.1 条规定如下：

W.4.1　检验锚固拉拔承载力的加荷制度分为连续加荷和分级加荷两种，可根据实际条件进行选用，但应符合下列规定：

1　非破损检验

1）连续加荷制度

应以均匀速率在 2min～3min 时间内加荷至设定的检验荷载，并在该荷载下持荷 2min。

2）分级加荷制度

应将设定的检验荷载均分为 10 级，每级持荷 1min 至设定的检验荷载，且持荷 2min。

2　破坏性检验

1）连续加荷制度

对锚栓应以均匀速率控制在 2min～3min 时间内加荷至锚固破坏；

对植筋应以均匀速率控制在 2min～7min 时间内加荷至锚固破坏。

2）分级加荷制度

应按预估的破坏荷载值 N_u 作如下划分：前 8 级，每级 $0.1N_u$，且每级持荷 1min～1.5min；自第 9 级起，每级 $0.05N_u$，且每级持荷 30s，直至锚固破坏。

《混凝土结构工程无机材料后锚固技术规程》JGJ/T271-2012 第 A.4.2 条规定如下：

A.4.2　锚筋抗拔承载力检验应采取连续加载的方法。加载时应匀速加至检验荷载值或出现破坏状态，加载时间应为 2min～3min。

6.6.7　锚固破坏的判定及注意事项

对于检验结束的标志，《混凝土结构后锚固技术规程》JGJ 145—2013 和《建筑结构加固工程施工质量验收规范》GB 50550—2010 没有明确的规定。一般情况下，当出现下列情况之一时，应中止加荷，并匀速卸荷，该锚栓抗拔承载力检验结束：

1. 当试验荷载大于建筑锚栓承载力设计值后，在某级荷载作用下，建筑锚栓的位移量大于前一级荷载作用下位移量的 5 倍；

注：当建筑锚栓位移量小于 1.0mm 时，宜加载至位移量超过 1.0mm。

2. 在某级荷载作用下，建筑锚栓的总位移量大于 1.0mm 或设计提出的位移量控制标准；

3. 建筑锚栓或基体出现裂缝或破坏现象；

4. 试验设备出现不适于继续承载的状态；

5. 建筑锚栓拉出或拉断、剪断；

6. 化学粘结锚栓与基体之间粘结破坏；

7. 试验荷载达到设计要求的最大加载量；

8. 锚栓任一零件包括五金附件开裂或损坏。

《混凝土结构工程无机材料后锚固技术规程》JGJ/T 271—2012 第 A.4.3 条对检验结束的标志作出明确的规定如下：

A.4.3　当出现下列情况之一时，应终止加荷，并匀速卸荷，该锚栓抗拔承载力检验结束：

1　试验荷载达到检验荷载并持荷 3min 后；

2　锚筋钢材拉伸破坏或基体出现裂缝等破坏现象时。

　　为了保证试验人员的安全和试验仪器设备的良好工作状态，试验过程中要注意以下事项：

　　1. 拉拔试验时，应采取措施固定试验仪器，防止仪器脱落损坏或伤人；

　　2. 试验完毕后，应对仪器进行常规保养和维修，保持清洁，保持完好状态，接头、压力表及高压胶管应避免碰撞、砸压和长时间在烈日下暴晒；

　　3. 应保持足够的工作油，若油量不足，将达不到规定的工作行程，需添加经过滤洁的工作油，但不要加油过多，过多则影响其工作性能；

　　4. 试验中，活塞不得超过最大行程，超过最大行程会使千斤顶损坏；

　　5. 使用中若不能建压，或压力达不到要求，应先检查回油阀是否拧紧，接头是否到位，其他密封处若漏油，应更换密封件。

　　6. 试验前应预加荷载，预加荷载宜取建筑锚栓承载力设计值的 5%，持荷 5min。预加荷载卸载后，应位移调零。

　　7. 试验过程中，当抗拉试验出现装置倾斜、基材边缘劈裂等异常情况，应做详细记录，并将该试验值舍去，另行选择一个试件进行补测。

6.7　检验结果分析与评定

　　检验结果的分析与评定是后置埋件检测中至关重要的环节，必须对试验数据进行科学的分析判断，从而给出准确的评定。

　　针对检验结果的分析与评定，《混凝土结构后锚固技术规程》JGJ 145—2013、《建筑结构加固工程施工质量验收规范》GB 50550—2010 和《混凝土结构工程无机材料后锚固技术规程》JGJ/T 271—2012 都分别针非破坏性检验和破坏性检验给出了分析方法和评定标准，分别规定如下：

6.7.1　《混凝土结构后锚固技术规程》JGJ 145—2013

　　1. 非破坏性检验

　　C.5.1　非破损检验的评定，应按下列规定进行：

　　1　试样在持荷期间，锚固件无滑移、基材混凝土无裂纹或其他局部损坏迹象出现，且加载装置的荷载示值在 2min 内无下降或下降幅度不超过 5% 的检验荷载时，应评定为合格；

　　2　一个检验批所抽取的试样全部合格时，该检验批应评定为合格检验批；

　　3　一个检验批中不合格的试样不超过 5% 时，应另抽 3 根试样进行破坏性检验，若检验结果全部合格，该检验批仍可评定为合格检验批；

　　4　一个检验批中不合格的试样超过 5% 时，该检验批应评定为不合格，且不应重做检验。

　　2. 破坏性检验

　　C.5.2　锚栓破坏性检验发生混凝土破坏，检验结果满足下列要求时，其锚固质量应评定为合格：

$$N_{Rm}^c \geqslant \gamma_{u,lim} N_{Rk,*}$$

$$N_{Rmin}^c \geqslant N_{Rk,*}$$

式中　N_{Rm}^c——受检验锚固件极限抗拔力实测平均值(N)；

　　　N_{Rmin}^c——受检验锚固件极限抗拔力实测最小值(N)；

　　　$N_{Rk,*}$——混凝土破坏受检验锚固件极限抗拔力标准值(N)，按本规程第6章有关规定计算；

　　　$\gamma_{u,lim}$——锚固承载力检验系数允许值，$\gamma_{u,lim}$取为1.1。

C.5.3　锚栓破坏性检验发生钢材破坏，检验结果满足下列要求时，其锚固质量应评定为合格。

$$N_{Rmin}^c \geqslant \frac{f_{stk}}{f_{yk}} N_{Rk,s}$$

式中　N_{Rmin}^c——受检验锚固件极限抗拔力实测最小值(N)；

　　　$N_{Rk,s}$——锚栓钢材破坏受拉承载力标准值(N)，按本规程第6章有关规定计算。

C.5.4　植筋破坏性检验结果满足下列要求时，其锚固质量应评定为合格：

$$N_{Rm}^c \geqslant 1.45 f_y A_s$$
$$N_{Rmin}^c \geqslant 1.25 f_y A_s$$

式中　N_{Rm}^c——受检验锚固件极限抗拔力实测平均值(N)；

　　　N_{Rmin}^c——受检验锚固件极限抗拔力实测最小值(N)；

　　　f_y——植筋用钢筋的抗拉强度设计值(N/mm²)；

　　　A_s——钢筋截面面积(mm²)；

C.5.5　当检验结果不满足第C.5.1条、第C.5.2条、第C.5.3条及第C.5.4条的规定时，应判定该检验批后锚固连接不合格，并应会同有关部门根据检验结果，研究采取专门措施处理。

6.7.2　《建筑结构加固工程施工质量验收规范》GB 50550—2010

1. 非破坏性检验

W.5.1　非破损检验的评定，应根据所抽取的锚固试样在持荷期间的宏观状态，按下列规定进行：

1　当试样在持荷期间锚固件无滑移、基材混凝土无裂纹或其他局部损坏迹象出现，且施荷装置的荷载示值在2min内无下降或下降幅度不超过5%的检验荷载时，应评定其锚固质量合格。

2　当一个检验批所抽取的试样全数合格时，应评定该批为合格批。

3　当一个检验批所抽取的试样中仅有5%或5%以下不合格(不足一根，按一根计)时，应另抽3根试样进行破坏性检验。若检验结果全数合格，该检验批仍可评为合格批。

4　当一个检验批抽取的试样中不止5%(不足一根，按一根计)不合格时，应评定该批为不合格批，且不得重做任何检验。

2. 破坏性检验

W.5.2　破坏性检验结果的评定，应按下列规定进行：

1　当检验结果符合下列要求时，其锚固质量评为合格：

$$N_{u,m} \geqslant [\gamma_u] N_t \qquad\qquad (W.5.2\text{-}1)$$

且 $$N_{u,min} \geqslant 0.85 N_{u,m}$$ (W.5.2-2)

式中　$N_{u,m}$——受检验锚固件极限抗拔力实测平均值；

　　　$N_{u,min}$——受检验锚固件极限抗拔力实测最小值；

　　　N_t——受检验锚固件连接的轴向受拉承载力设计值；

　　　$[\gamma_u]$——破坏性检验安全系数，按表 W.5.2 取用。

2　当 $N_{u,m} < [\gamma_u] N_t$，或 $N_{u,min} < 0.85 N_{u,m}$ 时，应评该锚固质量不合格。

检验用安全系数 $[\gamma_u]$　　　　　　表 W.5.2

锚固件种类	破坏类型	
	钢材破坏	非钢材破坏
植筋	≥1.45	—
锚栓	≥1.65	≥3.5

6.7.3　《混凝土结构工程无机材料后锚固技术规程》JGJ/T 271—2012

A.5.1　出现下列情况之一时可以判定该锚固抗拔承载力合格：

1　在检验荷载值作用下 3min 的时间内，基本无开裂，锚固段不发生明显滑移；

2　达到检验荷载值且锚筋钢材拉伸破坏。

A.5.2　当不能满足本规程第 A.5.1 条时应对该锚筋抗拔承载力评定为不合格。

A.5.3　检验批的合格评定应符合下列规定：

1　当一个检验批所抽取的锚筋抗拔承载力全数合格时，应评定该批为合格批；

2　当一个检验批所抽取的锚筋中有 5% 及 5% 以下（不足一根，按一根计）抗拔承载力不合格时，应另抽取 3 根锚筋进行破坏性检验，当抗拔承载力检验结果全数合格，应评定该批为合格批；

3　其他情况时，均应评定该批为不合格批。

思考题

1. 后置埋件的工作原理是什么？
2. 试对后锚固技术的适用范围进行叙述。
3. 后锚固系统的主要破坏形式有哪些？
4. 后置埋件现场检测的抽样数量如何确定？
5. 如何确定锚固抗拔承载力现场检验的试验荷载？
6. 如何依据现行各规范对结果进行评定？

第7章　混凝土结构构件变形检测

7.1　概述

混凝土结构及构件在施工或使用期间可能会出现变形，变形过大影响结构安全及工程质量，因此需要通过现场检测，根据检测结果判断其影响程度。混凝土构件变形检测可分为水平构件的挠度检测、垂直构件的倾斜检测；混凝土结构的变形检测有建筑物整体倾斜与基础不均匀沉降检测。

7.2　挠度检测

混凝土构件的挠度，可采用激光测距仪、激光扫平仪、水准仪、全站仪或拉线等方法检测，当观测条件允许时，可采用挠度计、位移传感器和百分表等设备直接测定，采用水准仪、全站仪等测量梁、板跨中变形比拉线的方法更精确。

梁板、屋架类水平构件的变形是指跨中挠度，如图 2-7.2-1 所示。测量的方法是在梁、板构件支座之间用仪器找出一个水平面或水平线，然后测量构件跨中部位、两端支座与水平线（或面）之间的距离，支座的平均值与跨中值的差即是梁板构件的挠度。

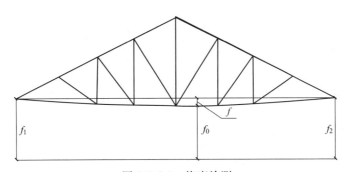

图 2-7.2-1　挠度检测

具体做法如下：

（1）将标杆分别垂直立于梁板、屋架构件两端和跨中，通过仪器或拉线为基准测出同一水准高度时标杆上的读数；

（2）将测得的两端和跨中的读数相比较即可求得梁板、屋架构件的跨中挠度值：

$$f = f_0 - \frac{f_1 + f_2}{2}$$

式中　f_0、f_1、f_2——分别为构件跨中和两端水准仪的读数。

用水准仪量标杆读数时，至少测读 3 次，并以 3 次读数的平均值作为跨中标杆读数。

7.3　建筑物及构件倾斜检测

混凝土构件或结构的倾斜，可采用经纬仪、激光定位仪、三轴定位仪、全站仪或吊锤的方法检测，倾斜检测时宜区分倾斜中施工偏差造成的倾斜、变形造成的倾斜、灾害造成的倾斜等。

检测墙、柱和整幢建筑物倾斜一般采用经纬仪或全站仪测定，倾斜变形的检测内容包括倾斜的部位、倾斜方向和倾斜量的大小。检测时首先直观判断倾斜的方向和位置，确定观测点和基准点，用测量仪器定点、定时观测。

整幢建筑物倾斜观测点一般在建筑物四个角部垂直方向设置上、下两点或上、中、下三点，观测时仪器安装在与建筑物水平距离大于其高度的地方，以上观测点为基准，测量其他点与基准点的水平位移，在建筑物密集的地方，可采用垂直投点法，用激光经纬仪或铅垂经纬仪测量。为判断倾斜方向，观测应在两个互相垂直的方向进行。定期观测可掌握倾斜变形的速度，判断其是否稳定。

墙、柱或屋架等竖向构件倾斜可采用经纬仪、激光定位仪、全站仪或吊锤的方法检测，观测时仪器安装在与被测构件水平距离大于其高度的地方，以柱墙或屋架的顶点为基准观测点，如图 2-7.3-1所示，测量柱底墙或屋架底与基准点的水平位移 a。

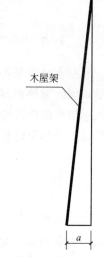

木屋架

图 2-7.3-1　构件倾斜
检测示意

7.4　基础不均匀沉降检测

混凝土结构的基础不均匀沉降，可用水准仪检测；当需要确定基础沉降的发展情况时，应在混凝土结构上布置测点进行观测，观测操作应遵守《建筑变形测量规范》JGJ 8—2007 的规定。

沉降观测的周期和观测时间应满足《建筑变形测量规范》JGJ 8—2007 的要求并结合实际情况确定。

建筑物施工阶段的观测，应随施工进度及时进行。一般建筑，可在基础完工后或地下室砌完后开始观测，大型、高层建筑可在基础垫层或基础底部完成后开始观测。观测次数和时间间隔应视地基与加荷情况而定，民用建筑可每加高 1～5 层观测一次，工业建筑可按不同施工阶段(如回填基坑、安装柱子和屋架、砌筑墙体、设备安装等)分别进行观测，如建筑物均匀增高，应至少在增加荷载的 25%、50%、75%、和 100% 时各测一次。施工过程中如暂时停工，在停工时和重新开工时应各观测一次，停工期间可每隔 2～3 个月观测一次。

建筑物使用阶段的观测次数，应视地基土类型和沉降速率大小而定。一般情况下，可在第一年观测 3～4 次，第二年观测 2～3 次，第三年后每年一次，直至稳定为止。砂土地基的观测期限一般不少于 2 年，膨胀土地基的观测期限一般不少于 3 年，黏土地基的观测期限一般不少于 5 年，软土地基的观测期限一般不少于 10 年。若有建筑物基础附近地面荷载突然增减、基础四周大量积水、长时间连续降雨等情况，均应及时增加观测次数。当建筑物突然发生大量沉降、不均匀沉降或严重裂缝时，应立即进行逐日或几天一次的连续观测，观测时应随记气象资料。

建筑沉降是否进入稳定阶段，应由沉降量与时间关系曲线判断，当最后 100d 的沉降速率小于 0.01～0.04mm/d 时，可认为已进入稳定阶段。沉降差的计算可判断建筑物不均匀沉降的情况，如果建筑物存在不均匀沉降，为进一步测量，可调整或增加观测点，新的观测点应布置在建筑物的阳角和沉降最大处。

沉降变形允许值可按照《建筑地基基础设计规范》GB 50007—2011 的 5.3.4 条进行评定，建筑物沉降变形允许值见表 2-7.4-1。

建筑物的地基变形允许值　　　　　　　　　　　　表 2-7.4-1

变形特征		地基土类别	
		中、低压缩性土	高压缩性土
砌体承重结构基础的局部倾斜		0.002	0.003
工业与民用建筑相邻柱基的沉降差	框架结构	$0.002L$	$0.003L$
	砌体墙填充的边排柱	$0.0007L$	$0.001L$
	当基础不均匀沉降时不产生附加应力的结构	$0.005L$	$0.005L$
单层排架结构(柱距 6m)柱基沉降量		(120mm)	200mm
桥式吊车轨面的倾斜 (按不调整轨道考虑)	纵向	0.004	
	横向	0.003	
多层和高层建筑 的整体倾斜	$H_g \leqslant 24$	0.004	
	$24 < H_g \leqslant 60$	0.003	
	$60 < H_g \leqslant 100$	0.0025	
	$H_g > 100$	0.002	
体形简单的高层建筑基础的平均沉降量		200mm	
高耸结构基础的倾斜	$H_g \leqslant 20$	0.008	
	$20 < H_g \leqslant 50$	0.006	
	$50 < H_g \leqslant 100$	0.005	
	$100 < H_g \leqslant 150$	0.004	
	$150 < H_g \leqslant 200$	0.003	
	$200 < H_g \leqslant 250$	0.002	
高耸结构基础 的沉降量	$H_g \leqslant 100$	400mm	
	$100 < H_g \leqslant 200$	300mm	
	$200 < H_g \leqslant 250$	200mm	

注：1. 表中数值为建筑物地基实际最终变形允许值；

　　2. 有括号者仅适用于中压缩性土；

　　3. L 为相邻柱基的中心距离(mm)；H_g 为自室外地面起算的建筑物高度(m)；

　　4. 倾斜指基础倾斜方向两端点的沉降差与其距离的比值；

　　5. 局部倾斜指砌体承重结构沿纵向 6～10m 内基础两点沉降差与其距离的比值。

测量时基准点和基准线的选择非常重要，如果建筑物原有的基准点和基准线都在，可以其作为观测基准点，如果找不到原有的基准点，可以借用墙勒脚线、窗台线、檐口边线、女儿墙等这些施工时经拉线定位的水平线为参考点。混凝土结构的基础不均匀沉降，可用水准仪检测；当需要确定基础沉降的发展情况时，应在混凝土结构上布置测点进行观测，观测操作应遵守《建筑变形测量规范》JGJ 8—2007 的规定；混凝土结构的基础累计沉降差，可参照首层的基准线推算。

建筑物沉降观测采用水准仪测定，其主要步骤如下：

1. 水准点位置

水准基点可设置在基岩上，也可设置在压缩性低的土层上，但须在地基变形的影响范围之内。

2. 观测点的位置

建筑物上的沉降观测点应选择在能反映地基变形特征及结构特点的位置，测点数不宜少于 6 点。测点标志可用铆钉或圆钢锚固于墙、柱或墩台上，标志点的立尺部位应加工成半球或有明显的突出点。

3. 数据测读及整理

测读数据就是用水准仪和水准尺测读出各观测点的高程。水准仪与水准尺的距离宜为 20～30m。水准仪与前、后视水准尺的距离要相等。观测应在成像清晰、稳定时进行，读完各观测点后，要回测后视点，两次同一后视点的读数差要求小于 ±1mm，记录观测结果，计算各测点的沉降量，沉降速度及不同测点之间的沉降差。

思考题

1. 混凝土构件的变形有哪两类？
2. 常用的受弯构件挠度检测仪器有哪些？
3. 常用的倾斜检测仪器有哪些？
4. 现场检测时倾斜检测仪器放置规定？
5. 基础不均匀沉降观测点在哪里设置？最小观测点数？

第8章 混凝土结构检测实例

8.1 混凝土回弹法检测实例

某2层框架办公楼，主体结构施工完成后，总包方对该建筑主体结构进行实体检测，包括混凝土强度检测，原设计柱混凝土强度等级C35，梁和楼板的混凝土强度等级C30。

由于该项目检测时，混凝土龄期满足14～1000d的要求，设计抗压强度也满足10-60MPa的要求，因此采用回弹法检测柱、梁和板的混凝土强度。

检测工作依据《建筑结构检测技术标准》GB/T 50344—2004和《回弹法检测混凝土抗压强度技术规程》JGJ/T 23—2011相关规定进行。采用浓度为1%的酚酞酒精溶液测试混凝土构件的碳化深度，检测结果可知碳化深度为1.0mm。各类构件的混凝土强度检测结果见表2-8.1-1～表2-8.1-3。

梁混凝土强度回弹法检测结果 表2-8.1-1

序号	构件位置	强度换算值			强度推定值（MPa）	设计强度等级
		平均值（MPa）	最小值（MPa）	标准差（MPa）		
1	1层 C-2～3 梁	36.8	33.0	2.82	32.2	
2	1层 D-2～3 梁	38.3	34.9	2.44	34.3	
3	1层 4-B～C 梁	38.2	35.1	1.82	35.2	C30
4	2层 4-C～D 梁	37.4	36.7	0.43	36.7	
5	2层 3-A～B 梁	37.0	35.3	0.85	35.6	

楼板混凝土强度回弹法检测结果 表2-8.1-2

序号	构件位置	强度换算值			强度推定值（MPa）	设计强度等级
		平均值（MPa）	最小值（MPa）	标准差（MPa）		
1	1层 2～3-C～D 板	41.6	38.8	1.47	38.2	
2	1层 2～3-B～C 板	41.5	40.5	1.32	38.3	C30
3	2层 2～3-C～D 板	41.5	39.0	1.40	38.2	

柱混凝土强度回弹法检测结果 表2-8.1-3

序号	构件位置	强度换算值			强度推定值（MPa）	设计强度等级
		平均值（MPa）	最小值（MPa）	标准差（MPa）		
1	1层 3-A 柱	40.4	37.1	1.39	38.1	
2	1层 2-C 柱	40.7	39.4	1.04	39.0	C35
3	2层 3-B 柱	40.5	37.4	2.30	36.7	

根据《建筑结构检测技术标准》(GB/T 50344—2004)第 3.3.20 条规定，计算所抽检部位的混凝土强度推定区间，计算公式如下：

$$x_{k,1}=m-k_1 s$$
$$x_{k,2}=m-k_2 s$$

式中：$x_{k,1}$ 为推定区间的上限值；$x_{k,2}$ 为推定区间的下限值；m 为样本均值；s 为样本标准差。按照错判概率和漏判概率均为 0.05 的要求，当设计强度小于或者等于推定区间上限值时，可判定符合设计要求。

根据表 2-8.1-1～表 2-8.1-3，梁检验批的样本容量为 50，计算所抽检梁混凝土强度推定区间为 33.5MPa～34.9MPa，符合设计混凝土强度等级 C30 的要求；楼板检验批的样本容量为 30，计算所抽检楼板混凝土强度推定区间为 38.5MPa～39.8MPa，符合设计混凝土强度等级 C30 的要求；柱检验批的样本容量为 30，计算所抽检柱混凝土强度推定区间为 36.9MPa～38.5MPa，符合设计混凝土强度等级 C35 的要求。

8.2　混凝土钻芯法检测实例 1

某框架办公楼准备进行改造，甲方为了解某层 6～8×A～D 轴区顶板的混凝土强度（原设计混凝土强度等级为 C25），对其进行混凝土强度检测。

由于该建筑物已使用多年，混凝土龄期超过 1000d，且准备进行结构改造，故采用局部破损的钻芯法检测该轴区楼板的混凝土抗压强度。

钻芯检测工作参照《钻芯法检测混凝土强度技术规程》(CECS 03：2007)的有关规定进行。现场共钻取 15 个芯样进行抗压强度试验，混凝土芯样照片如图 2-8.2-1 所示。混凝土芯样强度见表 2-8.2-1。

图 2-8.2-1　混凝土芯样照片

混凝土芯样的抗压强度　　　　　　　　　　　表 2-8.2-1

钻芯序号	直径(mm)	高度(mm)	破坏荷载(kN)	抗压强度(MPa)	备注
1	99.0	100.0	173.8	22.6	—
2	99.0	99.0	248.2	32.4	—
3	99.0	99.5	95.5	12.4	有缺陷
4	99.0	99.0	210.0	27.3	—
5	99.0	100.0	241.9	31.4	—

续表

钻芯序号	直径(mm)	高度(mm)	破坏荷载(kN)	抗压强度(MPa)	备注
6	99.0	99.0	241.4	31.4	—
7	99.0	99.0	231.9	30.1	—
8	99.0	99.0	253.8	33.0	—
9	99.0	99.0	244.6	31.8	—
10	99.0	100.0	228.4	29.7	—
11	99.0	100.0	193.7	25.2	—
12	99.0	99.0	255.6	33.2	—
13	99.0	99.0	274.5	35.7	—
14	99.0	99.0	309.9	40.3	—
15	99.0	100.0	253.2	32.9	—

根据《建筑结构检测技术标准》GB/T 50344—2004 第 3.3.20 条规定，计算所抽检部位的混凝土强度推定区间，计算公式如下：

$$x_{k,1} = m - k_1 s$$
$$x_{k,2} = m - k_2 s$$

式中：$x_{k,1}$ 为推定区间的上限值；$x_{k,2}$ 为推定区间的下限值；m 为样本均值；s 为样本标准差；k_1，k_2 为推定系数。

根据《钻芯法检测混凝土强度技术规程》（CECS 03：2007)第 6.0.5 条可知，第 3 个混凝土芯样测试数据无效，检验批的样本容量为 14。因此，按照《建筑结构检测技术标准》GB/T 50344—2004 表 3.3.19，推定区间的置信度为 0.9，并使错判概率和漏判概率均为 0.05，计算所抽检混凝土强度推定区间上限值为 28.5MPa，下限值为 24.7MPa。

原设计顶板混凝土强度等级为 C25，钻芯法抽检该层 6～8×A～D 轴区顶板混凝土强度推定区间上限值为 28.5MPa，可判定该区域混凝土强度符合设计要求。

8.3　混凝土实体检测实例

8.3.1　工程概况

某公司研发中心厂房二期为现浇钢筋混凝土框架结构，1 层结构平面图如图 2-8.3-1 所示。应相关委托项目，抽查检测混凝土梁、板、柱的钢筋配置情况和楼板钢筋的混凝土保护层厚度。

依据《建筑结构检测技术标准》GB/T 50344—2004 对检测批样本容量的相关要求，并参考该结构目前的工程质量情况，共抽取 12 根柱、9 根梁，检测其主筋根数及箍筋间距；抽取 9 块板，检测其双向受力钢筋间距；抽取 5 块楼板，检测钢筋保护层厚度，每块楼板检测 6 个点，现场微创剔凿 5 个测点，验证磁感仪检测结果。

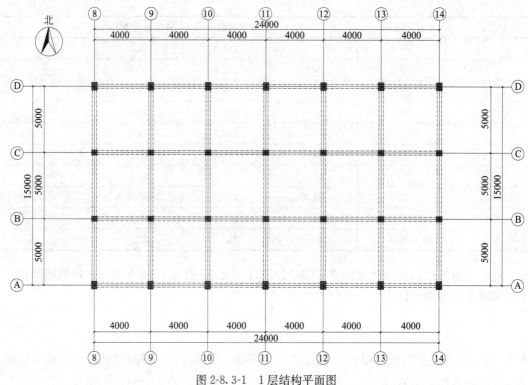

图 2-8.3-1　1层结构平面图

8.3.2　钢筋配置检测

采用磁感仪检测混凝土构件中的钢筋配置情况，检测操作按《混凝土中钢筋检测技术规程》（JGJ/T 152—2008)有关规定进行。钢筋配置检测现场操作如图 2-8.3-2 所示，混凝土柱、梁、板的配筋检测结果见表 2-8.3-1～表 2-8.3-3。

由表 2-8.3-1～表 2-8.3-3 可知，所抽查柱、梁、板钢筋配置均符合设计要求，故依据《建筑结构检测技术标准》GB/T 50344—2004 对检验批合格判定的相关规定，该批次梁、板、柱的主筋根数和箍筋间距均满足设计要求。

图 2-8.3-2　钢筋配置检测现场操作

柱钢筋配置检测结果　　　　　　　　　　　表 2-8.3-1

序号	构件位置	实测配筋	设计配筋	结论
1	1 层 9-A 柱	北侧面主筋：6 根 加密区箍筋间距：100mm	北侧面主筋：6 根 加密区箍筋间距：100mm	满足
2	1 层 9-B 柱	北侧面主筋：6 根 加密区箍筋间距：100mm	北侧面主筋：6 根 加密区箍筋间距：100mm	满足
3	1 层 10-C 柱	南侧面主筋：6 根 加密区箍筋间距：100mm	南侧面主筋：6 根 加密区箍筋间距：100mm	满足
4	1 层 10-B 柱	北侧面主筋：6 根 加密区箍筋间距：100mm	北侧面主筋：6 根 加密区箍筋间距：100mm	满足
5	1 层 11-D 柱	南侧面主筋：6 根 加密区箍筋间距：100mm	南侧面主筋：6 根 加密区箍筋间距：100mm	满足
6	1 层 11-A 柱	北侧面主筋：6 根 加密区箍筋间距：100mm	北侧面主筋：6 根 加密区箍筋间距：100mm	满足
7	1 层 13-C 柱	南侧面主筋：6 根 加密区箍筋间距：100mm	南侧面主筋：6 根 加密区箍筋间距：100mm	满足
8	2 层 9-B 柱	南侧面主筋：6 根 加密区箍筋间距：100mm	南侧面主筋：6 根 加密区箍筋间距：100mm	满足
9	2 层 11-B 柱	北侧面主筋：6 根 加密区箍筋间距：100mm	北侧面主筋：6 根 加密区箍筋间距：100mm	满足
10	2 层 12-C 柱	南侧面主筋：6 根 加密区箍筋间距：100mm	南侧面主筋：6 根 加密区箍筋间距：100mm	满足
11	2 层 13-B 柱	北侧面主筋：6 根 加密区箍筋间距：90mm	北侧面主筋：6 根 加密区箍筋间距：100mm	满足
12	2 层 13-C 柱	南侧面主筋：6 根 加密区箍筋间距：100mm	南侧面主筋：6 根 加密区箍筋间距：100mm	满足

注：《混凝土结构工程施工质量验收规范》（GB 0204—2002，2011 版）规定绑扎箍筋间距的允许偏差为±20mm。

混凝土梁配筋检测结果　　　　　　　　　　表 2-8.3-2

序号	构件位置	实测配筋	设计配筋	结论
1	1 层 9-B～C	梁底排主筋：4 根 加密区箍筋间距：100mm	梁底排主筋：4 根 加密区箍筋间距：100mm	满足
2	1 层 10-B～C	梁底排主筋：4 根 加密区箍筋间距：100mm	梁底排主筋：4 根 加密区箍筋间距：100mm	满足
3	1 层 11-B～C	梁底排主筋：4 根 加密区箍筋间距：100mm	梁底排主筋：4 根 加密区箍筋间距：100mm	满足
4	1 层 10～11-B	加密区箍筋间距：110mm	加密区箍筋间距：100mm	满足
5	1 层 13-A～B	加密区箍筋间距：97mm	加密区箍筋间距：100mm	满足

续表

序号	构件位置	实测配筋	设计配筋	结论
6	2 层 9-A～B	加密区箍筋间距：103mm	加密区箍筋间距：100mm	满足
7	2 层 8～9-B	梁底排主筋：4 根 非加密区箍筋间距：210mm	梁底排主筋：4 根 非加密区箍筋间距：200m	满足
8	2 层 8～9-C	单侧面主筋：4 根 加密区箍筋间距：193mm	梁底排主筋：4 根 加密区箍筋间距：200mm	满足
9	2 层 12-C～D	单侧面主筋：4 根 加密区箍筋间距：100mm	梁底排主筋：4 根 加密区箍筋间距：100mm	满足

注：《混凝土结构工程施工质量验收规范》（GB 50204—2002，2011 版）规定绑扎箍筋间距的允许偏差为±20mm。

混凝土楼板配筋检测结果　　　　　　　　　　表 2-8.3-3

序号	构件位置	实测配筋	设计配筋	结论
1	1 层 8～9-B～C	东西筋间距：190mm 南北筋间距：210mm	东西筋间距：200mm 南北筋间距：200mm	满足
2	1 层 9～10-B～C	东西筋间距：185mm 南北筋间距：205mm	东西筋间距：200mm 南北筋间距：200mm	满足
3	1 层 10～11-A～B	东西筋间距：197mm 南北筋间距：195mm	东西筋间距：200mm 南北筋间距：200mm	满足
4	1 层 9～10-A～B	东西筋间距：173mm 南北筋间距：207mm	东西筋间距：180mm 南北筋间距：200mm	满足
5	2 层 12～13-C～D	东西筋间距：193mm 南北筋间距：203mm	东西筋间距：180mm 南北筋间距：200mm	不满足
6	2 层 12～13-A～B	东西筋间距：107mm 南北筋间距：205mm	东西筋间距：180mm 南北筋间距：200mm	满足
7	2 层 10～11-C～D	东西筋间距：180mm 南北筋间距：187mm	东西筋间距：180mm 南北筋间距：200mm	满足
8	2 层 9～10-B～C	东西筋间距：197mm 南北筋间距：197mm	东西筋间距：200mm 南北筋间距：200mm	满足
9	2 层 8～9-C～D	东西筋间距：187mm 南北筋间距：193mm	东西筋间距：180mm 南北筋间距：200mm	满足

注：《混凝土结构工程施工质量验收规范》（GB 50204—2002，2011 版）规定楼板受力钢筋间距的允许偏差为±10mm。

8.3.3　钢筋保护层厚度检测

采用磁感仪并结合微创剃凿验证的方法，检测 5 块楼板钢筋的混凝土保护层厚度，检测工作和合格评定方法依据《混凝土中钢筋检测技术规程》（JGJ/T 152—2008）和《混凝土结构工程施工质量验收规范》（GB 50204—2002，2011 版）的相关规定执行。楼板钢筋的混凝土保护层厚度检测现场操作如图 2-8.3-3 所示，其中 10～11-B～C 楼板测点位置示意图见图 2-8.3-4，相关检测结果见表 2-8.3-4。

图 2-8.3-3　楼板钢筋保护层厚度检测现场操作

由表 2-8.3-4 检测结果可知，所抽检的 30 个点楼板钢筋保护层厚度，有 13 个点不满足设计要求，现场微创剃凿 5 个测点对磁感仪检测结果进行验证，结果显示，磁感仪检测结果准确。由于该批次楼板钢筋保护层厚度的合格点率为 57%，故该批楼板钢筋保护层厚度不合格。

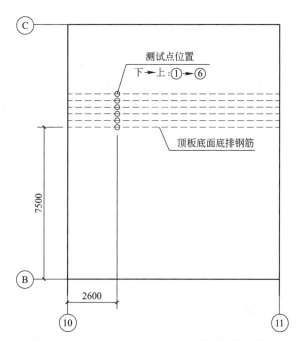

图 2-8.3-4　10-11×B-C 顶板钢筋保护层检测位置

楼板钢筋保护层厚度检测结果　　　　　　　　　　　　　　　表 2-8.3-4

序号	构件参数		现场测试结果（mm）										
1	抽检构件名称	1 层 9～10-B～C	测试点编号	(1)	(2)	(3)	(4)	(5)	(6)	(7)	(8)	(9)	(10)
	钢筋保护层厚度设计值（mm）	30	实测值	28	22	22	21	26	26	/	/	/	/

续表

序号	构件参数		现场测试结果(mm)										
	对应测点现场钻孔验证			/	/	/	22	/	/	/	/	/	/
2	抽检构件名称	1 层 9~10-A~B	测试点编号	(1)	(2)	(3)	(4)	(5)	(6)	(7)	(8)	(9)	(10)
	钢筋保护层厚度设计值(mm)	30	实测值	30	27	23	22	24	26	/	/	/	/
	对应测点现场钻孔验证			/	/	/	/	24	/	/	/	/	/
3	抽检构件名称	2 层 12~13-A~B	测试点编号	(1)	(2)	(3)	(4)	(5)	(6)	(7)	(8)	(9)	(10)
	钢筋保护层厚度设计值(mm)	30	实测值	23	22	22	26	27	26	/	/	/	/
	对应测点现场钻孔验证			/	22	/	/	/	/	/	/	/	/
4	抽检构件名称	2 层 10~11-C~D	测试点编号	(1)	(2)	(3)	(4)	(5)	(6)	(7)	(8)	(9)	(10)
	钢筋保护层厚度设计值(mm)	30	实测值	27	26	22	23	27	26	/	/	/	/
	对应测点现场钻孔验证			/	/	21	/	/	/	/	/	/	/
5	抽检构件名称	2 层 8~9-C~D	测试点编号	(1)	(2)	(3)	(4)	(5)	(6)	(7)	(8)	(9)	(10)
	钢筋保护层厚度设计值(mm)	30	实测值	28	27	28	26	23	24	/	/	/	/
	对应测点现场钻孔验证			/	/	/	/	/	24	/	/	/	/

注：《混凝土结构工程施工质量验收规范》(GB 50204—2002，2011 版)规定板类构件钢筋保护层厚度允许偏差为：+8mm，−5mm。

本篇参考文献

[1] 建筑工程施工质量验收统一标准 GB 50300—2013. 北京：中国建筑工业出版社，2014

[2] 混凝土结构工程施工质量验收规范 GB 50204—2015. 北京：中国建筑工业出版社，2011

[3] 混凝土结构加固设计规范 GB 50367—2013. 北京：中国建筑工业出版社，2014

[4] 建筑结构加固工程施工质量验收规范 GB 50550—2010. 北京：中国建筑工业出版社，2011

[5] 混凝土结构设计规范 GB 50010—2010. 北京：中国建筑工业出版社，2011

[6] 混凝土结构试验方法标准 GB/T 50152—2012. 北京：中国建筑工业出版社，2012

[7] 普通混凝土力学性能试验方法标准 GB/T 50081—2002. 北京：中国建筑工业出版社，2003

[8] 混凝土强度检验评定标准 GB/T 50107—2010. 北京：中国建筑工业出版社，2010

[9] 建筑结构检测技术标准 GB/T 50344—2004. 北京：中国建筑工业出版社，2004

[10] 回弹法检测混凝土抗压强度技术规程 JGJ/T 23—2011. 北京：中国建筑工业出版社，2011

[11] 后锚固法检测混凝土抗压强度技术 JGJ/T 208—2010 . 北京：中国建筑工业出版社，2010

[12] 混凝土结构工程无机材料后锚固技术规程 JGJ/T 271—2012. 北京：中国建筑工业出版社，2012

[13] 混凝土结构后锚固技术规程 JGJ 145—2013. 北京：中国建筑工业出版社，2013

[14] 混凝土中钢筋检测技术规程 JGJ/T 152—2008. 北京：中国建筑工业出版社，2008

[15] 回弹法检测高强混凝土强度技术规程 Q/JY 17—2000 . 中国建筑科学研究院企业标准，2000

[16] 钻芯法检测混凝土强度技术规程 CECS 03：2007. 北京：中国计划出版社，2007

[17] 超声回弹综合法检测混凝土强度技术规程 CECS 02：2005. 北京：中国计划出版社，2005

[18] 剪压法检测混凝土挤压强度技术规程 CECS 278：2010. 北京：中国计划出版社，2010

[19] 拔出法检测混凝土强度技术规程 CECS 69：2011 . 北京：中国计划出版社，2011

[20] 房屋裂缝检测与处理技术规程 CECS293：2011. 北京：中国计划出版社，2011

[21] 庄丽辉，徐有邻．预应力预制构件结构性能统计分析．后张预应力学术交流会论文集，2000.5

[22] 吴蓉，夏龙兴，张彩霞．非模数制预制构件结构性能检验的商榷．混凝土与水泥制品，2003(2)

[23] 徐有邻．预制混凝土构件结构性能的检验与评定．混凝土，1992.05

[24] 徐有邻．预制构件结构性能检验若干问题的再讨论．混凝土及加筋混凝土，1989.01

[25] 徐有邻．预制构件结构性能检验的合理加载程序．混凝土及加筋混凝土，1986.05

[26] 吕西林．建筑结构加固设计．北京：科学出版社，2001.

[27] 张建文．多重介质间的粘结机理及植筋锚固受力性能的研究．［博士学位论文］．上海：同济大学，2003，5

[28] 谭学民，吴裕锦等．混凝土用后锚固件抗拔承载力检验的技术探讨．岩土力学，2003.10(24)(增1)：77～79

[29] 张治泰，邱平编著．超声波在混凝土质量检测中的应用．北京：化学工业出版社，2006.

[30] 韩继云主编．建筑物检测鉴定与加固改造技术及工程实例．北京：化学工业出版社，2008

[31] 万墨林，韩继云．混凝土结构加固技术．北京：中国建筑工业出版社，1995

第 3 篇

钢 结 构 检 测

第1章 概　　述

1.1　钢结构的应用与发展

钢结构的应用在我国已经有很长的历史了。新中国成立后，钢结构建筑发展大体可分为三个阶段：一是初盛时期(20 世纪 50 年代～60 年代初)，以苏联 156 个援建项目为契机，取得了卓越的建设成就。二是低潮时期(20 世纪 60 年代中后期～70 年代)，国家提出在建筑业节约钢材的政策，执行过程中又出现了一些误区，限制了钢结构建筑的合理使用与发展。三是发展时期(20 世纪 80 年代至今)，改革开放后沿海地区引进轻钢建筑，国内各种钢结构厂房、北京奥运会大批钢结构体育场馆以及多栋高层钢结构建筑的建成是中国钢结构发展的第一次高潮。

1.1.1　现代钢结构的应用

1. 大跨度结构。如体育馆、影剧院、大会堂、展览馆、飞机维修库等均采用钢结构。北京 2008 年奥运会的主体育场——鸟巢就是其中的典型实例。

2. 工业厂房。吊车起重量较大或者其他工作较繁重的车间的主要承重骨架多采用钢结构，结构形式多为由钢屋架和阶形柱组成的门式刚架或排架，如冶金厂房的平炉、转炉车间、混铁炉车间、初轧车间，重型机器制造厂的铸钢车间、锻压车间、总装配车间等，也可采用网架或各种形式的钢屋架作为屋盖的结构形式。随着压型钢板等轻型屋面材料的采用，轻钢结构工业厂房得到了迅速的发展，其结构形式主要为实腹式变截面门式刚架。

3. 高耸结构。高耸结构包括塔架和桅杆结构，如高压输电线路的塔架、广播、通信和电视发射用的塔架和桅杆、火箭发射塔、钻井平台等。

4. 高层建筑。由于钢结构自重轻、强度高，同时抗震性能好、工期短、施工方便，对高层建筑的建造极为有利。

5. 容器和其他特殊结构。冶金、石油、化工企业中大量采用钢板做成的容器结构，包括油罐、煤气罐、高炉、热风炉等。此外，经常使用的还有皮带通廊栈桥、管道支架、锅炉支架等其他钢构筑物，海上采油平台也大都采用钢结构。

6. 可拆卸或移动的结构。钢结构不仅重量轻，还可以用螺栓或其他便于拆装的手段来连接，因此非常适用于需要搬迁的结构，如建筑施工用的吊装塔架，流动展览馆，移动式混凝土搅拌站，施工临时用房等。

7. 轻型钢结构。可用于使用荷载较轻或跨度较小的建筑。由于这类结构布置灵活、制造安装运输都很方便，所以现已广泛应用于仓库、办公室、工业厂房及体育设施。

8. 与混凝土组成组合结构。如组合梁和钢管混凝土柱等，充分利用钢材和混凝土的各自优势，组合结构在高层、超高层及复杂结构中应用较多。

1.1.2　钢结构发展前景

从我国钢材生产上看，各种类型的建筑用钢给钢结构建筑发展创造了良好的物质基础。随着我国经济的发展，随着老钢厂的不断更新，新钢厂不断崛起，越来越多的钢铁基地为了适应市场的需要，成品钢材的品种越来越齐全，热轧 H 型钢、彩色钢板、冷弯型钢的生产能力大大提高，为钢结构发展创造了重要的条件。型钢、涂镀层钢板都有明显增长，产品质量有较大提高。耐火、耐候钢、超薄热轧 H 型钢等一批新型钢已开始在工程中应用，为钢结构发展创造了条件。

从设计、施工、钢结构工业化生产看，随着近年来钢结构的迅速发展及广泛应用，钢结构建筑无论从设计到施工，还是到钢结构构件的工业化生产加工，专业钢结构设计人员的素质在实践中得到不断提高，一批有特色有实力的专业研究所、设计院、建筑施工单位、施工监理单位都在日臻成熟，专业性、技术性、规模化更加完善。

随着钢结构建筑的深入应用，各种钢结构的标志性建筑在我国遍地开花。如：世界第三高度 492 米的上海环球金融中心，具有国际领先水平、高度 279 米的深圳赛格大厦，跨度 1490 米的润扬长江大桥，跨度 550 米的上海卢浦大桥，345 米高的跨长江输电铁塔，以及首都国际机场，鸟巢国家体育中心，首钢钢结构厂房建筑群等等许多采用钢结构建筑体系的重要工程，标志着建筑钢结构正向高层重型和空间大跨度钢结构发展。

从钢结构应用范围看，我国的钢结构建筑正从高层重型和空间大跨度工业和公共建筑钢结构向住宅发展。近年来，随着城市建设的发展和高层建筑的增多，我国钢结构发展十分迅速，钢结构住宅作为一种绿色环保建筑，已被建设部列为重点推广项目。其实，我国钢结构住宅起步很晚，只是改革开放后，从国外引进了一些低层和多层钢结构住宅，才使我们有了学习与借鉴的机会。1986 年意大利钢铁公司和冶金部建筑研究总院合作介绍一种低层钢结构住宅建筑体系——Bsis，并在冶金部建筑研究总院院内建造一栋二层钢结构住宅样板房；1988 年日本积水株式会社赠送上海同济大学二栋钢结构住宅（二层），建在同济新村中；20 世纪 90 年代个别国外公司为推广其产品在北京、上海等地建立多层钢结构办公、住宅楼。大规模研究开发、设计制造、施工安装钢结构住宅是近几年才发展起来的，这说明了钢结构住宅的发展势头良好。

钢结构作为绿色环保产品，与传统的混凝土结构相比较，具有自重轻、强度高、抗震性能好等优点。适合于活荷载占总荷载比例较小的结构，更适合应用于大跨度空间结构、高耸构筑物并适合在软土地基上建造。也符合环境保护与节约、集约利用资源的国策，其综合经济效益越来越为各方投资者所认同，客观上促使设计者和开发商们选择钢结构。也正是钢结构建筑的这些优点和实用性，引起了政府的高度重视和推广，并把钢结构住宅作为我国十五期间的重点推广项目。

钢结构的发展趋势表明，我国发展钢结构存在着巨大的市场潜力和发展前景。其主要来源于：

（1）我国自 1996 年起钢产量超过一亿吨，居世界首位。1998 年投产的轧制 H 型钢系列为钢结构发展创造了良好的物质基础。2011 年钢产量 6.9 亿吨，其中用于出口的只有

4000万吨，说明国内仍是钢材的主要消费市场。

（2）高效的焊接工艺和新的焊接、切割设备的应用以及焊接材料的开发应用，都为发展钢结构工程创造了良好的技术条件。

（3）1997年11月建设部发布的《中国建筑技术政策》中，明确提出发展建筑钢材、建筑钢结构和建筑钢结构施工工艺的具体要求，使我国长期以来实行的"合理用钢"政策转变为"鼓励用钢"政策，为促进钢结构的推广应用起到积极的作用。

（4）钢结构行业出现了一批有特色有实力的专业设计院、研究所，年产量超过20万吨的大型钢结构制造厂，有几十家技术一流、设备先进的施工安装企业，上千家中小企业相互补充、协调发展，逐步形成较规范的竞争市场。

发展钢结构住宅是我国住宅产业化的发展方向。住宅产业化是我国住宅发展的必由之路，这将成为推动我国经济发展新的增长点。钢结构住宅体系适宜于工业化生产、标准化制作，与之相配套的墙体材料可以采用节能、环保的新型材料，它属绿色环保性建筑，可再生重复利用，符合可持续发展的战略，因此钢结构体系住宅成套技术的研究成果必将大大促进住宅产业的快速发展，直接影响着我国住宅产业的发展水平和前途。

2008年"5.12"地震中，钢结构建筑良好的抗震功能，开始将钢结构引入民用住宅应用。有业内人士统计，四川省的门式轻型钢房屋，在地震中极少倒塌，与周边房屋的倒塌和破损形成鲜明的对比。随着国家建设节约型社会战略决策的实施，发展既节能又省地的住宅越来越受到中央和地方的重视，北京、上海、广东、浙江等地都建了大量的底层、多层、高层钢结构住宅点示范工程，体现了钢结构住宅发展的良好势头。住建部也组织36项钢结构住宅体系及关键技术研究课题，开展试点工程，并出台《钢结构住宅设计规程》，为钢结构在住宅体系全面铺开出台了行业标准。钢结构具有绿色、节能、环保功能，将成为我国住宅建筑的发展趋势。

总结起来，我国目前钢结构发展有利条件是：

（1）钢材产量高；

（2）钢结构设计、施工、维护技术成熟；

（3）高层、大跨结构的发展对钢结构需求大；

（4）钢结构绿色环保，适应可持续发展目标；

（5）民用住宅市场基本空白，前景广阔；

（6）住宅产业化的必要条件；

（7）抗震抗灾、多功能建筑的发展需要。

随着钢结构建筑的发展，钢结构住宅建筑技术也必将不断地成熟，大量的适合钢结构住宅的新材料将不断地涌现，同时，钢结构行业建筑规范、建筑的标准也将随之逐渐完善。现在我国钢结构研究已进入一个新阶段，国内钢产量充足，为钢结构住宅的发展提供了较好的物质和技术基础。应及时把握其发展趋势，结合我国国情，积极借鉴并吸纳国外成熟技术，注重各专业间的相互配合，促进钢结构住宅产业化发展。

1.1.3 我国现代钢结构发展存在的问题

虽然目前国内的钢结构建筑市场前景明朗，但发展中还是显露出很多问题：

（1）钢结构所占建筑市场份额较小。截至2010年，美国钢结构住宅建筑占全部建筑用钢总量的 65%，日本为 50%，而中国国内钢产量为 6.9 亿吨，建筑用钢量为 15000 万吨，钢结构用钢量为 2600 万吨，占建筑用钢量的 18%，远低于发达国家。

（2）标准及规范修订周期太长；标准及应用规范规程缺项、滞后；钢材标准与工程设计、施工规范规程衔接不上。

（3）高品质钢材生产能力不足，市场上钢材质量良莠不齐，管理混乱。

（4）钢结构加工、施工、安装技术落后。钢结构施工企业生产效率不高，管理落后，信息化管理不够完善。

（5）科研技术相对落后。钢结构建筑设计在防火、防腐、保温、隔音、防震和稳定性等方面的设计尚不成熟，限制了钢结构在民用建筑中的发展。

（6）专业钢结构技术人员数量不足。在所有钢结构施工企业中，由于缺少专业钢结构技术人员，很多从事钢结构施工的人员都是从其他建筑相关专业调用，没有经过相关培训就直接指导现场钢结构施工。

（7）在规范市场秩序、服务企业，开拓国际市场、标准规范编制和人才培养上，仍有很大空间可以发挥作用。

1.1.4　钢结构检测的必要性

近年来，我国钢材产量飞快增长，钢材的使用也经历了从"节约到合理使用进而大力推广"的过程。生产的钢材品种、规格越来越齐全，钢材质量有了很大的提高。建筑钢结构也得到了迅猛发展，钢结构工程越来越多，结构形式越来越新颖，设计与施工技术越来越成熟。

随着钢结构建筑的迅速发展，钢结构工程检测也逐渐成为而亟待发展的技术工作，与其相关的专业检测机构（公司、检验所、检测站、检测中心等）以及管理机构已超过 2000 多家，目前钢结构检测技术日趋于成熟和先进，有关钢结构工程检测的标准、规范相继发布、施行，使钢结构检测工作进一步规范化，对保证工程质量起到了良好的作用。

钢结构现场检测是钢结构发展的必要环节，其原因有以下几点：

（1）建筑结构质量的检验检测是保证建筑工程质量安全的必要环节。

（2）钢结构目前发展快速迅猛，高速建设难免存在建筑质量安全隐患。

（3）钢结构的结构特点，决定了钢结构在稳定性、节点、防腐等方面存在隐患，其中任一环节出现问题，对整个结构影响巨大，必须对这些薄弱环节进行检验，以保障结构安全。

（4）与混凝土结构冗余度高不同，钢结构的冗余度在某些程度上相对较小，一个杆件、节点的破坏都可能导致一个结构单元的破坏，因此相对于混凝土结构，钢结构检测更加重要。

（5）钢结构的发展使得这种结构要适应各种环境和功能，而目前的研究范围所涉及的环境和功能方面相对较少，在保证钢结构的后续使用安全方面仍有欠缺。

（6）钢结构的焊缝、螺栓等连接节点，因涉及现场施工的工艺和条件，施工质量可能存在问题。而钢结构的连接节点是保证结构安全的非常重要的环节，因此对焊缝、螺栓的检测也很重要。对于焊缝和螺栓的检测不仅包括原材料的验收，更重要的是施工工艺是否满足要求。

（7）钢结构规范、荷载规范等标准规范不断地修改，对新结构提出新的要求，都需要重新对结构进行检测。

（8）灾后安全检验是保证钢结构在灾后能够继续使用的前提条件。

1.2　钢结构的特点及常见问题

1. 钢结构的主要优点

（1）钢结构重量轻而强度高。作为承重结构的建筑材料，钢材的容重与屈服点的比值最小，所以完成同样承载功能所需钢结构重量最轻，在相同荷载条件下，钢屋架重量只是同跨度钢筋混凝土屋架重量的 1/3～1/4，如果采用薄壁轻型钢屋架，则只有 1/10。所以钢结构非常适合跨度大、高度高、承载大的结构，也非常适合于抗地震、可移动、易拆装的结构。

（2）钢材具有良好的延性。由于钢结构的延性好、塑性变形能力强，钢结构不会因为偶然超载或局部超载而突然断裂破坏。钢材韧性好，钢结构能较好地适应振动荷载，具有优良的抗震抗风性能，震区的钢结构比其他材料的工程结构抗震性能更好，破坏最少，震害最轻。

钢材作为理想的弹塑性体，自身物理参数稳定好，与理论计算假定和概念符合较好，容易通过理论计算准确掌握其承载能力和安全裕度。

（3）钢结构施工速度快。钢结构型材和连接件便于工厂制造，现场安装，制作简便，精确度高，批量生产。缩短施工工期，降低造价，提高经济效益。

采用螺栓连接的钢结构不仅施工速度快，且拆装方便，便于加固改造或迁建。

（4）密封性好。钢材组织密实，采用焊接连接和高强螺栓连接，可做到完全密封，特别适合制造高压容器、大型油库、煤气罐、管道等结构形式。

（5）耐热性好。钢材耐热性较好，长期受到 100℃ 辐射热，钢材不会有质的变化，且不影响钢结构强度。

（6）有利于保护环境。钢结构住宅施工时不需要砂、石、水泥等，大大减少了砂、石、灰的用量，施工时大幅度减少扬尘污染，所用基本上是绿色、可回收或能降解的材料，在建筑物拆除时，大部分材料可以再用或降解，不会产生大量的建筑垃圾。

2. 钢结构的主要缺点

（1）耐火性能较差。普通的结构钢当其承受热量达 400℃ 时，材质的强度和弹性模量将急剧下降；当温度达到 650℃ 时，钢材已基本上丧失了承载能力；钢材本身不燃烧，却不耐高温，其机械性能如屈服点、弹性模量、抗压强度、荷载能力等均会应温度的升高而急剧下降，当钢构件温度达到 350、500、600 摄氏度时，强度分别下降 1/3、1/2、2/3。据理论计算，全负荷钢构件失去静态平衡稳定性的临界温度为 540℃。而且钢构件由单一材料组成，导热系数大（是混凝土的 40 倍），在高温作用下，热量会迅速传导至内部，温升快，科学实验和火灾实例均表明，裸露钢构件的耐火时间仅 15 分钟，不如普通木柱的耐火时间。

（2）耐锈蚀性较差。常见的钢材抗大气腐蚀、介质腐蚀和应力腐蚀的能力较差。据国外大量的试验结果证实：不涂刷保护层的两面外露钢材，其在大气中的腐蚀速度约为

1mm/(8~17)年。

普通钢材的抗腐蚀能力比较差,这一直是工程上关注的重要问题。腐蚀使钢结构杆件净截面面积减损,降低结构承载力和可靠度,腐蚀形成的"锈坑"使钢结构脆性破坏的可能性增大,尤其是抗冷脆性能下降。一般来说钢结构容易发生锈蚀的部位为:经常干湿交替又未包混凝土的钢构件;埋入地下的地面附近部位,如柱脚等;可能存积水或遭受水蒸气侵蚀部位;组合截面净空小于 12mm,难于涂刷油漆部位;屋盖结构、柱下节点部位;易积灰又湿度大的构件部位等。

1.3　钢结构典型事故及分析

钢结构以其强度高、自重轻、塑性和韧性好、抗震性能优越、工厂化生产程度高、装配方便、造型美观、综合经济效益显著等一系列优点,受到国内外建筑师和结构工程师的青睐,在高层、大跨建筑领域显示出其无与伦比的优势。我国国内建筑领域的钢结构也同其他发达国家一样,呈现出蓬勃发展的势头,取得了很大成就。但任何事物都有着它的两面性,钢结构也有其自身的缺陷和不足:稳定性差、脆性断裂、耐火性能不理想、不具耐腐蚀性。由此引发的工程事故也是屡见不鲜。

钢结构建筑的事故造成了巨大的经济损失和人员伤亡,其中较为严重的典型事故有:1907 年,加拿大魁北克桥(Quebec)在架设过程中由于悬臂端的杆件失稳,导致桥上 75 人遇难;1960 年,罗马尼亚布加勒斯特的一座直径为 90m 的圆球面单层网壳因失稳发生倒塌事故;1978 年,美国哈特福特城的体育场网架因为压杆弯曲而坠落到地面;2007 年,上海环球金融中心在施工中发生火灾事故,使整个钢结构性能被破坏。而 2003 年,美国纽约世贸中心大楼在"9 · 11"事件中的轰然倒塌,这场噩梦更使工程界人士认识到开展钢结构工程事故分析的重要性。经过多年研究观察,钢结构事故可以分为九大类别。

1.3.1　钢结构的材料事故

钢结构材料事故是指由于材料本身的原因引起的事故。钢结构所用材料包括钢材(Q235、16Mn、15MnV 等)和连接材料(螺栓、焊材等)两大类。影响钢材性能的主要因素有有害化学成分超标、冶金轧制缺陷、硬化使钢材的塑性和韧性降低、应力集中以及温度过高或过低等。引发钢结构材料事故的常见因素有钢材质量不合格、螺栓质量不合格、焊接材料质量不合格、设计选材不当、制作安装工艺不合理、母材与焊接材料不匹配、随意混用或替代材料等。

要防止发生这类事故,在设计环节上,应熟知各种材料的性能参数与特性,因地制宜的选用合适的材料;在施工过程中,严格按照设计规定选用材料,材料进场时严格按照有关规范复检钢材和连接材料的各项指标,严禁使用不合格材料,选择恰当的施工工艺,严格按照设计与相关规范进行制作、安装。

【案例】　某地一大型贮油罐采用 12mm 厚的钢板焊接而成。该油罐建成 2 年后突然崩塌,原油外流,引发大火,造成巨大的人员伤亡与经济损失。经调查,该油罐使用的钢材力学性能合格但化学成分不合格,含硫量为 0.9%(超限近一倍)。过高的含硫量使钢材的可焊性降低,焊接过程中产生的热裂纹在外力作用下逐渐扩展,最终使钢材突然断裂,引发重大事故。类似的还有钢板筒仓的事故(图 3-1.3-1),针对钢板仓设计,近年颁布实施了《粮食钢板筒仓设计规范》(GB 50322—2011)。

1.3.2 钢结构强度失效事故

钢结构承载力失效指正常使用状态下结构构件或连接件因材料强度被超越而导致破坏。其主要原因为:

(1) 使用荷载和条件的改变。包括计算荷载的超越、部分构件退出工作引起其他构件增载、意外冲击荷载、温度变化引起的附加应力、基础不均匀沉降引起的附加应力等。

(2) 钢材的强度指标或连接件强度指标不合格。在钢结构设计中有两个强度指标:屈服强度 f_y 和抗拉强度 f_u;另外,当结构构件承受较大剪力或扭矩时,钢材抗剪强度 f_v 也是重要指标。

【案例】 钢结构屋面超载造成的事故很普遍(图 3-1.3-2),某钢结构厂房钢屋架,原设计为压型钢板屋面,后来由于屋面要放置太阳能电池板,将屋面板更换为特质的大型屋面板,荷载增加较多,但却未对原屋架进行承载力验算,结果在安装过程中屋架端部斜腹杆出现严重压屈,屋面下沉约 200mm,幸而未出现坍塌,没有造成人员伤亡。

图 3-1.3-1 某钢板仓坍塌事故　　　　图 3-1.3-2 某屋面超载造成坍塌事故

1.3.3 钢结构的失稳事故

钢结构的失稳事故是指因钢结构或构件丧失整体稳定性或局部稳定性而引发的事故。相对于混凝土结构而言,钢结构因强度高而使构件细长,截面相对较小,因此在外荷载作用下更容易失稳。而相对于抗拉破坏而言,钢结构失稳破坏前的变形可能很小,呈现出脆性破坏的特征,而脆性破坏的突发性也使得失稳破坏具有更大的危险性。

我国的现代钢结构工程起步较晚,许多工程技术人员对稳定概念的认识较为模糊,在钢结构工程设计中普遍存在重视强度而轻视稳定的错误倾向,这是钢结构工程失稳事故不断发生的重要原因之一。因此,设计人员必须强化稳定概念,在设计过程中应重视支撑体系的布置,结构整体布置必须满足整体稳定性和局部稳定性的要求。加工、制作过程中产生的构件初偏心、初弯曲、焊接残余变形等缺陷也会显著降低钢结构的稳定承载力;同时,与混凝土结构、砌体结构不同的是,钢结构在安装、施工的过程中,在形成稳定的整体结构之前,属于几何可变体系,其稳定性很差,必须借助于足够的临时支撑体系以维持安装过程中的稳定性,否则极易发生构件失稳甚至整体倒塌、倾覆事故。因此,钢结构加工、制作及安装企业应通过采用合理的施工工艺，制定科学、合理、严密的施工组织设计，采用合理的吊装方案，布置足够的临时支撑，确保制作及施工阶段的结构稳定性。

【案例】　支撑失稳或连接不当造成的破坏也很常见(图 3-1.3-3)，某合成橡胶厂车间的屋架系统采用 13 榀 14m 跨度的梭形钢屋架，上放槽形板，未设隔墙。发生事故时有 11 榀钢屋架坠落，2 榀钢屋架虽未坠落但变形严重，屋顶倒塌。经分析，原设计中屋架主要压杆的长细比均超出规范要求，最大达 275(原规范规定受压杆件长细比不大于 150)。而施工方擅自将端腹杆由工25 变更为工 20，削弱了腹杆截面积，导致其实际应力超出允许应力一倍多，造成腹杆受压失稳，引起钢屋架变形破坏，酿成严重事故。

图 3-1.3-3　某柱间支撑的失稳破坏

根据理论和实践分析，钢结构的失稳主要发生在轴压、压弯和受弯构件。它可分为两类：丧失局部稳定和丧失整体稳定性。

1. 影响结构构件局部稳定性的主要原因

(1) 局部受力部位加劲肋构造措施不合理，当在构件的局部受力部位(如支座、较大集中荷载作用点)没有设支承加劲肋，使外力直接传给较薄的腹板而产生局部失稳。构件运输单元的两端以及较长构件的中间如没有设置横隔，难以保证截面的几何形状不发生变形且易丧失局部稳定性。

(2) 吊装时吊点位置选择不当，在吊装过程中，由于吊点位置选择不当，会造成构件局部较大的应力，从而导致失稳。所以钢结构在设计时图纸应详细说明正确的起吊方法和吊点位置。

(3) 构件局部稳定不满足要求，如构件工字形、槽形截面翼缘的宽厚比和腹板的高厚比大于限值时，易发生局部失稳现象；在组合截面构件设计中尤应注意。

2. 影响结构构件整体稳定性的主要原因

(1) 构件有各类初始缺陷，在构件的稳定性分析中，各类初始缺陷对其极限承载力的影响比较显著。

(2) 施工临时支撑体系不够，在结构的安装过程中，由于结构并未完全形成设计要求的受力整体或其整体刚度较弱，因而需要设置一些临时支撑体系来维持结构或构件的整体稳定。

(3) 构件受力条件的改变，钢结构使用荷载和使用条件的改变，如超载、节点的破坏、温度的变化、基础的不均匀沉降、意外的冲击荷载、结构加固过程中计算简图的改变等，引起受压构件应力增加，或使受拉构件转变为受压构件，从而导致构件整体失稳。

(4) 构件整体稳定不满足要求，影响它的主要参数为长细比 λ。应注意截面两个主轴方向的计算长度可能有所不同，以及构件两端实际支承情况与计算支承模式的区别。

1.3.4　钢结构的变形事故

与容易失稳的原因类似，钢结构由于截面比混凝土结构要小，在强度满足要求的情况下，经常出现刚度不足。

钢结构刚度失效指产生影响其继续承载或正常使用的塑性变形或振动。其主要原因为：

（1）结构支撑体系不够，支撑体系是保证结构整体和局部刚度的重要组成部分。它不仅对抵制水平荷载有利，而且具有抗震和减小振动的作用。

（2）结构或构件的刚度不满足设计要求：如轴压构件不满足长细比要求；受弯构件不满足允许挠度要求；压弯构件不满足上述两方面要求等。

钢结构不论整体变形还是局部变形，都将降低结构的整体刚度和稳定性，影响连接和组装，并可能产生附加应力，降低构件的承载力，引发变形事故。而钢结构由于具有强度高、塑性好等优点，使得钢结构的截面越来越小，板厚、壁厚很薄。加工、制作、安装过程中如存在工艺缺陷等，使得钢结构的变形问题更加突出。

【案例】　某汽车厂造型车间为 $54m\times84m$ 的单层三跨车间，钢屋架上弦杆、下弦杆均采用角钢。屋架和屋面板施工完毕后发现有个别屋架的竖腹杆有明显倾斜，经检测，位移偏差超标的测点达 80%，变形严重的一榀屋架呈扭曲状。经调查，事故的主要原因是屋架堆放方式不规范。依据相关规范要求，屋架堆放时应直立，两个端头须用固定支架固定，相邻两个钢屋架应隔以木块，相互绑牢。

该工程施工工程中虽在堆放钢屋架时采用了直立方式，但却错误地将钢屋架的一端靠在一堆屋面板上，另一端没有采取可靠的侧向支撑，钢屋架间没有拉紧捆绑，结果使钢屋架逐个挤压，产生扭曲变形。在支撑系统安装过程中，由于工期原因也未按规定对屋架进行矫正，最终导致发生事故。除屋架本身的变形，托架变形也需要特别注意（图 3-1.3-4）。

图 3-1.3-4　某厂房托架侧向变形

1.3.5　钢结构的疲劳破坏事故

钢材在连续反复荷载作用下当应力小于抗拉强度甚至低于屈服强度的情况下发生突然脆性断裂的现象就是疲劳破坏，这种疲劳破坏在钢结构和钢构件中同样会发生。在工业建筑中的吊车梁就是经常发生疲劳破坏。特别是在变截面或焊接应力集中的位置更容易疲劳破坏。

疲劳破坏与钢材的静力强度和最大静力荷载并无明显关系，而主要与应力幅、应力循环次数和构造细节有关。钢结构疲劳分析时，习惯上当循环次数 $N<10^5$ 时称为低周疲劳：$N>10^5$ 时称为高周疲劳。如果钢结构构件的实际循环应力特征和实际循环次数超过设计时所采取的参数，就可能发生疲劳破坏。此外影响钢结构疲劳破坏的原因还有：结构构件中有较大应力集中区域；所用钢材的抗疲劳性能差；钢结构构件加工制作时有缺陷，其中裂纹缺陷对钢材疲劳强度的影响比较大；钢材的冷热加工、焊接工艺所产生的残余应力和残余变形对钢材疲劳强度也会产生较大影响。

图 3-1.3-5　某吊车梁上翼缘与腹板间疲劳裂缝

【案例】　2012 年，某钢厂 125t 吊车梁，由于轨道偏心，造成沿着上翼缘与腹板之间产生纵向疲劳开裂（图 3-1.3-5）。

1.3.6　钢结构的连接破坏事故

钢结构的节点破坏是钢结构破坏中最常见的形式。

一般钢结构的节点有两种连接形式：焊接和螺栓连接。两种形式都有严格的工艺和操作要求，任何设计和施工上的缺陷都会导致钢结构的连接破坏或产生过大变形。

一般焊接工艺可能存在的缺陷包括：焊接热使周围钢材变脆，焊接产生残余应力和残余应变，焊接裂纹、夹渣、气泡，应力集中等。

焊接连接件的强度取决于焊接材料强度及其与母材的匹配、焊接工艺、焊缝质量和缺陷及其检查和控制、焊接对母材热影响区强度的影响等，特别是在许多实际工程中焊工水平参差不齐，管理不严格，验收不规范，造成很多焊缝质量不满足要求，为工程质量和结构安全埋下安全隐患。

螺栓连接的缺陷包括：截面钻孔削弱，螺栓孔径太大引起松动，高强螺栓应力松弛引起滑移，高强螺栓预应力不足。

螺栓连接是否破坏，主要决定于螺栓及其附件材料的质量以及螺栓连接的施工技术工艺的控制，特别是高强螺栓预应力和摩擦面的处理、螺栓孔引起被连接构件截面的削弱和应力集中等。实际操作中，很多高强螺栓预拉力控制不严格，扭剪型螺栓梅花头很多不是被扭断而是被敲断，严重影响高强螺栓的承载力。

图 3-1.3-6 是某网架工程连接螺栓未拧紧、松动，图 3-1.3-7 是某钢结构平台工字梁与柱连接处未采用熔透焊。由于连接不当造成的事故也有不少案例。

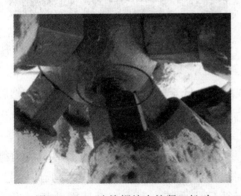 

图 3-1.3-6　连接螺栓未拧紧、松动　　　　图 3-1.3-7　工字梁与柱连接处未采用熔透焊

【案例】 1990 年 2 月 16 日，某厂房顶层会议室轻型屋架屋面突然倒塌，造成当时与会人员 42 人死亡，179 人受伤。事故原因为屋架节点焊接质量存在缺陷，导致支座部分节点处断裂。

1.3.7　钢结构的锈蚀破坏事故

钢材由于和外界介质相互作用而产生的损坏称为锈蚀(也称腐蚀)，按其作用可分为化学锈蚀和电化学锈蚀两种，绝大多数钢材锈蚀是电化学锈蚀或化学锈蚀和电化学锈蚀共同作用的结果。按照所处环境的不同，腐蚀又可分为大气腐蚀、淡水腐蚀、酸腐蚀、碱腐蚀、盐类腐蚀、海水腐蚀、土壤腐蚀、有机非水溶剂腐蚀、高温腐蚀、应力腐蚀等。锈蚀会削弱钢构件的截面，降低承载力，而且锈蚀产生的"锈坑"可能诱发钢结构的脆性破坏，同时严重影响钢结构的耐久性。为防止或延缓钢结构的锈蚀，可根据使用性质、环境介质类型等因素，采用涂料覆盖法或金属覆盖法。

图 3-1.3-8　杆件变截面处锈蚀严重

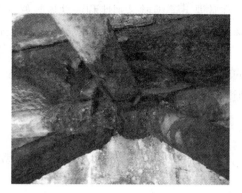

图 3-1.3-9　网架节点部位锈蚀严重

【案例】　某单位食堂为 17.5m 直径圆形砖墙上扶壁柱承重的单层建筑，屋盖系统为 17.5m 直径的悬索结构，悬索由 90 根直径为 7.5mm 的钢绞索组成。该建筑于建成 20 年后突然发生屋盖整体坍塌，90 根钢绞索全部沿周边折断，但周围砖墙和圈梁无塌陷损坏。经调查，事故的主要原因是食堂内空气湿度较大，温度较高，通风不畅，钢绞索长时间锈蚀，截面减小，承载力降低。

1.3.8　钢结构的火灾破坏事故

除了耐腐蚀性差以外，耐火性差是钢结构的另一个缺点。一旦发生火灾，热空气通过辐射、对流的方式向钢构件传热，随着温度的不断升高，钢材的热物理特性和力学性能发生改变，强度和弹性模量急剧降低，塑性伸长率则显著增加，钢结构的承载力降低，构件屈服或屈曲进而倒塌，导致灾难性后果。

图 3-1.3-10　9.11 世贸中心火灾

图 3-1.3-11　9.11 世贸中心火灾

【案例】　"9.11"事件中纽约世贸中心大楼的轰然倒塌是人类文明史上火灾给钢结构造成的最大灾难。为确保钢结构达到规定的耐火极限要求，必须采取防火保护措施。一般可以采用防火涂料、防火板、石膏板、珍珠岩板、蛭石板或混凝土等材料，用紧贴法、空心法或实心法将钢构件包裹起来。

1.3.9 钢结构的低温破坏事故

在常温下，钢材是塑性和韧性均较好的金属，但随着温度的降低，其塑性和韧性会逐渐降低，再加之其材质缺陷和焊接缺陷等，使得钢结构的脆性断裂现象极易发生。

钢结构脆性断裂是其极限状态中最危险的破坏形式之一。它发生往往很突然，没有明显的塑性变形，而破坏时构件的名义应力很低，有时只有其屈服强度的 0.2 倍。影响钢结构脆性断裂的原因主要有：

(1) 构件制作加工缺陷，构件的高应力集中会使构件在局部产生复杂的应力状态，它们也将影响构件局部的塑性和韧性，限制其塑性变形，从而提高构件脆性断裂的可能。

(2) 钢材抗脆性断裂性能差，钢材的塑性、韧性和对裂纹的敏感性都影响其抗脆性断裂性能，其中冲击韧性起决定作用。低合金钢材的抗脆性断裂性能比普通碳素钢和沸腾钢的抗脆性断裂性能依次低。

(3) 低温和动载，随着温度降低，钢材的屈服强度 f_y 和抗拉强度 f_u 会有所升高，而钢材的塑性指标截面收缩率 ψ 却有所降低，即钢材会变脆。动载对钢结构的破坏，往往是很突然的，无明显塑性变形，呈现脆性破坏特征。

【案例】 我国哈尔滨的滨洲线松花江桥(图 3-1.3-12)是铆接结构，77m 跨的有 8 孔，33.5m 跨的有 11 孔。1901 年由俄国建造，1914 年发现裂纹。中苏双方试验结果表明，该桥使用的钢材(从比利时买进的马丁炉钢)，脱氧不够，氧化铁及硫增加了钢材的脆性，特别是金相颗粒不均匀，所以不适合低温加工，其冷脆临界温度为 0℃，而使用时最低气温为－40℃，这是造成裂缝的主要原因，当时得出结论有四点：①该桥的实际负荷不大；②大部分裂纹不在受力处；③钢材的金相分析表明材质不均匀；④各部分构件受力情况较好，所以钢桥可以继续使用。

图 3-1.3-12 哈尔滨的滨洲线松花江桥

钢结构本身的"先天性"缺陷同其优点一样突出，正是这些缺陷导致钢结构工程事故频繁发生。为尽可能减少钢结构工程领域各类事故的发生，必须从设计、施工、使用等环节入手，全面客观地认识、分析、解决钢结构工程在各环节存在的问题。

1.4 钢结构检测的一般规定

1.4.1 钢结构检测的分类

钢结构的检测可分为在建钢结构的检测和既有钢结构的检测。

当遇到下列情况之一时，应按在建钢结构进行检测：

(1) 在钢结构材料检查或施工验收过程中需了解质量状况；

(2) 对施工质量或材料质量有怀疑或争议；

(3) 对工程事故，需要通过检测，分析事故的原因以及对结构可靠性的影响。

当遇到下列情况之一时，应按既有钢结构进行检测：

（1）钢结构安全鉴定；

（2）钢结构抗震鉴定；

（3）钢结构大修前的可靠性鉴定；

（4）建筑改变用途、改造、加层或扩建前的鉴定；

（5）受到灾害、环境侵蚀等影响的鉴定；

（6）对既有钢结构的可靠性有怀疑或争议。

1.4.2　检测工作程序

检测工作的流程为，接受委托→现场调查→制定检测方案→现场检测→计算与结果评价→检测报告。当检测结果为不合格或者有疑义时，尚应复检、补充检测，并在此基础上进行计算与结果评价，再最终出具检测报告。

现场检查应包括收集基础资料、调查结构现状和环境条件、确认检测维修记录及荷载用途变化等。

检测方案应包括，工程概况、检测目的、检测依据、检测项目及检测方法和数量、人员设备情况、进度计划、需甲方配合的工作、安全措施、环保措施等。

1.4.3　钢结构检测的相关标准规范

目前，我国与钢结构检测相关的标准规范大体可分为产品标准、设计及施工标准、验收标准、检测方法标准等。国家对钢结构检测颁布的强制性条文主要依据是《钢结构工程施工质量验收规范》GB 50205—2001、《建筑工程施工质量验收统一标准》GB 50300—2013 和《钢结构现场检测技术标准》GB/T 50621—2010，其中 GB 50205—2001 规定了钢结构各分项工程的检测内容、抽样方法及合格评定标准，《钢结构现场检测技术标准》GB/T 50621—2010 是最新的钢结构现场检测技术标准，是钢结构现场检测技术最主要依据的标准。针对特定的结构形式和检测项目，产品标准和设计施工标准也可作为检测评定标准，如《钢桁架检验及验收标准》JG 9—1999。钢结构很多检测项目都有相应的检测方法标准，例如钢材化学成分分析标准、金属力学性能试验标准和无损检测标准。与钢结构检测相关的现行主要标准规范见表 3-1.4-1，国外对钢结构检测也有很多研究，部分标准规定的项目可以和国内的标准相互补充，填补国内的一些空白，部分国外规范见表 3-1.4-2。根据技术标准的变化，钢结构检测应执行最新公布的规范标准。

钢结构检测相关主要标准规范　　　　　　　　　表 3-1.4-1

序号	标准分类	标准名称	标准代号
1	验收标准	《建筑工程施工质量验收统一标准》	GB 50300—2013
		《钢结构现场检测技术标准》	GB/T 50621—2010
		《钢结构工程施工质量验收规范》	GB 50205—2001
		《钢桁架检验及验收标准》	JG 9—1999
		《现场设备、工业管 道焊接工程施工规范》	GB 50236—2011
		《塔桅钢结构工程施工质量验收规程》	CECS 80—2006

续表

序号	标准分类	标准名称	标准代号
2	设计及施工标准	《钢结构设计规范》	GB 50017—2003
		《冷弯薄壁型钢结构技术规范》	GB 50018—2002
		《门式刚架轻型房屋钢结构技术规程》	CECS 102—2002
		《空间网格结构技术规程》	JGJ 7—2010
		《预应力钢结构技术规程》	CECS 212—2006
		《高层民用建筑钢结构技术规程》	JGJ 99—1998
		《钢结构高强度螺栓连接技术规程》	JGJ 82—2011
		《户外广告设施钢结构技术规程》	CECS 148—2003
		《索膜结构技术规程》	CECS 158—2004
		《高耸结构设计规范》	GB 50135—2006
		《钢桁架质量标准》	JG 8—1999
		《压型金属钢板设计施工规程》	YBJ 216—88
		《型钢混凝土组合结构技术规程》	JGJ 138—2001
		《钢骨混凝土结构设计规程》	YB 9082—2006
		《塔桅钢结构工程施工质量验收规程》	CECS 80—2006
		《工业金属管道工程施工规范》	GB 50235—2010
3	钢材标准	《碳素结构钢》	GB/T 700—2006
		《优质碳素结构钢》	GB/T 699—1999
		《低合金高强度结构钢》	GB/T 1591—2008
		《高耐候结构钢》	GB/T 4171—2008
		《桥梁用结构钢》	GB/T 714—2008
		《建筑结构用钢板》	GB/T 19879—2005
		《结构用无缝钢管》	GB/T 8162—2008
		《直缝电焊钢管》	GB/T 13793—2008
		《一般工程用铸造碳钢件》	GB/T 11352—2009
		《建筑结构用冷弯矩形钢管》	JG/T 178—2005
4	焊接及其材料	《钢结构焊接规范》	GB 50661—2011
		《焊接术语》	GB/T 3375—1994
		《焊缝符号表示法》	GB/T 324—2008
		《焊接及相关工艺方法代号》	GB/T 5185—2005
		《金属熔化焊接头缺欠分类及说明》	GB/T 6417.1—2005
		《焊接工艺规程及评定的一般原则》	GB/T 19866—2005
		《电弧焊焊接工艺规程》	GB/T 19867.1—2005
		《金属压力焊接头缺欠分类及说明》	GB/T 6417.2—2005
5	紧固件及网架球节点标准	《紧固件机械性能 螺栓、螺钉和螺柱》	GB/T 3098.1—2010
		《钢结构用高强度大六角头螺栓、大六角螺母、垫圈技术条件》	GB/T 1231—2006
		《钢结构用扭剪型高强度螺栓连接副》	GB/T 3632—2008

续表

序号	标准分类	标准名称	标准代号
5	紧固件及网架球节点标准	《钢网架螺栓球节点用高强度螺栓》	GB/T 16939—1997
		《钢网架螺栓球节点》	JG/T 10—2009
		《钢网架焊接空心球节点》	JG/T 11—2009
		《预应力筋用锚具、夹具和连接器应用技术规程》	JGJ 85—2010
6	钢材化学成分及力学性能试验标准	《钢的成品化学成分允许偏差》	GB/T 222—2006
		《钢和铁化学成分测定用试样的取样和制样方法》	GB/T 20066—2006
		《钢及钢产品力学性能试验取样位置及试样制备》	GB/T 2975—1998
		《金属材料室温拉伸试验方法》	GB/T 228.1—2010
		《金属材料低温拉伸试验方法》	GB/T 13239—2006
		《金属材料弯曲试验方法》	GB/T 232—2010
		《金属材料夏比摆锤冲击试验方法》	GB/T 229—2007
		《金属洛氏硬度试验方法》	GB/T 230.1—2009
		金属材料 里氏硬度试验 第1部分：试验方法	GB/T 17394.1—2014
		金属材料 里氏硬度试验 第2部分：硬度计的检验与校准	GB/T 17394.2—2012
		金属材料 里氏硬度试验 第3部分：标准硬度块的标定	GB/T 17394.3—2012
		金属材料 里氏硬度试验 第4部分：硬度值换算表	GB/T 17394.4—2014
7	防火及防腐	《工业建筑防腐蚀设计规范》	GB 50046—2008
		《建筑钢结构防火技术规范》	CECS 200—2006
		《钢结构防火涂料》	GB 14907—2002
		《钢结构防火涂料应用技术规范》	CECS 24—1990
		《钢结构—管道涂装技术规程》	YB/T 9256—1996
		《涂覆涂料前钢材表面处理》	GB/T 8923.1~3
8	无损检测标准	《钢结构检测评定及加固技术规程》	YB 9257—1996
		《建筑结构检测技术标准》	GB/T 50344—2004
		《无损检测人员资格鉴定与认证》	GB/T 9445—2008
		《无损检测通用术语和定义》	GB/T 20737—2006
		《无损检测应用导则》	GB/T 5616—2014
		《焊缝无损检测符号》	GB/T 14693—2008
		《焊缝无损检测 超声检测 技术、检测等级和评定》	GB/T 11345—2013
		《钢结构超声波探伤及质量分级法》	JG/T 203—2007
		《金属熔化焊焊接接头射线照相》	GB/T 3323—2005
		《建筑钢结构焊缝超声波探伤》	JB/T 7524—1994
		《无损检测焊缝磁粉检测及缺陷磁痕分级》	JB/T 6061—2007
9	加固设计	《钢结构加固技术规范》	CECS 77—1996

部分国外钢结构相关规范　　　　　　　　　　　　　表 3-1.4-2

序号	国家	标准名称	标准代号
1	美国	《钢结构焊接规范》	AWS D1.1/D1.1M—2006
		《焊缝超声波检验》	ASME E—164
		《大型钢锻件超声波检验方法》	ASTM A—388
		《轧制钢结构型材超声直射法超声检验》	ASTM A 898/A898M—2007
		《钢板的直射法超声检测》	ASTM A 435/A435M—1996
		《厚度不大于2英寸的铸钢件钢铸件的参考射线照片》	ASME E446—2004
		《钢板的直射束纵向超声波检验》	ASTM A 435/A435M—1996
2	德国	《焊缝超声波检验》	DIN54125
		《德标超声波探伤》	DIN SEP1921—1980
		《超声波检验一般规则》	DIN54126
3	日本	《钢焊缝超声波探伤方法及探伤结果的等级分类方法》	JISZ3060—2002
		《超声波探伤检查标准》（日本建筑学会）	
4	英国	《钢板超声波检验及质量评定方法》	BS5996
		《焊缝超声波检验方法》	BS3923
5	欧洲	《焊接的无损检测焊接的渗透检测验收等级》	EN 1289—1998
		《焊缝无损检测—焊缝接头射线检测》	EN 1435—1997
		《焊缝外观标准》	ISO 5817—2003
		《焊缝超声检测验收级别》	EN 1712—1997
		《焊缝渗透探伤》	EN 571—1997
		《焊缝磁粉探伤》	EN 1290—1998
		《焊缝的无损检测-焊接接头的超声检测》	EN 1714—1997

1.4.4　钢结构检测设备和检测人员

　　钢结构检测所用仪器、设备和量具应有产品合格证、计量检定机构出具的有效期内的检定(校准证书)，仪器设备的精度应满足检测项目的要求。检测所用检测试剂应标明生产日期和有效期，并应具有产品合格证和使用说明书。

　　检测人员应经过培训取得上岗证书；无损检测人员应按现国家标准《无损检测人员资格鉴定与认证》GB/T 9445 进行相应级别的培训、考核，并持有相应考核机构颁发的资格证书。

1.4.5　钢结构检测单位的资质要求

　　目前，我国从事钢结构相关检测仪器制造单位和销售单位不计其数，具备检测仪器的软件、硬件水平已经接近或达到国际先进水平，但是具备钢结构专项检测资质的第三方检测单位并不是很多。

建设部 141 号令的出台,进一步提高了申请钢结构检测专项资质的门槛,钢结构检测单位不仅要通过计量认证(CMA),而且要取得国家或省级建设行政主管部门的资质证书,以确保检测质量和作为第三方的公正性。

思考题

分别在什么情况下进行在建或既有钢结构的检测?

第2章 钢结构外观质量检测

2.1 概述

外观质量检测是钢结构检测的重要组成部分，通过目视或者简单的辅助工具，对钢材表面的裂纹、夹层、锈蚀（图3-2.1-1）、划伤等，焊缝的外观质量、焊缝尺寸，螺栓施工质量，以及钢材表面防火、防腐涂层的施工质量进行检查。

图 3-2.1-1 钢材表面质量缺陷

外观质量检测无须借助工具或者仅需要简单的辅助工具，但却可以对钢结构总体质量进行全面检查，并快速发现钢结构施工中存在的显著质量问题。钢结构外观质量检测必须由具有经验的检测工程师，在良好的照明条件下，规定的视距范围内进行观察。

钢结构的外观质量检测，一般指钢构件的外观质量检测。实际上，外观质量检测，还应包含焊缝连接、螺栓连接、涂料涂装和构件的安装偏差等外观质量检测，以及杆件的形状外观检测。例如网架架构中，杆件如发生弯曲（图3-2.1-2），能用目测直接发现的，应记录下杆件的编号和位置，并做相应描述。

图 3-2.1-2 杆件弯曲实例

对于构件、涂层和连接的外观质量检测，应在适当的距离之内，采取适当的观测面角度，在合适的照明条件下进行检测。

钢结构的外观质量检测，一般需要一定的照明条件，一般情况下光照度不得低于 160lx；对细小缺陷进行鉴别时，光照度不得低于 540lx。

如直接目视检测，眼睛与被检工件表面的距离不得大于 600mm，视线与被检工件表面所成的夹角不得小于 30 度，并宜从多个角度对工件进行观察。

2.2　仪器设备

受现场环境限制和检测精度要求，除盒尺、手电、小锤子、铲刀等常用仪器外，还需要使用多种辅助仪器设备进行外观质量检测。

1. 放大镜

对于细微缺陷，需要用放大镜来观察，可使用 2～6 倍的放大镜。

2. 水平尺

利用水准器气泡偏移来测量被测平面相对于水平位置、铅直位置、倾斜位置偏离程度的测量器具，称为水平尺。如图 3-2.2-1 所示。

图 3-2.2-1　水平尺

水平尺的原理与水平仪的原理相同，但是它们的结构不完全相同。水平尺造价低，携带方便，经济适用。常用于土木建筑和粗糙的机构设备安装中测量被测表面相对水平位置、铅直位置、倾斜位置的误差。

在施工现场，常用水平尺作为测量水平度和垂直度的检具，水平尺需要按规定进行周期检定。

3. 望远镜

当受检测条件限制，无法到达被检测对象附近时，如对挑高大厅顶面钢构件等进行外观质量检测，需要使用望远镜进行远程观察。

使用望远镜进行远程检测时，应注意调整望远镜，使图像清晰，并缓慢移动镜筒，防止漏检和误检。

4. 焊缝检验尺

焊缝检验尺也叫焊缝量规，主要由主尺、高度尺、咬边深度尺和多用尺四个零件组成（见图 3-2.2-2），可用来检测焊件的各种坡口角度、焊脚高度和咬边深度等。常用于桥梁、建筑、锅炉和容器等的检测，也适用于测量焊接质量要求较高的零部件。

5. 工业用内窥镜

工业用内窥镜（图 3-2.2-3）可以通过显示清晰、逼真的内窥影像，直接反映出被检测物体内外表面的情况，能方便有效地对构件内部的焊接情况、变形、锈蚀、裂纹、管道异物填充情况及零部件磨损等情况进行检测，并且可以对整个检测过程进行动态的录影或照相记录，不需要通过间接的数据的对比分析来判断是否存在缺陷。且部分内窥镜可以用探头定量测量缺陷、损伤等的长度和面积等尺寸数据。

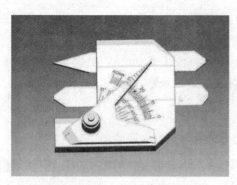

图 3-2.2-2　焊缝检验尺

图 3-2.2-3　工业用内窥镜

常用于对检查人员无法到达的高温、有毒和空间狭小的部位，如焊接钢管、地下管道等进行外观质量检测。

2.3　检测方法

检测人员在目视检测前，应了解工程施工图纸和有关标准，熟悉工艺规程，提出目视检测的内容和要求。

1. 钢构件外观质量检测

钢构件的外观质量的检测包括钢材是否有夹层、裂纹、非金属夹杂和明显的偏析；构件加工的切割面和剪切面质量；构件尺寸偏差；构件安装偏差等项目。

常用的检测方法包括直接目视观察，使用望远镜进行远程观察；使用钢尺、水平尺等辅助工具检测等。

2. 焊接连接外观质量检测

钢结构焊前主要通过目视检测，对焊缝坡口形式、坡口尺寸和组装间隙等进行观察。

焊后检测的内容主要包括焊缝外观质量检测和焊脚尺寸、焊缝长度等外观尺寸检测。对于焊接外观质量的目视检测，应在焊缝清理完毕后进行，焊缝及焊缝附近区域不得有焊渣及飞溅物。当外观质量检测存在疑义时，需采用磁粉或渗透探伤。如果焊缝外观质量不满足规定要求，需进行修补或重焊。

焊后检验的方法包括直接目视检测、使用放大镜进行细微缺陷检测、使用焊缝量规和钢尺等辅助仪器对焊缝尺寸和外观缺陷进行检测。

3. 螺栓连接外观质量检测

主要的检测方法包括：通过目视观察、尺量检查、小锤敲击检查等方法对螺栓布置、牢固程度、高强螺栓连接摩擦面外观质量、外露丝扣数量等进行检测。

4. 涂层外观质量检测

主要的检测方法是目视观察和使用铲刀等工具检查涂装前构件表面除锈清理情况涂装后涂层外观质量。

2.4　检测结果及评价

钢结构外观质量应满足以下具体要求：

(1) 钢材表面不应有裂纹、折叠、夹层，端部或断口处不应有分层、夹渣等。

(2) 当钢材表面有腐蚀、麻点或划伤等缺陷时，其深度不得大于该钢材厚度负偏差值的 1/2。

(3) 焊缝应外形均匀，成型较好，焊道与焊道、焊道与基本金属间过渡较平滑，焊缝附近区域不得有焊渣或飞溅物，焊缝表面不得有裂纹、焊瘤等缺陷。焊成凹形的角焊缝，焊缝金属与母材间应平缓过渡；加工成凸形的角焊缝，不得在其表面留下切痕。不同级别焊缝外观质量及尺寸允许偏差应符合现行国家标准《钢结构工程施工质量验收规范》(GB 50205)的有关规定。

(4) 永久性普通螺栓紧固应牢固、可靠，外露丝扣不应少于 2 扣。

(5) 高强度螺栓连接副拧，允许 10% 的螺丝外露 1～4 扣；扭剪型高强螺栓连接副终拧，未拧掉的梅花头螺栓数不宜多于该节点总数的 5%。高强度螺栓连接摩擦面应保持干燥、整洁，不应有飞边、毛刺、焊接飞溅物等，除设计要求外摩擦面不应涂漆。高强度螺栓应自由穿入螺栓孔，不应采用气割扩孔。

(6) 涂层不应有漏涂，表面不应存在脱皮、泛锈、龟裂和起泡，不应出现裂缝，涂层应均匀，无明显皱皮、流坠、乳突、针眼和起泡等，涂层与钢材之间和各涂层之间应粘结牢固，无空鼓、脱层、明显凹陷、粉化、松散等缺陷。

思考题

1. 钢结构外观检测包含哪些内容？

2. 焊接连接的焊前和焊后外观质量检测各包括哪些内容？

3. 常用的外观质量检测方法有哪些？

第3章 钢结构构件尺寸检测

3.1 概述

构件尺寸检测包括构件截面检测和构件长度尺寸，其目的是检查构件实际尺寸与设计值的符合程度，主要包括截面尺寸和板材厚度两项。其中截面尺寸可采用钢尺或其他工具测量，板材厚度可采用超声测厚仪测定，是基于前面的超声波检测技术，相关原理请参考"超声波检测"有关章节。

3.2 仪器设备

对于能在构件横截面直接量测厚度的，宜优先用游标卡尺量测，不能直接量测厚度的，可采用超声波原理测量钢结构构件的厚度。进行构件长度检测，一般用钢卷尺，钢卷尺应进行标定。

1. 超声测厚仪(图 3-3.2-1)

超声测厚仪的主要技术指标应符合表 3-3.2-1 的要求。超声测厚仪应带校准用的试块。

图 3-3.2-1 超声测厚仪

超声测厚仪的主要技术指标 表 3-3.2-1

项　　目	技术指标
显示最小单位	0.1mm
工作频率	5MHz
测量范围	板材：1.2~200mm 管材下限：$\phi20\times3$
测量误差	$\pm(t/100+0.1)$mm，t 为被测物的厚度
灵敏度	能检出距探测面 80mm 直径 2mm 的平底孔

超声波测厚的工作原理是利用超声波仪探头的超声波脉冲通过耦合剂到达被测介质表面，一部分被物体前表面反射，其余部分通过物体从背表面反射回来，探头则接收下来成为背表面回波，计算前面反射脉冲与回波脉冲的时间间隔，来计算被测厚度。

2. 钢卷尺

钢卷尺是现场几何尺寸检验最常用的长度测量检具之一，又称为卷尺、盒尺。它是一种有线纹刻度的尺，根据结构不同，卷尺分为摇卷盒式卷尺、自动式卷尺、制动式卷尺和侧探钢卷尺。

使用钢卷尺时，首先要检查卷尺的各个部位，对自动式和制动式卷尺来说，拉出和收卷尺带时，应轻便、灵活，无卡住现象；制动式卷尺的按钮装置应能有效地控制尺带收卷，不得有阻滞失灵现象；盒式和架式遥卷尺在遥卷时应灵活，尺带表面不得有锈迹和明显的斑点、划痕，线纹应清晰。

使用卷尺应以"0"点端为测量基准，这样便于读数，当使用非零点作为测量基准时要特别注意其起端的线纹的数字，避免读数时读错。

使用中的钢卷尺不允许有影响使用性能的缺陷，被测工件的表面和卷尺工作面应擦干净。

使用钢卷尺时应特别注意钢卷尺是否经检定合格，已多次出现使用质量低劣、误差很大的钢卷尺而发生的案例。在多次反复测量同一工件尺寸时，必须采用同一把钢卷尺。

3. 游标卡尺

游标卡尺是利用游标原理对两测量面相对移动分离的距离进行读数的测量器具，如图 3-3.2-2 所示。游标卡尺又简称为卡尺或普通卡尺。按照结构和用途，游标卡尺又分为Ⅰ型卡尺、Ⅱ型卡尺、Ⅲ型卡尺和深度游标卡尺等。

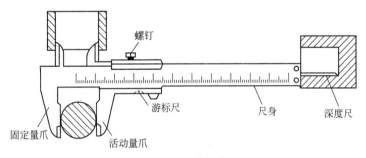

图 3-3.2-2　游标卡尺

Ⅱ型和Ⅲ型卡尺在结构原理上与Ⅰ型卡尺相同，主要不同点在于Ⅱ型和Ⅲ型卡尺有微动装置，而Ⅰ型卡尺没有这种装置；Ⅱ型和Ⅲ型卡尺都没有深度测量杆；Ⅱ型和Ⅲ型卡尺与Ⅰ型量爪的形状有所不同；Ⅲ型游标卡尺测量范围大于 500mm，属于大型卡尺。

在制造现场，Ⅰ型卡尺和深度游标卡尺主要用于配合样板测量焊缝的余高、错边等尺寸以及小直径工件的直径等。

使用游标卡尺应注意：

(1) 游标卡尺是比较精密的测量工具，要轻拿轻放，不得碰撞或跌落地下。使用时不要用来测量粗糙的物体，以免损坏量爪，不用时应置于干燥地方防止锈蚀。

(2) 测量时，应先拧松紧固螺钉，移动游标不能用力过猛。两量爪与待测物的接触不宜过紧。不能使被夹紧的物体在量爪内挪动。

（3）读数时，视线应与尺面垂直。如需固定读数，可用紧固螺钉将游标固定在尺身上，防止滑动。

（4）实际测量时，对同一长度应多测几次，取其平均值来消除偶然误差。

4. 焊接检验尺

焊接检验尺是用于测量焊接接头部位的外形尺寸的量具。其结构紧凑，可一尺多用，使用方便。焊接检验尺是由主尺、活动尺、游标尺、测角尺等组成，如图 3-3.2-3 所示。

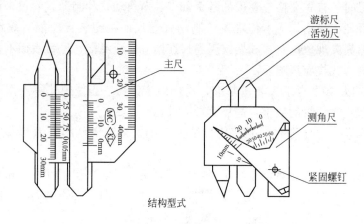

图 3-3.2-3　焊缝检验尺构成

焊接检验尺是一种多功能工具，可作一般金属直尺使用；可测量对接接头错口、坡口角度、间隙尺寸；可测量对接焊接接头焊缝高度、焊缝宽度、错边量、焊缝咬边深度及角焊缝高度等，如图 3-3.2-4 所示。

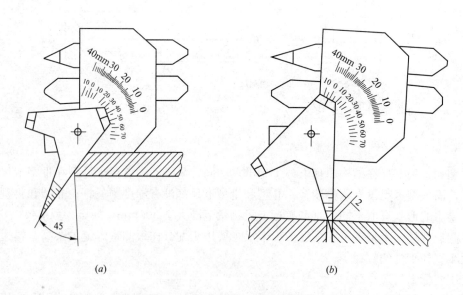

（a）　　　　　　　　　　　　　　　（b）

图 3-3.2-4　焊缝检验尺的使用
（a）测量坡口角度；（b）测量间隙尺寸

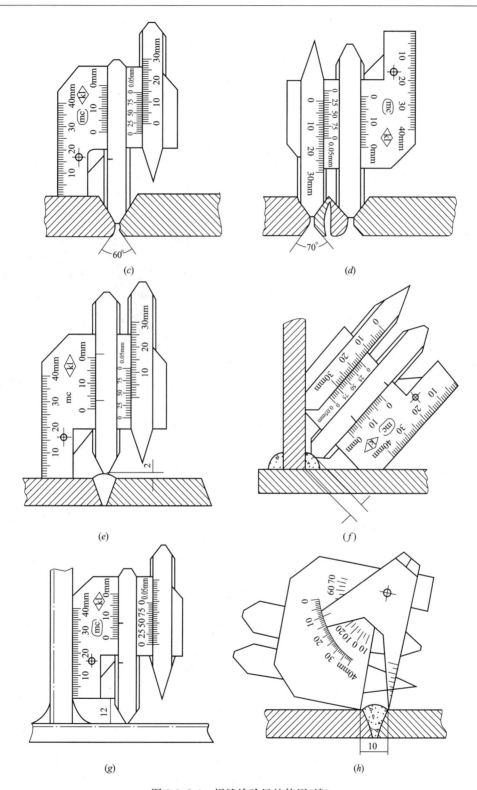

图 3-3.2-4　焊缝检验尺的使用(续)

(c)测量对接焊缝 X 型坡口角度 60°；(d)测量对接焊缝 X 型坡口角度 70°；(e)测量焊缝高度(对接)；
(f)测量焊缝高度(角接)；(g)测量角焊缝高度；(h)测量焊缝宽度

焊接检验尺的维护保养：

（1）应认真检查其外观质量和各部分相互作用，并检查其产品质量证明书，经检查合格后方可使用。

（2）使用前应认真核对所用工作面的零位，否则会引起大的测量误差。

（3）在测量中要轻拿轻放焊接检测尺，严禁磕碰、划伤，特别要注意保护好各测量面，应注意防锈和保存。

（4）焊接检测尺应按规定进行周期检定。

5. 三维影像技术测量

三维影像技术是利用激光技术首先得到构件的距离、水平角、竖直角三向参数，通过变换从而得出几何结构的详细三维图像。它的测量方法为：

距离：扫描仪接收由对象反射回到扫描仪的激光束。通过计算发射和接收的激光之相位变化来计算测量距离，精度可达 mm。

垂直角：反射镜使激光束垂直偏转到相同对象上。该角度与距离测量同时编码。

水平角：激光扫描仪可水平旋转 360°。水平角与距离测量同时编码。

距离，水平角和竖直角可以组成一个极坐标(δ, α, β)，然后转换成直角坐标(x, y, z)。

下面对目前市面上较具代表性的大空间三维激光扫描仪 FARO Focus3D120（图 3-3.2-5）做一简要介绍，其性能参数如表 3-3.2-2 所示。

图 3-3.2-5　大空间激光扫描仪

大空间激光扫描仪 Focus3D120 的主要技术指标　　　　　表 3-3.2-2

项　　目	技术指标
测量范围	120m，反射率为 90％不光滑反射表面上，低环境光的户内和户外检测距离能够到达 153.4m
扫描视角	垂直视角 305°，水平视角度 360°，最大垂直扫描速度 2880rpm
扫描速度	最高扫描速度：976000 点每秒
精度	10～25m：±2mm，90％refl. 垂直分辨率：0.009°，水平分辨率：0.00076° 角分辨率（水平/垂直）：±0.009°
激光发射器	激光功率：20mW，激光等级：3R 波长：905nm 出口光束直径：3.8mm
水平度调整	精确度 0.015°，分辨率 0.001°，调节范围 ±5°
色彩系统	内置相机，7000 万环幕像素，自动色彩补偿
数据处理	内置 PC：英特尔奔腾 IV M 1GHz、1GB 内存 数据存储：32Gb 高速 SD 卡 远程：支持 Wi-Fi 扫描仪控制：全彩触屏

Focus3D120 可以十分详细的以较高的清晰度和精确度对周围的各种目标进行扫描，扫描后自动拍照，配合标靶和软件自动拼接，自动上色。全部工作轻松快捷，最新 64 位软件快速高效处理数据，从采集数据到获得全景彩色点云，只需数小时。扫描色彩效果好，并可输出几乎市面上所有通用点云数据格式，主流软件都可对扫描数据进行分析处理，包括与 AUTOCAD 和 MICROSTATION 等常用点云处理软件，通过后期处理软件对建筑物建档。这不仅利于人员对不易到达部位的尺寸量测，且大大减轻了复杂结构尺寸量测的工作量。

3.3　检测方法

对于受腐蚀后构件的厚度量测，在对钢结构构件厚度检测前，应清除表面油漆层、氧化皮、锈蚀等，打磨露出金属光泽。

检测前应预设声速，并用随机标准块对仪器进行校准，经校准后方可开始测试。

将耦合剂涂于被测处，耦合剂可用机油、化学糨糊等；在测量小直径管壁厚度或工件表面较粗糙时，可选用黏度较大的甘油，以保证耦合稳定。

将探头与被测材料耦合即可测量，接触耦合时间宜保持 1～2s。为减小误差，可在同一位置将探头转过 90°后作二次测量。取二次的平均值作为该部位的代表值。在测量管材壁厚时，宜使探头中间的隔声层与管子轴线平行。

测厚仪使用完毕后，应擦去探头及仪器上的耦合剂和污垢，保持仪器的清洁。

3.4　检测结果及评价

每个尺寸在构件的 3 个部位量测，取 3 处测试值的平均值作为该尺寸的代表值。

每个钢材的厚度也应在构件的 3 个不同部位进行测量，取 3 处测试值的平均值作为钢材厚度的代表值。

钢构件的尺寸偏差，应以设计图纸规定的尺寸为基准计算尺寸偏差；构件尺寸偏差的评定，应按相应的产品标准的规定执行。

钢板、热轧型钢等钢构件的厚度尺寸偏差的评定，应按相应的产品标准的规定执行，由施工单位加工制作、组装及安装的钢构件的厚度尺寸偏差的评定，应按《钢结构工程施工质量验收规范》（GB 50205）的规定执行。

当钢构件的尺寸偏差过大，在进行结构安全性鉴定时应考虑对构件承载力的不利影响。

3.5　检测中疑难问题分析

超声波测厚仪不适用于测量管材等含有曲率的钢构件厚度，因为构件存在曲率，耦合性不佳，此时应结合现场取样进行综合分析。

思考题

1. 检测构件厚度尺寸时，应至少取几个部位，构件尺寸的取值是取几个测试值的最大值，最小值还是平均值？

2. 采用钢卷尺反复测量同一工件尺寸时，是否可以交替使用？

第4章 钢结构表面质量磁粉检测

4.1 概述

4.1.1 磁粉检测原理

焊缝磁粉检测用于测定钢结构焊缝的表面或近表面缺陷。磁粉探伤的原理是，被测工件被磁化后，当缺陷方向与磁场方向成一定角度时，由于缺陷处的磁导率的变化，磁力线逸出工件表面，产生漏磁场，吸附磁粉形成磁痕。

磁粉检测应按照预处理、磁化、施加磁悬液、磁痕观察与记录、后处理等步骤进行。

与超声探伤和射线探伤比较，磁粉检测灵敏度高、操作简单、结果可靠、重复性好、缺陷容易辨认。但这种方法仅适用于表面和近表面缺陷检测。

磁粉检测(Magnetic Particle Testing)在无损检测(NDT)分类中简称MT，又称为磁粉检验或磁粉探伤。钢结构构件为铁磁性材料，在外加磁场的作用下，被磁化后的构件上若不存在缺陷，则它各部位的磁特性基本一致，如果构件上存在着不连续缺陷(裂纹、气孔或非金属物夹渣等)，磁感线优先通过磁导率高的钢构件(而非磁导率较低的空气)，使缺陷部位的磁阻大大增加，工件内磁力线的正常传播遭到阻隔，根据磁连续性原理，这时磁场的磁力线就被迫改变路径而逸出工件，并在工件表面形成漏磁场，如图3-4.1-1所示。

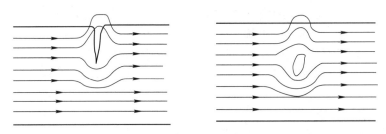

图 3-4.1-1 表面形成漏磁场及磁力线分布

漏磁场的强度主要取决外加磁场的强度、缺陷位置、缺陷形状、构件表面漆层厚度以及构件材料等，漏磁场是不可见的，必须有显示或检测漏磁场的手段，磁粉检测即为显示检测漏磁场的手段之一。将铁磁性材料的粉末撒在钢结构构件上，在有漏磁场的位置被磁化的磁粉就被吸附，从而形成显示缺陷形状的磁痕，由于漏磁场的宽度一般要比缺陷的实际宽度大数倍至数十倍，所以磁痕对缺陷具有放大作用，能将目视不可见的缺陷变成可见、容易观察的磁痕，从而分析判断出缺陷的存在及其位置大小。

利用磁粉检测铁磁性工件缺陷的方法是应用最早、最广的一种无损检测方法，始于18世纪，普及于20世纪30年代，我国的磁粉检测工作起始于20世纪50年代，近年来在引进国外检测技术、制定我国自己的标准规范、研制磁粉检测设备器材上取得了长足的进步，目前 MT 已经发展成为一种成熟的钢结构无损检测方法。

磁粉一般用工业纯铁或氧化铁制作，通常用四氧化三铁(Fe_3O_4)制成细微颗粒的粉末作为磁粉。磁粉可分为荧光磁粉和非荧光磁粉两大类，荧光磁粉是在普通磁粉的颗粒外表面涂上了一层荧光物质，使它在紫外线的照射下能发出荧光，主要的作用是提高了对比度，便于观察。

4.1.2　磁粉检测适用范围

（1）磁粉检测适用于钢结构表面和近表面缺陷（裂纹、疏松、气孔、夹杂等）的检测，而不适用于检测埋藏较深的内部缺陷。

（2）磁粉检测的优点在于能直观的检测出构件表面和近表面的缺陷位置、形状、大小，工艺简单，成本低廉，且检测的重复性好。

（3）磁粉检测也有其局限性，其无法检测内部较深的缺陷；检测时灵敏度与磁化方向关系较大，若缺陷方向与磁化方向近似平行或缺陷与工件表面夹角小于 20 度，缺陷就难以被检出；此外，检测前还需要对构件表面覆盖层进行打磨处理。

4.2　磁粉检测器材和检测设备

4.2.1　磁粉检测器材

1. 磁粉

磁粉检测分干法和湿法两种，相应的磁粉也有干法用磁粉和湿法用磁粉，分述如下：

干法检测，顾名思义，此方法为将磁粉直接撒在被测工件表面。为便于磁粉颗粒向漏磁场滚动，通常干法检测所用的磁粉颗粒较大，所以检测灵敏度较低。但是在被测工件不允许采用湿法与水或油接触时，如温度较高的试件，则只能采用干法检测。

湿法检测，将磁粉悬浮于载液（水或煤油等）之中形成磁悬液喷撒于被测工件表面，这时磁粉借助液体流动性较好的特点，能够比较容易地向微弱的漏磁场移动，同时由于湿法流动性好就可以采用比干法更加细的磁粉，使磁粉更易于被微小的漏磁场所吸附，因此湿法比干法的检测灵敏度高。

2. 磁悬液

磁粉和载液（水或煤油等）按一定比例混合而成的悬浮液体称为磁悬液，湿法检测时才需要使用磁悬液，磁悬液浓度对显示缺陷的灵敏度影响较大。

3. 试片和试件

试片是磁粉检测必备器材之一，其用途如下：

（1）用于检验磁粉检测设备、磁粉和磁悬液的综合性能。

（2）用于了解被检测构件表面大概的有效磁场强度、方向。

钢结构磁粉检测一般用 A 型、C 型试片，A 型试片上有圆形和十字形的人工刻槽，可以确定有效磁场的方向，在狭窄的部位探伤时，若放置 A 型试片有困难时，可用尺寸较小的 C 型试片（C 型试片可以剪成 10 个小试片分别使用）。

4.2.2　磁粉检测设备

　　磁粉检测设备是产生磁场，对构件进行磁化并完成检测工作的专用装置。按设备的重量和移动性可分为固定式、移动式及便携式三种，固定式探伤仪的体积和重量都比较大，额定磁化电流一般为 1000A 以上，适用于对大中型工件的检测；移动式探伤仪体积和总量较固定式的小，可通过运输设备拉至现场进行检验；便携式探伤机体积小、携带较方便，适用于钢结构现场、高空和野外检测作业。

图 3-4.2-1　磁粉探伤仪器

　　不论重量、体积大小，磁粉探伤机一般都包括磁化电源、工件夹持装置（便携式没有）、指示和控制装置、磁粉或磁悬液施加装置（便携式没有）等，根据需要还有退磁装置、照明装置等，如图 3-4.2-1 所示。

4.2.3　标准对检测设备、器材的要求

　　（1）磁粉探伤装置应根据被测工件的形状、尺寸和表面状态选择，并满足检测灵敏度的要求。

　　（2）对于磁轭法检验装置，在极间距离为 150mm 时、磁极与试件表面间隙为 0.5mm 时，其交流电磁轭提升力应大于 45N，直流电磁轭提升力应大于 177N。

　　（3）对接管子和其他特殊试件焊缝检测可采用线圈法、平行电缆法等。铸钢件可采用通过支杆直接通电的触头法，触头间距宜为 75～200mm。

　　（4）磁悬液施加装置应能均匀地喷洒磁悬液到试件上。磁粉探伤仪的其他装置应符合现行国家标准《无损检测磁粉检测第 3 部分：设备》GB/T 15822.3 的有关规定。

　　（5）磁粉检测中的磁悬液可选用油剂或水剂作为载液。常用的油剂可选用无味煤油、变压器油、煤油与变压器油的混合液；常用的水剂可选用润滑剂、防锈剂、消泡剂等的水溶液。

　　（6）在配制磁悬液时，应首先把磁粉或磁膏用少量载液调成均匀状，然后在连续搅拌中缓慢加入所需载液，使磁粉均匀弥散在载液中，直至磁粉和载液之间达到规定比例。磁悬液检验应按现行国家标准《无损检测磁粉检测第二部分：检测介质》GB/T 15822.2 的方法进行。

　　（7）对于用非荧光磁粉配置的磁悬液中，磁粉配制浓度宜为 10g/L～25g/L；对用荧光磁粉配置的磁悬液，磁粉配制浓度宜为 1g/L～2g/L。

　　（8）用荧光磁悬液检测时，应采用黑光灯照射装置。当照射距离试件表面在 380mm 时，测定紫外线辐照度不应小于 $10\mu W/mm^2$。

　　（9）检查磁粉探伤装置、磁悬液的综合性能以及用于检定被检区域内磁场的分布规律等可用灵敏度试片进行测试。

　　（10）A 型灵敏度试片应采用 $100\mu m$ 厚的软磁材料制成；型号有 1 号、2 号、3 号三种，其人工槽深度应分别为 $15\mu m$、$30\mu m$ 和 $60\mu m$。A 型灵敏度试片的几何尺寸应符合图 3-4.2-2 所示。

（11）当使用 A 型灵敏度试片有困难时，可用与 A 型材质和灵敏度相同的 C 型灵敏度试片代替，C 型灵敏度试片厚度应为 $50\mu m$，人工槽深度应为 $15\mu m$，其几何尺寸应符合图 3-4.2-3所示的规定。

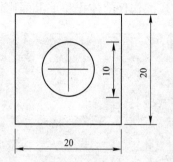
图 3-4.2-2　A 型灵敏度试片及尺寸(mm)

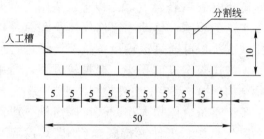
图 3-4.2-3　C 型灵敏度试片及尺寸(mm)

（12）在连续磁化法中使用的灵敏度试片，应将刻有人工槽的一侧与被检试件表面紧贴。可在灵敏度试片边缘用胶带粘贴，但胶带不得覆盖试片上的人工槽。

4.3　检测方法

4.3.1　磁粉检测方法概述

磁粉检测根据载液或载体不同，分为干法检测和湿法检测两种。

根据磁化工件和施加磁粉或磁悬液的时机不同，磁粉检测分为连续法检测和剩磁法检测两种：

连续法检测：在外加磁场磁化的同时，将磁粉或磁悬液施加到构件上进行检测；

剩磁法检测：在停止磁化后，再将磁悬液施加到构件上，利用构件上的剩磁进行检测。

磁化的方法也有很多种，有磁轭法、交叉磁轭法、触头法、线圈法、轴向通电法、中心导体法等。

4.3.2　磁粉检测的一般程序

磁粉检测的一般程序为预处理、磁化、施加磁粉或磁悬液、磁痕观察与记录、后处理等，连续法中，施加磁粉或磁悬液与外加磁场磁化同步进行，对于表面较为光滑的构件，在磁化及施加磁粉的同时，完成磁痕观察记录，对于表面较为粗糙的构件，磁痕观察与记录往往在施加磁粉或磁悬液后进行。

建筑钢结构现场的磁粉加测时机应安排在容易产生缺陷的各道工序（如焊接、矫正和加载试验）之后、在喷漆、镀锌或其他表面处理工序之前进行。构件要求腐蚀检验时，磁粉检测应在腐蚀工序后进行。焊接接头的磁粉检测应安排在焊接工序完成后进行，对于有延迟裂纹倾向的材料，磁粉检测应根据要求至少在焊接完成后 24h 后进行。

磁粉检测的各道工序包含的内容和注意事项分述如下：

1. 预处理

　　清除焊缝表面的油脂、灰尘、铁锈、毛刺、焊接飞溅物、涂料油漆层、氧化皮等，在对焊缝进行检测时，清理区域应由焊缝向两侧母材方向各延伸 20mm 的范围，由于磁粉检测是用于检测构件的表面缺陷，构件的表面状态对于磁粉检测的操作和灵敏度都有很大影响，所以磁粉检测前，对构件应做好预处理。

　　湿法检测时，根据构件磁悬液种类的不同，构件表面处理的要求也有所差别，一般情况下，使用水磁悬液时，构件表面应严格除油，使用油磁悬液时，构件表面不应有水分，干法检测时试件表面应干净和干燥。

　　对于在用的构件，应去除表面积碳层及涂层，构件表面的不规则状态不得影响检测结果的正确性和完整性，否则应做适当的修理。

　　2. 磁化的要求

　　(1) 磁化时，磁场方向宜与探测的缺陷方向垂直，与探测面平行，如果无法确定缺陷方向或有多个方向的缺陷时，应采用旋转磁场或采用两次不同方向的磁化方法，采用两次不同方向的磁化时，两次磁化方向应垂直。磁粉检测的磁化方法如图 3-4.3-1 所示。

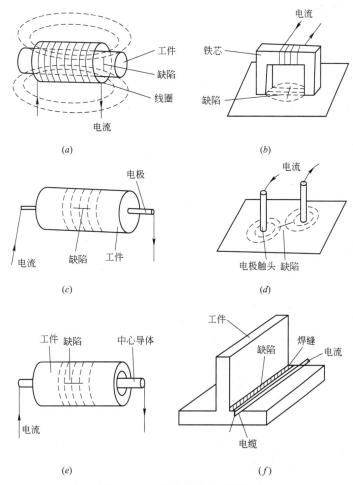

图 3-4.3-1　磁粉检测的磁化方法

(a)线圈法；(b)磁轭法；(c)轴向通电法；(d)触头法；

(e)中心导体法；(f)平行电缆法

（2）检测时，应先将灵敏度试片放置于构件表面，检验磁场强度和方向以及操作的方法是否正确。

（3）用磁轭法检测时，应有覆盖区，磁轭每次移动的覆盖部分应在 10～20mm 之间。

（4）用触头法检测时，每次磁化的长度宜为 75～200mm；检测过程中，应保持触头端干净，触头与被检构件表面接触应良好，电极下宜采用衬垫。

（5）探伤装置在被检部位放稳后方可接通电源，移去时应先断开电源。

磁化构件是磁粉检测中较为关键的工序，对检测灵敏度影响很大，磁化不足会导致缺陷漏检；磁化过度则会产生非相关显示而影响缺陷的正确判断。磁化构件时，要根据构件的材质、结构尺寸、表面状态和需要发现的不连续性的性质、位置和方向来选择磁粉检测方法和磁化方法、磁化电流、磁化时间等工艺参数，使构件在缺陷处产生足够强度的漏磁场，一边吸附磁粉形成磁痕显示，施加磁粉或磁悬液要注意掌握施加的方法和时机。

湿连续法检测时，先用磁悬液润湿构件表面，在通电磁化的同时浇磁悬液，停止浇磁悬液后再通电数次，通电时间为 1～3s，这么做的目的在于防止构件因通电时间过长而升温过高且有利于控制检测速度不致过快。停止施加磁悬液至少 1s 后，待磁痕形成并滞留下来时方可停止通电，再进行磁痕观察和记录。

干连续法检测时，对构件通电磁化后开始喷洒磁粉，并在通电的同时吹去多余的磁粉，带磁痕形成与磁痕观察和记录完成后再停止通电。

磁轭法磁化时，磁轭的磁极间距应控制在 75～200mm 之间，检测的有效区域为两极连线两侧各 50mm 的范围内，磁化电流应根据标准试片实测结果来选择。

触头法磁化时，电极间距应控制在 75～200mm 之间。磁场的有效宽度为触头中心线两侧 1/4 极距，通电时间不应太长，电极与构件之间应保持良好接触，以免烧伤构件。两次磁化区域间应有不小于 10% 的磁化重叠区。检测时磁化电流应根据标准试片实测结果来校正。

3. 施加磁悬液

施加前可先喷洒一遍磁悬液使被测部位表面湿润，在磁化时再次喷洒磁悬液。磁悬液宜喷洒在行进方向的前方，磁化应一致持续到磁粉施加完成为止，形成的磁痕不应被流动的液体所破坏。

（1）之所以要先喷洒一遍磁悬液，主要是为了润湿被检部位，在其表面形成均匀连续的磁悬液膜。为了避免磁悬液的流动冲刷掉缺陷上已经形成的磁痕，并且使磁粉有足够的时间聚集到缺陷处，在检测环焊缝时，磁悬液应喷洒在行进方向的前上方；检测纵焊缝或平板焊缝时，磁悬液应喷洒在行进方向的正前方。

（2）磁悬液的施加可采用喷、浇的方法，而涂刷法效果较差，一般不宜采用，无论采用哪种方法，均不应使检测面上磁悬液的流速过快。

4. 磁痕观察

应该在磁悬液（磁粉）施加形成磁痕后进行，应对磁痕进行分析判断，区分缺陷磁痕和非缺陷磁痕，环境的光照强度应符合视觉观察要求，采用荧光磁粉时，黑光灯装置应符合相关标准要求。如有必要可采用照相（尽可能拍摄构件全貌和实际尺寸，也可以拍摄构件某一特征部位，同时把刻度尺拍入）、绘图、贴印、录像等方法记录缺陷磁痕。

（1）磁痕形成后磁痕的观察应立即进行，否则磁痕会随着时间的增长变长、变宽以至于模糊不清，在观察磁痕时，除能确认磁痕是由于工件材料局部磁性不匀或操作不当造成的外，其他磁痕显示均应做缺陷处理。较细小的磁痕应在 2～10 倍的放大镜辅助下进行观察

（2）非荧光磁粉检测时，缺陷磁痕的评定应在可见光下进行，国外标准一般要求构件表面可见光照度至少达到 1000lx，我国的钢结构现场检测标准考虑到现场检测条件所限，规定照度至少要达到 500lx，由于照度对磁粉检测的效果影响很大，应尽量满足 1000lx 的要求。

（3）荧光磁粉检测时，黑光灯在构件表面的辐射度不宜小于 $10W/m^2$。黑光灯波长应在 320～400nm 的范围内，缺陷磁痕显示的评定应在暗处进行，暗处可见光照度应不大于 20lx，检测人员进入暗区，至少经过 3min 的适应后，才能进行荧光磁粉检测。观察荧光磁粉检测显示时，检测人员不准带有对检测有影响的眼镜。

（4）对于有异议的磁痕显示，可以采用其他有效方法验证。

（5）后处理，在磁粉检测工作结束后，如果被测构件因剩磁而影响使用，应及时进行退磁，清除被测表面的磁粉，并清洗干净，必要时应该进行防锈处理。一般来说，建筑钢结构构件无须进行退磁处理，但如果检测需要多次磁化时，如认定上一次磁化将会给下一次磁化带来不良影响，或认为构件剩磁会对测试或计量装置产生不良影响以及会对清除磁粉带来困难的，需要用交变磁场进行退磁。

4.4　检测结果及评价

4.4.1　磁痕分类

根据构件表面的磁痕显示情况，对焊缝是否合格进行评价。

磁痕分为线型磁痕和圆型磁痕两种，长度与宽度比大于 3 的磁痕，称为线型磁痕，长度与宽度比不大于 3 的磁痕，称为圆型磁痕。

缺陷磁痕长轴方向与构件（轴类或管类）的夹角大于或等于 30 度处的缺陷称为横向缺陷。

值得注意的是，磁痕显示分为伪显示、非相关显示及相关显示三种，只有相关显示影响构件的使用性能，而非相关显示和伪显示均不影响构件的使用性能。以下对这三类显示定义叙述如下。

1. 伪显示

伪显示不是由漏磁场吸附磁粉形成的磁痕显示，也被称为假显示，产生伪显示的原因、磁痕特征和鉴别方法如下：

（1）构件表面粗糙，焊缝两侧凹陷会引起伪显示，使磁粉滞留形成磁痕显示，但伪显示处的磁粉堆积松散，磁痕轮廓不清晰。

（2）检验表面有油污或不清洁时，有油污会吸附磁粉形成伪显示，同样，伪显示处磁痕堆积松散。

（3）检验表面氧化皮、油漆斑点边缘滞留磁粉会形成伪显示，这种伪显示通过仔细观察即可鉴别。

2. 非相关显示

非相关显示虽然不是由于缺陷引起，但也是由漏磁场吸附磁粉产生的，因此它与伪显示不同，不具备伪显示一般具备的磁粉堆积松散、轮廓不清晰等特点，容易与相关显示相混淆，焊缝检测中非相关显示一般出现在磁极和电极附近，这种显示一般会在改变磁极或电极位置后消失。

3. 相关显示

相关显示是由缺陷产生的漏磁场吸附磁粉形成的磁痕显示，相关显示影响构件的使用性能。

4.4.2 评价方法

钢结构磁粉检测可允许有线型缺陷和圆型缺陷存在，而不允许有裂纹缺陷存在（见图 3-4.4-1，该磁痕一般较为清晰浓密），紧固件不允许有任何横向缺陷，因为这类缺陷在紧固件收到应力作用时极易成为破坏源头，一般将其视为危害性极大的缺陷。

需要注意的是，对于非危害性的线型和圆形缺陷，还要根据缺陷的大小和数量级以及具体的检测等级，并结合相应的产品标准，对其进行评定，作为判定焊缝是否合格的标准，具体可参见国家行业标准 JB/74730.4—2005。

图 3-4.4-1　裂纹磁痕

4.4.2 记录填写及不合格项处理

（1）磁粉检测应填写检测记录（报告），记录应能追踪到被检测的具体构件，具体要求见国家行业标准 JB/74730.4—2005 第 10 章"磁粉检测报告"。

（2）评定为不合格时，应对其进行返修，返修后应进行复检，返修复检部位应在检测报告的检测结果中标明。缺陷去除方法应根据缺陷位置、大小、埋藏深度等选择，埋藏较浅的缺陷可以打磨去除，埋藏较深且比较大的缺陷可以选择电弧气刨法去除，刨开缺陷后，先进行预处理，达到检测条件后再进行检测，如已经确认缺陷去除，再对其进行补焊，补焊后再复检。复检应采用相同的磁粉检验方法和质量评定标准。

思考题

1. 简述漏磁场的定义。

2. 简述连续法、剩磁法磁粉检测的定义和区别。

3. 磁粉检测的一般程序是什么？

4. 磁粉检测中，哪两类缺陷是不允许存在的？

第5章　钢结构表面质量渗透检测

5.1　概述

5.1.1　渗透检测定义

渗透检测(penetrant Testing)在无损检测(NDT)分类中简称 PT，又称为渗透检验或渗透探伤，是五种常规无损检测方法(射线检测、超声波检测、磁粉检测、渗透检测、涡流检测)之一，它是一种以毛细作用原理为基础的检查表面开口缺陷的无损检测方法。

渗透检测方法起源于 19 世纪末期，最初用于铁道的车轴和车轮，1930 年以后由于战争的需要，航空工业得到快速发展，非铁磁性材料大量使用，促进了渗透检测的发展，20世纪 40 年代初期美国的工程技术人员首次把着色燃料、荧光材料等加到渗透剂中，提高了渗透检测的灵敏度，随着现代科学技术的发展，高灵敏度渗透剂相继问世，渗透材料的生产已经商品化，试验方法也已经标准化，检测的可靠性、速度降低、成本控制水平也均有了大幅度提升，该方法已经成为检测工件表面缺陷的主要方法之一。

渗透法适合于钢结构焊缝表面开口性缺陷的检测。渗透探伤的基本原理是利用毛细现象使渗透液渗入缺陷，经清洗使表面渗透液去除，而缺陷中的渗透残留，再利用显像剂的毛细管作用吸附出缺陷中残留渗透液而达到检验缺陷的目的。

渗透检测应按照预处理、施加渗透剂、去除多余渗透剂、干燥、施加显影剂、观察与记录、后处理等步骤进行。

5.1.2　渗透检测原理

渗透检测是基于渗透液的湿润作用和毛细现象和固体燃料在一定条件下的发光现象，其依据的基本物理、化学、光学基础如下。

1. 表面张力

作用在液体表面而使液体表面收缩并趋于最小表面积的力，称为液体的表面张力。

表面张力产生的原因是因液体分子之间客观存在着强烈的吸引力，由于这个力的作用，液体分子才进行结合，成为液态整体。液体的表面张力是两个共存相之间出现的一种界面现象，是液体表面层收缩趋势的表现。

在液体内部的每一个分子所受的力是平衡的，即合力为零；而处于表面层上的分子，上部受气体分子的吸引，下部受液体分子的吸引，由于气体分子的浓度远小于液体分子的浓度，因此表面层上的分子所受下边液体的引力大于上边气体的引力，合力不为零，方向指向液体内部。这个合力，就是所说的表面张力。它总是力图使液体表面积收缩到可能达到的最小程度。表面张力的大小可表示为：

$$F = \sigma l \qquad (3\text{-}5.1\text{-}1)$$

式中　σ——表面张力系数，为液体边界线单位长度的表面张力，N/m；

　　　l——为液面的长度。

一般来说，表面张力系数与液体的种类和温度有关系，一定成分的液体，在一定的温度和压力情况下有特定的表面张力系数值，同一种液体，温度越高，表面张力系数越小。容易挥发的液体(如乙醇、煤油)与不易挥发的液体(水、甘油)相比，表面张力系数更小，有杂质的液体比纯净的液体表面张力系数小。例如，20℃下，水的 σ 值为 72.8mN/m，甘油为 65.0mN/m，而乙醇仅为 23.0mN/m，煤油仅为 23.0mN/m。

2. 润湿现象

我们都有这样的经验，在一块玻璃上滴一滴水，水滴会向外扩展，形成一个薄片，这种现象叫做润湿现象。而如果在玻璃板上滴一滴水银，它总会收缩成球形，能够在玻璃上滚来滚去而不润湿玻璃，这种现象叫做不润湿现象。

把液体装在该液体能润湿的容器里，靠近器壁处的液面呈上弯的形状，反之，液面呈向下弯的形状，容器越小这种现象越显著。

润湿作用从根本上来说就是固体表面上的气体被液体取代，或表面一种液体被另外一种液体取代，渗透液润湿金属表面或其他固体材料表面的能力，是判定其是否具有高的渗透能力的一个最重要的性能。对于水或水溶液来讲，其取代固体表面的气体是容易的，一般，我们把能增强水或水溶液取代固体表面空气能力的物质称为润湿剂。

一种液体能否润湿一种固体的基础是液-气、固-气、固-液表面张力的合力方向。液体对固体的润湿程度，可以用它们的接触角的大小来表示。把两种互不相溶的物质间的交界面称为界面，则接触角 θ 就是指液固界面与液气界面处液体表面的切线所夹的角度。由图 3-5.1-1 可知，θ 越大，液体对固体工件的润湿能力越小。

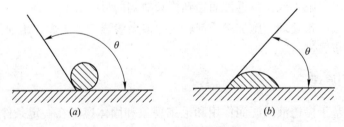

图 3-5.1-1　液体的接触角

渗透检测中，渗透剂对被检测构件表面的良好润湿是进行渗透检测的基本条件。只有当渗透剂充分润湿被检测构件表面时，才能深入狭窄的缝隙；此外，还要求渗透剂能润湿显像剂，以便将缺陷内的渗透剂吸出以显示缺陷，润湿性较好的渗透剂需要具有较小的接触角。

3. 液体的毛细现象

把一根内径很细的玻璃管插入液体内，根据液体对管子的润湿能力的不同，管内的液面高度就会发生不同的变化。如果液体能够润湿管子，则液面在管内上升，且形成凹形，如果液体对管子没有润湿能力，那么管内的液面下降，且成为凸形弯曲。液体的润湿能力越强，管内液面上升越高。以上这种细管内液面高度的变化现象，称为液体的毛细现象。

毛细现象的动力为：固体管壁分子吸引液体分子，引起液体密度增加，产生侧向斥压强推动附面层上升，形成弯月面，由弯月面表面张力收缩提拉液柱上升。平衡时，管壁侧向斥压力通过表面张力传递，与液柱重力平衡。

渗透检测中的渗透和显像两个过程都与毛细现象密切相关，而构件表面的开口缺陷即为毛细作用中的毛细管或毛细缝隙。

4. 光学基础

发光的物体称为光源，也成为发光体，利用热能激发的光源，称为热光源，例如日光灯；利用化学能、电能或光能激发的光源成为冷光源，例如荧光及磷光，后二者也被称作"光致发光"现象，也即是在白光下不发光，在紫外线等外辐射源的作用下，能够发光。荧光现象中，当外辐射源停止作用后，经过极短的时间后发光现象即消失；磷光现象中，外辐射源停止作用后，经过很长时间发光现象才消失。

渗透检测所用光可以为可见白光，可由白炽灯或日光灯等光源得到；荧光渗透检测中辐射源来自于紫外线，这种光是看不见的，所以又称为黑光，一般使用高压黑光水银灯。

5.1.3　渗透检测适用范围及优缺点

渗透检测适用于检查金属（钢、合金）和非金属（塑料、陶瓷）构件表面的开口缺陷，这些缺陷可以是裂纹、疏松、气孔、夹渣等，这些表面开口缺陷，特别是细微的表面开口缺陷，一般情况下直接目视检查是很难发现的。

渗透检测的优点是它几乎不受被检部件的形状、大小、组织结构、化学成分和缺陷方位的限制，可广泛使用于锻件、铸件、焊接件等各种加工工艺的质量检验，以及金属、陶瓷、玻璃、塑料、粉末冶金等各种材料制造的零件的质量检测。渗透检测不需要特别复杂的设备，操作简单，缺陷显示直观，检测灵敏度高，检测费用低，对复杂零件可一次检测出各个方向的缺陷。

但是，渗透检测受被检物体表面粗糙度的影响较大，不适用于多孔材料及其制品的检测。同时，该技术也受检测人员技术水平影响较大。渗透检测技术只能检测出表面开口缺陷，对内部缺陷无能为力。

5.2　渗透检测试剂和器材

5.2.1　渗透检测试剂

渗透检测试剂主要包括渗透剂、清洗剂、显像剂三类。

1. 渗透剂

渗透剂是一种含有着色染料或荧光燃料且具有很强的渗透能力的溶液，它能渗入表面开口的缺陷并以适当的方式显示缺陷的痕迹。渗透剂是渗透检测中使用的最关键的材料，它的性能直接影响检测的灵敏度。

大部分渗透剂都是溶液，它们由溶质和溶剂组成，主要成分是染料、溶剂和表面活性剂以及其他用于改善渗透剂性能的组分。

(1) 染料分为着色染料和荧光染料。常用的着色染料有苏丹红、刚果红、丙基红等，常用的荧光染料有 YJP-15、YJP-1 等，由于人们观察不同颜色时对黄绿色光最为敏感，一般的荧光染料都会发出黄绿色荧光。

(2) 溶剂主要起到溶解染料和渗透入缺陷的作用，一般要求对染料溶解能力好，挥发性小，毒性小，对金属无腐蚀等。常用的溶剂有煤油和二甲苯等。

(3) 附加成分主要有表面活性剂、稳定剂、增光剂等，主要用于改善渗透剂性能，增强润湿作用。

不管是着色渗透剂还是荧光渗透剂，都按清洗方式分为水洗型、后乳化型和溶剂去除型。

2. 清洗剂

渗透检测中，用来去除构件表面多余渗透剂的溶剂称为清洗剂。

对于水洗型的渗透剂，直接用水去除即可。

溶剂去除型渗透剂采用有机溶剂去除，这些有机溶剂就是清洗剂，它们应对渗透剂中的染料(着色、荧光)有较大的溶解度，对渗透剂中溶解染料的溶剂有较好的互溶性，并有一定的挥发性，通常采用的清洗剂有煤油、丙酮、乙醇、三氯乙烯等。

后乳化型渗透剂是在乳化后再用水清洗，它的清洗剂是乳化剂和水。其中乳化剂的作用是乳化不溶于水的渗透剂，使其便于用水清洗。

3. 显像剂

显像剂是渗透检测中的重要试剂，它的作用是通过毛细作用将缺陷中的渗透剂吸附到工件表面上形成缺陷显示，并将形成的缺陷显示在被检表面上横向扩展，放大至人眼可以观察的大小。显像剂分为干式显像剂和湿式显像剂两大类，前者又称为干粉显像剂。

干粉显像剂为白色粉末状无机物，常用的干粉显像剂有碳酸钠、氧化锌、氧化钛、氧化镁粉末等。

湿式显像剂分为水悬浮显像剂、水溶解显像剂、溶剂悬浮显像剂等，针对不同的渗透剂应选用不同类型的显像剂。

5.2.2　渗透检测器材、试块

1. 检测设备

对于现场检测，常用的为便携式检测设备，一般是一个小箱子，内装渗透剂、清洗剂、显像剂喷罐、金属刷、毛刷(清理擦拭构件表面)，采用荧光法时，还需要紫外线灯。

现场检测用的渗透检测试剂一般都装在密闭的喷罐中，携带方便，使用时只需要摇匀，压下头部的阀门，试剂就会从头部的喷嘴自动喷出。

使用喷罐时应注意：喷罐不能放在靠近火源和热源处，以防止发生爆炸。

对于工作场所相对固定下的渗透检测，一般都采用流水线布置设备，包括预清洗装置、渗透剂施加装置、乳化机施加装备、水洗装置、干燥装置、显像剂施加装置、后清洗装置等，现在已有将各种设备组装成整体的整体性装置，连接更紧凑，占地面积小，自动化程度高。在此不一一赘述。

2. 试块

试块是指带有人工缺陷或自然缺陷的试件，它是用于衡量渗透检测灵敏度的器材，也成为灵敏度试块。

钢结构渗透检测所用试块有 A 型(铝合金试块)、B 型(不锈钢镀铬试块)两种。

A 型试块主要用于非标准温度，即高于 50℃ 或低于 10℃ 情况下的检测工艺鉴定(对比试验)。目前常用的 A 型试块有分体型和整体型两类，前者是用分割凹槽将试块分成两个相连的独立区域，而后者是在制作网状裂纹后再将其分割成两块独立的试块。前者由于其使用方便且对比更加准确等原因使用更加普遍。A 型铝合金试块在其表面上应分别具有宽度不大于 $3\mu m$，$3\sim5\mu m$、和大于 $5\mu m$ 三类尺寸的非规则分布的开口裂纹，且每块试块上不大于 $3\mu m$ 的裂纹不得少于两条。

B 型试块主要用于检验渗透检测剂在标准状态下的检测灵敏度。该试块上有五处用冲击法得到的辐射状裂纹，按标准规定，高灵敏度时，裂纹宽度应在 $0.8\sim2.4\mu m$ 左右。使用时，若能显示三处痕迹，则认为渗透检测剂性能好，灵敏度高；若有两处显示，则表明其性能稍差；若有一处显示或无显示则表明渗透剂比较差或不宜使用。

5.2.3　标准对渗透检测试剂、器材的要求

(1) 渗透剂、清洗剂、显像剂等渗透检测剂的质量应符合现行行业标准《无损检测渗透检测用材料》JB/T 7523 并宜采用成品套装喷罐的渗透检测剂。采用喷罐式渗透检测剂时，其喷罐表面不得有锈蚀，喷罐不得出现泄漏。应使用同一厂家生产的同一系列配套检测剂，不得将不同种类的检测剂混合使用。

(2) 现场检测宜采用非荧光着色渗透检测，渗透剂可采用喷罐式的水洗型或溶剂去除型，显像剂可采用快干式的湿显像剂。

(3) 渗透检测应配备铝合金试块(A 型对比试块)和不锈钢镀铬试块(B 型灵敏度试块)，其技术要求应符合《无损检测渗透检测用试块》JB/T 6064 的有关要求。

(4) 试块的选用应符合下列规定：

1) 铝合金试块主要用于不同渗透检测剂的灵敏度对比试验，以及同种渗透检测剂在不同环境温度时，灵敏度对比试验。

2) 不锈钢镀铬 B 型试块主要用于检验渗透检测剂系统灵敏度，以确定其是否满足要求及操作工艺正确性。

(5) 试块灵敏度的分级应符合以下要求：

1) 当采用不同灵敏度的渗透检测剂系统进行检测时，不锈钢镀铬试块(B 型灵敏度试块)上可显示的裂纹区号应符合表 3-5.2-1 的规定；

不同灵敏度等级下显示的裂纹区号　　　　　　　　　表 3-5.2-1

检测系统的灵敏度	不锈钢镀铬 B 型试块可显示的裂纹区号
低	2～3
中	3～4
高	4～5

2) 不锈钢镀铬试块(B 型灵敏度试块)裂纹区的长径显示尺寸应符合表 3-5.2-2 的规定。

不锈钢镀铬试块裂纹区的长径显示尺寸　　　　　　　　表 3-5.2-2

区号	1	2	3	4	5
裂纹长径(mm)	5.5～6.5	3.7～4.5	2.7～3.5	1.6～2.4	0.8～1.6

（6）检测灵敏度的选择应符合以下要求：

1）焊缝及热影响区应采用"中灵敏度"检测，使其在不锈钢镀铬试块（B 型灵敏度试块）中可清晰显示"3～4"号裂纹；

2）在焊缝母材机加工坡口、不锈钢工件采用"高灵敏度"检测，使其在不锈钢镀铬试块（B 型灵敏度试块）中可清晰显示"4～5"号裂纹。

5.3　检测方法

渗透检测一般分为七个基本步骤：预处理（清洗）、施加渗透剂、清洗（去除多余渗透剂）、干燥、施加显像剂、观察与记录、后处理。

如前所述，具体的渗透检测方法有很多，不同检测方法的工艺程序略有不同，一般渗透检测程序流程如图 3-5.3-1 所示：

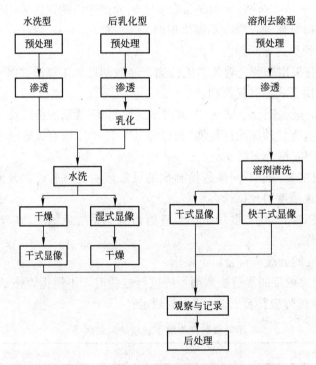

图 3-5.3-1　渗透检测工艺流程图

渗透检测的各道工序包含的内容和注意事项分述如下：

1. 预处理

为得到良好的检测效果，首要条件是使渗透液充分浸入缺陷内。预先消除可能阻碍渗透、影响缺陷显示的各种原因的操作称为前处理，它是影响缺陷检出灵敏度的重要基本操作。轻度的污物及油脂附着等可用溶剂洗净液清除。如果涂料、氧化皮等全部覆盖了检测部位的表面，则渗透液将不能渗入缺陷。

材料或工件表面洗净后必须进行干燥，除去缺陷内残存的洗净液和水等，否则将阻碍渗透或者使渗透液劣化，并容易产生虚假缺陷显示。

预清洗方法有机械方法（吹沙、抛光、钢刷及超声波清洗等）、化学方法（酸洗、碱洗）、溶剂去除法（利用酒精、丙酮等进行液体清洗）等。

对于在建筑行业中使用的非铁磁性的材料（主要是铝、奥氏体不锈钢等），这些材料硬度低，相对较软，所以在进行表面处理时需要注意以下几点：

（1）当采用打磨进行表面清理时，由于材料较软，在外力作用下会造成表面缺陷的开口阻塞或闭合，给渗透检测带来困难，因此，对于此类材料，应避免采用打磨法进行清理，可以使用钢丝刷等方法处理。

（2）如果必须采用打磨法清理，在打磨之后应进行酸洗或碱洗，使阻塞或闭合消失，酸洗或碱洗之后应用水彻底清洗并充分干燥，以保证表面和缺陷中的水分蒸发干净。

（3）对于奥氏体不锈钢，若进行打磨处理，除用酸洗进行处理外，还可以采用时效法，但缺点是检测周期较长。

（4）采用气体保护焊焊接的工件，表面光滑、外观成形较好，焊后一般可不进行表面清理即可直接进行预清洗。

2. 渗透

渗透就是使渗透液吸入缺陷内部的操作。为达到充分渗透，必须在渗透过程中一直使渗透液充分覆盖受检表面。实际工作中，应根据零件的数量、大小、形状以及渗透液的种类来选择具体的覆盖方法（浸涂法、刷涂法、喷涂法、流涂法和静电喷涂法）。一般情况下，渗透剂的使用温度为 15～40℃。根据零件的不同要求发现的缺陷种类不同、表面状态的不同和渗透剂的种类不同选择不同的渗透时间，一般渗透时间为 5～20min。渗透时间包括浸涂时间和滴落时间。

对于有些零件在渗透的同时可以加载荷，使细小的裂缝张开，有利于渗透剂的渗入，以便检测到细微的裂纹。

3. 清洗

在涂敷渗透剂并保持适当的时间之后，应从构件表面去除多余的渗透剂，但又不能将已渗入缺陷中的渗透剂清洗出来，以保证取得最高的检验灵敏度。

水洗型渗透剂可用水直接去除，水洗的方法有搅拌水浸洗、喷枪水冲洗和多喷头集中喷洗几种，应注意控制水洗的温度、时间和压力大小。后乳化型渗透剂在乳化后，用水去除，要注意乳化的时间要适当，时间太长，细小缺陷内部的渗透剂易被乳化而清洗掉；时间太短，零件表面的渗透剂乳化不良，表面清洗不干净。溶剂去除型渗透剂使用溶剂擦除即可。

具体操作时，可先用洁净布进行擦拭。再擦除检测面上大部分多余渗透剂后，再用蘸有清洗剂（煤油、酒精、丙酮等）的纸巾或布在检测面上朝一个方向擦洗，直至将检测面上残留渗透剂全部擦净。

4. 干燥

干燥的目的是去除零件表面的水分。溶剂型渗透剂的去除不必进行专门的干燥过程。

用水洗的零件，若采用干粉显示或非水湿型显像工艺，在显像前必须进行干燥；若采用含水湿型显像剂，水洗后可直接显像，然后进行干燥处理。干燥的方法有：用干净的布擦干、用压缩空气吹干、用热风吹干、热空气循环烘干等。

干燥的温度不能太高，以防止将缺陷中的渗透剂也同时烘干，致使在显像时渗透剂不能被吸附到零件表面上，并且应尽量缩短干燥时间。在干燥过程中，如果操作者手上有油污，或零件筐、吊具上有残存的渗透剂等，会对零件表面造成污染而产生虚假的缺陷显示。凡此种种情况实际操作过程中都应予以避免。

在保证干燥效果的前提下，干燥时间越短越好，一般规定不宜超过 10min。

5. 显像

显像就是用显像剂将零件表面缺陷内的渗透剂吸附至零件表面，形成清晰可见的缺陷图像。

根据显像剂的不同，有干式、湿式和快干式，施加显像剂的方法有喷洒、刷涂等。无论使用哪一种显像剂，在施加显像剂前，应摇动喷罐的弹子，使显像剂均匀分散，显像剂的构件表面形成一层薄而均匀的覆盖层即可，其厚度一般以能遮住构件表面为宜，不宜在同一处进行多次喷涂，原因在于如果显像剂层过厚，会掩盖小缺陷的相关显示，同时，缺陷形貌会产生较大变形，对评定不利。

钢结构现场检测技术标准规定，喷罐距离检测面的距离宜控制在 300~400mm，喷涂方向宜与被检测面成 30~40 度的夹角，不得将湿式显像剂倾倒至被检面上。

6. 观察

在着色检验时，显像后的零件可在自然光或白光下观察，不需要特别的观察装置。在荧光检验时，则应将显像后的零件放在暗室内，在紫外线的照射下进行观察。对于某些虚假显示，可用干净的布或棉球沾少许酒精擦拭显示部位；擦拭后显示部位仍能显示的为真实缺陷显示，不能再现的为虚假显示。检验时可根据缺陷中渗出渗透剂的多少来粗略估计缺陷的深度。

钢结构现场检验一般采用着色检验，在施加显像剂后宜停留 7~30min(根据显像剂和渗透剂的种类不同选择合适的时间)，之后可在光线(一般要求现场工件表面光照度不小于500lx)充足的条件下观察痕迹显示情况，对于细小痕迹，可用 5~10 倍放大镜进行观察，缺陷的记录可采用照相、绘图、粘贴等方法记录。

7. 后处理

渗透检测后应及时将零件表面的残留渗透剂和显像剂清洗干净。构件表面的残余试剂有可能影响后续工序的加工(如需要返修的焊缝表面若有残留物，则会对返修的焊接区造成危害)，也可能会对构件有腐蚀作用。

对于多数显像剂和渗透液残留物，采用压缩空气吹拂或水洗的方法即可去除；对于那些需要重复进行渗透检测的零件、使用环境特殊的零件，应当用溶剂进行彻底清洗。

5.4　检测结果及评价

5.4.1　痕迹显示分类

根据构件表面的显像痕迹显示情况，对构件按是否合格进行评价。

　　同磁粉检测时磁痕显示一样，渗透检测的显像痕迹分为虚假显示、非相关显示及相关显示三种，只有相关显示影响构件的使用性能，需要进行记录、评定；而非相关显示和伪显示均不影响构件的使用性能，不需要进行评定。与磁粉检测不同的是，渗透检测时虚假显像和非相关显示从显像特征分析很容易识别：用蘸有酒精的棉球擦拭，虚假的显像容易被擦掉，且不再重新显像。

　　缺陷显示的形状分类和磁粉检测亦相同，都分为线性缺陷显示、圆形缺陷显示、横向缺陷显示等。

5.4.2　常见缺陷的显像特征及评价

　　常见的缺陷有：缩裂、热裂、冷裂、锻造裂纹、焊接裂纹、热影响区裂纹、弧坑裂纹、磨削裂纹、淬火裂纹、应力腐蚀裂纹、冷隔、折叠、分层、气孔、夹渣、氧化夹渣、疏松等。

　　构件表面的真实缺陷大致可分四类：

　　(1) 连续线状缺陷：包括裂纹、冷隔、铸造折叠等缺陷。

　　(2) 断续线状缺陷：零件进行表面加工时，线性缺陷可能被部分堵住而显示为断续的线状。

　　(3) 圆形显像：通常为铸件表面的气孔、针孔、铁豆或疏松等缺陷。

　　(4) 小点状显像：针孔、显微疏松等缺陷。

　　钢结构现场检测允许有线型缺陷和圆形缺陷存在，但不允许有裂纹缺陷显示存在，如出现裂纹缺陷显示，直接评定为不合格，对于非危害性的线性和圆形缺陷，宜根据构件所对应的渗透检测质量评定验收标准进行具体分类。

　　评定为不合格时，应对其进行返修，返修后进行复检。返修复检部位应在检测报告结果中标明。

　　检测后应填写检测记录，所填内容应符合《钢结构现场检测技术标准》相关规定。

思考题

　　1. 什么叫渗透检测？简述渗透检测的工作原理和适用范围。

　　2. 渗透剂分类方法有哪几种？各分为哪几类？

　　3. 简述渗透检测的一般工艺流程？

　　4. 渗透检测前为何要对检测表面进行预处理？

　　5. 钢结构渗透检测中，哪种类型的缺陷时不允许存在的？

第6章 钢结构焊缝内部缺陷超声波检测

6.1 概述

6.1.1 超声检测定义

超声检测(Ultrasonic Testing)在无损检测(NDT)分类中简称 UT,是五种常规无损检测方法(射线检测、超声波检测、磁粉检测、渗透检测、涡流检测)之一,它是一种基于超声波在工件内部的传播特性来检查内部缺陷的无损检测方法,是目前国内外应用最广泛、使用频率最高且发展较快的一种无损检测技术。

超声检测方法起源于 20 世纪 20 年代末期,苏联专家首先提出可以将超声波用于金属内部缺陷的探查,从 1946 年第一台 A 型脉冲反射式超声探伤仪出现到现在,超声检测得到了很大的发展,尤其是 20 世纪 70 年代以来,伴随着电子技术的突破,超声检测仪器的很多问题得到了很好的解决,从而带来了超声检测技术的大发展。

我国的超声波检测应用和研究始于 20 世纪 50 年代,近 30 年来取得了巨大的进步和发展,超声检测几乎已在所有的工业部门得到应用,但在总体水平上和发达国家还有较大差距,尤其是高级技术人员的培养、超声检测的基础研究及设备研发投入等方面,落后于德、美、日等发达国家。

超声波检测适用于对接全熔透焊缝的内部缺陷检测。超声波探伤的基本原理是利用超声能透入金属材料的深处,并由一截面进入另一截面时,在界面边缘发生反射的特点来检查缺陷,当超声波束自表面由探头通至金属内部,遇到缺陷与底面时就分别发生反射波,在荧光屏上形成脉冲波形,根据这些脉冲波形可以判断缺陷位置和大小。

超声波检测应包括探测面的修整、涂抹耦合剂、探伤作业、缺陷的评定等步骤。

6.1.2 超声检测原理

1. 基本工作原理

超声检测主要基于超声波在工件中的传播特性(如声波在通过材料时能量会损失,在遇到声阻抗不同的两类介质分界面时会发生反射等),其基本工作原理是:

(1)声源处激发超声波,采用一定的方式使超声波进入构件内部。

(2)超声波在构件中传播并与构件材料及构件内部的缺陷相互作用,使其传播方向或特征发生变化。

(3)改变后的超声波通过检测设备被接收,并以一定的方式显示,以方便对其进行处理和分析。

(4)根据接收的超声波特征,评估构件本身及内部是否存在缺陷以及确定缺陷的类型、大小、当量，并对缺陷进行评级。

2. 超声检测的物理学原理

(1) 机械振动与机械波

超声波是一种机械波，机械振动与波动是超声波探伤的物理基础。

物体沿着直线或曲线在某一平衡位置附近作往复周期性的运动，称为机械振动。振动的传播过程，称为波动。波动分为机械波和电磁波两大类。机械波是机械振动在弹性介质中的传播过程。超声波就是一种机械波。

机械波主要参数有波长 (λ)、频率 (f) 和波速 (C)。

同一波线上相邻两振动相位相同的质点间的距离称为波长，波源或介质中任意一质点完成一次全振动，正好前进一个波长的距离，常用单位为米 (m)。

波动过程中，任一给定点在 1 秒钟内所通过的完整波的个数称为频率，常用单位为赫兹 (Hz)。

波动中，波在单位时间内所传播的距离称为波速，常用单位为米/秒 (m/s)。

由上述定义可得：$C = \lambda f$，即波长与波速成正比，与频率成反比；当频率一定时，波速愈大，波长就愈长；当波速一定时，频率愈低，波长就愈长。

(2) 超声波、声波、次声波

次声波、声波和超声波都是在弹性介质中传播的机械波，在同一介质中的传播速度相同。它们的区别主要在于频率不同。频率在 20～20000Hz 之间的能引起人们听觉的机械波称为声波，频率低于 20Hz 的机械波称为次声波，频率高于 20000Hz 的机械波称为超声波。次声波、超声波不可闻。

超声探伤所用的频率一般在 0.5～10MHz 之间，对钢等金属材料的检验，常用的频率为 1～5MHz。超声波波长很短，由此决定了超声波具有以下重要特性，使其能广泛用于无损探伤：

1) 方向性好：超声波是频率很高、波长很短的机械波，在无损探伤中使用的波长为毫米级；超声波像光波一样具有良好的方向性，可以定向发射，易于在被检材料中发现缺陷。

2) 能量高：由于能量 (声强) 与频率平方成正比，因此超声波的能量远大于一般声波的能量。

3) 能在界面上产生反射、折射和波型转换：超声波具有几何声学的上一些特点，如在介质中直线传播，遇界面产生反射、折射和波型转换等。

4) 穿透能力强：超声波在大多数介质中传播时，传播能量损失小，传播距离大，穿透能力强，在一些金属材料中其穿透能力可达数米。

(3) 纵波、横波、表面波、板波

根据波动传播时介质质点的振动方向相对于波的传播方向的不同，可将波动分为纵波、横波、表面波和板波等。

1) 纵波。介质中质点的振动方向与波的传播方向互相平行的波，称为纵波，用 L 表示。当介质质点受到交变拉压应力作用时，质点之间产生相应的伸缩形变，从而形成纵波；凡能承受拉伸或压缩应力的介质都能传播纵波。固体介质能承受拉伸或压缩应力；液体和气体虽不能承受拉伸应力，但能承受压应力产生容积变化。因此固体、液体和气体都能传播纵波。钢中纵波声速一般为 5960m/s。纵波一般应用于钢板、锻件探伤。

2）横波。介质中质点的振动方向与波的传播方向互相垂直的波，称为横波，用 S 或 T 表示。当介质质点受到交变的剪切应力作用时，产生剪切形变，从而形成横波；只有固体介质才能承受剪切应力，液体和气体介质不能承受剪切应力，因此横波只能在固体介质中传播，不能在液体和气体介质中传播。钢中横波声速一般为 3230m/s。横波一般应用于焊缝、钢管探伤。

3）表面波。当介质表面受到交变应力作用时，产生沿介质表面传播的波，称为表面波，常用 R 表示。又称瑞利波。表面波在介质表面传播时，介质表面质点作椭圆运动，椭圆长轴垂直于波的传播方向，短轴平行于波的传播方向；椭圆运动可视为纵向振动与横向振动的合成，即纵波与横波的合成，因此表面波只能在固体介质中传播，不能在液体和气体介质中传播。表面波的能量随深度增加而迅速减弱，当传播深度超过两倍波长时，质点的振幅就已经很小了，因此，一般认为表面波探伤只能发现距工件表面两倍波长深度内的缺陷。表面波一般应用于钢管探伤。

4）板波。在板厚与波长相当的薄板中传播的波，称为板波。根据质点的振动方向不同可将板波分为 SH 波和兰姆波。板波一般应用于薄板、薄壁钢管探伤。

（4）波的叠加、干涉

当几列波在同一介质中传播时，如果在空间某处相遇，则相遇处质点的振动是各列波引起振动的合成，在任意时刻该质点的位移是各列波引起的位移的矢量和。几列波相遇后仍保持自己原有的频率、波长、振动方向等特性并按原来的传播方向继续前进，好像在各自的途中没有遇到其他波一样，这就是波的迭加原理，又称波的独立性原理。波的叠加现象可以从许多事实观察到，如两石子落水，可以看到两个石子入水处为中心的圆形水波的叠加情况和相遇后的传播情况。又如乐队合奏或几个人谈话，人们可以分辨出各种乐器或各人的声音，这些都可以说明波传播的独立性。

两列频率相同，振动方向相同，位相相同或位相差恒定的波相遇时，介质中某些地方的振动互相加强，而另一些地方的振动互相减弱或完全抵消的现象叫做波的干涉现象。

波的迭加原理是波的干涉现象的基础，波的干涉是波动的重要特征。在超声波探伤中，由于波的干涉，使超声波源附近出现声压极大极小值。

（5）惠更斯原理和波的衍射

如前所述，波动是振动状态的传播，如果介质是连续的，那么介质中任何质点的振动都将引起邻近质点的振动，邻近质点的振动又会引起较远质点的振动，因此波动中任何质点都可以看作是新的波源。据此惠更斯提出了著名的惠更斯原理：介质中波动传播到的各点都可以看作是发射子波的波源，在其后任意时刻这些子波的包迹就决定新的波阵面。

波在传播过程中遇到与波长相当的障碍物时，能绕过障碍物边缘改变方向继续前进的现象，称为波的衍射或波的绕射。

如图 3-6.1-1 所示，超声波（波长为 0.017m）在介质中传播时，遇到缺陷 AB（其尺寸为 D），据惠更斯原理，缺陷边缘可以看作是发射子波的波源，使波的传播改变，从而使缺陷背后的声影缩小，反射波降低。

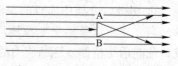

图 3-6.1-1　超声波传播示意图

当 $D \ll l$ 时，波的绕射强，反射弱，缺陷回波很低，容易漏检；当 $D \gg l$ 时，反射强，绕射弱，声波几乎全反射。

波的绕射对探伤既有利又不利。由于波的绕射，使超声波产生晶粒绕射顺利地在介质中传播，这对探伤有利；但同时由于波的绕射，使一些小缺陷回波显著下降，以致造成漏检，这对探伤不利。一般超声波探伤灵敏度约为 $\lambda/2$。

（6）波的反射、透射

超声波从一种介质传播到另一种介质时，在两种介质的分界面上，一部分能量反射回原介质内，称为反射波；另一部分能量透过界面在另一种介质内传播，称为透射波。在界面上声能（声压、声强）的分配和传播方向的变化都将遵循一定的规律。

声能的变化与两种介质的声阻抗密切相关，设波从介质 1（声阻抗 Z_1）入射到介质 2（声阻抗 Z_2），有以下几种情况：

1）$Z_2 > Z_1$

声压反射率小于透射率。如水/钢界面。

2）$Z_1 > Z_2$

声压反射率大于透射率。如钢/水界面。

声压反射率及透射率只与 Z_1、Z_2 的数值有关，与从哪种介质入射无关。

3）$Z_1 \gg Z_2$

声压（声强）几乎全反射，透射率趋于 0。如钢/空气界面。

4）$Z_1 \approx Z_2$

此时几乎全透射，无反射。因此在焊缝探伤中，若母材与填充金属结合面没有任何缺陷，是不会产生界面回波的。

此情况对探头保护膜设计具有指导意义。当超声波依次从三种介质 Z_1、Z_2、Z_3（如晶片—保护膜—构件）中穿过，则当薄层厚度等于半波长的整数倍时，通过薄层的声强透射与薄层的性质无关，即好像不存在薄层一样；当薄层厚度等于四分之一波长的奇数倍且薄层声阻抗为其两侧介质声阻抗几何平均值（$Z_2 = (Z_2 Z_3)^{1/2}$）时，超声波全透射。

（7）超声波的衰减

超声波在介质中传播时，随着距离增加，超声波能量逐渐减弱的现象叫做超声波衰减。引起超声波衰减的主要原因是波束扩散、晶粒散射和介质吸收。

1）扩散衰减

超声波在传播过程中，由于波束的扩散，使超声波的能量随距离增加而逐渐减弱的现象叫做扩散衰减。超声波的扩散衰减仅取决于波阵面的形状，与介质的性质无关。

2）散射衰减

超声波在介质中传播时，遇到声阻抗不同的界面产生散乱反射引起衰减的现象，称为散射衰减。散射衰减与材质的晶粒密切相关，当材质晶粒粗大时，散射衰减严重，被散射的超声波沿着复杂的路径传播到探头，在屏上引起林状回波（又叫草波），使信噪比下降，严重时噪声会湮没缺陷波。

3）吸收衰减

超声波在介质中传播时，由于介质中质点间内摩擦（即黏滞性）和热传导引起超声波的衰减，称为吸收衰减或黏滞衰减。

通常所说的介质衰减是指吸收衰减与散射衰减，不包括扩散衰减。

（8）超声波发射声场

超声波探头（波源）发射的超声场，具有特殊的结构，只有当缺陷位于超声场内时，才有可能被发现。

1）圆盘波源辐射的纵波声场

在不考虑介质衰减的条件下，离波源较远处轴线上的声压与距离成反比，与波源面积成正比。

2）近场区

波源附件由于波的干涉而出现一系列声压极大极小值的区域，称为超声场的近场区。近场区声压分布不均，是由于波源各点至轴线上某点的距离不同，存在波程差，互相叠加时存在位相差而互相干涉，使某些地方声压互相加强，另一些地方互相减弱，于是就出现声压极大极小值的点。波源轴线上最后一个声压极大值至波源的距离称为近场区长度，用 N 表示。

$$N = (D_s^2 - \lambda^2)/(4\lambda) \approx D_s^2/(4\lambda) \qquad (3\text{-}6.1\text{-}1)$$

3）远场区

波源轴线上至波源的距离 $x > N$ 的区域称为远场区。远场区轴线上的声压随距离增加单调减少。当 $x > 3N$ 时，声压与距离成反比，近似球面波的规律。因为距离 x 足够大时，波源各点至轴线上某一点的波程差很小，引起的相位差也很小，这样干涉现象可以略去不计，所以远场区不会出现声压极大极小值。

4）近场区在两种介质中分布

实际探伤时，有时近场区分布在两种不同的介质中，如水浸探伤，超声波先进入水，然后再进入钢中，当水层厚度较小时，近场区就会分布在水、钢两种介质中。设水层厚度为 L，则钢中剩余近场区长度 N 为：

$$N = D_s^2/(4\lambda) - Lc_1/c_2 \qquad (3\text{-}6.1\text{-}2)$$

式中　c_1——介质 1 水中波速；

　　　c_2——介质 2 钢中波速；

　　　λ——介质 2 钢中波长。

在近场区内，实际声场与理想声场存在明显区别，实际声场轴线上声压虽也存在极大极小值，但波动幅度小，极值点的数量也明显减少。

5）横波发射声场

目前常用的横波探头，是使纵波斜入射到界面上，通过波形转换来实现横波探伤的，当入射角在第一、第二临界角之间时，纵波全反射，第二介质中只有折射横波。

横波声场同纵波声场一样由于波的干涉存在近场区和远场区，当 $x \geqslant 3N$ 时，波束轴线上的声压与波源面积成正比，与至假想波源的距离成反比，类似纵波声场。当横波探头晶片尺寸一定时，K 值增大，近场区长度将减小。

（9）规则反射体的回波声压

在实际探伤中一般采用反射法，即根据缺陷反射回波声压的高低来评价缺陷的大小。然而工件中的缺陷形状性质各不相同，目前的探伤技术还难以确定缺陷的真实大小和形状，回波声压相同的缺陷的实际大小可能相差很大，为此特引用当量法。当量法是指在同样的探测条件下，当自然缺陷回波与某人工规则反射体回波等高时，则该人工规则反射体的尺寸就是此自然缺陷的当量尺寸。

超声波探伤中常用的规则反射体有平底孔、长横孔、短横孔、球孔和大平底面等。

（10）分贝

由于在生产和科学实验中，所遇到的声强数量级往往相差悬殊，如引起听觉的声强范围为 $10^{-16} \sim 10^{-4}$ w/cm^2，最大值与最小值相差 12 个数量级。显然采用绝对量来度量是不方便的，但如果对其比值（相对量）取对数来比较计算则可大大简化运算。分贝就是两个同量纲的量之比取对数后的单位。

通常规定引起听觉的最弱声强为 $I_1 = 10^{-16}$ w/cm^2 作为声强的标准，另一声强 I_2 与标准声强 I_1 之比的常用对数称为声强级，单位是贝尔（BeL）。实际应用时贝尔太大，故常取 1/10 贝尔即分贝（dB）来作单位。

$$\Delta = \lg(I_2/I_1) \, (\text{Bel}) = 10\lg(I_2/I_1) = 20\lg(P_2/P_1) \, (\text{dB}) \tag{3-6.1-3}$$

在超声波探伤中，当超声波探伤仪的垂直线性较好时，仪器屏幕上的波高与声压成正比。这时有：

$$\Delta = 20\lg(P_2/P_1) = 20\lg(H_2/H_1) \, (\text{dB}) \tag{3-6.1-4}$$

这时声压基准 P_1 或波高基准 H_1 可以任意选取。

分贝用于表示两个相差很大的量之比显得很方便，在声学和电学中都得到广泛的应用，特别是在超声波探伤中应用更为广泛。例如屏上两波高的比较就常常用 dB 表示。

例如，屏上一波高为 80%，另一波高为 20%，则前者比后者高

$$\Delta = 20\lg(H_2/H_1) = 20\lg(80/20) = 12 \, (\text{dB}) \tag{3-6.1-5}$$

用分贝值表示回波幅度的相互关系，不仅可以简化运算，而且在确定基准波高以后，可直接用仪器的增益值（数字机）或衰减值（模拟机）来表示缺陷波相对波高。

（11）AVG 曲线

AVG 曲线是描述规则反射体的距离、回波高及当量大小之间关系的曲线；A、V、G 是德文距离（规则反射体的距离）、增益（回波高度）和大小（当量尺寸）的字头缩写，英文缩写为 DGS。AVG 曲线可用于对缺陷定量和灵敏度调整。

以横坐标表示实际声程，纵坐标表示规则反射体相对波高，用来描述距离、波幅、当量大小之间的关系曲线，称为实用 AVG 曲线。实用 AVG 曲线可由以下公式得到：

不同距离的大平底回波 dB 差：

$$\Delta = 20\lg P_{B1}/P_{B2} = 20\lg X_2/X_1 \tag{3-6.1-6}$$

不同距离的不同大小平底孔回波 dB 差：

$$\Delta = 20\lg P_{f1}/P_{f2} = 40\lg D_{f1} X_2/D_{f2} X_1 \tag{3-6.1-7}$$

同距离的大平底与平底孔回波 dB 差：

$$\Delta = 20\lg P_B/P_f = 20\lg 2\lambda X/\pi D_f^2 \tag{3-6.1-8}$$

6.1.3　超声检测适用范围及优缺点

1. 超声检测适用范围

超声检测的使用范围很广，从检测对象的材料来说，可用于金属、非金属及复合材料；从检测对象的制造工艺来说，可用于锻件、铸件、焊接件、胶结件等；从检测对象形

状来说，可用于板材、管材、棒材等；从检测对象的尺寸大小来说，厚度可小至几毫米，也可大至几米，超声检测目前是最常用的无损检测手段。

2. 超声检测的优点和局限性

超声检测的优点主要体现在以下几个方面：

（1）适用范围广，超声检测不但适用于金属无损检测，还适用于非金属及复合材料等多种构件的无损检测。

（2）超声穿透能力强，可对较大厚度范围内的工件内部缺陷进行检测。

（3）缺陷定位较其他无损检测方法精确。

（4）对面积型缺陷的检出率很高。

（5）灵敏度较高，可检出构件内部尺寸较小的缺陷。

（6）检测成本较低，速度较快，超声检测设备轻便，对环境和人体基本无毒无害，适用于现场检测。

超声检测也有其局限性，主要体现在以下几个方面：

（1）对构件中的缺陷进行精确的定性、定量仍需作深入研究。

（2）对具有复杂形状或不规则外形的构件进行超声检测有较大困难。

（3）检测结果容易受缺陷的位置、走向和形状影响。

（4）常用的脉冲反射法检测结果显示不直观，检测结果无直接见证记录（不如渗透、磁粉检测结果直观）。

6.2　仪器设备

6.2.1　仪器、探头和试块

超声波探伤仪、探头和试块是超声波探伤的重要设备，了解这些设备的原理、构造和作用及其主要性能的测试方法是正确选用探伤设备进行有效探伤的保证。

1. 超声波探伤仪

（1）作用。超声波探伤仪的作用是产生电振荡并加于换能器（探头）上，激励探头发射超声波，同时将探头送回的电信号进行放大，通过一定方式显示出来，从而得到被探工件内部有无缺陷及缺陷位置和大小等信息。

（2）分类。按缺陷显示方式分类，超声波探伤仪分为三种。

A型：A型显示是一种波形显示，探伤仪的屏幕的横坐标代表声波的传播距离，纵坐标代表反射波的幅度。由反射波的位置可以确定缺陷位置，由反射波的幅度可以估算缺陷大小。

B型：B型显示是一种图像显示，屏幕的横坐标代表探头的扫查轨迹，纵坐标代表声波的传播距离，因而可直观地显示出被探工件任一纵截面上缺陷的分布及缺陷的深度。

C型：C型显示也是一种图像显示，屏幕的横坐标和纵坐标都代表探头在工件表面的位置，探头接收信号幅度以光点辉度表示，因而当探头在工件表面移动时，屏上显示出被探工件内部缺陷的平面图像，但不能显示缺陷的深度。

目前，探伤中广泛使用的超声波探伤仪都是 A 型显示脉冲反射式探伤仪。

2. 探头

超声波的发射和接收是通过探头来实现的。下面介绍探头的工作原理、主要性能及其及结构。

（1）压电效应

某些晶体材料在交变拉压应力作用下，产生交变电场的效应称为正压电效应。反之当晶体材料在交变电场作用下，产生伸缩变形的效应称为逆压电效应。正、逆压电效应统称为压电效应。

超声波探头中的压电晶片具有压电效应，当高频电脉冲激励压电晶片时，发生逆压电效应，将电能转换为声能（机械能），探头发射超声波。当探头接收超声波时，发生正压电效应，将声能转换为电能。不难看出超声波探头在工作时实现了电能和声能的相互转换，因此常把探头叫做换能器。

（2）探头的种类和结构

直探头用于发射和接收纵波，主要用于探测与探测面平行的缺陷，如板材、锻件探伤等。

斜探头可分为纵波斜探头、横波斜探头和表面波斜探头，常用的是横波斜探头。横波斜探头主要用于探测与探测面垂直或成一定角度的缺陷，如焊缝、汽轮机叶轮等。

当斜探头的入射角大于或等于第二临界角时，在工件中产生表面波，表面波探头用于探测表面或近表面缺陷。

双晶探头有两块压电晶片，一块用于发射超声波，另一块用于接收超声波。根据入射角不同，分为双晶纵波探头和双晶横波探头。

双晶探头具有灵敏度高、杂波少盲区小、工件中近场区长度小、探测范围可调等优点，主要用于近表面缺陷探伤。

（3）探头型号

探头型号的组成项目及排列顺序如下：

基本频率→晶片材料→晶片尺寸→探头种类→探头特征，如 5 P 10 K 2，5 表示探头频率为 5MHz；P 代表探头晶片材料为锆钛酸铅陶瓷；10 代表晶片直径，单位为 mm；K 表示探头种类为斜探头，2 表示斜探头在钢中折射角的正切值。

3. 试块

按一定用途设计制作的具有简单几何形状人工反射体的试样，通常称为试块。试块和仪器、探头一样，是超声波探伤中的重要工具。

（1）试块的作用

1）确定探伤灵敏度。超声波探伤灵敏度太高或太低都不好，太高杂波多，判伤困难，太低会引起漏检。因此在超声波探伤前，常用试块上某一特定的人工反射体来调整探伤灵敏度。

2）测试探头的性能。超声波探伤仪和探头的一些重要性能，如放大线性、水平线性、动态范围、灵敏度余量、分辨力、盲区、探头的入射点、K 值等都是利用试块来测试的。

3）调整扫描速度。利用试块可以调整仪器屏幕上水平刻度值与实际声程之间的比例关系，即扫描速度，以便对缺陷进行定位。

4）评判缺陷的大小。利用某些试块绘出的距离-波幅-当量曲线（即实用 AVG）来对缺陷定量是目前常用的定量方法之一。特别是 3N 以内的缺陷，采用试块比较法仍然是最有效的定量方法。此外还可利用试块来测量材料的声速、衰减性能等。

（2）试块的分类

1）按试块来历分为：标准试块和参考试块。

2）按试块上人工反射体分：平底孔试块、横孔试块和槽形试块。

（3）常用试块类型

常用的试块有 CSK-IA、CS-1、CSK-ⅢA 等类型。

6.2.2　仪器和探头的性能及其测试

仪器和探头的性能包括仪器的性能、探头的性能以及仪器与探头的综合性能。仪器的性能仅与仪器有关，如仪器的垂直线性、水平线性和动态范围等。探头的性能仅与探头有关，如探头入射点、K 值、双峰、主声束偏离等。仪器与探头的综合性能不仅与仪器有关，而且与探头有关，如分辨力、盲区、灵敏度余量等。

1. 仪器的性能及其测试

（1）垂直线性

仪器的垂直线性是指仪器屏幕上的波高与探头接收的信号之间成正比的程度。垂直线性的好坏影响缺陷定量精度。

（2）水平线性

仪器水平线性是指仪器屏幕上时基线显示的水平刻度值与实际声程之间成正比的程度，或者说是屏幕上多次底波等距离的程度。仪器水平线性的好坏直接影响测距精度，进而影响缺陷定位。

（3）动态范围

动态范围是指仪器屏幕容纳信号大小的能力。

2. 探头的性能及其测试

（1）斜探头入射点

斜探头的入射点是指其主声束轴线与探测面的交点。入射点至探头前沿的距离称为探头的前沿长度。测定探头的入射点和前沿长度是为了便于对缺陷定位和测定探头的 K 值。

注意试块上 R 应大于钢中近场区长度 N，因为近场区同轴线上的声压不一定最高，测试误差大。

（2）斜探头 K 值和折射角

斜探头 K 值是指被探工件中横波折射角的正切值。

注意测定斜探头的 K 值或折射角也应在近场区以外进行。

（3）探头主声束偏离和双峰

探头实际主声束与其理论几何中心轴线的偏离程度称为主声束的偏离。

平行移动探头，同一反射体产生两个波峰的现象称为双峰。

探头主声束偏离和双峰，将会影响对缺陷的定位和判别。

（4）探头声束特性

探头声束特性是指探头发射声束的扩散情况，常用轴线上声压下降 6dB 时探头移动距离（即某处的声束宽度）来表示。

3. 仪器和探头的综合性能及其测试

（1）灵敏度

超声波探伤中灵敏度一般是指整个探伤系统(仪器和探头)发现最小缺陷的能力。发现缺陷愈小,灵敏度就愈高。

仪器的探头的灵敏度常用灵敏度余量来衡量。灵敏度余量是指仪器最大输出时(增益、发射强度最大,衰减和抑制为0),使规定反射体回波达基准高所需衰减的衰减总量。灵敏度余量大,说明仪器与探头的灵敏度高。灵敏度余量与仪器和探头的综合性能有关,因此又叫仪器与探头的综合灵敏度。

(2) 盲区与始脉冲宽度

盲区是指从探测面到能够发现缺陷的最小距离。盲区内的缺陷一概不能发现。

始脉冲宽度是指在一定的灵敏度下,屏幕上高度超过垂直幅度20%时的始脉冲延续长度。始脉冲宽度与灵敏度有关,灵敏度高,始脉冲宽度大。

(3) 分辨力

仪器与探头的分辨力是指在屏幕上区分相邻两缺陷的能力。能区分的相邻两缺陷的距离愈小,分辨力就愈高。

(4) 信噪比

信噪比是指屏幕上有用的最小缺陷信号幅度与无用的噪声杂波幅度之比。信噪比高,杂波少,对探伤有利。信噪比太低,容易引起漏检或误判,严重时甚至无法进行探伤。

6.2.3　探头的选择、耦合、补偿

1. 头的选择

超声波探伤中,超声波的发射和接收都是通过探头来实现的。探头的种类很多,结构型式也不一样。探伤前应根据被检对象的形状、衰减和技术要求来选择探头,探头的选择包括探头型式、频率、晶片尺寸和斜探头 K 值的选择等。

常用的探头型式有纵波直探头、横波斜探头、表面波探头、双晶探头,聚焦探头等。一般根据工件的形状和可能出现缺陷的部位、方向等条件来选择探头的型式,使声束轴线尽量与缺陷垂直。

纵波直探头波束轴线垂直于探测面,主要用于探测与探测面平行的缺陷,如锻件、钢板中的夹层、折叠等缺陷。横波斜探头主要用于探测与探测面垂直可成一定角度的缺陷,如焊缝中未焊透、夹渣、未熔合等缺陷。表面波探头用于探测工件表面缺陷,双晶探头用于探测工件近表面缺陷,聚焦探头用于水浸探测管材或板材。

2. 探头频率的选择

超声波探伤频率 0.5～10MHz 之间,选择范围大。一般选择频率时应考虑以下因素:

(1) 由于波的绕射,使超声波探伤灵敏度约为波长的一半,因此提高频率,有利于发现更小的缺陷。

(2) 频率高,脉冲宽度小,分辨力高,有利于区分相邻缺陷。

(3) 频率高,波长短,则半扩散角小,声束指向性好,能量集中,有利于发现缺陷并对缺陷定位。

(4) 频率高,波长短,近场区长度大,对探伤不利。

(5) 频率增加,衰减急剧增加。

由以上分析可知,频率的高低对探伤有较大的影响,频率高,灵敏度和分辨力高,指向

性好，对探伤有利；但近场区长度大，衰减大，又对探伤不利。实际探伤中要全面分析考虑各方面的因素，合理选择频率。一般在保证探伤灵敏度的前提下尽可能选用较低的频率。

对于晶粒较细的锻件、轧制件和焊接件等，一般选用较高的频率，常用 2.5～5MHz；对晶粒较粗大的铸件、奥氏体钢等宜选用较低的频率，常用 0.5～2.5MHz。如果频率过高，就会引起严重衰减，屏幕上出现林状回波，信噪比下降，甚至无法探伤。

3. 探头晶片尺寸的选择

晶片尺寸对探伤也有一定的影响，选择晶片尺寸进要考虑以下因素：

(1) 晶片尺寸增加，半扩散角减少，波束指向性变好，超声波能量集中，对探伤有利。

(2) 晶片尺寸增加，近场区长度迅速增加，对探伤不利。

(3) 晶片尺寸大，辐射的超声波能量大，探头未扩散区扫查范围大，远距离扫查范围相对变小，发现远距离缺陷能力增强。

以上分析说明晶片大小对声束指向性、近场区长度、近距离扫查范围和远距离缺陷检出能力有较大的影响。实际探伤中，探伤面积范围大的工件时，为了提高探伤效率宜选用大晶片探头；探伤厚度大的工件时，为了有效地发现远距离的缺陷宜选用大晶片探头；探伤小型工件时，为了提高缺陷定位定量精度宜选用小晶片探头；探伤表面不太平整，曲率较低较大的工件时，为了减少耦合损失宜选用小晶片探头。

4. 横波斜头 K 值的选择

在横波探伤中，探头的 K 值对探伤灵敏度、声束轴线的方向、一次波的声程（入射点至底面反射点的距离）有较大的影响。K 值大，一次波的声程大。因此在实际探伤中，当工件厚度较小时，应选用较大的 K 值，以便增加一次波的声程，避免近场区探伤；当工件厚度较大时，应选用较小的 K 值，以减少声程过大引起的衰减，便于发现深度较大处的缺陷。在焊缝探伤中，不要保证主声束能扫查整个焊缝截面；对于单面焊根未焊透，还要考虑端角反射问题，应使 $K=0.7～1.5$，因为 $K<0.7$ 或 $K>1.5$，端角反射很低，容易引起漏检。

5. 耦合

超声耦合是指超声波在探测面上的声强透射率。声强透射率高，超声耦合好。为提高耦合效果，在探头与工件表面之间施加的一层透声介质称为耦合剂。耦合剂的作用在于排除探头与工件表面之间的空气，使超声波能有效地传入工件，达到探伤的目的；耦合剂还有减少摩擦的作用。

影响声耦合的主要因素有：耦合层的厚度，耦合剂的声阻抗，工件表面粗糙度和工件表面形状。

6. 表面耦合损耗的补偿

在实际探伤中，当调节探伤灵敏度用的试块与工件表面粗糙度、曲率半径不同时，往往由于工件耦合损耗大而使探伤灵敏度降低，为了弥补耦合损耗，必须增大仪器的输出来进行补偿。

6.2.4　标准对超声波仪器设备、器材的要求

1. 模拟式和数字式的 A 型脉冲反射式超声仪的主要技术指标，应符合表 3-6.2-1 的要求。

A 型脉冲反射式超声仪的主要技术指标　　　　　表 3-6.2-1

	工作频率	2～5MHz
超声仪主机	水平线性	≤1%
	垂直线性	≤5%
	衰减器或增益器总调节量	≥80dB
	衰减器或增益器每档步进量	≤2dB
	衰减器或增益器任意 12dB 内误差	≤±1dB
探头	声束轴线水平偏离角	≤2°
	折射角偏差	≤2°
	前沿偏差	≤1mm
超声仪主机与探头的系统性能	在达到所需最大检测声程时，其有效灵敏度余量	≥10dB
	远场分辨率	直探头：≥30dB 斜探头：≥6dB

2. 超声仪、探头及系统性能的检查按《A 型脉冲反射式超声波探伤系统工作性能测试方法》JB/T 9214 规定的方法测试。检查周期应符合表 3-6.2-2 的要求。

探伤仪、探头及系统性能的检查周期　　　　　表 3-6.2-2

检验项目	检查周期
前沿距离、折射角或 K 值、偏离角	开始使用及每隔 5 个工作日
灵敏度余量、分辨率	开始使用、修理后及每隔 1 个月
探伤仪的水平线性、探伤仪的垂直线性	每次修理后及每隔 3 个月

3. 探头的选择应符合下列要求：

(1) 纵波直探头的晶片直径在 10～20mm 范围内，频率为 2.5～5.0MHz。

(2) 横波斜探头应选用在钢中的折射角为 45°、60°、70° 或 K 值为 1.0、1.5、2.0、2.5、3.0 的横波斜探头。频率为 1.0～2.5MHz。

(3) 纵波双晶探头两晶片之间的声绝缘必须良好，且晶片的面积不小于 150mm²。

(4) 斜探头的折射角 β（或 K 值）应依据材料厚度、焊缝坡口型式等因素选择，检测不同板厚所用探头角度宜按表 3-6.2-3 采用。

不同板厚推荐的探头角度　　　　　表 3-6.2-3

板厚 T(mm)	推荐的折射角 β(K 值)
8～25	70°(K2.5；K2.0)
25～50	70° 或 60°(K2.5；K2.0；K1.5)
50～100	45° 或 60°(K2.0；K1.5；K1.0)
＞100	45° 或 60°(K2.0；K1.5；K1.0)

4. 标准试块的形状和尺寸见图 3-6.2-1。标准试块的制作技术要求应符合《超声探伤用 1 号标准试块技术条件》JB/T 10063 的规定。

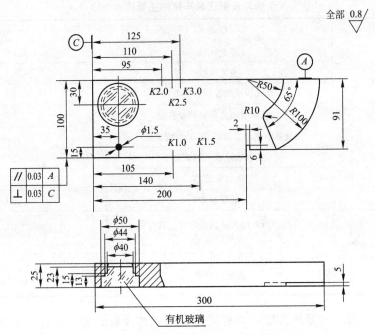

图 3-6.2-1　CSKZB 超声检测标准试块形状与尺寸

对比试块的形状和尺寸见表 3-6.2-4。对比试块应采用与被检测材料相同或声学特性相近的钢材制成。

对比试块的形状和尺寸

表 3-6.2-4

代号	适用板厚 δ(mm)	对比试块
RB-1	8～25	
RB-2	8～100	

代号	适用板厚 δ(mm)	对比试块
RB-3	8~150	

注：1. 尺寸公差±0.1mm；

　　2. 各边垂直度不大于0.1；

　　3. 表面粗糙度不大于6.3μm；

　　4. 标准孔与加工面的平行度不大于0.05。

6.3　检测方法

6.3.1　探伤方法分类

1. 按原理分类

超声波探伤方法按原理分类，可分为脉冲反射法、穿透法和共振法。

（1）脉冲反射法

超声波探头发射脉冲波到被检试件内，根据反射波的情况来检测试件缺陷的方法，称为脉冲反射法。脉冲反射法包括缺陷回波法、底波高度法和多次底波法。

（2）穿透法

穿透法是依据脉冲波或连续波穿透试件之后的能量变化来判断缺陷情况的一种方法。穿透法常采用两个探头，一收一发，分别放置在试件的两侧进行探测。

（3）共振法

若声波（频率可调的连续波）在被检工件内传播，当试件的厚度为超声波的半波长的整数倍时，将引起共振，仪器显示出共振频率。当试件内存在缺陷或工件厚度发生变化时，将改变试件的共振频率，依据试件的共振频率特性，来判断缺陷情况和工件厚度变化情况的方法称为共振法。共振法常用于试件测厚。

2. 按波形分类

根据探伤采用的波形，可分为纵波法、横波法、表面波法、板波法、爬波法等。

（1）纵波法

使用直探头发射纵波进行探伤的方法，称为纵波法。此时波束垂直入射至试件探测面，以不变的波型和方向透入试件，所以又称为垂直入射法，简称垂直法。

垂直法分为单晶探头反射法、双晶探头反射法和穿透法。常用单晶探头反射法。

垂直法主要用于铸造、锻压、轧材及其制品的探伤，该法对与探测面平行的缺陷检出效果最佳。由于盲区和分辨力的限制，其中反射法只能发现试件内部离探测面一定距离以外的缺陷。

在同一介质中传播时，纵波速度大于其他波型的速度，穿透能力强，晶界反射或散射的敏感性较差，所以可探测工件的厚度是所有波型中最大的，而且可用于粗晶材料的探伤。

（2）横波法

将纵波通过楔块、水等介质倾斜入射至试件探测面，利用波型转换得到横波进行探伤的方法，称为横波法。由于透入试件的横波束与探测面成锐角，所以又称斜射法。

此方法主要用于管材、焊缝的探伤；其他试件探伤时，则作为一种有效的辅助手段，用以发现垂直法不易发现的缺陷。

（3）表面波法

使用表面波进行探伤的方法，称为表面波法。这种方法主要用于表面光滑的试件。表面波波长很短，衰减很大。同时，它仅沿表面传播，对于表面上的复层、油污、不光洁等，反应敏感，并被大量地衰减。利用此特点可通过手沾油在声束传播方向上进行触摸并观察缺陷回波高度的变化，对缺陷定位。

（4）板波法

使用板波进行探伤的方法，称为板波法。主要用于薄板、薄壁管等形状简单的试件探伤。探伤时板波充塞于整个试件，可以发现内部和表面的缺陷。

3. 按探头数目分类

（1）单探头法

使用一个探头兼作发射和接收超声波的探伤方法称为单探头法，单探头法最常用。

（2）双探头法

使用两个探头（一个发射，一个接收）进行探伤的方法称为双探头法，主要用于发现单探头难以检出的缺陷。

（3）多探头法

使用两个以上的探头成对地组合在一起进行探伤的方法，称为多探头法。

4. 按探头接触方式分类

（1）直接接触法

探头与试件探测面之间，涂有很薄的耦合剂层，因此可以看作为两者直接接触，此法称为直接接触法。

此法操作方便，探伤图形较简单，判断容易，检出缺陷灵敏度高，是实际探伤中用得最多的方法。但对被测试件探测面的粗糙度要求较高。

（2）液浸法

将探头和工件浸于液体中以液体作耦合剂进行探伤的方法，称为液浸法。耦合剂可以是油，也可以是水。

液浸法适用于表面粗糙的试件，探头也不易磨损，耦合稳定，探测结果重复性好，便于实现自动化探伤。

6.3.2　超声波探伤基本步骤及注意事项

超声检测一般有修整探测面、涂抹耦合剂、探伤、缺陷评定等步骤，在超声检测前，还需进行必需的准备工作，主要包括超声仪器的主要技术指标(斜探头入射点、斜率 K 值或角度)的检查确认，根据所测工件尺寸调整仪器时基线，绘制 DAC(距离-波幅)曲线等。

1. DAC 曲线及探伤灵敏度

距离-波幅(DAC)曲线应由选用的仪器、探头系统在对比试块上的实测数据绘制而成。当探伤面曲率半径 R 小于等于 $W^2/4$ 时，距离-波幅(DAC)曲线的绘制应在曲面对比试块上进行。

绘制成的距离-波幅曲线应由评定线 EL、定量线 SL 和判废线 RL 组成。评定线与定量线之间(包括评定线)的区域规定为Ⅰ区，定量线与判废线之间(包括定量线)的区域规定为Ⅱ区，判废线及其以上区域规定为Ⅲ区，如图 3-6.3-1 所示。

不同检验等级所对应的各条线的灵敏度要求见表 3-6.3-1。表中的 DAC 是以 $\phi3$ 横通孔作为标准反射体绘制的距离-波幅曲线——即 DAC 基准线。在满足被检工件最大测试厚度的整个范围内绘制的距离-波幅曲线在探伤仪荧光屏上的高度不得低于满刻度的 20%。

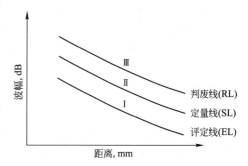

图 3-6.3-1　距离-波幅曲线示意图

距离—波幅曲线的灵敏度　　　　　　　　　　　　　　　表 3-6.3-1

板厚(mm) ＼ 检验等级 DAC 曲线	A	B	C
	8～50	8～300	8～300
判废线	DAC	DAC-4dB	DAC-2dB
定量线	DAC-10dB	DAC-10dB	DAC-8dB
评定线	DAC-16dB	DAC-16dB	DAC-14dB

2. 探测面的修整处理

检测前应对探测面进行修整或打磨，清除焊接飞溅、油垢及其他杂质，表面粗糙度不应超过 $6.3\mu m$。当采用一次反射或串列式扫查检测时，一侧修整或打磨区域宽度应大于 $2.5K$ 倍的工件厚度，当采用直射法检测时，一侧修整或打磨区域宽度应大于 $1.5K$ 倍的工件厚度。

表面处理完毕后检测前，需要在检测区域内施加耦合剂，耦合剂应具有良好的透声性和适宜的流动性，不应对材料和人体有损伤作用，同时还要便于检测后清理。如构件处于水平面，宜选用液体类耦合剂，如构件处于竖立面，宜选用糊状类耦合剂。

3. 探伤

探伤时扫查速度不应大于 $150mm/s$，相邻两次探头移动区域应保持有探头宽度 10% 的重叠，在查找缺陷时，扫查方式可选用锯齿形扫查、斜平行扫查和平行扫查。为确定缺陷的位置、方向、形状、观察缺陷动态波形，可采用前后、左右、转角、环绕等四种探头扫查方式。

4. 缺陷判断

（1）缺陷定位

超声波探伤中测定缺陷位置简称缺陷定位。

1）纵波（直探头）定位。纵波定位较简单，如探头波束轴线不偏离，缺陷波在屏幕上位置即是缺陷至探头在垂直方向的距离。

2）表面波定位。表面波探伤定位与纵波定位基本类似，只是缺陷位于工件表面，缺陷波在屏幕上位置是缺陷至探头在水平方向的距离（此时要考虑探头前沿）。

3）横波定位。横波斜探头探伤定位由缺陷的声程和探头的折射角或缺陷的水平和垂直方向的投影来确定。

钢结构超声波探伤时较常采用横波定位的方法。

（2）缺陷定量

缺陷定量包括确定缺陷的大小和数量，而缺陷的大小指缺陷的面积和长度。常用的定量方法有当量法、底波高度法和测长法三种。超声波检测钢结构一般采用缺陷指示长度的方法。

测长法是根据缺陷波高与探头移动距离来确定缺陷的尺寸，按规定的方法测定的缺陷长度称为缺陷的指示长度（由于实际工件中缺陷的取向、性质、表面状态等都会影响缺陷回波高度，因此缺陷的指示长度总是小于或等于缺陷的实际长度）。

缺陷指示长度测定可采用以下两种方法：

1）当缺陷反射波只有一个高点时，宜用降低 6dB 相对灵敏度法测定其长度；

2）当缺陷回波有多个高点时，宜采用端点峰值法（缺陷两端反射波极大值之间探头的移动距离）确定缺陷的指示长度（如图 3-6.3-2 所示）。

（3）缺陷定性

缺陷性质的判定，是钢结构质量评估的重要环节，在确定缺陷类型时，可将探头对准缺陷作平动和转动扫查，观察波形的相应变化，并可结合操作者工程经验作出判断。

常见缺陷类型的反射波特征见表 3-6.3-2。

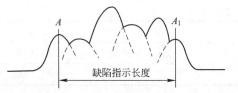

图 3-6.3-2　端点峰值法示意图

常见缺陷类型的缺陷回波特性　　　　　　　表 3-6.3-2

缺陷类型	缺陷回波特征	备　注
裂缝	一般呈线状或面状，反射明显。探头平行移动时，反射波不会很快消失；探头转动时，多峰波的最大值交替错动	危险性缺陷
未焊透	表面较规则，反射明显。沿焊缝方向移动探头时，反射波较稳定；在焊缝两侧扫查时，得到的反射波大致相同	危险性缺陷
未融合	从不同方向绕缺陷探测时，反射波高度变化显著。垂直于焊缝方向探动时，反射波较高	危险性缺陷
夹渣	属于体积型缺陷，反射不明显。从不同方向绕缺陷探测时，反射波高度变化不明显，反射波较低	一般性缺陷
气孔	属于体积型缺陷。从不同方向绕缺陷探测时，反射波高度变化不明显	一般性缺陷

气孔、夹渣为体积型缺陷，未焊透、未熔合、裂缝为平面型缺陷，平面型缺陷应力集中更严重，危害性更大，属危险性的缺陷。

5. 影响缺陷定位、定量的主要因素

目前 A 型脉冲反射式超声波探伤仪是根据屏幕上缺陷波的位置和高度来评价被检工件中缺陷的位置和大小，了解影响因素，对于提高定位、定量精度是十分有益的。

（1）影响缺陷定位的主要因素

1）仪器的影响：仪器的水平线性的好坏对缺陷定位有一定的影响。

2）探头的影响：探头的声束偏离、双峰、斜楔磨损、指向性等影响缺陷定位。

3）工件的影响：工件的表面粗糙度、材质、表面形状、边界影响、温度及缺陷情况等影响缺陷定位。

4）操作人员的影响：仪器调试时零点、K 值等参数存在误差或定位方法不当影响缺陷定位。

（2）影响缺陷定量的主要因素

1）仪器及探头性能的影响：仪器的垂直线性、精度及探头频率、型式、晶片尺寸、折射角大小等都直接影响缺陷回波高度。

2）耦合与衰减的影响：耦合剂的声阻抗和耦合层厚度对回波高有较大的影响；当探头与调灵敏度用的试块和被探工件表面耦合状态不同时，而又没有进行恰当的补偿，也会使定量误差增加，精度下降。

由于超声波在工件中存在衰减，当衰减系数较大或距离较大时，由此引起的衰减也较大，如不考虑介质衰减补偿，定量精度势必受到影响。因此在探伤晶粒较粗大和大型工件时，应测定材质的衰减系数，并在定量计算时考虑介质衰减的影响，以便减少定量误差。

3）工件几何形状和尺寸的影响：工件底面形状不同，回波高度不一样，凸曲面使反射波发散，回波降低，凹曲面使反射波聚焦，回波升高；工件底面与探测面的平行度以及底面的光洁度、干净程度也对缺陷定量有较大的影响；由于侧壁干涉的原因，当探测工件侧壁附近的缺陷时，会产生定量不准，误差增加；工件尺寸的大小对定量也有一定的影响。为减少侧壁的影响，宜选用频率高、晶片尺寸大且指向性好的探头探测或横波探测；必要时可采用试块比较法来定量。

6.3.3　常见超声检测材料构件

1. 板材超声波探伤

根据板材的材质不同，板材分为钢板、铝板、铜板等，实际生产中钢板应用最广，这里以钢板为例来说明板材的超声波探伤工艺方法。

钢板是由板坯轧制而成，而板坯又是由钢锭轧制或连续浇铸而成的，钢板中常见缺陷有分层、折迭、白点等，裂纹少见。

钢板中分层、折迭等缺陷是在轧制过程中形成的，因此它们大都平行于板面。根据板厚的不同，将钢板分为薄板（小于 6mm）与中厚板（中板在 6～40mm 之间，厚板大于40mm）。中厚板常用垂直板面入射的纵波探伤法；薄板常用板波探伤法。

中厚板垂直探伤法的耦合方式有直接接触法和充水耦合法。采用的探头有单晶直探头、双晶直探头或聚焦探头。探伤钢板时，一般采用多次底波反射法，只有当板厚很大时才采用一次底波或二次底法。

由于钢板晶粒比较细，为了获得较高的分辨力，宜选用较高的频率，一般为2.5～5.0MHz。

钢板面积大，为了提高探伤效率，宜选用较大直径的，但对于厚度较小的钢板，探头直径不宜过大，因为大探头近场区长度大，对探伤不利。一般探头直径范围为10～30mm。

探头的结构形式主要根据板厚来确定，板厚较大时，常选用单晶探头；板厚较薄时可选用双晶直探头，因为双晶直探头盲区很小。双晶直探头主要用于探测厚度为6～30mm的钢板。

根据钢板用途和要求不同，采用的主要扫查方式分为全面扫查、列线扫查、边缘扫查和格子扫查等。

对于板厚小于6mm的薄板，如采用一般的纵波探伤法，由于其板厚往往在盲区内，缺陷难以分辨。目前对这种薄板一般采用兰姆波（板波）进行探伤。

2. 管材超声波探伤

（1）管材加工及常见缺陷

管材种类很多，据管径不同分为小口径管和大口径管，据加工方法不同分为无缝钢管和焊接管。

无缝钢管是通过穿孔法和高速挤压法得到的。穿孔法是用穿孔机穿孔，并同时用轧辊滚轧，最后用心棒轧管机定径压延平整成型。高速挤压法是在挤压机中直接挤压成形，这种方法加工的管材尺寸精度高。

焊接管是先将板材卷成管形，然后用电阻焊或埋弧自动焊加工成型。一般大口径管多用这种方法。对于厚壁大口径管也可以由钢锭经锻造、轧制等工艺加工而成。

管材中常见缺陷与加工方法有关。无缝钢管中常见缺陷有裂纹、折迭、夹层等；焊接管中常见缺陷与焊缝类似，一般为裂纹、气孔、夹渣、未焊透等。锻轧管常见缺陷与锻件类似，一般为裂纹、白点、重皮等。

（2）小口径管探伤

小口径管是指外径小于100mm的管材。这种管材一般为无缝管，采用穿孔法或挤压法得到，其中主要缺陷平行于管轴的径向缺陷（称纵向缺陷），有时也有垂直于管轴线的径向缺陷（称横向缺陷）。

对于管内纵向缺陷，一般利用横波进行周向扫查探测；对于管内横向缺陷，一般利用横波进行轴向扫查探测。

按耦合方式不同，小口径管探伤分为接触法探伤和水浸法探伤。

（3）大口径管探伤

超声波探伤中，大口径管一般是指外径大于100mm的管材。大口径管曲率半径较大，探头与管壁耦合较好，通常采用接触法探伤，批量较大时也可采用水浸探伤。

3. 焊缝超声波探伤

在焊缝探伤中，不但要求探伤人员具备熟练的超声波探伤技术，而且还要求探伤人员了解有关的焊接基本知识，如焊接接头型式、焊接坡口型式、焊接方法和焊接缺陷等。只有这样，探伤人员才能针对各种不同的焊缝，采用适当的探测方法，从而获得比较正确的探测结果。

（1）焊接加工及常见缺陷

锅炉压力容器及一些钢结构件主要是采用焊接加工成形。焊缝内部质量一般利用射线和超声波来检测，对焊缝中裂纹、未熔合等危险性缺陷，超声波探伤比射线更容易发现。

（2）焊接接头形式

焊接过程实际上是个冶炼和铸造过程，焊接接头形式主要有对接、角接、搭接和 T 型接头等几种。在锅炉压力容器中，最常见的是对接，其次是角接和 T 型接头，搭接较少见。

（3）焊缝中常见缺陷

焊缝中常见缺陷有气孔、夹渣、未焊透、未熔合和裂纹等。

焊缝中的气孔、夹渣是立体型缺陷，危害性较小；而裂纹、未熔合是平面型缺陷，危害性大，在焊缝探伤中，由于焊缝余高的影响及焊缝中裂纹、未焊透、未熔合等危险性大的缺陷往往与探测面垂直或成一定角度，因此一般采用横波探伤。

（4）焊缝探伤探测条件的选择

1）探测面的修整

工件表面的粗糙度直接影响探伤结果，一般要求表面粗糙度不大于 $6.3\mu m$，否则应予以修整。焊缝两侧探测面的修整宽度 P 一般根据母材厚度而定。厚度为 8～46mm 的焊缝采用二次波探伤，探测面修整宽度为：

$$P \geqslant 2KT + 50 (mm)$$

厚度大于 46mm 的焊缝采用一次波探伤，探测面修整宽度为：

$$P \geqslant KT + 50 (mm)$$

式中　K——探头的 K 值；

　　　T——工件厚度。

2）耦合剂的选择

在焊缝探伤中，常用的耦合剂有机油、甘油、糨糊、润滑脂和水等，实际探伤中用得最多的是机油和糨糊。

3）频率选择

焊缝的晶粒比较细小，可选用比较高的频率探伤，一般为 2.5～5.0MHz。对于板厚较小的焊缝，可采用较高的频率；对于板厚较大，衰减明显的焊缝，应选用较低的频率。

4）K 值选择

探头 K 值的选择应从以下三个方面考虑：

① 使声束能扫查到整个焊缝截面；

② 使声束中心线尽量与主要危险性缺陷垂直；

③ 保证有足够的探伤灵敏度。

设工件厚度为 T，焊缝上下宽度分别为 a 和 b，探头 K 值为 K，探头前沿长度为 L，则有：

$$K \geqslant (a+b+L)/T$$

一般斜探头 K 值可根据工件厚度来选择，薄工件采用大 K 值，以便避免近场区探伤，提高定位定量精度；厚工件采用小 K 值，以便缩短声程，减小衰减，提高探伤灵敏度。同时还可减少打磨宽度。在条件允许的情况下，应尽量采用大 K 值探头。

探头 K 值常因工件中的声速变化和探头的磨损而产生变化，所以探伤前必须在试块上实测 K 值，并在以后的探伤中经常校验。

5）探测面的选择

根据质量要求，检验等级分为 A、B、C 三级。检验工作的难度系数按 A、B、C 顺序逐渐增高。应根据工件的材质、结构、焊接方法、受力状态选用检验级别，如设计和结构上无特别指定，钢结构焊缝质量的超声波探伤一般宜选用 B 级检验。

① A 级检验采用一种角度探头在焊缝的单面单侧进行检验，只对允许扫查到的焊缝截面进行探测。一般不要求作横向缺陷的检验。母材厚度大于 50mm 时，不得采用 A 级检验。

② B 级检验原则上采用一种角度探头在焊缝的单面双侧进行检验，对整个焊缝截面进行探测。母材厚度大于 100mm 时，采用双面双侧检验。当受构件的几何条件限制时，可在焊缝的双面单侧采用两种角度的探头进行探伤。条件允许时要求作横向缺陷的检验。

③ C 级检验至少要采用两种角度探头，在焊缝的单面双侧进行检验。同时要作两个扫查方向和两种探头角度的横向缺陷检验。母材厚度大于 100mm 时，采用双面双侧检验。

6.4　检测结果及评价

钢结构超声检测缺陷的评定一般按下列要求进行：

（1）最大反射波幅位于 DAC 曲线Ⅱ区的非危险性缺陷，其指示长度小于 10mm 时，按 5mm 计。

（2）在检测范围内，相邻两个缺陷间距不大于 8mm 时，两个缺陷指示长度之和作为单个缺陷的指示长度；相邻两个缺陷间距大于 8mm 时，两个缺陷分别计算各自指示长度。

（3）最大反射波幅位于Ⅱ区的非危险性缺陷，根据缺陷指示长度 ΔL 按表 3-6.4-1 予以评级。

缺陷的等级分类　　　　　　　　　　　　　表 3-6.4-1

检验等级 评定等级＼板厚(mm)	A 8～50	B 8～300	C 8～300
Ⅰ	$2T/3$，最小 12	$T/3$，最小 10，最大 30	$T/3$，最小 10，最大 20
Ⅱ	$3T/4$，最小 12	$2T/3$，最小 12，最大 50	$T/2$，最小 10，最大 30
Ⅲ	$<T$，最小 20	$3T/4$，最小 16，最大 75	$2T/3$，最小 12，最大 50
Ⅳ	超过Ⅲ级者		

注：T 为坡口加工侧母材板厚，母材板厚不同时，以较薄侧板厚为准。

（4）最大反射波幅不超过评定线（未达到Ⅰ区）的缺陷均评为Ⅰ级。

（5）最大反射波幅超过评定线不到定量线的非裂纹类缺陷均评为Ⅰ级。

（6）最大反射波幅超过评定线的缺陷，检测人员判定为裂纹等危害性缺陷时，无论其波幅和尺寸如何均评定为Ⅳ级。

（7）最大反射波幅位于Ⅲ区的缺陷，无论其指示长度如何，均评定为Ⅳ级。

（8）不合格的缺陷应予以返修，返修部位及热影响区应重新进行评定。

（9）检测记录或检测报告的填写和记录应符合相关标准要求。

思考题

1. 超声检测的英文简称是什么，主要适用于探测何种类型的缺陷？
2. 请简述超声检测的基本流程。
3. 简述耦合剂的作用和表面补偿的目的。
4. 画图说明横波一次反射法检测焊缝内部缺陷的原理。

第7章　钢结构螺栓连接性能检测

7.1　概述

7.1.1　钢结构连接概述

连接在钢结构中占有重要的地位，因为无论由钢板、型钢组成构件还是由构件形成结构，都必须通过连接来实现。连接方式则直接影响到结构的构造、制造工艺和工程造价。另外，连接的构造和受力都比较复杂，往往成为结构的薄弱环节。因此，钢结构连接设计与质量好坏将直接影响钢结构的安全使用和经济成本。

钢结构的连接方法，历史上曾用过销钉、螺栓、铆钉和焊缝等连接，其中销钉和铆钉连接已不在新建钢结构上使用，因此以下不再涉及此两种连接。

1. 焊缝连接

焊缝连接是当前钢结构的主要连接方式，手工电弧焊和自动（或半自动）埋弧焊是目前应用最多的焊缝连接方法。与螺栓连接相比，焊接结构具有以下的优点：

（1）焊缝连接不需钻孔，截面无削弱；不需额外的连接件，构造简单；从而得到经济的效果。

（2）焊件间可直接焊接，构造简单，制造省工，传力路线短而明确。

（3）焊接结构的密闭性好、刚度和整体性都较大。此外，有些结点如钢管与钢管的 Y 形和 T 形连接等，除焊缝外是较难采用螺栓连接或其他连接的。

焊缝连接也存在以下一些不足之处：

（1）受焊接时的高温影响。

（2）焊缝易存在各种缺陷，易导致焊缝附近的主体金属材质变脆，因而导致构件内产生应力集中而使裂纹扩大。

（3）由于焊接结构的刚度大，个别存在的局部裂纹易扩展到整体。（前面曾提及特别是焊接结构容易发生低温冷脆现象，就是这个原因。）

（4）焊接后，由于冷却时的不均匀收缩，构件内将存在焊接残余应力，可使构件受荷时部分截面提前进入塑性，降低受压时构件的稳定临界应力。

（5）焊接后，由于不均匀胀缩而使构件产生焊接残余变形，如使原为平面的钢板发生凹凸变形等。

由于焊缝连接存在以上不足之处，因此设计、制造和安装时应尽量采取措施，避免或减少其不利影响。同时必须按照国家标准《钢结构工程施工质量验收规范》中对焊缝质量的规定进行检查和验收。

在材料选用、焊缝设计、焊接工艺、焊工技术和加强焊缝检验等五方面若能予以注意，焊缝容易脆断的事故是可以避免的。

2. 螺栓连接

(1) 螺栓的种类

钢结构连接用的螺栓有普通螺栓和高强度螺栓两种。普通螺栓一般为六角头螺栓，产品等级分为 A、B、C 三级，习惯上称 C 级为粗制螺栓，称 A 级和 B 级为精制螺栓。螺栓不按材质供货，而按性能等级供货。螺栓性能等级有 8 种，常用的有 4.6、4.8、5.6、8.8 和 10.9 等。等级符号，例如 5.6 级，小数点前面的数字 "5" 表示螺栓成品的抗拉强度不小于 $500\mathrm{N/mm^2}$，小数点及小数点以后的数字 "0.6" 表示其屈强比为 0.6。等级代号为 "S"，如 8.8S 表示性能等级为 8.8 级。

对于 C 级螺栓(粗制螺栓)，规范选用了其中性能等级为 4.6S 和 4.8S 两种。4.6S 表示螺栓材料的抗拉强度不小于 $400\mathrm{N/mm^2}$，其屈服点与抗拉强度之比为 0.6，即屈服点不小于 $240\mathrm{N/mm^2}$，因此 C 级螺栓一般可采用 Q235 钢，由热轧圆钢制成。C 级螺栓加工粗糙，尺寸不够准确，只要求 II 类孔，螺栓孔径比栓径大 1.5~3.0mm，所以传递剪力时会发生较大的滑移，但其传递拉力的性能尚好，故一般用于承受拉力的安装连接以及不重要的抗剪连接或安装时的临时固定，在普通螺栓连接中应用最多。

产品等级为 A 级和 B 级的普通螺栓为精制螺栓，对螺栓杆和螺栓孔的加工要求都较高。规范中选用了该标准中性能等级为 5.6S 和 8.8S 两种，为普通螺栓连接中的高强度螺栓。A、B 两级的质量标准要求相同，二者的标准只是尺寸不同，其中 A 级包括 $d\leqslant24\mathrm{mm}$ 和 $L\leqslant10d$ 或 $L\leqslant150\mathrm{mm}$(较小值)；d 或 L 较大者为 B 级螺栓，d 为螺杆直径，L 为螺杆长度。普通螺栓的安装一般用人工扳手，不要求螺杆中必须有规定的预拉力。A、B 级经切削加工精制而成，表面光滑，尺寸准确，要求 I 类孔，孔径和栓径公称尺寸相同。这种螺栓连接传递剪力性能好，但成本高，安装困难，目前已经很少采用。

钢结构中用的高强度螺栓，有特定的含义，专指在安装过程中使用特制的扳手，能保证螺杆中具有规定的预拉力，从而使被连接的板件接触面上有规定的预压力。为提高螺杆中应有的预拉力值，此种螺栓必须用高强度钢制造。前面介绍的普通螺栓中的 A 级和 B 级螺栓(性能等级为 5.6S 和 8.8S)虽然也用高强度钢制造，但仍称其为普通螺栓。高强度螺栓的性能等级有 8.8S 和 10.9S 两种。高强度螺栓由中碳钢或合金钢等经热处理(淬火并回火)后制成，强度较高。8.8 级高强度螺栓的抗拉强度不小于 $800\mathrm{N/mm^2}$，屈强比为 0.8。10.9 级高强度螺栓的抗拉强度不小于 $1000\mathrm{N/mm^2}$，屈强比为 0.9。

钢结构连接中常用螺栓直径为 16、18、20、22、24mm 等。

(2) 螺栓连接的种类

螺栓连接由于安装省时省力、所需安装设备简单、对施工工人的技能要求不及对焊工的要求高等优点，目前在钢结构连接中的应用仅次于焊缝连接。螺栓连接分普通螺栓连接和高强螺栓连接两大类。按受力情况又各分为三种：抗剪螺栓连接、杭拉螺栓连接和同时承受剪拉的螺栓连接。

普通螺栓连接中常用的是粗制螺栓(C 级螺栓)连接。其抗剪连接是依靠螺杆受剪和孔壁承压来承受荷载，其抗拉连接则依靠沿螺杆轴向受拉来承受荷载。粗制螺栓的抗剪连接，一般只用于一些不直接承受动力荷载的次要构件如支撑、檩条、墙梁、小桁架等的连接，以及不承受动力荷载的可拆卸结构的连接和临时固定用的连接中。相反，由于螺栓的抗拉性能较好，因而常用于一些使螺栓受拉的工地安装结点连接中。

普通螺栓连接中的精制螺栓(A、B级螺栓)连接，因质量较好可用于要求较高的抗剪连接，但由于螺栓加工复杂，安装要求高(孔径与螺杆直径相差无几)，价格昂贵，目前常为下面将介绍的高强度螺栓摩擦型连接所替代。

高强度螺栓连接根据确定承载力极限的原则不同，分为高强度螺栓摩擦型连接和高强度螺栓承压型连接两种。从受力性能上看，高强度螺栓连接与普通连接的主要区别在于，高强度螺栓由于施工中扭紧螺帽给螺杆杆施加了很大的预应力，结果使得被连接构件之间的抗剪摩擦力很大，这时螺栓受剪时首先依靠接触面间的摩擦力阻止其相对滑移，因而变形较小。普通螺栓连接时，由螺栓杆的预应力所引起的摩擦力则可以忽略不计。

高强度螺栓孔采用钻成孔，摩擦型连接的高强度螺栓的孔径比螺栓公称直径大 1.5～2.0mm，承压型连接的高强度螺栓的孔径比螺栓公称直径大 1.0～1.5mm。高强螺栓承压型连接对螺栓材质、预拉力大小和施工安装等的要求与摩擦型的完全相同，只是它是以摩擦力被克服、结点板件发生相对滑移后孔壁承压和螺栓受剪破坏作为承载能力极限状态，而高强度螺栓摩擦型连接则是以摩擦力被克服作为其连接承载力的极限状态。因此高强度螺栓承压型连接的承载能力高于高强度螺栓摩擦型连接。但高强度螺栓承压型连接由于在摩擦力被克服后将产生一定的滑移变形，因而其应用受到限制。规范规定它只能用于承受静力荷载或间接承受动力荷载的结构中。承压型连接处构件接触面的表面处理要求较摩擦型连接偏低，仅要求清除油污及浮锈。承压型连接的工作性能与普通螺栓的完全相同，只是由于螺杆预拉力的作用和高强度钢的应用使连接的性能优于普通螺栓连接。

7.1.2 高强螺栓连接

高强度螺栓连接是继铆接、焊接之后发展起来的一种现代钢结构的典型连接方式，由于其具有施工简便、受力合理、耐疲劳、方便拆卸且安全可靠的优点，现已广泛地被用于大跨度结构、厂房结构、桥梁、高层建筑框架等相关钢结构的连接，逐步取代了铆接和部分焊接，成为钢结构工程现场安装的主要连接手段。

常见的高强度螺栓连接方法主要有两种，一种是在安装时旋紧高强度螺栓，通过螺杆产生的预拉力压紧构件接触面，在板件间产生摩擦力来传递内力的摩擦型连接；另一种是利用构件间产生的压紧力的承压型连接。在建筑工程及钢结构桥梁工程安装中，摩擦型连接成为被广泛采用的主要连接形式。

预拉力的控制方法：

普通螺栓连接受剪时依靠栓杆承压和抗剪传递剪力，预拉力很小，可略去不计。高强螺栓除材料强度高外，施加很大的预拉力，板件间存在很大的摩擦力。预拉力、抗滑移系数和钢材种类等都直接影响高强度螺栓连接的承载力。为了给高强螺栓施加轴向预应力，必须采用一些方法对高强螺栓拧紧。大六角头型和扭剪型螺母，都是通过拧紧螺帽使螺杆受到拉伸产生预拉力，使被连接板件间产生压紧力。现施加轴向预应力的方法主要有：扭矩法、螺母转角法、螺母预伸长法、张拉法、特殊垫圈等。其中扭矩法和螺母转角法是高强螺栓出现以来最普及的方法，本文主要介绍这两种方法。

1. 扭矩法

采用可直接显示扭矩的特定扭矩扳手。目前多采用电动扭矩扳手。通过控制拧紧力矩来实现控制预拉力。拧紧力矩可由试验确定，施工时控制的预拉力为设计预拉力的 1.1 倍。

为了克服板件和垫圈等变形，基本消除板件间的间隙，使拧紧力矩系数有较好的线性度，提高施工控制预拉力值的准确度，应先按拧紧力矩的 50％ 进行初拧，然后按 100％ 拧紧力矩进行终拧。大型节点在初拧后，还应按初拧力矩进行复拧，然后再行终拧。

扭矩法具有简单、易实施、费用少的优点，但由于连接件和被连接件的表面质量和拧紧速度的差异，测得的预拉力值误差大且分散，一般误差为 ±25％。取得扭矩值的方法有：扭矩扳手、冲击扳手、电动扳手和油压扳手等。

2. 螺母转角法

转角法的理论是由螺栓的伸长量来确定螺栓的轴向力（预应力），而螺栓的伸长量则由螺帽的转角量来判断。转角法需先将螺栓锁紧至"密贴"状态，消除板叠缝隙的影响，然后再在此基础上，通过施加螺帽旋转量来对螺栓施加预拉力，此时螺帽旋转等同于对螺栓施加轴向伸长量。这里"密贴"状态指的是节点板叠之间刚好达到紧密贴合的临界阶段。此时螺栓被适度地拉紧并产生轻微的弹性变形，将板叠压紧在一起。其紧力大小同接点板叠的刚度和初始平直度有关。有试验表明"密贴"工况下的螺栓预拉力约为设计预拉力的 15％，此数据可供参考。

采用转角法施工的工艺更为简单、可靠，也不必控制螺栓连接的扭矩系数。其建立起来的螺栓预拉力通常比设计值高，故能够充分地利用材料的储备强度。

采用扭矩法施工的高强螺栓连接的表面需要采用一定的工艺手段，经过严格控制的表面加工处理过程，才能达到扭矩系数的要求。而经过热镀锌处理的高强螺栓连接由于表面锌层的不均匀性，其个体螺栓的扭矩系数值偏高且离散型相当大，按照由样本确定的扭矩值施工，将很难保证螺栓达到按照扭矩系数要求确定的预拉力。因此，表面镀锌的高强螺栓连接只能够采用转角法施工。除此之外，实际操作中还可会遇到表面镀铬处理的高强螺栓连接等，只要能确保螺栓连接的扭矩系数值及标准偏差，则无论采用扭矩法还是转角法均可。

高强螺栓分为扭剪型高强螺栓和大六角高强螺栓，大六角高强螺栓属于普通螺丝的高强度等级，而扭剪型高强螺栓则是大六角高强螺栓的改进型。扭剪型高强度螺栓具有强度高、安装简便和质量易于保证、可以单面拧紧、对操作人员没有特殊要求等优点。与普通大六角型高强度螺栓不同。螺栓头为盘头，螺纹段端部有一个承受拧紧反力矩的十二角体和一个能在规定力矩下剪断的断颈槽。

影响高强度螺栓终拧预拉力的因素很多，主要有以下方面：

(1) 高强度螺栓的扭矩系数；

(2) 高强度螺栓的施工工艺；

(3) 温度、湿度变化对高强度螺栓扭矩系数的影响；

(4) 施拧工具标定的准确度；

(5) 电源电压变化对电动扳手输出扭矩的影响；

(6) 施拧工具标定的方法；

(7) 施拧工具标定设备的稳定性；

(8) 施拧人员的素质；

（9）技术人员对高强度螺栓的认识等。

其中高强度螺栓扭矩系数的变化是影响高强度螺栓终拧预拉力的主要因素。温度、湿度对扭矩系数影响很大，且不同表面处理的高强度螺栓受温度、湿度影响的差异也很大。

目前，国内生产的高强度螺栓表面处理主要有两种形式：一种是螺栓、螺母、垫圈磷化处理后浸油，称为"磷化"螺栓；另一种是磷化处理后只在螺母、垫圈上浸一层皂化膜，称为"磷皂化"螺栓。上述两种表面处理的高强度螺栓对于温度的影响，其扭矩系数的变化方向是一致的。即：扭矩系数都随温度的升高而降低；对于湿度的影响，两种螺栓扭矩系数的变化则相反。其中，"磷化"螺栓的扭矩系数随湿度的增加而变大；"磷皂化"螺栓的扭矩系数却随湿度的增加而变小，且当湿度大于 90% 时扭矩系数会急剧下降。

温度和湿度是大气环境中两个紧密相关的气象指标。随着天气的变化，两者之间会产生无数个组合形式，且自然环境中，天气的变化是反复无常的。比如，同样是 15℃、80% 的天气，这个温、湿度的组合有可能是连续阴雨造成的，也可能是天气骤变造成的。由于产生的条件不同，对高强度螺栓扭矩系数影响的程度也就会有很大的差异。因此，根据温、湿度修正公式，修正扭矩系数的方法是不可行的。

紧固件高强螺栓性能检测包括施工扭矩检验、扭剪型高强螺栓连接副预拉力复验、大六角头高强螺栓扭矩系数复验、高强度螺栓连接摩擦面的抗滑移系数检验等内容。

施工扭矩检验是通过扭矩扳手对完成施工的高强螺栓进行扭矩复检。检验方法有扭矩法、转角法以及对扭剪型螺栓采用的检查梅花头拧掉情况方法。

扭剪型高强螺栓连接副预拉力复验是现场待安装螺栓中随机抽样，在试验室采用轴力计进行测量，待梅花头拧掉时，预拉力值应在规范规定的范围内。

大六角头高强螺栓扭矩系数复验是现场待安装螺栓中随机抽样，在试验室采用轴力计进行测量，待达到预定扭矩时，预拉力值应在规范规定的范围内。

高强度螺栓连接摩擦面的抗滑移系数检验是由制造厂加工试件，试件必须与所代表的钢结构构件同材质、同批制作、同一摩擦面处理工艺和相同表面状态，试件在试验室的拉伸试验机上进行拉伸试验，加载至滑移破坏时，计算出对应滑移系数，校核是否满足规范要求。

7.2　仪器设备

检测设备包括扭矩扳手；电测轴力计、油压轴力计、电阻应变仪、扭矩扳手冲击扳手、电动扳手、油压扳手、盒尺等。其中扭矩扳手技术指标要求其检测精度不应大于 3%，且具有峰值保持功能；扭矩扳手的最大量程应根据高强度螺栓的型号、规格进行选择。工作值宜控制在被选用扳手的量限值 20%～80% 范围内。

7.3　检测方法

7.3.1　普通紧固件连接检测

（1）普通螺栓作为永久性连接螺栓时，当设计有要求或对其质量有疑义时，应进行螺栓实物最小拉力载荷复验，其结果应符合现行国家标准《紧固件机机械性能螺栓、螺钉和螺柱》GB 3098 的规定。

检查数量：每一规格螺栓抽查 8 个。

检验方法：检查螺栓实物复验报告。

（2）连接薄钢板采用的自攻螺、拉铆钉、射钉等其规格尺寸应与连接钢板相匹配，其间距、边距等应符合设计要求。

检查数量：按连接节点数抽查 1%，且不应少于 3 个。

检验方法：观察和尺量检查。

（3）永久普通螺栓紧固应牢固、可靠、外露丝扣不应少于 2 扣。

检查数量：按连接节点数抽查 10%，且不应少于 3 个。

检验方法：观察和用小锤敲击检查。

（4）自攻螺栓、钢拉铆钉、射钉等与连接钢板应紧固密贴，外观排列整齐。

检查数量：按连接节点数抽查 10%，且不应少于 3 个。

检验方法：观察或用小锤敲击检查。

说明：射钉宜采用观察检查。若用小锤敲击时，应从射钉侧面或正面敲击。

7.3.2 高强螺栓连接检测

（1）高强度螺栓连接摩擦面的抗滑移系数试验和复验，现场处理的构件摩擦应单独进行摩擦面抗滑移系数试验，其结果应符合设计要求。

检查数量：见 7.3.3 中规定。

检验方法：检查摩擦面抗滑移系数试验报告和复验报告。

说明：抗滑移系数是高强度螺栓连接的主要设计参数之一，直接影响构件的承载力，因此构件摩擦面无论由制造厂处理还是由现场处理，均应对抗滑系数进行测试，测得的抗滑移系数最小值应符合设计要求。

在安装现场局部采用砂轮打磨摩擦面时，打磨范围不小于螺栓孔径的 4 倍，打磨方向应与构件受力方向垂直。

除设计上采用摩擦系数小于等于 0.3，并明确提出可不进行抗滑移系数试验者，其余情况在制作时为确定摩擦面的处理方法，必须按 7.3.3 章节要求的批量用 3 套同材质、同处理方法的试件，进行复验。同时并附有 3 套同材质、同处理方法的试件，供安装前复验。

（2）高强度大六角头螺栓连接副终拧完成 1h 后、48h 内应进行终拧扭矩检查，检查结果应符合 7.3.3 的规定。

检查数量：按节点数检查 10%，且不应少于 10 个；每个被抽查节点按螺栓数抽查 10%，且不应少于 2 个。

检验方法：见 7.3.3。

说明：高强度螺栓终拧 1h 时，螺栓预拉力的损失已大部分完成，在随后一两天内，损失趋于平稳，当超过一个月后，损失就会停止，但在外界环境影响下，螺栓扭矩系数将会发生变化，影响检查结果的准确性。为了统一和便于操作，本条规定检查时间统一定在 1h 后 48h 之内完成。

（3）扭剪型高强度螺栓连接终拧后，除因构造原因无法使用专用扳手终拧掉梅花头者外，未在终拧中拧掉梅花头的螺栓数不应大于该节点螺栓数的5%。对所有梅花头未拧掉的扭剪型高强度螺栓连接应采用扭矩法或转角头进行终拧并标记，且进行拧扭矩检查。

检查数量：按节点数抽查10%，但不应少于10节点，被抽查节点中梅花头未拧掉的扭剪型高强度螺栓连接副全数进行终拧扭矩检查。

检验方法：观察检查及见7.3.3。

说明：构造原因是指设计原因造成空间太小无法使用专用扳手进行终拧的情况。在扭剪型高强度螺栓施工中，因安装顺序、安装方向考虑不周，或终拧时因对电动扳手使用掌握不熟练，致使终拧时尾部梅花头上的棱端部滑牙（即打滑），无法拧掉梅花头，造成终拧矩是未知数，对此类螺栓应控制一定比例。

（4）高强度螺栓连接副的施拧顺序和初拧、复拧扭矩应符合设计要求和国家现行行业标准《钢结构高强度螺栓连接的设计施工及验收规程》JGJ 82 的规定。

检查数量：全数检查。

检验方法：检查扭矩扳手标定记录和螺栓施工记录。

说明：高强度螺栓初拧、复拧的目的是为了使摩擦面能密贴，且螺栓受力均匀，对大型节点强调安装顺序是防止节点中螺栓预拉力损失不均，影响连接的刚度。

（5）高强度螺栓连接副拧后，螺栓丝扣外露应为2~3扣，其中允许有10%的螺栓丝扣外露1扣或4扣。

检查数量：按节点数抽查5%，且不应少于10个。

检验方法：观察检查。

（6）高强度螺栓连接摩擦面应保持干燥、整洁，不应有飞边、毛刺、焊接飞溅物、焊疤、氧气铁皮、污垢等，除设计要求外摩擦面不应涂漆。

检查数量：全数检查。

检验方法：观察检查。

（7）高强度螺栓应自由穿入螺栓孔。高强度螺栓孔不应采用气割扩孔，扩孔数量应征得设计同意，扩孔后的孔径不应超过 $1.2d$（d 为螺栓直径）。

检查数量：被扩螺栓孔全数检查。

检验方法：观察检查及用卡尺检查。

说明：强行穿过螺栓会损伤丝扣，改变高强度螺栓连接副的扭矩系数，甚至连螺母都拧不上，因此强调自由穿入螺栓孔。气割扩孔很不规则，既削弱了构件的有效截面，减少了压力传力面积，还会使扩孔钢材缺陷，故规定不得气割扩孔。最大扩孔量的限制也是基于构件有效截面积和摩擦传力面积的考虑。

（8）螺栓球节点网架总拼完成后，高强度螺栓与球节点应紧固连接，高强度螺栓拧入螺栓球内的螺纹长度不应小于 $1.0d$（d 为螺栓直径），连接处不应出现有间隙、松动等未拧紧情况。

检查数量：按节点数抽查5%，且不应少于10个。

检验方法：普通扳手及尺量检查。

说明：对于螺栓球节点网架，其刚度（挠度）往往比设计值要弱，主要原因是因为螺栓球与钢管的高强度螺栓紧固不牢，出现间隙、松动等未拧紧情况，当下部支撑系统拆除后，由于连接间隙、松动等原因，挠度明显加大，超过规范规定的限值。

7.3.3　工程试验检验方法

1. 螺栓实物最小载荷检验

目的：测定螺栓实物的抗拉强度是否满足现行国家标准《紧固件机械性能螺栓、螺钉和螺柱》GB 3098.1 的要求。

检验方法：用专用卡具将螺栓实物置于拉力试验机上进行拉力试验，为避免试件承受横向载荷，试验机的夹具应能自动调正中心，试验时夹头张拉的移动速度不超过 25mm/min。

螺栓实物和抗接强度应根据螺纹应力截面积（As）计算确定，其取值应按现行国家标准《紧固件机械性能螺栓、螺钉和螺柱》GB 3098.1 的规定取值。

进行试验时，承受拉力载荷的末旋合的螺纹长度应为 6 位以上螺距；当试验拉力达到现行国家标准《紧固件机械性能螺栓、螺钉和螺柱》GB 3098.1 中规定的最小拉力载荷时不得断裂。当超过最小拉力载荷直至拉断时，断裂应发生在杆部或螺纹部分，而不应发生在螺头与杆部的交接处。

2. 扭剪型高强度螺栓检验

应在施工现场待安装的螺栓批中随机抽取，每批应抽取 8 套连接副进行复验。

连接副预拉力可采用经计量检定、校准合格的轴力计进行测试。

试验用的电测轴力计、油压轴力计、电阻应变仪、扭矩扳手等计量器具，应在试验前进行标定，其误差不得超过 2%。

采用轴力计方法复验连接副预拉力时，应将螺栓直接插入轴力计。紧固螺栓分初拧、终拧两次进行，初拧应采用手动扭矩扳手或专用定扭电动扳手；初拧值应为预拉力标准值 50% 左右。终拧应采用专用电动扳手，至尾部梅头拧掉，读出预拉力值。

每套连接副只应做一次试验，不得重复使用。在紧固中垫圈发生转动时，应更换连接副，重新试验。

复验螺栓连接副的预拉力平均值和标准偏差应符合表 3-7.3-1 的规定。

扭剪型高强度螺栓紧固预拉力和标准偏差（kN）　　　　　　　　　　表 3-7.3-1

螺栓直径(mm)	16	20	(22)	24
紧固预拉力的平均值	99～120	154～186	191～231	222～270
标准偏差	10.1	15.7	19.5	22.7

3. 高强度螺栓连接副施工扭矩检验

高强度螺栓连接副扭矩检验含初拧、复拧、终拧扭矩的现场无损检验。检验所用的扭矩扳手其扭矩精度误差应该不大 3%。

高强度螺栓连接副扭矩检验分扭矩法检验和转角法检验两种，原则上检验法与施工法应相同。扭矩检验应在施拧 1h 后、48h 内完成。

（1）扭矩法检验

高强度螺栓连接副终拧扭矩值按下式计算：

$$T_c = K \cdot P_c \cdot d$$

式中　T_c——终拧扭矩值（N·m）；

　　　P_c——施工预拉力值标准值（kN），见表 3-7.3-2；

　　　d——螺栓公称直径（mm）；

　　　K——扭矩系数。

高强度大六角头螺栓连接副初拧扭矩值可按 $0.5T_c$ 取值。

扭剪型高强度螺栓连接副初拧扭矩值可按下式计算：

$$T_o = 0.065 P_c \cdot d$$

式中　T_o——初拧扭矩值（N·m）；

　　　P_c——施工预拉力值标准值（kN），见表 3-7.3-2；

　　　d——螺栓公称直径（mm）。

高强度螺栓连接副施工预拉力标准值（kN）　　　　表 3-7.3-2

螺栓的性能等级	螺栓公称直径（mm）					
	M16	M20	M22	M24	M27	M30
8.8s	75	120	150	170	225	275
10.9s	110	170	210	250	320	390

（2）转角法检验

检验方法：1）检查初拧后在螺母与相对位置所画的终拧起始线和终止线所夹的角度是否达规定值。2）在螺尾端头和螺母相对位置画线，然后全部卸松螺母，在按规定的初拧扭矩和终拧角度重新拧紧螺栓，观察与原画线是否重合。终拧转角偏差在 10° 以内为合格。终拧转角与螺栓直径、长度等因素有关，应由试验确定。

（2）扭剪型高强度螺栓施工矩检验

检验方法：观察尾部梅花头拧掉情况。尾部梅花头被拧掉者视同其终拧扭矩达到合格质量标准；尾部梅花头未被拧掉者应按上述扭矩法或转角法检验。

4. 高强度大六角头螺栓连接副扭矩系数复验

复验用螺栓应在施工现场待安装的螺栓批中随机抽取，每批应抽取 8 套连接副进行复验。

连接副扭矩系数复验用的计量器具应在试验前进行标定，误差不得超过 2%。

每套连接副只应做一次试验，不得重复使用。在紧固中垫圈发生转动时，应更换连接副，重新试验。

连接副扭矩系数的复验应将螺栓穿入轴力计，在测出螺栓预拉力 P 的同时，应测出施加在螺母上的施拧扭矩值 T，并应按下式计算扭矩系数 K。

$$K = T/(P \cdot d)$$

式中　T——施拧扭矩（N·m）

　　　d——高强度螺栓公称直径（mm）；

　　　P——螺栓预拉力（kN）。

进行连接副扭矩系数试验时，螺栓预拉力值应符合表 3-7.3-3 的规定。

螺栓预拉力值范围(kN)　　　　　　　　表 3-7.3-3

螺栓规格(mm)		M16	M20	M22	M24	M27	M30
预拉力值 P	10.9s	93～113	142～177	175～215	206～250	265～324	325～390
	8.8s	62～78	100～120	125～150	140～170	185～225	230～275

每组 8 套连接副扭矩系数的平均值应为 0.110～0.150，标准偏差小于或等于 0.010。

5. 高强度螺栓连接摩擦面的抗滑移系数检验

(1) 基本要求

制造厂和安装单位应分别以钢结构制造批为单位进行抗滑移系数检验。制造批可按分部(子分部)工程划分规定的工程量每 2000t 为一批，不足 2000t 的可视为一批。选用两种及两种以上表面处理工艺时，每种处理工艺应单独检验。每批三组试件。

抗滑移系数检验用的试件应由制造厂加工，试件与所代表的钢结构构件应为同一材质、同批制作、采用同一摩擦面处理工艺和具有相同的表面状态，并应用同批同一性能等级的高强度螺栓连接副，在同一环境条件下存放。

试件钢板的厚度 t_1、t_2 应根据钢结构工程中有代表性的板材厚度来确定，同时应考虑在摩擦面滑移之前，试件钢板的净载面始终处于弹性状态；宽度 b 可参照表 3-7.3-4 规定取值。L_1 应根据试验机夹具的要求确定。

试件板的宽度(mm)　　　　　　　　　表 3-7.3-4

螺栓直径 d	16	20	22	24	27	30
板宽 b	100	100	105	110	120	120

试件板面应平整，无油污，孔和板的边缘无飞边、毛刺。

(2) 试验方法

试验用的试验机误差应在 1% 以内。

试验用的贴有电阻片的高强度螺栓、压力传感器和电阻应变仪应在试验前用试验机进行标定，其误差应在 2% 以内。

试件的组装顺序应符合规定：先将冲钉打入试件孔定位，然后逐个换成装有压力传感器或贴有电阻片的高强度螺栓，或换成同批经预拉力复验的扭剪型高强度螺栓。

紧固高强度螺栓应分初拧、终拧。初拧应达到螺栓预拉力标准值的 50% 左右。终拧后，螺栓预拉力应符合下列规定：

1) 对装有压力传感器或贴有电阻片的高强度螺栓，采用电阻应变仪实测控制试件每个螺栓的预拉力值在 $0.95P$～$1.05P$(P 为高强度螺栓设计预拉力值)之间；

2) 不进行实测时，扭剪型高强度螺栓的预拉力(紧固轴力)可按同批复验预拉力的平均值取用。

试件应在其侧面画出观察滑移的直线。

将组装好的试件置于拉力试验机上，试件的轴线应与试验机夹具中心严格对中。加荷时，应先加 10% 的抗滑移设计荷载值，停 1min 后，再平稳加荷，加荷速度为 3～5kN/s。直拉至滑移破坏，测得滑移荷载。

在试验中当发生以下情况之一时，所对应的荷载可定为件的滑移荷载：

1）试验机发生回针现象；

2）试件侧面画线发生错动；

3）$X-Y$ 记录仪上变形曲线发生突变；

4）试件突然发生"嘣"的响声。

抗滑移系数，应根据试验所测得的滑移荷载和螺栓预拉力 P 的实测值，按下式计算，宜取小数点二位有效数字：

$$\mu = \frac{N_V}{n_f \sum\limits_{i=1}^{m} P_i} \tag{3-7.3-1}$$

式中　N_v——由试验测得的滑移荷载(kN)；

n_f——摩擦面面数，取 $n_f=2$；

P_i——试件滑移一侧高强度螺栓预拉力实测值(或同批螺栓连接副的预拉力平均值)之和(取三位有效数字)(kN)；

m——试件一侧螺栓数量，取 $m=2$。

7.3.4　检测技术要点

（1）检测人员在检测前，应了解工程使用的高强螺栓的型号、规格、扭矩施加方法。

（2）应根据高强螺栓的型号、规格，选择扭矩扳手的最大量程。工作值宜控制在被选用扳手的量限值 20%～80% 之间。

（3）对高强螺栓终拧扭矩施工质量的检测，应在终拧 1h 之后、48h 之内完成。

（4）高强螺栓终拧扭矩检测前，应清除螺栓及周边涂层。螺栓表面有锈蚀时，尚应进行除锈。

（5）高强螺栓终拧扭矩检测，应经外观检查或敲击检查合格后进行。高强度螺栓连接副终拧后，螺栓丝扣外露应为 2～3 扣，其中允许有 10% 的螺栓丝扣外露 1 扣。用小锤(0.3kg)敲击法对高强度螺栓进行普查，敲击检查时，一手扶螺栓(或螺母)，另一手敲击，要求螺母(或螺栓头)不偏移、不颤动、不松动，锤声清脆。

（6）高强螺栓终拧扭矩检测时，先在螺尾端头和螺母的相对位置画线，然后将螺母拧松 60 度，再用扭矩扳手重新拧紧 60～62 度，此时的扭矩值应作为高强度螺栓终拧扭矩的实测值。

（7）力必须加在手柄尾端，使用时用力要均匀、缓慢。扳手手柄上宜施加拉力而不是推力。要调整操作姿势，防止操作失效时人员跌倒。

（8）除有专用配套的加长柄或套管外，严禁在尾部加长柄或套管后，测定高强螺栓终拧扭矩。

（9）扭矩扳手经使用后，应擦拭干净放入盒内。定力扳手使用后要注意将示值调节到最小值处。

（10）若扳手长时间未用，在使用前应先预加载 3 次，使内部工作机构被润滑油均匀润滑。

7.4　检测结果及评价

对于终拧扭矩检测，在终拧 1h 之后、48h 之内完成的高强度螺栓终拧扭矩检测结果，高强度螺栓终拧扭矩实测值宜在 $0.9 \sim 1.1T_c$ 范围内，则为合格。对于终拧超过 48h 的高强螺栓检测，扭矩值的范围宜为 $0.85 \sim 1.15T_c$，其检测结果不宜用于施工质量的评价。小锤敲击检查发现有松动的高强度螺栓，应直接判定终拧扭矩不合格。

思考题

1. 普通螺栓级别符号"4.8S"中，"4"、".8"和"S"各代表什么含义？
2. 高强度螺栓连接的种类及其主要受力特点是什么？
3. 简述高强度螺栓连接摩擦面的抗滑移系数测试方式。
4. 工程试验时，如何确定试件的滑移荷载？
5. 简述高强度螺栓连接副扭矩检验的主要方法及判定标准。

第8章 钢结构防火、防腐涂层检测

8.1 概述

8.1.1 钢结构防火涂层

钢结构建筑的耐火性能较砖石结构和钢筋混凝土结构差。钢材的机械强度随温度的升高而降低，钢材的力学性能，诸如屈服点、抗压强度、弹性模量以及荷载能力等都迅速下降，很快失去支撑能力，导致建筑物垮塌。钢结构防火涂料的作用就是刷涂或喷涂在钢结构表面，起防火隔热作用，防止钢材在火灾中迅速升温而降低强度，避免钢结构失去支撑能力而导致建筑物垮塌。

钢结构防火涂料根据分类方式的不同，可分为以下类型：

根据溶剂不同，分为溶剂型防火涂料和水型防火涂料；根据基料不同，分为无机类防火涂料和有机类防火涂料；根据受火状态不同，分为非膨胀型防火涂料和膨胀型防火涂料；根据使用场所不同，可分为室内钢结构防火涂料和室外钢结构防火涂料；根据涂层厚度，分为厚型防火涂料、薄型防火涂料和超薄型防火涂料。

厚型钢结构防火涂料是指涂层厚度在 7～50mm 的涂料，呈粒状面，密度较小，热导率低。这类防火涂料的耐火极限可达 0.5～3h。

薄型钢结构防火涂料是指涂层厚度在 3～7mm 的钢结构防火涂料。该类涂料有一定装饰效果，高温时能膨胀发泡，以膨胀发泡所形成的耐火隔热层延缓钢材的升温，保护钢构件。耐火极限可达 0.5～3.0h。又称为钢结构膨胀防火涂料。

超薄型钢结构防火涂料是指涂层厚度不超过 3mm 的钢结构防火涂料，它可采用喷涂、刷涂或辊涂施工，一般使用在要求耐火极限 2h 以内的建筑钢结构上。

当钢结构安装就位，与其相连的吊杆、马道、管架及其他相关联的构件安装完毕，并经验收合格后，方可进行防火涂料施工。

施工前，钢结构表面应除锈，并根据使用要求确定防锈处理。钢结构表面的杂物应清除干净，其连接处的缝隙应用防火涂料或其他防火材料填补堵平后方可施工。

厚涂型钢结构防火涂料采用压送式喷涂机喷涂。喷涂施工应分遍完成，每遍喷涂厚度宜为 5～10mm，必须在前一遍基本干燥或固化后，再喷涂后一遍。施工过程中，操作者应采用测厚针检测涂层厚度，直到符合设计规定的厚度，方可停止喷涂。

薄涂型钢结构防火涂料的底涂层(或主涂层)宜采用重力式喷枪喷涂。局部修补和小面积施工，可用手工抹涂。面层装饰涂料可刷涂、喷涂或滚涂。

超薄型防火涂料的施工方法根据防火涂料的性能、施工条件的不同以及工程项目的特点而不同。一般主要注意：先进行基层清理，然后以刷涂、喷涂或滚涂的方式进行涂刷，根据不同的产品每涂刷一遍需间隔一定的时间，直至达到设计厚度。

防火涂层一般采用探针和卡尺进行检测。检测步骤包括清理测点表面、测试、记录等。当探针不易插入防火涂层内部时，也可采用防火涂层局部剥除的方法进行检测。

8.1.2　钢结构防腐涂层

为保护金属材料不受环境的腐蚀，延长建筑钢构件的使用寿命，减少经济损失，防腐涂料在建筑领域广泛使用，并成为钢结构建筑物的重要组成部分。钢结构防腐涂料的防腐效果除了与防腐涂料本身性能、施工工艺有关外，一个重要的因素即为防腐涂层的厚度。因此在《钢结构工程验收规范》中防腐涂层厚度的检测也成为主控项目之一。

一般来说，建筑领域内防腐涂层通常有金属涂层、防腐涂料两大类。例如组成钢结构楼面、屋面、墙面常用的压型钢板、彩钢板通常由镀锌钢板或镀锌涂料复合钢板构成。各种钢梁、钢柱等钢构件则常采取喷涂或刷涂油漆来防腐，由于操作方便灵活、价格低廉，防腐涂料成为建筑钢结构领域的最重要的防腐方式。在一些特殊工程或部位也有采用橡胶、塑料等材料形成防腐涂层的。

使用防腐涂料是通过喷涂或刷涂油漆在钢构件表面形成一层防腐涂层来达到钢结构防腐的目的。涂层一般有底漆（层）和面漆（层）之分，有的也有连接底漆和面漆之间的中漆层。建筑钢结构工程防腐涂料有油性酚醛漆、醇酸漆、无机富锌漆、有机硅漆、聚氨酯漆、氯化橡胶漆、环氧树脂漆、氟碳漆等。

钢结构防腐涂料施工工艺流程一般为：基面清理→底漆涂装→（中漆涂装）→面漆涂装

防腐涂层厚度根据钢构件所处环境、耐久性要求、涂料性能、施工工艺决定，要是涂层厚度低于设计要求，钢结构表面就不能被涂层有效覆盖，其使用寿命就会缩短。但是涂层厚度过大，除了会造成时间和材料的浪费以外，还会存在固化过程中涂层发生开裂的危险。

目前常用的防腐油漆涂层厚度如表 3-8.1-1 所示。

常用的防腐油漆涂层厚度表　　　　　　　　　　表 3-8.1-1

涂层（油漆）种类	涂层厚度（μm）	涂层（油漆）种类	涂层厚度（μm）
油性酚醛、醇醛漆	70～200	氯化橡胶漆	150～300
无机富锌漆	80～150	环氧树脂漆	150～250
有机硅漆	100～150	氟碳漆	100～200
聚氨酯漆	100～200		

钢结构工程防腐涂层厚度分为湿膜厚度和干膜厚度。

湿膜厚度是指涂料涂敷后立即测量得到的刚涂好的湿涂层的厚度，通过测量湿膜厚度可以在每涂上一层防腐涂层时立刻测得该层的厚度，从而能控制防腐涂层施工过程的质量，但需注意检测湿膜厚度时油漆尚未固化，因此该层防腐涂层的湿膜厚度并不等于其干燥后的干膜厚度。

干膜厚度是指涂料硬化后存留在钢构件表面的涂层厚度。也是一般意义上的设计厚度和检测的对象。

湿膜厚度在防腐涂层喷涂过程中进行测量，干膜厚度测量在喷涂完成涂层固化后进行。

在防腐涂层厚度检测前，应对涂层的外观质量进行检查，如存在外观质量问题，应进行修补，并在修补后检测涂层厚度。

防腐涂层一般采用涂层测厚仪测定，采用磁感应原理时，利用从测头经过涂层而流入铁磁基体的磁通的大小，来测定覆层厚度。也可以测定与之对应的磁阻的大小，来表示其覆层厚度。覆层越厚，则磁阻越大，磁通越小。

防腐涂层检测步骤包括，测件表面清理、仪器校准、测试、记录等。

8.2　仪器设备

8.2.1　钢结构防火涂层检测仪器设备

1. 超薄型防火涂层厚度检测

对于超薄型防火涂层厚度，可使用涂层测厚仪、游标卡尺或百分表（带底座）进行检测。

使用涂层测厚仪检测防火涂料的方法可参见防腐涂料厚度检测方法。

使用游标卡尺或带底座的百分表进行厚度检测时，可先使用粗细适当的工具如螺丝刀在选定的测点位置钻孔，直至彻底穿透防火涂层。待孔内防火涂料清理干净后进行测量。

使用游标卡尺时先将卡尺归零查，看其尾部的深度尺是否与主尺尾部平齐，然后将游标卡尺尾部放到测点位置，滑动游标尺直至深度尺抵住钢板，读出该段距离即为测点的防火涂层厚度。游标卡尺构造见图 3-8.2-1 所示。

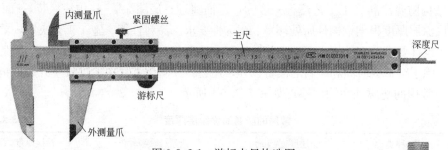

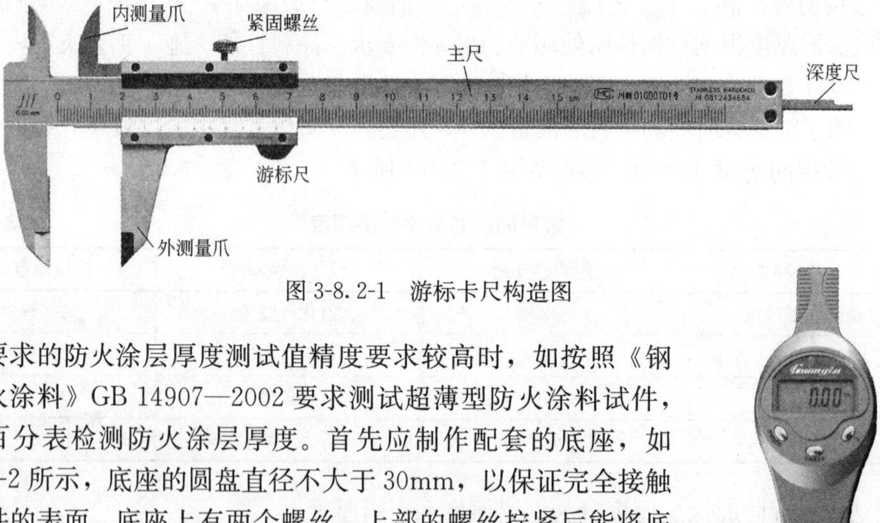

图 3-8.2-1　游标卡尺构造图

当要求的防火涂层厚度测试值精度要求较高时，如按照《钢结构防火涂料》GB 14907—2002 要求测试超薄型防火涂料试件，可使用百分表检测防火涂层厚度。首先应制作配套的底座，如图 3-8.2-2 所示，底座的圆盘直径不大于 30mm，以保证完全接触被测试件的表面。底座上有两个螺丝，上部的螺丝拧紧后能将底座和百分表轴套牢固连接起来；下部的螺丝拧紧后能固定住百分表量杆，这样从测点取下百分表后也能读到正确的防火涂层深度值。

测量前同样可先使用粗细适当的工具如螺丝刀在选定的测点位置钻孔，直至彻底穿透防火涂层。待孔内防火涂料清理干净后进行测量。然后将底座穿在百分表轴套上，拧紧底座的轴套螺丝，将百分表放置在一个平整的表面，读取百分表示值作为初始值，如使用数字百分表，可将初始值置零。然后将百分表量杆放到测

图 3-8.2-2　带底座的
数显百分表

点位置，量杆抵住钢板后拧紧底座下部的量杆螺丝，读出百分表示值。将该值与初始值相减的绝对值即为测点的防火涂层厚度。

2. 薄型或厚型防火涂层厚度检测

可使用测针、游标卡尺或百分表（带底座）进行检测。

测针（厚度测量仪）由针杆和可滑动的圆盘组成，如图 3-8.2-3 所示。圆盘始终保持与针杆垂直并在其上装有固定装置。圆盘直径不大于 30mm，以保证完全接触被测试件的表面。测试时将测厚探针垂直插入防火涂层直至钢基材表面上，记录标尺读数。

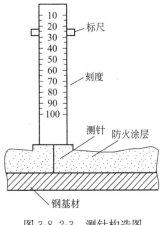

图 3-8.2-3　测针构造图

8.2.2　钢结构防腐涂层检测仪器设备

1. 湿膜厚度检测仪器设备

油漆未干时测量湿膜厚度有若干种方法，如轮规法、梳规法、千分表法、重量分析法、质量差值法、用热性能法等。这里主要介绍建筑钢结构中一般使用的轮规和梳规。

常见的轮规测厚仪由 2 个同心圆盘和 1 个内置偏心圆盘组成，如图 3-8.2-4 所示。

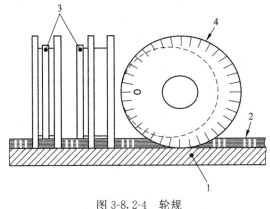

图 3-8.2-4　轮规
1—底材；2—涂层；3—偏心轮缘；4—轮规

同心圆盘表面刻有表示涂层厚度的刻度，内置偏心圆盘居于两同心圆盘之间，其直径小于同心圆盘。测量时，测厚仪依靠两同心圆盘在被测量表面上滚动。只要所选用的测厚仪量程大于被测涂层的厚度，在偏心圆盘的圆周上必然会出现 2 个区域，一个区域粘上了涂料，而另一个区域不粘有涂料，这 2 个区域间存在 2 个分界点，对应圆盘上 2 个刻度值，其中较小的值就是被测涂层的厚度。

轮规的最大测量厚度一般为 $1500\mu m$，最小增量一般为 $5\mu m$。

梳规主要有正多边形、圆盘形和矩形等形式。用来制作梳规湿膜测厚仪的主要有不锈钢、铝和塑料等耐腐蚀平板材料。正多边形和矩形湿膜测厚仪的每边都有数个不同高度的齿，对应每个齿都有一个数值，代表涂层的湿膜厚度。圆盘形湿膜测厚仪的齿均匀分布在圆周上，如图 3-8.2-5 所示。梳规的最大测量厚度一般为 $2000\mu m$，最小增量一般为 $5\mu m$。

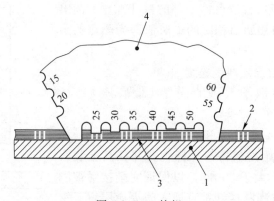

图 3-8.2-5　梳规

1—底材；2—涂层；3—湿接触点；4—梳规

2. 干膜厚度检测仪器设备

干膜厚度的检测设备根据原理分有磁吸力法、磁感应法、电涡流法、厚度差值法、深度规法、表面轮廓扫描法、截面法、楔形切割法等。下面就市面上可见的采用磁感应法和电涡流法原理的 MPOR 测厚仪，对其基本性能进行介绍。

（1）MPOR 测厚仪的适用对象：

钢铁上的铜、铬、锌等电镀层或油漆、涂料、搪瓷等涂层厚度。

铝、镁材料上阳极氧化膜的厚度。

铜、铝、镁、锌等非铁金属材料上的涂层厚度。

铝、铜、金等箔带材及纸张、塑料膜的厚度。

各种钢铁及非铁金属材料上热喷涂层的厚度。

非铁金属镀层、涂层(例如：铬，铜，锌等)在铁或钢上测厚。

油漆、腊克和合成涂层在铁或钢上的测厚。

非导电涂层在非铁金属基材上，例如：油漆、腊克和合成涂层在铝、铜、黄铜、锌和不锈钢上的测厚。

铝的阳极氧化层的测厚。

（2）仪器特点：采用双功能内置式探头，自动识别铁基或非铁基体材料，并选择相应的测量方式进行测量。主要参数：

量程：$0\sim2000\mu m$

精度：$\pm1\mu m(0\sim50\mu m)$，$\pm2\%(50\sim1000\mu m)$，$\pm3\%(1000\sim2000\mu m)$

重复精度：$\pm0.5\mu m(0\sim100\mu m)$，$\pm0.5\%(>100\mu m)$

测量面积：最小测量面积为直径 4mm

同时具备电涡流感应和电磁场感应两种检测方法，功能都是由 MENU(菜单)来开启，根据屏幕提示可一步一步完成仪器调校及检测工作。仪器上共有 4 个按键，其功能如下：

"ESC"用于在查看统计值和通过 MENU(菜单)键进行内部设置时中途退回测量界面。

"◀"用于功能键的切换和减小可变数值。

"▶"用于功能键的切换和增大可变数值。

"OK"相当于 ENTER 键。另外，在 RES 测量状态时按 OK 键可随时查看测量数据

的统计值

（3）简要操作说明如下：

1）开机/关机

处于关闭状态的仪器放在工件上将自动开机，当屏幕上显示四段水平短线时，仪器处于待机状态即可测量工件了，经过一段时间（可设定）不使用，仪器将自动关机。

2）测量

仪器会自动选择测量方法：使用电涡流感应方法时屏幕上将显示 NFe，使用电磁场感应方法时屏幕上将显示 Fe。测量时请始终保持仪器处于垂直状态。

当屏幕上的功能键位于 RES 处时，按 OK 键将依次显示测量数据的平均值、标准误差、测量次数、最小值和最大值。按 ESC 键可退回测量状态。

如果事先设定了 Block length（数据组长度），例如 5，则仪器测完第 5 个数据时将自动显示平均值。

3）零位校正

通过◀、▶键切换到菜单 0 位置，按 OK 键，屏幕上显示 Base。在 Fe 片或 Al 片上测量几次。按 OK 键，零位校正完成，仪器返回 RES 测量状态。

仪器提供的 Fe 片和 Al 片的材质与实际需检测的基材不完全相同即零位并不一样，因此最科学的方法是在实际构件光洁底材上做零位、做校准。

4）校准

通过◀、▶键切换到菜单 CAL 位置，按 OK 键，屏幕上显示 Base，在 Fe 片或 Al 片上测量几次。按 OK 键，屏幕上显示 STD1。将标准片放在底材上测量几次，按◀键或▶键将测量值调整为标准片的标称值。按 OK 键，校准完成，仪器返回 RES 测量状态。

8.3　检测方法

8.3.1　防火涂层外观检测方法

对于防火涂层外观检测可采用用目视法检测涂层颜色及漏涂和裂缝情况，用 0.75～1kg 榔头轻击涂层检测其强度等，用 1m 直尺检测涂层平整度。

（1）薄涂型钢结构防火涂层外观质量应检查以下内容：

无漏涂、脱粉、明显裂缝等。如有个别裂缝，其宽度不大于 0.5mm。

涂层与钢基材之间和各涂层之间，应粘结牢固，无脱层、空鼓等情况。

颜色与外观符合设计规定，轮廓清晰，接槎平整。

（2）厚涂型钢结构防火涂层外观质量应检查以下内容：

涂层应完全闭合，不应露底、漏涂。

涂层不宜出现裂缝。如有个别裂缝，其宽度不应大于 1mm。

涂层与钢基材之间和各涂层之间，应粘结牢固，无空鼓、脱层和松散等情况。

涂层表面应无乳突。有外观要求的部位，母线不直度和失圆度允许偏差不应大于 8mm。

8.3.2　防火涂层厚度检测方法

防火涂层厚度检测应在涂层彻底干燥且外观质量满足要求后进行。检测前应清除测试点表面的灰尘、附着物等。

由于构件的连接部位的涂层厚度可能偏大，检测数据不具代表性，因此检测时并应避开构件的连接部位。

受施工工艺、涂层材料等影响，构件不同位置的防火涂层厚度可能不同，对水平向构件、测点应布置在构件顶面、侧面、底面；对竖向构件，测点应布置在不同高度处。对于桁架或网架结构而言，应将其杆件作为构件，按梁、柱构件的测量方法进行检测。

如需采取局部剥除的方式检测防火涂层厚度，检测后，需及时将局部剥除的防火涂层修复。

楼板和防火墙的防火涂层厚度测定可选两相邻纵横轴线相交中的面积为一个单元，在其对角线上按每米长度选一点进行测试。

全钢框架结构的梁和柱的防火涂层厚度测定在构件长度内每隔 3m 取一截面，按图 3-8.3-1所示位置测试。

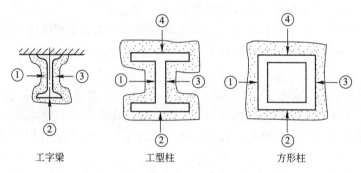

工字梁　　　　　　工型柱　　　　　　方形柱

图 3-8.3-1　防火涂层测点位置示意图

桁架结构上弦和下弦每隔 3m 取一截面检测，其他腹杆每根取一截面检测。

对于楼板和墙面在所选择的面积中至少测出 5 个点；对于梁和柱在所选择的位置中分别测出 6 个和 8 个点。分别计算出它们的平均值精确到 0.5mm。

当探针不易插入防火涂层内部时，可采取防火涂层局部剥除的方法进行检测。剥除面积不宜大于 15mm×15mm。

对于需根据《钢结构防火涂料》GB 14907—2002 进行防火性能试验的钢构件，对试件涂层厚度的测量应在各受火面沿构件长度方向每米不少于 2 个测点，取所有测点的平均值作为涂层厚度(包括防锈漆、防锈液、面漆及加固措施等厚度在内)。涂层厚度精确至：0.01mm(CB 类)、0.1mm(B 类)、1mm(H 类)。

8.3.3　防腐涂层厚度检测方法

对于在建工程，施工中随时检查湿膜厚度以保证干膜厚度满足设计要求。钢结构涂料干膜厚度检测应在钢结构构件组装预拼装或钢结构安装工程检验批的施工质量验收合格后进行，可按钢结构制作或钢结构安装工程检验批的划分原则划分成一个或若干个检验批。检查数量：按构件数抽查 10%，且同类构件不应少于 3 件。

既有建筑漆膜厚度检测，抽检数量不应少于《建筑结构检测技术标准》GB/T 50344—2004 标准表 3.3.1 中 A 类检测样本的最小容量，也不应少于 3 件。

防腐涂层厚度检测应在涂层干燥后及经外观检查合格后进行。检测时构件的表面不应有结露。测点部位的涂层应与钢材附着良好。使用涂层厚度仪检测时，应避免电磁干扰。

测试构件的曲率半径应符合仪器的使用要求。在弯曲试件的表面测量时，应考虑其对测试准确度的影响。

确定的检测位置应有代表性，在检测区域内分布宜均匀。检测前应清除测试点表面的防火涂层、灰尘、油污等。

检测前对仪器应进行校准。校准宜采用两点校准，经校准后方可测试。

应使用与被测构件基本金属具有相同性质的标准片对仪器进行校准，也可用待涂覆构件进行校准。检测期间关机再开机后，应对仪器重新校准。

测试时，测点距构件边缘或内转角处的距离不宜小于 20mm。探头与测点表面应垂直接触，接触时间宜保持 1～2s，读取仪器显示的测量值，对测量值应进行记录。

湿膜厚度检测使用轮规和梳规方法进行。

干膜厚度检测使用磁吸力、磁感应、电涡流方法和 P 射线反向散射法进行。

8.3.4　防腐涂层附着力检测方法

当钢结构处在有腐蚀介质环境或外露且设计有要求时应进行涂层附着力测试。可采用圆滚线划痕法或划格法进行。圆滚线划痕法用于实验室条件下检测试验样板，划格法即可在实验室条件下也可在施工现场进行检测。按构件数量抽查 1%，且不应少于 3 件，每个构件应检测 3 处。

1. 圆滚线划痕法

测定时，将样板正放在圆滚线划痕试验机上，固定好样板，使试验机转针的尖端接触到漆膜。按顺时针方向，均匀摇动试验机摇柄使得转针在样板上划圆滚线，转速以 80～100 转/min 为宜，圆滚线划痕标准图长为 7.5±0.5cm。划圆完毕后取出样板，用漆刷除去划痕上的漆屑，以四倍放大镜检查划痕并评级。标准划痕圆滚线如图 3-8.3-2 所示。

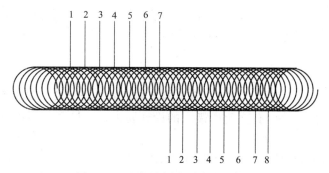

图 3-8.3-2　标准划痕圆滚线示意图

2. 划格法

划格法是以直角网格图形切割涂层穿透至底材时来评定涂层从底材上脱离的抗性的一种试验方法。

划格法不适用于漆膜厚度大于 $250\mu m$ 的涂层，也不适用于有纹理的涂层。试验对象的钢板最小厚度为 0.25mm。

在试验对象上至少进行三个不同位置试验。如三次结果不一致，差值超过一个单位等级，应在三个以上不同位置重复试验。

切割图形每个方向的切割数应是 6 道，每个方向切割的间距应相等，涂层厚度为 0～$60\mu m$ 时切割间距为 1mm，61～$120\mu m$ 时切割间距为 2mm，121～$250\mu m$ 时切割间距为 3mm。

使用手工法切割涂层时，试验前检查刀具的切割刀刃，并通过磨刃或更换刀片使其保持良好的状态。切割时握住刀具，使刀垂直于样板表面对切割刀具均匀施力，并采用适宜的间距导向装置，用均匀的切割速率在涂层上形成规定的切割数。所有的切割都应划透至底材表面。重复操作，再作相同数量的平行切割线，与原先切割线成 90°角相交，形成网格图形。

切割完毕后剪下长约 75mm 的胶粘带，把胶粘带的中心点放在网格上方，方向与一组切割线平行，然后用手指把胶粘带在网格上方的部位压平，胶粘带长度至少超过网格 20mm。

为确保胶粘带与涂层接触良好，可用手指尖用力蹭胶粘带，使胶粘带与涂层颜色全面接触。

在贴上胶粘带 5min 内，拿住胶粘带悬空的一端，并在尽可能接近 60°在 0.5～1.0s 内平稳地撕离胶粘带。

对撕离胶粘带目测检测区域涂层剥离情况。

8.4 检测结果及评价

8.4.1 防火涂层厚度检测结果及评价

1.《钢结构防火涂料应用技术规程》CECS24：90

薄涂型钢结构防火涂层厚度应符合设计要求。

厚涂型钢结构防火涂层厚度应符合设计要求。如厚度低于原订标准，但必须大于原订标准的 85%，且厚度不足部位的连续面积的长度不大于 1m，并在 5m 范围内不再出现类似情况。

2.《钢结构工程施工质量验收规范》GB 50205—2001

薄涂型防火涂料的涂层厚度应符合有关耐火极限的设计要求。厚涂型防火涂料涂层的厚度 80% 及以上面积应符合有关耐火极限的设计要求，且最薄处厚度不应低于设计要求的 85%。

3.《钢结构现场检测技术标准》GB/T 50621—2010

同一截面上各测点厚度的平均值不应小于设计厚度的 85%，构件上所有测点厚度的平均值不应小于设计厚度。

8.4.2 防腐涂层厚度检测结果及评价

1.《钢结构工程施工质量验收规范》GB 50205—2001

涂料涂装遍数和涂层厚度均应符合设计要求，当设计对涂层厚度无要求时，涂层干漆膜总厚度：室外应为 $150\mu m$，室内应为 $125\mu m$。其允许偏差为 $-25\mu m$，每遍涂层干漆膜厚度的允许偏差为 $-5\mu m$。

2.《钢结构现场检测技术标准》GB/T 50621—2010

每处 3 个测点的涂层厚度平均值不应小于设计厚度的 85%，同一构件上 15 个测点的涂层厚度平均值不应小于设计厚度。

当设计对涂层厚度无要求时，涂层干漆膜总厚度：室外应为 $150\mu m$，室内应为 $125\mu m$，其允许偏差应为 $-25\mu m$。

3.《公路桥梁钢结构防腐涂层技术条件》JT 722—2008

干膜厚度采用"85—15"规则判定，即允许有 15% 的读数可低于规定值，但每一单独读数不得低于规定值的 85%。对于结构主体外表面可采用"90—10"规则判定。涂层厚度达不到设计要求时，应增加涂装道数，直至合格为止。漆膜厚度测定点的最大值不能超过设计厚度的 3 倍。

8.4.3　防腐涂层附着力检测结果及评价

在检测处范围内当涂层完整程度达到 70% 以上时，涂层附着力达到合格质量标准的要求。圆滚线划痕法和划格法检测结果可按以下标准进行分级。

1. 圆滚线划痕法

圆滚线划痕法以样板上划痕的上侧为检查的目标，依次标出 1、2、3、4、5、6、7 等七个部位。相应分为七个等级。按顺序检查各部位的漆膜完整程度，如某一部位的格子有 70% 以上完好，则定为该部位是完好的，否则应认为坏损。例如，部位 1 漆膜完好，附着力最佳，定为一级；部位 1 漆膜坏损而部位 2 完好，附着力次之，定为二级。依次类推，七级为附着力最差。

结果以至少有两块样板的级别一致为准。

2. 划格法

根据试验结果可分六级：

0 级，切割边缘完全平滑，无一格脱落。

1 级，在切口交叉处有少许涂层脱落，但交叉切割面积受影响不能明显大于 5%。

2 级，在切口交叉处或沿切口边缘有涂层脱落，受影响的交叉切割面积明显大于 5%，但不能明显大于 15%。

3 级，涂层沿切割边缘部分或全部以大碎片脱落，或在格子上不同部位上部分或全部剥落，受影响的交叉切割面积明显大于 15%，但不能明显大于 35%。

4 级，涂层沿切割边缘大碎片剥落，或一些方格部分或全部出现脱落，受影响的交叉切割面积明显大于 35%，但不能明显大于 65%。

5 级，剥落的程度超过 4 级。

8.5　检测中疑难问题分析

由于防腐涂层厚度值一般很小，因此检测时需要仔细操作，避免测量结果产生系统性的偏差。

　　检测防腐涂层干膜厚度时应注意检测时机的把握。由于油漆中挥发性物质的挥发，漆膜在逐渐变干的过程中厚度会逐渐减小，因此如果测量时间过早会造成测量厚度值偏厚。

　　市面部分电磁法测厚仪探头为固定探头，探头无自适应被测面功能。检测时探头应注意要完全与漆膜紧贴，不可倾斜，以免造成探头与漆膜间有小间隙而造成厚度测量值偏厚，如图 3-8.5-1 和图 3-8.5-2 所示。

图 3-8.5-1　探头与被测面紧贴无间隙

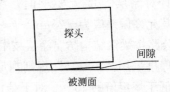

图 3-8.5-2　探头与被测面有间隙

思考题

　　对 1 根室内钢柱进行防腐涂层厚度检测，在钢柱上选取 5 处测量，每处测量 3 个测点，检测值分别为：

　　1-1♯ 131.4μm、1-2♯ 123.5μm、1-3♯ 131.2μm；

　　2-1♯ 125.3μm、2-2♯ 117.3μm、2-3♯ 99.5μm；

　　3-1♯ 132.8μm、3-2♯ 123.5μm、3-3♯ 132.3μm；

　　4-1♯ 110.3μm、4-2♯ 119.3μm、4-3♯ 121.6μm；

　　5-1♯ 137.5μm、5-2♯ 134.6μm、5-3♯ 139.4μm。

　　设计对涂层厚度无要求，请问该钢柱防腐涂层检测结果是否满足《钢结构现场检测技术标准》GB/T 50621—2010 的相关要求？

第9章　网架变形检测

9.1　概述

　　网架是由多根杆件按照一定的网格形式通过节点连接而成的空间结构。它具有空间受力、重量轻、刚度大、抗震性能好等优点，可用作体育馆、影剧院、展览厅、候车厅、体育场看台雨篷、飞机库、双向大柱网结构车间等建筑的屋盖。汇交于节点上的杆件数量较多，制作安装较平面结构复杂。

　　从材料上分有焊接球节点网架、螺栓球节点网架、角钢网架等。

　　从外形上分有双层的板型网架结构、单层和双层的壳型网架结构。板型网架和双层壳型网架的杆件分为上弦杆、下弦杆和腹杆，主要承受拉力和压力；单层壳型网架的杆件，除承受拉力和压力外，还承受弯矩及剪切力。目前中国的网架结构绝大部分采用板型网架结构。

　　从组成形式上分主要有三类：第一类是由平面桁架系组成，有两向正交正放网架、两向正交斜放网架、两向斜交斜放网架及三向网架四种形式；第二类由四角锥体单元组成，有正放四角锥网架、正放抽空四角锥网架、斜放四角锥网架、棋盘形四角锥网架及星形四角锥网架五种形式；第三类由三角锥体单元组成，有三角锥网架、抽空三角锥网架及蜂窝形三角锥网架三种形式。壳型网架结构按壳面形式分主要有柱面壳型网架、球面壳型网架及双曲抛物面壳型网架。

　　网架的安装方法，应根据网架受力和构造特点，在满足质量、安全、进度和经济效果的要求下，结合当地的施工技术条件综合确定。

　　网架的安装方法及适用范围如下：①高空散装法适用与螺栓连接节点的各种类型网架，并宜采用少支架的悬挑施工方法；②分条或分块安装法适用于分割后刚度和受力状况改变较小的网架，如两向正交、正放四角锥、正放抽空四角锥等网架。分条或分块的大小应根据起重能力而定；③高空滑移法适用于正放四角锥、正放抽空四角锥、两向正交正放等网架。滑移时滑移单元应保证成为几何不变体系；④整体吊装法适用于各种类型的网架，吊装时可在高空平移或旋转就位；⑤整体提升法适用于周边支承及多点支承网架，可用升板机、液压千斤顶等小型机具进行施工；⑥整体顶升法适用于支点较少的多点支承网架。

　　钢网架实际挠度不仅与结构形式和受力情况有关，还与网架结构的连接节点零件的加工精度、安装精度、长期使用状态等有着极为密切的联系。因此钢网架挠度检测是对钢网架施工质量和安全性评定必不可少的环节。

　　网架变形检测包括杆件的不平整度和钢网架的挠度等项目。

　　杆件的不平整度主要通过拉线的方法进行检测。

网架的挠度，可采用钢尺或水准仪检测。

9.2　仪器设备

测量一般可使用水准仪或全站仪进行测量。使用水准仪测量时可用吊钢尺或倒尺法测量；使用全站仪测量时可使用免棱镜方法测量。

网架投入使用后，由于吊顶等原因导致通视条件较差，在这种情况下可使用激光放线仪配合钢尺进行检测。

9.2.1　水准仪

徕卡数字水准仪 DNA03 是具有补偿器的自动水准仪，既能使用徕卡编码标尺进行自动测量，又能使用普通水准标尺按照光学原理测量。数据可先存储在仪器内存，在作业完成之后再备份到数据存储卡中。编码标尺的条纹码作为参照信号存在仪器内。测量时，线译码器捕获仪器视场内的标尺影像作为测量信号，然后与仪器的参考信号进行比较，就获得视线高度和水平距离。如同光学水准测量一样，测量时标尺要直立。只要把标尺照亮，也可用该水准仪进行夜间测量。

仪器外观及主要部件如图 3-9.2-1。

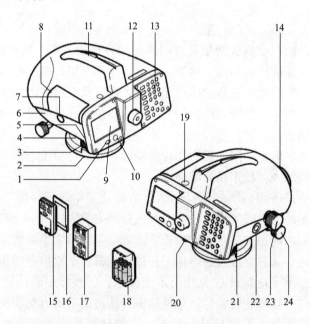

图 3-9.2-1　DNA03 徕卡数字水准仪外观及主要部件

1—开关；2—底盘；3—脚螺旋；4—水平度盘；5—电池盖操作杆；6—电池仓；

7—开 PC 卡仓盖按钮；8—PC 卡仓盖；9—显示屏；10—圆水准器；

11—带有粗瞄器的提把；12—目镜；13—键盘；14—物镜；15—GEB111 电池；

16—PCMCIA 卡；17—GEB121 电池；18—电池适配器；19—圆水准器进光管；

20—外部供电的 RS232 接口；21—机身；22—测量按钮；23—调焦螺旋；

24—无限位水平微动螺旋

用水准仪进行高程测量时首先检校水准仪视线的倾斜误差。其次是检校仪器的圆水准器和标尺水准器。在开始工作之前，应使仪器适应环境温度(温度每差一度约 2min)。

高度测量的具体步骤如下：

1. 光学测量

(1) 架设仪器、整平、目镜调焦(见图 3-9.2-2)。

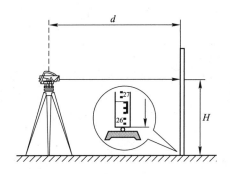

图 3-9.2-2 DNA03 徕卡数字水准仪测量高程示意图

(2) 标尺铅垂。

(3) 概瞄准目标。

(4) 物镜调焦。

(5) 用水平驱动螺旋精确照准。

(6) 检查气泡是否居中。

(7) 读取十字丝中丝处的标尺高度 H。图中 $H = 2.586$m(见图 3-9.2-3)。

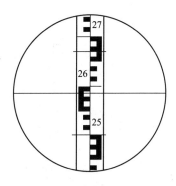

图 3-9.2-3 水准仪物镜中标尺

2. 电子测量

按照上述步骤(1)～(6)并按测量键进行。

9.2.2 全站仪

索佳 SET130R 型全站仪仪器外观及主要部件如图 3-9.2-4 所示。

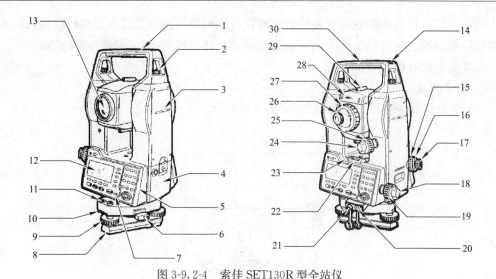

图 3-9.2-4　索佳 SET130R 型全站仪

1—提柄；2—提柄固紧螺丝；3—仪器高标志；4—电池；5—操作面板；

6—三角基座制动控制杆；7—遥控键盘感应器；8—底板；9—脚螺旋；

10—圆水准器校正螺丝；11—圆水准器；12—显示窗；13—物镜（含激光指示功能）；

14—管式罗盘插口；15—光学对中器调焦环；16—光学对中器分划板护盖；

17—光学对中器目镜；18—水平制动钮；19—水平微动手轮；20—数据通信插口；

21—外接电源插口；22—照准部水准器；23—照准部水准器校正螺丝；

24—垂直制动钮；25—垂直微动手轮；26—望远镜目镜；27—望远镜调焦环；

28—激光发射警示灯；29—粗照准器；30—仪器中心标志

9.3　检测方法

钢网架结构总拼完成后及屋面工程完成后应分别测量其挠度值，跨度 24m 及以下钢网架结构测量下弦中央一点；跨度 24m 以上钢网架结构测量下弦中央一点及各向下弦跨度的四等分点；对三向网架应测量每向跨度三个四等分点处的挠度；端部测点距端支座不应大于 1m。

在对钢结构或构件变形进行检测时，宜先清除饰面层；当构件各测试点饰面层厚度接近，且不明显影响评定结果时，可不清除饰面层。

9.4　检测结果及评价

如现场条件可直接测到网架的下弦正中央及相应支座时，网架挠度计算公式为：

$$f = S_{中} - (S_{支座1} + S_{支座2})/2 \tag{3-9.4-1}$$

式中　　　f——网架跨中挠度值；

　　　　$S_{中}$——跨中高程；

$S_{支座1}$、$S_{支座2}$——两端支座处的高程。

有时候现场检测条件有限，网架下弦正中央无有效测点，可尽量靠跨中测量，来推算网架跨中挠度。以用水准仪吊钢尺法检测网架挠度为例，如图 3-9.4-1 所示，计算公式为：

$$f_c = \Delta S_{AC} - L_1/(L_1 + L_2) \times \Delta S_{AB} \tag{3-9.4-2}$$

式中　　　　　　f_c——网架 C 处挠度值；

　　$S_i (i=a，b，c)$——测点的高程；

　　　　　　ΔS_{AC}——A、C 间的高程差，即 $\Delta S_{AC}=S_a-S_c$；

　　　　　　ΔS_{AB}——A、B 间的高程差，即 $\Delta S_{AB}=S_b-S_a$；

　　　　　　L_1——A、C 间的水平距离；

　　　　　　L_2——C、B 间的水平距离。

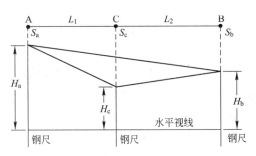

图 3-9.4-1　网架挠度计算方法示意图

　　钢网架结构总拼完成后及屋面工程完成后应分别测量其挠度值（包括网架自重的挠度及屋面工程完成后的挠度），且所测的挠度值不应超过相应设计值的 1.15 倍。

9.5　检测中疑难问题分析

　　当测量精度要求高时，需要根据各测点的高程算出网架钢管中线的实际挠度，因此钢管上测点的如何选取是个重要问题。可利用水准尺找到钢管最上或最下点，如图 3-9.5-1 和 3-9.5-2 所示，并粘贴统一的标识片，测量标示片上的标识点高程，查出钢管的设计直径后，即可得到网架钢管中心的高程，从而可根据公式 3-9.4-1 算出网架的挠度。

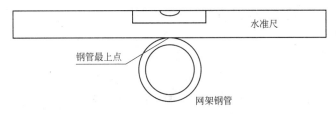

图 3-9.5-1　利用水准尺找到钢管最上点

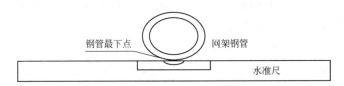

图 3-9.5-2　利用水准尺找到钢管最下点

思考题

　　某矩形网架跨度为 30m，进行网架挠度检测时应测量那些点？

第 10 章　钢结构动力特性检测

10.1　概述

钢结构的动力特性是结构自身固有的特性，一般指结构的振动频率（或者振动周期）、振型、阻尼比。为了了解结构的整体性能和实际工作状况，评价其使用性，对结构进行动力特性（振型、频率、阻尼比）和动力响应（振幅、加速度）测试，可以对结构动力性能作全面、客观的评价。结构的动力特性实测还可以为解决各类振动问题寻找答案，达到减振、消振及隔振的目的，如从振动频率入手，避开共振频率，减小振动幅值。

钢结构动力特性检测，是通过测试结构动力输入处和响应处的应变、位移、速度或加速度等时程信号，获取结构的自振频率、模态振型、阻尼等结构动力性能参数。

对于需进行动力响应计算的结构、需通过动力参数进行结构损伤识别和故障诊断的结构以及局部动力响应过大的结构，宜进行该项检测。

10.1.1　结构动力理论

每个结构都有自己的动力特性，惯称自振特性。了解结构的动力特性是进行结构抗震设计和结构损伤检测的重要步骤。目前，在结构地震反应分析中，广泛采用振型叠加原理的反应谱分析方法，但需要以确定结构的动力特性为前提。n 个自由度的结构体系的振动方程如下：

$$[M]\{\ddot{y}(t)\}+[C]\{\dot{y}(t)\}+[K]\{y(t)\}=\{p(t)\} \qquad (3\text{-}10.1\text{-}1)$$

式中　$[M]$、$[C]$、$[K]$——结构的总体质量矩阵、阻尼矩阵、刚度矩阵，均为 n 维矩阵；

　　　　$\{p(t)\}$——外部作用力的 n 维随机过程列阵；

　　　　$\{y(t)\}$——位移响应的 n 维随机过程列阵；

　　　　$\{\dot{y}(t)\}$——速度响应的 n 维随机过程列阵；

　　　　$\{\ddot{y}(t)\}$——加速度响应的 n 维随机过程列阵。

表征结构动力特性的主要参数是结构的自振频率 f（其倒数即自振周期 T）、振型 $Y(i)$ 和阻尼比 ξ，这些数值在结构动力计算中经常用到。

任何结构都可看作是由刚度、质量、阻尼矩阵（统称结构参数）构成的动力学系统，结构一旦出现破损，结构参数也随之变化，从而导致系统频响函数和模态参数的改变，这种改变可视为结构破损发生的标志。这样，可利用结构破损前后的测试数据来诊断结构的破损，进而提出修复方案，现代发展起来的"结构破损诊断"技术就是这样一种方法。其最大优点是将导致结构振动的外界因素作为激励源，诊断过程不影响结构的正常使用，能方便地完成结构破损的在线监测与诊断。从传感器测试设备到相应的信号处理软件，振动模态测量方法已有几十年发展历史，积累了丰富的经验，振动模态测量在桥梁损伤检测领域的发展也很快。随着动态测试、信号处理、计算机辅助试验技术的提高，结构的振动信息可以在桥梁运营过程中利用环境激振来监测，并可得到比较精确的结构动态特性(如频响函数、模态参数等)。目前，许多国家在一些已建和在建桥梁上进行该方面有益的尝试。

　　测量结构物自振特性的方法很多，目前主要有稳态正弦激振法、传递函数法、脉动测试法和自由振动法。稳态正弦激振法是给结构以一定的稳态正弦激励力，通过频率扫描的办法确定各共振频率下结构的振型和对应的阻尼比。传递函数法是用各种不同的方法对结构进行激励(如正弦激励、脉冲激励或随机激励等)，测出激励力和各点的响应，利用专用的分析设备求出各响应点与激励点之间的传递函数，进而可以得出结构的各阶模态参数(包括振型、频率、阻尼比)。脉动测试法是利用结构物(尤其是高柔性结构)在自然环境振源(如风、行车、水流、地脉动等)的影响下，所产生的随机振动，通过传感器记录、经频谱分析，求得结构物的动力特性参数。自由振动法是通过外力使被测结构沿某个主轴方向产生一定的初位移后突然释放，使之产生一个初速度，以激发起被测结构的自由振动。

　　以上几种方法各有其优点和局限性。利用共振法可以获得结构比较精确的自振频率和阻尼比，但其缺点是，采用单点激振时只能求得低阶振型时的自振特性，而采用多点激振需较多的设备和较高的试验技术。传递函数法应用于模型试验，常常可以得到满意的结果，但对于尺度很大的实际结构要用较大的激励力才能使结构振动起来，从而获得比较满意的传递函数，这在实际测试工作中往往有一定的困难。

　　利用环境随机振动作为结构物激振的振源，来测定并分析结构物固有特性的方法，是近年来随着计算机技术及 FFT 理论的普及而发展起来的，现已被广泛应用于建筑物的动力分析研究中，对于斜拉桥及悬索桥等大型柔性结构的动力分析也得到了广泛的运用。斜拉桥或悬索桥的环境随机振源来自两方面：一方面指从基础部分传到结构的地面振动及由于大气变化而影响到上部结构的振动(根据动力量测结果，可发现其频谱是相当丰富的，具有不同的脉动卓越周期，反映了不同地区地质土壤的动力特性)；另一方面主要来自过桥车辆的随机振动。如果没有车辆的行驶，斜拉桥将始终处于微小而不规则的振动中，可以发现斜拉桥脉动源为平稳的各态历经的随机过程，其脉动响应亦为振幅极其微小的随机振动。通过这种随机振动测试结果，即可确定各测试自由度下的频响函数或传递函数、响应谱等参数，进而可对结构模态参数(固有频率、振型、阻尼比等)进行识别。

　　通常斜拉桥的环境随机振动检测往往是在限制交通的情况下进行的，采用风振及地脉动作为环境振源，很少采用桥上车辆的振动作为振源。这是因为一般斜拉桥甚至各种其他桥梁的振动检测往往在桥梁运营的前期进行；另一方面车辆振动作为输入信号截至目前还没有成熟的理论和实践支持，目前的成果仅停留在通过测试车辆对桥梁的振动响应来求算冲击系数。然而，对斜拉桥进行健康监测、破损诊断，必须提取运营期间的动力响应，健康监测占用时间长(全天候的)，因此无法限制交通；振动监测应该真实反映桥梁实际状态下固有的振动特性，限制交通无法反映这种真实的状态。因此，采用车辆振动作为振源，进行斜拉桥模态参数识别成为未来健康诊断的必然趋势。

　　实际工程结构比较复杂，有些因素难以完全在数学模型中得到反映，影响到结构动力特性求解的精度。因此，实测方法是确定结构动力特性的重要途径，也是校核各种数学模型和各种简化公式的重要手段。计算无法得到结构阻尼比，只能通过实测获得。结构自振特性的测试方法很多，下面仅介绍常用的方法。

1. 稳态正弦激振法(扫频法)

稳态正弦激振法是使用最早至今仍被广泛应用的方法。其特点是原理简明，分析方便结果直观可靠，可以直接提供高阶振型参数，但必须有提供稳定谐波激振的装置。此种方法通常在试验室中应用于模型或体积较小的原型试验，也可以在现场用起振机对原型设备进行测试。

此种方法的试验步骤为：沿被测设备的主轴方向，将起振机或激振器安装在适当的加载部位，固定对被测设备的激振力。或者将试件安装在振动台上，固定振动台台面的加速度，进行正弦扫描振动。测量被测设备有代表性部位的某种物理参量(如位移、速度、加速度等)的稳态迫振反应幅值对激振频率的曲线，称共振曲线。

基本原理：在以谐振力 $P_0\sin\omega t$ 作扫描时，如设备的各阶自振频率并不密集时，可略去其相邻振型间的耦合影响，则各个主要峰值附近的共振曲线段，可以近似地看作与单自由度体系的共振曲线相似，对于 i 阶频率，两者仅差一个称作振型参与系数 η_i(常数)。位移的反应幅值 u 可表示为：

$$u=\eta\frac{P_0}{K}\left[(1-a^2)^2+(2\xi a)^2\right]^{-\frac{1}{2}}=\eta\beta\frac{P_0}{K} \tag{3-10.1-2}$$

式中　a——频率比，即迫振频率 f 和设备无阻尼自振频率 f_0 之比；

β——动力放大系数，表示单自由度体系中动静位移幅值比；

K——被测设备(试件)的刚度；ξ 为被测设备(试件)的阻尼比。

相位滞后角 θ 可表示为：

$$\theta=\tan^{-1}\frac{2\xi a}{1-a^2} \tag{3-10.1-3}$$

显然，P_0/K 为激振力 $P_0\sin\omega t$ 作用下被测设备(试件)的静态位移。若试验是在试验台进行的，那么 $P_0=m\omega^2 u_g$，$\omega^2 u_g$ 为试验台台面加速度幅值，而 u_g 为测点对台面的相对位移反应值，m 为被测质点质量。

由对应位移反应峰值 u_{max} 的频率，可求得被测设备的自振频率 f_0，将对应 f_0 的各测点的位移反应值按其中的最大值归一化，并考虑相互间的相位关系(与最大值同相或反相)，即可求得被测设备的振型。

进一步可从共振曲线确定振型阻尼比。由式(3-10.1-2)知，动力放大系数 β 为：

$$\beta=\left[(1-a^2)^2+(2\xi a)^2\right]^{-\frac{1}{2}} \tag{3-10.1-4}$$

可以解得其峰值 β_{max} 和对应的频率比 a_m，即：

$$\beta_{max}=\left[2\xi\sqrt{1-2\xi^2}\right]^{-1} \tag{3-10.1-5}$$

$$a_m=f_m/f_0=[1-2\xi^2]^{1/2} \tag{3-10.1-6}$$

一般钢结构的阻尼比 ξ 值都很小，所以可近似地从无阻尼共振状态 $a_0=1$ 时的动力放大系数 $\beta_0=1/2\xi$ 求得阻尼比 ξ 为：

$$\xi=\frac{1}{2\beta} \tag{3-10.1-7}$$

实际上直接按式(3-10.1-7)求阻尼比值是很困难的，因为对作为多自由度体系的实际结构，从其实测共振曲线求动力放大系数 β 时，要先求出振型参与系数 η。按照定义，在沿结构 X 主轴向振动时的振型参与系数 η_x 为：

$$\eta_x = \frac{\sum_{x=1}^{n} m_i x_i}{\sum_{i=1}^{n} m_i (x_i^2 + y_i^2 + z_i^2)} \tag{3-10.1-8}$$

式中　x_i，y_i，z_i——振型位移分别在 x，y，z 方向的分量；

$\qquad\quad$ m_i——集聚在 i 点的质量。

2. 半功率法或带宽法

由于复杂结构的质量分布很难正确求得，而反应测点又有限，所以振型参与系数 η 难以简单算出；并且在用激振器等激振时，结构在力 P_0 作用下的各点静态位移 P_0/K 也是未知的。因此，不能直接从共振曲线求得动力放大系数 β。

目前通常都采用半功率法或带宽法，从实测的共振曲线直接求得阻尼比值。这个方法的原理为：

首先在共振曲线峰值 u_{max} 两边取其幅值为 $u_{max}/\sqrt{2}$ ($0.707u_{max}$) 的两点。在这两点处，输入功率为共振频率时的一半，其相应的频率比，可将 $u_{max}/2$ 代入式(3-10.1-2)左端解得。因为 $u_{max} \approx \frac{1}{2\eta\xi}$，故得：

$$\frac{1}{8\xi^2} = \frac{1}{(1-a^2)^2 + (2a\xi)^2} \tag{3-10.1-9}$$

解此方程得出频率比 a 为：

$$a^2 = 1 - 2\xi^2 \pm 2\xi\sqrt{1+\xi^2} \tag{3-10.1-10}$$

当阻尼比 ξ 很小时，$\xi^2 \ll 1$，式(3-10.1-10)右端第二项根号中的 ξ^2 与 1 相比可以略去。从而可得

$$a_1^2 \approx 1 - 2\xi - 2\xi^2, \ a_2^2 \approx 1 + 2\xi - 2\xi^2 \tag{3-10.1-11}$$

或者：

$$f_1^2 \approx f_0(1 - 2\xi - 2\xi^2), \ f_2^2 \approx f_0(1 + 2\xi - 2\xi^2) \tag{3-10.1-12}$$

由此，

$$f_2^2 - f_1^2 \approx 4f_0\xi \tag{3-10.1-13}$$

因为：

$$f_0 \approx \frac{f_1 + f_2}{2} \tag{3-10.1-14}$$

所以：

$$\xi = \frac{f_2 - f_1}{f_2 + f_1} \approx \frac{\Delta f}{2f_0} \tag{3-10.1-15}$$

式中

$$\Delta f = f_2 - f_1 \qquad\qquad (3\text{-}10.1\text{-}16)$$

显然，用半功率法求阻尼比 ξ 的精度取决于半功率范围内共振曲线的精度。

用谐波迫振法确定结构的动力特性时，需要注意以下几点：

为保证共振曲线的测试精度，对于自振频率低的结构宜采用位移反应共振曲线，对于自振频率高的结构宜采用加速度反应共振曲线。在谐波迫振时，这两种共振曲线可以较方便的相互转换。此外，为了保证得到稳态迫振反应，在采用连续扫描时，扫描频率不应超过 1 倍频程/分。即每分钟频率的变化不超过 1 倍。

在被测结构很大时，注意激振器基座的稳定、局部振动的影响，激振系统的自振频率一定要远离被测结构的频率，以减少动态耦合影响。

当结构的各阶自振频率比较密集，振型间的耦合较紧密时，上述简单的方法已不再适合，需要采用模态识别技术进行分析。

10.2 测试仪器设备

传感器测试设备可分为位移计、速度计、加速度计和应变计，按工作原理可分为电阻式、电容式、电动势式和电量式等类型，每种类型的传感器都有一定的使用特性，同一种类型的传感器有不同的测量范围，在选择传感器时应考虑被测参数的频率、幅值的要求，综合确定适合的传感器。在满足被测结构动态响应的同时，尽可能地提高输出信号的信噪比。

10.2.1 常见传感器工作原理

目前用得比较多的振动传感器有位移型（电涡流型）、速度型和加速度型。

1. 电涡流位移传感器基本原理

根据法拉第电磁感应原理，块状金属导体置于变化的磁场中或在磁场中作切割磁力线运动时，导体内将产生感应电流，以上现象称为电磁感应现象。

前置器中高频振荡电流通过延伸电缆流入探头线圈，在探头头部的线圈中产生交变的磁场。当被测金属靠近这一磁场，则在此金属表面产生感应电流，与此同时该电涡流场也产生一个方向与头部线圈方向相反的交变磁场，由于其反作用，使头部线圈高频电流的幅度和相位得到改变（线圈的有效阻抗），这一变化与金属体磁导率、电导率、线圈的匝数、电流频率以及头部线圈到金属导体表面的距离等参数有关。通常假定金属导体材质均匀且性能是线性和各向同性，则线圈和金属导体系统的物理性质可由金属导体的电导率 σ、磁导率 ξ、线圈匝数 τ、头部体线圈与金属导体表面的距离 D、电流强度 I 和频率 ω 等参数来描述。则线圈特征阻抗可用 $Z = F(\tau, \xi, \sigma, D, I, \omega)$ 函数来表示。通常我们能做到控制 $\tau, \xi, \sigma, I, \omega$ 这几个参数在一定范围内不变，则线圈的特征阻抗 Z 就成为距离 D 的单值函数，虽然它整个函数是一非线性的，其函数特征为 "S" 形曲线，但可以选取它近似为线性的一段。于此，通过前置器电子线路的处理，将线圈阻抗 Z 的变化，即头部体线圈与金属导体的距离 D 的变化转化成电压或电流的变化输出信号的大小随探头到被测体表面之间的间距而变化，电涡流传感器就是根据这一原理实现对金属物体的位移、振动等参数的测量，如图 3-10.2-1 所示。

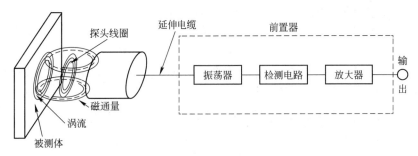

图 3-10.2-1 电涡流传感器示意图

2. 速度传感器基本原理

速度传感器实际上是一个往复式永磁小发电机。传感器外壳固定在被测物体上，与被测物体一起振动。动线圈用两个很小的簧片固定在外壳上，其自振频率 ω_n 很低。当被测物体振动频率 $\omega \geqslant 4\omega_n$ 时，动线圈处于相对静止状态。线圈与磁钢之间发生相对运动，线圈切割磁力线而产生感应电压。根据电磁感应定律 $E = BLV$，输出电压正比于振动速度，所以将它称为速度传感器。

3. 加速度传感器基本原理

加速度传感器利用的是压电材料的压电特性，当有外力作用在压电材料上时，便产生电荷，蝶形簧片通过质量块和导电片与压电晶体片紧密接触。将这些部件装在不锈钢外壳内，晶体片的电荷通过导线引出。压电晶体片输出电荷正比于作用在晶体片上的力。当物体振动时，晶体片上受到的作用力正比于质量块的质量和振动加速度的乘积。因此当质量块的质量一定时，传感器输出电荷与振动加速度成正比。

10.2.2 注意事项

（1）应根据被测参数选择合适的位移计、速度计、加速度计和应变计，被测频率应落在传感器的频率响应范围内。

（2）检测前应根据预估被测参数的最大幅值，选择合适的传感器和动态信号测试仪的量程范围，并应提高输出信号的信噪比。

（3）根据测试的需要，保留有用的频段信号，对无用的频段信号、噪声进行抑制，从而提高信噪比。为防止部分频谱的相互重叠，一般选择采样频率为处理信号中最高频率的 2.5 倍或更高，对 0.4 倍采样频率以上频段进行低通过滤波，防止离散的信号频谱与原信号频谱不一致。

（4）动态信号测试系统由传感器、动态信号测试仪组成，动态信号测试系统的精度、分辨率、线性度、时漂等参数应满足相关规范的要求。

10.3 振动测试方法

10.3.1 自由振动法

自由振动法在现场和室内试验都可应用，其主要原理是：通过外力使被测结构沿某个主轴方向产生一定的初位移后，突然释放；或者借助瞬时冲击荷载，使之产生一个初速度，以激发起被测结构的自由振动。其中的高阶振型由于阻尼较大，很快衰减。只剩下基本振型的自由衰减振动。从而可以简捷地直接求得被测结构的基本振型频率 f_0 和阻尼比 ξ，通过同一时刻量测的各点反应幅值，可求得其基本振型。基本振型的自由振动是一个按指数规律衰减的简谐运动，其自振周期 T_1 或自振频率 f_1 可以很方便地从时程曲线中获得。通常取相隔 m 周的反应波峰计算阻尼比 ξ 的近似值：

$$\xi = \frac{1}{2\pi m}\ln\left(\frac{u_n}{u_{n+m}}\right) \tag{3-10.3-1}$$

海上平台及一般钢结构通常取 $\xi=0.05$。

10.3.2　随机测试法

随机测试法是利用被测结构对随机振动源的反应，按随机振动理论分析其动力特性。现场的随机振动源是指由于机械、车辆等人为活动和风、浪、气压等自然原因引起的极微弱地面振动（即地脉动）。室内试验一般采用对振动台或激振器施加白噪声信号。

1. 地脉动的主要特点

（1）由于地脉动无固定振源，其影响因素众多，且不断变化，因而具有完全的随机性，是典型的随机过程。其统计特征基本与时间无关，是具有各态历经特性的平稳随机过程；而且在足够长时间的一次取样过程中就包含体系样本总体的全部统计特征。

（2）地脉动为微幅振动，其最大振幅一般不超过1mm，频带较宽，包含从0.1秒到数十秒的周期分量；且无固定的传播方向。在地脉动作用下，地面上的设备或结构有类似滤波和放大作用，在其反应中突出了设备或结构本身的动力特性。

2. 白噪声随机波

所谓白噪声随机波是由无限多个等能量的频率分量组成的平稳各态历经随机过程。室内振动试验的随机振动源，可通过白噪声发生器或由计算机数字模拟产生。实际上不可能由包含无限多个频率分量的理想白噪声随机波，而只是在足够宽的有限频带内具有相同功率谱密度的有限带宽白噪声随机波。

利用地脉动测定设备或结构动力特性时应注意的问题：

（1）排除某些特殊的干扰因素，保证地脉动的随机性。

（2）地脉动波的信息中不但有被测设备或结构的共振反应，而且也有地面运动的卓越周期，分析时要注意判断。一般，被测设备或结构的共振反应要比地基共振反应显著。

（3）测试仪器要有足够的灵敏度和稳定性。此外，在这些微幅振动下测出的阻尼比偏低。

10.3.3　数据采集

对于一些试验研究，需要把传感器输出的模拟电压或电流信号转换为数字量，输入到计算机进行后续分析。要想把模拟信号转换为数字量，需要借助于模数转换，通常用"A/D"表示，把模拟量转换为数字量有很多途径，Vib'SYS程序可支持多种数据采集卡、并口数据采集仪、USB数据采集仪、数字式应变仪等。数据采集设备的主要技术指标是其总采样频率、分辨率等。

1. 数据采集系统基本构成

（1）抗干扰滤波器

当噪声信号比较小时（被测信号幅值大于噪声信号几倍以上），可用 Vib′SYS 程序的数字滤波程序进行数字滤波。但当噪声信号比较大时（噪声信号幅值接近被测信号幅值或大于被测信号幅值），用 Vib′SYS 程序的数字滤波程序进行数字滤波时，不容易滤掉噪声信号，所以应考虑使用模拟抗干扰滤波器，使用模拟抗干扰滤波器可以把噪声信号在 A/D 转换之前滤掉。

（2）数据采集噪声

我们要清楚，任何 A/D 转换自身都有一定的噪声信号，当然，噪声信号越小越好，那么如何知道采集仪的噪声信号有多大呢？首先把采集仪的一个通道短接，然后通过采集程序看采集的数据的峰值，即可知道采集仪的本底噪声。

（3）数据采集增益

根据用户的需要，各种采集卡、采集仪可选择程控增益，一般程控增益为 1、2、4、8、16 倍，采集仪的程控增益不要太大（如 1、10、100、1000 倍），因为采集仪有一定的本底噪声，当程控增益太大时，相应的本底噪声也被放大。当程控增益不能满足需要时，要考虑选择其他模拟放大器。

（4）同步数据采集

由于多数数据采集卡、数据采集仪的工作方式采用一个 A/D 模数转换芯片，所以多通道采集是顺序进行的，那么，各通道之间都有一定的相移，相移的大小可以按下式估计：

$$相移 = \frac{1}{采集卡最高采样频率(\mathrm{Hz})} \quad (单位：s)$$

当该相移不能满足试验要求时，可选用采样保持器（采保），即在采集卡、采集仪加配采样保持器，这样就可以使多通道采集完全同步。当然，增加采样保持器也增加了采集仪的成本。

（5）数据采集精度

数据采集设备的分辨率的高低能决定模数转换的精度，采集设备的转换精度与其 A/D 的分辨率之间的关系为：采集设备的 A/D 转换分辨率为 16Bits（16 位）和 12Bits（12 位）对比，当其最大量程都为 ±10 伏时，转换精度对应关系见表 3-10.3-1 所示。

结构动力测试数据采集转换精度对换　　　　　　　　　　　　　表 3-10.3-1

模拟输入	16 位模数转换数字量	12 位模数转换数字量
+10V	32767	2048
0V	（对应于）0	0
−10V	−32767	−2048
转化精度	0.000305V	0.00488V

这时，数字量每变化 1 位相当于 16 位模拟量变化 10/32768≈0.000305V；12 位模拟

量变化 $10/4096 \approx 0.00488V$。可以看出，16 位 A/D 转换比 12 位 A/D 精度高 16 倍。

2. 示波

在采集数据之前，要先检查各数据采集通道的信号情况，确定每个采集通道的信号是否正常，用示波功能可查看模拟信号的波形。Vib'SYS 程序提供了双踪(通道)示波程序，示波程序具有以下功能：

(1) 可同时显示两个通道的模拟信号。

(2) 示波程序同时可显示两个通道信号的最大值。

(3) 如果采集仪内置了程控增益，示波程序还可选择程控增益。

(4) 固定显示坐标或自由显示坐标；自由显示坐标是根据模拟信号的大小随时调整坐标大小，使小信号或大信号能满窗口显示。

(5) 可选择示波采样频率和示波时间；波形显示的频率和时间的选择可影响波形的刷新速度。示波显示时间越短波形显示刷新越快；采样频率高，采集的数据点数多，也会使显示速度减慢。

3. 数据采集

(1) 数据采集方式

1) 直接(手动)数据采集

这种采集需要建立采集文件、输入采集频率(Hz)、采集时间(s)、采集开始通道、采集结束通道和程控增益参数，当试验就绪以后，按"开始采集"按钮开始采集，采集过程将持续若干秒(采集时间参数)。

2) 峰值触发采集

这种采集需要建立采集文件、输入采集频率(Hz)、每次触发的采集时间(s)、采集开始通道、采集结束通道、程控增益、触发峰值(电压：V)、触发峰值控制通道和是否选择多次触发参数，当试验就绪以后，按"开始触发采集"按钮开始等待采集，当模拟输入信号的幅值达到或超过触发峰值时开始次采集，如果已选择"多次触发"采集方式，那么采集继续等待下次触发采集。

选择多次触发采集可应用于连续锤击试验数据采集，这样可只采集触发后的信号，去掉多余的信号采集。触发采集还采用了"不丢头"技术，即触发峰值达到或超过触发峰值以后开始采集，但同时也保存了触发点以前的一段信号，使采集的信号是连续信号。

(2) 采集注意事项

采集仪的模拟输入幅值不要超过采集卡或采集仪的最大量程。

当某通道的模拟输入幅值超过采集的最大量程时，会引起其他采集通道工作不正常。当输入幅值太大时，还会烧毁采集卡或采集仪。

输入的模拟信号的信噪比要比较大(输入信号至少要大于噪声几倍)。

当模拟输入信号的噪声比较大时，有时甚至大于被测信号，虽然 Vib'SYS 程序有数字滤波程序，但也很难滤掉这样的噪声信号，特别是被测信号的频率范围覆盖了噪声信号的频率。这时要考虑选用模拟抗干扰滤波器。

采集仪的最高采样频率是指 A/D 模数转换芯片的最高转换速度，采集仪的转换速度与计算机的速度、并口或 USB 接口的传输速度有关，实际 A/D 的转换速度要根据测试结果确定。

4. 转换采集数据

为了达到最快的数据采集，采集程序尽可能地节省时间，所以采集的数据是按采集通道顺序存放，而 Vib'SYS 程序的时域文件结构是按数据块存放的，两者完全不同，所以必须把采集的数据经转换后才能供 Vib'SYS 程序使用。

采集数据文件的扩展文件名是 .AD，Vib'SYS 的时域文件的扩展文件名是 .TIM，Vib'SYS 程序对扩展文件名是 .TIM 的文件进行处理，而 Vib'SYS 程序不对采集的数据文件(扩展文件名是 .AD)做任何处理，所以这也就保存了采集数据的原始备份，当数据处理过程改变了采集的数据后，想恢复原始数据时，重新转换数据(把 .AD 文件转换为 .TIM 文件)。

(1) 采集数据文件标定(滤定)

数据采集是把传感器输出的电压或电流信号经 A/D 转换为数字信号，对于未标定的采集数据，幅值单位是电压(伏)。对采集数据文件标定的目的是把其电压单位转换为实际的工程单位，这样才可对数据进行进一步的分析和处理。

在标定之前，需要知道采集的传感器的输出量与电压的对应关系，我们称为标定系数，标定系数要通过对传感器给定标准输入量，然后得到采集数据电压量，计算出标定系数，如(被测量为加速度)：

方法 1：用标准设备标定

把被测加速度计放到标准试验台上，用试验台输出 1g 的正弦波，然后采集数据，设采集数据正弦波的幅值为 0.72V，那么，标定系数为：

$$C=1g/0.72Volt=1.39g/Volt$$

方法 2：根据灵敏度系数标定

例如，加速度计的灵敏度系数为 1.56Volt/g，那么，标定系数为：

$$C=1/1.56=0.64g/Volt$$

标定过程：

建立标定系数文件→标定系数文件名 .CAL

↓

标定数据文件→时域数据文件名 .TIM　(坐标单位：V)

↓

时域数据文件名 .TIM　(坐标单位：工程单位)

(2) 建立标定系数文件

选择菜单：信号采集→建立标定文件

在得到了每个通道的标定系数以后，要建立标定系数文件，该文件可用于对其他多个采集的数据文件进行标定。根据试验目的的不同，可建立多组标定系数文件，标定数据文件的扩展名为：＊.CAL。

标定系数文件的结构示例如下：

通道号	标定系数	量纲单位
1	1.1	g
2	1.2	g
...		
10	3.4	MPa

（3）标定数据文件

选择菜单：信号采集→数据文件

10.3.4　结构动力特性测试一般步骤

（1）将加速度传感器分别安放到（以悬臂梁为例）梁模型的顶端和中部，将输出导线连接到电荷放大器的电荷输入端，再将电荷放大器的输出导线接到数据采集器的两个通道上，并将数据采集器与计算机连接好。

（2）首先打开数据采集器开关，指示灯亮，再打开计算机，调出采集程序。再打开电荷放大器开关，指示灯亮，用示波器界面检查两个加速度传感器通道是否正常。

（3）建立采集文件、输入采集频率（Hz）、采集时间（s）、采集开始通道和采集结束通道，当试验就绪以后，激励实验模型，按"开始采集"按钮开始采集，采集过程将持续若干秒（采集时间参数）。

（4）转换采集数据，采集数据文件的扩展文件名是".AD"，Vib'SYS 的时域文件的扩展文件名是".TIM"，Vib'SYS 程序对文件的扩展文件名是".TIM"的文件进行处理。

（5）建立频谱分析文件".FRQ"，对采集数据文件进行频谱分析。

（6）根据采集数据文件的自由衰减时程曲线计算基频阻尼比。

（7）编写实验报告，要求描述实验过程，给出时程记录曲线图和频谱图，给出测试的自振频率和阻尼比，根据模型实际尺寸和质点质量计算模型的自振频率。

10.3.5　测试应注意的问题

检测前应了解被测结构的结构形式、材料特性、结构或构件的截面尺寸等，选择检测采用的激励方式，估计被测参数的幅度变化和频率响应范围。对于复杂结构，宜通过计算分析来确定其范围。检测前制定完整详细的检测方案，准备好检测设备。

振动测试时，振动信号的采样频率需满足奈奎斯特采样定律，采样频率 f_c 与截止频率 f_s 的比值应为 3~6，振动数据采集时，在信号进行模拟转换（A/D）前应进行抗滤波处理。

环境随机振动激励无须测量荷载，直接从响应信号中识别模态参数，可以对结构实现在线模态分析，能够比较真实地反应结构的工作状态，而且测试系统相对简单，但由于精度不高，应特别注意避免产生虚假模态；对于复杂的结构，单点激励能量一般较小，很难使整个结构获得足够能量振动起来，结构上的响应信号较小，信噪比过低，不宜单独使用，在条件允许的情况下，宜采用多点激励方法，对于相对简单结构，可采用初始位移法、重物撞击法等方法进行激励，对于复杂重要结构，在条件允许的情况下，采用稳态正弦激振方法。

信号的时间分辨率和采样间隔有关，采样间隔越小，时域中取值点之间越细密。信号的频域分辨率和采样时长有关，信号长度越长，频域分辨率越高。根据测试需要，选择适合的采样间隔和采样时长，同时必须满足采样定理的基本要求。

传感器的安装谐振频率是控制测试系统频率的关键，传感器与被测物的连接刚度和传感的质量本身构成一个弹簧和质量的二阶单自由度系统，安装谐振频率越高，测试的响应信号越能反应结构实际响应状态。一般而言，以下几种安装方式的安装谐振频率由高到低依次为：

（1）传感器与被测物采用螺栓直接连接（一般成为刚性连接）；

（2）传感器与被测物通过薄层胶、石蜡等直接粘贴；

（3）用螺栓将传感器安装在垫座上；

（4）传感器吸附在磁性垫座上；

（5）传感器吸附在厚磁性垫座上，垫座与被测物体采用钉子连接固定，且垫座与被测物体间悬空；

（6）传感器通过触针与被测物体接触。

节点处某些模态无法被激发出来，传感器安装位置应远离节点，尽可能选择能量输出较大的位置，提高传感器信号输出信噪比。

结构动力特性测试作业时应保证不产生对结构性能有明显影响的损伤，也应避免环境对测试系统的干扰。

10.4　检测数据分析与评价

对原始信号进行分析前，应仔细核对，避免产生差错。

周期振动、随机振动、瞬态振动等不同类型振动信号，应采用相应的数据分析和评估方法。

对记录的原始信号进行转换、滤波、放大等处理，提高信号的信噪比，为信号的计算分析做好准备。

根据检测中采用的激励方式，选择适合的信号处理方法，减少信号因截断、转换等造成的分析误差，提供所测结构的相关模态参数。

采用频域方法进行数据处理时，宜根据信号类型选择不同的窗函数处理。

冲击信号的幅值分析，可采用时域分析方法，应读取 3 个以上的连续冲击周期中的最大峰值，比较后选取最大的数值作为测试结果。

对于稳态周期振动，可在时域范围分析，将测试信号中所有幅值在测试区间内做平均处理；亦可运用幅值谱分析的数据作为测试结果。数据样本可取 1024 个点，宜加窗函数处理，频域上的总体平均次数不宜小于 20 次。

随机信号的分析，应对随机信号的平稳性进行评估；对于平稳随机过程可采用总体平滑的方法提高测试精度；FFT 或频谱分析时，每个样本数据宜取 1024 个，宜采用加窗函数处理，频域上的总体平均次数不应小于 32 次。

每个测点记录振动数据的次数不得少于 2 次。当 2 次测试结果与其算术平均值的相对误差在 ±5% 以内时，可取该平均值作为测试结果。

检测数据处理后，应根据需要提供所测结构的自振频率、阻尼比和振型以及动力反应最大幅值、时程曲线、频谱曲线等分析结果。

思考题

1. 结构动力测试的一般步骤是什么？

2. 为防止部分频谱的相互重叠，采样频率应如何取值？

第 11 章 钢材性能检测

11.1 概述

钢结构在使用过程中会受到各种形式的作用，因此要求钢材具有良好的力学性能，以保证结构安全可靠。钢材的力学性能包括抗拉强度、冷弯性能、抗冲击韧性及疲劳性能等。钢材的力学性能一般由试验进行测定，通常可分为屈服点、抗拉强度、伸长率、冷弯和冲击功等项目。钢材的化学成分及其微观组织结构对钢材的性能也有重要影响。钢材性能的检验可从化学成分检测获得。

当工程尚有与结构同批的钢材时，可以将其加工成试件，进行钢材检验；当工程没有与结构同批的钢材时，可在构件上截取试样，但应确保结构构件的安全。

钢材品种检测是采用化学成分分析方法判断国产结构钢材的品种。化学分析方法一般通过测量 C、Mn、Si、S、P 五元素含量进行分析，必要时，可进一步测定试样中 V、Nb、Ti 三元素的含量。然后根据《碳素结构钢》GB/T 700、《低合金高强度结构钢》GB/T 1591 中的化学成分含量进行判别。

钢材力学性能包括屈服点、抗拉强度、伸长率、冷弯和冲击功等项目。钢材力学性能检测，可选取结构同批钢材，或在构件上选取。对于抗拉强度，可采用表面硬度的方法进行检测，但采用表面硬度法检测时，应有取样检验钢材抗拉强度的验证。表面硬度法是通过里氏硬度计测量钢材表面的硬度以推算钢材的强度。

11.2 仪器设备

钢结构材料性能检测分为现场检测和实验室试验部分，现场检测部分常用的仪器有里氏硬度计，用于检测钢材抗拉强度值；超声波测厚仪用于检测构件材料厚度与设计厚度是否相符，是否存在严重锈蚀对钢构件厚度的削弱；涂层测厚仪用于检测磁性金属基体上非磁性覆盖层的厚度(如铝、铬、铜、珐琅、橡胶、油漆等)；超低频率测振仪主要用于地面和结构物的脉动测量、一般结构物的工业振动测量、高柔结构物的超低频大振幅的测量和微弱振动测量。

部分检测无法进行现场检测，需进行取样，进行实验室试验分析。如钢材的屈服强度、抗拉强度、伸长率和断面收缩率等力学性能等。若既有钢结构产品中，由于原始资料丢失，可通过现场取样后，进行化学成分分析判断钢材的品种。考虑到进口钢材与国产钢材的化学成分有一定的差异，因此，化学分析适用于对国产钢材的品种进行判定。

11.3　检测方法

1. 概述

钢材力学性能检验试件的取样数量、取样方法、试验方法和评定标准应符合表 3-11.3-1 的规定。

材料力学性能检验项目和方法　　　　　　表 3-11.3-1

检验项目	取样数量（个/批）	取样方法	试验方法	评定标准
屈服点、抗拉强度、伸长率	1	《钢材力学及工艺性能试验取样规定》GB 2975	《金属拉伸试验试样》GB 6397；《金属拉伸试验方法》GB 228	《碳素结构钢》GB 700；《低合金高强度结构钢》GB/T 1591；其他钢材产品标准
冷弯	1		《金属弯曲试验方法》GB 232	
冲击功	3		《金属夏比缺口冲击试验方法》GB/T 229	

2. 室温拉伸试验及性能检测

室温拉伸试验是指在室温条件下，对拉伸试验进行单向拉伸直至断裂，测定钢的一项或几项力学性能的试验。

检测钢材的屈服强度、抗拉强度、伸长率和断面收缩率等力学性能指标，也可以测定钢材的弹性模量和应变硬化模量。

3. 弯曲试验及性能检测

冷弯性能是指钢材在常温下承受弯曲变形的能力。冷弯性能是一项综合指标，冷弯合格一方面表示钢材的塑性变形能力符合要求，另一方面也表示钢材的冶金质量（颗粒结晶及非金属夹杂等）符合要求。重要结构中需要钢材有良好的冷、热加工工艺性能时，应有冷弯试验合格保证。

4. 冲击试验及性能检测

冲击韧性是钢材抵抗冲击荷载的能力，它用钢材断裂时所吸收的总能量来衡量。单向拉伸试验所表现的钢材性能都是静力性能，韧性则是动力性能。韧性是钢材强度、塑性的综合指标，韧性低则发生脆性破坏的可能性大。

5. 厚度方向性能试验及检测

钢材的轧制能使晶粒变细，改善力学性能，辊扎次数越多，效果越显著，但非金属夹杂、气孔等缺陷在轧制后能造成钢材（尤其是厚钢板）的分层，使得钢板沿厚度方向（Z 向）受力时，很容易发生层间撕裂。因此，对于某些重要焊接构件的厚钢板，不仅要求沿厚度方向和长度方向有一定的力学性能，而且要求厚度方向有良好的抗层状撕裂性能。钢板的抗层状撕裂性能采用厚度方向拉力试验的断面收缩率来评定。

11.4　检测结果及评价

1. 钢材抗拉强度与钢材中 C、Si、Mn、P 元素含量间的关系

钢材抗拉强度与钢材中 C、Si、Mn、P 元素含量间存在相关关系，即可根据钢材中 C、Si、Mn、P 元素含量来推算钢材的抗拉强度。

$$\sigma_b = 285 + 7C + 2\,Si + 0.06\,Mn + 7.5P \tag{3-11.4-1}$$

式中　　　　σ_b——钢材抗拉强度(N/mm^2)；

C、Si、Mn、P——钢材中碳、硅、锰、磷元素的含量平均值(以 0.01% 计)

国家建筑工程质量监督检验中心结合钢结构工程检测，对钢管、角钢、钢板、工字钢等的抗拉强度进行了验证。见表 3-11.4-1，结果表明吻合性较好，平均相对误差为 -4.2%。

由钢材化学成分推算抗拉强度与实测抗拉强度的比较　　　　　　　　　表 3-11.4-1

钢材规格	化学元素含量(%)				由公式推算的抗拉强度 (N/mm^2)	实测抗拉强度 (N/mm^2)	相对误差 (%)
	C	Si	Mn	P			
钢管 50×4	0.16	0.23	0.49	0.01	453	440	3.0
钢管 50×4	0.12	0.15	0.43	0.005	405	435	−6.9
钢管 60×5	0.07	0.12	0.38	0.02	375	385	−2.6
角钢 L50×6	0.13	0.007	0.39	0.015	391	420	−6.9
角钢 L125×10	0.13	0.52	1.50	0.024	507	555	−8.6
钢板 8	0.10	0.018	0.41	0.009	368	380	−3.2
钢板 5.5	0.16	0.14	0.44	0.014	438	450	−2.7
钢板 7.5	0.18	0.32	1.28	0.019	497	555	−10.5
钢板 19	0.38	0.28	0.66	0.020	626	625	0.2
I16(6)	0.16	0.16	0.42	0.012	441	450	−2.0
I25a(8)	0.16	0.16	0.41	0.011	440	445	−1.1
I36a(10)	0.17	0.17	0.43	0.006	445	490	−9.2

尽管钢材抗拉强度与钢材中 C、Si、Mn、P 元素含量存在较好的相关关系，但钢材的不同轧制方式、不同厚度，均会影响钢材的抗拉强度，因此，不推荐用钢材中的 C、Si、Mn、P 元素含量来推算钢材的抗拉强度。但在实际工程中，可根据《钢结构现场检测技术标准》GB/T 50621—2010 的条文说明，大致了解钢材的强度范围。

2. 钢材屈服强度与抗拉强度之间的关系

钢材的屈服点(屈服强度)与抗拉强度的比值，称为屈强比，反映钢材受力超过屈服点后继续承载的可靠性。屈强比低表示材料的塑性较好。

　　国家建筑工程质量监督检验中心结合钢结构工程检测，对碳素钢和低合金结构钢的屈强比的大小进行了验证。所验证的碳素钢屈强比为 0.63～0.82，低合金结构钢为 0.65～0.79。基于安全考虑，由钢材抗拉强度计算钢材的屈服强度或条件屈服强度时，对 Q235 的屈强比可取 0.60；对 Q345、Q390 等低合金结构钢的屈强比可取 0.65。

　　3. 钢材硬度和钢材抗拉强度之间的关系

　　根据国内相关文献资料，钢材抗拉强度与钢材里氏硬度(测头采用 D 头)间存在较好的相关关系：

$$\sigma_b = 0.2295 EXP(0.0165HL) + 364 \tag{3-11.4-2}$$

式中　σ_b——钢材抗拉强度(N/mm^2)；

　　　HL——钢材里氏硬度(测头采用 D 头)。

　　经试验，按以上公式对钢材硬度与实测抗拉强度的比较，发现吻合性较差，平均相对误差为 30.4%。根据《黑色金属硬度及强度换算值》(GB/T 1172—1999)，可将里氏硬度换算成其他硬度表示方法后，获得硬度与强度之间的关系。

思考题

　　1. 化学分析适用条件、目的以及与抗拉强度之间的关系？

　　2. 屈服强度的试验方法是怎样的，屈服强度和抗拉强度之间是什么关系？

第12章 钢结构的计算分析

12.1 概述

在对结构做出安全鉴定、可靠性鉴定或抗震鉴定前，一般均需要对结构进行计算分析，以计算结果作为鉴定的依据之一。钢结构的计算分析，包括承载力的计算和变形的计算。承载力计算包括杆件的强度计算、稳定计算，连接节点的承载力计算等。变形计算既包括结构整体的变形，如多层钢框架的层间位移；也包括杆件的变形，如梁的挠度等。计算分析时，首先要建立模型，然后进行整体计算分析，再进行组成构件及其连接节点的验算分析，最后根据计算结果给出结论，作为安全鉴定、可靠性鉴定或抗震鉴定的依据之一。

12.2 计算分析的基本要求

1. 计算采用的结构分析方法的要求

计算采用的结构分析方法，一般应符合现行的鉴定标准或现行的国家设计规范。

2. 计算模型的要求

计算使用的计算模型，应符合其实际受力与构造情况，否则计算结果将出现较大的偏差甚至是错误。

3. 结构上的作用的要求

结构上的作用应经调查或检测核实，按相应的《建筑结构荷载规范》（GB 50009—2012)的规定及其他相关规定取值。

4. 材料强度的标准值的要求

材料强度的标准值应根据结构的实际状态按下列原则确定：1)原设计文件有效，且不怀疑结构有严重的性能劣化或者发生设计、施工偏差的，可采用原设计的标准值。2)调查表明实际情况不符合上款要求的，应进行现场检测。

5. 结构或构件的几何参数的要求

结构或构件的几何参数应采用实测值，并应计入锈蚀、腐蚀、风化、局部缺陷或缺损以及施工偏差等的影响。因此在做建模计算前，必须首先进行现场检查检测，做好详细记录。

12.3 结构整体的计算分析

1. 计算软件的选取

目前结构整体计算分析基本均采用计算软件。目前计算软件基本可以分为两大类：通用计算软件和专业计算软件。通用计算软件适用范围广，计算功能强大，但建模和后处理相比专业计算软件比较烦琐。专业计算软件适用范围窄，但建模、计算和后处理更快捷、方便、清晰。根据结构的类别，尽可能选用专业的软件或模块进行计算分析，以提高效率。比如网架、门式刚架都有专业的计算软件。常用计算软件见表 3-12.3-1 所列。

国内常用的钢结构计算软件

表 3-12.3-1

软件名称	开发单位	软件适用范围及特点
PKPM	中国建筑科学研究院	含有轻型门式刚架模块、重型工业厂房模块、温室设计模块、框架结构模块、桁架结构模块、支架结构模块、框排架结构模块、空间结构模块等
SS2000	中国京冶工程技术有限公司	适用于多高层钢框架、钢框架支撑结构
PS2000	中国京冶工程技术有限公司	适用于门式刚架
3D3S	上海同磊土木工程技术有限公司	含有轻型门式刚架模块、重型工业厂房模块、多高层建筑结构模块、网架与网壳结构模块、钢管桁架结构模块、塔架结构模块、变电构架设计模块、玻璃幕墙结构模块、索膜结构模块、超轻钢结构模块等
MST	浙江大学空间结构研究中心	适用于各类网架网壳结构
SFCAD	北京云光科技有限公司	适用于各类网架网壳结构
MIDIS GEN	北京迈达斯技术有限公司	建筑结构通用有限元分析与设计软件
ETABS	美国 CSI 公司	房屋建筑结构分析与设计软件
SAP2000	美国 CSI 公司	通用结构分析与设计软件
STAAD/CHINA	美国 Bentley 工程软件有限公司	通用结构分析与设计软件
STRAT	上海佳构软件科技有限公司	通用结构分析与设计软件

2. 结构整体模型建立

根据现场检测、检查结果和提供的设计文件，进行结构模型的建立。要确保计算模型与实际情况相符。

结构的几何尺寸、截面类型、材料强度等级等要确保输入正确。在用 PKPM 的 PM 模块建模时，要注意层高输入的正确性，尤其是首层，首层层高要从基础顶面算起，不是从地面算起。结构模型建完后，要生成三维模型进行更直观的查看，确保模型的正确性。

另外要注意荷载输入的正确性，注意荷载输入的单位，比如 MIDIS、SAP2000 等软件，允许以不同的单位输入。荷载输入时，对于恒载，必须根据现场实际情况输入；对于活载，要根据实际情况和相应的规范取值。荷载输入要全面，不能出现漏项，要防止围护结构、隔断等自重的遗漏。在用 PKPM 的 PM 模块建模时，要注意楼面恒载输入时是否包括楼板自重，既不能漏项，也不能重复计入。

在 PKPM 荷载定义对话框中，如果"自动计算现浇楼板自重"前不打勾，则恒载应包括楼板自重；否则恒载不包括楼板自重。

此外，要注意连接节点的定义。应根据其实际受力与构造情况，确定连接是铰接节点还是刚接节点。在 PKPM 软件中，一般自动设为刚接，如果实际情况是铰接节点，则需要在特殊构件补充定义中进行设置。

3. 结构整体计算分析

365

结构整体模型建完后就要输入计算参数，然后进行计算。计算参数输入的正确与否，直接关系到最后结算结果的正确性，所以计算参数输入必须慎重，确保正确。比如考虑抗震时，地震烈度、抗震等级、场地类别等都是非常重要的参数，不允许有误，否则计算结果完全没有意义。对于相同的结构，不同软件输入的参数基本应该相同，只是形式、表述方式可能不一样。对于不确定的参数，必须查看相关规范、规程，确保无误后输入。

4. 结构整体计算结果

整体计算完成后，就要查看计算结果。作为鉴定，一般的结构，主要看结构整体变形是否满足相关要求；构件的承载力是否满足相关要求等。

首先要判断计算结果是否合理。查看结果，先看整体，后看局部。首先看周期、振型是否合理。如果不合理，就要查看模型的建立是否正确，影响计算的重要参数输入是否正确。其次查看结构整体的变形，比如柱顶位移、层间位移、位移比等。最后查看杆件的承载力是否满足要求，对于承载力相差比较多的杆件，要仔细核对截面输入是否正确，材质是否正确，端部连接方式输入是否正确以及该处荷载输入是否正确。最终要确保模型建立合理，计算结果可靠。

12.4　单根钢构件的验算

12.4.1　钢构件的分类

无论结构整体是什么结构形式，最终简化为的单根钢构件按受力分类，基本可以分为以下几类：受弯构件、轴心受压构件、轴心受拉构件、压弯构件及拉弯构件。在进行钢构件验算前，必须确定钢构件的类别，然后选用相应的计算公式进行计算。例如对于轴心受拉构件，只需进行强度计算，不需要进行稳定计算；而对于轴心受压构件，则强度计算、稳定计算都必须进行。此外，不同类别的构件对长细比的限值要求也不一样。因此，在钢构件进行验算前，必须对钢构件按受力进行分类。

12.4.2　钢构件的计算长度

钢构件的计算长度确定对于钢构件的验算尤其是受压构件影响非常大，所以验算时对于计算长度的取值必须慎重。钢构件的计算长度分为平面内计算长度和平面外计算长度，这两者可能一致，也可能不一致。对于网架结构杆件，这两者一般是一致的；对于排架结构，这两者一般是不一致的。对于框架结构，这两者是否一致要经过计算确定。

采用计算软件验算查看结果时，首先要确认计算长度取值是否正确。如果不正确，计算结果就没有参考意义了。目前一般的钢结构计算软件都允许用户去修改程序自动确定的计算长度。

12.4.3　钢构件的验算

钢构件验算时首先要确定套用的规范、规程。对于一般普通的钢结构，比如框架结构、排架结构、平台钢结构等，要按照《钢结构设计规范》（GB 50017）进行验算；当需要考虑地震作用时，要按照《建筑抗震设计规范》GB 50011 进行验算；对于冷弯薄壁型钢结构，要按照《冷弯薄壁型钢结构技术规范》GB 50018 进行验算；对于网架结构，要按照《空间网格结构技术规程》JGJ 7 进行验算；对于门式刚架，要按照《门式刚架轻型房屋钢结构设计规程》CECS 102 进行验算等。

钢构件的验算，主要是承载力的验算，变形计算结果从整体结构计算结果中查看。钢构件承载力计算，就是强度和稳定计算，稳定计算包括整体稳定和局部稳定计算。

1. 普通钢结构受弯构件计算

（1）在主平面内受弯的实腹构件（不考虑腹板屈曲后强度），其抗弯强度按下式计算：

$$\frac{M_x}{\gamma_x W_{nx}} + \frac{M_y}{\gamma_y W_{ny}} \leqslant f \tag{3-12.4-1}$$

式中　M_x、M_y——同一截面处绕 x 轴和 y 轴的弯矩（对工字形截面：x 轴为强轴，y 轴为弱轴）。

　　　W_{nx}、W_{ny}——对 x 轴和 y 轴的净截面模量；

　　　γ_x、γ_y——与截面模量相应的截面塑性发展系数；

　　　f——钢材的抗弯强度设计值。

（2）在主平面内受弯的实腹构件（不考虑腹板屈曲后强度），其抗剪强度按下列规定计算：

$$\tau = \frac{VS}{It_w} \leqslant f_v \tag{3-12.4-2}$$

式中　V——计算截面沿腹板平面作用的剪力；

　　　S——计算剪应力处以上毛截面对中和轴的面积矩；

　　　I——毛截面惯性矩；

　　　t_w——腹板厚度。

（3）梁腹板计算高度上边缘局部承压强度应按下式计算：

$$\sigma_c = \frac{\psi F}{t_w l_z} \leqslant f \tag{3-12.4-3}$$

式中　F——集中荷载，对动力荷载应考虑动力系数；

　　　ψ——集中荷载增大系数；

　　　l_z——集中荷载在腹板计算高度上边缘的假定分布长度；

　　　f——钢材的抗压强度设计值。

（4）梁腹板计算高度上边缘折算应力应按下式计算：

$$\sqrt{\sigma^2 + \sigma_c^2 - \sigma\sigma_c + 3\tau^2} \leqslant \beta_1 f \tag{3-12.4-4}$$

式中　σ、τ、σ_c——腹板计算高度边缘同一点上同时产生的正应力、剪应力和局部压应力；

　　　β_1——计算折算应力的强度设计值增大系数。

（5）在最大刚度主平面内受弯的构件，其整体稳定性应按下式计算：

$$\frac{M_x}{\varphi_b W_x} \leqslant f \tag{3-12.4-5}$$

式中　　M_x——绕强轴作用的最大弯矩；

　　　　W_x——按受压纤维确定的梁毛截面模量；

　　　　φ_b——梁的整体稳定系数；

（6）在两个主平面内受弯的 H 型钢截面或工字形截面构件，其整体稳定性应按下式计算：

$$\frac{M_x}{\varphi_b W_x}+\frac{M_y}{\gamma_y W_y}\leqslant f \tag{3-12.4-6}$$

式中　　W_x、W_y——按受压纤维确定的对 x 轴和对 y 轴毛截面模量；

　　　　φ_b——绕强轴弯曲所确定的梁整体稳定系数。

（7）仅配置横向加劲肋的腹板，其各区格的局部稳定应按下式计算：

$$\left(\frac{\sigma}{\sigma_{cr}}\right)^2+\left(\frac{\tau}{\tau_{cr}}\right)^2+\frac{\sigma_c}{\sigma_{c,cr}}\leqslant 1 \tag{3-12.4-7}$$

式中　　　　σ——所计算腹板区格内，由平均弯矩产生的腹板计算高度边缘的弯曲压应力；

　　　　　　τ——所计算腹板区格内，由平均剪力产生的腹板平均剪应力；

　　　　　　σ_c——腹板计算高度边缘的局部压应力；

σ_{cr}、τ_{cr}、$\sigma_{c,cr}$——各种应力单独作用下的临界应力。

（8）同时配置横向加劲肋和纵向加劲肋的腹板，其局部稳定应按下式计算：

1）受压翼缘与纵向加劲肋之间的区格：

$$\frac{\sigma}{\sigma_{cr1}}+\left(\frac{\sigma_c}{\sigma_{c,cr1}}\right)^2+\left(\frac{\tau}{\tau_{cr1}}\right)^2\leqslant 1 \tag{3-12.4-8}$$

式中　　σ_{cr1}、τ_{cr1}、$\sigma_{c,cr1}$——各种应力单独作用下的临界应力。

2）受拉翼缘与纵向加劲肋之间的区格：

$$\frac{\sigma_{c2}}{\sigma_{c,cr2}}+\left(\frac{\sigma_2}{\sigma_{cr2}}\right)^2+\left(\frac{\tau}{\tau_{cr2}}\right)^2\leqslant 1 \tag{3-12.4-9}$$

式中　　　　σ_2——所计算区格内由平均弯矩产生的腹板在纵向加劲肋处的弯曲压应力；

　　　　　　σ_{c2}——腹板在纵向加劲肋处的横向压应力；

σ_{cr2}、τ_{cr2}、$\sigma_{c,cr2}$——各种应力单独作用下的临界应力。

2. 轴心受拉、受压构件计算

（1）轴心受拉和轴心受压构件的强度，除高强度螺栓摩擦型连接处外，按下式计算：

$$\sigma=\frac{N}{A_n}\leqslant f \tag{3-12.4-10}$$

式中　　N——轴心拉力或轴心压力；

　　　　A_n——净截面面积；

　　　　f——钢材的抗拉(压)强度设计值。

轴心受压构件的稳定性按下式计算：

$$\frac{N}{\varphi A}\leqslant f \tag{3-12.4-11}$$

式中　　φ——轴心受压稳定系数(取截面两主轴稳定系数中的较小者)；

A——构件的毛截面面积。

（2）弯矩作用在主平面内的拉弯构件和压弯构件，其强度按下列规定计算：

$$\frac{N}{A_n}\pm\frac{M_x}{\gamma_x W_{nx}}\pm\frac{M_y}{\gamma_y W_{ny}}\leqslant f \qquad (3\text{-}12.4\text{-}12)$$

式中　γ_x、γ_y——与截面模量相应的截面塑性发展系数；

W_{nx}、W_{ny}——净截面模量；

M_x、M_y——弯矩。

（3）弯矩作用在对称轴平面内（绕 x 轴）的实腹式压弯构件，其稳定性按下列规定计算：

1）弯矩作用平面内的稳定性：

$$\frac{N}{\varphi_x A}+\frac{\beta_{mx}M_x}{\gamma_x W_{1x}\left(1-0.8\frac{N}{N'_{Ex}}\right)}\leqslant f \qquad (3\text{-}12.4\text{-}13)$$

式中　N'_{Ex}——参数，$N'_{Ex}=\pi^2 EA/(1.1\lambda_x^2)$；

φ_x——弯矩作用平面内的轴心受压构件稳定系数；

M_x——所计算构件段范围内的最大弯矩；

W_{1x}——在弯矩作用平面内对较大受压纤维的毛截面模量；

β_{mx}——等效弯矩系数。

对于单轴对称截面压弯构件，当弯矩作用在对称轴平面内且使翼缘受压时，除按公式 3-12.4-13 计算外，尚应按下式计算：

$$\left|\frac{N}{A}-\frac{\beta_{mx}M_x}{\gamma_x W_{2x}\left(1-1.25\frac{N}{N'_{Ex}}\right)}\right|\leqslant f \qquad (3\text{-}12.4\text{-}14)$$

式中　W_{2x}——对无翼缘端的毛截面模量。

2）弯矩作用平面外的稳定性：

$$\frac{N}{\varphi_y A}+\eta\frac{\beta_{tx}M_x}{\varphi_b W_{1x}}\leqslant f \qquad (3\text{-}12.4\text{-}15)$$

式中　φ_y——弯矩作用平面外的轴心受压构件稳定系数；

φ_b——均匀弯曲的受弯构件整体稳定系数；

η——截面影响系数；

β_{tx}——等效弯矩系数。

弯矩绕虚轴（x 轴）作用的格构式压弯构件，其弯矩作用平面内的整体稳定性按下式计算：

$$\frac{N}{\varphi_x A}+\frac{\beta_{mx}M_x}{W_{1x}\left(1-\varphi_x\frac{N}{N'_{Ex}}\right)}\leqslant f \qquad (3\text{-}12.4\text{-}16)$$

式中　φ_x、N'_{Ex}——由换算长细比确定。

（4）弯矩作用平面外的整体稳定性可不计算，但应计算分肢的稳定性。对缀板柱的分肢尚应考虑由剪力引起的局部弯矩。

（5）弯矩绕实轴作用的格构式压弯构件，其弯矩作用平面内和弯矩作用平面外的稳定性计算均与实腹式构件相同。

(6) 弯矩作用在两个主平面内的双轴对称实腹式工字形(含 H 形)和箱形(闭口)截面的压弯构件,其稳定性应按下列公式计算:

$$\frac{N}{\varphi_x A}+\frac{\beta_{mx}M_x}{\gamma_x W_x\left(1-0.8\frac{N}{N'_{Ex}}\right)}+\eta\frac{\beta_{ty}M_y}{\varphi_{by}W_y}\leqslant f \tag{3-12.4-17}$$

$$\frac{N}{\varphi_y A}+\frac{\beta_{my}M_y}{\gamma_y W_y\left(1-0.8\frac{N}{N'_{Ey}}\right)}+\eta\frac{\beta_{tx}M_x}{\varphi_{bx}W_x}\leqslant f \tag{3-12.4-18}$$

式中 φ_x、φ_y——对强轴 x 轴和弱轴 y 轴的轴心受压构件稳定系数;

  φ_{bx}、φ_{by}——均匀弯曲的受弯构件整体稳定系数;

  M_x、M_y——所计算构件段范围内对强轴和弱轴的最大弯矩;

  N'_{Ex}——参数,$N'_{Ex}=\pi^2 EA/(1.1\lambda_x^2)$;

  N'_{Ey}——参数,$N'_{Ey}=\pi^2 EA/(1.1\lambda_y^2)$;

  W_x、W_y——对强轴和弱轴的毛截面模量;

  β_{mx}、β_{my}——等效弯矩系数,按弯矩作用平面内稳定计算的有关规定采用;

  β_{tx}、β_{ty}——等效弯矩系数,按弯矩作用平面外稳定计算的有关规定采用。

(7) 弯矩作用在两个主平面内的双肢格构式压弯构件,其稳定性应按下列公式计算:

1) 整体稳定计算:

$$\frac{N}{\varphi_x A}+\frac{\beta_{mx}M_x}{W_{1x}\left(1-\varphi_x\frac{N}{N'_{Ex}}\right)}+\eta\frac{\beta_{ty}M_y}{\varphi_{by}W_y}\leqslant f \tag{3-12.4-19}$$

式中 W_{1y}——在弯矩 M_y 作用下,对较大受压纤维的毛截面模量。

2) 按分肢计算:

在 N 和 M_x 作用下,将分肢作为桁架弦杆计算其轴心力;M_y 按下列公式分配给两肢,然后按实腹式压弯构件计算。

$$M_{1y}=\frac{I_1/y_1}{I_1/y_1+I_2/y_2}\times M_y$$

$$M_{2y}=\frac{I_2/y_2}{I_1/y_1+I_2/y_2}\times M_y$$

式中 I_1、I_2——分肢 1、分肢 2 对 y 轴的惯性矩;

  y_1、y_2——M_y 作用的主轴平面至分肢 1、分肢 2 轴线的距离。

12.5 连接节点的验算

12.5.1 连接节点的分类

连接节点的类别,根据节点处传递荷载的情况、所采用的连接方法以及其细部构造,按节点的力学特性,可分为刚性连接节点、半刚性连接节点和铰接连接节点。为简化计算,通常连接节点都按完全刚接或完全铰接的情况来处理。在进行节点验算前,首先要明确节点是刚接节点还是铰接节点。

　　作为构件的刚性连接节点，从保持构件原有的力学特性来说，在连接节点处保证其原来的完全连续性。这样的连接节点将和构件的其他部分一样承受弯矩、剪力和轴力的作用。刚接节点用于构件的拼接连接，也用于要求能承受弯矩的柱脚节点、梁柱连接节点等。例如图 3-12.5-2、图 3-12.5-4、图 3-12.5-6 所示。

　　铰接连接节点，从理论上讲是完全不能承受弯矩的连接节点。铰接节点不能用于构件的拼接连接。铰接节点通常只用于构件端部的连接，比如柱脚、梁的端部连接和桁架、网架杆件的端部连接等。例如图 3-12.5-1、图 3-12.5-3、图 3-12.5-5 所示。

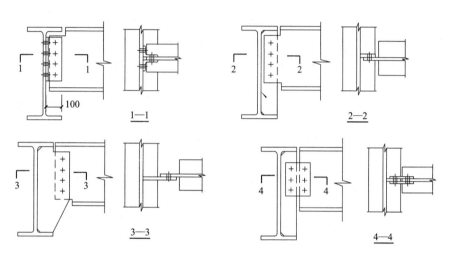

图 3-12.5-1　主次梁铰接节点

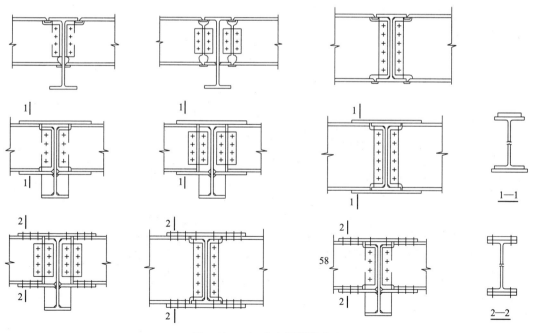

图 3-12.5-2　主次梁刚接节点

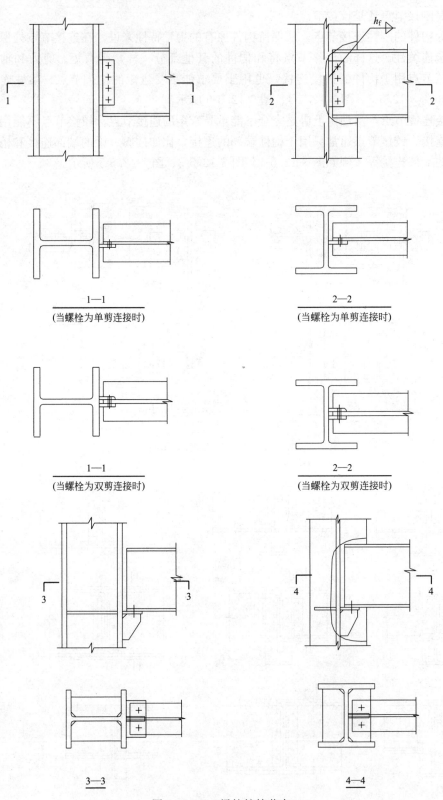

1—1
(当螺栓为单剪连接时)

2—2
(当螺栓为单剪连接时)

1—1
(当螺栓为双剪连接时)

2—2
(当螺栓为双剪连接时)

3—3

4—4

图 3-12.5-3　梁柱铰接节点

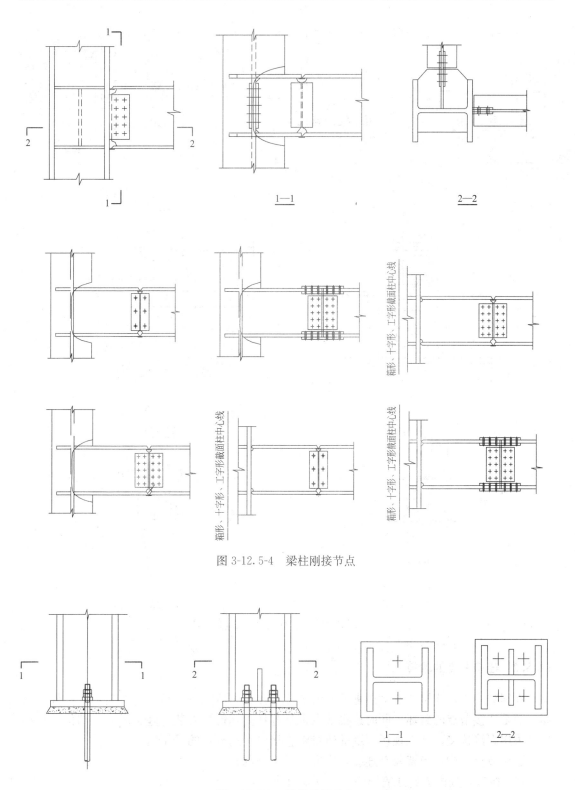

图 3-12.5-4　梁柱刚接节点

图 3-12.5-5　柱脚铰接节点

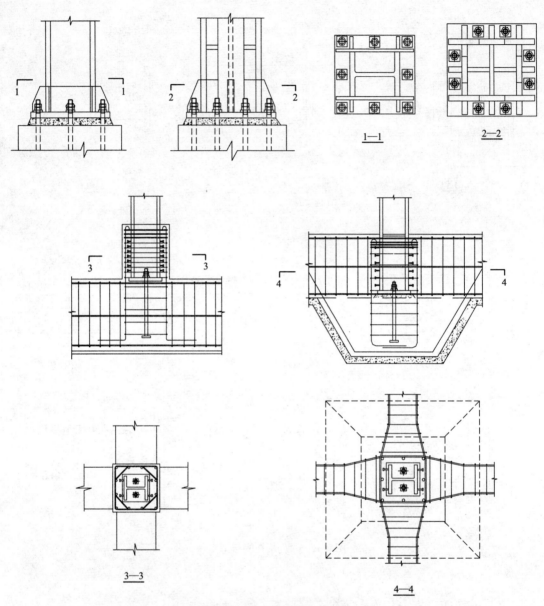

图 3-12.5-6 柱脚刚接节点

12.5.2 连接节点的验算

在钢结构中，连接节点是非常重要的部位。在很多情况下，结构的破坏不是构件的破坏，而是连接节点的破坏。同时连接节点也是容易受到现场安装、施工影响的部位。比如如果采用焊接连接，那么现场焊缝的质量将直接影响到节点的可靠性。

连接节点的构造形式及其连接，应遵循以下原则：

(1) 在节点处内力传递简捷明确，安全可靠；

(2) 连接节点有足够的强度和刚度；当有抗震设防时，节点的承载力应按有关规定大于杆件(梁、柱、支撑等)的承载力；

（3）连接节点加工简单、施工安装方便；

（4）经济合理。

在进行连接节点验算前，首先应现场检查、检测连接节点的相关参数及查阅原有设计文件，确定连接节点计算所需的相关参数。然后在计算模型中，提取相应的内力组合进行计算。

需要特别注意的是，部分连接节点不是由一组荷载组合控制的，可能是多组，需要进行多组计算。比如刚接柱脚节点（图 3-12.5-7），其底板厚度一般由最大轴压力组合控制；而其锚栓一般是由最小轴压力组合和最大弯矩组合控制。在这种情况下只取某一种荷载组合进行验算是不够的。

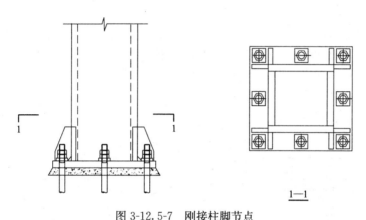

图 3-12.5-7　刚接柱脚节点

另外，对于有抗震设防要求的连接节点，要满足强节点弱构件的要求，即连接节点的承载力大于杆件的承载力。在这种情况下，连接节点可能不是由内力组合控制的，而是由连接杆件的截面决定的。比如梁柱刚接节点（图 3-12.5-8），连接腹板的高强螺栓数如果仅根据内力计算，需要的数目一般很少；但要满足抗震要求时，一般就需要较多。

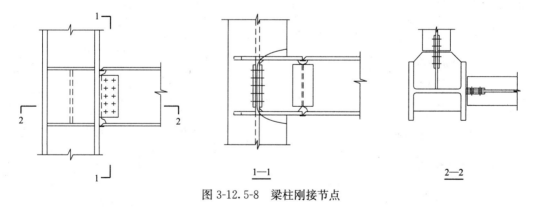

图 3-12.5-8　梁柱刚接节点

思考题

1. 一般钢结构房屋鉴定分析时，主要查看哪些计算结果？

2. 一般网架结构鉴定分析时，主要查看哪些计算结果？

3. 刚接节点与铰接节点的主要区别？

第13章 钢结构构造措施检测

13.1 概述

因地震作用等对结构的影响都很复杂，有些很难作出准确的计算，采取合理的构造措施，是提高结构可靠性的重要保证。钢结构的构造设施有很多，检测时可参考现行规范和相关资料进行检查和评定。钢结构的主要构造措施及其作用见表 3-13.1-1。一般构造检测包括以下内容：杆件长细比、支撑体系（包括支撑布置形式、支撑杆件弯曲或断裂情况、连接部位有无破损、松动、断裂等，构件尺寸等）、构件截面的宽厚比等。

钢结构的主要构造措施及其作用 表 3-13.1-1

构件	构 造	作 用
受弯构件	铺板与梁受压翼缘的连接	保证梁的整体稳定
	梁支座处的抗扭措施	防止梁的端截面扭转
	梁横向和纵向加劲肋的配置	保证梁腹板的局部稳定性
	梁横向加劲肋的尺寸	保证横向加劲肋的局部稳定性
	梁的支撑加劲肋	承受梁支座反力和上翼缘较大的固定集中荷载
	梁受压翼缘、腹板的宽厚比	保证受压翼缘、腹板的局部稳定性
	梁的侧向支撑	保证梁的整体稳定性
受拉受压构件	格构式柱分肢的长细比	保证分肢的局部稳定性
	柱受压翼缘、腹板的宽厚比	保证受压翼缘、腹板的局部稳定性
	柱的侧向支撑	保证柱的整体稳定性
	双角钢和双槽钢构件的填板间距	保证单肢的局部稳定性
	受拉构件的长细比	避免使用期间有明显的下垂和过大的振动
	受压构件的长细比	避免使用期间有明显的下垂和过大的振动，避免对构件的整体稳定性带来过多的不利影响
焊缝连接	拼接焊缝的间距	避免残余应力相互影响和焊缝缺陷集中
	宽度、厚度不同板件拼接时的斜面过渡	减小应力集中现象
	最小焊脚尺寸	避免焊缝冷却过快，使附近主体金属产生裂纹
	最大焊脚尺寸	避免构件产生较大的残余变形和残余应力
	侧面角焊缝的最小长度	避免应力集中，保证焊缝承载力
	侧面角焊缝的最大长度	避免因应力集中而导致焊缝端部提前破坏
	角焊缝的表面形状和焊脚边比例	减小应力集中现象，适应承载动力荷载
	正面角焊缝搭接的最小长度	减小附加弯矩和收缩应力
	侧面角焊缝搭接的焊缝最小间距	避免连接强度过低

续表

构件	构　造	作　用
螺栓连接	螺栓的最小间距	保证毛截面屈服先于净截面破坏；避免板件端部被剪脱或被挤压破坏；避免孔洞周围产生过大的应力集中现象；便于施工
	螺栓的最大间距	保证叠合板件紧密贴合；保证受压板件在螺栓之间的稳定性
	缀板柱中缀板的线刚度	保证缀板式格构柱换算长细比的计算假设成立

13.2　钢结构的主要构造措施

13.2.1　构件的构造措施要求

1. 构件的截面尺寸

为保证钢构件的耐久性，钢构件的截面不宜小于∟45×4 或∟56×36×4（对焊接结构）或∟50×5 的角钢（对螺栓连接结构），但轻型钢结构不受此限。

2. 板件的厚度

檩条和墙梁应用的冷弯薄壁型钢，壁厚不宜小于 2mm；受力构件和连接板不宜小于 4mm，圆钢管壁厚不宜小于 3mm。

3. 受压构件的最大宽厚比

（1）梁及受压构件翼缘和腹板的宽厚比应符合表 3-13.2-1 的规定。

受压翼缘宽厚比限值　　　　　　　　　　　表 3-13.2-1

构件类型＼钢材牌号	Q235 钢	Q345 钢	Q390(Q420)钢	其他牌号
工字型 b/t	15	12.4	11.6(11.2)	15
箱型 b_0/t	40	30	31(30)	40

注：b 为翼缘的外伸宽度，b_0 为箱型构件的肋板间距，t 为翼缘厚度。

（2）薄壁构件中受压板件的最大宽厚比应符合表 3-13.2-2 的规定。

受压板件的宽厚比限值　　　　　　　　　表 3-13.2-2

板件类型＼钢材牌号	Q235 钢	Q345 钢
非加劲板件	45	35
部分加劲板件	60	50
加劲板件	250	200

（3）圆钢管截面构件的外径与壁厚之比不应超过 100，即对 Q235 钢不应大于 100；对于 Q345 钢不应大于 68。方钢管或矩形钢管的最大外缘尺寸与壁厚之比不应超过 40，即对 Q235 钢不应大于 40；对于 Q345 钢不应大于 33。

4. 构件容许长细比

（1）受压构件的长细比不宜超过表 3-13.2-3 所列数值。

<table>
<tr><td colspan="3" align="center">受压构件的容许长细比</td><td align="right">表 3-13.2-3</td></tr>
<tr><td>项次</td><td colspan="2">构件名称</td><td>容许长细比</td></tr>
<tr><td>1</td><td colspan="2">主要构件（如柱、桁架，柱缀条及吊车梁以下柱撑等）</td><td>150</td></tr>
<tr><td>2</td><td colspan="2">其他构件及支撑</td><td>200</td></tr>
</table>

注：1. 桁架（包括空间桁架）的受压腹杆，当其内力等于或小于承载能力的 50% 时，容许长细比可取 200。

2. 计算单角钢受压构件的长细比时，应采用角钢的最小回转半径，但在计算交叉杆件平面外的长细比时，可采用与角钢肢平行轴的回转半径。

3. 跨度大于等于 60m 的桁架，弦杆和端压杆容许长细比取 100，其他腹杆 120（受动载）或 150（受静载）。

4. 由容许长细比控制截面的杆件，在计算其长细比时，可不考虑扭转效应。

（2）受拉构件的长细比不宜超过表 3-13.2-4 中所列的数值。

<table>
<tr><td colspan="4" align="center">受拉构件的容许长细比</td><td align="right">表 3-13.2-4</td></tr>
<tr><td rowspan="2">项次</td><td rowspan="2">构件名称</td><td colspan="2">承受静力荷载或间接承受动力荷载</td><td rowspan="2">直接承受动力荷载的结构</td></tr>
<tr><td>一般建筑结构</td><td>有重级工作制吊车</td></tr>
<tr><td>1</td><td>桁架的构件</td><td>350</td><td>250</td><td>250</td></tr>
<tr><td>2</td><td>吊车梁或吊车桁架以下的柱间支撑</td><td>300</td><td>200</td><td>—</td></tr>
<tr><td>3</td><td>支撑（张紧的圆钢除外）</td><td>400</td><td>350</td><td>—</td></tr>
</table>

注：1. 受拉构件在永久荷载与风荷载组合作用下受压时，其长细比不宜超过 250，在吊车荷载作用下受压时，长细比不宜超过 200。

2. 计算单角钢受拉构件的长细比时，应采用角钢的最小回转半径；在计算单角钢交叉受拉杆件平面外的长细比时，应采用与角钢肢边平行轴的回转半径。

3. 对于承受静力荷载的结构，可仅计算受拉构件在竖向平面内的长细比。

4. 中、重级工业制吊车桁架下弦杆的长细比不宜超过 200。

5. 在设有夹钳吊车或刚性料耙吊车的厂房中，支撑（表中第 2 项除外）的长细比不宜超过 300。

6. 跨度大于等于 60m 的桁架，其受拉弦杆和腹杆的长细比为 250（受动载）或 300（受静载）。

7. 构件长细比 $\lambda = l_0/i$，l_0 为构件计算长度（见第 3 章），i 为截面回转半径，由钢材截面特性表及计算确定。

13.2.2　支撑系统的设置

1. 钢结构的支撑系统类型

（1）横向支撑。主要是屋面支撑，根据其位于屋架的上弦平面或下弦平面，可分为上弦横向支撑和下弦横向支撑。

（2）纵向支撑。设于屋架的上弦或下弦平面或柱间，沿房屋的纵向布置。

（3）垂直支撑。位于两屋架端部或者柱间某处的竖向平面内或斜向平面内。

（4）系杆。根据其是否能抵抗轴心压力而分成刚性系杆和柔性系杆两种。通常刚性系杆采用双角钢，柔性系杆则采用单角钢，在轻型屋架中柔性系杆也可采用圆钢。

2. 支撑系统的作用

总体来说是提高结构的整体刚度，发挥结构的空间作用；保证结构的几何稳定性及受压构件的侧向稳定；防止构件在动力荷载作用下产生较大的振动；承担和传递房屋所受水平荷载以及保证安装时的稳定和安全等。因此，支撑系统的合力布置和设计，对房屋的工程质量和安全有很重要的意义。

　　建筑物可根据结构及其荷载的不同情况设置可靠的支撑系统。在建筑物每一个温度区段或分期建设的区段中，应分别设置独立的空间稳定支撑系统。

　　柱间支撑作为重要的抗震构造措施，在地震区的钢结构房屋，柱间支撑的构造对保证水平地震力的传导有很重要的作用。

　　3. 支撑的设置要求

　　(1) 排架柱间支撑，宜采用中心支撑。如图 3-13.2-1 所示。

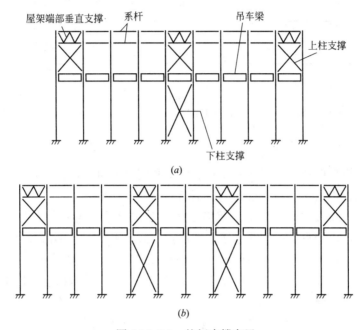

图 3-13.2-1　柱间支撑布置

　　(2) 框架纵向柱间支撑布置，应符合下列要求：

　　柱间支撑宜设置于柱列中部附近，当纵向柱数较少时，亦可在两端设置。多层多跨框架纵向柱间支撑宜布置在质心附近，且宜减小上下层间刚心的偏移。

　　纵向支撑宜设置在同一开间内，无法满足时，可局部设置在相邻的开间内。

　　(3) 支撑形式一般可采用交叉形、人字形等中心支撑。当采用单斜杆中心支撑时，应对称设置。如图 3-13.2-2 所示。

　　(4) 柱间交叉支撑的构造要求：

　　有吊车时，应在厂房中部设置上、下柱间支撑，并应在厂房单元两端增设上段柱柱间支撑；抗震设防烈度为 7 度时结构单元长度大于 120m，8、9 度时结构单元长度大于 90m，宜在单元中部 1/3 区段内设置

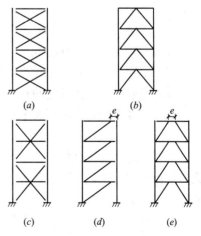

图 3-13.2-2　柱间支撑形式
(a)～(c)中心支撑；(d)、(e)偏心支撑

两道上、下段柱间支撑；

（5）柱间支撑的长细比、支撑斜杆与水平面的夹角、支撑交叉节点板的厚度需满足以下要求：

1）支撑杆件的长细比不宜超过表 3-13.2-5 的规定。

交叉支撑斜杆的最大长细比　　　　　　　　表 3-13.2-5

位置	地震设防烈度			
	6 度和 7 度 Ⅰ、Ⅱ 类场地	7 度Ⅲ、Ⅳ类场地和 8 度Ⅰ、Ⅱ类场地	8 度Ⅲ、Ⅳ类场地和 9 度Ⅰ、Ⅱ类场地	9 度Ⅲ、Ⅳ类场地
上柱支撑	250	250	200	150
下柱支撑	200	200	150	150

2）支撑斜杆与水平面的夹角不宜大于 55°。

3）支撑交叉点的节点板厚度不宜小于 10mm。

13.2.3　焊缝连接的构造要求

钢结构连接设计好坏直接影响钢结构的质量和安全。目前，钢结构的连接方法主要采用焊缝连接和螺栓连接，焊缝连接是当前钢结构的主要连接方式。

钢结构的焊缝连接方法很多，目前应用比较多的是手工电弧焊和自动（半自动）埋弧焊，此外还有气体保护焊等。焊缝连接不需钻孔，截面无削弱；不需额外的连接件，构造简单，经济效果好，可省工省料。但焊缝也易存在各种缺陷，如发生裂纹、边缘未熔合、根部未焊透，咬肉、焊瘤、夹渣和气孔等。为提高寒冷地区结构抗脆断能力，焊接结构和结构施工应符合以下要求：

1. 在工作温度等于或低于 −20℃ 的地区，焊接结构的构造要求：

（1）在桁架节点板上，腹杆与弦杆相邻焊缝趾间净距不宜小于 $2.5t$（t 为节点板厚度）。

（2）凡平接或 T 型对接的节点板，在对接焊缝处，节点板两侧宜做成半径不小于 60mm 的圆弧并予打磨，使之平缓过渡。

（3）在构件拼接部位，应使拼接件自由段的长度 a 不小于 $5t$，t 为拼接件厚度。

2. 在工作温度等于或低于 −20℃ 的地区，结构施工时要求：

（1）安装连接宜采用螺栓连接。

（2）应采用钻成孔或先冲孔后扩钻的孔。

（3）对接焊缝的质量等级不得低于二级。

3. 对接焊缝的构造要求

（1）对接焊缝的拼接处，当两焊件厚度相差 4mm 以上时，应分别在厚度方向从一侧或两侧做成坡度不大于 1∶2.5 的斜角。对直接承受动力荷载需进行疲劳验算的焊缝，斜角坡度不应大于 1∶4。

（2）当采用对接焊缝拼接钢板采用 T 形交叉时，交叉点应分散，其间距不得小于 200mm。

4. 角焊缝的构造要求

（1）角焊缝的焊角尺寸相对于焊件的厚度不能过小。规范规定手工焊时，焊角高度不小于 $1.5\sqrt{t}$，自动焊时焊角高度不小于 $(1.5\sqrt{t}-1)$，T 形接头单面角焊缝焊角高度不小于 $(1.5\sqrt{t}+1)$，t 为较厚焊件的厚度。

（2）角焊缝的焊角尺寸相对于焊件的厚度也不能过大，否则焊接时可能造成焊件"过烧"或被烧穿。因此规范规定焊角高度不大于 $1.2t$，t 为较薄焊件的厚度。

13.2.4　其他要求

（1）钢结构的构造应便于制作、安装、维护并使结构受力简单明确，减少应力集中，避免材料三向受拉。对于受风荷载为主的空腹结构，应力求减少风荷载。

（2）焊接结构是否需要采用焊前预热、焊后热处理等特殊措施，应根据材质、焊件厚度、焊接工艺、施焊时气温以及结构性能要求等综合因素来确定。

（3）在工作温度等于或低于 $-30℃$ 的地区，焊接构件宜采用较薄的组成构件。在工作温度等于或低于 $-20℃$ 的地区受拉构件的钢材边缘宜为轧制边或自动气割。

思考题

1. 一般构造检测包括哪些内容？
2. 支撑系统的作用有哪些？
3. 一般次要受压构件的长细比要求？

第 14 章　钢结构鉴定分析方法

14.1　概述

钢结构的鉴定评级，可以依据《房屋结构安全鉴定标准》DB 11/T637、《民用建筑可靠性鉴定标准》GB 50292 和《工业建筑可靠性鉴定标准》GB 50144 进行，本书重点对《房屋结构安全鉴定标准》DB 11/T637 和《民用建筑可靠性鉴定标准》GB 50292 的有关内容进行介绍。《房屋结构安全鉴定标准》DB 11/T637 为北京市地方标准，仅规定了安全性鉴定的内容，但结合城市建设经常遇到的地基开挖影响，引入了周边邻近地下工程施工影响的鉴定分析方法。《民用建筑可靠性鉴定标准》GB 50292 为国家标准，包括安全性、正常使用性、可靠性，以及适修性的鉴定评级。

钢结构往往只能作为一个建筑结构整体的组成部分，比如钢结构建筑的基础往往是采用钢筋混凝土结构，本章仅重点对钢结构本身的内容进行介绍。

由于钢结构形式多样，复杂大跨结构的不断出现，常规鉴定评级方法往往难以满足要求，当有必要时，也可以通过实荷检验的方法对其进行辅助评定。

14.2　钢结构安全性鉴定评级

14.2.1　安全性鉴定评级的层次和等级划分

《房屋结构安全鉴定标准》DB11/T637 根据既有建筑结构破坏的特点，规定房屋结构的安全性应按构件、楼层结构、分部结构和整体结构四个层次进行安全性综合评定，并应结合周边邻近地下工程施工影响程度做出鉴定结论。

构件为第一层次，评定等级分为 a 级(安全)构件、b 级(有缺陷)构件、c 级构件(有严重缺陷)构件、d 级(危险)构件四个等级。

楼层为第二层次，评定等级分为 A_c 级(安全)楼层、B_c 级(有缺陷)楼层、C_c 级(局部危险)楼层和 D_c 级(危险)楼层四个等级。

分部结构为第三层次，包括地基基础、上部承重结构，评定等级分为 A_b 级(安全)结构、B_b 级(有缺陷)结构、C_b 级(局部危险)结构和 D_b 级(危险)结构四个等级。

房屋整体结构为第四个层次，评定等级分为 A 级(安全)房屋、B 级(有缺陷)房屋、C 级(局部危险)房屋和 D 级(整体危险)房屋四个等级。

鉴定时按照规范规定的检查项目和步骤，从第一层次开始，逐层进行下列内容的等级评定：

(1) 根据构件各检查项目评定结果，确定单个构件的等级。

（2）根据各种构件的评定等级结果和分布规律，确定楼层的等级。

（3）根据各分部结构的检查项目和楼层评定等级结果，评定各分部结构的等级。

（4）根据分部结构的评定等级结果，并考虑周围施工影响，确定房屋整体结构的等级。

14.2.2　钢构件安全性鉴定评级

钢结构构件的安全性鉴定，应按承载力和稳定性两个验算项目及构造和变形（或倾斜率）等两个检查项目，分别评定每一受检构件的等级；对冷弯薄壁型钢结构、轻钢结构、钢桩以及地处有腐蚀性介质的地区，还应以锈蚀作为检查项目评定其等级，然后取其中最低一级作为该构件的安全性等级。

1. 承载力验算

当钢结构构件（含连接）的安全性按承载力评定时，其抗力（R）和作用效应（$\gamma_0 S$）的比值大于等于 1.0 时，评为 a 级；比值小于 1.0，大于等于 0.95 时，评为 b 级；比值小于 0.95，大于等于 0.90 时，评为 c 级；比值小于 0.90 时，评为 d 级。

在进行钢结构的倾覆、滑移、疲劳、脆断等的验算时，应符合国家现行有关规范的规定，当构件或连接出现脆性断裂或疲劳开裂时，应直接评为 d 级。

当钢结构构件进行承载力验算时，应对材料的力学性能（当有必要时）和锈蚀情况进行检测，实测钢构件截面有效值时，应扣除因各种因素造成的截面损失。

2. 稳定性验算

当钢结构构件的安全性按稳定性评定时，应按表 3-14.2-1 的规定评级。

钢结构构件按稳定性评级　　　　　　　　　　　　　　　　表 3-14.2-1

构件类型	稳定性	设计规范允许值	a 级	b 级	c 级	d 级
受压构件	整体稳定	允许长细比	<1.0 倍	≥1.0 倍 <1.1 倍	≥1.1 倍 <1.2 倍	≥1.2 倍
	局部稳定	允许宽厚比	<1.0 倍	≥1.0 倍 <1.1 倍	≥1.1 倍 <1.2 倍	≥1.2 倍
受拉构件	整体稳定	允许长细比	<1.0 倍	≥1.0 倍 <1.1 倍	≥1.1 倍 <1.2 倍	≥1.2 倍
受弯构件	整体稳定	抗弯强度设计值	<1.0 倍	≥1.0 倍 <1.1 倍	≥1.1 倍 <1.2 倍	≥1.2 倍
	局部稳定	允许高厚比	<1.0 倍	≥1.0 倍 <1.1 倍	≥1.1 倍 <1.2 倍	≥1.2 倍

注：此表内的设计规范允许值合评级仅适用于常规类型的构件

3. 构造检查项目

当钢结构构件的安全性按构造评定时，应按连接方式和构造缺陷进行综合评定。

连接方式正确，构造符合国家现行设计规范要求，无缺陷，评定为 a 级；连接方式正确，构造略低于国家现行设计规范要求，局部有表面缺陷，工作无异常，评定为 b 级；连接方式不当，构造有严重缺陷(包括施工遗留缺陷)，或构造和连接有裂缝或锐角切口，或焊缝、螺栓或铆接有拉开、变形、滑移、松动、剪切等损坏，达到较严重程度，评定为 c 级；达到非常严重程度，评定为 d 级。

施工遗留的缺陷：对焊缝系指夹渣、气泡、咬边、烧穿、漏焊、未焊透以及焊脚尺寸不足等；对铆钉或螺栓系指漏铆、漏栓、错位、错排及掉头等；其他施工遗留的缺陷可根据实际情况确定。

4. 变形检查项目

当钢结构构件的安全性按变形(或倾斜率)评定时，应遵守下列规定：

(1) 当桁架(屋架、托架)的挠度实测值大于桁架计算跨度的 1/400 时，验算其承载力时，应考虑由于挠度产生的附加应力的影响，并按下列原则评级：

1) 若验算结果不低于 b 级，仍可定为 b 级，但宜附加观察使用一段时间的限制。

2) 若验算结果低于 b 级限值 10% 以内时评为 c 级，等于或大于 10% 时评为 d 级。

(2) 当桁架侧向倾斜率实测值小于 1/300 时，评定为 a 级；倾斜率大于等于 1/300，小于 1/250 时，评定为 b 级；倾斜率大于等于 1/250，小于 1/200 时，评定为 c 级；倾斜率大于等于 1/200，且有继续发展迹象时，应评定为 d 级。

(3) 对其他受弯构件的挠度或偏差造成的侧向弯曲，应按表 3-14.2-2 的规定评级。

钢结构受弯构件按侧向弯曲变形评级　　　　　　表 3-14.2-2

检查项目	构件类型		a 级	b 级	c 级	d 级
挠度	网架	屋盖(短向)	$<l_s/300$	$\geqslant l_s/300$, $<l_s/200$	$\geqslant l_s/200$, $<l_s/150$	$\geqslant l_s/150$
		楼盖(短向)	$<l_s/300$	$\geqslant l_s/300$, $<l_s/250$	$\geqslant l_s/250$, $<l_s/200$	$\geqslant l_s/200$
	主梁、托梁、屋架、板		$<l_0/400$	$\geqslant l_0/400$, $<l_0/300$	$\geqslant l_0/300$, $<l_0/250$	$\geqslant l_0/250$; 或 $>45mm$
	其他梁		$<l_0/250$	$\geqslant l_0/250$, $<l_0/180$	$\geqslant l_0/180$, $<l_0/150$	$\geqslant l_0/150$
	檩条等		$<l_0/200$	$\geqslant l_0/200$, $<l_0/120$	$\geqslant l_0/120$, $<l_0/100$	$\geqslant l_0/100$
侧向弯曲矢高	深梁		$<l_0/800$	$\geqslant l_0/800$, $<l_0/660$	$\geqslant l_0/660$, $<l_0/500$	$\geqslant l_0/500$
	一般实腹梁		$<l_0/700$	$\geqslant l_0/700$, $<l_0/600$	$\geqslant l_0/600$, $<l_0/500$	$\geqslant l_0/500$

注：表中 l_0 为构件计算跨度；l_s 为网架短向计算跨度。

(4) 当柱顶与垂直线的水平偏差(或倾斜)实测值大于表 3-14.2-3 所列的限值时，应按表 3-14.2-3 规定评级：

钢结构构件按水平偏差评级　　　　表 3-14.2-3

检查项目	结构类别	柱顶与垂直线的水平偏差			
		a 级	b 级	c 级	d 级
结构平面内的侧向位移(mm)	单层建筑	$<h/500$	$\geq h/500$, $<h/400$	$\geq h/400$, $<h/150$	$\geq h/150$ 或>40mm
	多层建筑	$<h/500$	$\geq h/500$, $<h/350$	$\geq h/350$, $<h/250$	$\geq h/250$

注：1. 若该偏差与整个结构有关，应根据上部承重结构倾斜率的评级结果，取与上部承重结构相同的级别作为该柱的水平位移等级。

　　2. 若该位移只是孤立事件，则应在其承载力验算中考虑此附加偏差的影响，并根据验算结果按(1)的原则评级。

　　3. 若该偏差尚在发展，应直接定为 d 级。

　　4. 表中 h 为构件计算高度。

(5) 对因安装偏差或其他使用原因引起的柱的弯曲，当弯曲矢高实测值大于柱的自由长度的 1/660 时，应在承载能力的验算中考虑其所引起的附加弯矩的影响，并按(1)的原则评级。

5. 按锈蚀程序评定

当钢结构构件的安全性按锈蚀程度评定时，除应按实测有效截面验算其承载能力外，还应按构件主要受力部位因锈蚀横截面积减少百分率进行评级。如表 3-14.2-4 所列。

钢结构构件按锈蚀的程度评级　　　　表 3-14.2-4

等级	a 级	b 级	c 级	d 级
构件主要受力部位锈蚀横截面积减少百分数	无锈蚀	小于原横截面积的 5%	大于等于原横截面积的 5%，小于原横截面积的 10%	大于等于原横截面积的 10%

14.2.3　房屋整体结构安全性综合鉴定评级

房屋整体结构的安全性综合鉴定评级，应根据其地基基础和上部承重结构的安全性等级，结合与房屋整体结构安全有关的周边邻近地下工程的影响进行评级。房屋整体结构的安全性以幢为鉴定单位，按建筑面积进行计量。

房屋整体结构的安全性等级，分为 A 级(安全)房屋、B 级(有缺陷)房屋、C 级(局部危险)房屋和 D 级(整体危险)房屋四个等级。

(1) A 级(安全)房屋：整体结构安全可靠，无 c、d 级构件，房屋整体结构在正常荷载作用下可安全使用。

(2) B 级(有缺陷)房屋：整体结构安全，无 d 级主要承重构件，房屋整体结构在正常荷载作用下可安全使用。

(3) C 级(局部危险)房屋：部分结构构件承载力不能满足正常使用要求，局部结构出现险情，有局部倒塌破坏的可能。

(4) D 级(整体危险)房屋：承重结构承载力已不能满足正常使用要求，房屋整体出现险情，有随时倒塌破坏的可能。

　　房屋整体结构的安全性等级，应根据地基基础和上部承重结构的评定结果，按其中较低等级进行评定：

　　(1) A 级(安全)房屋：上部结构和地基基础均为 A_b 级。

　　(2) B 级(有缺陷)房屋：上部结构为 B_b 级楼层，或地基基础为 B_b 级，虽不会造成房屋结构整个或局部破坏，但有缺陷。

　　(3) C 级(局部危险)房屋：上部结构为 C_b 级楼层；或地基基础为 C_b 级。

　　(4) D 级(整体危险)房屋：上部结构为 D_b 级楼层；或地基基础为 D_b 级。

　　房屋整体结构的安全性等级，应结合房屋周边邻近地下工程影响的程度，对以上房屋整体结构的安全性等级评定结果进行修正：

　　(1) 房屋处于有危房的建筑群中，且直接受到其威胁，应将房屋整体结构的安全等级降一级处理。

　　(2) 房屋周边邻近土体失稳或地基沉降，直接危及房屋的自身安全，应将房屋整体结构的安全等级降一级处理。

　　(3) 处于地下工程的影响 II 区以内，且地基土质较差(为软弱土，或有流砂层)，或地下工程施工支护措施不够，应将房屋整体结构的安全等级降一级处理。

14.3　钢结构可靠性鉴定评级

14.3.1　可靠性鉴定评级的层次和等级划分

　　1. 鉴定层次的划分及工作内容

　　《民用建筑可靠性鉴定标准》(GB 50292)根据民用建筑的特点，在分析结构失效过程逻辑关系的基础上，被鉴定的建筑物划分为构件(含连接)、子单元和鉴定单元由小到大三个层次。

　　构件——为第一鉴定层次；

　　子单元——为第二鉴定层次，由构件组成，包括地基基础、上部承重结构和围护系统三个子单元；

　　鉴定单元——为第三鉴定层次，由子单元组成，根据被鉴定建筑物的构造特点和承重体系的种类，可将该建筑物划分成一个或若干个可以独立进行鉴定的区段，每一区段为一个鉴定单元。

　　2. 鉴定等级的种类

　　根据鉴定目的的不同，每一层次的评定等级种类不尽相同。安全性鉴定和可靠性鉴定的每一层次分为四个评定等级；正常使用性评定的每一层次分为三个评定等级。

　　鉴定时按照规范规定的检查项目和步骤，从第一层次开始，逐层进行下列内容的等级评定：

　　(1) 根据构件各检查项目评定结果，确定单个构件的等级。

　　(2) 根据子单元各检查项目及各种构件的评定等级结果，确定子单元的等级。

　　(3) 根据各子单元的评定等级结果，确定鉴定单元的等级。

　　对于某些问题，如地基的鉴定评级，由于不能将其细分为构件，因此允许直接从第二层次开始评级。

14.3.2　钢构件的鉴定评级

1. 钢构件的鉴定评级

前面讲述了鉴定的层次和各层次的分级标准。下面讲述具体的评级方法。单个构件安全性和正常使用性的鉴定评级，应根据构件的不同材料种类分别评定，如划分为混凝土结构构件、钢结构构件、砌体结构构件和木结构构件等。本书只介绍钢结构构件的鉴定要求，其他构件种类参见《民用建筑可靠性鉴定标准》(GB 50292)的规定。

2. 钢构件的安全性鉴定评级

钢结构构件的安全性鉴定一般按承载能力、构造以及不适于继续承载的位移(或变形)等三个检查项目来评定；但对冷弯薄壁型钢结构、轻钢结构、钢桩以及地处有腐蚀性介质的工业区，或高湿、临海地区的钢结构，尚应以不适于继续承载的锈蚀作为检查项目来评定。该构件的安全性鉴定等级取上述检查项目中的最低等级。

(1) 钢结构构件(含连接)的承载能力检查项目应按表 3-14.3-1 的规定，分别评定每一验算项目的等级，然后取其中最低一级作为该构件承载能力的安全性等级。

钢结构构件(含连接)承载能力等级的评定　　　　　　　表 3-14.3-1

构件类型	$R/\gamma_0 S$			
	a_u级	b_u级	c_u级	d_u级
主要构件及其连接	≥1.0	≥0.95	≥0.90	≥0.90
一般构件	≥1.0	≥0.90	≥0.85	≥0.85

注：主要构件指的是其自身失效将导致相关构件失效，并危及承重结构系统工作的构件；一般构件指的是其自身失效不会导致主要构件失效的构件。R 和 S 分别为结构构件的抗力和作用效应，应计算确定；γ_0 为结构重要性系数，应按验算所依据的国家现行设计规范选择安全等级，并确定本系数的取值。结构倾覆、滑移、疲劳、脆断的验算，应符合国家现行有关规范的规定。当构件或连接出现脆性断裂或疲劳开裂时，应直接定为 d_u 级。

(2) 钢结构构件的构造检查项目按表 3-14.3-2 的规定评级。

钢结构构件的构造安全性评定标准　　　　　　　表 3-14.3-2

检查项目	a_u级或 b_u级	c_u级或 d_u级
连接构造	连接方式正确，构造符合国家现行设计规范要求，无缺陷，或仅有局部的表面缺陷，工作无异常	连接方式不当，构件有严重缺陷(包括施工遗留缺陷)；构造或连接有裂缝或锐角切口；寒风、铆钉、螺栓有变形、滑移或其他破坏

注：评定结果取 a_u 级或 b_u 级，可根据其实际完好程度确定；评定取 c_u 级或 d_u 级可根据其实际严重程度确定。施工遗留的缺陷，对焊缝系指夹渣、气泡、咬边、烧穿、漏焊、未焊透以及焊脚尺寸不够等；对铆钉或螺栓系指漏铆、漏栓、错位、错排及掉头等；其他施工遗留的缺陷可根据实际情况确定。

(3) 钢结构构件的不适于继续承载的位移或变形检查项目评定时，应遵循下列规定：

1) 对桁架(屋架、托架)的挠度，当其实测值大于桁架计算跨度的 1/400 时，应验算其承载力。验算时，应考虑由于位移产生的附加应力的影响。若验算结果不低于 b_u 级，仍可定为 b_u 级，但宜附加观察使用一段时间的限制。若验算结果低于 b_u 级，可根据其实际严重程度定为 c_u 级或 d_u 级。

2) 对桁架顶点的侧向位移，当其实测值大于桁架高度的 1/200，且有可能发展时，应

定为 c_u 级。

　　3）其他受弯构件的挠度，或偏差造成的侧向弯曲，应按表 3-14.3-3 的规定评级。

钢结构受弯构件不适于继续承载的变形的评定（GB 50292）　　　　表 3-14.3-3

检查项目	构件类型			c_u 级或 d_u 级
挠度	主要构件	网架	屋盖（短向）	$>l_s/200$，且可能发展
			楼盖（短向）	$>l_s/250$，且可能发展
		主梁、托梁		$>l_s/300$
	一般构件	其他梁		$>l_s/180$
		檩条等		$>l_s/120$
侧向弯曲矢高	深梁			$>l_s/660$
	一般实腹梁			$>l_s/500$

　　注：表中 l_0 为构件计算跨度；l_s 为网架短向计算跨度。

　　4）对柱顶的水平位移（或倾斜），当其实测值大于表 3-14.3-4 所列的限值时，应按下列规定评级：

　　若该位移与整个结构有关，取与上部承重结构相同的级别作为该柱的水平位移等级。

　　若该位移只是孤立事件，则应在其承载能力验算中考虑此附加位移的影响，并根据验算结果按 4）的原则评级。

　　若该位移尚在发展，应直接定为 d_u 级。

各类结构不适于继续承载的侧向位移评定　　　　表 3-14.3-4

检查项目	结构类别			顶点位移	层间位移
				c_u 级和 d_u 级	c_u 级和 d_u 级
结构平面内的侧向位移（mm）	混凝土结构或钢结构	单层建筑		$>H/400$	—
		多层建筑		$>H/450$	$>H_i/350$
		高层建筑	框架	$>H/550$	$>H_i/450$
			框架剪力墙	$>H/700$	$>H_i600$
	砌体结构	单层建筑	墙 $H\leqslant7m$	>25	—
			墙 $H>7m$	$>H/280$ 或 >50	—
			柱 $H\leqslant7m$	>20	—
			柱 $H>7m$	$>H/350$ 或 >40	—
		多层建筑	墙 $H\leqslant10m$	>40	$>H_i/100$ 或 >20
			墙 $H>10m$	$>H/250$ 或 >90	
			柱 $H\leqslant10m$	>30	$>H_i/150$ 或 >15
			柱 $H>10m$	$>H/330$ 或 >70	
	单层排架平面外侧倾			$>H/750$ 或 >30	

　　注：1. 表中 H 为结构顶点高度；H_i 为第 i 层层间高度。

　　　　2. 墙包括带壁柱墙。

　　　　3. 框架筒体结构、筒中筒结构及剪力墙结构的侧向位移评定标准，可以当地实践经验为依据制订，但应经当地主管部门批准后执行。

5) 对偏差或其他使用原因引起的柱弯曲，当弯曲矢高实测值大于柱自由长度的 1/660 时，应在承载能力的验算中考虑其所引起的附加弯矩的影响，并按 1) 所述的原则评级。

（4）钢结构构件的不适于继续承载的锈蚀检查项目评定时，除应按剩余的完好截面验算其承载力外，尚应按表 3-14.3-5 的规定评级。

钢结构构件不适于继续承载的锈蚀的评定　　　　　　　　表 3-14.3-5

等级	评定标准
c_u	在结构的主要受力部位，构件截面平均锈蚀深度 Δt 大于 $0.05t$，但不大于 $0.1t$
d_u	在结构的主要受力部位，构件截面平均锈蚀深度 Δt 大于 $0.1t$

注：表中 t 为锈蚀部位构件原截面的壁厚，或钢板的板厚。

（5）当需通过荷载试验评估结构构件的安全性时，应按现行专门标准进行。结构构件可仅作短期荷载试验，其长度效应的影响可通过计算补偿。若检验合格，可根据其完好程度，定为 a_u 级或 b_u 级；当检验不合格，可根据其严重程度，定为 c_u 级或 d_u 级。

3. 钢构件的正常使用性鉴定评级

钢结构构件的正常使用性鉴定一般按位移和锈蚀（腐蚀）两个检查项目来评定，但对钢结构受拉构件，尚应以长细比作为检查项目来评定。评定时一般根据检测结果进行评级。但当遇到下列情况之一时，尚应按正常使用极限状态的要求进行计算分析和验算：检测结果需与计算值进行比较；检测只能取得部分数据，需通过计算分析进行鉴定；为改变建筑物用途、使用条件或使用要求而进行的鉴定。

钢结构构件的使用性等级取位移、锈蚀（腐蚀）、长细比三个检查项目中的最低等级。

（1）钢桁架或其他受弯构件的挠度检查项目，应根据检测结果按下列规定评级：

若检测值小于计算值及现行设计规范限值时，可评为 a_s 级；

若检测值大于或等于计算值，但不大于现行设计规范限值时，可评为 b_s 级；

若检测值大于现行设计规范限值时，应评为 c_s 级。

对于一般构件，当检测值小于现行设计规范限值时，可直接根据其完好程度定为 a_s 级或 b_s 级。

（2）钢结构构件的锈蚀（腐蚀）检查项目，应按表 3-14.3-6 的规定评级。

钢结构构件和连接的锈蚀（腐蚀）等级的评定　　　　　　　　表 3-14.3-6

锈蚀程度	等级
面漆或底漆完好，漆膜尚有光泽	a_s 级
面漆脱落（包括起鼓面积），对普通钢结构不大于 15%；对薄壁型钢和轻型钢结构不大于 10%；底漆基本完好，但边角处可能有锈蚀，易锈部位的平面上可能有少量点蚀	b_s 级
面漆脱落面积（包括起鼓面积），对普通钢结构不大于 15%；对薄壁型钢和轻型钢结构不大于 10%；底漆锈蚀面积正在扩大，易锈部位可见到麻面状锈蚀	c_s 级

（3）钢结构受拉构件的长细比检查项目，应根据检测结果按表 3-14.3-7 的规定评级。

钢结构受拉构件长细比等级的评定　　　　　　　　表 3-14.3-7

构件类型		a_s 级或 b_s 级	c_s 级
主要受拉构件	桁架拉杆	≤350	>350
	网架支座附近处拉杆	≤300	>300
一般受拉构件		≤400	>400

注：评定结果取 a_s 级或 b_s 级，根据其实际完好程度确定。当钢结构受拉构件的长细比虽略大于 b_s 级的限值，但若该构件的下垂矢高尚不影响其正常使用时，仍可定为 b_s 级。张紧的圆钢拉杆的长细比不受本表限制。

14.3.3　民用钢结构建筑的综合鉴定评级

1. 鉴定单元安全性评级

民用建筑鉴定单元的安全性鉴定评级，应根据其地基基础、上部承重结构和围护系统承重部分等的安全性等级，以及与整幢建筑有关的其他安全问题进行评定。

鉴定单元的安全性等级，是根据子单元评定的结果，按地基基础和上部承重结构两个子单元中较低等级确定。当按此原则鉴定单元评为 A_{su} 级或 B_{su} 级，但围护系统承重部分的等级为 C_u 级或 D_u 级时，可根据实际情况将鉴定单元所评等级降低一级或二级，但最后所定的等级不得低于 C_{su} 级。

对下列任一情况，可直接将该建筑评为 D_{su} 级：建筑物处于有危房的建筑群中，且直接受到其威胁；建筑物朝一方向倾斜，且速度开始变快。

当新测定的建筑物动力特性，与原先记录或理论分析的计算值相比，有下列变化时，可判其承重结构可能有异常，应经进一步检查、鉴定后再评定该建筑物的安全性等级：建筑物基本周期显著变长（或基本频率显著下降）；建筑物振型有明显改变（或振幅分布无规律）。

2. 鉴定单元使用性评级

民用建筑鉴定单元的正常使用性鉴定评级，应根据地基基础、上部承重结构和围护系统的使用性等级，以及与整幢建筑有关的其他使用功能问题进行评定。

鉴定单元的使用性等级，是根据子单元评定的结果，按地基基础、上部承重结构和围护系统三个子单元中最低的等级确定。当鉴定单元的使用性等级评为 A_{ss} 级或 B_{ss} 级，但若遇到下列情况之一时，宜将所评等级降为 C_{ss} 级：房屋内外装修已大部分老化或残损；房屋管道、设备已需全部更新。

3. 民用建筑的可靠性鉴定

应按构件、子单元、鉴定单元的层次，以其安全性和正常使用性的鉴定结果为依据逐层进行。

当不要求给出可靠性等级时，民用建筑各层次的可靠性，可采取直接列出其安全性等级和使用性等级的形式予以表示。

当需要给出民用建筑各层次的可靠性等级时，可根据其安全性和正常使用性的评定结果，按下列原则确定：

当该层次安全性等级低于 b_u 级、B_s 级或 B_{su} 级时，应按安全性等级确定；

除上述情形外，可按安全性等级和正常使用性等级中较低的一个等级确定；

当考虑鉴定对象的重要性或特殊性时，允许对上述的评定结果作不大于一级的调整。

14.3.4　民用钢结构建筑适修性评估

民用建筑适修性评估，应按每种构件、每一子单元和鉴定单元分别进行，且评估结果。

应以不同的适修性等级表示。每一层次的适修性等级分为四级。

民用建筑适修性评级的各层次分级标准，应分别按表 3-14.3-8 及表 3-14.3-9 的规定采用。

每种构件适修性评级的分级标准　　　　　　　　表 3-14.3-8

等级	分级标准
A'_r	构件易加固或易更换，所涉及的相关构造问题易处理，适修性好，修后可恢复原功能
B'_r	构件稍难加固或稍难更换，所涉及的相关构造问题尚可处理。适修性尚好，修后尚能恢复或接近恢复原功能
C'_r	构件难加固，亦难更换，或所涉及的相关构造问题较难处理。适修性差，修后对原功能有一定影响
D'_r	构件很难加固，或很难更换，或所涉及的相关构造问题很难处理。适修性极差，只能从安全性出发采取必要的措施，可能损害建筑物的局部使用功能

子单元或鉴定单元适修性评级的分级标准（GB 50292）　　　表 3-14.3-9

等级	分级标准
A'_r/A_r	易修，或易改造，修后能恢复原功能，或改造后的功能可达到现行设计标准的要求，所需总费用远低于新建的造价，适修性好，应予修复或改造
B'_r/B_r	稍难修，或稍难改造，修后尚能恢复或接近恢复原功能，或改造后的功能尚可达到现行设计标准的要求，所需总费用不到新建造价的 70%。适修性尚好，宜予修复或改造
C'_r/C_r	难修，或难改造，修后或改造后需降低使用功能或限制使用条件，或所需总费用为新建造价的 70% 以上。适修性差，是否有保留价值，取决于其重要性和使用要求
D'_r/D_r	该鉴定对象已严重残损，或修后功能极差，已无利用价值，或所需总费用接近、甚至超过新建的造价。适修性很差，除纪念性或历史性建筑外，宜予拆除、重建

注："等级"一栏中，斜线上方的等级代号用于子单元；斜线下方的等级代号用于鉴定单元。

在民用建筑可靠性鉴定中，若委托方要求对 C_{su} 级和 D_{su} 级鉴定单元，或 C_u 级和 D_u 级子单元(或其中某种构件)的处理提出建议时，宜对其适修性进行评估。

适修性评估可按下列处理原则提出具体建议：

对评为 A_r、B_r 或 A'_r、B'_r 鉴定单元和子单元(或其中某种构件)，应予以修复使用；

对评为 C_r 鉴定单元和 C'_r 子单元(或其中某种构件)，应分别作出修复与拆换两方案，经技术、经验评估后再作选择；

对评为 C_{su}—D_r、D_{su}— D_r 和 C_u— D'_r、D_u— D'_r 的鉴定单元和子单元(或其中某种构件)，宜考虑拆换或重建。

对有纪念意义或有文物、历史、艺术价值的建筑物，不进行适修性评估，而应予以修复和保存。

14.4　钢结构危险性鉴定评级

危险房屋（简称危房）为结构已严重破坏，或承重构件已属危险构件，随时可能丧失稳定和承载能力，不能保证居住和使用安全的房屋。为了有效利用已有房屋，了解房屋结构的危险程度，为及时治理危险房屋提供依据，确保居民生命、财产的安全，需要对房屋的危险性做出鉴定。

《危险房屋鉴定标准》JGJ 125 将房屋系统划分为房屋、组成部分和构件等三个层次。

1. 构件危险性鉴定

钢结构构件的危险性鉴定包括承载能力、构造和连接、变形等方面。重点检查各连接节点的焊缝、螺栓、铆钉等情况；应注意钢柱与梁的连接形式、支撑杆件、柱脚与基础连接损坏情况，钢屋架杆件弯曲、截面扭曲、节点板弯折状况和钢屋架挠度、侧向倾斜等偏差状况。钢结构构件有下列现象之一者，应评定为危险点：

构件承载力小于作用效应的 90%（$R/\gamma_0 S < 0.90$，承载力验算时，应对钢材的力学性能、化学成分、锈蚀情况进行检测，实测钢构件截面的有效值，应扣除因各种因素造成的截面损失）；

构件或连接件有裂纹或锐角切口；焊缝、螺栓或铆接有拉开、变形、滑移、松动、剪坏等严重损坏；

连接方式不当，构造有严重缺陷；

受拉构件因锈蚀，截面减少超过原截面的 10%；

梁、板等构件的挠度大于 $L/250$，或大于 45mm；

实腹梁侧弯矢高大于 $L/600$，且有发展迹象；

受压构件的长细比大于现行国家标准《钢结构设计规范》GB 50017 中规定值的 1.2 倍。

钢柱顶位移，平面内大于 $h/150$，平面外大于 $h/500$，或大于 40mm；

屋架产生大于 $L/250$ 或大于 40mm 的挠度；屋架支撑系统松动失稳，导致屋架倾斜，倾斜量超过 $h/150$。

2. 房屋危险性鉴定

房屋危险性鉴定以整幢房屋的地基基础、结构构件危险程度的严重性为基础，结合历史状态、环境影响以及发展趋势，全面分析，综合判断。

通过构件的危险性鉴定，将所有构件分成两类：危险构件和非危险构件。

3. 房屋及危险点处理

房屋需由鉴定单位提出全面分析、综合判断的依据，报请市一级的房地产管理部门或其授权单位审定。对危房，应按危险程度、影响范围，根据具体条件，分别按轻、重、缓、急安排修建计划。对危险点，应结合正常维修及时排除险情。对危房和危险点，在查清确认后均应采取有效措施，确保使用安全。

14.5　钢结构性能的静力荷载检验

14.5.1　一般规定

对于大型钢结构体系可进行原位非破坏性实荷检验，直接检验结构性能。下面叙述的方法适用于普通钢结构性能的静力荷载试验，不适用于冷弯薄壁型钢板以及钢－混组合结构的性能和普通钢结构疲劳性能的检验。

钢结构性能的静力荷载检验可分为使用性能检验、承载力检验和破坏性检验。使用性能检验和承载力检验的对象可以是实际的结构或构件，也可以是足尺寸的模型。破坏性检验的对象可以是不再使用的结构或构件，也可以是足尺寸的模型。

检验装置和设置应能模拟结构实际荷载的大小和分布，应能反映结构或构件实际工作状态，加荷点和支座处不得出现不正常的偏心，同时应保证构件的变形和破坏不影响测试数据的准确性和不造成检验设备的损坏和人身伤亡事故。

检验的荷载应分级加载，每级荷载不宜超过最大荷载的 20%，在每级加载后应保持足够的静止时间，并检查构件是否存在断裂、屈服、屈曲的迹象。

变形的测试，应考虑支座的沉降变形的影响，正式检验前应施加一定的初试荷载，然后卸荷，使构件贴紧检验装置。加载过程中应记录荷载变形曲线，当这条曲线表现出明显非线性时，应减小荷载增量。

达到使用性能或承载力检验的最大荷载后，应持荷至少 1h，每隔 15min 测取一次荷载和变形值，直到变形值在 15min 内不再明显增加为止。然后应分级卸载，在每一级荷载和卸载全部完成后测取变形值。

当检验用模型的材料与所模拟结构或构件的材料性能有差别时，应进行材料性能的检验。

14.5.2　使用性能检验

使用性能检验以证实结构或构件在规定荷载的作用下不出现过大的变形和损伤，经过检验且满足要求的结构或构件应能正常使用。

在规定荷载作用下，某些结构或构件可能会出现局部永久性变形，但这些变形的出现应是事先确定的且不表明结构或构件受到损伤。

检验的荷载，应取下列荷载之和：

实际自重×1.0；

其他恒载×1.15；

可变荷载×1.25。

经检验的结构或构件应满足下列要求：

(1) 荷载-变形曲线宜基本为线性关系；

(2) 卸载后残余变形不应超过所记录到最大变形值的 20%。

当不能满足上述要求时，可重新进行检验。第二次检验中的荷载－变形应基本上呈现线性关系，新的残余变形不得超过第二次检验中所记录到最大变形的 10%。

14.5.3　承载力检验

承载力检验用于证实结构或构件的设计承载力。

在进行承载力检验前，宜先进行使用性能检验且检验结果满足相应的要求。

承载力检验的荷载，应采用永久和可变荷载适当组合的承载力极限状态的设计荷载。

承载力检验结果的评定，检验荷载作用下，结构或构件的任何部分不应出现屈曲破坏或断裂破坏；卸载后结构或构件的变形应至少减少 20%。

14.5.4　破坏性检验

破坏性检验用于确定结构或模型的实际承载力。

进行破坏性检验前，宜先进行设计承载力的检验，并根据检验情况估算被检验结构的实际承载力。

破坏性检验的加载，应先分级加到设计承载力的检验荷载，根据荷载变形曲线确定随后的加载增量，然后加载到不能继续加载为止，此时的承载力即为结构的实际承载力。

思考题

钢结构的鉴定遵循的常用规范标准有哪几个？

第 15 章 钢结构检测报告的格式

1. 封面

应有报告编号、项目名称、鉴定机构全称、签发日期等，盖检测专用章和骑缝章。须有报告编写人、项目负责人、审核人、批准人签字。首页鉴定结论处部分盖章。

2. 项目概况

包括房屋坐落的地址或位置、建筑年代、楼层数、结构形式、建筑面积、长度、宽度、层高、开间尺寸、设计和施工单位、地基基础结构形式、鉴定目的与范围、平面布置图等。

3. 主要依据规范标准

(1) 检测标准

(2) 评定标准

4. 结构现状调查

(1) 原始资料调查

(2) 荷载作用及使用条件调查(是否存在和设计图纸不相符的荷载使用情况)

5. 现场检查(外观质量检测)

(1) 结构变形

(2) 构件变形

(3) 构件腐蚀

(4) 构件损伤

(5) 连接套件(如套筒等)是否缺失、安装不当

(应记录问题构件位置、编号等)

6. 现场检测

(1) 焊接节点检测(磁粉检测、渗透检测等)

(2) 螺栓节点检测(终拧扭矩检测)

(3) 构件厚度检测(超声波检测)

(4) 涂装厚度检测(测厚仪)

(5) 支座检测(支座变形、固定形式、螺栓质量等)

(6) 锈蚀程度检测

(7) 挠度和位移变形检测

(8) 结构动力特性检测

(9) 构造措施检查

(10) 取样检测(钢材品种、性能等)

7. 结构承载力、变形计算

(1) 计算假定

（2）荷载条件

（3）计算结果

8．抗震构造措施检查

9．检测鉴定结论（鉴定评级、建议等）

（1）鉴定结论

（2）处理意见建议

10．附录

（1）平面布置图

（2）照片集

（3）记录数据

（4）记录表

（根据需要还应进行其他的结构检测）

本　篇　参　考　文　献

［1］　袁海军，张新先.《钢结构现场检测技术标准》实施指南. 北京：中国建筑工业出版社，2011

［2］　钢结构现场检测技术标准 GB/T 50621—2010. 北京：中国建筑工业出版社，2010

［3］　钢结构工程施工质量验收规范 GB 50205—2001. 北京：中国计划出版社，2002

［4］　钢结构设计规范 GB 50017—2003. 北京：中国建筑工业出版社，2003

［5］　建筑结构检测技术标准 GB/T 50344—2004. 北京：中国建筑工业出版社，2004

第4篇

砌体结构检测

第1章 概　述

1.1　砌体结构发展概况

由块体和砂浆砌筑而成的墙、柱作为建筑物主要受力构件的结构称为砌体结构。是砖砌体、砌块砌体和石砌体结构的统称。

砌体结构在我国有着悠久的历史，特别是石砌体和砖砌体在我国更是源远流长。原始社会末期就有大型石砌祭坛，在辽宁西部发现有女神庙遗址和数处积石冢群，这些遗址距今已有5000多年的历史。隋代李春所建造的河北赵县安济桥(图4-1.1-1)是世界上现存最早、跨度最大的空腹式单孔圆弧石拱桥。建于北宋年间的福建泉州万安桥(图4-1.1-2)，原长1200m，现长835m。

图4-1.1-1　安济桥　　　　　　　　　　　图4-1.1-2　万安桥

在世界上许多文明古国，应用砌体结构的历史也相当久远。约公元前3000年在埃及所建成的三座大金字塔(图4-1.1-3)，公元70～82年建成的罗马大斗兽场(图4-1.1-4)，希腊的雅典卫城和一些公共建筑(运动场、竞技场等)，以及罗马的大引水渠、桥梁、神庙和教堂等，都是文化历史上的辉煌成就，至今仍是备受推崇和瞻仰的宝贵遗产。

图4-1.1-3　埃及金字塔　　　　　　　　　图4-1.1-4　罗马大斗兽场

近半个世纪以来，砌体结构在我国得到空前的发展。1952年全国统一黏土砖的规格，使之标准化、模数化。在砌筑施工方面，创造了多种合理、快速的施工方法，既能加快工程进度，又可保证砌筑质量。20 世纪 80 年代以来，轻质、高强块材新品种的产量逐年增长，应用更为普遍。砌体块材从单一的烧结普通砖发展到承重黏土多孔砖和空心砖、混凝土空心砌块、轻骨料混凝土或加气混凝土砌块、非烧结硅酸盐砖、硅酸盐砖、粉煤灰砌块、灰砂砖以及其他工业废渣、煤矸石等制成的无熟料水泥煤渣混凝土砌块等。同时，还发展高强度砂浆，制定了各种块体和砂浆的强度等级，形成系列化。在应用新技术方面，我国曾采用振动砖墙板技术、预应力空心砖楼板技术与配筋砌体等。经过长期的工程实践和大量的科学研究，我国已建立起一套较完整的计算理论和设计方法，制定了符合我国特点的设计和施工规范。

1.2　砌体结构的特点

砌体是由块材和砂浆黏结而成的复合体。组成砌体的块材和砂浆的种类不同，砌体的受力性能也不尽相同，了解砌体结构材料及其力学性能是掌握砌体结构受力特点的基础。

1.2.1　砌体材料

1. 块材

块材分为砖、砌块和石材三大类，块材强度等级以符号 MU(Masonry Unit)表示。

用于承重结构中的砖，主要有烧结普通砖、烧结多孔砖、蒸压灰砂普通砖、蒸压粉煤灰普通砖等。由普通混凝土或轻集料混凝土制成，主规格尺寸为 390mm×190mm×190mm。空心率为 25%～50%的空心砌块叫做混凝土小型空心砌块，简称混凝土砌块或砌块。在承重结构中，常用的石材有花岗岩、石灰岩和凝灰岩等。石材抗压强度高，耐久性好，多用于房屋的基础及勒脚部位。按其外形规则程度分为毛石和料石。

2. 砂浆

砂浆是由胶结材料(水泥、石灰)和砂加水拌和而成的混合材料。砂浆强度等级以符号 M(Mortar)表示。砂浆的作用是把块材粘结成整体，并均匀传递块材之间的压力，同时改善砌体的透气性、保温隔热性和抗冻性。按砂浆的组成可分为以下几类。

(1)由水泥与砂加水拌和而成的砂浆称为水泥砂浆。这种砂浆具有较高的强度和较好的耐久性，但和易性和保水性较差，适用于砂浆强度要求较高的砌体和潮湿环境中的砌体。

(2)由水泥、石灰与砂加水拌和而成的砂浆称为混合砂浆。这种砂浆具有一定的强度和耐久性，而且和易性和保水性较好，在一般墙体中广泛应用，但不宜用于潮湿环境中的砌体。

(3)非水泥砂浆，指不含水泥的石灰砂浆、石膏砂浆和黏土砂浆。这类砂浆强度不高，耐久性也较差，所以只用于受力较小或简易建筑中的砌体。

烧结普通砖、烧结多孔砖、蒸压灰砂普通砖和蒸压粉煤灰普通砖砌体采用的普通砂浆强度等级分为 M15、M10、M7.5、M5 和 M2.5 五个强度等级。

1.2.2　砌体力学性能

1. 砌体的受压性能

在实际工程中，大部分砌体都属于受压构件，下面以普通砖砌体为例，来说明砌体的受压性能。

（1）砖砌体的受压破坏特征

根据国内外大量试验表明，轴心受压砖柱从加荷至破坏可分为三个阶段：

第 I 阶段：由加荷开始至个别砖出现裂缝。第一条（批）裂缝出现时的荷载值约为破坏荷载的 $0.5\sim0.7$ 倍，砖柱内的单块砖出现裂缝。这个阶段的特点为：如不继续加载，裂缝不会继续扩展或增加（图 4-1.2-1(a)）。

第 II 阶段：当荷载继续增加，个别砖裂缝不断扩展，并上下贯通穿过若干皮砖。这个阶段的特点为，即使荷载不再增加，裂缝仍继续发展。此时荷载约为破坏荷载的 $0.8\sim0.9$ 倍。此时砌体已临近破坏，处于危险状态（图 4-1.2-1(b)）。

第 III 阶段：当荷载进一步增加，裂缝迅速开展，其中几条主要竖向裂缝将把砌体分割成若干根截面尺寸为半砖左右的小柱体，整个砌体明显向外鼓出。最后某些小柱体失稳或压碎，整个砌体即被破坏（图 4-1.2-1(c)）。

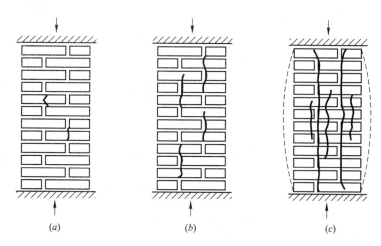

图 4-1.2-1　轴心受压砖柱破坏三个阶段

（2）单块砖在砌体中的受力特点

试验结果表明，砖柱的抗压强度明显低于它所用砖的抗压强度，这一现象主要是由单块砖在砌体中的受力状态决定的。

砖块受压面并不平整，再加之所铺砂浆厚度和密实性不均匀，单块砖在砌体内并不是均匀受压的，而是处于局部受压、弯、剪应力状态下。由于砖的抗剪、抗弯强度远低于抗压强度，所以在砌体中常常由于单砖承受不了弯曲应力和剪应力而出现第一批裂缝。在砌体破坏时也只是在局部截面上砖被压坏，就整个截面来说砖的抗压能力并没有被充分利用。如图 4-1.2-2 所示。

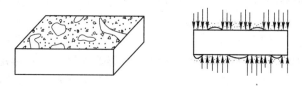

图 4-1.2-2　砖块受压面情况

砌体竖向受压时，就要产生横向变形。当砖的强度等级较高，而砂浆强度等级较低时，砂浆的泊松比大于砖的泊松比，在压力作用下，砂浆的横向变形大于砖的横向变形。由于砖与砂浆之间粘结力和摩擦力的存在，保证两者有共同的变形，故砖对砂浆的横向变形起阻碍作用，砂浆对砖则形成了水平附加拉力，这种拉力也是使砖过早开裂的原因之一。若砂浆强度等级愈高时，砖与砂浆的横向变形差异愈小，砂浆对砖所形成的水平附加拉力也愈小，上述原因则可避免。如图 4-1.2-3 所示。

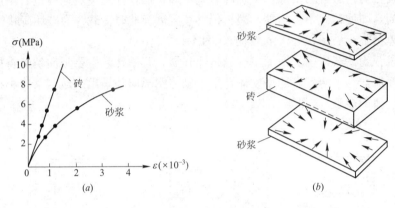

图 4-1.2-3　砖与砂浆的变形
(a)砖、砂浆受压应力-应变曲线；(b)砂浆对砖的作用力

由于砌体的竖向灰缝不可能完全填满，造成了砌体的不连续性和块材的应力集中，也降低了砌体的抗压强度。

由上述可见，砌体内的砖处于压、弯、剪、拉的复杂应力状态，这与砖在抗压试验（两块砖之间只有一道仔细抹平的灰缝）及抗折试验中的受力状态有显著的区别，因此砖砌体的抗压强度明显低于它所用砖的抗压强度。

2. 影响砌体抗压强度的因素

（1）块材和砂浆强度

块材和砂浆强度是决定砌体抗压强度的最主要因素。因砖砌体的破坏主要由于单块砖受弯剪应力作用引起的，所以砖除了要求有一定的抗压强度外，还应有一定的抗弯强度。砂浆的强度等级越高，不但砂浆自身的承载能力提高，而且受压后的横向变形越小，可减小或避免砂浆对砖产生的水平附加拉力。一般说来，砌体强度随块材和砂浆强度的提高而增加，但并不能按相同的比例提高砌体的强度。

（2）砂浆的性能

砂浆除了强度之外，其变形性能和流动性（和易性）、保水性都对砌体抗压强度有影响。砂浆的流动性和保水性越好，越容易铺砌均匀，水平灰缝的厚度和密实性都较好。从而减小块材的弯、剪应力，提高砌体强度。

（3）块材的形状及灰缝厚度

块材的外形比较规则、平整，则块材在砌体中所受弯剪应力相对较小，从而使砌体强度相对得到提高。砌体中灰缝越厚，越难保证均匀与密实，所以当块材表面平整时，灰缝宜减薄。砂浆层过厚，则横向变形过大；砂浆层过薄，不易铺砌均匀。

（4）砌筑质量

砌体的砌筑质量对砌体的抗压强度影响很大。如砂浆层不饱满，则块材受力不均匀，我国验收规范规定砖墙水平灰缝的砂浆饱满度不得低于80％。砖的含水率过低，将过多吸收砂浆的水分，影响砌体的抗压强度；若砖的含水率过高，将影响砖与砂浆的粘结力等。此外，砌体的龄期及受荷方式等，也将影响砌体的抗压强度。

3. 砌体的轴心受拉、弯曲受拉、受剪性能

砌体的抗压性能比抗拉、抗弯、抗剪性能好得多，所以通常砌体结构都用于受压构件。但在实际工程中，砌体除受压力作用之外，有时还承受轴心拉力、弯矩、剪力作用。如圆形水池池壁或谷仓在液体或松散物体的侧向压力作用下将产生轴向拉力（图 4-1.2-4）；挡土墙在土压力作用下，将产生弯矩、剪力作用（图 4-1.2-5）；砖砌过梁在自重和楼面荷载作用下受到弯矩、剪力作用（图 4-1.2-6）等。

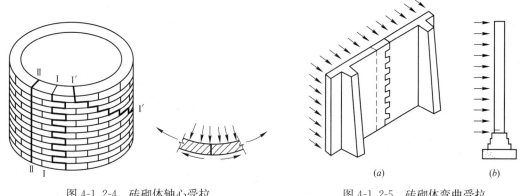

图 4-1.2-4　砖砌体轴心受拉　　　　　　　图 4-1.2-5　砖砌体弯曲受拉

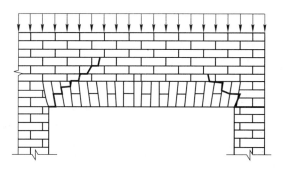

图 4-1.2-6　砖砌过梁受剪

（1）砌体轴心受拉

当砌体轴向拉力的作用方向平行于水平灰缝时，因块材强度较高，砂浆强度较低，将发生沿竖向及水平向灰缝破坏的齿状裂缝。当轴向拉力与砌体的水平灰缝垂直时，砌体将沿通缝截面破坏。由于灰缝的法向粘结强度是不可靠的，因而在设计中不允许采用沿通缝截面受拉的轴心受拉构件。

（2）砌体弯曲受拉

砌体弯曲受拉时也有两种破坏特征。当弯矩所产生的拉应力与水平灰缝平行时，可能

沿齿缝截面发生破坏；当弯矩产生的拉应力与通缝垂直时，可能沿通缝截面发生破坏（图 4-1.2-7）。

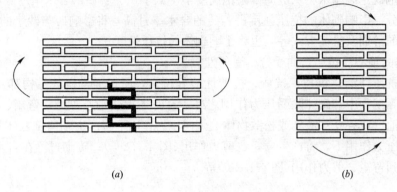

图 4-1.2-7　砌体弯曲受拉破坏情况
(*a*)齿缝破坏；(*b*)通缝破坏

（3）砌体的受剪

砌体的受剪破坏特征：在实际工程中，砌体的受剪是另一较为重要的性能。砌体的受剪破坏主要有沿通缝破坏和沿齿缝破坏两种(图 4-1.2-8)。

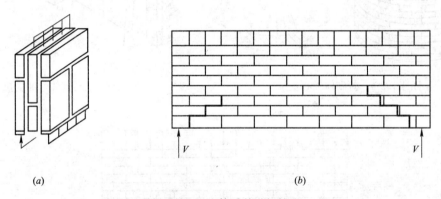

图 4-1.2-8　砌体受剪破坏情况
(*a*)沿通缝破坏；(*b*)沿齿缝破坏

1.2.3　砌体结构主要特点

通过以上对砌体的组成材料及力学性能的了解，可以知道砌体结构主要特点如下：

（1）砌体结构取材方便。符合"因地制宜，就地取材"的原则。

（2）砌体结构具有较好的耐久性及耐火性。在一般情况下，砌体可耐受 400℃ 左右的高温。且抗腐蚀方面的性能较好，受大气的影响小。

（3）砌体的保温、隔热性能好，节能效果好。

（4）具有承重与围护的双重功能。

（5）施工方便，工艺简单。

（6）抗拉、抗剪、抗弯强度低，延性差。

（7）抗震性能差。

（8）砌筑工程量繁重，生产效率低。

1.3 砌体结构存在的问题

砌体结构作为一种传统结构形式，在相当长的时期内占有重要地位，但这种结构形式也还存在着很多问题，亟待解决。

首先，砌体结构强度低、延性差。因砌体的强度较低，所以墙、柱截面尺寸大，材料用量增多，自重加大，在地震作用下引起的惯性力也增大，对抗震不利。由于砌体结构的抗拉、抗弯、抗剪等强度都较低，无筋砌体的抗震性能差，需要采用配筋砌体或构造柱改善结构的抗震性能。

其次，砌体结构用工多。砌体结构基本上采用手工作业的方式，一般民用的砖混结构住宅楼，砌筑工作量要占整个施工工作量的25％以上，砌筑劳动量大，工人十分辛苦。应发展大型砌块和振动砖墙板、混凝土空心墙板以及预制大型板材，通过采取工业化生产和机械化施工的方式，减少劳动量。

再有，砌体结构占地多。目前黏土砖在砌体结构中应用的比例仍然很大。生产大量的砖势必过多地耗用农田，对生态环境很不利。因此，降低实心黏土砖比重，积极推进墙体材料改革，对于节约能源和调整建筑材料产业结构，有着重要意义。

针对上述问题，技术人员们也在进行积极的试验和理论研究。加强对砌筑块材和砂浆的研究，发展轻质、高强的砌体是今后发展的重要方向。砌体强度提高，墙、柱的截面尺寸才可能减小，材料消耗才会减少，房屋的高度将进一步提高，经济指标将会更趋合理。积极发展黏土砖的替代产品，如蒸压灰砂砖、蒸压粉煤灰砖、轻骨料混凝土砌块以及煤渣砖、矿渣砖、建筑废渣砖等，坚持可持续发展的战略方针，广泛研制绿色建材产品。我国是多地震国家，在中高层建筑中，采用配筋砌体结构尤其是配筋砌块剪力墙结构，可提高砌体的强度和抗裂性，能有效提高砌体的整体性和抗震性能，且节约钢筋等材料，将发挥重要作用。

1.4 砌体结构检测技术概况

砌体结构有着悠久的历史，其相关的结构检测技术也比较全面。砌体结构检测可分为建筑结构工程质量的检测和既有建筑结构性能的检测。这两者的检测项目、检测方法和抽样数量等大致相同，只是既有建筑结构性能的检测可能面对的结构损伤与材料老化等问题会多一些，现场检测遇到的难度要大一些。

一般情况下，建筑结构工程的质量应按《建筑工程施工质量验收统一标准》GB 50300—2001和相应的工程施工质量验收规范进行验收。建筑结构工程质量验收和建筑结构工程质量检测最大的区别在于实施主体，建筑结构工程质量检测工作的实施主体是有检测资质的独立第三方。在某些情况下，建筑结构工程和既有建筑结构必须要进行实体检测。

砌体结构实体检测方法按对砌体结构的损伤程度分类，可分为非破损检测方法及局部破损检测方法。非破损检测方法，在检测过程中，对砌体结构的既有力学性能没有影响。局部破损检测方法，在检测过程中，对砌体结构的既有力学性能有局部的、暂时的影响，但可修复。现场检测一般都在建筑物建成后，并处于使用过程中，砌体均处于正常工作状态。一种好的现场检测方法是既能取得所需的信息，又在检测过程中和检测后对砌体既有性能不造成负影响。但这两者有一定矛盾，有时一些局部破损方法能提供更多更准确的信息，提高检测精度。鉴于砌体结构的特点，一般情况下局部的破损易于修复，修复后对砌体的既有性能无影响或影响甚微。故可根据实际工程情况，选择非破损或局部微破损的检测方法。

1.5　检测项目及内容

1.5.1　检测项目及内容

砌体结构的实体检测内容主要分为砌筑块材、砌筑砂浆、砌体强度、砌筑质量与构造、损伤与变形检测等 5 个方面。

砌筑块材的检测可分为砌筑块材的强度及强度等级、尺寸偏差、外观质量、抗冻性能、块材品种等检测项目。

砌筑砂浆的检测可分为砂浆强度及强度等级、品种、抗冻性和有害元素含量等项目。

砌体强度的检测可采用取样的方法或现场原位测试方法。取样法是从砌体中截取试件，在试验室测定试件的强度。原位法是在现场测试砌体的强度。

砌体构件的砌筑质量检测可分为砌筑方法、灰缝质量、砌体偏差和留槎及洞口等项目。砌体结构的构造检测可分为砌筑构件的高厚比、梁垫、壁柱、预制构件的搁置长度、大型构件端部锚固措施、圈梁、构造柱或芯柱、砌体局部尺寸及钢筋网片和拉结筋等项目。

砌体结构的变形与损伤的检测可分为裂缝、倾斜、基础不均匀沉降、环境侵蚀损伤、灾害损伤及人为损伤等项目。

1.5.2　结构检测适用条件

对新建砌体工程，结构检测应按现行国家标准《砌体结构设计规范》GB 50003—2011、《砌体结构工程施工质量验收规范》GB 50203—2011、《建筑工程施工质量验收统一标准》GB 50300—2001、《砌体基本力学性能试验方法标准》GB/T 50129—2011、《砌体工程现场检测技术标准》GB/T 50315—2011 等的有关规定执行。当遇到下列情况之一时，应对砌体工程按照现行方法标准进行检测：

（1）涉及结构安全的试块、试件以及有关材料检验数量不足。

（2）对施工质量的抽样检测结果达不到设计要求。

（3）对质量有怀疑或争议，需要通过检测进一步分析结构的可靠性。

（4）发生工程事故，需要通过检测分析事故的原因及对结构的影响。

对既有砌体工程，当遇到下列情况之一时，应对砌体工程按照现行方法标准进行检测：

（1）安全鉴定，危房鉴定及其他应急鉴定。

（2）抗震鉴定。

（3）大修前的可靠性鉴定。

（4）房屋改变用途、改建、加层或扩建前的专门鉴定。

（5）建筑结构达到设计使用年限要继续使用的鉴定。

（6）受到灾害、环境侵蚀等影响建筑的鉴定。

（7）对既有砌体结构的工程质量有怀疑或争议。

1.5.3　砌体结构检测流程

砌体结构开展检测工作，应按照规定的检测程序进行，检测程序如图 4-1.5-1 所示，各部分工作的具体内容如下所述。

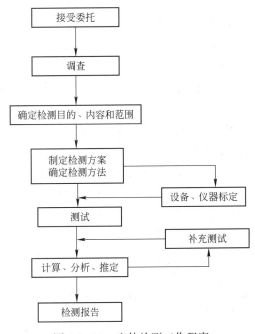

图 4-1.5-1　砌体检测工作程序

（1）调查内容主要有：

1）收集被检测工程的图纸、施工验收资料、砖与砂浆品种及有关原材料测试资料。

2）现场调查工程的结构形式、环境条件、砌体质量及其存在问题，对既有砌体工程，尚应调查使用期间的变更情况。

3）工程建设时间。

4）进一步明确检测原因和委托方的具体要求。

5）以往工程质量检测情况。

（2）检测方案应根据调查结果和检测目的、内容和范围制定，应选择一种或数种检测方法，必要时应征求委托方意见并认可。对被检测工程应划分检测单元，并应确定测区和测点数。

（3）测试设备、仪器应按相应标准和产品说明书规定进行保养和校准，必要时尚应按使用频率、检测对象的重要性适当增加校准次数。

（4）现场检测工作，应采取措施确保人身安全和防止仪器损坏，并应采取措施避免或减小污染环境。现场检测和抽样检测，环境温度和试件（试样）温度均应高于 0℃。现场测试结束时，砌体如因检测造成局部损伤，应及时修补砌体局部损伤部位。修补后的砌体，应满足原构件承载能力和正常使用的要求。

（5）计算、分析和强度推定过程中，出现异常情况或测试数据不足时，应及时补充测试。

（6）检测工作完毕，应及时出具符合检测目的的检测报告。从事测试和强度推定的人员，应经专门培训合格后，再参加测试和撰写报告。

1.6　检测工作抽样原则

砌体结构的强度检测包括块材强度、砌筑砂浆强度和砌体强度检测，其检测数量及测点选取原则如下所述。

当检测对象为整栋建筑物或建筑物的一部分时，应将其划分为一个或若干个可以独立进行分析的结构单元，每一结构单元划分为若干个检测单元。检测单元是指每一楼层且总量不大于 250m³ 的材料品种和设计强度等级均相同的砌体。每一检测单元内，应随机选择若干个构件（单片墙体、柱）作为测区。当一个检测单元不足 6 个构件时，应将每个构件作为一个测区。每一测区应随机布置若干测点。根据各种检测方法的要求，测区、测点数应符合下列要求（砂浆回弹法和烧结砖回弹法中的测位相当于测点）：

（1）贯入法要求按抽样检测时，抽检数量不应少于砌体总构件数的 30%，且不应少于 6 个构件。每个构件 16 个贯入值。

（2）烧结砖回弹法每个检测单元应随机选取 10 个测区（构件），每个测区的测位数（条面向外的砖）不应少于 10 个，每个测位 5 个回弹值。

（3）砂浆回弹法每个检测单元应随机选取 6 个测区（构件），每个测区的测位数（面积大于 0.3m² 的承重墙可测面）不少于 5 个，每个测位 12 个回弹值。

（4）原位轴压法、扁顶法、切制抗压试件法、原位单剪法、筒压法，测点数不应少于 1 个。

（5）原位双剪法、推出法，测点数不应少于 3 个。

（6）砂浆片剪切法、点荷法测点数不应少于 5 个。

既有建筑物或应委托方要求仅对建筑物的个别部位检测时，测区和测点数可减少，但一个检测单元的测区数不宜少于 3 个。测点布置应能使测试结果全面、合理反映检测单元的施工质量或其受力性能。

选用检测方法和在墙体上选定测点，应符合下列要求：

（1）所有方法的测点不应位于补砌的临时施工洞口附近。

（2）除原位单剪法外，测点不应位于门窗洞口处。

（3）应力集中部位的墙体以及墙梁的墙体计算高度范围内，不应选用有较大局部破损的检测方法。

（4）砖柱和宽度小于3.6m的承重墙，不应选用有较大局部破损的检测方法。

（5）现场检测或取样检测时，砌筑砂浆的龄期不应低于28d。

（6）检测砌筑砂浆强度时，取样砂浆试件或原位检测的水平灰缝应处于干燥状态。

思考题

1. 砌筑砂浆如何分类及各自的特点、使用范围？

2. 砖砌体轴心受压破坏可分为哪几个阶段？

3. 影响砌体抗压强度的因素有哪些？

4. 砌体结构的特点有哪些？

5. 砌体结构检测包括哪几方面的主要内容？

6. 在什么情况下需要对砌体工程进行检测？

7. 检测工作开展前应做哪些调查工作？

8. 如何划定砌体结构强度的检测单元？

9. 各类检测方法的抽样数量如何规定？

10. 在选用检测方法和选定测点时，应符合哪些要求？

第 2 章　砌体结构砌筑砂浆强度检测

2.1　概述

检测砌筑砂浆强度的方法较多，例如：推出法、筒压法、砂浆片剪切法、点荷法、砂浆回弹法、贯入法等。其中，推出法属原位检测，局部破损；筒压法、砂浆片剪切法和点荷法属取样检测，取样部位局部损伤；砂浆回弹法和贯入法属于原位无损检测。

当遇到砂浆表层受到影响时，除提供砌筑砂浆强度必要的测试参数外，还应提供受影响层的深度。例如：砌筑砂浆表面受到侵蚀、风化、剔凿、冻害影响的构件，遭受火灾影响的构件，使用年数较长的结构。且在此类情况下，某些检测方法不适用。

工程质量评定或鉴定工作有要求时，应检查结构特殊部位砌筑砂浆的品种及其质量指标。结构中特殊部位及相应的要求有：基础墙的防潮层，含水饱和情况的基础，蒸压（养）砖防潮层以上的砌体（应采用水泥混合砂浆砌筑或高粘结性能的专用砂浆），烧结黏土砖空斗墙（应采用水泥混合砂浆）和有内衬的烟囱（其内衬应为黏土砂浆或耐火泥砌筑）等。

应根据实际情况选择相应检测方法，方法的选择除充分考虑各种方法的特点、用途和限制条件外，使用者应优先选择本地区常用方法，尤其是本地区检测人员熟悉的方法。因为方法之间的误差与检测人员对其熟悉掌握的程度密切相关。方法的选择宜与委托方共同确定，并在合同中加以确认，以避免不同检测方法由于诸多影响因素造成结果差异而可能引起的争议。各检测方法的特点、用途和限制条件见表 4-2.1-1。

砌体结构砌筑砂浆强度检测方法汇总表　　　　　　　　表 4-2.1-1

序号	检测方法	特点	用途	限制条件
1	推出法	1. 属原位检测，直接在墙体上测试，检测结果综合反映了材料质量和施工质量； 2. 设备较轻便； 3. 检测部位局部破损	检测烧结普通砖、烧结多孔砖、蒸压灰砂砖或蒸压粉煤灰砖墙体的砂浆强度	当水平灰缝的砂浆饱满度低于 65% 时，不宜选用
2	筒压法	1. 属取样检测； 2. 仅需利用一般混凝土试验室的常用设备； 3. 取样部位局部损伤	检测烧结普通砖和烧结多孔砖墙体中的砂浆强度	—
3	砂浆片剪切法	1. 属取样检测； 2. 专用的砂浆测强仪及其标定仪，较为轻便； 3. 测试工作较简便； 4. 取样部位局部损伤	检测烧结普通砖和烧结多孔砖墙体中的砂浆强度	—

序号	检测方法	特点	用途	限制条件
4	点荷法	1. 属取样检测； 2. 测试工作较简便； 3. 取样部位局部损伤	检测烧结普通砖和烧结多孔砖砌体中的砂浆强度	不适用于砂浆强度小于 2MPa 的墙体
5	砂浆回弹法	1. 属原位无损检测，测区选择不受限制； 2. 回弹仪有定型产品，性能较稳定，操作简便； 3. 检测部位的装修面层仅局部损伤	1. 检测烧结普通砖和烧结多孔砖墙体中的砂浆强度； 2. 主要用于砂浆强度均质性检查	1. 不适用于砂浆强度小于 2MPa 的墙体； 2. 水平灰缝表面粗糙难以磨平时，不得采用
6	贯入法	1. 属原位无损检测，测区选择不受限制； 2. 贯入仪有定型产品，性能较稳定； 3. 检测部位的装修面层仅局部损伤	工业与民用建筑砌体工程中砌筑砂浆抗压强度现场检测	1. 强度为 0.4MPa～16MPa； 2. 多孔砖砌体和空斗墙砌体的水平灰缝深度应大于 30mm； 3. 被检测灰缝应饱满，其厚度不应小于 7mm

2.2　检测方法

2.2.1　推出法

1. 一般规定

该法采用推出仪从墙体上水平推出单块丁砖，测得水平推力及推出砖下的砂浆饱满度，以此推定砌筑砂浆抗压强度。推出法(图 4-2.2-1)适用于推定 240mm 厚烧结普通砖、烧结多孔砖、蒸压灰砂砖或蒸压粉煤灰砖墙体中的砌筑砂浆强度，所测砂浆的强度宜为 1～15MPa。检测时，应将推出仪安放在墙体的孔洞内。

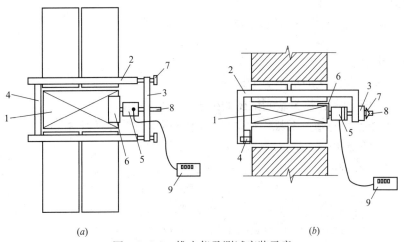

图 4-2.2-1　推出仪及测试安装示意

(a)平剖面；(b)纵剖面

1—被推出丁砖；2—支架；3—前梁；4—后梁；5—传感器；6—垫片；

7—调平螺钉；8—加荷螺杆；9—推出力峰值测定仪

测点宜均匀布置在墙上，并应避开施工中的预留洞口。被推丁砖的承压面可采用砂轮磨平，并应清理干净。被推丁砖下的水平灰缝厚度应为 8～12mm。

2. 测试设备的技术指标

推出仪组成如图 4-2.2-1 所示。推出仪的主要指标应符合表 4-2.2-1 的要求。

推出仪的主要指标　　　　　　　　　　表 4-2.2-1

项　　目	指标	项　　目	指标
额定推力(kN)	30	额定行程(mm)	80
相对测量范围(%)	20～80	示值相对误差(%)	±3

力值显示仪器或仪表应符合下列要求：

(1) 最小分辨值应为 0.05kN。

(2) 力值范围应为 0～30kN。

(3) 应具有测力峰值保持功能。

(4) 仪器读数显示应稳定，在 4h 内的读数漂移应小于 0.05kN。

3. 测试步骤

(1) 试件制备，使用冲击钻在预取顺砖下侧角部打出约 40mm 的孔洞；用锯条锯开灰缝；将扁铲打入上一层灰缝，取出两块顺砖；用锯条锯切被推丁砖两侧的竖向灰缝，直至下皮砖顶面；开洞及清缝时，不得扰动被推丁砖。

(2) 安装推出仪，用尺测量前梁两端与墙面距离，使其误差小于 3mm。传感器的作用点，在水平方向应位于被推丁砖中间，铅垂方向应距被推丁砖下表面之上 15mm 处，多孔砖应为 40mm。

(3) 加载试验，旋转加荷螺杆对试件施加荷载，加荷速度宜控制在 5kN/min；当被推丁砖和砌体之间发生相对位移，试件达到破坏状态；记录推出力 N_{ij}；取下被推丁砖，用百格网测试砂浆饱满度 B_{ij}。

4. 数据分析

(1) 单个测区的推出力平均值，应按式 4-2.2-1 计算：

$$N_i = \xi_{2i} \frac{1}{n_1} \sum_{j=1}^{n1} N_{ij} \qquad (4\text{-}2.2\text{-}1)$$

式中　N_i——第 i 个测区的推出力平均值(kN)，精确至 0.01 kN；

$\quad\quad N_{ij}$——第 i 个测区第 j 块测试砖的推出力峰值(kN)；

$\quad\quad \xi_{2i}$——砖品种的修正系数，对烧结普通砖和烧结多孔砖取 1.00，对蒸压灰砂砖或蒸压粉煤灰砖取 1.14。

(2) 测区的砂浆饱满度平均值，应按式 4-2.2-2 计算：

$$B_i = \frac{1}{n_1} \sum_{j=1}^{n1} B_{ij} \qquad (4\text{-}2.2\text{-}2)$$

式中　B_i——第 i 个测区的砂浆饱满度平均值，以小数计；

$\quad\quad B_{ij}$——第 i 个测区第 j 块测试砖下的砂浆饱满度实测值，以小数计。

(3) 测区的砂浆强度平均值不小于 0.65 时，测区的砂浆强度平均值，应按下式计算：

$$f_{2i} = 0.30 (N_i / \xi_{3i})^{1.19} \qquad (4\text{-}2.2\text{-}3)$$

$$\xi_{3i} = 0.45B_i^2 + 0.9B_i \qquad\qquad (4\text{-}2.2\text{-}4)$$

式中　f_{2i}——第 i 个测区的砂浆强度平均值(MPa);

　　　ξ_{3i}——推出法的砂浆强度饱满度修正系数,以小数计。

当测区的砂浆饱满度平均值小于 0.65 时,不宜按上述公式计算砂浆强度;宜选用其他方法推定砂浆强度。

2.2.2　筒压法

1. 一般规定

筒压法是将取样砂浆破碎、烘干并筛分成符合一定级配要求的颗粒,装入承压筒并施加筒压荷载,检测其破损程度,用筒压比表示,以此推定其抗压强度的方法。筒压法适用于推定烧结普通砖或烧结多孔砖砌体中砌筑砂浆的强度,不适用于推定高温、长期浸水、遭受火灾、环境侵蚀等砌筑砂浆的强度。

筒压法所测试的砂浆品种应包括中砂、细砂配制的水泥砂浆,特细砂配制的水泥砂浆,中砂、细砂配制的水泥石灰混合砂浆,中砂、细砂配制的水泥粉煤灰砂浆,石灰石质石粉砂与中砂、细砂混合配制的水泥石灰混合砂浆和水泥砂浆。砂浆强度范围应为 2.5~20MPa。

2. 测试设备的技术指标

承压筒(图 4-2.2-2)可用普通碳素钢或合金钢自行制作,也可用测定轻骨料筒压强度的承压筒代替。

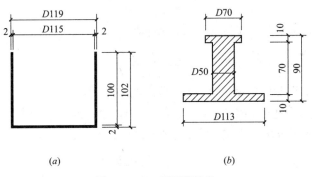

图 4-2.2-2　承压筒构造

(a)承压筒剖面;(b)承压盖剖面

水泥跳桌技术指标,应符合现行国家标准《水泥胶砂流动度测定方法》GB/T 2419—2005 的有关规定。其他设备和仪器应包括 50~100kN 压力试验机或万能试验机,砂摇筛机,干燥箱,孔径为 5mm、10mm、15mm(或边长为 4.75mm、9.5mm、16mm)的标准砂石筛(包括筛盖和底盘),称量为 1000g、感量为 0.1g 的托盘天平。

3. 测试步骤

(1) 在每一测区,从距墙表面 20mm 以内的水平灰缝中凿取砂浆约 4000g,砂浆片(块)的最小厚度不得小于 5mm。

(2) 使用手锤击碎样品,筛取 5~15mm 的砂浆颗粒约 3000g,在 105℃±5℃的温度下烘干至恒重,并待冷却至室温后备用。

(3) 每次取烘干样品约 1000g，置于孔径 5mm、10mm、15mm（或边长 4.75mm、9.5mm、16mm）标准筛所组成的套筛中，机械摇筛 2min 或手工摇筛 1.5min；称取粒级 5～10mm（4.75～9.5mm）和 10～15mm（9.5～16mm）的砂浆颗粒各 250g，混合均匀后即为一个试样，共制备三个试样。

(4) 每个试样应分两次装入承压筒，每次约装 1/2，在水泥跳桌上跳振 5 次。第二次装料并跳振后，整平表面。无水泥跳桌时，可按砂、石紧密体积密度的测试方法颠击密实。

(5) 将装试样的承压筒置于试验机上时，应再次检查承压筒内的砂浆试样表面是否平整，稍有不平时，应整平。应盖上承压盖，并应按 0.5～1.0kN/s 加荷速度或 20～40s 内均匀加荷至规定的筒压荷载值后，立即卸荷。不同品种砂浆的筒压荷载值，应符合下列要求：水泥砂浆、石粉砂浆应为 20kN；特细砂水泥砂浆应为 10kN；水泥石灰混合砂浆、粉煤灰砂浆应为 10kN。

(6) 施加荷载过程中，出现承压盖倾斜状况时，应立即停止测试，并应检查承压盖是否受损（变形），以及承压筒内砂浆试样表面是否平整。出现承压盖受损（变形）情况时，应更换承压盖，并应重新制备试样。

(7) 将施压后的试样倒入由孔径 5（4.75）mm 和 10（9.5）mm 标准筛组成的套筛中时，应装入摇筛机摇筛 2min 或人工摇筛 1.5min，并应筛至每隔 5s 的筛出量基本相符。

(8) 称量各筛筛余试样的重量，并应精确至 0.1g，各筛的分计筛余量和底盘剩余量的总和，与筛分前的试样重量相比，相对差值不得超过试样重量的 0.5%；当超过时，应重新进行测试。

4. 数据分析

(1) 标准试样的筒压比，应按式 4-2.2-5 计算：

$$\eta_{ij} = \frac{t_1 + t_2}{t_1 + t_2 + t_3} \tag{4-2.2-5}$$

式中　　η_{ij}——第 i 个测区中第 j 个试样的筒压比，以小数计；

t_1、t_2、t_3——分别为孔径 5（4.75）mm、10（9.5）mm 筛的分计筛余量和底盘中剩余量。

(2) 测区的砂浆筒压比，应按式 4-2.2-6 计算：

$$\eta_i = \frac{(\eta_{i1} + \eta_{i2} + \eta_{i3})}{3} \tag{4-2.2-6}$$

式中　　η_i——第 i 个测区的砂浆筒压比平均值，以小数计，精确至 0.01；

η_{i1}、η_{i2}、η_{i3}——分别为第 i 个测区三个标准砂浆试样的筒压比。

(3) 测区的砂浆强度平均值应按下式计算：

水泥砂浆：

$$f_{2i} = 34.58 (\eta_i)^{2.06} \tag{4-2.2-7}$$

特细砂水泥砂浆：

$$f_{2i} = 21.36 (\eta_i)^{3.07} \tag{4-2.2-8}$$

水泥石灰混合砂浆：

$$f_{2i} = 6.10 (\eta_i) + 11.0 (\eta_i)^{2.0} \tag{4-2.2-9}$$

粉煤灰砂浆：

$$f_{2i} = 2.52 - 9.40 (\eta_i) + 32.80 (\eta_i)^{2.0} \tag{4-2.2-10}$$

石粉砂浆：

$$f_{2i}=2.70-13.90(\eta_i)+44.90(\eta_i)^{2.0} \tag{4-2.2-11}$$

2.2.3　砂浆片剪切法

1. 一般规定

该方法是采用砂浆测强仪检测砂浆片的抗剪强度，以此推定砌筑砂浆抗压强度的方法，如图4-2.2-3所示。砂浆片剪切法适用于推定烧结普通砖或烧结多孔砖砌体中的砌筑砂浆强度。检测时，应从砖墙中抽取砂浆片试样，并应采用砂浆测强仪测试其抗剪强度，然后换算为砂浆强度。从每个测点处，宜取出两个砂浆片，一片用于检测、一片备用。

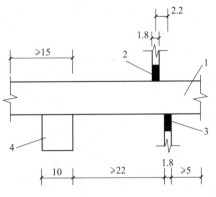

图 4-2.2-3　砂浆测强仪工作原理
1—砂浆片；2—上刀片；3—下刀片；4—条钢块

2. 测试设备的技术指标

砂浆测强仪的主要技术指标应符合表4-2.2-2的要求。

砂浆测强仪的主要技术指标　　　　表 4-2.2-2

项　　　目	指　　　标
上下刀片刃口厚度(mm)	1.8±0.02
上下刀片中心间距(mm)	2.2±0.05
测试荷载范围(N)	40~1400
示值相对误差(%)	±3
上刀片行程(mm)	>30
下刀片行程(mm)	>3
刀片刃口面平面度(mm)	0.02
刀片刃口棱角线直线度(mm)	0.02
刀片刃口棱角垂直度(mm)	0.02
刀片刃口硬度(HRC)	55~58

3. 测试步骤

(1) 制备砂浆片试件，从测点处的单块砖大面上取下的原状砂浆大片，应编号，并应分别放入密封袋内。一个测区的墙面尺寸宜为0.5m×0.5m。同一个测区的砂浆片，应加工成尺寸接近的片状体，大面、条面应均匀平整。单个试件的各向尺寸：厚度应为7~15mm，宽度应为15~50mm，长度应按净跨度不小于22mm确定。试件加工完毕，应放入密封袋内。

(2) 砂浆试件含水率，应与砌体正常工作时的含水率基本一致。试件呈冻结状态时，应缓慢升温解冻。

(3) 砂浆片试件的剪切测试：调平砂浆测强仪，并使水准泡居中；将砂浆片试件置于砂浆测强仪内，并用上刀片压紧；开动砂浆测强仪，并对试件匀速连续施加荷载，加荷速度不宜大于 10N/s，直至试件破坏。

（4）试件未沿刀片刃口破坏时，此次测试应作废，应取备用试件补测。

（5）试件破坏后，应记读压力表指针读数，并应换算成剪切荷载值。

（6）用游标卡尺或最小刻度为 0.5mm 的钢板尺量测试件破坏截面尺寸，每个方向量测两次，并分别取平均值。

4. 数据分析

（1）砂浆试件的抗剪强度，应按式 4-2.2-12 计算：

$$\tau_{ij} = 0.95 \frac{V_{ij}}{A_{ij}} \qquad (4\text{-}2.2\text{-}12)$$

式中　τ_{ij}——第 i 个测区第 j 个砂浆试件的抗剪强度(MPa)；

　　　　V_{ij}——试件的抗剪荷载值(N)；

　　　　A_{ij}——试件破坏截面面积(mm^2)。

（2）测区的砂浆抗剪强度平均值，应按式 4-2.2-13 计算：

$$\tau_i = \frac{1}{n_1} \sum_{j=1}^{n_1} \tau_{ij} \qquad (4\text{-}2.2\text{-}13)$$

式中　τ_i——第 i 个测区的抗剪强度平均值(MPa)。

（3）测区的抗压强度平均值，应按式 4-2.2-14 计算：

$$f_{2i} = 7.17 \tau_i \qquad (4\text{-}2.2\text{-}14)$$

（4）当测区的砂浆抗剪强度低于 0.3MPa 时，应对式 4-2.2-14 的计算结果乘以表 4-2.2-3 修正系数。

低强砂浆的修正系数表　　　　　　　　　　　　　表 4-2.2-3

τ_i(MPa)	>0.30	0.25	0.20	<0.15
修正系数	1.00	0.86	0.75	0.35

2.2.4　点荷法

1. 一般规定

点荷法是在砂浆片的大面上施加点荷载，推定砌筑砂浆抗压强度的方法。适用于推定烧结普通砖或烧结多孔砖砌体中的砌筑砂浆强度。检测时，应从砖墙中抽取砂浆片试样，并应采用试验机或专用仪器测试其点荷载值，然后换算为砂浆强度。从每个测点处，宜取出两个砂浆大片，一片用于检测、一片备用。

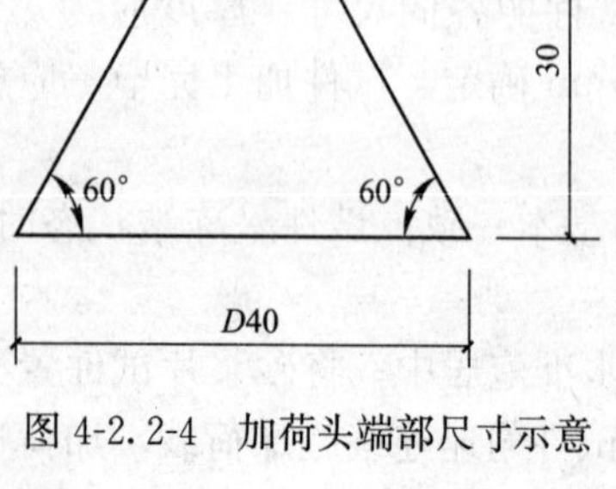

2. 测试设备的技术指标

测试设备应采用额定压力较小的压力试验机，最小读数盘宜为 50kN 以内。压力试验机的加荷附件，应符合下列要求：

（1）钢质加荷头应为内角为 60° 的圆锥体，锥底直径应为 40mm，锥体高度应为 30mm 锥体的头部应为半径为 5mm 的截球体，锥球高度应为 3mm，如图 4-2.2-4 所示。其他尺寸可自定。加荷头应为 2 个。

图 4-2.2-4　加荷头端部尺寸示意

(2) 加荷头与试验机的连接方法，可根据试验机的具体情况确定，宜将连接件与加荷头设计为一个整体附件。

3. 测试步骤

(1) 制备试件，从每个测点处剥离出砂浆大片。加工或选取的砂浆试件应符合下列要求：厚度为 5～12mm，预估荷载作用半径为 15～25mm，大面应平整，但其边缘不要求非常规则。在砂浆试件上画出作用点，量测其厚度，精确至 0.1mm。

(2) 在小吨位压力试验机上、下压板上分别安装上、下加荷头，两个加荷头应对齐；将砂浆试件水平放置在下加荷头上时，上、下加荷头应对准预先画好的作用点，并使上加荷头轻轻压紧试件，然后缓慢匀速施加荷载至试件破坏。加荷速度宜控制在 1min 左右破坏。记录荷载值，精确至 0.1kN。

(3) 将破坏后的试件拼接成原样，测量荷载实际作用点中心到试件破坏线边缘的最短距离即荷载作用半径。精确至 0.1mm。

4. 数据分析

(1) 砂浆试件的抗压强度换算值，应按式 4-2.2-15～4-2.2-17 计算：

$$f_{2ij} = (33.3\xi_{4ij}\xi_{5ij}N_{ij} - 1.10)^{1.09} \qquad (4\text{-}2.2\text{-}15)$$

$$\xi_{4ij} = 1/(0.05\gamma_{ij} + 1) \qquad (4\text{-}2.2\text{-}16)$$

$$\xi_{5ij} = 1/[0.03t_{ij}(0.10t_{ij} + 1) + 0.40] \qquad (4\text{-}2.2\text{-}17)$$

式中 N_{ij}——点荷载值(kN)；

ξ_{4ij}——荷载作用半径修正系数；

ξ_{5ij}——试件厚度修正系数；

γ_{ij}——荷载作用半径(mm)；

t_{ij}——试件厚度(mm)。

(2) 测区的砂浆抗压强度平均值，应按式 4-2.2-18 计算：

$$f_{2i} = \frac{1}{n_1}\sum_{j=1}^{n_1} f_{2ij} \qquad (4\text{-}2.2\text{-}18)$$

2.2.5 砂浆回弹法

1. 一般规定

采用砂浆回弹仪检测墙体中砂浆的表面硬度，根据回弹值和碳化深度推定其强度的方法为砂浆回弹法。适用于推定烧结普通砖或烧结多孔砖砌体中砌筑砂浆的强度，不适用于推定高温、长期浸水、遭受火灾、环境侵蚀等砌筑砂浆的强度。检测时，应用回弹仪测试砂浆表面硬度，并应用浓度为 1%～2% 的酚酞酒精溶液测试砂浆碳化深度，应以回弹值和碳化深度两项指标换算为砂浆强度。

检测前，应宏观检查砌筑砂浆质量，水平灰缝内部的砂浆与其表面的砂浆质量应基本一致。测位宜选在承重墙的可测面上，并应避开门窗洞口及预埋件等附近的墙体。墙面上每个测位的面积宜大于 0.3m²。墙体水平灰缝砌筑不饱满或表面粗糙且无法磨平时，不得采用砂浆回弹法检测砂浆强度。

2. 测试设备的技术指标

砂浆回弹仪的主要技术性能指标应符合表 4-2.2-4 的要求，其示值系统宜为指针直读式。砂浆回弹仪的检定和保养，应按国家现行有关回弹仪的检定标准执行。砂浆回弹仪在工程检测前后，均应在钢砧上进行率定测试。

砂浆回弹仪的主要技术性能指标　　　　　　　　表 4-2.2-4

项　目	指　标
标称动能(J)	0.196
指针摩擦力(N)	0.5±0.1
弹击杆端部球面半径(mm)	25±1.0
钢砧率定值(R)	74±2

3. 测试步骤

(1) 测位(相当于其他方法的测点)处应按下列要求进行处理：粉刷层、勾缝砂浆、污物等应清除干净。弹击点处的砂浆表面，应仔细打磨平整，并应除去浮灰。磨掉表面砂浆的深度应为 5～10mm，且不应小于 5mm。

(2) 每个测位内应均匀布置 12 个弹击点。选定弹击点应避开砖的边缘、灰缝中的气孔或松动的砂浆。相邻两弹击点的间距不应小于 20mm。

(3) 在每个弹击点上，使用回弹仪连续弹击 3 次，第 1、2 次不读数，仅记读第 3 次回弹值，回弹值读数估读至 1。测试过程中，回弹仪应始终处于水平状态，其轴线应垂直于砂浆表面，且不得移位。

(4) 在每一测位内，选择 3 处灰缝，采用工具在测区表面打凿出直径约 10mm 的孔洞，其深度应大于砌筑砂浆的碳化深度，清除孔洞中的粉末和碎屑且不得用水擦洗，然后采用浓度为 1‰～2‰的酚酞酒精溶液滴在孔洞内壁边缘处，当已碳化与未碳化界限清晰时，采用碳化深度测定仪或游标卡尺测量已碳化与未碳化砂浆交界面到灰缝表面的垂直距离。

4. 数据分析

(1) 从每个测位的 12 个回弹值中，分别剔除最大值、最小值，将余下的 10 个回弹值计算算术平均值，以 R 表示，精确至 0.1。

(2) 每个测位的平均碳化深度，应取该测位各次测量值的算术平均值，以 d 表示，精确至 0.5mm。

(3) 第 i 个测区第 j 个测位的砂浆强度换算值，应根据该测位的平均回弹值和平均碳化深度值，分别按式 4-2.2-19～4-2.2-21 计算：

$$f_{2ij} = 13.97 \times 10^{-5} R^{3.57} \quad d \leqslant 1.0\text{mm} \tag{4-2.2-19}$$

$$f_{2ij} = 4.85 \times 10^{-4} R^{3.04} \quad 1.0\text{mm} < d < 3.0\text{mm} \tag{4-2.2-20}$$

$$f_{2ij} = 6.34 \times 10^{-5} R^{3.60} \quad d \geqslant 3.0\text{mm} \tag{4-2.2-21}$$

式中　　f_{2ij}——第 i 个测区第 j 个测位的砂浆强度值(MPa)；

d——第 i 个测区第 j 个测位的平均碳化深度(mm)；

R——第 i 个测区第 j 个测位的平均回弹值。

(4) 测区的砂浆抗压强度平均值应按式 4-2.2-22 计算：

$$f_{2i} = \frac{1}{n_1} \sum_{j=1}^{n_1} f_{2ij} \tag{4-2.2-22}$$

2.2.6　贯入法

1. 一般规定

贯入法适用于工业与民用建筑砌体工程中砌筑砂浆抗压强度的现场检测,并作为推定抗压强度的依据。其原理是根据测钉贯入砂浆的深度和砂浆抗压强度间的相关关系,采用压缩工作弹簧加荷,把测钉贯入砂浆中,由测钉的贯入深度通过测强曲线来换算砂浆抗压强度。该方法不适用于遭受高温、冻害、化学侵蚀、火灾等表面损伤的砂浆检测,以及冻结法施工的砂浆在强度回升期阶段的检测。

用贯入法检测的砌筑砂浆应符合下列要求:自然养护、龄期为 28d 或 28d 以上、自然风干状态、强度为 0.4~16.0MPa。

2. 测试设备的技术指标

贯入法检测使用的仪器应包括贯入式砂浆强度检测仪(简称贯入仪)、贯入深度测量表。贯入仪及贯入深度测量表必须具有制造厂家的产品合格证、中国计量器具制造许可证及法定计量部门的校准合格证,并应在贯入仪的明显位置标具下列标志:名称、型号、制造厂名、商标、出厂日期和中国计量器具制造许可证标志 CMC 等。

贯入仪应满足下列技术要求:贯入力应为 800±8N;工作行程应为 20±0.10mm。贯入深度测量表应满足下列技术要求:最大量程应为 20±0.02mm;分度值应为 0.01mm。测钉长度应为 40±0.10mm,直径应为 3.5mm,尖端锥度应为 45°。贯入仪使用时的环境温度应为 -4~40℃。

3. 测试步骤

(1) 检测砌筑砂浆抗压强度时,应以面积不大于 25 m² 的砌体构件或构筑物为一个构件。

(2) 按批抽样检测时,应取龄期相近的同楼层、同品种、同强度等级且不大于 250m³ 砌体为一批,抽检数量不应少于砌体总构件数的 30%,且不应少于 6 个构件。基础砌体可按一个楼层计。

(3) 被检灰缝应饱满,厚度不小于 7mm。多孔砖砌体和空斗墙砌体的水平灰缝深度应大于 30mm。检测范围内的饰面层、粉刷层、勾缝砂浆、浮浆以及表面损伤层等应清除干净,并使待测灰缝砂浆暴露并经打磨平整后进行检测。

(4) 每次试验前,应清除测钉上附着的水泥灰渣等杂物,同时用测钉量规检验测钉的长度。测钉能够通过测钉量规槽时,应重新选择新的测钉。

(5) 将测钉插入贯入杆的测钉座中,测钉尖端朝外,固定好测钉;用摇柄旋紧螺母,直至挂钩挂上为止,然后将螺母退至贯入杆顶端;将贯入仪扁头对准灰缝中间,并垂直贴在被测砌体灰缝砂浆的表面,握住贯入仪把手,扳动扳机,将测钉贯入被测砂浆中。

(6) 操作过程中,当测点处的灰缝砂浆存在空洞或测孔周围砂浆不完整时,该测点应作废,另选测点补测。

(7) 每个构件应测试 16 个测点。测点应均匀分布在构件的水平灰缝上,相邻测点水平间距不宜小于 240mm,每条灰缝测点不宜多于 2 点。

(8) 贯入深度测量应将测钉拔出,用吹风器将测孔中的粉尘吹干净再进行读取。

4. 数据分析

(1) 从每个构件的 16 个贯入深度值中,分别剔除 3 个较大值、3 个较小值,将余下的

10 个贯入深度值计算平均值，以 m_{dj} 表示。

（2）根据计算所得的构件贯入深度平均值 m_{dj} 按不同砂浆品种查表得到抗压强度换算值 $f^c_{2,j}$。

（3）按批检测时，同批构件砂浆应按式 4-2.2-23～4-2.2-25 计算平均值和变异系数。

$$m_{f^c_2} = \frac{1}{n} \sum_{j=1}^{n} f^c_{2,j} \tag{4-2.2-23}$$

$$S_{f^c_2} = \sqrt{\frac{\sum_{i=1}^{n} (m_{f^c_2} - f^c_{2,j})^2}{n-1}} \tag{4-2.2-24}$$

$$\delta_{f^c_2} = s_{f^c_2} / m_{f^c_2} \tag{4-2.2-25}$$

式中　$m_{f^c_2}$——同批构件砂浆抗压强度换算值的平均值，精确至 0.1MPa；

　　　$f^c_{2,j}$——第 j 个构件的砂浆抗压强度换算值，精确至 0.1MPa；

　　　$S_{f^c_2}$——同批构件砂浆抗压强度换算值的标准差，精确至 0.1MPa；

　　　$\delta_{f^c_2}$——同批构件砂浆抗压强度换算值的变异系数，精确至 0.1。

（4）砂浆抗压强度推定值 $f^c_{2,e}$ 应按下式确定。

当按单个构件检测时，该构件的砌筑砂浆抗压强度推定值为：

$$f^c_{2,e} = f^c_{2,j} \tag{4-2.2-26}$$

当按批量检测时，砌筑砂浆抗压强度推定值为：

$$f^c_{2,e1} = m_{f^c_2} \tag{4-2.2-27}$$

$$f^c_{2,e2} = f^c_{2,min} / 0.75 \tag{4-2.2-28}$$

式中　$f^c_{2,e1}$——砂浆抗压强度推定值之一，精确至 0.1MPa；

　　　$f^c_{2,e2}$——砂浆抗压强度推定值之二，精确至 0.1MPa；

　　　$f^c_{2,min}$——同批构件砂浆抗压强度换算值的最小值，精确至 0.1MPa。

取公式（4-2.2-27）和公式（4-2.2-28）中的较小值作为该批构件的抗压强度推定值 $f^c_{2,e}$。当该批构件抗压强度换算值变异系数不小于 0.3，则该批构件应全部按单个构件检测。

2.3　检测结果及评价

检测数据中的歧离值和统计离群值，应按现行国家标准《数据的统计处理和解释　正态样本离群值的判断和处理》GB/T 4883—2008 中有关规定进行处理。从技术或物理上找到产生离群原因时，应予剔除；未找到技术或物理上的原因时，则不得随意舍去歧离值。

推出法、筒压法、砂浆片剪切法、点荷法、砂浆回弹法可按本节方法进行评定，贯入法按 2.2.6 节方法进行评定。

2.3.1　检测单元的强度平均值、标准差和变异系数

每一检测单元的强度平均值、标准差和变异系数，应按下列公式计算：

$$\bar{x} = \frac{1}{n_2} \sum_{i=1}^{n2} f_i \tag{4-2.3-1}$$

$$S = \sqrt{\frac{\sum_{i=1}^{n2}(\bar{x}-f_i)^2}{n_2-1}} \tag{4-2.3-2}$$

$$\delta = \frac{S}{\bar{x}} \tag{4-2.3-3}$$

式中　$\bar{x}$——同一检测单元的强度平均值(MPa)。当检测砂浆抗压强度时，$\bar{x}$ 即为 $f_{2,m}$；

　　　f_i——测区的强度代表值(MPa)。当检测砂浆抗压强度时，f_i 即为 f_{2i}；

　　　S——同一检测单元，按 n_2 个测区计算的强度标准差(MPa)；

　　　n_2——同一检测单元的测区数；

　　　δ——同一检测单元的强度变异系数。

2.3.2　砂浆抗压强度值

1. 在建或新建砌体工程

对在建及新建砌体工程，或按《砌体工程施工质量验收规范》GB 50203—2011 的有关规定修建的工程，需推定砌筑砂浆抗压强度值时，可按下列公式计算。

(1) 当测区数 n_2 不小于 6 时，应取下列公式中的较小值：

$$f_2' = 0.91 f_{2,m} \tag{4-2.3-4}$$

$$f_2' = 1.18 f_{2,min} \tag{4-2.3-5}$$

式中　f_2'——砌筑砂浆抗压强度推定值(MPa)；

　　　$f_{2,min}$——同一检测单元，测区砂浆抗压强度的最小值(MPa)。

(2) 当测区数 n_2 小于 6 时，可按下式计算：

$$f_2' = f_{2,min} \tag{4-2.3-6}$$

2. 既有砌体工程

按国家标准《砌体工程施工质量验收规范》GB 50203—2002 及之前实施的砌体工程施工质量验收规范的有关规定修建的既有工程，应按下列公式计算：

(1) 当测区数 n_2 不小于 6 时，应取下列公式中的较小值：

$$f_2' = f_{2,m} \tag{4-2.3-7}$$

$$f_2' = 1.33 f_{2,min} \tag{4-2.3-8}$$

(2) 当测区数 n_2 小于 6 时，可按下式计算：

$$f_2' = f_{2,min} \tag{4-2.3-9}$$

砌筑砂浆强度的推定值，宜相当于被测墙体所用块体作底模的同龄期、同条件养护的砂浆试块强度。当砌筑砂浆强度检测结果小于 2.0MPa 或大于 15MPa 时，不宜给出具体检测值，可仅给出检测值范围 $f_2 < 2.0$MPa 或 $f_2 > 15$MPa。

思考题

1. 砌筑砂浆强度各检测方法的特点、用途及限制条件有哪些？

2. 砌体结构特殊部位及相应要求有哪些？

3. 推出法检测砌筑砂浆抗压强度的测试步骤有哪些？

4. 筒压法检测砌筑砂浆抗压强度的测试步骤有哪些？

5. 砂浆片剪切法检测砌筑砂浆抗压强度的测试步骤有哪些?

6. 点荷法检测砌筑砂浆抗压强度的测试步骤有哪些?

7. 砂浆回弹法检测砌筑砂浆抗压强度的测试步骤有哪些?

8. 砂浆贯入法检测砌筑砂浆抗压强度的测试步骤有哪些?

9. 在建或新建砌体工程的砌筑砂浆抗压强度推定值如何评定?

10. 既有砌体工程的砌筑砂浆抗压强度推定值如何评定?

第3章 砌体结构砌体强度检测

3.1 概述

检测砌体抗压强度可采用原位轴压法、扁顶法和切制抗压试件法。检测砌体工作应力、弹性模量可采用扁顶法。检测砌体抗剪强度可采用原位单剪法、原位双剪法。其中，原位轴压法、扁顶法、原位单剪法、原位双剪法属原位检测，局部破损；切制抗压试件法属取样检测，取样部位有较大破损。

根据工程情况选择相应方法，注意各方法的限制条件，见表 4-3.1-1。

砌体结构砌体强度检测方法汇总表

表 4-3.1-1

序号	检测方法	特点	用途	限制条件
1	原位轴压法	1. 属于原位检测，直接在墙体上测试，检测结果综合反映了材料质量和施工质量； 2. 直观性、可比性较强； 3. 设备较重； 4. 检测部位有较大局部破损	1. 检测普通砖和多孔砖砌体的抗压强度； 2. 火灾、环境侵蚀后的砌体剩余抗压强度	1. 槽间砌体每侧的墙体宽度不应小于 1.5m；测点宜选在墙体长度方向的中部； 2. 限用于 240mm 厚砖墙
2	扁顶法	1. 属原位检测，直接在墙体上测试，检测结果综合反映了材料质量和施工质量； 2. 直观性、可比性较强； 3. 扁顶重复使用率较低； 4. 砌体强度较高或轴向变形较大时，难以测出抗压强度； 5. 设备较轻便； 6. 检测部位有较大局部破损	1. 检测普通砖和多孔的砌体的抗压强度； 2. 检测古建筑和重要建筑的受压工作应力； 3. 检测砌体弹性模量； 4. 火灾、环境侵蚀后的砌体剩余抗压强度	1. 槽间砌体每侧的墙体宽度不应小于 1.5m，测点宜选在墙体长度方向的中部； 2. 不适用于测试墙体破坏荷载大于 400kN 的墙体
3	切制抗压试件法	1. 属取样检测，检测结果综合反映材料质量和施工质量； 2. 试件尺寸与标准抗压试件相同，直观性、可比性较强； 3. 设备较重，现场取样时有水污染； 4. 取样部位有较大局部破损，需切割、搬运试件； 5. 检测结果不需换算	1. 检测普通砖和多孔砖砌体的抗压强度； 2. 火灾、环境侵蚀后的砌体剩余抗压强度	取样部位每侧的墙体宽度不应小于 1.5m，且应为墙体长度方向的中部或受力较小处

续表

序号	检测方法	特点	用途	限制条件
4	原位单剪法	1. 属原位检测，直接在墙体上测试，检测结果综合反映了材料质量和施工质量； 2. 直观性强； 3. 检测部位有较大局部破损	检测各种砖砌体的抗剪强度	测点选在窗下墙部位，且承受反作用力的墙体应有足够长度
5	原位双剪法	1. 属原位检测，直接在墙体上测试，检测结果综合反映了材料质量和施工质量； 2. 直观性较强； 3. 设备较轻便； 4. 检测部位局部破损	检测烧结普通砖和烧结多孔砖砌体抗剪强度	—

3.2　检测方法

3.2.1　原位轴压法

1. 一般规定

原位轴压法是采用原位压力机在墙体上进行抗压测试，检测砌体抗压强度的方法。适用于推定 240mm 厚普通砖砌体或多孔砖砌体的抗压强度。砌体原位轴压法是在原始状态下进行检测，砌体不受扰动，所以它可以全面考虑砖材和砂浆变异及砌筑质量等对砌体抗压强度的影响，这对于结构改建、抗震修复加固、灾害事故分析以及对已建砌体结构的可靠性评定等尤为适用。此外，这种方法以局部破损应力作为砌体强度的推算依据，结果较为可靠。测试部位应具有代表性，并应符合下列要求：

（1）测试部位宜选在墙体中部距楼、地面 1m 左右的高度处；槽间砌体每侧的墙体宽度不应小于 1.5m。

（2）同一墙体上，测点不宜多于 1 个，且宜选在沿墙体长度的中间部位；多于 1 个时，其水平净距不得小于 2.0m。

（3）测试部位不得选在挑梁下、应力集中部位以及墙梁的墙体计算高度范围内。

2. 测试设备的技术指标

原位轴压法的试验装置如图 4-3.2-1 所示。

原位压力机的力值，应每半年校验一次。主要技术指标，应符合表 4-3.2-1 的要求：

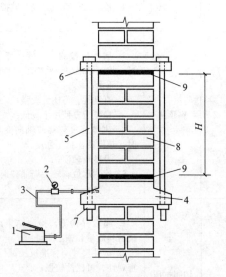

图 4-3.2-1　原位轴压法的试验装置

1—手动油泵；2—压力表；3—高压油管；4—扁式千斤顶；5—钢拉杆；6—反力板；7—螺母；8—槽间砌体；9—砂垫层；H—槽间砌体高

原位压力机主要技术指标　　　　　　　　　表 4-3.2-1

项　　目	指　　标		
	450 型	600 型	800 型
额定压力(kN)	400	550	750
极限压力(kN)	450	600	800
额定行程(mm)	15	15	15
极限行程(mm)	20	20	20
示值相对误差(%)	±3	±3	±3

3. 测试步骤

(1) 在测点上开凿水平槽孔时,应符合表 4-3.2-2 的要求:

水　平　槽　尺　寸　　　　　　　　　表 4-3.2-2

名称	长度(mm)	厚度(mm)	高度(mm)
上水平槽	250	240	70
下水平槽	250	240	/110

(2) 上、下水平槽孔应对齐。普通砖砌体,槽间砌体高度应为 7 皮砖。多孔砖砌体,槽间砌体高度应为 5 皮砖。

(3) 开槽时,应避免扰动四周的砌体;槽间砌体的承压面应修平整。

(4) 在槽孔间安放原位压力机时,在上槽内的下表面和扁式千斤顶的顶面,应分别均匀铺设湿细砂或石膏等材料的垫层,垫层厚度可取 10mm。应将反力板置于上槽孔,扁式千斤顶置于下槽孔,应安放四根钢拉杆,并应使两个承压板上下对齐后,应沿对角两两均匀拧紧螺母并调整其平行度。四根钢拉杆的上下螺母间的净距误差不应大于 2mm。

(5) 正式测试前,应进行试加荷载测试,试加荷载值可取预估破坏荷载的 10%。应检查测试系统的灵活性和可靠性,以及上下压板和砌体受压面接触是否均匀密实。经试加荷载,测试系统正常后应卸荷,并应开始正式测试。

(6) 正式测试时,应分级加荷。每级荷载可取预估破坏荷载的 10%,并应在 1~1.5min 内均匀加完,然后恒载 2min。加荷至预估破坏荷载的 80% 后,应按原定加荷速度连续加荷,直至槽间砌体破坏。当槽间砌体裂缝急剧扩展和增多,油压表的指针明显回退时,槽间砌体达到极限状态。

(7) 测试过程中,发现上下压板与砌体承压面因接触不良,致使槽间砌体呈局部受压或偏心受压状态时,应停止测试,调整测试装置,重新测试,无法调整时应更换测点。

(8) 测试过程中,应仔细观察槽间砌体初裂裂缝与裂缝开展情况,并应记录逐级荷载下的油压表读数、测点位置、裂缝随荷载变化情况简图等。

4. 数据分析

根据槽间砌体初裂和破坏时的油压表读数应分别减去油压表的初始读数,并应按原位压力机的校验结果,计算槽间砌体的初裂荷载值和破坏荷载值。

（1）槽间砌体的抗压强度，应按下式计算：

$$f_{uij} = \frac{N_{uij}}{A_{ij}}$$ （4-3.2-1）

式中　f_{uij}——第 i 个测区第 j 个测点槽间砌体的抗压强度（MPa）；

N_{uij}——第 i 个测区第 j 个测点槽间砌体的受压破坏荷载值（N）；

A_{ij}——第 i 个测区第 j 个测点槽间砌体的受压面积（mm²）。

（2）槽间砌体抗压强度换算为标准砌体的抗压强度，应按下式计算：

$$f_{mij} = \frac{f_{uij}}{\xi_{1ij}}$$ （4-3.2-2）

$$\xi_{1ij} = 1.25 + 0.60\sigma_{0ij}$$ （4-3.2-3）

式中　f_{mij}——第 i 个测区第 j 个测点的标准砌体抗压强度换算值（MPa）；

ξ_{1ij}——原位轴压法的无量纲的强度换算系数；

σ_{0ij}——该测点上部墙体的压应力（MPa），其值可按墙体实际所承受的荷载标准值计算。

（3）测区的砌体抗压强度平均值，应按下式计算：

$$f_{mi} = \frac{1}{n_1} \sum_{j=1}^{n_1} f_{mij}$$ （4-3.2-4）

式中　f_{mi}——第 i 个测区的砌体抗压强度平均值（MPa）。

n_1——第 i 个测区的测点数。

3.2.2　扁顶法

1. 一般规定

采用扁式液压千斤顶在墙体上进行抗压测试，推定普通砖砌体或多孔砖砌体的受压弹性模量、抗压强度或墙体的受压工作应力。测试部位应具有代表性，并符合下列要求：

（1）测试部位宜选在墙体中部距楼、地面 1m 左右的高度处；槽间砌体每侧的墙体宽度不应小于 1.5m。

（2）同一墙体上，测点不宜多于 1 个，且宜选在沿墙体长度的中间部位；多于 1 个时，其水平净距不得小于 2.0m。

（3）测试部位不得选在挑梁下、应力集中部位以及墙梁的墙体计算高度范围内。

2. 测试设备的技术指标

扁顶法的试验装置是由扁式液压加载器及液压加载系统组成，如图 4-3.2-2 所示。

扁顶应由 1mm 厚合金钢板焊接而成，总厚度宜为 5～7mm，大面尺寸分别宜为 250mm×250mm、250mm×380mm、380mm×380mm 和 380mm×500mm。250mm×250mm 和 250mm×380mm 的扁顶可用于 240mm 厚墙体，380mm×380mm 和 380mm×500mm 的扁顶可用于 370mm 厚墙体。扁顶的主要技术指标，应符合表 4-3.2-3 的要求。

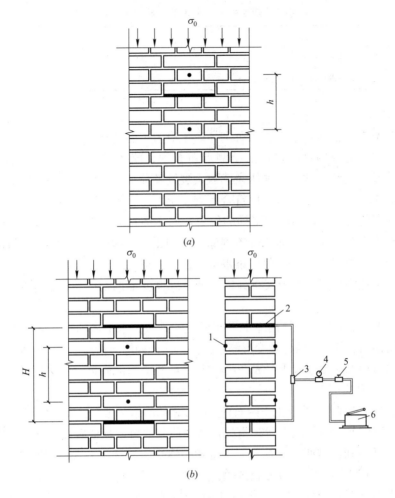

图 4-3.2-2　扁顶法的试验装置

(a)测试受压工作应力；(b)测试受压弹性模量、抗压强度

1—变形测量脚标；2—扁式千斤顶；3—三通接头；4—压力表；

5—溢流阀；6—手动油泵；H—槽间砌体高；h—脚标之间距离

扁顶主要技术指标　　　　　　　　　　　　表 4-3.2-3

项　　目	指　　标
额定压力(kN)	400
极限压力(kN)	480
额定行程(mm)	10
极限行程(mm)	15
示值相对误差(%)	±3

　　每次使用前，应校验扁顶的力值。手持式应变仪和千分表的主要技术指标，应符合表 4-3.2-4 的要求。

手持式应变仪和千分表的主要技术指标　　　　　　　表 4-3.2-4

项　　目	指　　标
行程（mm）	1～3
分辨率（mm）	0.001

3. 测试步骤

当扁式加载器进油时，液囊膨胀对砌体产生应力，随着压力增加，试件受载增大，直到开裂破坏。测试记录内容应包括描绘测点布置图、墙体砌筑方式、扁顶位置、脚标位置、轴向变形值、逐级荷载下的油压表读数、裂缝随荷载变化情况简图等。

测试墙体的受压工作应力时，应符合下列要求：

（1）在选定的墙体上，标出水平槽的位置，并牢固粘贴两对变形测量的脚标，脚标位于水平槽正中并跨越该槽。普通砖砌体脚标之间的距离相隔 4 条水平灰缝，宜取 250mm；多孔砖砌体脚标之间的距离应相隔 3 条水平灰缝，宜取 270～300mm。

（2）使用手持应变仪或千分表在脚标上测量砌体变形的初读数时，测量 3 次，并取其平均值。

（3）在标出水平槽位置处，剔除水平灰缝内的砂浆。水平槽的尺寸应略大于扁顶尺寸。开凿时不应损伤测点部位的墙体及变形测量脚标。槽的四周应清理平整，并应除去灰渣。

（4）使用手持式应变仪或千分表在脚标上测量开槽后的砌体变形值时，应待读数稳定后再进行下一步测试工作。

（5）在槽内安装扁顶，扁顶上下两面宜垫尺寸相同的钢垫板，并应连接测试设备的油路。

（6）正式测试前，进行试加荷载测试，试加荷载值可取预估破坏荷载的 10%。应检查测试系统的灵活性和可靠性，以及上下压板和砌体受压面接触是否均匀密实。经试加荷载测试系统正常后应卸荷，并应开始正式测试。

（7）正式测试时，分级加荷。每级荷载应为预估破坏荷载值的 5%，并应在 1.5～2min 内均匀加完，恒载 2min 后应测读变形值。当变形值接近开槽前的读数时，适当减小加荷级差，并直至实测变形值达到开槽前的读数，然后卸荷。

实测墙体的砌体抗压强度或受压弹性模量时，应符合下列要求：

（1）在完成墙体的受压工作应力测试后，应开凿第二条水平槽，上下槽应互相平行、对齐。当选用 250mm×250mm 扁顶时，普通砖砌体两槽之间的距离应相隔 7 皮砖；多孔砖砌体两槽之间的距离应相隔 5 皮砖。当选用 250mm×380mm 扁顶时，普通砖砌体两槽之间的距离应相隔 8 皮砖；多孔砖砌体两槽之间的距离应相隔 6 皮砖。遇有灰缝不规则或砂浆强度较高而难以凿槽时，可在槽孔处取出 1 皮砖，安装扁顶时应采用钢制楔形垫块调整其间隙。

（2）应按前面所述规定在上下槽内安装扁顶。

（3）正式测试前，应进行试加荷载测试，试加荷载值可取预估破坏荷载的 10%。应检查测试系统的灵活性和可靠性，以及上下压板和砌体受压面接触是否均匀密实。经试加荷载测试系统正常后应卸荷，并应开始正式测试。

（4）正式测试时，应分级加荷。每级荷载可取预估破坏荷载的 10%，并应在 1～1.5min 内均匀加完，然后恒载 2min。加荷至预估破坏荷载的 80% 后，应按原定加荷速度连续加荷，直至槽间砌体破坏。当槽间砌体裂缝急剧扩展和增多，油压表的指针明显回退时，槽间砌体达到极限状态。

（5）当槽间砌体上部压应力小于 0.2MPa 时，应加设反力平衡架后再进行测试。当槽间砌体上部压应力不小于 0.2MPa 时，也宜加设反力平衡架后再进行测试。反力平衡架可由两块反力板和四根钢拉杆组成。

（6）当仅测定砌体抗压强度时，应同时开凿两条水平槽，并按上述规定进行测试。

当测试砌体受压弹性模量时，尚应符合下列要求：

（1）在槽间砌体两侧各粘贴一对变形测量脚标，脚标应位于槽间砌体的中部。普通砖砌体脚标之间的距离应相隔 4 条水平灰缝，宜取 250mm；多孔砖砌体脚标之间的距离应相隔 3 条水平灰缝，宜取 270～300mm。测试前应记录标距值，并应精确至 0.1mm。

（2）正式测试前，应反复施加 10% 的预估破坏荷载，其次数不宜少于 3 次。

（3）测试时，应分级加荷。每级荷载可取预估破坏荷载的 10%，并应在 1～1.5min 内均匀加完，然后恒载 2min。加荷至预估破坏荷载的 80% 后，应按原定加荷速度连续加荷，直至槽间砌体破坏。当槽间砌体裂缝急剧扩展和增多，油压表的指针明显回退时，槽间砌体达到极限状态。应测记逐级荷载下的变形值。

（4）累计加荷的应力上限不宜大于槽间砌体极限抗压强度的 50%。

4. 数据分析

数据分析时，应根据扁顶力值的校验结果，将油压表读数换算为测试荷载值。

（1）墙体的受压工作应力，应等于实测变形值达到开凿前的读数时所对应的应力值。

（2）砌体在有侧向约束情况下的受压弹性模量，应按现行国家标准《砌体基本力学性能试验方法标准》GB/T 50129—2011 的有关规定计算；当换算为标准砌体的受压弹性模量时，计算结果应乘以换算系数 0.85。

（3）槽间砌体的抗压强度，应按式(4-3.2-1)计算。

（4）槽间砌体抗压强度换算为标准砌体的抗压强度，应按式(4-3.2-2)和式(4-3.2-3)计算。

（5）测区的砌体抗压强度平均值，应按式(4-3.2-4)计算。

3.2.3　切制抗压试件法

1. 一般规定

切制抗压试件法是从墙体上切割、取出外形几何尺寸为标准抗压砌体试件，运至试验室进行抗压测试的方法。适用于推定普通砖砌体和多孔砖砌体的抗压强度。检测时，应使用电动切割机，在砖墙上切割两条竖缝，竖缝间距可取 370mm 或 490mm，人工取出与标准砌体抗压试件尺寸相同的试件，运至试验室。砌体抗压测试应按现行国家标准《砌体基本力学性能试验方法标准》GB/T 50129—2011 的有关规定执行。

在砖墙上选择切制试件的部位应具有代表性，并符合下列要求：

（1）测试部位宜选在墙体中部距楼、地面 1m 左右的高度处，槽间砌体每侧的墙体宽度不应小于 1.5m。

（2）同一墙体上，测点不宜多于 1 个，且宜选在沿墙体长度的中间部位，多于 1 个时，其水平净距不得小于 2.0m。

（3）测试部位不得选在挑梁下、应力集中部位以及墙梁的墙体计算高度范围内。

2. 测试设备的技术指标

切割墙体竖向通缝的切割机，应符合下列要求：

(1) 机架应有足够的强度、刚度、稳定性。

(2) 切割机应操作灵活，并应固定和移动方便。

(3) 切割机的锯切深度不应小于 240mm。

(4) 切割机上的电动机、导线及其连接的接点应具有良好的防潮性能。

(5) 切割机宜配备水冷却系统。

测试设备应选择适宜吨位的长柱压力试验机，其精度（示值的相对误差）不应大于 2%。预估抗压试件的破坏荷载值，应为压力试验机额定压力的 20%～80%。

3. 测试步骤

(1) 选取切制试件的部位后，应按现行国家标准《砌体基本力学性能试验方法标准》GB/T 50129 的有关规定，确定试件高度和试件宽度，并应标出切割线。在选择切割线时，宜选取竖向灰缝上、下对齐的部位。

(2) 在拟切制试件上、下两端各钻 2 个孔，并应将拟切制试件捆绑牢固，也可采用其他适宜的临时固定方法。

(3) 将切割机的锯片(锯条)对准切割线，并垂直于墙面，然后启动切割机，并在砖墙上切出两条竖缝。切割过程中，切割机不得偏转和移位，并应使锯片(锯条)处于连续水冷却状态。

(4) 凿掉切制试件顶部一皮砖，适当凿取试件底部砂浆，并伸进撬棍，将水平灰缝撬松动，然后小心抬出试件。

(5) 试件搬运过程中，防止碰撞，并采取减小振动的措施。需要长距离运输试件时，宜用草绳等材料紧密捆绑试件。

(6) 试件运至试验室后，将试件上下表面大致修理平整。在预先找平的钢垫板上坐浆，然后将试件放在钢垫板上。试件顶面应用 1∶3 水泥砂浆找平。试件上、下表面的砂浆在自然养护 3d 后，再进行抗压测试。测量试件受压变形值时，应在宽侧面上粘贴安装百分表的表座。

(7) 量测件截面尺寸时，除应符合现行国家标准《砌体基本力学性能试验方法标准》GB/T 50129—2011 的有关规定外，在测量长边尺寸时，尚应除去长边两端残留的竖缝砂浆。

(8) 切制试件的抗压试验步骤，包括试件在试验机底板上的对中方法、试件顶面找平方法、加荷制度、裂缝观察、初裂荷载及破坏荷载等检测及测试事项，均应符合现行国家标准《砌体基本力学性能试验方法标准》GB/T 50129—2011 的有关规定。

4. 数据分析

(1) 单个切制试件的抗压强度，应按式(4-3.2-1)计算。

(2) 测区的砌体抗压强度平均值，应按式(4-3.2-4)计算。

(3) 计算结果表示被测墙体的实际抗压强度值，不应乘以强度调整系数。

3.2.4　原位单剪法

1. 一般规定

原位单剪法是在墙体上沿单个水平灰缝进行抗剪试验以检测砌体抗剪强度的方法。适用于推定砖砌体沿通缝截面的抗剪强度。检测时，测试部位宜选在窗洞口或其他洞口下三皮砖范围内，试件具体尺寸应按图 4-3.2-3 确定。试件的加工过程中，应避免扰动被测灰缝，测试部位不应选在后砌窗下墙处，且其施工质量应具有代表性。

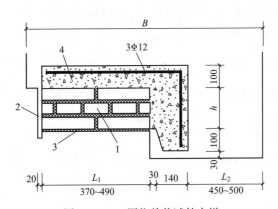

图 4-3.2-3　原位单剪试件大样

1—被测砌体；2—切口；3—受剪灰缝；4—现浇混凝土传力件；B—洞口宽度；

L_1—剪切面长度；L_2—设备长度预留空间；h—三皮砖高度

2. 测试设备的技术指标

测试设备包括螺旋千斤顶或卧式液压千斤顶、荷载传感器及数字荷载表等，如图 4-3.2-4 所示。试件的预估破坏荷载值应在千斤顶、传感器最大测量值的 20%～80% 之间。检测前，应标定荷载传感器及数字荷载表，其示值相对误差不应大于 2%。

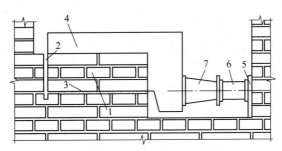

图 4-3.2-4　原位单剪法测试装置

1—被测砌体；2—切口；3—受剪灰缝；

4—现浇混凝土传力件；5—垫板；6—传感器；7—千斤顶

3. 测试步骤

(1) 在选定的墙体上，采用振动较小的工具加工切口，现浇钢筋混凝土传力件的混凝土强度等级不应低于 C15。

(2) 测量被测灰缝的受剪面尺寸，精确至 1mm。

(3) 安装千斤顶及测试仪表，千斤顶的加力轴线与被测灰缝顶面应对齐。

(4) 匀速施加水平荷载，并控制试件在 2～5min 内破坏。当试件沿受剪面滑动、千斤顶开始卸荷时，即判定试件达到破坏状态。记录破坏荷载值，结束试验。应在预定剪切面（灰缝）破坏，此次试验有效。

(5) 加荷试验结束后，翻转已破坏的试件，检查剪切面破坏特征及砌体砌筑质量，并详细记录。

4. 数据分析

根据测试仪表的校验结果，进行荷载换算，精确至 10N。

(1) 按式(4-3.2-5)计算砌体的沿通缝截面抗剪强度：

$$f_{vij} = \frac{N_{vij}}{A_{vij}} \tag{4-3.2-5}$$

式中　f_{vij}——第 i 个测区第 j 个测点的砌体沿通缝截面抗剪强度(MPa)；

N_{vij}——第 i 个测区第 j 个测点的抗剪破坏荷载(N)；

A_{vij}——第 i 个测区第 j 个测点的受剪面积(mm^2)。

(2) 测区的砌体沿通缝截面抗剪强度平均值，应按式(4-3.2-6)计算：

$$f_{vi} = \frac{1}{n_1} \sum_{j=1}^{n1} f_{vij} \tag{4-3.2-6}$$

式中　f_{vi}——第 i 个测区的砌体沿通缝截面抗剪强度平均值(MPa)。

3.2.5　原位双剪法

1. 一般规定

原位双剪法是采用原位剪切仪在墙体上对单块或双块顺砖进行双面抗剪测试以检测砌体抗剪强度的方法。原位单砖双剪法适用于推定各类墙厚的烧结普通砖或烧结多孔砖砌体的抗剪强度，原位双砖双剪法仅适用于推定 240mm 厚墙的烧结普通砖或烧结多孔砖砌体的抗剪强度。检测时，将原位剪切仪的主机安放在墙体的槽孔内，并应以一块或两块并列完整的顺砖及其上下两条水平灰缝作为一个测点(试件)。

原位双剪法宜选用释放或可忽略受剪面上部压应力 σ_0 作用的测试方案。当上部压应力 σ_0 较大且可较准确计算时，也可选用在上部压应力 σ_0 作用下的测试方案。

在测区内选择测点，应符合下列要求：

(1) 测区应随机布置 n_1 个测点。对原位单砖双剪法，在墙体两面的测点数宜接近或相等。

(2) 试件两个受剪面的水平灰缝厚度应为 8～12mm。

(3) 下列部位不应布设测点：门、窗洞口侧边 120mm 范围内；后补的施工洞口和经修补的砌体；独立砖柱。

(4) 同一墙体的各测点之间，水平方向净距不应小于 1.5m，垂直方向净距不应小于 0.5m，且不应在同一水平位置或纵向位置。

2. 测试设备的技术指标

原位剪切仪的主机为一个附有活动承压钢板的小型千斤顶。其成套设备如图 4-3.2-5 所示：

原位剪切仪主要技术指标应符合表 4-3.2-5 的规定。

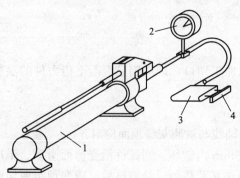

图 4-3.2-5　原位剪切仪示意图

1—油泵；2—压力表；3—剪切仪主机；4—承压钢板

项　目	指　标	
	75 型	150 型
额定推力(kN)	75	150
相对测量范围(%)	20～80	
额定行程(mm)	>20	
示值相对误差(%)	±3	

原位剪切仪主要技术指标 　　　　表 4-3.2-5

3. 测试步骤

(1) 安放原位剪切仪主机的孔洞，应开在墙体边缘的远端或中部。当采用带有上部压应力作用的测试方案时，应制备出安放主机的孔洞，并应清除四周的灰缝。原位单砖双剪试件的孔洞截面尺寸，普通砖砌体不得小于 115mm×65mm；多孔砖砌体不得小于 115mm×110mm。原位双砖双剪试件的孔洞截面尺寸，普通砖砌体不得小于 240mm×65mm；多孔砖砌体不得小于 240 mm×110mm；应掏空、清除剪切试件另一端的竖缝。

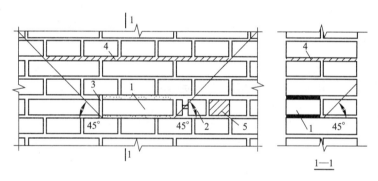

图 4-3.2-6　释放 σ_0 方案示意

1—试样；2—剪切仪主机；3—掏空竖缝；4—掏空水平缝；5—垫块

(2) 当采用释放试件上部压应力的测试方案时，应按图 4-3.2-6 所示，掏空试件顶部两皮砖之上的一条水平灰缝，掏空范围应由剪切试件的两端向上按 45°角扩散至灰缝 4，掏空长度应大于 620mm，深度应大于 240mm。

(3) 试件两端的灰缝应清理干净。开凿清理过程中，严禁扰动试件。发现被推砖块有明显缺棱掉角或上、下灰缝有松动现象时，应舍去该试件。被推砖的承压面应平整，不平时应用扁砂轮等工具磨平。

(4) 测试时，应将剪切仪主机放入开凿好的孔洞中，并应使仪器的承压板与试件的砖块顶面重合，仪器轴线与砖块轴线应吻合。开凿孔洞过长时，在仪器尾部应另加垫块。

(5) 操作剪切仪，应匀速施加水平荷载，并直至试件和砌体之间产生相对位移，试件达到破坏状态。加荷的全过程宜为 1～3min。

(6) 记录试件破坏时剪切仪测力计的最大读数，应精确至 0.1 个分度值。采用无量纲指示仪表的剪切仪时，应按剪切仪的校验结果换算成以 N 为单位的破坏荷载。

4. 数据分析

(1) 烧结普通砖砌体单砖双剪法和双砖双剪法试件沿通缝截面的抗剪强度，应按下式计算：

$$f_{vij} = \frac{0.32 N_{vij}}{A_{vij}} - 0.70 \sigma_{0ij} \qquad (4\text{-}3.2\text{-}7)$$

式中　A_{vij}——第 i 个测区第 j 个测点单个灰缝受剪截面的面积（mm^2）；

　　　σ_{0ij}——该测点上部墙体的压应力（MPa），当忽略上部压应力作用或释放上部压应力时，取为 0。

（2）烧结多孔砖砌体单砖双剪法和双砖双剪法试件沿通缝截面的抗剪强度，应按下式计算：

$$f_{vij} = \frac{0.29 N_{vij}}{A_{vij}} - 0.70 \sigma_{0ij} \qquad (4\text{-}3.2\text{-}8)$$

式中　A_{vij}——第 i 个测区第 j 个测点单个受剪截面的面积（mm^2）；

　　　σ_{0ij}——该测点上部墙体的压应力（MPa），当忽略上部压应力作用或释放上部压应力时，取为 0。

（3）测区的砌体沿通缝截面抗剪强度平均值，应按式(4-3.2-6)计算。

3.3　检测结果及评价

3.3.1　检测单元的强度平均值、标准差和变异系数

每一检测单元的强度平均值、标准差和变异系数，应按下列公式计算：

$$\bar{x} = \frac{1}{n_2} \sum_{j=1}^{n2} f_i \qquad (4\text{-}3.3\text{-}1)$$

$$S = \sqrt{\frac{\sum_{i=1}^{n2} (\bar{x} - f_i)^2}{n_2 - 1}} \qquad (4\text{-}3.3\text{-}2)$$

$$\delta = \frac{s}{\bar{x}} \qquad (4\text{-}3.3\text{-}3)$$

式中　$\bar{x}$——同一检测单元的强度平均值（MPa）。当检测砌体抗压强度时，$\bar{x}$ 即为 f_m；当检测砌体抗剪强度时，$\bar{x}$ 即为 $f_{v,m}$；

　　　f_i——测区的强度代表值（MPa）。当检测砌体抗压强度时，f_i 即为 f_{mi}；当检测砌体抗剪强度时，$\bar{x}$ 即为 f_{vi}；

　　　S——同一检测单元，按 n_2 个测区计算的强度标准差（MPa）；

　　　n_2——同一检测单元的测区数；

　　　δ——同一检测单元的强度变异系数。

3.3.2　砌体抗压强度标准值或砌体沿通缝截面的抗剪强度标准值

当需要推定每一检测单元的砌体抗压强度标准值或砌体沿通缝截面的抗剪强度标准值时，分别按下列要求进行推定：

（1）当测区数 n_2 不小于 6 时，可按下式推定：

$$f_k = f_m - k \times S \tag{4-3.3-4}$$

$$f_{v,k} = f_{v,m} - k \times S \tag{4-3.3-5}$$

式中　f_k——砌体抗压强度标准值（MPa）；

　　　f_m——同一检测单元的砌体抗压强度平均值（MPa）；

　　　$f_{v,k}$——砌体抗剪强度标准值；

　　　$f_{v,m}$——同一检测单元的砌体沿通缝截面的抗剪强度平均值；

　　　k——与 α、C、n_2 有关的强度标准值计算系数，应按表 4-3.3-1 取值；

　　　α——确定强度标准值所取得概率分布下分位数，取 0.05；

　　　C——置信水平，取 0.60。

计　算　系　数　　　　　　　表 4-3.3-1

n_2	6	7	8	9	10	12	15	18
k	1.947	1.908	1.880	1.858	1.841	1.816	1.790	1.773
n_2	20	25	30	35	40	45	50	—
k	1.764	1.748	1.736	1.728	1.721	1.716	1.712	—

（2）当测区数 n_2 小于 6 时，可按下式推定：

$$f_k = f_{mi,min} \tag{4-3.3-6}$$

$$f_{v,k} = f_{vi,min} \tag{4-3.3-7}$$

式中　$f_{mi,min}$——同一检测单元中，测区砌体抗压强度的最小值（MPa）；

　　　$f_{vi,min}$——同一检测单元中，测区砌体抗剪强度的最小值（MPa）。

　　每一检测单元的砌体抗压强度或抗剪强度，当检测结果的变异系数 δ 分别大于 0.2 或 0.25 时，不宜直接按式（4-3.3-4）或式（4-3.3-5）计算，应检查检测结果离散性较大的原因，若查明系混入不同母体所致，宜分别进行统计，并应分别按式（4-3.3-4）～（4-3.3-7）确定本标准值。如确系变异系数过大，则应按式（4-3.3-6）和式（4-3.3-7）确定本标准值。

思考题

　　1. 砌体强度的现场检测方法有哪几种？

　　2. 什么是原位轴压法，其特点、用途和限制条件有哪些？

　　3. 原位轴压法测试部位的选取应符合哪些要求？

　　4. 什么是扁顶法，其特点、用途和限制条件有哪些？

　　5. 如何评定检测单元的砌体抗压强度及抗剪强度？

第4章 砌体结构砖强度检测

4.1 概述

砌体结构砖强度检测可采用取样法、回弹法或取样结合回弹等。在实际工程中采用的主要方法为烧结砖回弹法。烧结砖回弹法是采用回弹仪检测烧结普通砖或烧结多孔砖表面的硬度，根据回弹值推定抗压强度的方法，适用于推定烧结普通砖砌体或烧结多孔砖砌体中砖的抗压强度，不适用于推定表面已风化或遭受冻害、环境侵蚀的烧结普通砖砌体或烧结多孔砖砌体中砖的抗压强度。检测时，应用回弹仪测试砖表面硬度，并应将砖回弹值换算成砖抗压强度。

烧结砖回弹法的特点有：属原位无损检测，测区选择不受限制；回弹仪有定型产品，性能较稳定，操作简便；检测部位的装修面层仅局部损伤，适用范围限于6～30MPa。

4.2 检测方法

砌体结构砖强度每个检测单元中应随机选择10个测区。每个测区的面积不宜小于1.0m²，应在其中随机选择10块条面向外的砖作为10个测位供回弹测试。选择的砖与砖墙边缘的距离应大于250mm。

烧结砖回弹法的测试设备，宜采用示值系统为指针直读式的砖回弹仪。砖回弹仪的主要技术性能指标，应符合表4-4.2-1的要求。砖回弹仪的检定和保养，应按国家现行有关回弹仪的检定标准执行。砖回弹仪在工程检测前后，均应在钢砧上进行率定测试。

砖回弹仪的主要技术性能指标 表 4-4.2-1

项　　目	指　　标
标称动能(J)	0.735
指针摩擦力(N)	0.5±0.1
弹击杆端部球面半径(mm)	25±1.0
钢砧率定值(R)	74±2

被检测砖应为外观质量合格的完整砖。砖的条面应干燥、清洁、平整，不应有饰面层、粉刷层，必要时可用砂轮清除表面的杂物，并应磨平测面，同时应用毛刷刷去粉尘。

在每块砖的测面上应均匀布置5个弹击点。选定弹击点时应避开砖表面的缺陷。相邻两弹击点的间距不应小于20mm，弹击点离砖边缘不应小于20mm，每一弹击点应只能弹击一次，回弹值读数应估读至1。测试时，回弹仪应处于水平状态，其轴线应垂直于砖的测面。烧结砖回弹法的数据计算与分析应符合以下要求：

（1）单个测位的回弹值，应取 5 个弹击点回弹值的平均值。

（2）第 i 测区第 j 个侧位的抗压强度换算值，应按下列公式计算：

烧结普通砖： $$f_{1ij} = 2 \times 10^{-2} R^2 - 0.45R + 1.25 \tag{4-4.2-1}$$

烧结多孔砖： $$f_{1ij} = 1.70 \times 10^{-3} R^{2.48} \tag{4-4.2-2}$$

式中 f_{1ij}——第 i 个测区第 j 个测位的抗压强度换算值（MPa）；

$\quad\quad R$——第 i 个测区第 j 个测位的平均回弹值。

（3）测区的砖抗压强度平均值，按下式计算：

$$f_{1i} = \frac{1}{10} \sum_{j=1}^{n1} f_{1ij} \tag{4-4.2-3}$$

4.3 检测结果及评价

1. 检测单元的强度平均值、标准差和变异系数

每一检测单元的强度平均值、标准差和变异系数，应按下列公式计算：

$$\bar{x} = \frac{1}{n_2} \sum_{j=1}^{n2} f_i \tag{4-4.3-1}$$

$$S = \sqrt{\frac{\sum_{i=1}^{n2} (\bar{x} - f_i)^2}{n_2 - 1}} \tag{4-4.3-2}$$

$$\delta = \frac{s}{\bar{x}} \tag{4-4.3-3}$$

式中 $\bar{x}$——同一检测单元的强度平均值（MPa）。当检测烧结砖抗压强度时，$\bar{x}$ 即为 $f_{1,m}$；

$\quad\quad f_i$——测区的强度代表值（MPa）。当检测烧结砖抗压强度时，f_i 即为 f_{1i}；

$\quad\quad S$——同一检测单元，按 n_2 个测区计算的强度标准差（MPa）；

$\quad\quad n_2$——同一检测单元的测区数；

$\quad\quad \delta$——同一检测单元的强度变异系数。

2. 检测单元的砖抗压强度

既有砌体工程，当采用回弹法检测烧结砖抗压强度时，每一检测单元的砖抗压强度等级，应符合下列要求：

（1）当变异系数 $\delta \leqslant 0.21$ 时，应按表 4-4.3-1、表 4-4.3-2 中抗压强度平均值 $f_{1,m}$、抗压强度标准值 f_{1k} 推定每一检测单元的砖抗压强度等级。每一检测单元的砖抗压强度标准值，应按下式计算：

$$f_{1k} = f_{1,m} - 1.8S \tag{4-4.3-4}$$

式中 f_{1k}——同一检测单元的砖抗压强度标准值（MPa）。

烧结普通砖抗压强度等级的推定　　　　　　　表 4-4.3-1

抗压强度推定等级	抗压强度平均值 $f_{1,m}$(MPa)	变异系数 $\delta \leqslant 0.21$	变异系数 $\delta > 0.21$
		抗压强度标准值 f_{1k}(MPa)	抗压强度最小值 $f_{1,min}$(MPa)
MU25	25.0	18.0	22.0
MU20	20.0	14.0	16.0
MU15	15.0	10.0	12.0
MU10	10.0	6.5	7.5
MU7.5	7.5	5.0	5.5

烧结多孔砖抗压强度等级的推定　　　　　　　表 4-4.3-2

抗压强度推定等级	抗压强度平均值 $f_{1,m}$(MPa)	变异系数 $\delta \leqslant 0.21$	变异系数 $\delta \leqslant 0.21$
		抗压强度标准值 f_{1k}(MPa)	抗压强度最小值 $f_{1,min}$(MPa)
MU30	30.0	22.0	25.0
MU25	25.0	18.0	22.0
MU20	20.0	14.0	16.0
MU15	15.0	10.0	12.0
MU10	10.0	6.5	7.5

（2）当变异系数 $\delta > 0.21$ 时，应按表 4-4.3-1，表 4-4.3-2 中抗压强度平均值 $f_{1,m}$、以测区为单位统计的抗压强度最小值 $f_{1i,min}$ 推定每一测区的砖抗压强度等级。

思考题

1. 什么是烧结砖回弹法，其适用范围有哪些？
2. 烧结砖回弹法的特点有哪些？
3. 采用烧结砖回弹法，检测单元的测区、测位及弹击点的数量如何规定？
4. 每块砖的 5 个弹击点如何选定？
5. 如何评定检测单元的砖抗压强度等级？

第5章 砌体结构的其他检测内容

5.1 砌体结构砌筑质量与构造检测

砌体结构的砌筑质量检测可分为砌筑方法、灰缝质量、砌体偏差和留槎及洞口等项目。砌体结构的构造检测可分为砌筑构件的高厚比、梁垫、壁柱、预制构件的搁置长度、大型构件端部锚固措施、圈梁、构造柱或芯柱、砌体局部尺寸及钢筋网片和拉结筋等项目。

1. 砌筑方法

砌筑方法的检测主要应检测上、下错缝，内外搭砌等是否符合要求。上、下错缝，内外搭砌是砌筑的基本要求，此外，各类砌体还有相应砌筑要求。例如：清水墙、窗间墙无通缝；混水墙中不得有长度大于300mm的通缝，长度200~300mm的通缝每间不超过3处，且不得位于同一面墙体上；砖柱不得采用包心砌法等。

2. 灰缝质量

灰缝质量检测可分为灰缝厚度、灰缝饱满程度和平直程度等项目。

灰缝厚度不仅影响砌体的表面美观，而且对砌体的变形、传力及砌体强度有重要影响。灰缝铺得厚，容易做到饱满，但会增大砂浆层的横向变形，增加砖的横向拉力，灰缝厚度过大砌体强度明显降低。灰缝过薄则使块体间粘结不良，传力不易均匀，产生局部挤压现象，也会降低砌体强度。

砌体灰缝应横平竖直，厚薄均匀，水平灰缝厚度及竖向灰缝宽度宜为10mm，但不应小于8mm，也不应大于12mm。水平灰缝厚度用尺量10皮砖砌体高度折算，竖向灰缝宽度用尺量2m砌体长度折算。

砖砌体水平灰缝砂浆的饱满度不应低于80%，砖柱水平灰缝和竖向灰缝饱满度不得低于90%。低于此值后，砌体强度逐渐降低。当砂浆饱满度由80%降为65%时，砌体强度下降约20%。砂浆饱满度检测的数量，每检验批抽查不少于5处，每处掀开3块砖，用刻有网格的透明百格网度量砖底面与砂浆的粘结痕迹面积。取3块砖的底面灰缝砂浆的饱满度平均值，作为该处灰缝砂浆的饱满度。

水平灰缝平直度清水墙允许偏差为7mm，混水墙允许偏差为10mm。拉5m线和尺检查，每检验批抽查不少于5处。

3. 尺寸偏差

砌体偏差的检测可分为砌筑偏差和放线偏差。对于无法准确测定构件轴线绝对位移和放线偏差的既有结构，可测定构件轴线的相对位移或相对放线偏差。检测前，应把其表面的抹灰层铲除干净，然后用相关仪器测量，有明显偏斜或截面积缺损的砖柱、砖墙应重点检测。

砌筑偏差中的构件轴线位移用经纬仪和尺或其他测量仪器检查，抽检数量应为全部承重墙、柱，允许偏差为 10mm。

每层墙面垂直度可用 2m 托线板检查，抽检数量不少于 5 处，允许偏差为 5mm。全高墙面垂直度可用经纬仪、吊线和尺或用其他测量仪器检查，检查数量为全部外墙阳角，当全高不大于 10m 时，允许偏差为 10mm；当全高超过 10m 时，允许偏差为 20mm。

4. 砌体中的钢筋检测

砌体中的钢筋指墙体间的拉结筋、构造柱与墙体间的拉结筋、骨架房屋的填充墙与骨架的柱和横梁拉结筋以及配筋砌体的钢筋。砌体中拉结筋的间距，应取 2~3 个连续间距的平均间距作为代表值。

5. 砌体构造检测

砌筑构件的高厚比，其厚度值应取构件厚度的实测值。跨度较大的屋架和梁支承面下的垫块和锚固措施，可采取剔除表面抹灰的方法检测；预制钢筋混凝土板的支承长度，可采用剔凿楼面面层及垫层的方法检测；设计规范对砖砌过梁和钢筋砖过梁的使用和跨度有限制，对有较大振动荷载或可能产生不均匀沉降的房屋，门窗洞口应设钢筋混凝土过梁。混凝土过梁的设置状况，可通过测定过梁钢筋状况判定，也可采取剔凿表面抹灰的方法检测；砌体墙梁的构造，可采取剔凿表面抹灰和用尺量测的方法检测；圈梁、构造柱或芯柱的设置，可通过钻孔、测定钢筋状况判定。

5.2　砌体结构损伤与变形检测

砌体结构的变形与损伤的检测可分为裂缝、倾斜、基础不均匀沉降、环境侵蚀损伤、灾害损伤及人为损伤等项目。

1. 砌体结构裂缝检测

设计规范对砌体结构构件要求做承载能力极限状态的验算，而正常使用极限状态则是通过构造来保证的，即砌体结构没有进行裂缝和变形验算。但在实际结构中，裂缝是砌体结构最常见的损伤，裂缝可反映出砌筑方法、留槎、洞口处理、预制构件安装等质量问题，也可反映出日照或室内外温差的影响、地基不均匀沉降及超载等问题，是鉴定工作的重要依据。在砌体结构开裂调查中，应做以下工作：

(1) 对于结构或构件上的裂缝，应测定裂缝的位置、长度、宽度和数量。

(2) 必要时应剔除构件抹灰确定砌筑方法、留槎、洞口、线管及预制构件对裂缝的影响。

(3) 对于仍在发展的裂缝应进行定期的观测，提供裂缝发展速度的数据。

在检测数据基础上，重点分析裂缝产生的原因及其危害性。砌体结构的荷载裂缝直接危及结构安全，是砌体结构构件承载力不足的重要标志，如主梁支座下的受压砌体，当出现单砖开裂时，荷载约为破坏荷载的 60%；当发展为长度超过 3~4 皮砖的连通裂缝时，表明荷载已达到破坏荷载的 80%~90%。当判明属于荷载裂缝时，不论其宽度大小，均应高度重视。

对于非荷载裂缝，应分析其对结构整体性，观感和适用性的影响。表面有粉刷层时辨别是否仅为粉刷层裂缝，必要时凿开粉刷层观察。对结构裂缝用裂缝观测仪检测其宽度，把检测结果标注在墙体立面或砖柱的展开图上，并分析产生裂缝的原因。

2. 砌筑构件或砌体结构的倾斜

可采用经纬仪、激光定位仪、三轴定位仪或吊锤的方法检测，宜区分施工偏差造成的倾斜、变形造成的倾斜、灾害造成的倾斜等。

3. 基础的不均匀沉降

基础的不均匀沉降可用水准仪检测，当需要确定基础沉降的发展情况时，应在结构上布置测点进行观测，观测操作应遵守《建筑变形测量规范》JGJ/T 8—2007 的规定。基础的累计沉降差，可参照首层的基准线推算。

4. 砌体结构损伤检测

对砌体结构受到的损伤进行检测时，应确定损伤对砌体结构安全性的影响。对于不同原因造成的损伤可按下列规定进行检测：

（1）对环境侵蚀，应确定侵蚀源、侵蚀程度和侵蚀速度。

（2）对冻融损伤，应测定冻融损伤深度、面积，检测部位宜为檐口、房屋的勒脚、散水附近和出现渗漏的部位。

（3）对火灾等造成的损伤，应确定灾害影响区域和受灾害影响构件，确定影响程度。

（4）对于人为的损伤，应确定损伤程度。人为的损伤，除了包括车辆、重物碰撞外，还应包括不恰当的改造、邻近工程施工的影响等。

思考题

1. 砌体结构砌筑质量与构造检测包括哪些主要内容？
2. 砌体结构损伤与变形检测包括哪些主要内容？
3. 灰缝厚度对砌体强度有哪些影响，允许的灰缝厚度为多少？
4. 水平灰缝饱满度要求多少，如何检测？
5. 砌体结构裂缝检测应做哪些工作？

第6章 砌体结构检测实例

6.1 工程概况

　　某既有砌体工程，地上2层，墙体由烧结普通砖及混合砂浆砌筑而成，外墙厚为370mm，内墙厚为240mm。根据设计图纸可知，该工程地上1层砌筑砂浆设计强度等级为M7.5，地上2层砂浆设计强度等级为M5.0，砖设计强度等级均为MU10。工程平面如图4-6.1-1所示。

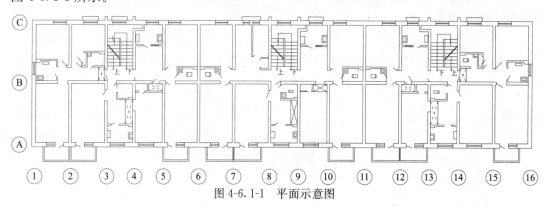

图4-6.1-1 平面示意图

6.2 砂浆强度检测实例

　　1. 取样数量

　　地上1层及地上2层分别为一个检测单元，各检测单元随机选取6片墙体采取砂浆回弹法进行砂浆强度测试。

　　2. 检测数据(以地上1层为例)

测区1(地上1层3、B～C轴墙体)检测数据　　　　　　表4-6.2-1

测位编号	回弹值													碳化值(mm)	测位砂浆抗压强度值(MPa)	测区抗压强度平均值(MPa)
	1	2	3	4	5	6	7	8	9	10	11	12	平均值			
1	27	27	26	24	26	25	21	26	26	22	26	24	25.2	3.0	7.0	7.5
2	27	28	26	32	29	26	26	26	21	29	32	22	27.1	3.0	9.1	
3	21	26	25	22	28	26	28	24	23	26	22	20	24.3	3.0	6.2	
4	20	27	26	27	24	30	27	23	30	24	24	28	26.2	3.0	8.1	
5	28	30	24	23	28	22	30	28	27	24	18	20	25.4	3.0	7.2	

测区 2（地上 1 层 7、A～B 轴墙体）检测数据　　表 4-6.2-2

测位编号	回弹值													碳化值（mm）	测位砂浆抗压强度值（MPa）	测区抗压强度平均值（MPa）
	1	2	3	4	5	6	7	8	9	10	11	12	平均值			
1	18	27	19	19	24	27	22	22	26	20	26	28	23.2	3.0	5.2	
2	26	18	26	20	20	26	28	26	24	26	20	34	24.2	3.0	6.1	
3	28	25	24	25	26	29	19	24	20	20	20	27	23.9	3.0	5.8	6.9
4	31	26	28	27	30	26	24	27	24	24	27	26	26.5	3.0	8.4	
5	26	32	32	31	24	27	30	28	26	26	20	19	27.0	3.0	9.0	

测区 3（地上 1 层 13、B～C 轴墙体）检测数据　　表 4-6.2-3

测位编号	回弹值													碳化值（mm）	测位砂浆抗压强度值（MPa）	测区抗压强度平均值（MPa）
	1	2	3	4	5	6	7	8	9	10	11	12	平均值			
1	21	26	23	22	24	25	20	28	29	30	26	24	24.8	3.0	6.6	
2	27	32	26	30	28	26	26	28	26	29	32	28	28.0	3.0	10.3	
3	31	26	27	32	28	32	28	24	28	26	30	27	28.3	3.0	10.7	8.6
4	30	28	24	27	25	30	27	26	30	26	24	28	27.1	3.0	9.1	
5	28	24	24	23	22	22	27	28	21	24	28	22	24.4	3.0	6.3	

测区 4（地上 1 层 C、3～4 轴墙体）检测数据　　表 4-6.2-4

测位编号	回弹值													碳化值（mm）	测位砂浆抗压强度值（MPa）	测区抗压强度平均值（MPa）
	1	2	3	4	5	6	7	8	9	10	11	12	平均值			
1	21	24	21	19	24	23	21	22	26	26	22	25	22.9	3.0	5.0	
2	22	18	21	20	22	26	21	24	26	26	21	24	22.7	3.0	4.8	
3	28	23	26	25	26	29	24	24	21	22	20	27	24.6	3.0	6.4	6.8
4	31	26	29	27	27	26	26	27	24	28	26	26	26.6	3.0	8.5	
5	26	31	32	30	26	27	30	26	28	26	22	21	27.2	3.0	9.3	

测区 5（地上 1 层 B、7～8 轴墙体）检测数据　　表 4-6.2-5

测位编号	回弹值													碳化值（mm）	测位砂浆抗压强度值（MPa）	测区抗压强度平均值（MPa）
	1	2	3	4	5	6	7	8	9	10	11	12	平均值			
1	24	26	27	25	24	29	28	23	25	26	24	22	25.2	3.0	7.0	
2	26	26	26	29	28	30	24	31	27	31	27	30	28.0	3.0	10.3	
3	26	27	26	28	28	30	30	26	26	30	26	26	27.3	3.0	9.4	8.8
4	29	27	25	28	30	25	24	24	28	30	26	29	27.1	3.0	9.1	
5	25	28	26	27	26	27	25	27	25	26	29	27	26.4	3.0	8.3	

测区6（地上1层A、13～14轴墙体）检测数据　　　　　　　　表4-6.2-6

测位编号	回弹值													碳化值（mm）	测位砂浆抗压强度值（MPa）	测区抗压强度平均值（MPa）
	1	2	3	4	5	6	7	8	9	10	11	12	平均值			
1	24	26	27	24	24	26	28	23	21	26	26	20	24.7	3.0	6.5	
2	24	26	26	31	28	30	24	29	27	29	27	30	27.6	3.0	9.8	
3	24	27	26	26	26	30	24	26	32	24	26	26	26.3	3.0	8.2	8.2
4	29	25	25	28	26	25	22	24	28	32	26	29	26.5	3.0	8.4	
5	25	32	24	27	26	26	24	29	25	26	27	27	26.2	3.0	8.1	

3. 推定砌筑砂浆抗压强度值

该工程为既有工程，测区数不小于6个，砌筑砂浆抗压强度值按下式中的较小值计算：

$f_2' = f_{2,m}$；本工程中 $f_{2,m} = 7.8$ MPa

$f_2' = 1.33 f_{2,min}$；本工程中 $1.33 f_{2,min} = 9.0$ MPa

故经回弹法检测，该工程地上1层检测单元的砌筑砂浆抗压强度推定值为7.8MPa。

6.3　砖检测实例

1. 取样数量

地上1层及地上2层烧结普通砖设计等级均为MU10，按一个检测单元考虑，共随机选取10片墙体采取回弹法进行砖抗压强度检测。

2. 检测数据

测区1（地上1层3、B～C轴墙体）检测数据　　　　　　　　表4-6.3-1

测位编号	回弹值						测位抗压强度换算值（MPa）	测区抗压强度平均值（MPa）
	1	2	3	4	5	平均值		
1	33	38	41	42	41	39.0	14.1	
2	41	37	44	39	40	40.2	15.5	
3	40	25	31	44	48	37.6	12.6	
4	36	35	42	40	31	36.8	11.8	
5	36	41	41	38	35	38.2	13.2	
6	38	34	42	44	41	39.8	15.0	14.5
7	48	38	39	45	37	41.4	16.9	
8	44	38	31	44	48	41.0	16.4	
9	48	48	30	42	46	42.8	18.6	
10	36	29	39	40	34	35.6	10.6	

测区 2（地上 1 层 7、A～B 轴墙体）检测数据　　　　表 4-6.3-2

测位编号	回弹值						测位抗压强度换算值（MPa）	测区抗压强度平均值（MPa）
	1	2	3	4	5	平均值		
1	25	32	27	27	46	31.4	6.8	10.2
2	44	38	38	23	32	35.0	10.0	
3	42	31	39	37	40	37.8	12.8	
4	42	40	42	34	39	39.4	14.6	
5	36	48	20	26	30	32.0	7.3	
6	41	37	44	39	40	40.2	15.5	
7	25	38	38	33	27	32.2	7.5	
8	45	33	40	31	29	35.6	10.6	
9	42	33	33	25	32	33.0	8.2	
10	27	38	36	34	30	33.0	8.2	

测区 3（地上 1 层 13、B～C 轴墙体）检测数据　　　　表 4-6.3-3

测位编号	回弹值						测位抗压强度换算值（MPa）	测区抗压强度平均值（MPa）
	1	2	3	4	5	平均值		
1	33	28	41	33	45	36.0	11.0	12.9
2	36	40	43	41	34	38.8	13.9	
3	30	43	40	40	38	38.2	13.2	
4	44	26	31	31	34	33.2	8.4	
5	34	35	37	38	40	36.8	11.8	
6	33	30	42	30	36	34.2	9.3	
7	38	37	40	42	42	39.8	15.0	
8	38	33	40	39	38	37.6	12.6	
9	42	45	41	42	38	41.6	17.1	
10	43	42	33	46	42	41.2	16.7	

测区 4（地上 1 层 C、3～4 轴墙体）检测数据　　　　表 4-6.3-4

测位编号	回弹值						测位抗压强度换算值（MPa）	测区抗压强度平均值（MPa）
	1	2	3	4	5	平均值		
1	30	38	41	41	39	37.8	12.8	12.7
2	43	31	31	32	36	34.6	9.6	
3	38	32	31	31	36	33.6	8.7	
4	34	38	46	42	42	40.4	15.7	
5	38	40	38	37	36	37.8	12.8	
6	35	35	33	30	34	33.4	8.5	
7	44	44	44	38	36	41.2	16.7	
8	39	42	35	38	30	36.8	11.8	
9	34	36	42	46	48	41.2	16.7	
10	37	38	46	42	31	38.8	13.9	

测区 5（地上 1 层 B、7～8 轴墙体）检测数据　　　　表 4-6.3-5

测位编号	回弹值						测位抗压强度换算值（MPa）	测区抗压强度平均值（MPa）
	1	2	3	4	5	平均值		
1	45	38	41	39	26	37.8	12.8	
2	35	43	30	14	27	29.8	5.6	
3	25	42	44	36	40	37.4	12.4	
4	48	.45	40	48	44	45.0	21.5	
5	42	43	41	45	42	42.6	18.4	14.1
6	44	48	30	36	37	39.0	14.1	
7	36	42	36	41	42	39.4	14.6	
8	38	44	40	41	40	40.6	15.9	
9	42	41	37	38	37	39.0	14.1	
10	24	35	40	47	37	36.6	11.6	

测区 6（地上 2 层 4、B～C 轴墙体）检测数据　　　　表 4-6.3-6

测位编号	回弹值						测位抗压强度换算值（MPa）	测区抗压强度平均值（MPa）
	1	2	3	4	5	平均值		
1	44	42	43	42	47	43.6	19.6	
2	41	41	44	42	36	40.8	16.2	
3	35	49	35	32	40	38.2	13.2	
4	38	41	42	36	36	38.6	13.7	
5	36	31	31	33	30	32.2	7.5	13.2
6	38	17	33	46	41	35.0	10.0	
7	37	43	37	40	40	39.4	14.6	
8	32	40	40	36	41	37.8	12.8	
9	36	40	43	43	42	40.8	16.2	
10	27	38	29	37	36	33.4	8.5	

测区 7（地上 2 层 8、A～B 轴墙体）检测数据　　　　表 4-6.3-7

测位编号	回弹值						测位抗压强度换算值（MPa）	测区抗压强度平均值（MPa）
	1	2	3	4	5	平均值		
1	36	37	41	34	36	36.8	11.8	
2	20	37	38	38	29	32.4	7.7	
3	31	39	36	40	36	36.4	11.4	
4	25	37	37	38	42	35.8	10.8	
5	42	40	40	32	44	39.6	14.8	12.6
6	40	38	44	36	42	40.0	15.3	
7	44	39	44	38	33	39.6	14.8	
8	36	33	29	34	44	35.2	10.2	
9	38	39	38	38	40	38.6	13.7	
10	40	43	31	40	47	40.2	15.5	

测区 8（地上 2 层 B、3～4 轴墙体）检测数据　　　　表 4-6.3-8

测位编号	回弹值						测位抗压强度换算值（MPa）	测区抗压强度平均值（MPa）
	1	2	3	4	5	平均值		
1	37	45	42	46	35	41.0	16.4	
2	43	39	41	36	38	39.4	14.6	
3	34	44	33	36	38	37.0	12.0	
4	37	40	33	37	38	37.0	12.0	
5	39	39	35	37	37	37.4	12.4	11.7
6	36	36	33	31	33	33.8	8.9	
7	23	40	36	38	39	35.2	10.2	
8	42	38	30	27	33	34.0	9.1	
9	36	37	39	36	43	38.2	13.2	
10	36	29	26	38	34	32.6	7.8	

测区 9（地上 2 层 C、8～9 轴墙体）检测数据　　　　表 4-6.3-9

测位编号	回弹值						测位抗压强度换算值（MPa）	测区抗压强度平均值（MPa）
	1	2	3	4	5	平均值		
1	33	33	36	29	35	33.2	8.4	
2	38	40	33	34	38	36.6	11.6	
3	31	45	31	32	39	35.6	10.6	
4	38	38	38	39	40	38.6	13.7	
5	41	38	38	39	36	38.4	13.5	11.3
6	37	40	40	38	40	39.0	14.1	
7	28	38	45	36	38	37.0	12.0	
8	40	25	23	46	36	34.0	9.1	
9	41	22	33	30	33	31.8	7.2	
10	40	29	40	38	40	37.4	12.4	

测区 10（地上 2 层 A、13～14 轴墙体）检测数据　　　　表 4-6.3-10

测位编号	回弹值						测位抗压强度换算值（MPa）	测区抗压强度平均值（MPa）
	1	2	3	4	5	平均值		
1	40	42	41	40	42	41.0	16.4	
2	36	44	40	46	27	38.6	13.7	
3	20	44	50	42	42	39.6	14.8	
4	21	33	42	39	38	34.6	9.6	
5	31	32	35	36	33	33.4	8.5	12.1
6	41	38	36	37	41	38.6	13.7	
7	41	41	34	41	42	39.8	15.0	
8	29	42	28	31	33	32.6	7.8	
9	31	33	31	33	39	33.4	8.5	
10	40	40	35	36	38	37.8	12.8	

3. 砖抗压强度计算

该工程为既有建筑，采用回弹法检测烧结普通砖抗压强度，地上 1 层与地上 2 层为一个检测单元，共布置 10 个测区，各测区抗压强度平均值如表 4-6.3-11 所列。

各测区抗压强度平均值

表 4-6.3-11

构件名称及部位	砖测区抗压强度平均值(MPa)	构件名称及部位	砖测区抗压强度平均值(MPa)
地上 1 层 3、B~C 轴	14.5	地上 2 层 4、B~C 轴	13.2
地上 1 层 7、A~B 轴	10.2	地上 2 层 8、A~B 轴	12.6
地上 1 层 13、B~C 轴	12.9	地上 2 层 B、3~4 轴	11.7
地上 1 层 C、3~4 轴	12.7	地上 2 层 C、8~9 轴	11.3
地上 1 层 B、7~8 轴	14.1	地上 2 层 A、13~14 轴	12.1

该检测单元砖抗压强度平均值为 12.5MPa；强度标准差为 1.28MPa；变异系数为 0.10 小于 0.21；抗压强度标准值为 10.2MPa；抗压强度最小值为 10.2MPa；该检测单元砖推定强度等级为 MU10。

本 篇 参 考 文 献

1.《砌体工程现场检测技术标准》GB/T 50315—2011

2.《建筑结构检测技术标准》GB/T 50344—2004

3.《砌体结构工程施工质量验收规范》GB 50203—2011

4.《贯入法检测砌筑砂浆抗压强度技术规程》JGJ/T 136—2001

5.《砌体结构设计规范》GB 50003—2011

6. 张建勋. 砌体结构. 武汉：武汉理工大学出版社，2011.01

7. 哈尔滨工业大学、华北水利水电学院，混凝土及砌体结构. 北京：中国建筑工业出版社，2003.06

8. 袁海军，姜红. 建筑结构检测鉴定与加固手册. 北京：中国建筑工业出版社，2006.07

9. 杨建江，白伟亮. 点荷法筒压法检测砌筑砂浆强度试验研究. 建筑结构，2010.06

10. 陈大川，陈庭柱，施楚贤. 回弹法推定砌体中烧结多孔砖抗压强度研究，建筑结构，2012.09

11. 刘兴远，谢华，封承九. 砌体工程现场检测数据分析探讨. 重庆建筑，2012.05

12. 林文修. 砌体工程现场强度检测技术及应用. 建筑科学，2002.4

13. 王淑娟，崔杰. 砌体结构工程检测的方法及适用范围. 土木建筑学术文库，2011 年第 15 卷

14. 李建军. 砌体结构抗压与抗剪性能评定方法研究. 山西建筑，2010.08

第 5 篇

木 结 构 检 测

第1章 概　　述

1.1　木结构发展概况

木结构是一种古老的结构形式，它的出现可以追溯到远古时代，远远早于混凝土结构和钢结构等结构类型。

1.1.1　木结构在中国的发展

木结构建筑在我国历史悠久，在原始社会末期，我们的祖先就已经采用"筑土构木"的方法就地取材建造房屋了，如浙江余姚河姆渡文化遗址发现的大型木构榫卯干阑式房屋，建造年代约为公元前 5000～前 3300 年，是我国目前已知最早采用榫卯技术构筑的木结构房屋；在西安半坡仰韶文化的建筑遗址中出现了木构架房屋雏形，建造年代约为公元前 4800～前 4300 年。

唐朝时期，木结构的建造工艺已经趋于成熟，木结构的框架结构体系已经普及，并行成了一套完整严谨的施工方法。北宋时期李诫主编的《营造法式》是当时建筑设计与施工经验的集合与总结，是中国也是世界上第一本工程手册，其主要内容基本涵盖了木结构房屋建筑的设计、施工、材料以及工料定额，对木结构房屋设计规定"凡构屋之制，皆以材为祖。材有八等，度屋之大小，因而用之"，即将构件截面分为八种，根据跨度的大小选用。

为了统一房屋营造标准，加强工程管理制度，清雍正十二年(公元 1734 年)工部颁布了《工程做法则例》，又称为《工程做法》，作为控制官工预算、作法、工料的依据，成为宫廷内工和地方外工一切房屋营造工程的定式条例。书中包括多种专业的内容和二十七种典型建筑的设计实例，对木构件的尺寸、木斗拱的做法等作出了具体明确的规定，制订了房屋营造工程标准，统一了官式建筑的体制，使木结构建造技术进一步规范化。

纵观历史长河，历代流传下来历经数百年甚至上千年的古代木结构是中华民族灿烂文化的组成部分。建于辽朝(1056 年)的山西省应县木塔(图 5-1.1-1)为八角形楼阁式木塔，全部采用木结构榫卯连接而成，高度为 67.1 米，底层直径 30 米，充分体现了结构自重轻、能建造高耸结构的特点，历经强地

图 5-1.1-1　应县木塔

震、大风、暴雨、战火和洪水的冲击,而今依然巍然屹立在中原大地,被誉为世界建筑史上的奇葩。

我国近代木结构是在产业革命以后,随着房屋和桥梁的建设而发展起来。中国近代建筑所指的时间范围是从 1840 年鸦片战争开始,到 1949 年中华人民共和国建立为止,这个时期的建筑处于承上启下、中西交汇、新旧接替的过渡时期,这是中国建筑发展史上一个急剧变化的阶段。这个时期,洋务派和民族资本家为创办新型企业所营建的房屋,多数仍是手工业作坊那样的木构架结构,如 1865 年创立的上海江南制造局的部分建筑。与此同时,伴随着西方近代建筑开始传入中国,大批在西方流行的砖木混合结构房屋开始出现了。以砖墙、砖柱承重,上立木屋架的砖木混合结构厂房,是 19 世纪下半叶大中型厂房最通用的形式。如建于 1866 年的福州船政局,车间小者几百平方米,大者 2000 余平方米,全部采用这种形式。

由于木结构能够就地取材,普通木结构建筑施工简单,建设速度快,因此在我国 20 世纪五六十年代,木结构房屋占有较大比重,尤其是"大跃进"时期,木结构建筑的比例竟达到 46%。木结构的大量采用,致使结构用材过量采伐,同时由于国家没有足够的外汇用来购买国外的木材,最终导致木结构的发展出现了停滞。

目前,随着社会的发展和进步,以及对建筑材料可持续、可回收的要求,木结构建筑在沉寂了多年以后已经开始在中国复苏了,新型木结构房屋已经得到了市场的认可。与此同时,国家标准《木结构设计规范》GB 50005—2003、《木结构工程施工质量验收规范》GB 50206—2012、《胶合木结构技术规范》GB/T 50708—2012、《木结构工程施工规范》GB/T 50772—2012 和《轻型木桁架技术规范》JGJ/T 265—2012 也相继颁布实施,在技术方面为木结构的广泛使用提供了技术支持。

由于木结构建筑属于自然、环保、低碳、生态、可持续的新型建筑,因而在国家大力倡导发展绿色节能建筑的背景下,木结构建筑将成为建筑材料多样化的重要组成部分,拥有良好的发展空间。

1.1.2　木结构在国外的发展

根据历史记载和考古资料,木结构在国外的起步要晚于中国。在国外的古代建筑中广泛采用的建筑材料为石材,并且多数为独栋建筑。木结构的最先出现并不是作为单独的结构体系,更多的是在石材建筑中作为屋架出现的,如希腊早期的庙宇和其他的建筑基本都是采用木屋架的。在古罗马时期,木结构技术已经达到相当的水平,工匠能够区别桁架的拉杆和压杆,并能够建造大跨度的木屋盖,如罗马城图拉真巴西利亚(Basilica),木桁架的跨度达到 25 米。

伴随着宗教的传播和发展,欧洲各国兴建了数以千计的教堂,其中大多数是木教堂,始建于 12 世纪的斯塔万格木板教堂(图 5-1.1-2)是欧洲现存的古木板教堂中最著名的一座。

18 世纪下半叶,在工业革命的推动下,欧洲各主要国家都开始了大规模的城市建设,在

图 5-1.1-2　斯塔万格木板教堂

森林资源丰富的地区，木材成为重要的建筑材料。

19 世纪中后期是中国木结构建筑研究停顿的 20 年，这个时期也正是国际上木结构发展最快的时期。从实木结构、原木结构到胶合木结构，再到复合木结构，木结构已不再是传统概念上的木结构，在建筑上已经达到可以替代钢材的程度，在欧美和日本等发达国家，木结构的大量研究与应用也促进了森林资源采伐和利用的良性循环。

目前在国外，木结构住宅得到了广泛的应用。在美国，木结构建筑处于市场主导地位，木材已经称为首选的住宅建筑材料，每年约有 90% 的新建住宅采用木结构；在日本，约有 50% 的新建住宅为木结构；在北欧的芬兰和瑞典，90% 的民宅为一层或二层的木结构建筑。

此外，木结构在公共建筑中也得到了广泛的应用，如著名的美国塔科马(TACOMA)穹顶体育馆，如图 5-1.1-3 所示。该穹顶于 1983 年建成，是当时世界最大的木穹顶结构。2001 年，在距离体育馆不到 25km 的地方发生了里氏 6.8 级地震，而体育馆却未发生任何损坏。

(a) *(b)*

图 5-1.1-3　塔科马体育馆
(a) 外观；*(b)* 木结构穹顶内部

坐落于日本秋田县大馆市上代野稻荷台的大馆树海体育馆也是具有代表行性的木结构建筑。该场馆平面长轴方向长度为 178m，短轴方向长度为 157m，竖向高度为 52m，屋面用材为秋田杉胶合木构件，如图 5-1.1-4 所示。

在加拿大，木材工业是该国支柱产业之一，其木结构的工业化、标准化和施工技术非常成熟，并建造了很多大跨度的木结构公共建筑。加拿大温哥华的里士满奥林匹克速滑馆(Richmond Olympic Skating Oval)是 2010 年冬奥会的比赛场馆，是目前全球最大的速滑场馆。它的一大特点就是定制的"木浪结构面板"(Wood Wave Structural Panel)屋顶系统，是北美地区净跨度最大的屋顶，覆盖面积达到 6.5 英亩，由拱形胶合梁和预制的统一木浪面板所构成，如图 5-1.1-5。该馆建筑面积 33000m²，共使用了 2400m³ 的云杉-松木-冷杉规格材(用于波浪木屋面板)、19000 张 1.2m×2.4m 花旗松胶合板(主要用于屋面)和 2400m³ 花旗松胶合梁(用于屋面拱)，结合 70m³ 黄柏胶合木柱(用于室外支撑柱)构成。

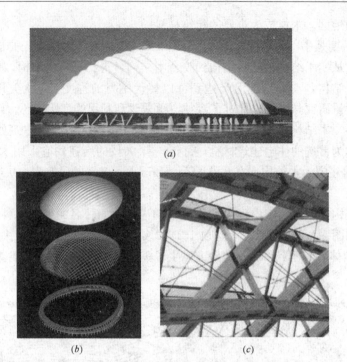

(a)

(b)　　　　　　　　(c)

图 5-1.1-4　大馆树海体育馆
(a)外观；(b)结构整体构造；(c)细部结构

(a)　　　　　　　　　　　　　　(b)

图 5-1.1-5　里士满奥林匹克速滑馆
(a)里士满奥林匹克速滑馆外观；(b)里士满奥林匹克速滑馆内景

1.2　木结构的特点

20 世纪著名的现代建筑大师赖特认为：最有人情味的材料是木材。

与其他材料相比，木材由于其自身的特性，作为建筑材料有其独特的优势，因此与其他材料建成的建筑相比，木结构具有绿色环保、资源再生、保温隔热、施工方便、施工周期短、抗震性能好等许多优点。

（1）绿色环保

在快速发展的当今世界，环境保护已成为全球性的热点问题。随着人类对资源的过度开采和排放，生存环境已经受到了严重的威胁，人类对自身的行为进行反思，并把环境保护、可持续发展摆到重要位置。木材作为建筑材料，与其他材料相比具有无可比拟的绿色环保性能。

与其他材料比较，木材在生长过程中能够改善自然环境，在构件加工和结构施工过程中能耗低，废弃以后可自然降解，堪称绿色环保的典范。在世界范围内，木材被公认为唯一对环境有正面影响的建筑材料。

（2）资源再生

木材具有天然可再生性，只要有土地、阳光、水分，木材就可以周期性的自然生长，这是其他建筑材料无法比拟的。随着林业和木材加工业的发展，许多速生材也可用于建筑结构中。

（3）保温隔热

由于木材为绝热体，在同样厚度的条件下，其隔热值比标准的混凝土高 16 倍，比钢材高 400 倍，比铝材高 1600 倍。即使采取通常的隔热方法，木结构房屋的隔热效果也比空心砖墙房高 3 倍，所以居住在木结构房屋感觉冬暖夏凉，十分舒适。

（4）施工方便、工期短

随着木材加工技术水平的提升，现代木结构已经基本实现了工厂预制，现场装配的工业化流程。

在欧美等发达国家，建造房屋所用的结构构件和连接件都是在工厂按标准加工生产，再运到工地，经过拼装就可以建成一座漂亮的木房子，从而大大降低了施工难度，在施工现场，除了基本的土地配套设施外，建房如同搭积木一样简单，而且装配式流程也使木构建筑施工安装的速度远远快于混凝土和砌体结构建筑，大大缩短了工期，节省了人工成本，施工质量得以保证，也易于改造和维修。

在北美国家，轻质木框架房屋是应用最广泛的木结构。一般情况下，一栋 $300m^2$ 的房子主体结构的安装需 15～20 天的时间，如果工厂预制程度高工期将更短。

（5）抗震性能优良

木构房屋有良好的抗震性能。木结构材质较轻，具很强的韧性。木材是一种单向受力的弹性材料，现代木结构通过预埋螺栓与地基连接，其他龙骨、格栅、屋架等材料部件与部件、系统之间通过金属连接器或者钢钉固定，或者构件之间采用木材特有的榫卯连接方式进行连接，形成一种高次超静定结构体系，楼板和墙体之间组成的空间箱型结构也使构件之间能相互作用，因此，木结构对于瞬间冲击荷载和周期性疲劳具良好的延展性，其破坏过程是渐变的。此外，再加上木构房屋的自重较轻，地震时吸收的地震力也相对较少，所以它们在地震时大多纹丝不动，或整体稍有变形却不会散架，具有较强的抵抗地震能力。

在日本 1995 年的神户大地震中，木结构房屋震害最轻，保留下来的房屋大部分是木结构房屋。

1.3　木结构在使用过程中存在的问题

与建筑领域常用的混凝土材料和钢材不同，木材是一种天然生长的有机材料，自身的材质特点决定了木结构在使用过程中可能存在破坏劣化，主要种类有以下几种：

1. 生物性破坏劣化

木材的生物性破坏劣化主要包括菌害和虫害两类。

木材的材质内含有丰富的淀粉、糖类、含氮物质和微量矿物质，为菌、虫的生长提供了丰富的营养，容易导致腐朽和虫蛀。

菌害是指由木腐菌导致的结构木材腐朽的危害，主要的木腐菌有皱孔菌、卧孔菌和地窖粉孢革菌。菌害腐朽主要存在以下部位：①经常受潮且通风不良的部位，如：屋架支座、立柱的根部、底层的木地板、搁栅等。②渗漏雨水的部位，如：天沟下杆件和节点、屋面板、椽条、天窗立柱等。③存在冷桥、常受冷凝水侵蚀的部位，如：北方高寒地区的屋盖内冷凝水常侵害支座。④温、湿度较高的房屋，如公共浴室、厨房等。⑤耐腐能力差的木材如：马尾松、云南松、桦木等易受菌害。调查表明，因腐朽造成的事故占木结构事故的一半以上。

虫害是指昆虫对木结构的侵害。对木结构有害的昆虫很多，主要有等翅目、鞘翅目等昆虫，如最常见的白蚁属等翅目，甲虫属于鞘翅目。

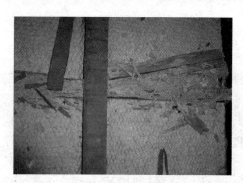

白蚁主要分布在热带和亚热带地区，在我国主要分布在长江以南地区，长江以北种类很少。白蚁对木结构的危害常是破坏性的，经常将木构件蛀空，造成木建筑突然坍塌。甲虫一般将木柱蛀成针孔大小的虫眼，并从蛀孔中掉下白色粉末状蛀屑，严重时在木材内部形成纵横交错的坑道，使得木材呈海绵状，基本没有承载能力。图 5-1.3-1 所示为南亚地区某一工程中吊顶木构件遭受白蚁侵蚀以后现状，木构件完全失效。

图 5-1.3-1　木构件遭受白蚁侵蚀现状

此外，木结构周围环境的物理变化（如温度、声、光等因素）也可以使得木材材质发生变化，同时往往还有大气中菌类的作用。

2. 木材的化学损害劣化

木材是纯粹的有机材料，与金属、水分以及含有各类酸性、碱性成分的气体和液体等长期接触，都会使得木材的组分发生化学变化，降低结构或构件的承载能力。

容易发生化学损伤劣化的木结构多为工业厂房建筑，如纺织厂的漂染车间、钢厂的酸洗车间、制药厂、有腐蚀性气体的化工车间等。

3. 木材缺陷的危害劣化

木材是天然的材料，未进行加工的木材自身就存在不可避免的天然缺陷，如木料中的木节、裂缝、斜纹、髓心、翘曲、斜纹等。

天然缺陷随其尺寸大小和所在部位的不同对木材的强度会产生不同的影响，导致构件或结构承载力的降低，因此《木结构设计规范》针对各种不同受力状态的构件，对各种缺陷的要求和限制作出了明确规定，充分考虑了天然缺陷对木材强度的不利影响，从而保证结构的安全可靠。如木节对方木的削弱要比板材小，板材截面上如有髓心将显著降低承载力，因此在板材的材质标准中明确规定不允许有髓心。

此外，在使用过程中，木结构容易出现变形和失稳现象，如屋面受潮容易导致木屋架或节点变形过大；屋架安装时施工误差过大，或在外力作用下由于木屋盖在屋盖平面外的刚度不够，造成屋架侧倾或平面下垂变形。

1.4　木结构检测概述

木结构建筑检测是对施工质量进行评定的重要依据，也是对木结构建筑进行鉴定的依据。

根据木结构的自身特点，木结构的检测主要包括材料性能检测、室内空气环境检测、建筑热湿环境检测、建筑声环境检测、建筑光环境检测、防腐和防虫性能检测、建筑耐老化性能检测、建筑防水性能检测、建筑节能检测、构件强度检测等。

由于木结构的检测涉及内容比较广泛，本文内容仅限于木结构与木构件质量或性能的现场检测，主要包括木材缺陷、尺寸与偏差、连接与构造、变形与损伤和防护措施等项工作等内容，而木材物理参数如含水率、密度、干缩性、吸水性、湿胀性以及力学参数如木材顺纹抗拉、抗压、抗剪强度、抗弯强度、横纹抗拉、抗压强度等需要在试验室进行，因此在本文中并未涉及。

目前，在检测过程中采用的主要检测依据有《木结构设计规范》GB 5005—2003、《木结构试验方法标准》GB/T 20329—2002、《建筑结构检测技术标准》GB 50344—2004、《木结构工程施工质量验收规范》GB 50206—2012、《古建筑木结构维护与加固技术规范》GB 50165—92。

木结构在整个使用寿命期内的检查主要分为竣工验收时的检查、使用初期的检查、使用期间的定期检查，检查的阶段不同，检测的重点也不尽相同。

竣工验收时的检查主要是依据《木结构工程施工质量验收规范》GB 50206—2012 对建筑进行全面的检查，并且应着重检查所用木材材质、构件尺寸、木结构的防护、支撑系统等是否与设计相符。

使用初期的检查一般是在木结构交付使用后的前两年内进行，应重点检查木构件表面是否有裂缝或其他缺陷产生，节点是否发生变形，结构有无明显下垂或倾斜情况，有无失稳倾向、屋面有无漏雨、虫害或腐朽现象。

对于所处环境温度较高、湿度较高、严寒地带、虫害严重地区、有侵蚀气体及露天、采用耐腐抗虫差的木结构，均应每隔一至二年作一次定期检查。

在木结构的设计使用年限内，经常会遭遇外力作用而使得主体结构遭受破坏，或者因使用的要求而改变使用功能，这就需要对现有木结构房屋进行加固处理。根据我国的相关规范和要求，对结构进行加固设计以前必须对结构进行检测，检测内容需要根据加固或改造目的进行确定，从而为加固或改造设计提供必要的依据。

我国是一个历史悠久、幅员辽阔的文明古国，古建筑木结构在华夏大地上随处可见，由于岁月的侵蚀，其中大部分木结构建筑都需要进行维护或加固。为了贯彻执行《中华人民共和国文物保护法》，加强对古建筑木结构的科学保护，使古建筑木结构得到正确的维护与修缮，我国也对此制定了《古建筑木结构维护与加固技术规范》GB 50165—92。该规范对古建筑木结构的检测做了详细的规定，主要包括结构、构件及其连接的尺寸，木材材质状态的勘查，木材树种的鉴定，木材强度或弹性模量的测定等。

1.5　木结构工程的检查要点及注意事项

根据检查工作在整个结构使用周期内的实施时期不同，木结构的检查分为施工过程中的检查、竣工验收时的检查、使用初期的检查和使用中的定期检查。

1. 施工过程中的检查

木结构工程在施工过程中主要是依据《木结构工程施工质量验收规范》GB 50206—2012 的相关要求进行检查。

由方木、原木及板材制作和安装的木结构工程在施工过程中检测内容包括构件尺寸、材质等级、材料缺陷、加工制作偏差、安装偏差；由胶合木制作和安装的木结构工程在施工过程中的检测内容包括构件截面尺寸、加工制作偏差、安装偏差；由规格材及木基结构板材为主要材料制作与原安装的轻型木结构工程在施工在施工过程中的检测内容包括构件截材质等级、几何偏差、安装偏差、齿板连接处木构件的缝隙。

2. 竣工验收时的检查

《木结构设计规范》GB 50005—2003 附录 D.0.1 条相关规定，木结构工程在交付使用以前应进行一次全面的检查，凡属要害部位（如支座节点和受拉接头等）均应逐个检查，凡是松动的钢拉杆和螺栓均应拧紧。

木结构竣工以后，除按照《木结构工程施工质量验收规范》GB 50206—2012 进行全面检查外，尚应着重检查下列各项：

（1）木材缺陷是否符合选材标准，木材的含水率、强度和树种是否与设计相符；当采用湿材支制作时，应检查是否采取了规范规定关于湿材的相应措施。

（2）钢材的品种和规格是否与设计相符，焊接质量是否符合有关规定。

（3）桁架的起拱位置和高度是否与设计相符。

（4）支座及可能受潮的隐蔽部分有无防潮及通风措施。

（5）在保暖房屋中。结构是否具备隔潮、保温等防止产生冷凝水的措施。

（6）全部圆钢拉杆和螺栓应逐个检查，凡松动者要拧紧。丝扣部分是否正常，螺纹净面积有无过度削弱的情况，是否有油漆或其他防锈措施。

（7）结构的实际使用荷载与原设计荷载比较有无超载情况，起吊设备的位置及重量等有无变化情况等。

（8）屋盖支撑系统是否正常而且有效。

3. 使用初期的检查

在木结构交付使用后头两年内，使用单位（或房管部门）应根据当地气候特点（如雪季、雨季和风季前后）每年安排一次检查，检查时应重点检查下列各项：

（1）木材受剪面附近有无裂缝产生，有无新发现的其他有危害性的缺陷，下弦接头处有无拉开和变形过大的情况，夹板的螺孔附近有无裂缝。

（2）支座等部位有无受潮或腐朽迹象，构件有无化学性侵蚀迹象。

（3）结构有无明显下垂或倾斜情况，上弦及其接头部位有无桁架平面外失稳倾向，支撑系统有无松脱或失稳等情况。

(4) 圆钢拉杆、螺帽及垫板等的工作是否正常，垫板有无陷入木材的现象。

(5) 天沟、天窗等部位有无漏雨迹象或排水不畅。

(6) 有无因保温、隔湿失效以致产生冷凝水的迹象。

(7) 在虫害地区或用马尾松等耐腐性差的木材时要检查有无虫害或腐朽情况。

自结构竣工投入使用起，建设单位应对木结构(特别是公共建筑和厂房建筑)建立检查和维护的技术档案，每次检查完毕都应对检测结果以及维护内容进行归档。

4. 使用中的定期检查

对于木结构工程的定期检查需要根据建筑所处的环境、周边的气候特点进行确定。

凡温度或湿度较高的生产车间、寒冷地带的公共浴室和厨房(通风条件一般较差)，有侵蚀性气体的化工车间，以及露天木结构、采用耐腐性差和易受虫害的木材制作的结构，在虫害严重地区的木结构，均应每隔一至二年作一次定期检查。对木结构工程进行定期检查时除作一般普查外，应着重检查有无腐蚀和虫害发生。白蚁危害地区，要经常注意观察有无白蚁路(白蚁的交通孔道，由泥土和排泄物等筑成，常较湿润)，并着重检查桁架的支座节点、檩条、木格栅等入墙部位的附近，内排水沟、水管及厨房卫生间等易受潮的部位，确定有无白蚁活动的外露迹象。

对于人流比较集中的公共建筑和其他比较比较重要的建筑，原则上应每年检查一次。

对于其他房屋使用两年以后的定期检查，应根据当地气候特点(如雪季、雨季及风季前后)和房屋使用要求等具体情况适当安排。

业主或物业管理部门根据检查和维修的情况，应对检查结果和维修过程作出详细、准确的记录，并存入已经建立的检查和维修的技术档案中。

5. 检查过程中的注意事项

对木结构建筑进行检查时应注意以下事项：

(1) 检查鉴定要认真慎重全面，判断结论要力求准确。

检查中既不要把木材一般的、没有危害性的缺陷看成是有危害性的缺陷，夸大缺陷的影响；也不要把有危害性的缺陷当成一般的、没有缺陷的危害忽略过去，留下安全隐患，甚至造成安全事故。

(2) 要根据现象查找本质。

在检测中经常会发现木屋盖的某些反常情况，通常只能从某些表面现象察觉，然后根据现象进行追查。例如，如发现屋面呈波浪形，则可能是由于檩条的挠曲变形过大，应该对檩条进行详细查勘，并对屋面的荷载进行调查，并查看屋面是否存在破坏以及漏水现象。如果发现顶棚出现有规律的开裂，最可能的原因就是桁架的挠度过大。如果发现檐口出现凸出变形，屋面桁架可能会出现下弦拉开变位等。因此，在检查过程中发现反常的表面现象后，一定要追查原因，找到问题的本质，从根本解决问题。

(3) 对木材中的裂缝要作具体分析。

木材的裂缝是检测中最常见的缺陷。木材的裂缝是发展的，特别是原先采用湿材制作的结构，在其干燥过程中，几乎都会产生新的裂缝，或是原先的裂缝有所发展，这是木材在干缩过程中固有的规律性。

判定某条裂缝是否有危害，往往不在于裂缝的宽细、长短或深浅，关键是裂缝所处的部位。如果裂缝所处位置位于构件的主要的受剪面附近，即便是非常轻微的裂缝也可能引起构件的受剪破坏，造成巨大的危险，对此必须加以重视。针对位于构件受剪面附近的裂缝应进行深入检查分析，并根据裂缝的状态及时采取加固措施，进行必要的有效的加固处理。在实际中，很多工程对木结构的裂缝采用钢箍或捆绑铅丝的办法来防止裂缝的产生或进一步发展，但实践证明，这种方法并无明显的效果。对于不处在构件受剪面附近的裂缝，应根据裂缝的尺寸及其走向进行判断，如果裂缝的尺寸和走向的斜度在规范选材标准允许范围内，可以不进行处理，但是在后续使用过程中要对裂缝进行定期检查，防止裂缝继续发展到达受剪面，从而影响结构的安全承载。

1.6　木结构新兴的无损检测技术

目前，伴随着检测理论与技术的发展，木结构的现场检测技术也得到了进一步的发展。尤其是木材无损检测发展迅速。

无损检测技术是一门新兴的、综合性的非破坏性检测技术，目前广泛应用于结构检测领域。无损检测技术从 20 世纪 50 年代开始发展起来，近十几年才得到迅速发展。与传统的检测方法相比，无损方法检测时间短、条件容易满足、稳定性和重现性好，可在不破坏木材及木质材料的本身形状、原有结构和原有动力状态的前提下，利用先进的物理方法和手段快速测量出木材及木质材料的尺寸、规格、表面形状和基本物理力学性。

目前在木材无损检测领域内使用的主要方法有应力波检测法、X 射线摄影检测法、微波检测法、红外线检测法、超声波检测法、机械应力检测法、振动检测法、声发射（AE）检测法、阻抗检测法和核磁共振法。

（1）应力波检测法

对木材或木质构件进行撞击，使其内部产生冲击应力波，并在木材或木质构件内传播，根据被测材料的速度与被测材料密度以及弹性模量的物理关系，通过测量应力波传播速度来分析木材的剩余强度分布和内部腐朽情况，属于接触类检测。

根据应力波的传播方向，分为纵向检测方式和径向（弦向）。纵向检测方式用于计算木材的动态弹性模量，来推算木材的剩余强度；径向检测方式可用于分析木材内部的腐朽程度和分布情况。

由于应力波检测法不受被测木材形状和尺寸的限制，在传感器和被测木材之间不需要使用耦合剂，并且携带相对方便，因此被广泛应用于木材缺陷检测及原木、方材、大型规格材的力学性能检测。

（2）X 射线检测法

主要原理是利用射线穿透不同木材部位时的吸收和衰减效应的不同，用射线接收传感器直接测量窄小范围内透过试样前后射线强度的变化，根据射线衰减率以及试样的平均吸收系数分析木材及木质复合材料的密度、含水率变化以及缺陷等，是最早应用于木材无损检测的方法之一。

（3）微波检测法

利用微波在不同介质中的传播速度和衰减速度的不同，研究木材不同方向和不同部位的差异，常用透射、反射、定波和散射类仪器来检测。

（4）红外线检测法

根据红外光谱学原理，利用木材中的极性基团或木材中的水分子对红外光能量的吸收强弱来判断该物质的数量多少或疏密，从而获得许多物质微观世界的信息。

（5）超声波检测法

超声波在固态、液态和气态的物体中均可传播，在不同传播介质的界面上能发生反射和折射。利用超声波在物质中传播会发生穿透、反射、衰减的现象，且其纵波波速与介质的密度、超声弹性模量的相关关系，在测量出超声波速度和后，推算出木材的弹性模量，并根据弹性模量与力学性质的正相关性，估算出被测木材的剩余强度分布，判断木材内部有无缺陷及缺陷的程度，如空洞、腐朽、垂直于路径的裂缝等。超声波检测为接触类检测，根据超声波的传播方向，分为纵向检测方式和径向检测（弦向）。纵向检测方式用于计算木材的动态弹性模量，来推算木材的剩余强度；径向检测方式可用于分析木材内部的腐朽程度和分布情况。

（6）机械应力检测法

是采用机械方法施加恒定变形（或力）被测试材上，测得相应的载荷（或变形），由计算机系统计算出试材的弹性模量和抗弯强度，并可用于成材的在线应力分析。

（7）振动检测法

基于振动学原理，根据木材构件的振动特性与弹性模量之间的相关关系，对试件进行敲击，使其产生自由振动，并对信号进行拾取、采集和转换，并进行频谱分析，并推算出试材的弹性模量。

根据波的传播方向，振动检测法分为纵向检测方式和横向检测方式。纵向检测方具有较高的稳定性，系统误差小，能够很好地评估木材的强度性质；径向检测方式可用于分析木材内部的腐朽程度和分布情况。

（8）声发射（AE）检测法

木质材料受外力或内力作用产生变形或断裂时，会以弹性波的形式释放出应变能，利用电子仪器应变能反映的声发射信号并由此判断木质材料内部的裂纹、缺陷、结构变化、破坏先兆等材料的内部动态信息。

（9）核磁共振法

利用木质材料内部的极性分子或水分子对核磁共振光谱的吸收性质形成核磁共振谱图，或形成核磁共振光谱图像，从而非破坏地观察木质材料内部的结构、缺陷或有价值的信息。

（10）阻抗检测法

根据木材密度与对探针扭矩的关系，通过探针匀速进入木材内部，记录钢针进入木材内部时所受到的阻力，从而判断木材内部腐朽情况。

现有研究表明，阻抗仪所获得的木材阻力值大小与通过 X 射线检测法所测得的密度值基本一致。根据阻力检测结果，可以比较直接地判断木材内部早晚材密度、应力木和年轮分布等情况，为判断木材内部腐朽、虫蛀、白蚁危害程度提供有效可靠的依据。该方法简单易行，广泛应用于木结构的检测中。

随着科学技术的发展，对木材的力学性能和材料表面及内部的缺陷进行无损检测，是对木材和木质材料传统测试技术的一次深刻革命。在不远的未来，随着理论的进步和多学科交叉的发展，越来越多新技术将会应用到木结构的无损检测工作中来的，尤其是对一些原本必须用破坏的方法才能检测的材料性质，利用木材无损检测技术则将更加显现其优越性。

思考题

1. 木结构在各个时期的检查内容主要有哪些?
2. 木结构新兴的无损检测方法有哪些?

第2章 木结构木材性能和缺陷检测

2.1 概述

一般情况下，木结构木材性能的检测包括木材物理性能和木材力学性能。木材的物理性能参数主要包括含水率、密度、干缩性、吸水性和湿胀性等；木材的力学性能主要指木材顺纹抗拉、抗压、抗剪强度、抗弯强度、抗弯弹性模量、横纹抗拉、抗压强度等。

根据规范规定的标准试验方法，木材的性能检测对试验环境有严格的要求，都需要在试验室进行，无法进行现场检测。如测定木材的含水率、密度、干缩性、吸水性和湿胀性等参数时均要求使用烘箱，实验室保持温度为 20±2℃，相对湿度为 65%±5%。对木材的力学性能进行检测时需要使用试验机、烘箱，实验室保持温度为 20±2℃，相对湿度为 65%±5%。这些条件都是工地现场很难具备的。

根据《建筑结构检测技术标准》GB/T 50344—2004 和《木结构工程施工质量验收规范》GB 50206—2012 相关规定，目前在现场最常见的木材性能检测项目就是采用目测方法对规格材的材质等级进行检测。

木材缺陷是影响木材品质与等级的重要因素，也是木材检测的主要内容。对于木材缺陷的定义，不同的规范有不同的规定。《原木检验术语》GB/T 15787—2006 将木材缺陷定义为：凡呈现在原木上能降低其质量，影响使用的各种缺点。《原木缺陷》GB/T 155—2006 对可见缺陷的定义为：从原木材身用肉眼可以看到的影响木材质量和使用价值或降低强度、耐久性的各种缺点。《锯材缺陷》GB/T 4823—1995 对可见缺陷的定义是：能影响木材质量和使用价值或降低强度或耐久性的各种缺点。

木材的缺陷是不可避免的，这与木材的生物构成有关。与建筑工程中最常用的混凝土材料不同，木材是一种天然的建筑材料。由于木材在不同方向上的分子特征不同，木材的物理性质、力学强度在三个方向不相同。对于同一断面的木材，各部位的物理性质和力学强度也不尽相同。

对于同一断面的木材，根据断面位置可分为髓心、心材、边材和树皮，木材的宏观构造如图 5-2.1-1 所示。

树皮是指茎(老树干)维管形成层以外的所有组织，是树干外围的保护结构，由内到外包括韧皮部、皮层和多次形成累积的周皮以及木栓层以外的一切死组织。在木材采伐或加工生产时，树皮能从树干上剥下来。

边材是指位于树干外侧靠近树皮部分的木材，含有生活细胞和贮藏物质(如淀粉等)，颜色较浅，含水率较大。

心材是指在木材横切面上靠近髓心部分，颜色较深。心材是由边材演化而成的，不含

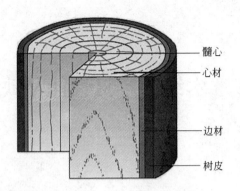

图 5-2.1-1　木材宏观构造

活细胞，其贮藏物质（如淀粉）已不存在或已转化为心材物质。

木材横断面的中心部位称为髓心，常为褐色或淡褐色。髓心的质地软，强度低、易开裂，在木材加工时往往除去髓心。

对于不同的木结构材料，存在的缺陷是不同的，《建筑结构检测技术标准》GB/T 5034—2004 规定的各种缺陷如表 5-2.1-1 所示。

木结构缺陷类型　　　　　　　　　　　　　　表 5-2.1-1

序号	木结构类型	缺 陷 类 型
1	圆木和方木结构	木节、斜纹、扭纹、裂缝、髓心等
2	胶合木结构	木节、斜纹、扭纹、裂缝、髓心、翘曲、顺弯、扭曲、脱胶
3	轻型木结构	木节、斜纹、扭纹、裂缝、髓心、翘曲、顺弯、扭曲、脱胶、横弯

木节是包含在树干或主枝木质部中的枝条部分，主要分为活节、死节、腐朽节、漏节、圆形节、条状节、掌状节、散生节、轮生节、簇生节、岔节、板面节、材边节、材楞节和贯通节等。

裂缝是木材纤维沿纹理方向发生分离所形成的裂隙，主要包括端裂和纵裂。

原木材身木纤维排列与树干纵轴方向不一致而形成的呈螺旋状纹理称为扭纹，原木的扭纹锯切成板材时，在板面上形成的纹理称为斜纹。

木材材面沿材长方向形成弓形的弯曲称为顺弯，分为单向顺弯和多向顺弯。木材在与材面平行的平面上，材边沿材长方向成横向弯曲，即左右弯，多是由于两侧边纹理倾斜不一致所造成的。

翘曲是指锯材沿材宽方向形成瓦状的弯曲，经常是因为弦切板径、弦向收缩存在差异所致。

扭曲是指沿材长方向呈螺旋状的弯曲，材面的一角向对角方向翘起，即四角不在一个平面上。

进行施工过程中的检测时，对于承重用的木材或结构构件的缺陷应逐根进行检测。已有的木结构如果有资料表明木材是经过缺陷检测的，则可以采取抽样检测的方法，如果抽样检测发现木材存在较多的缺陷，超出相应规范的限值时，可以逐根进行检测。

2.2　木材性能检测方法及评定标准

《木结构工程施工质量验收规范》GB 50206—2012 附录 G 针对规格材材质等级的检测方法给出明确的规定，该方法适用于已列入现行国家标准《木结构设计规范》GB 50005 的各目测等级规格材和机械分等规格材材质等级检验。

目测应力分级木材(visually stress-graded lumber)是指根据肉眼可见的木材各种缺陷的计量或计数结果，按规定的标准划分材质等级和强度等级的木材；机械应力分级木材 (machine stress-rated lumber)是指采用机械应力测定设备对木材进行非破坏性试验，按测得的弹性模量和规定的标准划分材质等级和强度等级的木材。

(1)对规格材的材质等级进行现场检测采用的主要方法就是目测和丈量，根据木材缺陷的检测数据确定材质等级，目测分等规格材的材质等级应符合《木结构工程施工质量验收规范》GB 50206—2012 表 G.2.1 的规定。如表 5-2.2-3 所列。

同时，《木结构工程施工质量验收规范》GB 50206—2012 表 G.2.2 对目测分等的取样方法和检验方法也作了明确的规定，表 G.2.3 对目测检验合格判定数也作了明确规定。

(2)取样方法和检验方法应符合下列规定：进场的每批次同一树种或树种组合、同一目测等级的规格材应作为一个检验批，每检验批应按表 5-2.2-1 规定的数目随机抽取检验样本。

每检验批规格材抽样数量(根)　　　　表 5-2.2-1

检验批容量	2～8	9～15	16～25	26～50	51～90
抽样数量	3	5	8	13	20
检验批容量	91～150	151～280	281～500	501～1200	1201～3200
抽样数量	32	50	80	125	200
检验批容量	3201～10000	10001～35000	35001～150000	150001～500000	>500000
抽样数量	315	500	800	1250	2000

(3)样本中不符合该目测等级的规格材的根数不应大于表 5-2.2-2 规定的合格判定数。

规格材目测检验合格判定数(根)　　　　表 5-2.2-2

抽样数量	2～5	8～13	20	32	50	80	125	200	>315
合格判定数	0	1	2	3	5	7	10	14	21

目测分等[1] 规格材材质标准　　　　表 5-2.2-3

项次	缺陷名称[2]	材质等级						
		Ⅰc	Ⅱc	Ⅲc	Ⅳc	Ⅴc	Ⅵc	Ⅶc
1	振裂和干裂	允许个别长度不超过 600mm 贯通,应按劈裂要求检验		长度不超过 600mm 贯通:900mm 不贯通:长度不超过 1/4 构件长或干裂无限制;贯通干裂应按劈裂要求检验	贯通—1/3 构件长 不贯通—全长 3 面振裂—1/6 构件长 干裂无限制;贯通干裂参见劈裂要求	不贯通—全长 贯通和三面振裂 1/3 构件长	表层—不长于 600mm 贯通干裂同劈裂	贯通:600mm 长 不贯通:900mm 长或不超过 1/4 构件长
2	漏刨	构件的 10% 轻度漏刨[3]		轻度漏刨不超过构件的 5%,包含 600mm 的散布漏[5],或重度漏刨[4]	散布漏刨伴有不超过构件 10% 的重度漏刨[4]	任何面的散布漏刨中,宽面不超过 10% 的重度漏刨[4]	构件 10% 的轻度漏刨[3]	轻度漏刨不超过构件的 5%,包含散布达 600mm 或重度漏刨[4]
3	劈裂	b/6		1.5b	L/6	2b	B	1.5b
4	斜纹:斜率不大于(%)	8		10	12	25	17	25
5	钝棱[6]	h/4 和 b/4,全长或全长与其相当,如果在 1/4 长度内钝棱不超过 h/2 或 b/3		h/3 和 b/3,全长与其相当,如果在 1/4 长度内钝棱不超过 2h/3 或 b/2	h/2 或 b/2,全长与其相当,如果在 1/4 长度内钝棱不超过 7h/8 或 3b/4		h/4 或 b/4,全长与其相当,如果在 1/4 长度内钝棱不超过 h/2 或 b/3	h/3 或 b/3,全长与其相当,如果在 1/4 长度内钝棱不超过 2h/3 或 b/2,≤L/4
6	针孔虫眼	每 25mm 的节孔允许 48 个针孔虫眼						
7	大虫眼	每 25mm 的节孔允许 12 个 6mm 的大虫眼,以最差材面为准						
8	腐朽—材心[17]	不允许		当 h>40mm 时,不允许,否则 h/3 或 b/3	1/3 截面[13]	1/3 截面[15]	不允许	h/3 或 b/3
9	腐朽—白腐[18]	不允许		1/3 体积	无限制	无限制	不允许	1/3 体积
10	腐朽—蜂窝腐[19]	不允许		b/6 坚实[13]	100% 坚实	100% 坚实	不允许	b/6
11	腐朽—局部片状腐[20]	不允许		b/6 宽[13,14]	1/3 截面	1/3 截面	不允许	b/6[14]
12	腐朽—不健全材	不允许		最大尺寸 b/12 和 50mm 长,或等效的多个小尺寸[13]	1/3 截面,深入部分 1/6 长度[13]	1/3 截面,深入部分 1/6 长度[13]	不允许	最大尺寸 b/12 和等 50mm 长,或等效的小尺寸[13]
13	扭曲、横弯和顺弯[7]	1/2 中度		轻度	中度	1/2 中度	1/2 中度	轻度

470

续表

材质等级

项次	缺陷名称[2]	高度 (mm)	I_c 健全节、卷入节和节孔[8] 均布 材边	I_c 均布 材心	I_c 非健全节、松节和节孔[10] 孔[9]	II_c 健全节、卷入节和节孔[8] 均布 材边	II_c 均布 材心	II_c 非健全节、松节和节孔[10] 孔	III_c 任何木节 材边	III_c 任何木节 材心	III_c 节孔[11]	IV_c 任何木节 材边	IV_c 任何木节 材心	IV_c 节孔[12]	V_c 任何木节 材边	V_c 任何木节 材心	V_c 节孔	VI_c 健全节、卷入节和节孔[8] 均布	VI_c 非健全节、松节和节孔[10]	VII_c 任何木节	VII_c 节孔[11]
14	木节和孔节[16] 高度 (mm)	40	10	10	10	13	13	13	16	16	16	19	19	19	19	19	19	—	—	—	—
		65	13	13	13	19	19	19	22	22	22	32	32	32	32	32	32	—	—	—	—
		90	19	22	19	25	38	25	32	51	32	44	64	44	44	64	38	19	16	25	19
		115	25	38	22	32	48	29	41	60	35	57	76	48	57	76	44	32	19	38	25
		140	29	48	25	38	57	32	48	73	38	70	95	51	70	95	51	38	25	51	32
		185	38	57	32	51	70	38	64	89	51	89	114	64	89	114	64	—	—	—	—
		235	48	67	32	64	93	38	83	108	64	114	140	76	114	140	76	—	—	—	—
		285	57	76	32	76	95	38	95	121	76	140	165	89	140	165	89	—	—	—	—

均布节是指在构件任何 150mm 长度上所有木节尺寸的总和必须小于许允最大节尺寸的 2 倍。窄面上破坏要求满足许允节孔的规定（长度不超过同一等级最大节孔直径的 2 倍），钝棱的长度可为 300mm，每根构件允许出现一次。

B 为构件宽度，h 为构件厚度，L 为构件长度。

1　目测分等应包括构件所有材面以及两端。
2　除本注解中已说明，缺陷定义详见国家标准《锯材缺陷》GB/T 4823—1995。
3　指深度不超过 1.6mm 的一组漏刨，漏刨之间的表面抛光。
4　重度漏刨为宽度不超过 3.2mm，长度为全长的漏刨。
5　部分或全部漏刨，或全部面粗糙面。
6　离材端全部或部分台锯材面的钝棱，每根构件允许出现一次。
7　顺纹允许值是横弯的 2 倍。
8　卷入节是指被树皮包围或皮连树皮不包围不与周围木材连生的木节，均布节是指在构件任何节孔、小节孔之和与单个节孔直径相等。
9　每 1.2m 有一个或数个小节孔，小节孔之和与单个节孔直径相等。
10　每 0.9m 有一个或数个小节孔，小节孔直径之和与单个节孔直径相等。
11　每 0.6m 有一个或数个小节孔，小节孔直径之和与单个节孔直径相等。
12　每 0.3m 有一个或数个小节孔，小节孔直径之和与单个节孔直径相等。
13　仅允许厚度为 40mm。
14　加入构件的窄面均有局部片状腐，长度限制为节点尺寸的 2 倍。
15　钉入边不允许有局部破坏。
16　节孔可全部或部分贯通构件。除非特别说明，节孔的测量方法与节子相同。
17　材心腐朽指某些树种沿髓心发展的局部腐朽，用目测鉴定。心材腐朽存在于活树中，在被砍伐的木材中不会发展。
18　白腐指木材中白色或褐色的小斑点或斑点，由白腐菌引起。白腐存在于活树中，在使用时不易发展。
19　蜂窝腐与白腐相似但但囊孔更大。含蜂窝腐的构件较未含蜂窝腐的构件不易发展。
20　局部片状腐指柏树和柏树中槽状或蜂孔状局部片状的区域。所有引起局部片状腐的木腐菌在树砍伐后不再生长。

2.3　木材缺陷检测仪器设备及方法

1. 仪器设备

木材缺陷检测常用的仪器设备主要有精度为 1mm 的卷尺、靠尺、激光三维定向仪、探针、塞尺、游标卡尺、读数放大镜、钢尺等。

2. 木节的检测

关于木材中木节的检测方法，《建筑结构检测技术标准》GB/T 50344—2004 有明确规定，该方法也是国际上通用的检测方法。

木材木节的尺寸，可用精度为 1mm 的卷尺量测，对于不同木材木节尺寸的量测应符合下列规定：

(1) 方木、板材、规格材的木节尺寸，按垂直于构件长度方向量测。木节表现为条状时，可量测较长方向的尺寸，直径小于 10mm 的活节可不量测。

板材的节径比按照下式计算：

$$K = \frac{d}{B} \times 100\% \tag{5-2.3-1}$$

式中　K——节径比率(%)；

　　　d——木节直径(mm)；

　　　B——材面宽度(mm)。

板材的节径率按照木节在两个宽材面中较严重的一个材面为准，方材以四个板面中节子最严重的一个材面为准。

(2) 原木的木节尺寸，按垂直于构件长度方向量测，直径小于 10mm 的活节可不量测。

对原木的木节进行检测时应检测木节的最小直径，木节的愈合组织不包括在木节尺寸中，圆材的节径比按照下式计算：

$$K = \frac{a}{D} \times 100\% \tag{5-2.3-2}$$

式中　K——节径比率(%)；

　　　a——木节直径(mm)；

　　　D——圆材检尺径(mm)。

(3) 检测过程中对隐生节可不检测，但应在报告中加以标明。

木节尺寸应按垂直于构件长度方向测量，并应取沿构件长度方向 150mm 范围内所有木节尺寸的总和，如图 5-2.3-1 所示。直径小于 10mm 的木节不计，所测面上呈条状的木节应不量。

3. 斜纹的检测

斜纹的检测方法如下：

在方木和板材两端各选 1m 材长量测三次，计算其平均倾斜高度，以最大的平均倾斜高度作为其木材的斜纹的检测值。

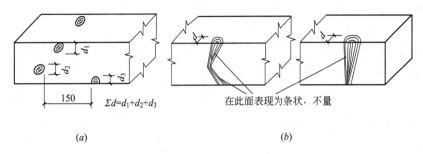

$\Sigma d = d_1 + d_2 + d_3$

在此面表现为条状，不量

(a)　　　　　　　　　　　(b)

图 5-2.3-1　木节量测法

(a)量测的木节；(b)不量测的木节

4. 裂纹的检验

(1) 圆材裂纹的检验

工程中最常见的圆材裂纹主要包括端裂(径裂和环裂)和纵裂两种。

1) 端裂(径裂和环裂)的检测

单径裂可用裂纹的宽度与原木的直径比表示；复径裂应检测最大裂纹的宽度、长度及数目；环裂应检测断面最大一处的环裂(指开裂自半环以上的)半径或弧裂(开裂不足一半)拱高，再与检尺径相比。

2) 纵裂的检测

纵裂主要包括冻裂、震击裂、干裂、浅裂、深裂、贯通裂与炸裂。

纵裂应检测端面裂纹深度和沿材身方向的长度，用深度与检尺径的比值来表示，也可用长度(材身方向)与检尺长比值来表示，二者只允许采用一种检测参数表示。

(2) 锯材裂纹的检测

锯材裂纹一般采用沿材长方向裂纹长度(包括未贯通部分在内的裂纹全长)与检尺长相比，以百分率表示。

贯通裂缝的测量对裂缝起点没有规定，不论裂纹宽度大小均予计算；非贯通裂纹的最大宽度处规定为裂纹宽度的计算起点，不足起点的不计，自起点以上的应检量裂纹全长。

数根彼此接近的裂纹，相隔不足 3mm 的按照整根裂纹计算；自 3mm 以上分别检量，以其中最严重的一根裂纹为准。

斜向裂纹按照斜纹与裂纹两者中最严重的一种缺陷计算。

特种用途的大方材还应检测断面的环裂，测量最大一处环裂(轮裂)的半径或直径，或弧裂的拱高或弧长。

(3) 斜纹的检测

在方木和板材两端各选 1m 材长测量 3 次，计算其平均倾斜高度，以最大的平均倾斜高度作为其木材的斜纹的检测值。

(4) 扭纹的检测

对原木扭纹的检测，在原木小头 1m 材上量测三次，以其平均倾斜高度作为扭纹检测值，如图 5-2.3-2 所示。

(5) 胶合木结构和轻型木结构的翘曲、扭曲、横弯和顺弯检测胶合木结构和轻型木结构的翘曲、扭曲、横弯和顺弯,可采用拉线与尺量的方法或用靠尺与尺量的方法检测。

其中翘曲、横弯和顺弯的检测结果采用最大弯曲拱高与内曲面水平长(宽)度相比,以百分率表示,如图 5-2.3-3～图 5-2.3-5 所示。

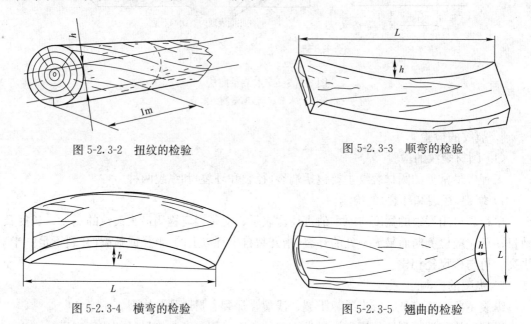

图 5-2.3-2　扭纹的检验　　　　　　　　　图 5-2.3-3　顺弯的检验

图 5-2.3-4　横弯的检验　　　　　　　　　图 5-2.3-5　翘曲的检验

扭曲的检测结果以检量材面偏离平面的最大高度与标准长相比,以百分率表示,如图 5-2.3-6 所示。

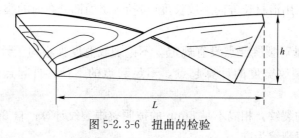

图 5-2.3-6　扭曲的检验

(6)木结构的裂缝和胶合木结构的脱胶检测

木结构的裂缝和胶合木结构的脱胶可用探针检测裂缝的深度,用裂缝塞尺或游标卡尺检测裂缝的宽度,用钢尺量测裂缝的长度。

2.4　缺陷检测结果及评价

木结构缺陷的评定应根据《木结构工程施工质量验收规范》GB 50206—2012 执行。针对方木、原木和板材,材质标准应分别符合以表 5-2.4-1～表 5-2.4-3 的规定。

方木材质标准　　　　　　　　　　　　　　表 5-2.4-1

项次	缺陷名称		木材等级		
			Ⅰₐ	Ⅱₐ	Ⅲₐ
1	腐朽		不允许	不允许	不允许
2	木节	在构件任一面任何 150mm 长度上所有木节尺寸的总和与所在面宽的比值	≤1/3；（连接部位≤1/4）	≤2/5	≤1/2
		死节	不允许	允许，但不包括腐朽节，直径不应大于 20mm，且每延米中不得多于 1 个	允许，但不包括腐朽节，直径不应大于 50mm，且每延米中不得多于 2 个
3	斜纹	斜率	≤5%	≤8%	≤12%
4	裂缝	在连接的受剪面上	不允许	不允许	不允许
		在连接部位的受剪面附近，其裂缝深度（有对面裂缝时，用两者之和）不得大于材宽的	≤1/4	≤1/3	不限
5	髓心		不在受剪面上	不限	不限
6	虫眼		不允许	允许表层虫眼	允许表层虫眼

原木材质标准　　　　　　　　　　　　　　表 5-2.4-2

项次	缺陷名称		木材等级		
			Ⅰₐ	Ⅱₐ	Ⅲₐ
1	腐朽		不允许	不允许	不允许
2	木节	在构件任何 150mm 长度上沿周长所有木节尺寸的总和，与所测部位原木周长的比值	≤1/4	≤1/3	≤2/5
		每个木节的最大尺寸与所测部位原木周长的比值	≤1/10（普通部位）；≤1/12（连接部位）	≤1/6	≤1/6
		死节	不允许	不允许	允许，但直径不大于原木直径的 1/5，每 2m 长度内不多于 1 个
3	扭纹	斜率	≤8%	≤12%	≤15%
4	裂缝	在连接部位的受剪面上	不允许	不允许	不允许
		在连接部位的受剪面附近，其裂缝深度（有对面裂缝时，两者之和）与原木直径的比值	≤1/4	≤1/3	不限
5	髓心		不在受剪面上	不限	不限
6	虫眼		不允许	允许表层虫眼	允许表层虫眼

注：木节尺寸按垂直于构件长度方向测量。直径小于 10mm 的木节不计。

板 材 材 质 标 准　　　　　　　　　　表 5-2.4-3

项次	缺陷名称		木 材 等 级		
			Ⅰₐ	Ⅱₐ	Ⅲₐ
1	腐朽		不允许	不允许	不允许
2	木节	在构件任一面任何 150mm 长度上所有木节尺寸的总和与所在面宽的比值	≤1/4（连接部位≤1/5）	≤1/3	≤2/5
		死节	不允许	允许，但不包括腐朽节，直径不应大于 20mm，且每延米中不得多于 1 个	允许，但不包括腐朽节，直径应不大于 50mm，且每延米中不得多于 2 个
3	斜纹	斜率	≤5%	≤8%	≤12%
4	裂缝	在连接部位的受剪面上	不允许	不允许	不允许
		在连接部位的受剪面及其附近	≤1/4	≤1/3	不限
5	髓心		不允许	不允许	不允许

思考题

1. 木材的主要缺陷有哪些？
2. 简单描述木节的检测方法？

第3章 木结构尺寸、偏差和连接检测

3.1 概述

木材是天然材料，在施工过程中要进行加工、安装和接长，就不可避免的产生尺寸或安装偏差，木结构的尺寸与偏差可分为构件制作尺寸与偏差、构件的安装偏差等，包括桁架、梁(含檩条)及柱的制作尺寸，屋面木基层的尺寸以及桁架、梁、柱等的安装的偏差等。

在施工中由于木材尺寸有限，或结构构造的需要，需要用拼合、接长和节点联结等方法，将木料连接成结构和构件。连接是木结构的关键部位，在设计与施工过程中要求连接部位应传力明确，韧性良好，构造简单，检查和制作方便。

木结构在我国的历史较为久远，榫卯连接便是由中国古代匠师创造的一种连接方式，其特点是利用木材承压传力，以简化梁柱连接的构造；利用榫卯嵌合作用，使结构在承受水平外力时，能有一定的适应能力。其缺点是对木料的受力面积削弱较大，经济性差，目前在现代木结构施工中已经很少采用，但仍广泛应用在中国传统的木结构建筑的修复中。

在现代结构施工过程中，木结构的连接可分为胶合、齿连接、螺栓连接和钉连接等形式。

胶合是现代木结构施工中常见的连接方式。实木锯材虽然有不同的尺寸和等级，但其截面尺寸和长度受到树木原材料本身尺寸的限制，所以对于大跨度构件，实木锯材往往难以满足设计要求，这种情况下经常采用胶合木构件。当对胶合木结构的胶合能力有疑义时，应对胶合能力进行检测，胶合能力可通过对试样木材胶缝顺纹抗剪强度确定。木结构用胶的胶合能力检测应在实验室进行，相应的试验方法应按现行《木结构设计规范》GB 50005 的规定进行。

齿连接主要用于桁架节点。在节点制作过程中，将压杆的端头做成齿形，直接抵承于受拉杆件的齿槽中，通过木材承压和受剪传力。为了提高其可靠性，要求齿连接构件中压杆的轴线必须垂直于齿槽的承压面并通过其中心，从而使压杆的垂直分力对齿槽的受剪面有压紧作用，提高木材的抗剪强度。齿连接中一般应设置保险螺栓，以防受剪面意外剪坏时，可能引起的屋盖结构倒塌。

螺栓连接和钉连接也是木结构工程中常见的连接方式。在木结构中，螺栓和钉的工作原理是相同的，即由于阻止了构件的相对移动，而受到其孔壁木材的挤压，这种挤压还使螺栓和钉受剪与受弯，木材受剪与受劈。

此外，木结构的连接还有键连接。键连接包含木键和钢键两类，近些年来，木键已逐渐被淘汰，而为受力性能较好的板销和钢键所代替。钢键的形式很多，常见的有裂环、剪

盘、齿环和齿板等四种，均可用于木料接长，拼合和节点连接，其承载能力通过试验确定。

3.2　检测仪器及方法

1. 木结构的尺寸与偏差检测仪器及方法

木结构的尺寸与偏差一般采用丈量方法进行检测，常用的仪器主要为钢卷尺、钢板尺和激光测距仪等。

对在施的木结构工程进行质量检测时，木结构构件尺寸与偏差的检测数量应按《木结构工程施工质量验收规范》GB 50206—2012 的规定进行抽样；当对既有木结构性能进行检测时，应根据工程的实际情况，按照《建筑结构检测技术标准》GB/T 50344—2004 的相关规定确定抽样数量。

2. 木结构的连接检测仪器及方法

胶合连接的检测一般在实验室进行，其检测仪器和方法在《木结构设计规范》GB 50005 中有明确的规定，不属于施工现场进行检测的范畴。

对于齿连接、螺栓连接和钉连接等项目的现场检测，《建筑结构检测技术标准》GB/T 50344—2004 和《木结构工程施工质量验收规范》GB 50206—2012 都有明确的规定。

（1）齿连接的现场检测

《建筑结构检测技术标准》GB/T 50344—2004 对于齿连接的现场检测规定如下：

8.5.5　齿连接的检测项目和检测方法，可按下列规定执行：

1　压杆端面和齿槽承压面加工平整程度，用直尺检测；压杆轴线与齿槽承压面垂直度，用直角尺量测；

2　齿槽深度，用尺量测，允许偏差±2mm；偏差为实测深度与设计图纸要求深度的差值；

3　支座节点齿的受剪面长度和受剪面裂缝，对照设计图纸用尺量，长度负偏差不应超过 10mm；当受剪面存在裂缝时，应对其承载力进行核算；

4　抵承面缝隙，用尺量或裂缝塞尺量测，抵承面局部缝隙的宽度不应大于 1mm且不应有穿透构件截面宽度的缝隙；当局部缝隙不满足要求时，应核查齿槽承压面和压杆端部是否存在局部破损现象；当齿槽承压面与压杆端部完全脱开（全截面存在缝隙），应进行结构杆件受力状态的检测与分析；

5　保险螺栓或其他措施的设置，螺栓孔等附近是否存在裂缝；

6　压杆轴线与承压构件轴线的偏差，用尺量。

《木结构工程施工质量验收规范》GB 50206—2012 对于齿连接的现场检测按照一般项目和主控项目分别规定如下：

（一）一般项目

4.2.13　木桁架支座节点的齿连接，端部木材不应有腐朽、开裂和斜纹等缺陷，剪切面不应位于木材髓心侧。

检验方法：目测。

（二）主控项目

> 4.3.2　齿连接应符合下列要求：
>
> 1　除应符合设计文件的规定外，承压面应与压杆的轴线垂直。单齿连接压杆轴线应通过承压面中心；双齿连接，第一齿顶点应位于上、下弦杆上边缘的交点处，第二齿顶点应位于上弦杆轴线与下弦杆上边缘的交点处，第二齿承压面应比第一齿承压面至少深 20 mm。
>
> 2　承压面应平整，局部隙缝不应超过 1 mm，非承压面应留外口约 5mm 的楔形缝隙。
>
> 3　桁架支座处齿连接的保险螺栓应垂直于上弦杆轴线，木腹杆与上、下弦杆间应有扒钉扣紧。
>
> 4　桁架端支座垫木的中心线，对于方木桁架应通过上、下弦杆净截面中心线的交点；原木桁架则应通过上、下弦杆毛截面的中心线的交点。
>
> 检查数量：检验批全数。
>
> 检查方法：目测、丈量。

（2）螺栓连接或钉连接的现场检测

《建筑结构检测技术标准》GB/T 50344—2004 对于螺栓连接和钉连接的现场检测项目和检测方法作出明确的规定如下：

> 8.5.6　螺栓连接或钉连接的检测项目和检测方法，可按下列规定执行：
>
> 1　螺栓和钉的数量与直径；直径可用游标卡尺量测；
>
> 2　被连接构件的厚度，用尺量测；
>
> 3　螺栓或钉的间距，用尺量测；
>
> 4　螺栓孔处木材的裂缝、虫蛀和腐朽情况，裂缝用塞尺、裂缝探针和尺量测；
>
> 5　螺栓、变形、松动、锈蚀情况，观察或用卡尺量测。

《木结构工程施工质量验收规范》GB 50206—2012 对木结构工程中使用的螺栓、螺帽和圆钢钉按照主控项目和一般项目分别作出明确的规定如下：

（一）主控项目

> 4.2.8　螺栓、螺帽应有产品质量合格证书，其性能应该符合现行国家标准《六角头螺栓》GB 5782 和《六角头螺栓-C 级》GB 5780 的有关规定。
>
> 在现场检测过程中应将实物与产品质量合格证书进行对照检查。
>
> 4.2.9　圆钉应有产品质量合格证书，其性能应符合现行行业标准《一般用途圆钢钉》YB/T 5002 的有关规定。设计文件规定钉子的抗弯屈服强度时，应作钉子抗弯强度见证试验。
>
> 在现场检测过程中应将实物与产品质量合格证书进行对照检查。
>
> 钉子强度见证检验方法应符合《木结构工程施工质量验收规范》GB 50206—2012 附录 D 的规定。
>
> 4.2.12　钉连接、螺栓连接节点的连接件(钉、螺栓)的规格、数量，应符合设计文件的规定。

检查数量：检验批全数。

检查方法：目测、丈量。

4.2.13 螺栓连接的受拉接头、连接区段木材及连接板均应采用Ⅰa等材，并应符合本规范附录B的有关规定；其他螺栓连接接头也应避开木材腐朽、裂纹、斜纹和松节等缺陷部位。

检查数量：检验批全数。

检查方法：目测。

（二）一般项目

4.3.3 螺栓连接（含受拉接头）的螺栓数目、排列方式、间距、边距和端距，除应符合设计文件的规定外，尚应符合下列要求：

1 螺栓孔径不应大于螺栓杆直径1mm，也不应小于或等于螺栓杆直径。

2 螺帽下应设钢垫板，其规格除应符合设计文件的规定外，厚度不应小于螺杆直径的30%，方形垫板的边长不应小于螺杆直径的3.5倍，圆形垫板的直径不应小于螺杆直径的4倍，螺帽拧紧后螺栓外露长度不应小于螺杆直径的80%。螺纹段剩留在木构件内的长度不应大于螺杆直径的1.0倍。

3 连接件与被连接件间的接触面应平整，拧紧螺帽后局部可允许有缝隙，但缝宽不应超过1mm。

检查数量：检验批全数。

检查方法：目测、丈量。

4.3.4 钉连接应满足下列规定：

1 圆钉的排列位置应符合设计文件的规定。

2 连接件间的接触面应平整，钉紧后局部缝隙宽度不应超过1mm，钉帽应与被连接件外表齐平。

3 钉孔周围不应有木材被胀裂等现象。

检查数量：检验批全数。

检查方法：目测、丈量。

《木结构工程施工质量验收规范》GB 50206—2012对胶合木结构的主控项目还有如下规定：

5.2.7 各连接节点的连接件类别、规格和数量应符合设计文件的规定。桁架端接点齿连接胶合木端部的受剪面及螺栓连接中的螺栓位置，不应与漏胶胶缝重合。

检查数量：检验批全数。

检验方法：目测、丈量。

《木结构工程施工质量验收规范》GB 50206—2012对轻型木结构的主控项目还有如下规定：

6.2.12　当采用构造设计时，各类构件间的钉连接不应低于本规范附录J的规定。

检查数量：检验批全数。

检验方法：目测、丈量。

《木结构工程施工质量验收规范》GB 50206—2012附录J的规定，详见本节附录2。

3.3　检测方法及结果评价

对木结构的尺寸与偏差进行检测，根据木结构承重构件的不同类型采用不同的检测方法，具体检测方法和制作允许偏差如下。

1. 方木、原木结构和胶合木结构桁架、梁和柱制作过程中检测方法和允许偏差应符合表5-3.3-1的规定。

方木、原木结构和胶合木结构桁架、梁和柱制作允许偏差　　　　表5-3.3-1

项次	项　　目		允许偏差(mm)	检验方法
1	构件截面尺寸	方木和胶合木构件截面的高度、宽度	−3	钢尺量
		板材厚度、宽度	−2	
		原木构件梢径	−5	
2	构件长度	长度不大于15m	±10	钢尺量桁架支座节点中心间距，梁、柱全长
		长度大于15m	±15	
3	桁架高度	长度不大于15m	±10	钢尺量脊节点中心与下弦中心距离
		长度大于15m	±15	
4	受压或压弯构件纵向弯曲	方木、胶合构件	L/500	拉线钢尺量
		原木构件	L/200	
5	弦杆节点间距		±5	钢尺量
6	齿连接刻槽深度		±2	钢尺量
7	支座节点受剪面	长度	−10	钢尺量
		宽度　方木、胶合木	−3	
		宽度　原木	−4	
8	螺栓中心间距	进孔处	±0.2d	钢尺量
		出孔处　垂直木纹方向	±0.5d 且不大于4B/100	
		出孔处　顺木纹方向	±1d	
9	钉进孔处的中心间距	±1d	—	钉进孔处的中心间距
10	桁架起拱		±20	以两支座节点下弦中心线为准，拉一水平线，个钢尺量
			−10	两跨中下弦中心线与拉线之间间距

注：d 为螺栓或钉的直径；L 为构件长度；B 为板的总厚度。

2. 方木、原木结构和胶合木结构桁架、梁和柱安装过程中检测方法和允许偏差
应符合表 5-3.3-2 的规定。

方木、原木结构和胶合木结构桁架、梁和柱安装允许偏差　　　表 5-3.3-2

项次	项　目	允许偏差(mm)	检验方法
1	结构中心线的间距	±20	钢尺量
2	垂直度	$H/200$ 且不大于 15	吊线钢尺量
3	受压或压弯构件纵向弯曲	$L/300$	吊(拉)线钢尺量
4	支座轴线对支承面中心位移	10	钢尺量
5	支座标高	±2	用水准仪

注：H 为桁架或柱的高度；L 为构件长度。

3. 方木、原木结构和胶合木结构屋面木构架安装过程中检测方法和允许偏差
应符合表 5-3.3-3 的规定。

方木、原木结构和胶合木结构屋面木构架的安装允许偏差　　　表 5-3.3-3

项次	项　目		允许偏差(mm)	检验方法
1	檩条、椽条	方木、胶合木截面	−2	钢尺量
		原木梢径	−5	钢尺量，椭圆时取大小径的平均值
		间距	−10	钢尺量
		方木、胶合木上表面平直	4	沿坡拉线钢尺量
		原木上表面平直	7	
2	油毡搭接宽度		−10	钢尺量
3	挂瓦条间距		±5	
4	封山、封檐板平直	下边缘	5	拉 10m 线，不足 10m 拉通线，钢尺量
		表面	8	

4. 轻型木结构的制作安装过程中检测方法和允许偏差
应符合表 5-3.3-4 的规定。

轻型木结构的制作安装允许偏差　　　表 5-3.3-4

项次	项　目		允许偏差(mm)	检验方法
1	楼盖主梁、柱子及连接件	楼盖主梁 截面宽度/高度	±6	钢板尺量
		水平度	±1/200	水平尺量
		垂直度	±3	直角尺和钢板尺量
		间距	±6	钢尺量
		拼合梁的钉间距	±30	钢尺量
		拼合梁的各构件的截面高度	±3	钢尺量
		支承长度	−6	钢尺量

项次	项目			允许偏差 (mm)	检验方法
2	楼盖主梁、柱子及连接件	柱子	截面尺寸	±3	钢尺量
			拼合柱的钉间距	±30	钢尺量
			柱子长度	±3	钢尺量
			垂直度	±1/200	钢尺量
3		连接件	连接件的间距	±6	钢尺量
			同一排列连接件之间的错位	±6	钢尺量
			构件上安装连接件开槽尺寸	连接件尺寸±3	卡尺量
			端距/边距	±6	钢尺量
			连接钢板的构件开槽尺寸	±6	卡尺量
4	楼(屋)盖施工	楼(屋)盖	搁栅间距	±40	钢尺量
			楼盖整体水平度	±1/250	水平尺量
			楼盖局部水平度	±1/150	水平尺梁
			搁栅截面高度	±3	钢尺量
			搁栅支承长度	−6	钢尺量
5		楼(屋)盖	规定的钉间距	+30	钢尺量
			钉头嵌入楼、屋面板表面的最大深度	+3	卡尺量
6	楼(屋)盖施工	楼(屋)盖齿板连接桁架	桁架间距	±40	钢尺量
			桁架垂直度	±1/200	直角尺和钢尺量
			齿板安装位置	±6	钢尺量
			弦杆、腹杆、支撑	19	钢尺量
			桁架高度	13	钢尺量
7	墙体施工	墙骨柱	墙骨间距	±40	钢尺量
			墙体垂直度	±1/200	直角尺和钢尺量
			墙体水平度	±1/150	水平尺量
			墙体角度偏差	±1/270	直角尺和钢尺量
			墙骨长度	±3	钢尺量
			单根墙骨柱的出平面偏差	±3	钢尺量
8		顶梁板、底梁板	顶梁板、底梁板的平直度	±1/150	水平尺量
			顶梁板作为弦杆传递荷载时的搭接长度	±12	钢尺量
9		墙面板	规定的钉间距	+30	钢尺量
			钉头嵌入墙面板表面的最大深度	+3	卡尺量
			木框架上墙面板之间的最大缝隙	+3	卡尺量

5. 按构造设计的轻型木结构的钉连接要求

《木结构工程施工质量验收规范》GB 50206—2012 附录 J 对按构造设计的轻型木结构的钉连接要求如表 5-3.3-5 所示。

按构造设计的轻型木结构的钉连接要求　　　　　　　　　表 5-3.3-5

序号	连接构件名称	最小钉长（mm）	钉的最小数量 或最大间距
1	楼盖搁栅与墙体顶梁板或底梁板——斜向钉连接	80	2 颗
2	边框梁或封边板与墙体顶梁板或底梁板——斜向钉连接	60	150mm
3	楼盖搁栅木底撑或扁钢底撑与楼盖搁栅	60	2 颗
4	搁栅间剪刀撑	60	每端 2 颗
5	开孔周边双层封边梁或双层加强搁栅	80	300mm
6	木梁两侧附加托木与木梁	80	每根搁栅处 2 颗
7	搁栅与搁栅连接板	80	每端 2 颗
8	被切搁栅与开孔封头搁栅（沿开孔周边垂直钉连接）	80	5 颗
		100	3 颗
9	开孔处每根封头搁栅与封边搁栅的连接（沿开孔周边垂直钉连接）	80	5 颗
		100	3 颗
10	墙骨与墙体顶梁板或底梁板，采用斜向钉连接或垂直钉连接	60	4 颗
		100	2 颗
11	开孔两侧双根墙骨柱，或在墙体交接或转角处的墙骨处	80	750mm
12	双层顶梁板	80	600mm
13	墙体底梁板或地梁板与搁栅或封头块（用于外墙）	80	400mm
14	内隔墙与框架或楼面板	80	600mm
15	非承重墙开孔顶部水平构件每端	80	2 颗
16	过梁与墙骨	80	每端 2 颗
17	顶棚搁栅与墙体顶梁板——每侧采用斜向钉连接	80	2 颗
18	屋面椽条、桁架或屋面搁栅与墙体顶梁板——斜向钉连接	80	3 颗
19	椽条板与顶棚搁栅	100	2 颗
20	椽条与搁栅（屋脊板有支座时）	80	3 颗
21	两侧椽条在屋脊通过连接板连接，连接板与每根椽条的连接	60	4 颗
22	椽条与屋脊板——斜向钉连接或垂直钉连接	80	3 颗
23	椽条拉杆每端与椽条	80	3 颗
24	椽条拉杆侧向支撑与拉杆	60	2 颗
25	屋脊椽条与屋脊或屋谷椽条	80	2 颗
26	椽条撑杆与椽条	80	3 颗
27	椽条撑杆与承重墙——斜向钉连接	80	2 颗

《木结构工程施工质量验收规范》GB 50206—2012 对按构造设计的轻型木结构的钉连接要求如表 5-3.3-6 所示。

椽条与顶棚搁栅钉连接(屋脊无支承) 表 5-3.3-6

屋面坡度	椽条间距(mm)	钉长不小于80mm的最少钉数											
		椽条与每根顶棚搁栅连接						椽条每隔1.2m与顶棚搁栅连接					
		房屋宽度达到8m			房屋宽度达到9.8m			房屋宽度达到8m			房屋宽度达到9.8m		
		屋面雪荷载(kPa)			屋面雪荷载(kPa)			屋面雪荷载(kPa)			屋面雪荷载(kPa)		
		≤1.0	1.5	≥2.0	≤1.0	1.5	≥2.0	≤1.0	1.5	≥2.0	≤1.0	1.5	≥2.0
1:3	400	4	5	6	5	7	8	11	—	—	—	—	—
	600	6	8	9	8	—	—	11	—	—	—	—	—
1:2.4	400	4	4	5	5	6	7	7	10	—	8	—	—
	600	5	7	8	7	9	11	7	10	—	—	—	—
1:2	400	4	4	4	4	4	5	6	8	9	8	—	—
	600	4	5	6	5	7	8	6	8	9	8	—	—
1:1.71	400	4	4	4	4	4	4	5	7	8	7	9	11
	600	4	4	5	5	6	7	5	7	8	7	9	11
1:1.33	400	4	4	4	4	4	4	4	5	6	5	6	7
	600	4	4	4	4	4	5	4	5	6	5	6	7
1:1	400	4	4	4	4	4	4	4	4	4	4	4	5
	600	4	4	4	4	4	4	4	4	4	4	4	5

思考题

1. 木结构螺栓连接的检测内容有哪些?

2. 原木结构桁架、梁和柱制作允许偏差和安装偏差是多少?

3. 如何对方木、原木和板材进行等级评价?

第 4 章　木结构变形检测

4.1　概述

各种工程建筑物在其施工和使用过程中,都会产生一定的变形,当这种变形在一定限度内可认为属正常现象,但超过了一定的范围就会影响其正常使用并危及建筑物自身及人身的安全,因此需要对施工中的重要建筑物和已发现变形的建筑物进行变形观测,掌握其变形量、变形发展趋势和规律,以便一旦发现不利的变形可以及时采取措施,以确保施工安全和建筑物的安全。

建筑物在施工和使用过程中,由于地质条件和土壤性质的不同,地下水位和大气温度的变化,建筑物荷载和外力作用以及使用环境等影响,导致建筑物整体、局部或单个构件随时间发生的垂直升降、水平位移、挠曲、倾斜、裂缝等现象,统称为变形。

木结构建筑或构件在使用过程中,容易出现变形和失稳现象,主要包括基础沉降、整体倾斜、屋面变形、节点变形过大、屋架平面内下垂、屋架侧倾或平面外扭曲等。

木结构在施工过程中如果地基基础发生不均匀沉降,会导致整体结构出现倾斜现象;如使用湿材或屋面漏雨会使得构件变形,容易导致构件挠度增大或木屋架变形过大;木屋架在使用过程中受潮、屋架节点处连接不紧密,或钢拉杆未张紧等原因会导致屋架节点变形过大,甚至出现屋架平面内出现较大的下垂变形。;屋架安装时施工误差过大,或在外力作用下由于木屋盖在屋盖平面外的刚度不够,造成屋架侧倾或平面下垂变形。

《建筑结构检测技术标准》GB/T 50344—2004 将木结构的变形分为节点位移、连接松弛变形、构件挠度、侧向弯曲矢高、屋架出平面变形、屋架支撑系统的稳定状态和木楼面系统的振动等。

4.2　检测方法

针对不同的检测项目,《建筑结构检测技术标准》GB/T 50344—2004 分别给出挠度、倾斜和基础不均匀沉降的检测方法。

《建筑结构检测技术标准》GB/T 50344—2004 第 8.6.8 条规定:木结构和构件变形及基础沉降等项目,可分别用本标准第 4.6.2 条、第 4.6.3 条和第 4.6.4 条提供的方法进行检测。

4.2.1　构件的挠度

建筑物的结构构件在施工和使用阶段随着荷载的增加会产生挠曲,挠曲的大小对建筑物结构构件受力状态的影响很大。因此，结构构件的挠度不应超过某一限值，否则将危及建筑物的安全。

根据《建筑结构检测技术标准》GB/T 50344—2004 第 8.6.8 条规定：木构件的挠度，可采用激光测距仪、水准仪或拉线等方法检测。

挠度观测是通过测量观测点的沉降量来进行计算的，挠度值应由建筑物或构件上不同高度点相对于底部同一参照水平面或水平线的垂直位移值确定。

构件跨中 B 点的挠度值和任一位置 D 点的挠度值可按照式 5-4.2-1 和式 5-4.2-2 计算（图 5-4.2-1）。

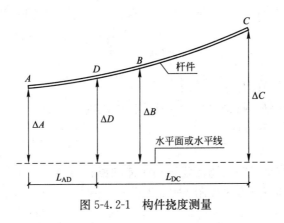

图 5-4.2-1　构件挠度测量

图中 A，B，C，D 是某构件同一轴线上的四个观测点（A，C 为支座处，B 为跨中，D 为任意一点），则该构件任一点挠度和跨中挠度值如下：

中点 B 的挠度：

$$f_{B}=\Delta B-\frac{\Delta A+\Delta C}{2} \tag{5-4.2-1}$$

任一点 D 挠度：

$$f_{D}=\Delta DA-\frac{\Delta CA}{L_{AD}+L_{DC}}\times L_{AD} \tag{5-4.2-2}$$

$$\Delta DA=\Delta D-\Delta A \tag{5-4.2-3}$$

$$\Delta CA=\Delta C-\Delta A \tag{5-4.2-4}$$

式中　ΔA、ΔB、ΔC、ΔD——A、B、C、D 四个测点与参照水平面或水平线之间的垂直距离（mm）；

　　　　L_{AD}——A、D 之间的距离（mm）；

　　　　L_{DC}——D、C 之间的距离（mm）。

4.2.2　结构或构件的倾斜

地基的不均匀沉降将引起上部主体结构出现倾斜，对于高宽比很大的高耸建筑物而言，其倾斜变形较沉降变形更为明显。轻微倾斜将影响其美观及功能的正常使用，当倾斜过大时，将导致建筑物安全性降低甚至倒塌，因此，对结构进行倾斜观测非常重要。此外，由于施工偏差、地震作用、风荷载或其他水平荷载也会引起结构或构件的倾斜。

用测量仪器来测定建筑物的基础和主体结构倾斜变化，称为倾斜观测。

根据《建筑结构检测技术标准》GB/T 50344—2004 第 4.6.3 条规定，构件或结构的倾斜，可采用经纬仪、激光定位仪、三轴定位仪或吊锤的方法检测，宜区分倾斜中施工偏差造成的倾斜、变形造成的倾斜、灾害造成的倾斜等。一般情况下，对于高大建筑物的整体倾斜采用经纬仪进行测量，对于单个竖向构件或高度较小的建筑可采用三轴定位仪或吊锤的方法检测倾斜，其原理是一致的。

建筑物主体或构件的倾斜观测，应测定建筑物或构件顶部观测点相对于底部观测点的偏移值，再根据建筑物或构件的高度，计算建筑物主体或构件的倾斜度，即

$$i = \tan\alpha = \frac{\Delta D}{H} \tag{5-4.2-5}$$

式中　i——建筑物主体或构件的倾斜度；

ΔD——建筑物顶部观测点相对于底部观测点的偏移值(m)；

H——建筑物的高度(m)；

α——倾斜角(°)。

由式可知，倾斜测量主要是测定建筑物主体的偏移值 ΔD。偏移值 ΔD 的测定一般采用经纬仪投影法。具体观测方法如图 5-4.2-2 所示：

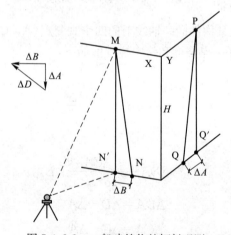

图 5-4.2-2　一般建筑物的倾斜观测

(1) 如图所示，将经纬仪安置在固定测站上，该测站到建筑物的距离，为建筑物高度的 1.5 倍以上。瞄准建筑物 X 墙面上部的观测点 M，用盘左、盘右分中投点法，定出下部的观测点 N。用同样的方法，在与 X 墙面垂直的 Y 墙面上定出上观测点 P 和下观测点 Q。M、N 和 P、Q 即为所设观测标志。

(2) 相隔一段时间后，在原固定测站上，安置经纬仪，分别瞄准上观测点 M 和 P，用盘左、盘右分中投点法，得到 N' 和 Q'。如果，N 与 N'、Q 与 Q' 不重合，如图所示，说明建筑物发生了倾斜。

(3) 用尺子，量出在 X、Y 墙面的偏移值 ΔA、ΔB，然后用矢量相加的方法，计算出该建筑物的总偏移值 ΔD，即：$\Delta D = \sqrt{\Delta A^2 + \Delta B^2}$。

根据总偏移值 ΔD 和建筑物的高度 H 用式(5-4.2-5)即可计算出其倾斜度 i。

另外，亦可采用激光铅垂仪或悬吊锤球的方法，直接测定建(构)筑物的倾斜量。

4.2.3　基础不均匀沉降

根据《建筑结构检测技术标准》GB/T 50344—2004 第 4.6.4 条规定：混凝土结构的基础不均匀沉降，可用水准仪检测；当需要确定基础沉降的发展情况时，应在混凝土结构上布置测点进行观测，观测操作应遵守《建筑变形测量规程》JGJ/T 8 的规定。混凝土结构的基础累计沉降差，可参照首层的基准线推算。

建筑物的基础沉降观测一般采用精密水准测量的方法，定期测出基础两端点的沉降量差值 Δh，如图 5-4.2-3 所示，再根据两点间的距离 L，按照式(5-4.2-6)即可计算出基础的倾斜度。

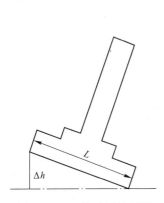

图 5-4.2-3　基础倾斜观测

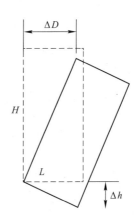

图 5-4.2-4　基础倾斜观测测定建筑物的偏移值

$$i = \frac{\Delta h}{L} \tag{5-4.2-6}$$

对整体刚度较好的建筑物的倾斜观测，亦可采用基础沉降量差值，推算主体偏移值。如图 5-4.2-4 所示，用精密水准测量测定建筑物基础两端点的沉降量差值 Δh，再根据建筑物的宽度 L 和高度 H，推算出该建筑物主体的偏移值 ΔD，即

$$\Delta D = \frac{\Delta h}{L} H \tag{5-4.2-7}$$

由于木结构建筑整体刚度较小，对于木结构建筑的倾斜不推荐采用此方法。

思考题

如何检测木结构建筑物的倾斜度？

本 篇 参 考 文 献

1《建筑结构检测技术标准》GB/T 50344—2004

2《木结构工程施工质量验收规范》GB 50206—2012

3《木结构设计规范》GB 50005—2003

4《木结构试验方法标准》GB/T 20329—2002

5《古建筑木结构维护与加固技术规范》GB 50165—92

6 张洋，谢力生．木结构建筑检测与评估．北京：中国林业出版社

7 何敏娟，Frank LAM，杨军，张守东．木结构设计．北京：中国建筑工业出版社

第6篇

建筑幕墙检测

第1章 概　　述

1.1　幕墙的定义

　　什么是幕墙？有人将它比喻成建筑的衣衫，有人将它比喻成建筑的皮肤。衣衫是强调幕墙对于建筑物的装饰效果，而皮肤则注重幕墙的使用功能，它为我们过滤及隔离外界环境的同时又使我们与外面世界相通。因此，对建筑物而言，幕墙不是简单的装饰，也不限于挡风避雨、保温隔热、通风换气，它让室内的人和室外的自然融为一体，做到我中有你、你中有我，成为古板的建筑与生动的自然沟通的桥梁。

　　我国标准《玻璃幕墙工程技术规范》JGJ 102—2003 将建筑幕墙定义为：由支承结构体系与面板组成的、可相对主体结构有一定位移能力、不分担主体结构所受作用的建筑外围护结构或装饰性结构。《金属与石材幕墙工程技术规范》JGJ 133—2001、《建筑幕墙》GB/T 21086—2007 基本上也采用了类似的定义。JGJ 102—2003 的幕墙定义是科学和完善的，把幕墙的组成、功能尤其是与主体结构的区别作了精练而准确的叙述。

　　最早出现的玻璃幕墙是在 1917 年美国旧金山的哈里德大厦，而真正意义上的玻璃幕墙是 20 世纪 50 年代初建成的纽约利华大厦和联合国总部大厦（见图 6-1.1-1 和图 6-1.1-2），我国第一个采用玻璃幕墙的工程是 1984 年建造的北京长城饭店。

图 6-1.1-1　利华大厦(1950 年纽约)　　　图 6-1.1-2　联合国总部大厦(1953 年纽约)

1.2　幕墙的特点

　　建筑幕墙大量应用于现在的公共建筑，如商场、宾馆、写字楼、体育馆、电视塔以及雕塑、纪念碑等。建筑幕墙种类主要包括玻璃幕墙、石材幕墙、铝板幕墙及其他人造板幕墙。建筑幕墙在其构造和功能方面有如下特点:

1. 具有完整的构造体系

建筑幕墙通常是由支承结构、面板和连接体系组成。支承结构可以是铝框架(框式玻璃幕墙)、钢框架(常用的金属与石材幕墙),而型式各异的钢结构体系则用于点式玻璃幕墙的支承结构,如:钢桁架、索桁架、平面索网、单索体系等。面板可以是玻璃、石材、铝板以及其他人造板材,如:陶瓷板、陶土板等。整个建筑幕墙体系通过连接体系,包括预埋件或化学锚栓安装在建筑主体结构上。

2. 围护结构的受力模式

建筑幕墙应能承受自身局部荷载,如风荷载、地震荷载和温差作用,并将它们传递到主体结构上。建筑幕墙一般不分担主体结构所承受的荷载和作用,但对于一些钢结构建筑,如北京植物园温室,钢结构既是主体结构又是幕墙支承结构,钢结构既起到主体结构的作用,又充当围护结构。

3. 较好的变形能力

建筑幕墙应能承受较大的自身平面内的变形,并具有相对于主体结构较大的变位能力。主体结构在地震荷载、风荷载作用下,产生层间变位,并把这种变形通过幕墙的连接件、支承体系传递到幕墙面板上,因此建筑幕墙系统平面内变形的能力主要包括以下两个方面:1)幕墙面板系统与主体结构的连接体系对层间变位的释放能力;2)幕墙面板系统对平面内变形作用的抵抗能力。

另外,当外界温度变化时,建筑外围护结构随着环境温度的变化发生热胀冷缩,围护结构受温度影响比较敏感,主体结构的温度变化则比较均衡和平稳,这种建筑内部与外部温度变化的差异导致幕墙体系产生附加温度应力,结果会把承载能力相对较差的幕墙体系或连接部位损坏。所以建筑幕墙的立柱(竖龙骨)需要设置竖向温度变形缝等措施。

4. 自重轻

建筑幕墙属于轻质墙体,有利于减轻建筑的自重,因此大量应用于高层建筑。玻璃幕墙的重量只相对于传统砖墙的 1/10,相当于混凝土墙板的 1/7。玻璃幕墙自重仅为 $35\sim40\text{kg/m}^2$,铝单板幕墙只有 $20\sim25\text{kg/m}^2$。从而,极大地减少了主体结构的材料用量,也减轻了基础的荷载,节约了基础和主体结构的造价。

5. 装饰效果好

建筑幕墙依据不同的面板材料可以产生实体墙无法达到的建筑效果,如色彩艳丽、多变,充满动感;建筑造型轻巧、灵活;虚实结合,内外交融,具有现代化建筑的特征。

6. 安装工艺简单、高效清洁

幕墙由钢型材、铝型材、拉索和各种面板材料构成,这些型材和板材都能工业化生产,安装方法简便,特别是单元式幕墙,其主要的制作安装工作都是在工厂完成的,现场施工安装工作工序非常少,因此安装速度快,施工周期短。同时,幕墙安装无扬尘,实现了高效清洁的安装方式。

7. 维修更换方便

建筑幕墙构造规格统一，面板材料单一、轻质，安装工艺简便，因此维修更换十分方便。特别是对那些可独立更换单元板块和单元幕墙的构造，维修更换更是简单易行。

8. 特别适用于既有建筑的改造

由于建筑幕墙是挂在主体结构外侧，因此可用于旧建筑的更新改造，在不改动主体结构的前提下，通过外挂幕墙，内部重新装修，则可比较简便地完成旧建筑的改造更新。改造后的建筑如同新建筑一样，充满着现代化气息，光彩照人，不留任何陈旧的痕迹。

9. 功能化系统要求，易与新技术新材料结合

建筑幕墙无论是玻璃幕墙还是金属与石材幕墙都是功能化系统的集成，因此建筑幕墙的设计应考虑以下性能：结构安全性（抗震防灾、抗风压性能）、节能性能（保温、遮阳、抗结露）、密封性能（空气渗透性能和防水、排水性能）、防火、防雷、光学（采光、照明及对周边环境的影响（如：眩光））、隔声与降噪、机械性能（启闭灵活）、耐久性等。

同时建筑幕墙总是易与新技术结合，越来越多的人造板材幕墙以及不断改进的板块挂装工艺就是幕墙与新材料、新技术的结晶。典型建筑幕墙的标志性建筑如香港的金融中心（见图 6-1.2-1）和上海的环球金融中心与金茂大厦（见图 6-1.2-2）。

图 6-1.2-1　香港的金融中心　　　图 6-1.2-2　上海的环球金融中心与金茂大厦

1.3　建筑幕墙的基本构成

幕墙体系的构成，总体上包括以下三大部分：幕墙面板、支承结构体系、连接构造体系，如图 6-1.3-1 所示。

对于常见的框式玻璃幕墙来说，其支承体系由横梁、立柱组成，连接体系则包括固定支座，结构胶粘结系统（SSGS　structural sealant glazed system），周边密封系统（perimeter seal）等（见图 6-1.3-2）。

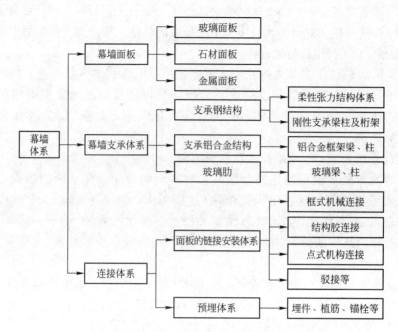

图 6-1.3-1　幕墙结构体系的构成

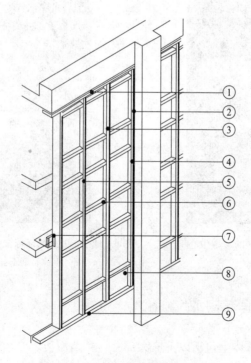

图 6-1.3-2　框架式幕墙的常见组成

①—上框　②—周边密封　③—立柱　④—边框　⑤—擦窗机轨道　⑥—横梁
⑦—固定支座　⑧—面板　⑨—下框

1.3.1　面板

　　幕墙的面板是组成幕墙外观的主要部分，承受局部水平风荷载和自重荷载，发挥幕墙挡风避雨的功能。常用的幕墙面板有：玻璃面板(图 6-1.3-3)、天然石材面板(图 6-1.3-4)、金属面板(图 6-1.3-5)和其他人造板材。对于绝大多数金属和石材幕墙、隐框玻璃幕墙、点式玻璃幕墙而言，面板材料就是整个幕墙的外观。

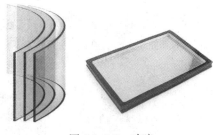

图 6-1.3-3　玻璃

图 6-1.3-4　石材

图 6-1.3-5　金属板

1.3.2　支承结构体系

　　支承结构体系是指在幕墙面板和主体结构之间并把面板上的荷载传递到主体结构的结构体系，如：框架式幕墙(明框或隐框幕墙)的框架梁柱(见图 6-1.3-6)，点支承幕墙的支承钢结构梁柱、钢桁架、索桁架、索杆体系、索网体系，全玻幕墙的支承玻璃肋梁、肋柱，石材幕墙的横梁、立柱(见图 6-1.3-7)等。

图 6-1.3-6　某单元体玻璃幕墙支承体系

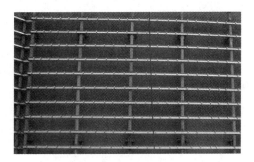

图 6-1.3-7　某石材幕墙支承体系

　　目前，柔性结构在幕墙及其采光顶工程中大量应用，这类结构都属于预应力钢结构，通常统称为张力结构，其刚度由预应力提供，如：索桁架、索杆体系、索网体系等。以北京世纪财富中心(见图 6-1.3-8 和图 6-1.3-9)为例：(1)支承结构为预应力单层索网结构，玻璃面板荷载通过高强度钢绞线组成的单层索网结构传给主体结构；(2)结构基于网球拍原理，索网通过施加的预应力产生抵抗平面外荷载的刚度；（3）单索结构幕墙由于需要钢绞线产生的较大变形来抵抗风压，因此索网的挠度一般控制在 1/50，较一般幕墙大。

图 6-1.3-8　北京世纪财富中心点式幕墙

图 6-1.3-9　应力检测

1.3.3　连接构造体系

连接构造体系主要解决幕墙各构件、部件之间的可靠连接和协同工作，主要包括玻璃面板与支承结构的连接、支承结构构件之间的连接以及支承结构与主体结构之间的连接（主要形式之一是与主体结构的预埋件连接）等。

1. 明框幕墙连接

明框玻璃幕墙属于元件式幕墙，将玻璃板用铝框镶嵌，形成四边有铝框的幕墙元件（见图 6-1.3-10）；硬性接触处采用弹性连接，幕墙的隔音效果好；能够实现建筑上的平面幕墙和曲面幕墙效果；拆卸方便，易于更换，便于维护。

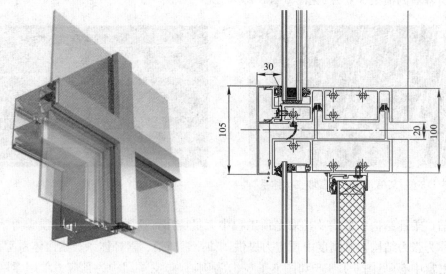

图 6-1.3-10　明框幕墙

2. 隐框幕墙连接

隐框幕墙采用硅酮结构密封胶连接玻璃与型材(见图6-1.3-11)。这里也包括两个内容：一是普通幕墙用结构密封胶，用于粘结玻璃与支承框架；二是中空玻璃用结构密封胶，用于粘结内外片玻璃。中空玻璃结构胶不同于一般结构胶，其变位能力一般为5%左右，能保证中空玻璃两片玻璃的相对位置不变；而一般结构胶的变位能力为±25%~±50%。

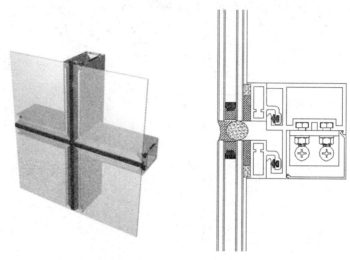

图 6-1.3-11 隐框幕墙

隐框玻璃幕墙的玻璃是采用硅酮结构密封胶粘接在铝框上，胶的选取和使用极为重要，应具有优越的耐候性、粘结性和抗紫外线能力，特别是胶的活动性能，必须长期持久地承受活动的张力、压力和强烈的循环应力。

3. 点式玻璃幕墙(采光顶)连接

驳接爪按外形分为X形、H形、山字形等；按表面处理分为镜光、哑面、氟碳喷涂等；按材质分为不锈钢、铝合金等(见图6-1.3-12)。

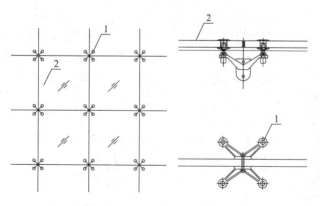

图 6-1.3-12 点支承采光顶
1—支撑爪件；2—玻璃面板

4. 石材幕墙连接

（1）点式石材幕墙连接方式。主要指背栓等可简化为铰接连接的石材挂接方式（见图 6-1.3-13）。采用不锈钢胀栓无应力锚固连接，安全可靠；多向可调，表面平整度高，拼缝平直、整齐；采用挂式柔性连接，抗震性能好。

（2）槽式石材幕墙连接方式。主要指石材周边开槽的连接方式，包括短槽、通槽、T 型连接等型式（见图 6-1.3-14）。采用挂式结构，安装可三维调整，幕墙表面平整光滑，通长铝合金型材的使用可有效提高系统安全性及强度。

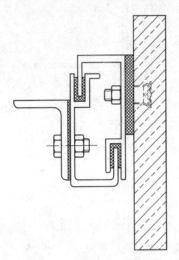
图 6-1.3-13　背栓石材幕墙系统

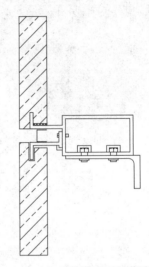
图 6-1.3-14　通长槽式石材幕墙连接

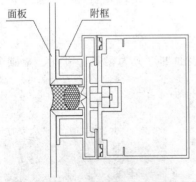
图 6-1.3-15　金属板幕墙的有附框连接

5. 金属板幕墙连接

（1）有附框的连接。金属面板机械固定在附框上，通过附框把面板上的荷载传递到龙骨或埋件上（见图 6-1.3-15）。

（2）无附框的连接（带耳片、钢框架）。金属面板侧边带有耳片，通过耳片直接与骨架连接，或通过角码与骨架转接，面板上的荷载通过耳片或角码传递到龙骨或埋件上（见图 6-1.3-16）。

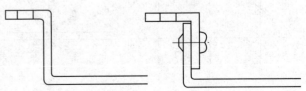
图 6-1.3-16　金属板的耳片连接

1.4　建筑幕墙的分类

建筑幕墙根据分类方式不同，可以有多种形式。

按幕墙的使用功能，可以分为围护用幕墙和装饰性幕墙，其中装饰性幕墙仅作为建筑的外装饰面，而不具有气密、水密性的要求。

按面板的支承形式可以分为框支承幕墙、肋支承幕墙和点式支承幕墙，对于一个矩形面板基本上对应四边支承、两边支承和铰支座的受力模式。而框支承玻璃幕墙，根据框的显隐状态又可分为明框、隐框和半隐框玻璃幕墙，在第 4 章玻璃幕墙部分将作详细的介绍。

从幕墙的施工方式上，又常分为构件式和单元式幕墙。

幕墙分类中最常用的分类是按照面板材料分类，可分为玻璃幕墙、石材幕墙、金属幕墙和人造板材幕墙几种基本形式，其中金属、石材及人造板材幕墙在幕墙体系的构成上具有很大的类似性。

下面对几种常见的幕墙进行简单的介绍。

1.4.1　玻璃幕墙

1. 明框玻璃幕墙

明框玻璃幕墙是指玻璃面板通过压板固定在横梁和立柱构成的框架上，四边铝框室外可见，如图 6-1.4-1 和图 6-1.4-3 所示。明框玻璃幕墙不仅应用广泛、性能稳定，还因为明框玻璃幕墙在形式上与玻璃窗接近，易于被人们接受，施工简单，形式传统，所以至今仍被人们所钟爱。

图 6-1.4-1　明框玻璃幕墙

图 6-1.4-2　隐框玻璃幕墙

2. 全隐框玻璃幕墙

隐框玻璃幕墙的玻璃是采用硅酮结构密封胶粘接在铝附框上，构成玻璃单元板块，然后连接在横梁立柱组成的铝框架上，形成四边铝框室外不可见的幕墙，如图 6-1.4-2 和

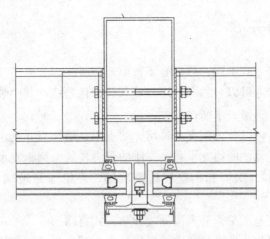

图 6-1.4-3　典型明框幕墙节点

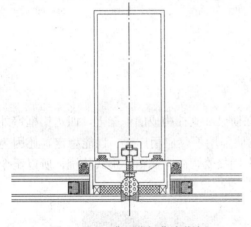

图 6-1.4-4　典型隐框幕墙节点

图 6-1.4-4 所示。在有些工程上，为增加隐框玻璃幕墙的安全性，在玻璃周边增加铝框来固定玻璃，如北京的西环广场项目的小单元式隐框玻璃幕墙（见图 6-1.4-5）。结构胶是连接玻璃与铝框的关键所在，两者全靠结构胶连接。因此在隐框玻璃幕墙应用的初期，有许多专家学者认为，隐框玻璃幕墙是悬在人们头上的定时炸弹。其实只要结构胶满足相容性和剥离粘结性能，即结构胶能够有效地黏结与之接触的所有材料（如玻璃、铝框、垫块等），隐框玻璃幕墙的安全性能就能够得到保证。

图 6-1.4-5　隐框幕墙

3. 半隐框玻璃幕墙

相对于明框玻璃幕墙来说，幕墙的玻璃板两对边镶嵌在铝框内，另外两边采用结构胶直接粘接在铝附框上，构成半隐框玻璃幕墙。竖框隐蔽、横框外露的玻璃幕墙称为横明竖隐玻璃幕墙；横框隐蔽，竖框外露的玻璃幕墙称为横隐竖明玻璃幕墙，如图 6-1.4-6 和图 6-1.4-7 所示。

图 6-1.4-6　横明竖隐玻璃幕墙

图 6-1.4-7　横隐竖明玻璃幕墙

4. 全玻幕墙

全玻幕墙就是由玻璃肋和玻璃面板构成的玻璃幕墙。在建筑物首层大堂、顶层和旋转餐厅，为增加玻璃幕墙的通透性，支承结构采用玻璃肋，如图 6-1.4-8 所示。

由图可见，只有玻璃参与室内外传热，因此玻璃的热工性能决定了全玻玻璃幕墙的热工性能。

5. 点支承玻璃幕墙

点支承玻璃幕墙是由玻璃面板、点支承装置和支承结构共同组成的一种高通透的幕墙形式，如图 6-1.4-9 和图 6-1.4-10 所示。其支承结构多采用钢结构梁、柱、桁架及张力结构（包括索网、索桁架、单索等），索结构支承点式玻璃幕墙将玻璃与拉索系统完美结合，充分展示了建筑的时尚与个性。

图 6-1.4-8　全玻玻璃幕墙

玻璃面板必须经过钢化处理，可采用单层玻璃、中空玻璃、夹层玻璃。由图可见，不仅玻璃参与室内外传热，金属爪件也参与室内外传热，在一个幕墙单元中，玻璃面积远超过金属爪件的面积，因此玻璃的热工性能在点支式玻璃幕墙中占主导地位。

图 6-1.4-9　点支式玻璃幕墙(一)　　　　图 6-1.4-10　点支式玻璃幕墙(二)

1.4.2　石材幕墙

面板材料是天然建筑石材的幕墙，如：花岗石幕墙、石灰石幕墙、砂岩幕墙等。石材幕墙是独立于实体墙之外的围护结构体系，一般在主体结构上设计安装专门的独立骨架体系(横、竖龙骨)，该骨架固定在主体结构上，然后采用金属挂件将石材面板安装在骨架结构上。石材幕墙应能承受自身的重力荷载、风荷载、地震荷载和温差作用，不承受主体结构所受的荷载。

按石材幕墙板块之间是否打胶，石材幕墙又常分为闭缝式和开缝式两种，闭缝式石材幕墙应具有保温、隔热、隔声、防水等功能(见图 6-1.4-11)。

图 6-1.4-11　石材幕墙

石材幕墙面板的挂接形式主要有背栓式、背槽式、短槽式(L 型、T 型)、通槽式四个类型，由于 T 型挂件不易实现石材板块的独立更换，因此不推荐使用。

石材幕墙不是石材贴面墙，石材贴面墙是将石材通过拌有黏结剂的水泥砂浆直接贴在墙面上，石材面板与实墙面形成一体，两者之间没有间隙和任何相对运动或位移。

1.4.3 金属板幕墙

金属板幕墙是通过骨架体系悬挂在主体结构上的，只是板块是金属面板(图 6-1.4-12)。金属板幕墙按面板材料可分为铝单板幕墙、铝塑板幕墙、铝瓦楞板幕墙、铜板幕墙、彩钢板幕墙、钛板幕墙、钛锌板幕墙等，按是否打胶分为封闭式金属板幕墙和开放式金属板幕墙。金属板幕墙具有重量轻、强度高、板面平滑、富有金属光泽、质感丰富等特点，同时金属板幕墙还具有加工工艺简单、加工质量好、生产周期短、可工厂化生产、装配精度高和防火性能优良等特点，因此被广泛地应用于各种建筑中。

图 6-1.4-12 金属幕墙(铝板)

1.4.4 人造板材幕墙

幕墙面板为人造板材的幕墙，包括陶土板、瓷板、千思板、蜂窝板、微晶玻璃等幕墙型式。人造板材幕墙的构造型式尤其是结构支承系统和金属与石材幕墙一致，面板安装方式有的接近石材幕墙，有的接近金属板幕墙，其基本设计原理和金属与石材幕墙类似。

1.4.5 双层幕墙

双层幕墙(double-skin facade，简称 DSF)作为节能幕墙的一种形式，又被称为双层通风幕墙、呼吸式幕墙或者热通道幕墙等。双层幕墙以良好的通透性、新颖的造型和合理的结构为人们青睐，是现代高档建筑显著的特征。双层幕墙由内外两层幕墙组成，在内外幕墙之间形成一个相对封闭的空间，空气一般从幕墙下部进风口入，从上部排风口出，通道内的空气经常处于流动状态。

冬季，由于阳光照射热通道温度升高，形成一个高温缓冲层，起到了隔绝室外冷空气的作用，提高了内侧玻璃的外表面温度，减少了建筑物采暖的运行费用；夏季，热通道内温度很高，打开外侧单层玻璃幕墙的进、出风口，通道中的空气由于烟囱效应而产生流动，流动空气带走通道中热量，使内层幕墙的外表面温度降低，减少空调负荷。在夏季由于缓冲层容易形成温室效应造成室内过热，在两层玻璃幕墙之间的通道中一般有遮阳设备，以通风排走遮阳百叶吸收并释放到通道中的热量，既保持了建筑平整、通透的外观，也提高了遮阳效果。与传统的单层玻璃幕墙相比，双层幕墙具有集节能、采光、防水、防风、隔声和装饰于一体的优点。

依据通道内气体的循环方式，将双层幕墙分为内循环通道幕墙、外循环通道幕墙和开放式通道幕墙。

1. 内循环通道幕墙

内循环通道幕墙的外层是完全封闭的，其空气循环过程均在室内进行，使得内层幕墙的外表面温度接近室内温度，能够降低采暖和制冷的能耗(见图 6-1.4-13)。

内循环通道幕墙一般在严寒地区和寒冷地区使用，其外层一般由断热型材与中空玻璃等热工性能优良的型材和面板组成，其内层一般为单层玻璃组成的玻璃幕墙或可开启窗，以便对通道进行清洗和内层幕墙的换气。通风换气层与吊顶部位设置的暖通系统抽风管相连，形成自下而上的强制性空气循环，室内空气通过内层玻璃下部的通风口进入换气层，使通道内的空气温度达到或接近室内温度，达到节能效果。

内循环通道幕墙的循环通道厚度一般为 100～150mm。

图 6-1.4-13　内循环通道幕墙

图 6-1.4-14　外循环通道幕墙

2. 外循环通道幕墙

外循环通道幕墙与内循环通道幕墙相反，其内层玻璃是完全封闭的，外层是单层玻璃与非断热型材组成的玻璃幕墙，内层是由中空玻璃与断热型材组成的保温隔热幕墙，室外新风从外层幕墙下部的进风口进入，经过热通道时带走热量，而后从幕墙上部的出风口排出(见图 6-1.4-14)。这种幕墙结构不需要专用机械设备提供动力，完全靠自然通风和烟囱效应实现空气流动，是目前应用最广泛的形式。在夏季，打开外层幕墙上的通风口，通过流动的空气带走热量，降低内层幕墙的外表面温度，减少室内制冷负荷。在冬季，关闭外层幕墙上的通风口使热通道形成封闭空间，利用温室效应减少建筑物的采暖负荷。同时通过对进风口和出风口位置的控制以及对内层幕墙结构的设计，达到内通道自发向室内输送新鲜空气的目的，从而优化建筑通风质量。

外循环幕墙的循环通道厚度宜为 400～500mm。

3. 开放式通道幕墙

开放式通道幕墙一般在夏热冬冷地区和夏热冬暖地区使用，寒冷地区也有使用的。其外层原则上是不能封闭的，一般由单层玻璃和通风百叶组成，其内层一般为断热型材和中空玻璃等热工性能优良的型材和面板组成，或由实体墙和开启窗组成，两层幕墙之间的通风换气层一般为 100mm～500mm，其主要功能是改变建筑立面效果和室内换气方式。在通道内设置可调控的百叶窗或垂帘，可有效地调节日照遮阳，为室内创造更加舒适的环境。

1.4.6　光电幕墙

光电幕墙是将太阳能转换模板密封在中空钢化玻璃中，安全地实现将太阳能转换为电能的建筑幕墙。除发电这项主要功能外，光电幕墙还具有隔热、隔声、安全、装饰等功能，特别是太阳能电池发电不会排放二氧化碳或产生有温室效应的气体，是一种清洁能源，与环境有很好的相容性。但因价格比较昂贵，光电幕墙现主要用于标志性建筑的屋顶和外墙，随着节能和环保的需要，我国正在逐渐接受这种幕墙形式。

1.4.7 单元式与构件式幕墙

建筑幕墙按施工安装方式分为构件式和单元式。

1. 构件式幕墙

构件式幕墙指在现场依次安装立柱、横梁和面板的建筑幕墙。构件式幕墙一般为框支承幕墙，如图 6-1.4-15 所示。

2. 单元式幕墙

单元式幕墙是一种高速度、高质量、高精度的幕墙形式，它将土建施工与外装施工同时进行，可最大限度地缩短工程周期。单元式幕墙是由金属构件与玻璃板材和铝合金板材以单元方式组成的建筑外围护结构，是工厂加工程度较高的一种类型幕墙，如图 6-1.4-16 所示。

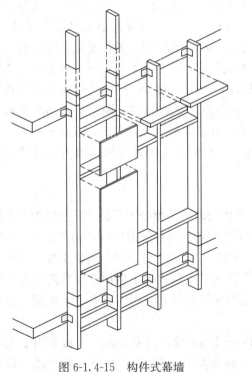
图 6-1.4-15 构件式幕墙

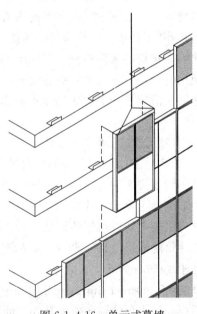
图 6-1.4-16 单元式幕墙

单元式幕墙由于采用对插接缝，使幕墙对外界因素的变形适应能力更好。为采用雨幕原理进行构造设计提供了最佳场合，从而为提高整幅幕墙的水密性和气密性创造了条件。单元式幕墙的立面布置方式更趋灵活，为采用更合理的杆件计算简图提供了条件，从而使杆件用料更经济。单元式幕墙由于在工厂组装，单元组件本身的质量控制比工地优越。

1.5　幕墙的发展

1.5.1　建筑幕墙的历史

1. 第一代建筑幕墙（1750 年~1850 年）

"建筑幕墙（curtain wall）"这个概念起源于 16 世纪，当时是用来描述一种厚重的要塞建筑，这些建筑连在一起形成一个防御线用来保护被其包围的中世纪的村庄。最终，这个词汇从起到战场防御功能的建筑要塞逐渐转变为一个建筑物外立面或建筑对于外界环境的"防御线"，形成目前它所包含的意义。

在 19 世纪前期，新一轮的建筑革新运动逐渐开始。在此之前，所有的建筑物几乎都是在现场进行建造、安装的。19 世纪见证了各种新型的建筑材料在建筑外墙上的应用，铸铁、铁、钢和玻璃等材料在桥梁、温室和铁路车站上的应用开辟了一个新的空间概念，拱廊变得更宽、外墙变得透明。1830 年，在美国宾夕法尼亚州 Pottsville 城有一个叫 John Haviland 的木匠，首次将铸铁板镶嵌在一栋两层高的建筑物上，他将铸铁镶嵌板漆染成石头的颜色，从外观上看几乎可以以假乱真。John Haviland 可视为金属幕墙发展的鼻祖。而大约在同一时期，以铸铁作为建筑物的外表装饰物，也陆续在美国圣路易斯及新奥尔良等地出现，这些建筑象征着开始使用铸铁作为建筑物外墙装饰的新纪元，并影响了美国建筑界长达 50 年之久。建筑师德斯缪斯·伯顿（Decimus Burton）于 1844~1848 年在英国皇家植物园内建筑的名为棕榈屋（Palm House）的温室，是玻璃在早期建筑物围护结构上大面积应用的开端。在这个温室建筑中，玻璃被划分成许多小块镶嵌于铸铁制成的穹顶支承框架之间，形成了一个通体透明的玻璃宫殿，至今仍为英国皇家植物园内最著名的景点之一。

2. 第二代建筑幕墙（1850 年~1940 年）

1851 年 5 月 1 日，第一届世界博览会在英国伦敦的海德公园开幕，其主展馆为英国园艺设计师约瑟夫·帕克斯顿（Joseph Paxton）模仿植物王莲叶脉的结构，创意设计的一座以钢铁和玻璃为主要元素的"水晶宫"（Crystal Palace）。整个建筑物由钢架支撑，屋顶、墙面等部分采用大块玻璃组装而成。"水晶宫"的成功不仅成就了世博会也奠定了近现代功能主义建筑的雏形。1854 年，"水晶宫"迁至英国锡德汉姆，用于举办美术展览、音乐会等，并于 1936 年毁于大火之中。

1890 年，Daniel Burnham 和 John Wellborn Root 设计的 Reliance 大楼采用了大面积玻璃面板和陶土色的瓷砖作为其外立面装饰材料，大楼高 15 层，于 1894 年竣工，该大楼预示了 20 世纪将是高层建筑采用玻璃幕墙的一个重要时代。1917 年，在美国旧金山市由 Willis Polk 设计的一栋 6 层的建筑物哈里德大厦（Hallidie），其外立面采用金属与玻璃的组合，大多数美国建筑史学者认为其为美国近代建筑幕墙史上第一栋玻璃幕墙建筑。该建筑迄今仍在使用，并成为旧金山市具有重要历史价值的建筑地标之一。

20 世纪 20~30 年代，随着建筑材料和建筑科学技术的不断发展，特别是 19 世纪末叶以来出现的新材料、新技术得到完善充实并逐步推广应用，形成了 20 世纪一种最重要的建筑思潮和流派，即后来所谓的"现代主义建筑"。现代建筑强调建筑随时代发展而变化，要求建筑体现时代精神，同工业时代的条件和特点相适应，强调建筑师要研究和解决建筑的实用功能需求和经济问题，主张采用新材料、新结构，促进建筑革新，在建筑设计中运用和发挥新材料、新结构的特性。

这时期出现了三位现代主义大师——沃尔特·格罗皮乌斯（Walter Gropius，1883～1969 年）、勒·柯布西耶（Le Corbusier，1887～1965 年）和密斯·凡·德·罗（Mies van der Rohe，1886～1969 年）。其中沃尔特·格罗皮乌斯著名的代表作品是包豪斯校舍试验工厂（Bauhaus，1926 年），这座四层厂房的二、三、四层有三面是全玻璃幕墙，玻璃墙面与实墙面形成虚与实，透明与不透明，轻薄与厚重等不同的视觉效果和建筑形象，成为后来多层和高层建筑采用全玻璃幕墙的先声；萨伏伊别墅（Villa Savoye，1928～1930 年）体现了现代建筑大师勒·柯布西耶所提出的"新建筑"的特点，横向长窗与自由立面使建筑空间表现出更多的自由、变化和丰富；巴塞罗那博览会德国馆（1928～1929 年）则是密斯·凡·德·罗早期现代主义建筑的一个代表作。

自从 1886 年铝金属精炼法发明后，铝的大量生产及价格下跌，从开始只是用于建筑物饰品的铝金属逐渐成为建筑幕墙的主要建筑材料。1929 年纽约知名建筑师 Shreve、Lamb 和 Harmon 率先使用 6000 片铝板用于帝国大厦，1931 年落成的纽约帝国大厦仅用四方的金属框架结构便支撑起一座 102 层的摩天大楼，它的出现既得益于建筑设计观念挣脱了古典装饰的羁绊，又得益于新的建筑材料被科学地运用。从此，用铝材料做建筑幕墙的结构设计逐渐风行，经过几十年的发展并混合各种不同的建筑材料形成了目前现代建筑幕墙的规模。

目前，最为流行的一种幕墙形式——双层幕墙也在这一时期开始出现并得到发展。第一栋采用双层幕墙的建筑是位于德国 Giengen 的 Steiff 工厂，该建筑是由该工厂所有者的儿子 Richard Steiff 设计，并于 1903 年建造完成的。考虑到阳光的需求和寒冷天气以及强风的影响，Richard Steiff 设计的这座三层建筑采用 T 型截面的焊接钢结构作为支承框架，在框架上每一支柱固定两层夹板，玻璃安装在夹板之间，中间留有 25cm 的空间宽度，而形成一种双层玻璃幕墙。1904 年和 1908 年又有两栋相似的双层幕墙系统相继建成，而在其结构中由木材取代了钢材，这三栋建筑目前还都在使用。1903 年，Otto Wagner 赢得了奥地利维也纳的邮政储蓄银行大厦的设计权，该建筑从 1904 年到 1912 年分两个阶段建设，在大厅的主要银行部分采用了双层天窗，由钢结构、玻璃和铝材组合的双层天窗占了该建筑的五分之三。在 20 世纪 20 年代，双层幕墙得到了较大程度的发展。在这期间，莫斯科建造了两栋具有代表性的双层幕墙建筑，Moisei Ginzburg 设计的 Narkomfin 大楼（1928 年）和 Le Corbusier 设计的 Centrosoyus。一年后，Le Corbusier 于法国巴黎设计了两栋采用双层幕墙的建筑物 Cite de Retuge（1929 年）和 Immeuble Clarte（1930 年），但最终在实际建造中均未采用。

在第二次世界大战之后，世界各国逐渐把应用在军事上的技术和材料转移到建筑业上来，许多有利于建筑幕墙发展的新理论、新材料、新工艺的开发和利用，使建筑幕墙要求的各项性能指标，如承载力、空气渗透、雨水渗透、保温防潮、隔声防火等有了可靠的材料基础的技术保证，从而使建筑幕墙获得了飞速发展。

3. 第三代建筑幕墙（1950 年～1970 年）

自 20 世纪 50 年代之后，现代主义建筑的玻璃幕墙蓬勃发展，使得玻璃幕墙建筑在 20

世纪中后期一度成为现代主义建筑的代名词。这一时期，建筑幕墙在高层建筑上的应用是该时期的主题。

其实早在1921年，密斯·凡·德·罗在一个高层建筑设计竞标方案中就向人们首次展示了全新的高层建筑构想：将高层建筑的一切装裱全部剥去，只留下最基本的框架结构，外面覆盖纯净透明的玻璃幕墙。第一个真正采用全玻璃幕墙的高层建筑是1952年Skidmore，Owings & Merrill事务所(SOM)设计的纽约利华大厦(Lever Buildings)，其外形酷似一个"玻璃盒子"，开创全玻璃幕墙的高层建筑先例，首次实现了密斯20年代提出的玻璃摩天楼的梦想。

"构件式幕墙"(Stick Curtain Wall)系统是这一时期的早期阶段较为广泛采用的幕墙体系，它是把建筑幕墙构件在工地现场进行组合，首先安装上锚固系统，其次是立柱、横梁，加上窗间板后再安装横梁，最后安装玻璃面板及进行密封和内部装饰。采用此施工方法的好处是材料节省、搬运费用低廉、材料构件尺寸较具弹性，缺点是工地的施工时间长、费用高且质量也不容易控制，但在总成本上算起来比较便宜，因此该幕墙系统还是被广泛采用，这种幕墙系统在设计上要严格计算和考虑伸缩缝的位置和楼层间的侧向位移。目前，我国常用的明框幕墙、隐框幕墙和半隐框幕墙以及全玻璃幕墙都属于构件式幕墙系统。

"嵌板式幕墙"(panelized curtain wall)系统也是这一时期出现的新型幕墙系统。它是将幕墙板块整体固定在建筑物的主体结构上，这种幕墙具有轻薄的、连续的外层结构，但是承受水平荷载的能力较差，往往采用凹槽或波浪轧制的板面，板面也可冲压成具有三维刚度的凹凸形状，增加其承受水平荷载的能力。如果板面跨度较大也可在板内侧增设附框，将其固定在建筑物主体结构上，在特殊情况下，混凝土嵌板也可配置钢筋，以提高其抗弯能力。整层高度的嵌板幕墙多采用垂直跨接，精度计算困难，一般采用带有附框的金属板、混凝土预制板、石材等嵌板构造体系。嵌板式幕墙系统是后来单元式幕墙系统的早期雏形，不同之处在于单元式幕墙系统是由许多幕墙构件组合而成，而嵌板式幕墙系统则是指预制混凝土或金属冲压而成的单元系统。该系统使用于外墙简单并可大量复制外墙造型，大部分用于工业厂房或办公室。

这一时期，国外高层建筑采用幕墙结构的迅速增多，世界范围内建造了许多经典的采用构件式幕墙系统的高层建筑，如：1952年美国宾夕法尼亚州匹兹堡市建成的阿尔考大厦(Alcoa Building)，它是早期单元式幕墙的代表作；1953年落成的纽约联合国秘书处大厦(U. N. Secretariat Building)、1974年芝加哥建成的西尔斯大厦(Sears Tower，443米)、1972年建成的纽约市世界贸易中心大厦(World Trade Center，412米)和约翰·汉考克大厦(John Hancock Center，344米)都采用了明框铝合金玻璃幕墙等幕墙系统。

4. 第四代建筑幕墙(1970年~1990年)

在20世纪70年代以后，为解决工地建筑工人短缺、施工质量不易控制等因素，"单元式幕墙"(unitized curtain wall)系统于70年代中期在美国开始出现，并逐渐得到流行，成为该时代超高层建筑幕墙的主流。其特点是把建筑幕墙组合规格化，做成适合安装的幕墙单元，然后直接把单元固定于建筑主体结构系统上，构成整个幕墙系统。其中直料和横料以公母两支铝型材相互连锁扣住，既能挡风又能防水，每一单元都预先在厂房里组合，并加上玻璃，或花岗石、铝板、不锈钢以及橡胶垫或填缝剂，铝型材及铝板表面也经过喷漆以及阳极处理过，加工精度和安装质量比较容易控制，完成的幕墙单元在安装后只要清洁工人清洗后即告完成，如果有因安装而致使幕墙单元表面破损或擦创，也可利用工人清洗时进行微小的修补。单元式幕墙最大的优点是安装迅速，安装精度较高，在超高层建筑中采用该幕墙系统可以大大缩短工期，因此这种施工方法在现代也是倍受欢迎，并有日渐增长的趋势。单元式幕墙系统除了在施工上的便利外，一般来说对于建筑的层间位移的承受能力好，尤其现代施工讲究钢结构材料的节省，这样就大大地增加了层间的位移。单元式系统在每一单元间都有保留间隔空隙，足以伸缩吸收楼层间的位移以及楼板上下活动荷载产生的挠度使得每一单元不会受到挤压、变形甚至破坏的情形。

该时期的幕墙已经开始采用"雨幕原理"（rainscreen principle）或"压力平衡原理"(principle of pressure equalization)来解决各种幕墙系统的渗水问题。雨幕原理是一个设计原理，它指出雨水对这一层"幕"的渗透将如何被阻止的原理，在这一原理应用中其主要因素为在接缝部位内部设有空腔，其外表面的内侧的压力在所有部位上一直要保持和室外气压相等，以使外表面两侧处于等压状态，其中提到的外表面即"雨幕"（见图 6-1.5-1）。压力平衡的取得是有意使开口处于敞开状态，使空腔与室外空气流通，以达到压力平衡。这个效应是由外壁后面留存的空腔所形成，此空腔必须和室外连通才能达到上述目的，由于风的随机性造成的阵风波动亦需在外壁两侧加以平衡。

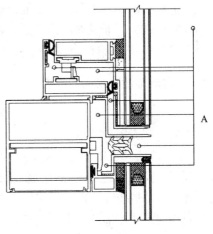

图 6-1.5-1　等压原理

A—各点压力相等

"点支式玻璃幕墙"（point supported glass curtain wall)也在该时期出现并很快得到了迅速的发展。点支式玻璃幕墙最早可以追溯到德国 20 世纪 50 年代所建的两个采用高抗拉强度的玻璃和经过特别设计的爪件连接而成的幕墙建筑。到 20 世纪 60～70 年代，英国的玻璃厂家皮尔金顿（Pilkington)首先开发了两种建筑玻璃点式连接法——补丁式装配体系（patch fitting system)和平式装配体系（plain fitting system），1986 年又发展了球铰连接装配体系，这些体系就是普遍使用的固定式(活动式)浮头(沉头)连接件。期间，由诺曼·福斯特(Norman Foster)设计的 Willis Faber and Dumas Headquarters(1971～1975 年)就采用了补丁式连接的玻璃幕墙；1986 年，法国建筑师安德里·范西贝（Adrien Fainsiber)在纪念法国大革命 200 周年的十大建筑物之一——拉·维莱特科学与工业城(Cite des Sciences et L'industrie, la Villette)的立面设计中，大胆应用了点支式玻璃幕墙技术，每两行玻璃交接处有一水平索桁架作为玻璃面板的水平支承，两端固定于主体框架上。

点支式玻璃幕墙建筑结构形式随着现代建筑师追求"高通透、大视野"的建筑艺术表现形式在我国也得到了迅猛的发展，也是目前应用最广泛的幕墙系统之一。

5. 第五代建筑幕墙(1990 年～至今)

随着人们对居住环境需求的不断提高，各种新型的建筑材料、设计理念和生产施工工艺在建筑幕墙的生产加工过程中得到了广泛的应用，从而使得幕墙系统得到了持续的完善和发展，并不断创新。这一时期出现的许多新型的幕墙系统更强调人与自然的交互作用，能源的利用更加趋于合理化。

各种"通风式幕墙"（ventilated curtain wall）系统、"主动式幕墙"（active curtain wall）系统、光电幕墙（photoelectric curtain wall）系统及"生态幕墙"（zoology curtain wall）系统得到了发展和应用。"通风式双层玻璃幕墙"（ventilated double-skin facades）结合先进的机械式遮阳系统在很大程度上提高建筑的节能、保温效果，大大提高了室内环境的舒适度。各种主动式交互幕墙系统逐渐被开发并得到实验性的应用，这些幕墙系统最大限度地利用太阳能，把建筑幕墙吸收的太阳能有效地储存、转化为热能，降低了建筑的能耗。光电幕墙可以把太阳能转化为电能，从而可以进行转化利用。生态幕墙是生态建筑的外围护结构，它以"可持续发展"为战略，以使用高新技术为先导，以生物气候缓冲层为重点，节约资源，减少污染，是健康舒适的生态建筑外围护结构。

随着科技的不断发展，特别是新技术、新工艺、新材料的创新和开发利用，未来的建筑幕墙将具有节能环保、可靠耐用、健康舒适及智能化等特点。

1.5.2　建筑幕墙在我国的发展

我国建筑幕墙工业从 1983 年开始起步，历经 30 年的发展，到 21 世纪初已成为世界第一幕墙生产大国和使用大国，正在向幕墙强国发展。2005 年我国生产（使用）了约 4150 万 m^2 建筑幕墙，当年建筑幕墙产量（使用量）占全世界 5500 万 m^2 的 80% 左右，到 2005 年底止我国共安装了约 2 亿 m^2 建筑幕墙，占世界总量 3.25 亿 m^2 的一半还多。我国已成长出一批大型幕墙企业，以 150 多家产值过亿元的技术创新骨干企业为代表，这批大型骨干企业完成的工业产值约占全行业工业总产值的 60% 以上。它们承担了国家重点工程、大中城市形象工程、城市标志性建筑等大型建筑幕墙工程，为全行业树立了良好的市场形象，成为全行业技术创新、品牌创优和市场开拓的主力军。国内幕墙生产企业已能为各种不同建筑提供所需的各种类型幕墙，并在国际上通过与国际知名幕墙企业竞争而承包国外大型工程。在国内市场中国内企业占有 80%～90% 左右份额，境外公司（含港、澳、台公司）占有不到 20% 市场份额，近年国内兴建的各种新型、异型幕墙和技术难度高的工程，绝大部分是由国内幕墙生产企业完成的。从首都北京到新疆库尔勒，从上海东部沿海大中城市到西部新兴城市，从海拔 5000m 西藏的拉萨到基本风压为 1.2kPa 的东海嵊泗，从东北的哈尔滨到海南岛三亚，随处可见新型建筑幕墙装点着秀丽的城市大街。建筑幕墙已经成为现代建筑和装饰文化、个性化、艺术和新科学的重要标志。

我国建筑幕墙工业发展经历了三个阶段：

1. 萌芽期（1983～1994 年）

从 1983 年我国开始兴建第一栋现代化玻璃幕墙开始到 1994 年建筑幕墙开始在我国得到应用这段时期，我国平均每年的建筑幕墙产量约 200 万 m^2，主要是构件式明框玻璃幕墙，且大多是引进或模仿国外的设计和技术，没有适合我国国情的标准和规范，技术水平较低，施工质量不高。

2. 成长期（1995～2002 年）

从 1995 年到 2002 年，我国建筑幕墙的平均每年产量达到 800 万 m^2，除了较为成熟的明框玻璃幕墙外，还引进和发展了隐框/半隐框玻璃幕墙、单元式玻璃幕墙、点支式玻璃幕墙、铝板/铝复合板幕墙和石材幕墙等幕墙形式。在引进国外技术同时，开始结合国情走向技术创新之路。随着我国建筑幕墙相关技术标准和规范、规程的相继颁布，建筑幕墙的设计水平和施工质量有了很大程度的提高。

建设部1994年的776号文件明确了设计院和幕墙公司的分工：建筑设计单位负责选型、提出设计要求，幕墙公司负责完成幕墙的制作图及施工。建设部于1996年12月3日公布《建筑幕墙工程施工企业资质等级标准》，规范了建筑幕墙行业市场。同时，各级行业协会的成立也为建筑幕墙行业的发展和技术进步发挥了重要作用。

我国铝门窗建筑幕墙行业虽然起步较晚，但起点较高。20年来，始终坚持走先进技术改造传统产业的发展道路。通过技术创新开拓市场，通过引进国外先进技术，不断地开发新产品，形成了优化产业结构可持续发展的技术创新机制，针对工程建设的关键技术，组织科研试验和技术攻关，运用国际同行业最新的前沿技术，建成了一批在国内外同行业中有影响的大型建筑工程，取得了一系列重大成果，受到国内外同业人士的重视和好评。

20年来，一大批国内知名的航空、军工、建材、机械行业大型企业投入到铝门窗和建筑幕墙行业，以其雄厚的资本，较强的技术力量和先进的管理，为壮大行业队伍，提高行业素质发挥了重要作用，成为开拓市场和技术创新的骨干力量。20世纪90年代以后，又有一大批中外合资企业、外商独资企业和股份制民营企业集团加盟铝合金门窗与建筑幕墙行业。在1995年以前，国内知名的航空、军工企业带动行业发展。1996年以后，优秀民营企业集团以其新型企业管理机制、先进的专业技术、现代市场运作模式，为推动行业与国际市场接轨，发挥了良好的示范作用。目前铝门窗幕墙行业，已经形成了以100多家大型幕墙工程企业为主体，以50多家产值过亿元的骨干企业（民营企业集团为多数）为代表的技术创新体系。这批大型骨干企业完成的工业产值约占全行业工业总产值的70%左右，在国家重点工程、大中城市形象工程、城市标志性建筑、外资工程以及国外工程建设中，为全行业树立了良好的市场形象，成为全行业技术创新、品牌创优、市场开拓的主力军。

在国家改革开放政策的推动下，我国铝门窗建筑幕墙行业从引进国外先进技术起步，逐步缩小与国际先进水平差距。20世纪80年代，引进了一批铝门窗专用加工设备和生产技术，解决了从无到有，行业是以增量发展为主题。90年代，以引进建筑幕墙的先进生产技术和新型成套设备为主，相应的引进了国外最新的工程材料及国内的工艺技术，既逐步缩小了与国际先进水平的差距，又掌握了国外前沿技术，这时候的行业是以学习国外先进技术，独立开发中国特色产品的动态发展为主题。

中国目前是全世界第一的建筑门窗、建筑幕墙生产使用大国，巨大的市场潜力和发展机遇，吸引着国际上知名的企业和跨国集团纷纷来华投资办厂，加盟工程建设。中国的建筑幕墙行业紧随国际市场令世界上同业人刮目相看。

技术创新、科技进步大大推动了我国建筑幕墙工程市场的发展，加速了建筑幕墙、铝门窗产品质量的升级，新型适销对路产品的开发，进一步拓宽了市场空间。开发研制符合国家建筑节能技术政策的新型幕墙、铝合金节能门窗产品，这些节能产品符合国家建设产业化政策，为今后我国建筑幕墙的可持续发展奠定了基本条件。

3. 发展期（2003年至今）

2003年至今，我国铝门窗及建筑幕墙产品行业继续保持了稳步增长的态势，建筑幕墙已成为公共建筑中外围护结构的主导。2008年北京奥运会、2010年上海世博会及广州亚运会的工程为我国建筑幕墙行业提供了展示自己实力和最新技术的舞台，以充分体现建筑主体风格、通透、节能环保、舒适为特点，实现了建筑幕墙技术全新突破。

中国国家大剧院（见图6-1.5-2），由法国建筑师保罗·安德鲁设计。大剧院的椭球屋面由20000多块钛金属板（0.44mm厚）和1200多块大小不等的有色玻璃幕组成，中部为渐开式玻璃幕墙结构。东西跨度为212.20米，南北跨度为143.6米，周长达6000多米，重达6750吨。玻璃幕墙采用法国圣戈班的超白玻璃，双层夹胶中空玻璃，这种玻璃采用了纳米自洁技术，有效解决了有机物的分解问题。整个建筑漂浮于人造水面之上，透过玻璃幕墙，使内外空间融为一体。

图6-1.5-2 中国国家大剧院

中国国家游泳中心——水立方（见图6-1.5-3），总长度和总宽度均为177米，总高度为31米，建筑面积87283平方米。由中国建筑工程总公司、中建国际（深圳）设计有限公司体育事业部、澳大利亚PTW建筑师事务所、ARUP澳大利亚有限公司联合设计。建筑外形采用中国传统建筑最基本的形态—"方形"，屋面和墙面均为双层充气膜结构系统。

北京新保利大厦（见图6-1.5-4），由中国保利集团公司投资，美国SOM公司设计。大厦的内凹式柔索玻璃幕墙是迄今为止世界上最大的同类玻璃幕墙，横向跨度约57.6米，竖向高度约87.8米。玻璃幕墙采用高效节能低辐射玻璃，在无桁架网索结构上，以不锈钢钢索和爪件连接整幅玻璃。大厦立面通过洞石与黄铜的搭配，创造出富于变化的观感，铜板幕墙位于大厦的南面，选用了太古黄铜制作，这种铜可随时间和气候影响转变多种丰富色彩，冬暖夏凉，与大厦大面积使用的玻璃幕墙形成了强烈的古今对比。

图 6-1.5-3　中国国家游泳中心　　　　　　　　图 6-1.5-4　北京新保利大厦

这一时期，建筑幕墙的平均年产量为 1000 万 m² 以上，除了现有的明框玻璃幕墙、隐框/半隐框玻璃幕墙、单元式玻璃幕墙、点支式玻璃幕墙、金属和石材幕墙系统逐渐发展和成熟外，通风式双层玻璃幕墙、光电幕墙、生态幕墙和膜结构幕墙等幕墙系统得到了发展。目前，我国建筑幕墙的技术水平已达到国际先进水平。

4. 建筑幕墙的标准化工作

除了在建筑幕墙产业化方面的发展之外，在建筑幕墙标准化工作方面，国家建设行政主管部门及技术监督局先后颁发了多项技术标准和规范，对建筑幕墙行业的发展起到了规范和指导作用。

（1）产品标准

1996 年，建设部发布了《建筑幕墙》JG 3035—1996 行业标准，2007 年，GB/T 15225—1994 和 JG 3035—1996 修订合并为《建筑幕墙》GB/T 21086—2007 国家标准，总结了我国各种建筑幕墙现有的成熟技术。

（2）物理性能试验方法标准

我国于 1994 年颁布了由中国建筑科学研究院主编的《建筑幕墙物理性能分级》GB/T 15225—1994、《建筑幕墙空气渗透性能检测方法》GB/T 15226—1994、《建筑幕墙风压变形性能检测方法》GB/T 15227—1994 和《建筑幕墙雨水渗漏性能检测方法》GB/T 15228—1994 等国家标准，规定了建筑幕墙的物理性能分级标准和相应的实验室检测方法。2007 年，GB/T 15226—1994、GB/T 15227—1994 和 GB/T 15228—1994 修订合并为《建筑幕墙气密、水密、抗风压性能检测方法》GB/T 15227—2007。

2000 年和 2001 年建设部分别颁布了《建筑幕墙平面内变形性能检测方法》GB/T 18250—2000 和《建筑幕墙抗震性能振动台试验方法》GB/T 18575—2001 国家标准，进一步规范和完善了建筑幕墙的物理性能检测方法。

此外，近年来一批试验方法标准正在编制中，主要有：《建筑幕墙热工性能检测方法》、《建筑幕墙隔声性能检测方法》、《建筑幕墙热循环性能检测方法》、《建筑幕墙动态压力作用下水密性能分级及检测方法》、《建筑幕墙门窗抗风携碎物冲击性能分级及检测方法》、《建筑幕墙门窗防爆炸冲击波性能分级及检测方法》等，多数已经形成报批稿，进一步完善了我国建筑幕墙物理性能试验方法标准体系。

（3）工程技术规范

1996 年，建设部颁布了中国建筑科学研究院主编的《玻璃幕墙工程技术规范》JGJ 102—1996 行业标准，2003 年进行了第一次修订，2012 年进行第二次修订，目前已经形成报批稿。

2001 年，《金属与石材幕墙工程技术规范》JGJ 133—2001 出台，对金属与石材幕墙的选材、设计、制作、安装施工及验收做出了详细规定。目前该标准正在修订，已形成报批稿。

2005 年 9 月，《既有建筑幕墙可靠性鉴定及加固规程》编制组成立，标志着我国开始重视既有建筑幕墙的质量和安全性能，目前，该规程已形成报批稿。

（4）工程检验标准

2001 年 12 月份，由国家建筑工程质量监督检验中心主编的《玻璃幕墙工程质量检验标准》JGJ/T 139—2001 规定了玻璃幕墙工程主要进场材料的检验指标及玻璃幕墙工程安装质量检验项目及方法。

除建筑幕墙相关的标准外，在我国节能设计标准、节能验收规范中，均对建筑幕墙的热工性能提出了要求，说明我国建筑幕墙行业开始承担更多的社会节能减排责任，也为我国建筑幕墙行业开辟了一条节能环保的技术创新之路。

思考题

1. 建筑幕墙的定义是什么？幕墙的特点有哪些？
2. 建筑幕墙的基本构成有哪些？
3. 建筑幕墙如何分类？最常见的分类有哪些？
4. 构件式和单元式幕墙有何区别？
5. 请简要叙述建筑幕墙的发展历史。

第2章 建筑幕墙物理性能

2.1 建筑幕墙物理性能试验发展历史及现状

中国建筑门窗幕墙检测技术的发展，起步于 20 世纪 80 年代，历经 30 年的发展。基本可以划分为三个阶段：1980～1990 年为基础研究阶段，检测技术从无到有，创造了多项的中国第一；1991～2000 年为稳固发展阶段，主要标志是国内的省级以上的建筑科研单位，着手研究相关检测技术，检测技术得到普及；2001 开始为快速发展阶段，检测技术已经成为必要的质量控制手段，检测标准成熟配套形成体系，并开始新一轮的性能研发及标准制定。

2.1.1 基础研究阶段

谈到中国建筑门窗幕墙检测技术的发展，首先要介绍中国建筑科学研究院建筑物理研究所。中国建筑科学研究院成立于 1953 年，是我国建筑行业最大的综合性科研机构。该院下属的建筑物理研究所是国内最早专业从事建筑物理研究的单位，拥有一批在国内相关领域知名的权威专家，在建筑声、光、热环境和测试技术研究试验室建设等方面均取得了丰硕成果。在建筑声环境方面，开展了隔声、吸声、管道消声、隔振、噪声控制、厅堂音质及音质模型等方面的研究；在建筑光环境方面，系统地开展了建筑天然采光和人工照明技术的研究工作；在建筑热环境方面，主要研究建筑材料与构件的热工性能、建筑围护结构的传热和水分迁移过程，建筑室内的热舒适性以及建筑节能等等。长期以来，对各种各样的建筑材料和构件的热、湿性能进行了系统的测定和数据整理，编制了建筑材料热物理性能手册等资料，为建筑材料的选取和建筑围护结构的热工设计提供最基本的计算参数。编制的国家标准《建筑气候区划标准》和《民用建筑热工设计规范》，成为建筑热工设计的重要的基础性标准。负责编制和修订《民用建筑节能设计标准》（采暖居住建筑部分）工作，在行业中产生巨大影响，取得了重大社会效益。

1979 年，中国建筑科学研究院建筑物理研究所成立了国内第一个专业的建筑门窗性能研究机构：建筑门窗研究室。该研究室负责人高锡九 1959 年毕业于清华大学建筑系，其研究成果奠定了中国建筑幕墙门窗物理性能技术研究的基础。

从门窗研究室成立开始，在大量查阅国外相关标准及技术文献的同时，着手研究物理性能及检测设备。

1980 年，专门用于研究建筑门窗缝隙空气渗透规律的设备建成（见图 6-2.1-1 和图 6-2.1-2），并针对国内广泛应用的建筑木窗、钢窗在两侧稳定压差作用下产生渗透的机理进行了深入研究。在此之前，仅有国外的经验公式可供参考，即 $Q = a \cdot P^n$ 的计算方法（Q 为流量，P 代表压差）。指数值 n 与缝隙几何形状、缝隙两侧压力差大小和缝隙中气流流态等多方面因素有关。经过大量的研究，总结出适合我国建筑门窗的 n 值出现频率最多的值集中在 0.67 左右，此数值的确定，为建筑门窗气密性能标准的研制奠定了基础。

图 6-2.1-1　缝隙渗透检测设备风机及流量计　　　　　图 6-2.1-2　缝隙渗透检测装置

1981 年，研制成功了用于建筑门窗气密、水密、抗风压性能检测研究装置，探讨建筑门窗三性的检测原理及实施的方法。设备采用模拟静压箱原理，压力向最大开口面积只有 1.5m×1.5m，最大压力 1kPa。主要是在缝隙渗透规律研究的基础上，探讨整窗气密性能的规律，以及水密、抗风压的检测技术。

1983 年，中国第一台建筑门窗气密、水密、抗风压性能检测设备在中国建筑科学研究院建成（见图 6-2.1-3）。

图 6-2.1-3　气密、水密、抗风压性能检测设备

该设备压力箱标准开口为 2m×2m，采用单风机供风，通过阀门切换实现正负压力转换，最大风压可以达到 5kPa。检测全部采用模拟式仪表。低压差时采用补偿式微压计，精度可以达到 0.1Pa；2kPa 以上高压时采用 U 形管差压计，分辨率为 10Pa。流量检测采用热线式风速计，最大量程 20m/s，位移计则为机械式百分表。

1983 年至 1984 年，为了编制中国第一本建筑门窗物理性能检测方法标准，结合中国建筑门窗市场情况，开展了全国范围内的建筑门窗气密、水密、抗风压性能普测。针对建筑中普遍采用的 J66、沪 68 空腹钢窗、32 系列实腹钢窗等总计大约 300 樘进行了摸底检测。统计结果表明，我国的门窗产品普遍处于较低水平，以标准尺寸 1.5m×1.5m 的样窗为例，气密性在 6.0m³/(m·h) 水平，水密性能在 50Pa 左右，抗风压性能空腹窗基本为

2kPa，实腹窗为 3kPa。在此基础上正式立项开展门窗三性检测方法标准的编制工作。标准编制历经 3 年时间，参加编制工作的有中国建筑科学研究院高锡九、谈恒玉，洛阳有色金属设计研究院刘智龙。《建筑外窗抗风压性能分级及其检测方法》（GB 7106－86）、《建筑外窗空气渗透性能分级及其检测方法》（GB 7107－86）和《建筑外窗雨水渗漏性能分级及其检测方法》（GB 7108－86），该三项国家标准由国家标准局于 1986 年 12 月 27 日批准，自 1987 年 10 月 1 日起实施。这标志着中国门窗行业从此进入科学评定的轨道。

随着铝合金门窗的引进，新型建筑门窗以其新颖的外观，良好的性能迅速为人们所接受。与此同时，建筑门窗的节能性能逐渐引起重视，1984 年物理所黄福其博士的"建筑围护结构热工性能测定装置的研制"获得 1984 年中国建筑科学研究院科技进步三等奖；1985 年高锡九进行了"建筑窗户节能措施"课题的研究，物理所周景德的"民用建筑金属外窗的能耗现状及节能措施的研究"课题，获得 1986 年中国建筑科学研究院科技进步三等奖；在对建筑外围护结构的保温性能检测技术基础上，中国建筑科学研究院编写了 GB 8484－87《建筑外窗保温性能分级及其检测方法》，该标准于 1987 年 12 月 18 日发布，自 1988 年 7 月 1 日实施。检测设备要求采用基于稳定传热原理的标定热箱法（见图 6-2.1-4），传热系数分级为 $6.4\sim2.0W/(m^2 \cdot K)$。

与此同时，建筑门窗隔声性能检测方法的研究也带动了相关检测设备（见图 6-2.1-5）的研制，编制了 GB 8485—87《建筑外窗空气声隔声性能分级及其检测方法》。

图 6-2.1-4　保温性能检测设备　　　　　图 6-2.1-5　隔声性能检测设备

至此，建筑门窗气密、水密、抗风压、保温、隔声五项性能分级及检测方法标准全部出台，为建筑门窗产品的研发奠定了坚实的基础。

为了迅速提高中国的门窗性能检测技术水平，与国际接轨，借助中国政府与日本国际协力事业团 JICA 的合作项目，高锡九于 1983 年赴日本研修，先后在日本建筑综合试验所、日本建筑中心等单位进行技术交流。在充分调研的基础上，引进最先进的小型幕墙动风压性能检测设备（见图 6-2.1-6），于 1986 年投入使用。该设备由 Honda 公司设计制造，全部在日本制作完成。最大可测试件 3m×4.5m，最大压力为 10kPa，其关键技术为动态风压控制，该技术采用特殊算法，双风机供风系统，可以实现 0.1 秒的风压波动周期及 1Pa 的控制精度，即使到现在，该项技术仍旧难以超越。

图 6-2.1-6　幕墙"三性"检测设备

该设备的成功引进，使中国门窗气密、水密、抗风压三性检测技术达到了国际先进水平。在山东潍坊引进的意大利彩色钢板门窗成套生产线验收时，意方专家不相信中国的检测手段，专程从意大利赶来，并全程监督了检测过程后，承认中国的检测技术能力高于意大利的水平。该设备检测的第一个幕墙是北京长城饭店（见图 6-2.1-7）。长城饭店是国内首次采用玻璃幕墙的建筑工程，由比利时沙马贝尔公司设计制造，用集装箱运输，在国内北京门窗公司组装完毕后运抵现场由北京六建三工区负责安装。全部玻璃幕墙施工面积为 23000 余平方米，其中在车间组装约占 82%。幕墙玻璃共为 8900 余块，224 个规格，最大为 1525m×3349mm，这也是中国第一个幕墙三性检测案例。

1989 年，由物理所林若慈主编的 GB 11976—89《建筑外窗采光性能分级及其检测方法》标准发布。在逐步完善建筑门窗物理性能检测方法的同时，其他相关性能的检测方法也在积极地开展。1986 年，参照 1985 年版的 ISO 8428《建筑窗及落地窗承受机械力试验》标准，物理所高锡九研制了简易的门窗反复启闭性能检测装置（见图 6-2.1-8），并进行了门窗的耐久性能测试。1988 年，等效采标 ISO 8428 的中国标准 GB 9158—88《建筑用窗承受机械力的检测方法》编制完成。

图 6-2.1-7　北京长城饭店　　　　　　　　图 6-2.1-8　窗承受机械力试验

在 GB 9158 的基础上，伴随塑料门窗的发展，检测技术逐步完善，由物理所管慰萱、高锡九，装修所王永菁编制的 GB 11793.1—89《PVC 塑料窗建筑物理性能分级》、GB 11793.2—89《PVC 塑料窗力学性能、耐候性技术条件》、GB 11793.3—89《PVC 塑料窗力学性能、耐候性试验方法》相继完成。

2.1.2　稳步发展阶段

从 1990 年开始，建筑门窗检测技术逐渐走向成熟，建筑幕墙的引进引起了建筑师的极大兴趣，迅速在中国发展普及，建筑幕墙性能的检测技术也提到日程上来。同样，在第一个十年，主要研究了建筑外窗的各种性能检测技术及方法，对建筑外门则较少涉及，而建筑外门与外窗相比，是有其特殊性的。

1. 建筑外门物理性能检测技术的发展

1992 年，由物理所谈恒玉主编的 GB 13685—92《建筑外门的风压变形性能分级及其检测方法》、GB/T 13686—92《建筑外门的空气渗透性能和雨水渗漏性能分级及其检测方法》标准发布实施。建筑外门的三性能检测沿用了建筑外窗的原理，主要是针对单锁点平开类外门的评定指标进行了规定。

1993 年，针对塑料门的力学性能试验，在 GB9158 的基础上有了进一步发展，由原轻工部归口的采标 ISO 8275—1985《整樘门 垂直荷载试验》的国标 GB/T 14154—93《塑料门 垂直荷载试验方法》、采标 ISO 8270—1985《整樘门 软重物体撞击试验方法》的国标 GB/T 14155—93《塑料门 软重物体撞击试验方法》发布实施，主编单位为沈阳塑料九厂。

1997 年，在总结分析大量建筑外窗检测数据基础上，物理所张家猷主编的 GB/T 16729—1997《建筑外门保温性能分级及其检测方法》，仍旧采用基于稳定传热的标定热箱法检测建筑外门的传热系数；物理所丁国强主编的 GB/T16730—1997《建筑用门空气隔声性能分级及其检测方法》，检测建筑外门的计权隔声量 R_W 作为其空气声隔声量的评定依据。

2. 建筑幕墙物理性能检测技术的发展

1994 年，由中国建筑科学研究院主编的 GB/T 15225—94《建筑幕墙物理性能分级》、GB/T 15226—94《建筑幕墙空气渗透性能检测方法》、GB/T 15227—94《建筑幕墙风压变形性能检测方法》、GB/T 15228—94《建筑幕墙雨水渗透性能检测方法》四项标准发布实施，标志着建筑幕墙三性检测有了依据。该标准的编制单位主要有全国的省级建科院，参考的标准包括日本 JIS、美国 ASTM、欧洲 CEN 等。

建筑幕墙的抗震性能也是非常重要的指标，由于地震和风力的作用，使幕墙产生平面内和平面外的位移，而平面外的位移可由幕墙上下连接部位的转动及幕墙的变形充分吸收，并且在平面外和风力相比，由于地震作用产生的位移要小得多，也就是说平面内的错动是对幕墙造成震害的主要原因。因此，可以用平面内层间相对位移来表征幕墙的抗震性能，而更直接的方法是采用振动台试验方法。2000 年，中国建筑科学研究院主编了 GB/T 18250—2000《建筑幕墙平面内变形性能检测方法》，2001 年中国建筑金属结构协会、同济大学主编了 GB/T 18575—2001《建筑幕墙抗震性能振动台试验方法》。

3. 检测技术的普及

在 20 世纪 80 年代初期，国内具备建筑门窗物理性能检测能力的单位仅中国建筑科学研究院物理所一家，随着建筑门窗行业的技术进步，建筑门窗检测的需求日益增大，物理所的检测能力已经远远不能满足市场的需要。从 80 年代末期，陆续有一些省级的建筑科研单位开始进行研究，包括广东省建筑科学研究院、河南省建筑科学研究院、四川省建筑科学研究院等单位。另外，门窗生产企业在引进成套门窗生产设备的同时，为了检验建筑门窗产品的质量稳定性，往往配套有门窗三性检测设备（见图 6-2.1-9），主要以德国 KS 公司生产的设备为主，采用模拟静压箱原理，木质压力箱体，手动加压，模拟测试仪表，通常精度不高，最大风压在 3.5kPa 左右。代表厂家有沈阳黎明飞机公司铝合金门窗厂。

图 6-2.1-9　门窗三性检测设备

2.1.3　快速发展期

1. 标准的修订

在这一阶段，建筑门窗幕墙检测方法技术逐渐成熟，形成了完整的检测标准体系，各地区相继建立各级门窗检验机构，特别是建筑门窗、幕墙产品生产许可证制度的实施，极大地推动了检测技术的发展，培养了大批由具有丰富经验的检测技术人员组成的专业队伍，不断积累的技术数据，具备了标准修订的基础。

建筑门窗三性、保温、隔声标准历经两次修订。

2002 年，完成修订并发布了 GB/T 7106—2002《建筑外窗抗风压性能分级及检测方法》、GB/T 7107—2002《建筑外窗气密性能分级及检测方法》、GB/T 7108—2002《建筑外窗水密性能分级及检测方法》、GB/T 8484—2002《建筑外窗保温性能分级及检测方法》、GB/T 8485—2002《建筑外窗空气隔声性能分级及检测方法》、GB/T 11976—2002《建筑外窗采光性能分级及检测方法》等标准。主要的修订内容为分级方法、评定、检测装置的主要组成部分及主要仪器的测量误差要求等。参加修订的主要人员有物理所谈恒玉、张家猷、丁国强、林若慈、中国建筑标准设计研究所刘达民、广东省建筑科学研究院杨仕超等。本次修订的内容增加了标准的可操作性。

2008 年，再次对门窗三性检测方法进行了修订，GB/T 7106、GB/T 7107、GB/T 7108 是建筑外窗抗风压、气密、水密检测的国家标准，GB 13685—92、GB 13686—92 是建筑外门抗风压、气密、水密检测的国家标准。此次修订对五本标准进行了整合，将建筑外窗、外门的气密、水密、抗风压分级及检测方法标准合一，并将外门的分级、检测方法均与外窗统一，气密、抗风压部分修改采用了 ISO 6612、ISO 6613 标准。修订后对标准的整体结构进行了调整，统一了设备要求、检测准备，将气密、水密、抗风压按照章节顺序编写。修订后的标准为 GB/T 7106—2008《建筑外门窗气密、水密、抗风压性能分级及检测方法》。同时，保温、隔声检测方法标准也进行了修订，分别为 GB/T 8484—2008《建筑外门窗保温性能分级及检测方法》、GB/T 8485—2008《建筑门窗空气声隔声性能分级及检测方法》，同样整合了建筑外窗和外门。

　　从 2001 年开始，对建筑幕墙的三性能检测方法标准进行了整合修订。由中国建筑科学研究院负责标准修编工作，广东省建筑科学研究院、上海市建筑科学研究院、河南省建筑科学研究院、厦门市建筑科学研究院、广州市建筑科学研究院、深圳三鑫集团、上海杰思工程实业有限公司、江苏省建筑科学研究院、浙江省建筑科学研究院、上海市门窗质量检测中心、湖北省建筑幕墙检测中心等单位参加了修订。原标准自 1994 年公布实施以来已将近十年了。在指导各类幕墙标准规定性能等级及产品质量管理等方面起了积极的作用。随着幕墙业的发展，产品及工程质量不断提高，原有的性能分级已经不能适应生产发展的需要，应作适当修改。本次修订根据国标委清理整顿国家标准的要求，对原 GB/T 15225～GB/T 15228 四本标准进行整合，GB/T 15225—94《建筑幕墙物理性能分级》标准主要内容列入修编中的建筑幕墙产品标准 JG/T 3035—96《建筑幕墙》，其余三本 GB/T 15226～94《建筑幕墙空气渗透性能检测方法》、GB/T 15227—94《建筑幕墙风压变形性能检测方法》、GB/T 15228—94《建筑幕墙雨水渗漏性能检测方法》标准修改合并为一本，即 2007 年发布实施的 GB/T 15227—2007《建筑幕墙气密、水密、抗风压性能检测方法》。修订的标准还包括 GB/T 11793—2008《未增塑聚氯乙烯(PVC-U)塑料门窗力学性能及耐候性试验方法》等。

　　2. 新性能检测技术研究

　　建筑门窗幕墙行业的不断发展创新，推动其检测技术不断地适应新的要求。2006 年，由广东省建筑科学研究院杨仕超、石民祥主编的 JG/T 192—2006《建筑外窗反复启闭性能检测方法》标准发布，该标准规定了建筑门窗耐久性能检测方法。

　　在建筑幕墙门窗三性、保温、隔声等标准逐步完善的同时，在原建设部建筑制品与构配件委员会幕墙门窗分技术委员会、全国建筑幕墙门窗标准化技术委员会 SAC/TC448 的组织下，结合门窗幕墙技术研究及质量控制的要求，先后申报立项了一批相关的标准，包括以下几类：

　　(1) 采标

　　采标指采用 ISO 标准或先进国家、地区的标准。目前已经发布的有 GB/T 22632—2008《(ISO 8271—2005)门扇抗硬物撞击性能检测方法》。已经立项在编的有《门扇——抗硬物撞击力的测定》、《整樘门——软重物体撞击试验》、《门扇——在持续不变气候条件下湿度变化性能试验方法》、《门两侧在不同气候条件下的性能检测方法》、《门扇尺寸、方正度和平面度检测方法》、《门窗反复启闭耐久性试验方法》、《门的启闭力试验方法》、《窗的启闭力试验方法》、《平开门和旋转门抗静扭曲性的测定》、《整樘门-垂直荷载试验》等。

　　(2) 新性能研究

　　常规建筑幕墙的气密、水密、抗风压和平面内变形性能是关键技术指标，标志了建筑幕墙产品的质量水平。超常规建筑幕墙主要指建筑幕墙的一种特殊形式，具有构造形式复杂、应用条件特殊，以及试验时的超大型试件或复杂试件及特殊性能要求。可以是几种幕墙形式的组合，也可以是单独设计的构造，甚至可能包括部分结构体系的功能、特殊用途的公共建筑、重要历史建筑等用建筑幕墙。对超大型幕墙试件的气密、水密、抗风压和层间变位性能的检测技术，建筑幕墙在爆炸冲击波荷载作用下的性能(见图 6-2.1-10)，大型振动台抗震试验(见图 6-2.1-11)，在极限温度反复作用下幕墙气密性能的变化(见图 6-2.1-12)，动态水密作用下建筑幕墙的防止雨水渗漏性能检测技术等均需要研究。这些研究由于产品应用速度快，相应的标准、规范的配套没有跟上，包括检测技术手段和方法，在国际上也不成熟，特别对于超常规幕墙的检测一直处在探索之中。但是由于大量的幕墙应用在建筑工程上，如何评估建筑幕墙的安全性、维护正常的设计使用功能成为日益突出的问题，2006 年由中国建筑科学研究院主持的中央电视台新址幕墙检测项目，创造了多项中国第一。

图 6-2.1-10　20m×20m 超大型试件三性实验抗爆炸实验（100kg TNT 起爆瞬间）

图 6-2.1-11　大型震动台抗震实验　　　　图 6-2.1-12　热循环实验

目前，在编的标准包括《建筑幕墙和门窗防爆炸冲击波性能分级及检测方法》、《建筑幕墙和门窗抗风致碎屑冲击性能分级及检测方法》、《建筑幕墙动态风压作用下水密性能检测方法》、《建筑幕墙热循环性能试验方法》等。

（3）幕墙门窗建筑节能

建筑幕墙门窗节能性能相关技术主要包括保温性能、气密性能、遮阳性能、可见光透过能力等，其中保温、气密性能检测技术及方法已经趋于成熟。目前，建筑幕墙门窗的遮阳性能是先检测透光部分材料的遮蔽系数，再按照广东省建筑科学研究院主编的 JG/T 151—2008《建筑门窗玻璃幕墙热工计算规程》进行计算。2010 年立项的行业标准《建筑门窗遮阳性能检测方法》目前正在编制中。国外也在进行相关检测技术的研究。

2005 年开始，由上海市建筑科学研究院、同济大学等编制的建筑遮阳系列产品标准陆续发布实施，标志着建筑节能领域的标准逐步完善。该系列标准包括遮阳棚、帘、卷帘等产品标准，在这些标准中包括了各种性能要求，例如力学性能、耐久性能等。

3. 工程检测技术研究

建筑门窗工程检测技术的研究，主要是针对建筑幕墙门窗，特别是既有建筑幕墙门窗的工程质量，如安装在墙体洞口后的气密、水密、抗风压性能。与以往的试验室检测相比，解决了送检样品性能与工程产品质量不一致的问题，同时可以检测部分安装质量，对于提高建筑工程中幕墙门窗的实际产品质量和安装质量，具有极大的意义。2001 年由中国建筑科学研究院姜红主编 JGJ/T 139—2001《玻璃幕墙工程质量检验标准》，解决了玻璃幕墙工程验收时的检验问题。2007 年由中国建筑科学研究院王洪涛主编的 JG/T 211—2007《建筑外窗气密、水密、抗风压性能现场检测方法》，实现了现场检测门窗三性，并迅速在全国推广应用，极大地促进了建筑门窗产品质量的提高。

建筑幕墙的工程检测技术标准正在制定中，与之相关的技术研究也在积极地进行，如结构胶现场检测技术、安全性检测等等，对于建筑幕墙质量的提升，起到积极的推动作用。

4. 检测机构的普及与检测设备产业化

20 个世纪 90 年代，建筑门窗幕墙生产许可证的实施，极大地促进了幕墙门窗产品检测行业的发展，不仅省级建筑科学研究院基本具备了相关检测能力，工程质量监督部门、甚至技术监督部门的产品质检所也纷纷建立门窗、幕墙检测手段。一方面这些检测机构促进了行业的迅速发展，但另一方面由于检测需要一定的技术支撑，加上检测行业缺乏有效监管，导致工作开展存在不少问题。尤其是建设部 2005 年 148 号文件放开检测市场，在一定程度上导致检测市场的非正当竞争，不利于行业的健康发展。

从 2000 年开始，检测技术逐渐趋于成熟，出现了一批专业的建筑幕墙门窗检测设备生产厂家，使检测设备逐渐形成产业化。目前具备年产 500 台套以上的门窗幕墙检测设备生产厂家超过 5 家，产品范围包括门窗幕墙三性、保温、隔声、力学、五金、耐久性检测设备等。

据不完全统计，截止到 2010 年底，全国具有建筑幕墙检测能力的机构超过 100 家，建筑门窗检测机构约 1000 家，其中省级以上检测机构能力基本是有保障的，例如：

(1) 国家建筑工程质量监督检验中心。2006 年新建幕墙门窗检测基地(见图 6-2.1-13)，超大型幕墙动风压性能检测设备常规检测试件最大尺寸 26m(宽)×21.5m(高)×5m(厚)(图 6-2.1-14)，实验室辅助设备可检测国标、美标、欧标、日标、澳标等建筑幕墙全项物理性能。其他设备包括门窗幕墙隔声、保温、遮阳、光学、五金等，可以满足产品及工程检测的要求(见图 6-2.1-15～图 6-2.1-20)。

图 6-2.1-13　中国建筑科学研究院幕墙门窗基地

图 6-2.1-14　大型幕墙实验设备

图 6-2.1-15　建筑门窗动风压检测设备

图 6-2.1-16　门窗保温检测设备

图 6-2.1-17　门窗反复启闭性能检测设备

图 6-2.1-18　门窗型材检测设备

图 6-2.1-19　门窗隔声性能检测设备

图 6-2.1-20　门窗动风压性能现场检测

（2）广东省建筑科学研究院（广东省建筑工程安全质检站）。广东省建筑科学研究院试验基地位于广州经济技术开发区（见图 6-2.1-21），占地 30 亩，实验室面积 15000 平方米，具备建筑门窗气密、水密、抗风压检测、门窗反复启闭性能检测、建筑玻璃光学热工检测、门窗保温性能检测、门窗隔声检测检测等门窗全性能检测（见图 6-2.1-22～图 6-2.1-25）。试验基地是广东省住建厅指定的建筑幕墙、门窗检测中心，住建部审核认定的可跨地区开展建筑幕墙检测的全国五家检测单位之一，可完成建筑外窗的全部性能检测，几年来积累大量检测经验，培养了一批技术骨干。

图 6-2.1-21　试验基地外景照片

图 6-2.1-22　门窗幕墙检测设备

图 6-2.1-23　噪声与振动频谱分析仪

图 6-2.1-24　超大玻璃光学热工性能检测设备

（3）其他检测单位。国内其他检测单位陆续开展建筑幕墙物理性能检测，主要有上海建科院、厦门建科院、广州建科院、江苏建科院等单位（见图 6-2.1-26～图 6-2.1-30）。

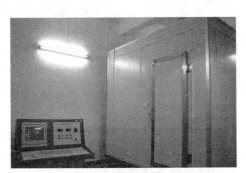

图 6-2.1-25　门窗保温检测设备

图 6-2.1-26　上海建科院嘉定基地幕墙设备

图 6-2.1-27　厦门建科院设备

图 6-2.1-28　广州建科院幕墙设备

图 6-2.1-29　江苏省建科院幕墙设备

图 6-2.1-30　浙江宝业集团幕墙设备

5. 标准化技术委员会的成立

随着国内幕墙行业的不断发展，相关理论和经验得以不断积累。一方面市场巨大，各种相对的成熟产品在大规模应用中遇到各种新的问题，既要满足使用者的需求，同时要与国家的产业政策相符；另一方面，各种新技术、新工艺、新材料被广泛的应用，国外的技术，甚至包括国外尚不成熟的最新技术，有不少首先在中国市场进行应用。因此，形势十分严峻，要求我们要为标准规范的配套工作付出更大的努力。

门窗幕墙与传统的建筑材料概念已经发生了很大的变化，涉及材料、工艺、结构、施工等多种行业，综合了结构工程、材料科学、机械构造、建筑节能等诸多学科。因此，为了保证产品的质量能够符合建筑的要求，迫切需要制定相应的标准、规范。然而，依靠企业自行申报制定标准存在一定的局限性，难以从宏观发展的角度根据市场需要系统制定具有实用价值的幕墙门窗标准规范体系，为了实现这一目标，需要建立一支技术水平高、成员相对稳定的标准编制队伍进行配套服务，确保及时、准确地贯彻政策性的标准规划的实施。同时，标准编制应与国际接轨，目前我国标准的采标率很低，存在陈旧老化，总体技术水平不高、体系结构不合理等一系列问题。

为尽快建立先进科学、适应市场需求的标准化体系，充分发挥国家标准在国民经济战略性结构调整、促进对外贸易和提高生活水平等方面的技术支撑作用，2004 年成立了建设部建筑制品与构配件标准化技术委员会建筑幕墙门窗标准化分技术委员会，2008 年经国家标准化技术委员会批准成立了全国建筑幕墙门窗标准化技术委员会 SAC/TC448，目的是要尽快完善幕墙门窗体系的标准化，整合国内的技术资源为行业服务。

标委会成立后，积极开展工作，先后完成了国家标准清理整顿、国标整合、新标准申报、标准体系编制等工作，并与 ISO/TC162 积极合作，完成了由中国编制的第一个幕墙行业 ISO 标准《建筑幕墙术语》。

建筑幕墙门窗检测技术 30 年的发展历程，见证了建筑幕墙门窗行业的飞速发展，检测行业自身也从无到有，从小到大，从弱到强。建筑幕墙门窗检测技术可以总结归纳为以下几个显著特点：(1)中国建筑幕墙门窗行业的规模是世界第一，检测领域的规模与技术水平同样是世界第一；(2)中国的幕墙门窗检测技术标准水平与世界同步；(3)我国的检测技术能力完全具备与国外同行竞争的能力。同时，还应该看到我国检测技术和行业存在的不足：(1)检测市场鱼龙混杂，行为极不规范；(2)检测单位缺少必要的监管；(3)检测技术发展滞后于产品研发。幕墙门窗检测行业虽然取得了很大的成绩，但仍不完善，需要同行努力推动建筑幕墙门窗的技术进步。

2.2　建筑幕墙物理性能

2.2.1　气密性能

幕墙气密性能指在风压作用下，幕墙可开启部分在关闭状态时，可开启部分以及幕墙整体阻止空气渗透的能力。与幕墙空气渗透性能有关的气候参数主要为室外风速和温度，影响幕墙气密性检测的气候因素主要是检测室气压和温度。

1. 空气渗透三要素

通风换气是建筑幕墙的主要功能之一。幕墙本身具有开启部位(扇)，打开时进行室内外空气对流，但在关闭时的开启缝隙不是绝对密闭的，型材的拼接缝隙、玻璃镶嵌缝隙也会产生渗漏。在北方寒冷地区，冬季室内外温差较大，当室外刮大风时形成压力差，冷空气通过缝隙进入室内，会使室温剧烈波动，影响室内环境温度并造成采暖能耗大幅增加。在南方炎热地区，夏季多采用空调制冷，空气流动产生的热风通过缝隙进入室内，导致制冷能耗增加。较高的气密性能有利于降低建筑能耗，建筑幕墙并非气密性能越高越好，因为建筑幕墙还应保证一定的通风换气量，比如在寒冷地区冬季不能长时间开窗会导致室内空气浑浊。

空气渗透可归结为缝隙、压力差和温差三个要素。只有缝隙、压力、温差三要素同时存在，才会产生空气渗透现象。压力差是最关键的因素，形成压力差的动力为空气流动产生的风力和空气的浮升力，即风压和热压。

2. 风压

当风吹过建筑物的周围和屋顶上方时所产生的气流扰动，会在建筑物表面形成高于或低于未被扰动气流流速的区域，在建筑迎风面所受到的正压约为未受阻的自由气流区的 0.5~0.8 倍；而建筑物背风面所受到的负风压约为未受阻自由气流速度的 0.3~0.4 倍。以风压系数 C_w 表示。

计算外窗冷风渗透量的风速取各地冬季室外计算风速，它是历年最冷三个月平均风速的平均值。

室外计算风速和其产生的风压间的关系如公式(6-2.2-1)所示：

$$P_w = C_w \frac{r}{2g} V_0^2 b \qquad\qquad (6\text{-}2.2\text{-}1)$$

式中　P_w——风压，kg/m^2 或 Pa；

$\quad\quad\ \ C_w$——风压系数；

$\quad\quad\ \ r$——空气的容重(kg/m^3)；

$\quad\quad\ \ g$——重力加速度(m/s^2)；

$\quad\quad\ \ V_0$——冬季室外计算风速(m/s)。

　　3. 热压

　　当建筑物内外存在温差时，由于空气的容重差而形成热压。建筑内部热空气上浮，在中和层以上各层形成负压，在中和层以下各层形成正压。热压值可用公式(6-2.2-2)求得：

$$P_H = C_H \cdot (r_o - r_i)h \tag{6-2.2-2}$$

式中　P_H——热压差，kgf/m² 或 Pa；

　　　　r_o——室内空气容重(kg/m³)；

　　　　r_i——室外空气容重(kg/m³)；

　　　　h——所求窗口中心至中和层的高度(m)，窗口高于中和层为负值，低于中和层为正值；

　　　　C_H——热压系数，主要取决于建筑物的内部阻力。

　　4. 风压和热压的综合作用

　　任何情况下，建筑物中空气渗入和渗出是同时发生的。空气渗透量的大小和方向，取决于风压和热压的代数和。图6-2.2-1为热压作用下的压差分布，压差坐标为0处是中和层，中和层以下为渗入，中和层以上为空气渗出。图6-2.2-2为风压和空气热压综合作用下压差分布，其中(a)为迎风侧的压差分布，(b)为背风侧的压差分布。在建筑物迎风侧的底层，由于风压和热压的叠加作用，形成最不利部位。这是在风压不大的情况下，如果风压超过一定量值，由于风压随高度增加较快，这时顶层又成为最不利部位。

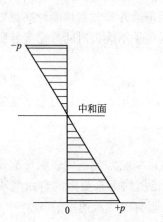

图6-2.2-1　热压作用下压差分布

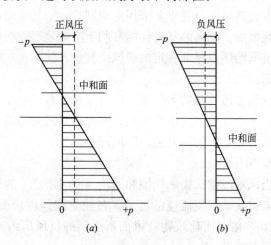

图6-2.2-2　风压和热压综合作用下压差分布
(a)迎风面；(b)背风面

　　上述计算方法为经过概括、简化后的近似估算法，由于幕墙所受到的压力差还受到所在地点遮挡条件，建筑体型物围护结构的气密程度以及幕墙布置情况等多种因素的影响，故难以得到十分准确的计算结果。而通过整栋建筑物的现场测定，据之推出经验公式，也是解决问题的方法之一。

　　5. 缝隙

　　幕墙的重要作用之一是通风换气。为了达到通风换气的目的，需要在窗上设置开启扇，当室内需要换气时，打开开启扇。开启扇在关闭时的密闭性能取决于框扇搭接处的密封，在室内测量取开启缝隙的长度之和，称为开启缝隙长度。

玻璃的镶嵌缝隙处也会产生渗漏。目前的镶嵌方式主要分两种：干法和湿法。干法是采用橡胶等材料设计成特殊断面，将玻璃卡在窗框型材上，必要时在转角处适当涂胶密封。湿法采用硅胶等材料，将玻璃粘接在窗框上。无论采取哪种镶嵌方式，都会由于型材结构、材料老化、操作水平等原因产生缝隙而渗漏，特别是采用干法镶嵌方式更易渗漏。

6. 空气渗透量的计算

建筑幕墙在压差作用下通过窗本身的缝隙产生渗透，从而影响室内环境，增加能源的消耗，这是门窗气密性能的基本概念。如何定量的判断其功能的好坏呢？根据空气动力学原理，空气在通过狭小缝隙时渗透量和作用压差的基本关系式为

$$q_0 = a \cdot \Delta P^n \tag{6-2.2-3}$$

式中　q_0——单位缝长的空气渗透率（m^3/hm）；

　　　a——缝隙空气渗透系数$[m^3/(hm \cdot Pa)^n]$；

　　　ΔP——缝隙两侧的作用压差（Pa）；

　　　n——指数值。此值和缝隙几何形状、缝隙两侧压力差大小和缝隙中气流流态等多方面因素有关。n 值在式中作用较大，它的大小决定了某类型缝隙，以至整窗缝隙渗透风量和作用压差之间的变化规律。当缝隙中气流流态为纯层流时，$n=1.0$；当气流流态为纯紊流时，$n=0.5$。因缝隙几何形状和所受压力变化很大，缝隙中气流流态多处于层流和紊流的混合状态。故 n 值多集中于 0.67 左右。

幕墙缝隙渗入室内的空气量对建筑节能与隔声都有较大的影响。据统计，由缝隙渗入室内的冷空气的耗热量达到全部采暖耗热量的 20%～40%，不可等闲视之。按照《采暖通风与空气调节设计规范》（GBJ19－87）的附录七幕墙缝隙渗入室内的冷空气的耗热量的计算公式如下：

$$Q = \alpha \cdot c_p \cdot L \cdot l \cdot (t_n - t_{wn}) \cdot \rho_{wn} m \tag{6-2.2-4}$$

式中　Q——幕墙缝隙渗入室内的冷空气的耗热量（W）；

　　　c_p——空气的定压比热容 $[1kJ/(kg \cdot ℃)]$；

　　　α——单位换算系数，对于法定计量单位，$\alpha=0.28$ 对于习用非法定单位，$\alpha=1$；

　　　L——在基准高度（10m）风压的单独作用下，通过每米幕墙缝隙进入室内的空气量（$m^3/(m \cdot h)$）；

　　　l——幕墙缝隙的计算长度（m），应分别按各朝向可开启的幕墙全部缝隙长度计算；

　　　t_n——采暖室内计算温度（℃）；

　　　t_{wn}——采暖室外计算温度（℃）；

　　　ρ_{wn}——采暖室外计算温度下的空气密度（kg/m^3）。

在《建筑幕墙空气渗透性能检测方法》GB/T 15226—94 中，则均以标准状态下单位缝长的空气渗透量 $m^3/(m \cdot h)$ 作为幕墙固定部分和开启部分气密性能的分级指标，并与 GB/T 15225—94 的空气渗透性能分级的可开启部分和固定部分相对应。在新编制的《建筑幕墙气密、水密、抗风压性能检测方法》GB/T 15227—2007 中，则采用 q_A（10Pa 作用压力差下试件单位面积空气渗透量值，$m^3/(m^2 \cdot h)$）、q_L（10Pa 作用压力差下开启部分单位缝上的空气渗透量值，$m^3/(m \cdot h)$）作为分级指标，故此，幕墙的气密性要求，以 10Pa 压力差下可开启部分的单位缝长空气渗透量和整体幕墙试件（含可开启部分）单位面积空气

渗透量作为分级指标。

开启部分气密性能分级指标 q_L 应符合表 6-2.2-1 的要求。

建筑幕墙开启部分气密性能分级　　　　　　　　　　　　表 6-2.2-1

分级代号	1	2	3	4
分级指标值 q_L(m³/m·h)	$4.0 \geqslant q_L > 2.5$	$2.5 \geqslant q_L > 1.5$	$1.5 \geqslant q_L > 0.5$	$q_L \leqslant 0.5$

幕墙整体(含开启部分)气密性能分级指标 q_A 应符合表 6-2.2-2 的要求。

建筑幕墙整体气密性能分级　　　　　　　　　　　　表 6-2.2-2

分级代号	1	2	3	4
分级指标值 q_A(m³/m²·h)	$4.0 \geqslant q_A > 2.0$	$2.0 \geqslant q_A > 1.2$	$1.2 \geqslant q_A > 0.5$	$q_A \leqslant 0.5$

《玻璃幕墙工程技术规范》(JGJ 102—2003)4.2.4 条规定，有采暖、通风、空气调节要求时，玻璃幕墙的气密性能分级不应低于 3 级。

为了更好地了解幕墙的气密性能试验和分级标准，必须注意以下几点。

(1) 区分试验状态和标准状态。试验状态是幕墙检测试验时，试件所处的环境，包括一定的温度、气压、空气密度等。标准状态则是指温度为 293K(20℃)、压力为 101.3kPa(760mm Hg)、空气密度为 1.202kg/m³ 的试验条件。每一次试验所测定的空气渗透量都要转化为标准状态下的空气渗透量。转换方法见公式(6-2.2-5)和公式(6-2.2-6)：

$$q_1 = \frac{293}{101.3} \times \frac{q_t \cdot p}{T} \qquad\qquad (6\text{-}2.2\text{-}5)$$

$$q_2 = \frac{293}{101.3} \times \frac{q_k \cdot p}{T} \qquad\qquad (6\text{-}2.2\text{-}6)$$

式中　q_1——标准状态下通过试件空气渗透量值(m³/h)；

q_2——标准状态下通过试件可开启部分空气渗透量值(m³/h)；

p——试验室气压值(kPa)；

T——试验室空气温度值(K)；

q_t——整体幕墙试件(含可开启部分)的空气渗透量(m³/h)；

q_k——试件可开启部分空气渗透量值(m³/h)。

(2) 无论试验状态或标准状态，所取的大气压力都是 100Pa，而定级标准则是 10Pa，两者之间要进行一次转化。

(3) 在《建筑幕墙空气渗透性能检测方法》GB/T 15226—94 中，幕墙气密性能的评定，固定部分和可开启部分是分开评价的，而不是采用总面积综合评定。在《幕墙气密、水密、抗风压性能检测方法》GB/T 15227—2007 中则以针对总面积的单位面积空气渗透量值和针对固定部分的单位开启缝长空气渗透量值，作为分级标准。

(4) 注意以下几个定义：

总空气渗透量：在标准状态下，每小时通过整个幕墙试件的空气流量。

附加空气渗透量：除试件本身的空气渗透量以外，通过设备和试件与测试箱连接部分的空气渗透量。

单位开启缝长空气渗透量：在标准状态下，单位时间通过单位开启缝长的空气量。

单位面积空气渗透量：在标准状态下，单位时间通过试件单位面积的空气量。

7. 节能设计标准对建筑幕墙气密性能的要求

气密性能指标应符合《民用建筑热工设计规范》GB 50176、《公共建筑节能设计标准》GB 50189、《严寒和寒冷地区居住建筑节能设计标准》JGJ 26、《夏热冬暖地区居住建筑节能设计标准》JGJ 75、《夏热冬冷地区居住建筑节能设计标准》JGJ 134 的有关规定，并满足相关节能标准的要求。一般情况可按表 6-2.2-3 确定。

建筑幕墙气密性能设计指标一般规定　　　　　　　　　表 6-2.2-3

地区分类	建筑层数、高度	气密性能分级	气密性能指标小于	
			开启部分 q_L ($m^3/m \cdot h$)	幕墙整体 q_A ($m^3/m^2 \cdot h$)
夏热冬暖地区	10 层以下	2	2.5	2.0
	10 层及以上	3	1.5	1.2
其他地区	7 层以下	2	2.5	2.0
	7 层及以上	3	1.5	1.2

注：开放式建筑幕墙的气密性能不作要求。

2.2.2　水密性能

水密性系指在风雨同时作用下，幕墙透过雨水的能力。和幕墙水密有关的气候因素主要指暴风雨时的风速和降雨强度。水密性一直是建筑幕墙设计的重要问题。经不完全的统计，在实验室中有90％幕墙样品需经修复才能通过试验。在实际工程应用中，也存在同样的问题。

自然界中，风雨交加的天气状况时有所见，尤其在我国沿海城市，台风更是常见的天气状况，雨水通过幕墙的孔缝渗入室内，会浸染房间内部装修和室内陈设物件，不仅影响室内正常活动并且使居民在心理上产生不舒适和不安全感。雨水流入窗框型材中，如不能及时排除，在冬季有将型材冻裂的可能。长期滞留在型材腔内的积水还会腐蚀金属材料、五金零件，影响正常开关，缩短幕墙的寿命，因此幕墙水密性能是十分重要的。近年来，各国高层建筑采用大面积幕墙作为外维护体系的日益增多，对水密要求不断提高，例如日本在 1966 年的 JIS 标准中所规定建筑外窗的防止雨水渗漏分级最高的为 25mm(H_2O)，而在 1976 年的修订本中提高到 50mm(H_2O)。

1. 雨水渗漏的机理

(1) 雨水渗漏的主要原因

幕墙发生雨水渗漏不外有三个要素，一是存在缝隙或孔洞；二是存在雨水；三是在幕墙缝隙或孔洞的两侧存在压力差。我们要防止雨水渗漏便必须使上述三个要素不同时存在。所以幕墙缝隙的几何形状、尺寸和暴露状况，雨量的大小，幕墙内外压力差等都直接影响水密性能的好坏。

(2) 雨幕原理

雨幕原理是建筑防水设计的一个原理，它假定墙体外表面为一层"幕"，研究如何阻止雨水或雪融水透过这层幕的机理。它的研究范围包括：缝隙或孔洞影响、重力作用、毛细作用、表面张力的影响、风运动能的影响、压力差的作用等。经过多年的研究完善，开发出合理的解决方案，达到成功阻止水渗漏的目的。表 6-2.2-4 是应用雨幕原理解决实际问题示意图。

表 6-2.2-4

雨水渗漏的原因及其对策

重力：雨水下落的过程中遇到倾斜的缝隙直接流入室内		对策：采用向上倾斜的缝隙或增加挡水台阶	
张力：雨水下落的过程中沿流经材料表面的张力		对策：在缝隙上部采用滴水檐口	
毛细现象：缝隙较小时会产生毛细现象		对策：加大缝隙宽度或局部空腔雨水流入室内	
运动：雨水下落的过程中因风速带动雨水进入缝隙		对策：在缝隙中设置迷宫式结构消耗水滴的动能	
压差：雨水下落的过程中因风力引起的室内外压差		对策：利用等压原理消除压差	

（3）等压原理及其应用

因压力差引起的雨水渗漏，在以上五种渗漏中是最严重的，当室外压力 P_1 大于室内压力 P_2 时，室内侧水面上升，上升的高度 H 与压差一致，当 ΔP 采用毫米水柱压力单位时，其压力值就是水面上升的高度 H（毫米）（见图 6-2.2-3）。当 H 大于型材挡水高度时就会发生渗漏解决的办法是减少室内外压差，通常设计等压腔或导压孔来解决，幕墙采用的等压结构如图 6-2.2-4 所示。

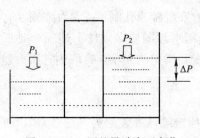

图 6-2.2-3　压差导致水面变化

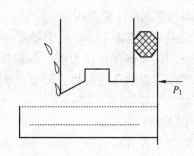

图 6-2.2-4　常用的等压结构

2. 幕墙水密性能指标的确定

幕墙水密性能指标应按如下方法确定。

(1)《建筑气候区划标准》GB 50178 中，III_A 和 IV_A 地区，即热带风暴和台风多发地区按公式(6-2.2-7)计算，且固定部分不宜小于 1000Pa，可开启部分与固定部分同级。

$$P = 1000\mu_z\mu_c w_0 \qquad (6\text{-}2.2\text{-}7)$$

式中　P——水密性能指标(Pa)；

　　μ_z——风压高度变化系数，应按 GB 50009 的有关规定采用；

　　μ_c——风力系数，可取 1.2；

　　w_0——基本风压(kN/m^2)，应按 GB 50009 的有关规定采用；

(2) 其他地区可按(1)条计算值的 75% 进行设计，且固定部分取值不宜低于 700Pa，可开启部分与固定部分同级。

有水密性要求的建筑幕墙在现场淋水试验中，不应发生水渗漏现象。开放式建筑幕墙的水密性能可不作要求。

3. 幕墙水密性能分级

幕墙在风雨同时作用下应保持不渗漏。以雨水不进入幕墙内表面的临界压力差 P 为水密性能的分级值，见表 6-2.2-5。幕墙雨水渗漏试验的淋水量为 $4L/(min \cdot m^2)$。

雨水渗透性能分级值(Pa)　　　　　表 6-2.2-5

分级代号		1	2	3	4	5
分级指标值 ΔP(Pa)	固定部分	$500 \leqslant \Delta P$ <700	$700 \leqslant \Delta P$ <1000	$1000 \leqslant \Delta P$ <1500	$1500 \leqslant \Delta P$ <2000	$\Delta P \geqslant 2000$
	可开启部分	$250 \leqslant \Delta P$ <350	$350 \leqslant \Delta P$ <500	$500 \leqslant \Delta P$ <700	$700 \leqslant \Delta P$ <1000	$\Delta P \geqslant 1000$

注：1. 5 级时应同时标注 ΔP 的测试值。如：属 5 级(2100Pa)；

　　2. 波动压以平均值作为分级值。

4. 国内外有关幕墙水密性能试验的概况

国内外的水密性试验，从试验的场所来看主要分为试验室试验和现场试验两种，从加压的形式和程序来分主要有稳定加压和循环加压两种，具体可参考我国规范对幕墙性能检测加压程序的规定。目前我国关于幕墙现场水密性试验还没有系统的规程，多采用国外的(主要是美国及欧洲标准)规范进行试验。典型的美国规范对幕墙、幕墙的设计和测试都是只考虑一个一次性施加的设计风荷载，该荷载用一个适当的安全系数进行增大。这个设计风荷载是基于结构设计寿命中实际平均重现率为一次的风速度得到的。我国水密性能试验的设计风荷载一般按《玻璃幕墙工程技术规范》(JGJ 102—2003)的 4.2.5 条确定。

(1) 常见水密性试验种类

1) 水膜试验

自然界中，风雨交加的状态时有所见，对中、高层建筑物来说，产生的影响是不同的，相比之下，高层建筑的影响更大，由于雨水落到建筑外壁后，会沿着外壁向下流淌，因此同样的风压和降雨量，高层建筑的下部分会比上部分承受更多水量，更容易发生渗漏。为了模拟自然界的这种条件，在日本开始了水膜试验，具体的淋水的方法是：①正常的水平方向的喷淋；②叠加线喷淋，在幕墙试件的上部，以 $10L/(m \cdot min)$ 的水平管道连续对试件进行喷淋，在幕墙试件的表面形成较厚的水膜，观察幕墙试件的渗漏状况。

水膜试验没有标准可依，一般根据建筑师的要求进行，甚至淋水量也由建筑师指定。

2）现场淋水试验

在国外，由于大量采用单元式幕墙技术，而且，多半自下而上进行安装，为了确保幕墙的安装质量，每安装几个层高即进行喷水试验，发现漏水，及时采取措施进行修补，直到确认无任何渗漏，再继续进行下一步安装，因此，单元式幕墙一旦安装完毕，水密性能基本可以得到保证。

3）局部暴风试验

在欧洲和日本，均有局部暴风试验，用来测试幕墙试件在较高风速（较大风压）条件下的渗漏状况。

4）动态水密性能试验

以美国 AAMA501 标准为测试依据，利用飞机的螺旋桨、轮船的推进器或较大功率的**轴流风机**作为供风设备，有时为了满足指定测试挠度的需要，还可以利用普通风机作为辅**助**设备，采用外喷淋的方法，模拟自然界风雨交加的条件，测试幕墙系统的防水能力。

测试数据统计表明，与静压箱方法实现的波动加压水密性能试验比，动态水密性能试验**容易**通过，但对于单元式幕墙，动态水密性能试验可能会测试失败，原因是风的流动可能会**将**水逼进等压腔，由于排水系统设计容量的限制，不能及时将水排除，造成幕墙水密失效。

（2）常见幕墙水密性能检测标准的介绍

1）国内标准

我国玻璃幕墙水密性的试验方法依照"建筑幕墙气密、水密、抗风压性能检测方法"进行，该标准适用于各种材料的幕墙形式，如玻璃幕墙、石材幕墙、铝材幕墙等。检测可分别采用稳定加压法或波动加压法。工程所在地为热带风暴和台风地区的工程检测，应采用波动加压法；定级检测和工程所在地为非热带风暴和台风地区的工程检测，可采用稳定加压法。已进行波动加压法检测可不再进行稳定加压法检测。热带风暴和台风地区的划分按照 GB 50178 的规定执行。

稳定加压的最大压差可达到 2000Pa，淋水量为 $3L/(m^2 \cdot min)$。

波动加压的最大压差可达到 2500Pa，淋水量为 $4L/(m^2 \cdot min)$。

水密性能最大检测压力峰值应不大于抗风压安全检测压力值 P_3。

2）国外标准的一般介绍

常用的国外幕墙水密性试验标准如表 6-2.2-6 所列。

部分国外水密性试验标准　　　　　　　　　　　　　　　　　　表 6-2.2-6

	检测项目	领域代码	检测标准名称及编号
1	标准静态压力差下雨水渗漏	327	标准静态压力差下外窗、天窗、门及幕墙雨水渗漏的标准测试方法 ASTM E331-2000
2	循环静压力差下雨水渗漏	327	循环静压力差下外窗、天窗、门及幕墙雨水渗漏的标准测试方法 ASTM E547-2000
3	在均匀或周期性静空气压力差作用下水密性的现场测定方法	327	关于已安装的外窗、天窗、门和幕墙，在均匀或周期性静空气压力差作用下的水密性的现场测定方法 ASTM E1105-2000
4	水密现场试验方法	327	外窗幕墙试验方法 AAMA 501-94

　　标准静态压力差下外窗、天窗、门及幕墙雨水渗漏的标准测试方法(ASTM E331-2000)，本测试标准包括当喷水于外窗、幕墙天窗和门的室外测表面和外露边缘，同时施加外侧高于室内侧的标准静态压力差时其抵抗水渗漏性能的确定方法。试验中，标准静态压力差为 137Pa，15 秒内施加压力差并保持此压力差，同时保持喷淋的速率 3.4L/m² · min，进行 15 分钟。

　　循环静态压力差下外窗、天窗、门及幕墙雨水渗漏的标准测试方法(ASTM E547-2000)，本测试标准包括当喷水于外窗、幕墙天窗和门的室外测表面和外露边缘，同时施加外侧高于室内侧的循环静态压力差时其抵抗水渗漏性能的确定方法。试验中，循环静态压力差的峰值为 137Pa，15 秒内施加压力差并保持此压力差，同时保持喷淋的速率 3.4L/m² · min，进行时间的长短由规范或指定者规定，然后保持喷水，在不少于 1 分钟的时间内将压力减小到零。

　　以上过程为一个周期，周期的测试持续时间不能少于 5 分钟。任何情况下，循环静态压力试验都不能少于两个测试周期，总的试验时间不能少于 15 分钟。

　　关于已安装的外窗、天窗、门和幕墙，在均匀或周期性静空气压力差作用下的水密性的现场测定方法(ASTM E1105-2000)，本测定方法包括已确定安装的外窗、幕墙、天窗和门对水渗透的阻力。当用在外表面和暴露边缝的同时，又有静空气压力作用在外表面上，其值高于作用于内表面的压力。这是一种现场试验方法，试验的程序分为两个步骤：第一步的加压与淋水过程与标准静态压力差下外窗、天窗、门及幕墙雨水渗漏的标准测试方法(ASTM E331-2000)相同；第二步的加压与淋水过程与循环静态压力差下外窗、天窗、门及幕墙雨水渗漏的标准测试方法(ASTM E547-2000)相同。

　　外窗幕墙试验方法 AAMA 501-94，是一种用于外幕墙、幕墙的动态水密性能的试验方法，试验采用的测试压力要求在试件上产生的变形，达到幕墙框架和构件所需要的平均挠度。喷淋的速率 3.4L/m² · min，进行 15 分钟。对于试验采用的压力 AAMA 501-94 认为，有待试验测定(见 AAMA 501-94，4.3.1 条)，是否根据挠度变形来定，有待进一步的查证。

　　值得参考的是，在 AAMA 501-94(外墙试验方法)的 4.2 条，指定了标准静态压力差下的水密性能试验的加压标准：试验采用的压力差为试件风荷载设计值的 0.2 倍，但不低于 299Pa，也不高于 575Pa。

　　总之，AAMA 501-94 对动态水密试验的加载风压似乎缺少详细的介绍。因此，不妨参照欧洲标准 EN13050 的方法：试验中，通过鼓风机在试件表面产生的最大测试压力为最大设计风压的 0.375 倍，最小测试压力为设计风压的 0.125 倍；风管外 20mm 处，中心风速 30m/s，75% 以上的测量区域的最小风速不小于 20m/s，在所有测量区域任何一点的最小风速不小于 8m/s。风管末端距离试验的距离为 650±50mm。

2.2.3　抗风压性能

　　抗风压变形性能是指可开启部分处于关闭状态时，幕墙在风压(风荷载标准值)作用下，变形不超过允许值且不发生结构损坏(如：裂缝、面板破损、局部屈服、五金件松动、开启功能障碍、粘结失效等)的能力，和幕墙风压变形有关的气候参数主要为风速值和相应的风压值。对于幕墙这种薄壁外围护构件，既需考虑长期使用过程中，保证其在平均风荷载作用下正常功能不受影响，又要注意到在阵风袭击下不受损坏，保证安全。

1. 风对幕墙的作用

风荷载是结构的重要设计荷载，是建筑玻璃幕墙体系的主要侧向荷载之一。通常的建筑幕墙作为建筑外围护结构，不承担建筑物的重力荷载。当风以一定的速度向前运动遇到幕墙结构阻碍时，幕墙结构就承受了风压。在顺风向，风压常分成平均风压和脉动风压，前者使幕墙体系受到一个基本上比较稳定的风压力，后者则使结构产生风致振动（见图 6-2.2-5）。因此，风对于幕墙的作用具有静力、动力双重性。风的静力作用大多是顺风向的，但是动力作用却不一定。结构在风作用下不仅会产生顺风向振动，而且往往还伴随有横向振动和扭转振动。此外，当涡流脱落不对称时，横风向振动会引发涡流激振现象。因此，幕墙结构的风压和风振的分析和计算，是幕墙设计的重要环节。

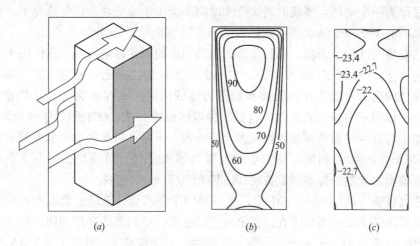

图 6-2.2-5　建筑表面的风压分布
（a）建筑周围的风场；（b）迎风面 Cp 分布；（c）背风面 Cp 分布

风的作用在建筑物表面上的分布是很不均匀的，它取决于建筑物的表面形状、立面体型和高宽比，通常在迎风面上产生风压力，在侧风面和背风面产生风吸力。迎风面的风压力在建筑的中部最大，侧风面和背风面的风吸力在建筑物的角区最大。同时由于建筑物内部结构的不同，在内部也可能产生正风压、负风压，导致在同一时间幕墙受到正、负压复合作用。风压的作用结果可使幕墙及杆件变形，拼接缝隙变大，降低气密、水密性能。当风荷载产生的压力超过其承受能力时，可产生永久变形、玻璃破碎、五金零件损坏等，甚至发生开启扇脱落等安全事故。为了维持正常的使用功能，不发生损坏，幕墙必须具有承受风荷载作用的能力，我们用抗风压性能来表示。为了探讨抗风压性能的机理，首先要从基础的风压说起。

风是由于空气从气压大的方向向压力小的地方流动产生的。不同的风有不同的特征，一般风力强度用风速来表达，常用的有蒲福风速表，将其分为 18 个等级，也称为蒲氏风级表，风的级别与风速的对应关系见表 6-2.2-7。

蒲 氏 风 级 表　　　　　　　　　　　表 6-2. 2-7

风力等级	名称	距地 10m 高处相当风速	风力等级	名称	距地 10m 高处相当风速
0	静	0～0.2	9	烈风	20.8～24.4
1	软	0.3～1.5	10	狂风	24.5～28.4
2	轻	1.6～3.3	11	暴风	28.5～32.6
3	微	3.4～5.4	12	台风(飓风)	32.7～36.9
4	和	5.5～7.9	13	—	37.0～41.4
5	清	8.0～10.7	14	—	41.5～46.1
6	强	10.8～13.8	15	—	46.2～50.9
7	疾风	13.9～17.1	16	—	51.0～56.0
8	大风	17.2～20.7	17	—	56.1～61.2

在进行门窗强度设计计算时，风力作用的大小以风压表示，风压是指在风力作用下垂直于风向平面上所受到的压强，其单位是 Pa(N/m²)。低速流动的空气可作为不可压缩的流体看待，对于不可压缩的理想流体质点作稳定运动时，伯努利方程给出风压和风速的关系为：

$$W_0 = \frac{1}{2}\rho v^2 = \frac{rv^2}{2g} \tag{6-2.2-8}$$

式中　W_0——风压(Pa)；

　　　r——空气容重(kg/m³)；

　　　v——风速(m/s)；

　　　g——重力加速度(m/s²)。

其中，重力加速度 g 和空气容重 r 因地理位置而变化。在标准大气压 101.325kPa (760mmHg)，常温 15℃时，干空气密度为 0.012018kN/m³，纬度 45°处海平面上的重力加速度为 9.8m/s²，计算得到公式：

$$\frac{r}{2g} = \frac{1}{1630} \approx \frac{1}{1600} \quad 称为风压系数 \tag{6-2.2-9}$$

公式(6-2.2-9)适用于内陆海拔高度 500m 以下地区，根据现行荷载规范上取风压系数为 1/1600 则风压与风速的关系为：

$$W = \frac{1}{1600} \times v^2 \quad (kN/m^2) \tag{6-2.2-10}$$

表 6-2.2-8 列出国内主要城市的风压系数表：

我国主要城市的风压系数表　　　　　　　　　表 6-2. 2-8

地区	城市	海拔高度(m)	风压系数(kNs²/m⁴)
东南沿海	南京	61.5	1/1680
	珠海	77.0	1/1680
	上海	5.0	1/1700
	杭州	7.2	1/1700
	福州	88.4	1/1730
	广州	6.3	1/1700
	海口	17.6	1/1700

续表

地区	城市	海拔高度(m)	风压系数(kNs²/m⁴)
内陆平原	天津	16.0 ·	1/1640
	汉口	22.8	1/1580
	徐州	34.3	1/1630
	沈阳	41.6	1/1610
	北京	52.3	1/1590
	济南	55.1	1/1580
	哈尔滨	145.1	1/1600
内陆高原	贵阳	1071.2	1/1860
	昆明	1891.3	1/2000
	昌都	3176.4	1/2500
	日喀则	3800.0	1/2600

　　风速还与高度有关，随着地面距离的增高，风速逐渐加大，其变化量用高度系数来表示，为了统一计算方法，建筑荷载规范 GB 50009 规定采用距地面 10m 高处的风速为基本风速。由于基本风速是随时变化的，根据当地的气象资料，取 50 年一遇的最大 10 分钟平均风速计算出该地区的基本风压。显然统计时间的长短对风速取值影响很大，英国、加拿大采用 1 小时平均风速，ISO 标准则采用 10 分钟平均风速，国际上一般趋向于采用 10 分钟。

　　根据风压—风速的关系式(6-2.2-8)，可以计算出常用的动风压检测时对应的压力，气密检测时 100Pa，风速为 12.6m/s，相当蒲氏风级 6 级；水密检测时 500Pa，风速为 28.3m/s，相当蒲氏风级 10 级；强度检测时 3.5kPa，对应风速为 75m/s，相当蒲氏风级 17 级以上。

　　2. 风荷载的标准值计算

　　对于主要承重结构，风荷载的标准值的表达常采用平均风压乘以风振系数的形式，即采用风振系数 β_z，它综合考虑了结构在风荷载作用下的动力响应，其中包括风速随时间、空间的变异性和结构的阻尼特性等因素。

　　对于围护结构，由于其刚性一般较大，在结构效应中可不必考虑其共振分量，此时可仅在平均风压的基础上，近似考虑脉动风瞬间的增大因素，通过阵风系数 β_{gz} 来计算其风荷载。

　　依据《建筑结构荷载规范》GB 50009，当计算主要承重结构时，w_k 可按公式(6-2.2-11)计算：

$$w_k = \beta_z \mu_s \mu_z w_0 \tag{6-2.2-11}$$

式中　　w_k——风荷载标准值；

　　　　β_z——高度 Z 处的风振系数；

　　　　μ_s——风荷载体型系数；

　　　　μ_z——风压高度变化系数；

　　　　w_0——基本风压。

　　当计算围护结构时，风荷载的标准值 w_k 可按公式(6-2.2-12)计算：

$$w_k = \beta_{gz} \mu_{sl} \mu_z w_0 \tag{6-2.2-12}$$

式中　w_k——风荷载标准值；

　　　β_{gz}——高度 z 处的阵风系数；

　　　μ_{sl}——风荷载局部体型系数；

　　　μ_z——风压高度变化系数；

　　　w_0——基本风压。

幕墙的面板及横梁和立柱，一般跨度较小，刚度较大，自振周期短，阵风的影响比较大，故依照玻璃幕墙工程技术规范(JGJ 102)采用公式(6-2.2-12)计算。而对于跨度较大的支承结构，其承载面积较大，阵风的瞬时作用相对较小，但由于跨度大、刚度小、自振周期相对较长，风致振动为主要影响因素，可通过风振系数 β_z 加以考虑，采用公式(6-2.2-11)。

(1) 基本风压 W_0

基本风压为当地比较空旷平坦的地面上，离地 10m 高处统计所得的 50 年一遇 10min 平均年最大风速 v_0(m/s) 为标准确定的风压值。对于基本风压的大小可参照现行国家标准《建筑结构荷载规范》GB 50009 的规定采用。需要说明的是，对于属于围护结构的玻璃幕墙一般采用 50 年的重现期。

(2) 风压高度变化系数 μ_z

在大气边界层内，风速随离地面高度而变化，平均风速沿高度的变化规律，称为平均风速梯度，也常称为风剖面，它是风的重要特性之一。由于受地表摩擦的影响，使接近地表的风速随着离地面高度的减小而降低。只有离地 300~500 米以上的地方，风才不受地表的影响，能够在气压梯度作用下自由流动，从而达到所谓梯度速度，出现这种速度的高度叫梯度风高度。梯度风高度以下的近地面层也称为摩擦层。地表粗糙度不同，近地面层风速变化的快慢也不相同，因此即使同一高度，不同地表的风速值也不相同。

因为风压与风速的平方成正比，因而风压沿高度的变化规律是风速的平方。设任意高度处的风压与 10 米高度处的风压之比为风压高度变化系数，对于任意地貌，前者用 w_a 来表示，后者用 w_{0a} 来表示，见公式(6-2.2-13)；对于空旷平坦地区的地貌 w_a 改用 w，w_{0a} 改用 w_0 表示，见公式(6-2.2-14)。

$$\mu_{za}(z) = \frac{w_a}{w_{0a}} \tag{6-2.2-13}$$

$$\mu_{za}(z) = \frac{w}{w_0} \tag{6-2.2-14}$$

风压沿高度的变化规律由风压高度变化系数 μ_z 确定见表 6-2.2-10，它由地面的粗糙程度(见表 6-2.2-9)和离地面高度确定。

地面粗糙度类别的规定　　　　　　　　　　　　　　　　表 6-2.2-9

地面粗糙度类别	所在地区
A	近海海面和海岛、海岸、湖岸及沙漠地区
B	田野、乡村、丛林、丘陵以及房屋比较稀疏的乡镇
C	有密集建筑群的城市市区
D	有密集建筑群且房屋较高的城市市区

风压高度变化系数 μ_z

表 6-2.2-10

离地面或海平面高度(m)	地面粗糙度类别			
	A	B	C	D
5	1.09	1.00	0.65	0.51
10	1.28	1.00	0.65	0.51
15	1.42	1.13	0.65	0.51
20	1.52	1.23	0.74	0.51
30	1.67	1.39	0.88	0.51
40	1.79	1.52	1.00	0.60
50	1.89	1.62	1.10	0.69
60	1.97	1.71	1.20	0.77
70	2.05	1.79	1.28	0.84
80	2.12	1.87	1.36	0.91
90	2.18	1.93	1.43	0.98
100	2.23	2.00	1.50	1.04
150	2.46	2.25	1.79	1.33
200	2.64	2.46	2.03	1.58
250	2.78	2.63	2.24	1.81
300	2.91	2.77	2.43	2.02
350	2.91	2.91	2.60	2.22
400	2.91	2.91	2.76	2.40
450	2.91	2.91	2.91	2.58
500	2.91	2.91	2.91	2.74
≥550	2.91	2.91	2.91	2.91

（3）风荷载体型系数 μ_s

风荷载体型系数(μ_s)是指风作用在建筑物表面上所引起的实际压力(或吸力)与来流风的速度压的比值，它描述的是建筑物表面在稳定风压作用下的静态压力的分布规律，主要与建筑物的体型和尺度有关，而与空气的动力作用无关。依据国内外的试验资料和规范建议，我国《建筑结构荷载规范》GB 50009 表 7.3.1 列出了 38 项不同类型的建筑物和各类结构体型及其体型系数，但是这种体型系数主要是用于结构整体设计和分析的，对于幕墙结构分析常常采用局部风压体型系数。因此，在进行主体结构整体内力与位移计算时，对迎风面与背风面取一个平均体型系数；当验算幕墙一类围护结构的承载能力和刚度时，应按最大的局部体型系数来考虑。

（4）风荷载局部体型系数 μ_{sl}

幕墙规范 JGJ 102—96 认为竖直幕墙外表面体型系数可按 ±1.5 取用，现行幕墙规范 JGJ 102—2003 则要求按国家标准《建筑结构荷载规范》GB 50009 采用，这与以前的规范有一定的区别。按照《建筑结构荷载规范》GB 50009 计算围护结构的规定，幕墙的抗风分析应采用风荷载局部体型系数，其中：

1）外表面

① 正压区，与一般建筑物相同，竖直幕墙外表面可取 0.8。

② 负压区，由于风荷载在建筑物表面分布时不均匀，在檐口附近、边角部位较大，根据风洞试验和国外的有关资料，在上述区域风吸力系数可取-1.8，其余墙面可考虑-1.0。

2）内表面

对封闭式建筑物，按外表面风压的正、负情况，取-0.2 或 0.2。

JGJ 102—2003 中 5.3.2 条文说明指出，风荷载在檐口附近、边角部位较大，该区域吸力系数可取-1.8，其余墙面可考虑-1.0；由于围护结构有开启的可能，所以还应考虑室内压-0.2。所以，幕墙风荷载体型系数可分别按-2.0 和-1.2 采用。

（5）风振系数 β_z

参考国内外规范及我国抗风工程设计理论研究的实践情况，当结构基本自振周期 $T \geqslant 0.25s$ 时，以及高度 $H>30m$ 且高宽比 $H/B>1.5$ 的高柔房屋，由风引起的振动比较明显，因而随着结构自振周期的增长，风振也随着增强，因此在设计中应考虑风振的影响。

对于房屋结构，仅考虑第一振型，采用风振系数 β_z 来考虑风振的影响，建筑结构在 Z 高度处的风振系数 β_z 可按公式（6-2.2-15）计算：

$$\beta_z = 1 + \frac{\xi v \varphi_z}{\mu_z}$$
(6-2.2-15)

式中　ξ——脉动增大系数；

　　　v——脉动影响系数；

　　　φ_z——振型系数；

　　　μ_z——风压高度变化系数。

（6）阵风系数 β_{gz}

阵风系数是瞬时风压峰值与 10min 平均风压（基本风压 W_0）的比值，取决于场地粗糙度类别和建筑物高度。计算围护结构的风荷载，考虑瞬间风压的阵风风压作用，依据《建筑结构荷载规范》GB 50009，β_{gz} 由离地面高度 Z 和地面粗糙度类别确定，见表 6-2.2-11，这与以前规范、资料（JGJ 102—96）中取 2.25 有很大的差别。

阵风系数 β_{gz}　　　　　表 6-2.2-11

离地面高度（m）	地面粗糙度类别			
	A	B	C	D
5	1.65	1.70	2.05	2.40
10	1.60	1.70	2.05	2.40
15	1.57	1.66	2.05	2.40
20	1.55	1.63	1.99	2.40
30	1.53	1.59	1.90	2.40
40	1.51	1.57	1.85	2.29
50	1.49	1.55	1.81	2.20
60	1.48	1.54	1.78	2.14
70	1.48	1.52	1.75	2.09

离地面高度(m)	地面粗糙度类别			
	A	B	C	D
80	1.47	1.51	1.73	2.04
90	1.46	1.50	1.71	2.01
100	1.46	1.50	1.69	1.98
150	1.43	1.47	1.63	1.87
200	1.42	1.45	1.59	1.79
250	1.41	1.43	1.57	1.74
300	1.40	1.42	1.54	1.70
350	1.40	1.41	1.53	1.67
400	1.40	1.40	1.51	1.64
450	1.40	1.41	1.50	1.62
500	1.40	1.41	1.50	1.60
550	1.40	1.41	1.50	1.59

3. 建筑幕墙的抗风压性能及分级

通常幕墙受到风压作用后，有可能产生两类情况：第一类是功能或性能改变，如变形引起的气密、水密等性能降低，幕墙的配件、零附件等损坏，改变了幕墙的正常使用功能。不同的幕墙结构、安装方式、安装位置等产生的变形比较复杂，导致的后果也不同，为了统一综合评定门窗在风荷载作用下的性能，现行标准规定以门窗受到风荷载作用时的主要受力杆件面法线挠度——即杆件在窗面法线方向上最大线位移量和两端线位移量平均值的差值为临界值表征。达到上述临界值时的压力值为正常功能荷载或检测荷载压力值。第二类是损坏，包括变形引起的气密、水密等项性能降低至最低等级以下，构件、镶嵌材料变形导致主要材料发生破坏，使幕墙失去正常使用功能，甚至危及人身安全；幕墙的配件、零附件损坏，使窗失去正常使用功能以及产生过大的残余变形，影响幕墙的正常使用功能。建筑幕墙的抗风压性能以幕墙窗产生残余留变形、五金件失灵、玻璃破裂或型材破坏等现象，作为失去基本安全性能的判定依据。此时对应的荷载为风荷载标准值，即以三秒瞬间最大阵速风压作为设计或检测压差值。

（1）面法线挠度与分级指标

在建筑幕墙的抗风压试验中，试件受力构件或面板表面上任意一点沿面法线方向的线位移量，称为面法线位移(frontal displacement)。试件受力构件或面板表面上某一点沿面法线方向的线位移量的最大差值，称为面法线挠度。试验中，面法线挠度和两端测点间距离 L 的比值，就称为相对面法线挠度，主要构件在正常使用极限状态时的相对面法线挠度的限值称为允许挠度 (f_0)。新修订的建筑幕墙试验方法标准是按照试验通过 $f_0/2.5$ 所对应的风荷载来确定 P_1 值，然后换算到 $P_3 = 2.5 P_1$ 来进行幕墙抗风压性能分级（在94版的检测方法标准中是按照二分之一允许挠度来计算 P_1 值）。不同支承形式的幕墙的允许挠度见表6-2.2-12。

幕墙支承结构、面板相对挠度和绝对挠度要求　　　　　　　表 6-2.2-12

支承结构类型		相对挠度（L 跨度）	绝对挠度（mm）
构件式玻璃幕墙 单元式幕墙	铝合金型材	$L/180$	20(30)
	钢型材	$L/250$	20(30)
	玻璃面板	短边距/60	—
石材幕墙 金属板幕墙 人造板材幕墙	铝合金型材	$L/180$	—
	钢型材	$L/250$	—
点支承玻璃幕墙	钢结构	$L/250$	—
	索杆结构	$L/200$	—
	玻璃面板	长边孔距/60	—
全玻璃幕墙	玻璃肋	$L/200$	—
	玻璃面板	跨距/60	—

注：括号内数据适用于跨距超过 4500mm 的建筑幕墙产品。

在线性结构假设的前提下，结构的挠度和荷载就存在着一一对应的关系，建筑幕墙的抗风压试验正是利用挠度所对应的荷载来进行幕墙抗风压性能的分级的。但是必须注意到，工程检测和定级检测所采用的最大风压值是不一样的。在定级检测中，P_3 对应着幕墙结构变形的允许挠度 f_0，这个 P_3 也同样对应着幕墙抗风压性能的分级指标；而在工程检测时，则采用风荷载标准值 W_k 作为衡量标准，要求"在风荷载标准值作用下对应的相对面法线挠度小于或等于允许挠度 f_0"。由此可见：

工程检测的 P_3 必定满足：$P_3 \geqslant w_k$，w_k 为风荷载标准值；

安全检测的挠度 f 必须满足：$f_0 \geqslant f$，才认为幕墙产品符合安全检测的要求。

定级检测的 P_3 对应于 f_0，f_0 是由幕墙的形式、材料来决定的，而由于不同幕墙支承结构设计的差异，通过检测 $f_0/2.5$ 来推算 P_3 所得到的值又会产生差异，因此 P_3 的值对于不同工程采用的幕墙都是不一样的；而安全检测采用的 P_3（区别前面的 P_3）就是风荷载标准值 w_k，是与幕墙的材料及形式无关的，仅与幕墙所在建筑的地域、地貌及幕墙在建筑上的相对位置而定。

对于定级试验中定级指标的确定，通常有以下两种方法：

① 试验通过 $f_0/2.5$ 所对应的风荷载来确定 P_1 值，然后换算到 $P_3 = 2.5 P_1$ 来进行幕墙抗风压性能分级，这种做法的前提是结构线性的假设。这也是规范规定的方法。

② 通过试验使幕墙构件的挠度达到 f_0，直接测定 P_3 的值。

对于柔性支承点支式玻璃幕墙，建议采用方法②，否则由于结构非线性性能的影响，而通过方法①得到的定级结果将高于幕墙的实际抗风压性能。

试验中，幕墙面法线挠度测量时，典型框架式幕墙的主要受力构件比较容易判断，对于其他如带玻璃肋的全玻璃幕墙、采用钢桁架或索支承体系的点支承玻璃幕墙等，其位移计布置示例如图 6-2.2-6～图 6-2.2-9 所示。

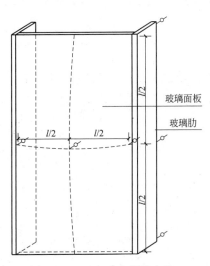

图 6-2.2-6　全玻璃幕墙玻璃
面板位移计布置示意

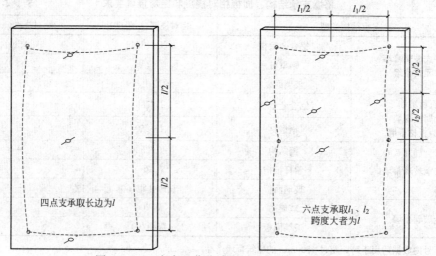

图 6-2.2-7　点支承幕墙玻璃面板位移计布置示意

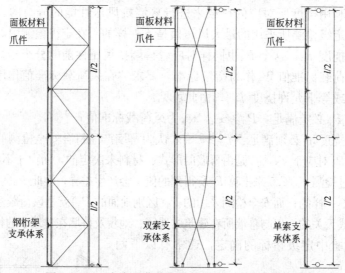

图 6-2.2-8　点支承幕墙支承体系位移计布置示意图

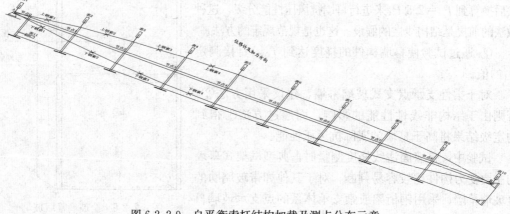

图 6-2.2-9　自平衡索杆结构加载及测点分布示意

（2）抗风压性能分级

幕墙抗风压性能分级值应符合 GB/T 21086 规定，如表 6-2.2-13 所列。

幕墙风压性能分级值（kPa）　　　　　　　　　　　表 6-2.2-13

分级代号	1	2	3	4	5	6	7	8	9
分级指标值 P_3/kPa	$1.0{\leqslant}P_3$ <1.5	$1.5{\leqslant}P_3$ <2.0	$2.0{\leqslant}P_3$ <2.5	$2.5{\leqslant}P_3$ <3.0	$3.0{\leqslant}P_3$ <3.5	$3.5{\leqslant}P_3$ <4.0	$4.0{\leqslant}P_3$ <4.5	$4.5{\leqslant}P_3$ <5.0	$P_3{\geqslant}5.0$

注：1. 9 级时需同时标注 P_3 的实测值，如：属 9 级（5.2kPa）；

2. 分级指标值 P_3 为正、负风压测试值绝对值的较小值；

3. 表中分级值 P_3 与安全检测压力值相对应，表示在此风压作用下，幕墙受力构件的相对挠度值应在 $L/180$ 以下，其绝对值在 20mm 以内，如绝对挠度值超过 20mm 时，以 20mm 所对应的压力值为分级值。

2.2.4　平面内变形性能

平面内变形性能是指幕墙抵抗主体结构的随动变形的能力。主体结构在地震荷载、风荷载作用下，产生层间变位，并把这种变形通过幕墙的连接件、支承体系传递到幕墙面板上，因此建筑幕墙系统平面内变形的能力主要包括以下两个方面：①幕墙面板系统与主体结构的连接体系对层间变位的释放能力；②幕墙面板系统对平面内变形作用的抵抗能力（见图 6-2.2-10 和图 6-2.2-11）。

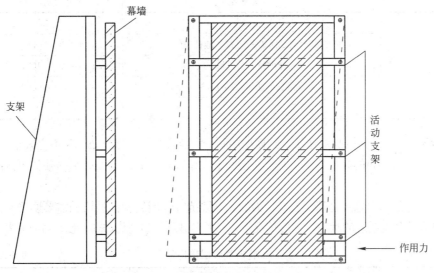

图 6-2.2-10　连续平行四边形示意

平面内变形性能是衡量幕墙抗震性能的主要指标。建筑幕墙平面内变形性能以建筑幕墙层间位移角为性能指标。在非抗震设计时，指标值应不小于主体结构弹性层间位移角控制值；在抗震设计时，指标值应不小于主体结构弹性层间位移角控制值的 3 倍。幕墙的抗震要求，应与 GB 50011 三水准抗震设防目标相一致：当遭受低于本地区抗震设防烈度的多遇地震影响时（相当于比设防烈度低 1.5 度，大约 50 年一遇），一般不受损坏或不需修理可使用；在设防烈度地震作用下（大约 200 年一遇），幕墙不应有严重破坏，一般经修理后仍可使用；在罕遇地震作用下（相当于比设防烈度高 1.0 度，大约 1500～2000 年一遇），

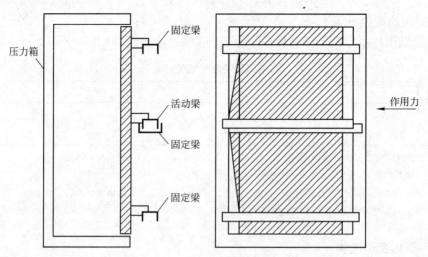

图 6-2.2-11　对称变形方式试验示意

幕墙骨架不得脱落、倒塌。

建筑幕墙的抗震变形设计和 GB 50011—2010《建筑抗震设计规范》中的弹性位移角限值(表 6-2.2-14)都是针对多遇地震(小震、或称常遇地震)作用。

弹性层间位移角限值 $[\theta_e]$　　　　　　　表 6-2.2-14

高度(m)	结构类型	弹性层间位移角 $[\theta_e]$
≤150m	框架	1/550
	框架-剪力墙、框架-核心筒、板柱-剪力墙	1/800
	筒中筒、剪力墙	1/1000
	除框架结构外的转换层	1/1000
	多、高层钢结构	1/250

高度不小于 250m 的高层建筑,其楼层层间最大位移与层高之比 $\Delta u/h$ 不宜大于 1/500。高度在 150～250m 之间的高层建筑,其楼层层间最大位移与层高之比 $\Delta u/h$ 的限值可按线性插入取用。

抗震设计的基本思想是基于建筑行为的,幕墙抗震性能的验证性试验需要明确不同级别的荷载所对应的幕墙系统的状态。一般情况下,试验荷载和建筑行为(试验现象)对应见表 6-2.2-15。

试验荷载和试验现象　　　　　　　表 6-2.2-15

荷载级别	基本要求	具体试验现象
1 倍弹性层间位移角限值(小震)作用	不坏	石材表面无裂纹、掉角; 金属幕墙无残余变形; 玻璃幕墙系统不损坏,气密性能及水密性能等级无变化
3 倍弹性层间位移角限值(中震)作用	可修:结构杆件、连接不应损坏,非结构构件可能有损坏	石材无结构性损坏、面板不脱落; 金属幕墙无残余变形; 玻璃幕墙系统无结构性损坏,开启扇开启正常,经简单修理后,气密性能及水密性能等级无变化
1 倍弹塑性层间位移角限值(大震)作用	不倒	要求幕墙骨架不断裂、面板不整体脱落

平面内变形性能分级指标 γ 应符合表 6-2.2-16 的要求。

建筑幕墙平面内变形性能分级　　　　　　　　表 6-2.2-16

分级代号	1	2	3	4	5
分级指标值 γ	$\gamma<1/300$	$1/300\leqslant\gamma<1/200$	$1/200\leqslant\gamma<1/150$	$1/150\leqslant\gamma<1/100$	$\gamma\geqslant1/100$

注：表中分级指标值为建筑幕墙层间位移角。

2.2.5　保温性能

传热系数(K)是表征幕墙门窗保温性能的指标，表示在稳定传热条件下，幕墙门窗两侧空气温差为 1K，单位时间内通过单位面积的传热量。

建筑幕墙传热系数应按 GB 50176 的规定确定，并满足 GB 50189、JGJ 132、JGJ 134、JGJ 26 和 JGJ 75 的要求。幕墙传热系数应按 JGJ/T 151 进行设计计算。幕墙在设计环境条件下应无结露现象。对热工性能有较高要求的建筑，可进行现场热工性能试验。

幕墙传热系数分级指标 K 应符合表 6-2.2-17 的要求。

建筑幕墙传热系数分级指标　　　　　　　　表 6-2.2-17

分级代号	1	2	3	4	5	6	7	8
分级指标值 K [W/m² · K]	$K\geqslant5.0$	$4.0\leqslant K<5.0$	$3.0\leqslant K<4.0$	$2.5\leqslant K<3.0$	$2.0\leqslant K<2.5$	$1.5\leqslant K<2.0$	$1.0\leqslant K<1.5$	$K<1.0$

注：8 级时需同时标注 K 的测试值。

2.2.6　遮阳性能

遮阳系数(SC)是表征幕墙门窗遮阳性能的指标，表示在给定条件下，太阳辐射透过门窗所形成的室内的热量与相同条件下透过相同面积的 3mm 厚透明玻璃所形成的太阳辐射得热量之比。给定条件是指玻璃太阳光光谱测试条件和整樘门窗遮阳系数的计算条件。

玻璃(或其他透明材料)幕墙遮阳系数应满足 GB 50189、JGJ 75、JGJ 26 和 JGJ 134 的要求。玻璃幕墙遮阳系数应按 JGJ/T 151 设计计算。

玻璃幕墙的遮阳系数分级指标 SC 应符合表 6-2.2-18 的要求。

玻璃幕墙遮阳系数分级　　　　　　　　表 6-2.2-18

分级代号	1	2	3	4	5	6	7	8
分级指标值 SC	$0.9\geqslant SC>0.8$	$0.8\geqslant SC>0.7$	$0.7\geqslant SC>0.6$	$0.6\geqslant SC>0.5$	$0.5\geqslant SC>0.4$	$0.4\geqslant SC>0.3$	$0.3\geqslant SC>0.2$	$SC\leqslant0.2$

注：1. 8 级时需同时标注 SC 的测试值。

2. 玻璃幕墙遮阳系数＝幕墙玻璃遮阳系数×外遮阳的遮阳系数×(1－非透光部分面积/玻璃幕墙总面积)。

开放式建筑幕墙的热工性能应符合设计要求。

2.2.7　隔声性能

空气声隔声性能以计权隔声量作为分级指标，应满足室内声环境的需要，符合 GB 50118 的规定。

空气声隔声性能分级指标 R_W 应符合表 6-2.2-19 的要求。

建筑幕墙空气声隔声性能分级　　　　　　　表 6-2.2-19

分级代号	1	2	3	4	5
分级指标值 R_W(dB)	$25 \leqslant R_W < 30$	$30 \leqslant R_W < 35$	$35 \leqslant R_W < 40$	$40 \leqslant R_W < 45$	$R_W \geqslant 45$

注：5 级时需同时标注 R_W 测试值。

开放式建筑幕墙的空气声隔声性能应符合设计要求。

2.2.8　光学性能

有采光功能要求的幕墙，其透光折减系数不应低于 0.45。有辨色要求的幕墙，其颜色透视指数不宜低于 Ra80。

建筑幕墙采光性能分级指标透光折减系数 T_T 应符合表 6-2.2-20 的要求。

建筑幕墙采光性能分级　　　　　　　表 6-2.2-20

分级代号	1	2	3	4	5
分级指标值 T_T	$0.2 \leqslant T_T < 0.3$	$0.3 \leqslant T_T < 0.4$	$0.4 \leqslant T_T < 0.5$	$0.5 \leqslant T_T < 0.6$	$T_T \geqslant 0.6$

注：5 级时需同时标注 T_T 的测试值。

玻璃幕墙的光学性能应满足 GB/T 18091 的规定。

思考题

1. 请简要叙述建筑幕墙物理性能试验发展历史及现状。

2. 空气渗透三要素是什么？空气渗透量应如何计算？节能设计标准对建筑幕墙气密性能有何要求？

3. 请简述雨水渗漏的机理。幕墙水密性能的指标应如何确定？

4. 简述风压对幕墙的作用机理。风荷载标准值应如何确定？抗风压性能试验中 P_1、P_2、P_3 分别如何定义，三者之间有何关系？

5. 平面内变形试验中幕墙的弹性位移角应如何确定？

6. 幕墙的保温性能、遮阳性能、隔声性能、采光性能应如何衡量？

第3章 建筑幕墙"四性"检测

3.1 术语

3.1.1 气密性能 air permeability performance

幕墙可开启部分在关闭状态时，可开启部分以及幕墙整体阻止空气渗透的能力。

3.1.2 压力差 pressure difference

幕墙试件室内、外表面所受到的空气绝对压力差值。当室外表面所受的压力高于室内表面所受的压力时，压力差为正值；反之为负值。

3.1.3 标准状态 standard condition

标准状态是指温度为 293K（20℃）、压力为 101.3kPa（760mmHg）、空气密度为 1.202kg/m³ 的试验条件。

3.1.4 总空气渗透量 volume of air flow

在标准状态下，单位时间通过整个幕墙试件的空气渗透量。

3.1.5 附加空气渗透量 volume of extraneous air flow

除幕墙试件本身的空气渗透量以外，单位时间通过设备和试件与测试箱连接部分的空气渗透量。

3.1.6 开启缝长 length of opening joint

幕墙试件上开启扇周长的总和，以室内表面测定值为准。

3.1.7 单位开启缝长空气渗透量 volume of air flow through the unit joint length of the opening part

幕墙试件在标准状态下，单位时间通过单位开启缝长的空气渗透量。

3.1.8 试件面积 area of specimen

幕墙试件周边与箱体密封的缝隙所包容的平面或曲面面积。以室内表面测定值为准。

3.1.9 单位面积空气渗透量 volume of air flow through the a unit area

在标准状态下，单位时间通过幕墙试件单位面积的空气量。

3.1.10　水密性能 watertightness performance

幕墙可开启部分为关闭状态时，在风雨同时作用下，阻止雨水渗漏的能力。

3.1.11　严重渗透 serious water leakage

雨水从幕墙试件室外侧持续或反复渗入试件室内侧，发生喷溅或流出试件界面的现象。

3.1.12　严重渗漏压力值 pressure difference under serious water leakage

幕墙试件发生严重渗漏时的压力差值。

3.1.13　喷水量 volume of water spray

喷淋到单位面积幕墙试件表面的水流量。

3.1.14　抗风压性能 wind load resistance performance

幕墙可开启部分处于关闭状态时，在风压作用下，幕墙变形不超过允许值且不发生结构损坏(如：裂缝、面板破损、局部屈服、粘结失效等)及五金件松动、开启困难等功能障碍的能力。

3.1.15　面法线位移 frontal displacement

幕墙试件受力构件或面板表面上任意一点沿面法线方向的线位移量。

3.1.16　面法线挠度 frontal deflection

幕墙试件受力构件或面板表面上某一点沿面法线方向的线位移量的最大差值。

3.1.17　相对面法线挠度 relative frontal deflection

面法线挠度和两端测点间距离 l 的比值。

3.1.18　允许挠度 allowable deflection

主要构件在正常使用极限状态时的面法线挠度的限值。

3.1.19　定级检测 grade testing

为确定幕墙抗风压性能指标值而进行的检测。

3.1.20　工程检测 engineering testing

为确定幕墙是否满足工程设计要求的抗风压性能而进行的检测。

3.2　气密性能检测

3.2.1　检测项目

幕墙试件的气密性能，检测 100Pa 压力差作用下可开启部分的单位缝长空气渗透量和整体幕墙试件(含可开启部分)单位面积空气渗透量。

3.2.2　检测装置

检测装置由压力箱、供压系统、测量系统及试件安装系统组成。检测装置的构成如图 6-3.2-1 所示。

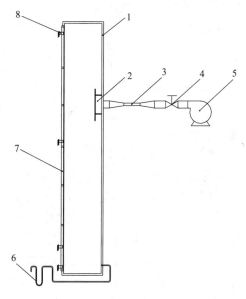

图 6-3.2-1　气密性能检测装置示意
1—压力箱；2—进气口挡板；3—空气流量计；4—压力控制装置；
5—供风设备；6—差压计；7—试件；8—安装横架

压力箱的开口尺寸应能满足试件安装的要求，箱体应能承受检测过程中可能出现的压力差。压力箱是做检测所必需的装备之一，其高度要足以满足或超过被测幕墙的高度，同样宽度也应达到或超过被测幕墙的宽度。因为幕墙测试时应根据实际情况进行等尺寸的安装，且测试样品也要符合相应的要求，所以幕墙的测试箱体必须具有相应大的开口尺寸才能进行测试。作为试件的支承体，箱体起着类似于建筑主体结构的作用，应确保箱体不会比试件更易发生破坏。同一幕墙试件的气密、水密、抗风压性能一般均会在同一个箱体上进行，故压力箱一般应满足抗风压性能时可能出现的压力差。

支承幕墙的安装横架应有足够的刚度，并固定在有足够刚度的支承结构上。支承幕墙的安装横架、支承结构与箱体，共同构成了幕墙试件的支承体系。其中安装横架的作用相当于建筑主体结构的楼板梁。我们知道，包括楼板梁在内的建筑主体结构，其刚度和强度应远远大于幕墙结构的刚度和强度。允许幕墙结构相对主体结构有较大的位移，并且在地震作用下允许幕墙结构先于主体结构发生破坏。这符合主体结构与围护结构之间的关系。在物理性能检测中，作为建筑主体结构在某种程度上的替代物，虽未必要求幕墙试件的支承体系达到实际建筑主体结构的刚度和强度，但它与试件之间同样应符合主体结构与围护结构之间的关系。若支承体系的刚度和强度等于甚至小于幕墙结构的刚度和强度，则当检测中承受风压时，支承体系的变形等于甚至大于幕墙结构的变形，甚至支承体系有可能先于幕墙结构发生破损，必将严重影响检测结果的准确性，乃至造成检测半途而废。

这里要特别指出，以张拉杆索体系为支承结构的幕墙试件，张拉杆索体系往往位移较大，对张拉索杆体系的支承体系反作用力也较大。张拉索杆体系的支承体系在工地为建筑主体结构，在实验室则为物理性能检测用压力箱与支承结构。当支承体系受反作用力而发生较大变形时，就无法替代工地现场的主体结构的支承作用，变形数据也就失去了真实性（不能反映实际情况）。故不可简单采取框支承幕墙的支承方式（横向平行工字钢梁支承），而须增加垂直支承，必要时再配合斜支承，以形成接近于建筑主体结构的框架式支承体系。

供风设备应能施加正负双向的压力差，并能达到检测所需要的最大压力差，压力控制装置应能调节出稳定的压力差。自然界的风对建筑外围护结构会形成正负风荷载，故要求供风设备能施加正负双向的压力差。另外，由于幕墙内外两侧并非对称设计，气密性能检测时，应检测正、负压作用下，幕墙的气密性能，因此，供风设备应能施加正负双向的压力差，并能达到检测所需要的最大压力差。

幕墙试件的气密性能是检测 100Pa 压力差作用下幕墙可开启部分和整体幕墙的空气渗透量，因此，压力控制装置应能调节出稳定的压力差。差压计的两个探测点应在试件两侧就近布置，差压计的精度应达到示值的 2%。要求差压计的两个探测点在试件两侧就近布置，为的是所测得的内外压差能尽量接近试件内外表面的压差。因为密闭空间（压力箱）内的风压分布均匀只能是相对的，且形成均匀风压显然需要时间，对波动风压来说，稳定时间还与供风系统的响应速度有关。而事实上，检测所关心的只是作用于幕墙试件表面的风压差，故布置差压计两个探测点的位置必须据此考虑。试件两侧的压力差直接影响到通过幕墙的空气渗透量，因此，采用一定精度的差压计才能避免由于误差太大而导致检测结果的可靠。

空气流量计的测量误差不应大于示值的 5%。通过幕墙试件的空气渗透量是无法直接测量得到的，本标准中的检测方法是当试件两侧有稳定的压力差时，通过安装在供风系统中的空气流量计的测量值来间接计算幕墙试件的空气渗透量。因此，空气流量计的测量误差直接影响气密性能检测结果可靠。

3.2.3 试件要求

试件规格、型号和材料等应与生产厂家所提供图样一致，试件的安装应符合设计要求，不得加设任何特殊附件或采取其他措施，试件应干燥。由于幕墙检测方法为试验室检测，故应对试件本身进行检查、核对是否符合生产厂家所提供图样。另外试件的安装也对试件的物理性能有着重要的影响，若加设特殊附件或采取其他措施，必然会影响检测结果。因此，试件的安装应符合设计要求。不干燥的试件可能会对试件的气密性能检测结果造成一定的影响，因此，为保证检测结果准确，应采用干燥的试件进行试验。

试件宽度至少应包括一个承受设计荷载的垂直构件。试件高度至少应包括一个层高，并在垂直方向上应有两处或两处以上和承重结构连接，试件组装和安装的受力状况应和实际情况相符。建筑幕墙气密性能与各节点构造及密封方式密切相关，幕墙结构承受各类荷载时可能产生的变形情况可能造成密封胶脱开、板块衔接错位、扇框配合不均等不利于气密性能的试件变化，因此加大了空气渗透量。本款要求基本保证采用的试件具有典型性，其气密性能检测结果可以代表整个幕墙的气密性能。

单元式幕墙应至少包括一个与实际工程相符的典型十字缝，并有一个完整单元的四边形成与实际工程相同的接缝。对于单元式幕墙，空气渗透主要发生在单元板块插接位置，包括横缝与竖缝。横缝与竖缝交叉而成的典型十字缝处于板块插接构造的交汇，更是重中之重。因单元板块往往较大，而上下插接位（横缝）不宜距支座太远，则一个单元板块的高度即为一个标准层高，单元式幕墙的一个层高往往在纵向仅含一个完整的单元板块，故单元式幕墙试件往往需要两个层高，横向至少两个分格，才能同时满足包含典型十字接缝与完整单元板块的要求。其次，单元式幕墙的边收口在工程实际中常采用的方式，一般也是公母料组合式，即由框料与单元板块插接而成。所以还要求试件有一个单元的四边形成与实际工程相同的接缝，否则节点构造便不完整。

试件应包括典型的垂直接缝、水平接缝和可开启部分，并使试件上可开启部分占试件总面积的比例与实际工程接近。幕墙气密性能的关键在于各节点构造，即典型的垂直接缝、水平接缝，包括可开启部分的垂直接缝、水平接缝。可开启部分防止空气渗透的难度大于固定部分，是幕墙气密性能的薄弱环节。在气密性能指标中，对可开启部分是采用单位缝长空气渗透量对幕墙的气密性能单独进行评定，因此可开启部分是试件不可或缺的部分。一般情况下，可开启部分是均匀分布在幕墙各标准层、各结构单元中的，在试件选取时，可开启部分占试件总面积的比例应基本上与实际工程接近。

3.2.4　检测方法

1. 检测前准备

试件安装完毕后应进行检查，符合设计要求后才可进行检测。检测前，应将试件可开启部分开关不少于 5 次，最后关紧。检测压差顺序如图 6-3.2-2 所示。

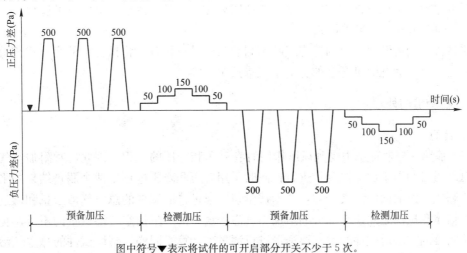

图中符号▼表示将试件的可开启部分开关不少于 5 次。

图 6-3.2-2　检测加压顺序示意

　　试件的安装一般是由幕墙施工单位进行安装的，因此，在试件安装完毕后，检测人员应对幕墙及其安装与设计要求的符合性进行检测。对可开启部分开关不少于 5 次，目的除检查窗扇启闭是否正常外，还应检查是否采取了不符合设计要求的密封措施。新标准减少了气密性能检测时的加压级数，主要是与建筑门窗的检测方法相一致。

　　2. 预备加压

　　在正负压检测前分别施加三个压力脉冲。压力差绝对值为 500Pa，持续时间为 3s，加压速度宜为 100Pa/s。然后待压力回零后开始进行检测。预备加压的目的在于消除试件中可能存在的虚位。采用三个 500Pa 的压力脉冲，与现行建筑外窗检测方法的作法一致。

　　3. 空气渗透量的检测

　　（1）附加空气渗透量 q_f

　　充分密封试件上的可开启缝隙和镶嵌缝隙，或用不透气的材料将箱体开口部分密封。然后按照图 6-3.2-2 检测加压顺序逐级加压，每级压力作用时间应大于 10s。先逐级加正压，后逐级加负压。记录各级压差下的检测值。箱体的附加空气渗透量不应高于试件总渗透量的 20%，否则应在处理后重新进行检测。

　　附加空气渗透量指的是除幕墙试件本身的空气渗透量以外，通过设备和试件与测试箱连接部分的空气渗透量。原版标准对附加空气渗透量没有明确要求，也没有具体的测试方法，但是附加空气渗透量是确实存在的，而且在一定程度上影响了检测结果。因此，本标准增加了对附加空气渗透量的检测方法。对箱体的附加空气渗透量占试件总渗透量的比例进行限制，才能保证测量结果的相对准确性。

　　对幕墙的附加空气渗透量进行检测时，应充分密封试件上的可开启缝和镶嵌缝隙，采用不透气的材料将箱体开口部分密封也是一个不错的方法。

　　检测应按图 6-3.2-2 的加压顺序进行，每级的压力作用时间应大于 10s 是为了使压力稳定，便于对检测结果进行记录。

　　（2）总渗透量 q_z

　　去除试件上所加密封措施后进行检测。总渗透量即总空气渗透量，指在标准状态下，每小时通过整个幕墙试件的空气流量。检测时要去除试件上的密封措施方可进行。

　　（3）固定部分空气渗透量 q_g

　　将试件上的可开启部分的开启缝隙密封起来后进行检测。将试件上的可开启部分缝隙进行密封，可认为此时可开启部分的空气渗透量为零。

3.2.5　检测值的处理

　　1. 计算

　　（1）幕墙在自然环境中受到风压作用时有升压和降压的过程，因此，对附加空气渗透量、总渗透量和固定部分渗透量进行检测时采用升压和降压过程中两个测量结果的平均值作为检测值。由前面的定义可知，总渗透量包括通过幕墙试件的总空气渗透量和通过压力箱体及箱体和试件之间连接部分的附加空气渗透量。由于附加空气渗透量的不可避免，因此采用间接的方法对试件的空气渗透量进行测量和计算。同样，幕墙试件的总空气渗透量包括幕墙试件的固定部分空气渗透量和可开启部分空气渗透量。由于可开启部分所占幕墙的比例相对固定部分较小，更易密封。因此，采用间接的方法对试件的可开启部分空气渗透量进行测量和计算。

分别计算出正压检测升压和降压过程中在 100Pa 压差下的两次附加渗透量检测值的平均值 $\bar{q}_f$、两个总渗透量检测值的平均值 $\bar{q}_z$，两个固定部分渗透量检测值的平均值 $\bar{q}_g$。则 100Pa 压差下整体幕墙试件(含可开启部分)的空气渗透量 q_t 和可开启部分空气渗透量 q_k 即可按式(6-3.2-1)和式(6-3.2-2)计算：

$$q_t = \bar{q}_z - \bar{q}_f \qquad (6\text{-}3.2\text{-}1)$$

$$q_k = q_t - \overline{q_g} \qquad (6\text{-}3.2\text{-}2)$$

式中　q_t——整体幕墙试件(含可开启部分)的空气渗透量(m^3/h)；

$\bar{q}_z$——两次总渗透量检测值的平均值(m^3/h)；

q_f——两个附加渗透量检测值的平均值(m^3/h)；

q_k——试件可开启部分空气渗透量值(m^3/h)；

$\bar{q}_g$——两个固定部分渗透量检测值的平均值(m^3/h)。

(2) 由于不同地区、不同时间的试件状态不同，气密性能检测也会随着试验环境的不同而导致测量结果不同，为统一标准，将每次测量得到的空气渗透量均换算为标准状态下的空气渗透量。

利用式(6-3.2-3)和(6-3.2-4)将 q_t 和 q_k 分别换算成标准状态的渗透量 q_1 值和 q_2 值。

$$q_1 = \frac{293}{101.3} \times \frac{q_t \cdot P}{T} \qquad (6\text{-}3.2\text{-}3)$$

$$q_2 = \frac{293}{101.3} \times \frac{q_k \cdot P}{T} \qquad (6\text{-}3.2\text{-}4)$$

式中　q_1——标准状态下通过整体幕墙试件(含可开启部分)的空气渗透量(m^3/h)；

q_2——标准状态下通过试件可开启部分空气渗透量值(m^3/h)；

P——试验室气压值(kPa)；

T——试验室空气温度值(K)。

(3) 不同幕墙试件的面积并不相同，试件总空气渗透量无法对不同幕墙试件的气密性能进行比较。为了统一标准和幕墙气密性能的分级要求，应将总空气渗透量除以试件的总面积，求出单位面积的空气渗透量，方可满足检测分级的要求。

将 q_1 值除以试件总面积 A，即可得出在 100Pa 压差作用下，整体幕墙试件(含可开启部分)单位面积的空气渗透量 q_1' 值，即：

$$q_1' = \frac{q_1}{A} \qquad (6\text{-}3.2\text{-}5)$$

式中　q_1'——在 100Pa 下，整体幕墙试件(含可开启部分)单位面积的空气渗透量 $[m^3/(m^2 \cdot h)]$；

A——试件总面积(m^2)。

(4) 不同的幕墙可开启部分缝长各不相同，通过试件可开启部分的空气渗透量值不能直观地对不同幕墙的气密性能进行对比，采用单位缝长的空气渗透量来表达开启部分的气密性能，可以统一标准并满足分级要求。

将q_2值除以试件可开启部分开启缝长l，即可得出在100Pa压差作用下，幕墙试件可开启部分单位开启缝长的空气渗透量q_2'值，即：

$$q_2' = \frac{q_2}{l} \tag{6-3.2-6}$$

式中　q_2'——在100Pa压差作用下，试件可开启部分单位缝长的空气渗透量 $[m^3/(m^2 \cdot h)]$；

　　　l——试件可开启部分开启缝长(m)。

负压检测时的结果，也采用同样的方法，分别按式(6-3.2-1)～(6-3.2-6)进行计算。本标准增加了对负压下的空气渗透量的检测。这主要是考虑到在负压作用时，对外开窗扇来说，负压时对气密性能的要求更为严格。由于气密性能与幕墙的热工性能有直接的联系，增加对负压时的气密性能检测能更大限度地提高幕墙的热工性能。

2. 分级指标值的确定

由于幕墙的气密性要求，是以10Pa压力差下可开启部分的单位缝长空气渗透量和整体幕墙试件(含可开启部分)单位面积空气渗透量作为分级指标。然而对10Pa压力差作用下对幕墙的气密性能检测结果误差较大，因此采用100Pa压力差作用下，对幕墙的气密性能进行检测。对测量结果，应采用式(6-3.2-7)或式(6-3.2-8)进行转换。

采用由100Pa检测压力差作用下的计算值$\pm q_1'$值或$\pm q_2'$值，按式(6-3.2-7)或式(6-3.2-8)换算为10Pa压力差作用下的相应值$\pm q_A$值或$\pm q_1$值。以试件的$\pm q_A$和$\pm q_1$值确定按面积和按缝长各自所属的级别，取最不利的级别定级。

$$\pm q_A = \frac{\pm q_1'}{4.65} \tag{6-3.2-7}$$

$$\pm q_1 = \frac{\pm q_2'}{4.65} \tag{6-3.2-8}$$

式中　q_1'——100Pa压力差作用下试件单位面积空气渗透量值 $[m^3/(m^2 \cdot h)]$；

　　　q_A——10Pa压力差作用下试件单位面积空气渗透量值 $[m^3/(m^2 \cdot h)]$；

　　　q_2'——100Pa压力差作用下单位开启缝长空气渗透量值 $[m^3/(m^2 \cdot h)]$；

　　　q_1——10Pa压力差作用下单位开启缝长空气渗透量值 $[m^3/(m^2 \cdot h)]$。

在检测时，分别对正压和负压作用下的空气渗透量进行了测量，在幕墙气密性能分级时，对正压测量、负压测量取最不利的级别定级。本标准以单位面积和单位缝长的空气渗透量对幕墙的气密性能进行分级，这与原版标准以幕墙固定部分和开启部分空气渗透量为分级指标值不同，使用时应予以注意。

3.2.6　检测报告

检测报告可以参照如下格式编写：

建筑幕墙产品质量检测报告

报告编号：　　　　　　　　　　　　　　　　　　　　　　　　　　　共　页　第　页

委托单位				
地　　址		电　　话		
送样/抽样日期				
抽样地点				
工程名称				
生产单位				
样品	名称		状态	
	商标		规格型号	
检测	项目		数量	
	地点		日期	
	依据			
	设备			

<table>
<tr><td colspan="5" align="center">检测结论</td></tr>
<tr><td colspan="5">

气密性能：可开启部分单位缝长属国标 GB/T×××××.2 第　　级

幕墙整体单位面积属国标 GB/T×××××.2 第　　级

（检测报告专用章）

</td></tr>
</table>

批准：　　　　　　审核：　　　　　　主检：　　　　　　报告日期：

建筑幕墙产品质量检测报告

报告编号：

可开启部分缝长：m			
面积：m²	整体：	其中可开启部分：	
面板品种		安装方式	
面板镶嵌材料		框扇密封材料	
检测室温度 ℃		检测室气压 kPa	
面板最大尺寸 mm	宽：	长：　　厚：	

检测结果

气密性能：可开启部分单位缝长每小时渗透量为＿＿＿＿＿＿＿＿＿ $m^3/(h \cdot m)$

　　　　　幕墙整体单位面积每小时渗透量为＿＿＿＿＿＿＿＿＿ $m^3/(h \cdot m^2)$

备注：

3.3　水密性能检测

水密性能检测应按照我国标准《建筑幕墙气密、水密、抗风压性能检测方法》GB/T 15227 进行。

3.3.1　检测项目

幕墙试件的水密性能，检测幕墙试件发生严重渗漏时的最大压力差值。以未发生严重渗漏时的最高压力差值表征水密性能的水平，则必须通过测试得出幕墙试件开始发生严重渗漏时的压力差值，才能确定未发生严重渗漏时的最高压力差值。故水密性能检测的目的即测出此项参数。

3.3.2　检测装置

检测装置由压力箱、供压系统、测量系统、淋水装置及试件安装系统组成。检测装置的构成如图 6-3.3-1 所示。

压力箱的开口尺寸应能满足试件安装的要求。检测装置以压力箱体为整个检测体系的中心，试件安装、风压施加、雨水喷淋均在此进行，一切仪器设备都是为其服务的。压力箱的开口尺寸不应过小，高度应大于常规建筑的标准楼层高度，宽度应大于常规幕墙横向分格的 2～3 倍。

箱体应具有好的水密性能，以不影响观察试件的水密性为最低要求。应注意箱体本身的密封。因为箱体的渗漏会对观察试件的水密性造成不同程度的干扰，特别是当试件收口封边处理不善时，收口与封边之间发生的渗漏容易扩散至标准接缝处，使得渗漏现象难以判断，原因难以分析。且箱体发生的渗漏即使不严重，渗漏处在气密性能检测中也会发生空气渗透，使得附加空气渗透量增大，干扰气密性能检测的准确性。

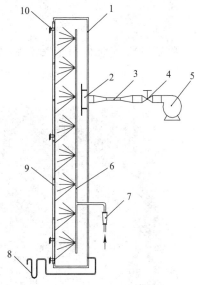

图 6-3.3-1　水密性能检测装置示意
1—压力箱；2—进气口挡板；3—空气流量计；
4—压力控制装置；5—供风设备；6—淋水装置；
7—水流量计；8—差压计；9—试件；10—安装横架

箱体应能承受检测过程中可能出现的压力差。作为试件的支承体，箱体起着类似于建筑主体结构的作用，其刚度与强度应远大于试件的刚度与强度，应确保箱体在承受检测过程中可能出现的较大压力差时箱体产生的变形远小于试件在同风压下的变形，且确保箱体不会比试件更易发生破坏。如此才能保障结果的真实性，保障检测的正常进行。

进气口挡板的作用是：①利于气流迅速扩散至箱体与试件组成的密闭空间各处，形成密闭空间内的均匀风压；②避免来自管道的气流直接冲击到试件正对进气口的部分，从而避免试件局部承受不正常的偏大风压。

水密性能检测是在一定风压下、以一定的淋水量喷淋幕墙试件，保持一定时间，观察试件有无渗漏。其检测结果是定性的，但其检测条件所要求的风压、淋水量则须定量控制，计量仪器分别为差压计和水流量计。

目前常用的检测装置分内喷式、外喷式，按幕墙试件室外立面的朝向来区分，由此决定了喷淋装置设置于压力箱内或箱外，分别见图 6-3.3-2～6-3.3-5。

图 6-3.3-2　内喷式水密性能检测装置图

图 6-3.3-3　内喷式水密性能检测观察效果(箱体外)

图 6-3.3-4　外喷式水密性能检测装置示例

图 6-3.3-5　外喷式水密性能检测观察效果(室外侧)

两种装置各有优缺点：内喷式装置所形成的风雨同时作用状况能使风和雨在同一空间，雨水与气流可实现相互作用，这与自然界的实际状况更为接近；观测者无须处于高风压下的密闭空间，人员较为安全；检测环境整体较整洁，检测用水便于循环使用，损耗较少。但异型幕墙试件在内喷式装置上安装不便。外喷式装置显然不具备内喷式装置的诸多优点，尤其是喷淋中的散射很容易造成淋水量的损失。但外喷式装置便于某些异型幕墙试件的安装。无论哪种装置，都必须满足检测对装置的要求，亦即本标准的要求。

支承幕墙的安装横架应有足够的刚度和强度，并固定在有足够刚度和强度的支承结构上。

供风设备应能施加正负双向的压力差，并能达到检测所需要的最大压力差；压力控制装置应能调节出稳定的气流，并能稳定的提供 3～5s 周期的波动风压，波动风压的波峰值、波谷值应满足检测要求。自然界的风对建筑外围护结构会形成正负风荷载，故要求供风设备能施加正负双向的压力差。虽然一般认为只有正风压才会造成幕墙的雨水渗漏现象，但测试系统一般也不可能仅仅用于水密性能检测。

若超高层建筑所处地区的基本风压较高，则幕墙的风荷载标准值较大（高于 5000Pa 并不少见）。注意到水密性能指标的计算方法及其与风荷载标准值的关系：依照规范要求，水密性设计取值 P 可按公式(6-2.2-7)计算，由此可知，水密性设计取值（风压）与风荷载标准值 W_K 相比，其思路一致，但水密性以 10 分钟平均风压（而非 3 秒瞬时风压）为定级依据，故不考虑阵风系数 β_z。由于是正风压引起雨水渗漏，故体型系数只需考虑墙面区的正压而不考虑边角区的负压。

因此，所检测幕墙的水密性能指标也可能较高。这就要求供风设备有提供较高风压差的能力，包括补充幕墙试件的空气渗透给风压系统造成的压力损失。

若持续淋水过程中风压变化过大，将使水密性能的测试偏离标准所规定的条件，进而影响结果的准确性。因此在测试时，风压的稳定是十分重要的，包括稳定加压法所要求的静压稳定和波动加压法所要求的波形、周期、波峰值、波谷值的稳定。周期 3～5s 的规定，源于自然界风的波动周期。为使压力稳定，除供风设备的供风能力外，压力控制装置的调节功能至关重要。为满足波动加压法的检测要求，应配置波动风压控制系统。

差压计的两个探测点应在试件两侧就近布置，精度应达到示值的 2%，供风系统的响应速度应满足波动风压测量的要求。差压计的输出信号应由图表记录仪或可显示压力变化的设备记录。要求差压计的两个探测点在试件两侧就近布置，为的是所测得的内外压差能尽量接近试件内外表面的压差。因为密闭空间（压力箱）内的风压分布均匀只能是相对的，且形成均匀风压显然需要时间，对波动风压来说，稳定时间还与供风系统的响应速度有关。而事实上，检测所关心的只是作用于幕墙试件表面的风压差，故布置差压计两个探测点的位置必须据此考虑。

对差压计精度的要求不言自明：若无足够的精度，致使风压差示值与实际值偏差过大，则将严重影响检测结果的可靠性。譬如，原本可开启部位的水密性能指标为 250Pa，若实际风压差达到 260Pa，差压计示值为 250Pa（精度仅 4%），而由于可开启部位的水密性能对风压的敏感性，有可能在 250Pa 风压差下不发生严重渗漏而在 260Pa 风压差下发生了严重渗漏。这种情况下根据差压计示值作出判断则明显有误，导致相反的结论。

与气密性能检测、抗风压性能检测不同，水密性能检测的结果是幕墙试件是否渗漏，而不是某种数据。该项目定量控制的参数是为了达到检测所要求的条件，一为风压差，二为淋水量。检测中必须对这两项参数进行有效的监控与记录。要求差压计的输出信号由图表记录仪或可显示压力变化的设备记录，即是为了保障对风压差的定量控制。供风系统的响应速度应不低于风压波动的变化速度，才能满足波动风压测量的要求。

喷淋装置应能以不小于 4L/(m²·min) 的淋水量均匀地喷淋到试件的室外表面上，喷嘴应布置均匀，各喷嘴与试件的距离宜相等；装置的喷水量应能调节，并有措施保证喷水量的均匀性。本标准中，波动加压法要求的淋水量较大，为 4L/(m²·min)。故喷淋装置所能达到的淋水量不应小于 4L/(m²·min)。稳定加压法要求的淋水量较小，为 3L/(m²·min)。故要求喷淋装置的淋水量可调节，使之能用于两种加压法。要求在喷淋系统中配置水流量计，以监控检测过程中的淋水量是否稳定。同时应采取有效的方法收集、测量单位时间内试件表面流下的水量。

水密性能是指可开启部分为关闭状态时，在风雨同时作用下，建筑幕墙阻止雨水渗漏的能力。故检测中模拟的雨水应喷淋在试件的室外表面上。为使试件各部分(包括各种节点构造)在相同的条件下接受检验，不仅要求风压均匀，也要求喷淋均匀。

由此，对喷嘴布置的要求为：喷嘴间距不宜过大，应使幕墙试件各部分承受喷淋的程度相当；喷嘴与试件的距离宜相等，要求喷嘴的位置可相对于试件立面前后调整，则当检测非平面幕墙试件(曲面、转折面等)时，仍能实现各喷嘴与试件的距离相等；喷嘴与试件的距离不宜过大，以缩短喷射距离，减少水在喷射途中的损耗，确保喷淋到试件的室外表面上的淋水量；距离也不宜过小，以免阻碍试件可开启部分的启闭操作。

同样是根据喷淋均匀的要求，喷嘴宜使水呈锥状扩散性喷出，而不宜呈射线状。为与自然界的雨水状况接近，以实现喷淋为主而非凝结为主，喷嘴喷出的水不宜过于雾化。在整个供水系统中，宜设置过滤设施，使水在进入喷淋装置前经过过滤，以避免水中杂质堵塞喷嘴，造成喷淋不均或淋水量不足，妨碍检测正常进行。同时也减少对幕墙试件的污染。

3.3.3　试件要求

试件规格、型号和材料等应与生产厂家所提供图样一致，试件的安装应符合设计要求，不得加设任何特殊附件或采取其他措施，试件应干燥。

本标准主要用于幕墙物理性能的试验室检测，故试件的检查、核对以生产厂家所提供图样为主要依据。由于建筑幕墙物理性能检测的性质主要为幕墙设计、施工方案的检测、验证，试件必须能体现幕墙设计、施工方案。这包括规格、型号、材料和安装工艺等各方面的一致性。试件相对于方案的真实性、一致性直接决定着物理性能检测的真伪与成败。

仅当检测数据或现象暴露出原设计、施工方案的问题、缺陷时，对方案(包括对试件)的变更、调整才成为必要。这当中包括为防止雨水渗漏而使用的密封手段。这类变更、调整应由幕墙设计方提出，必须由检测委托方确认，并分别在设计方案、检测方案(委托要求)与检测报告中说明。

"试件应干燥"的要求是为了减少可能影响水密性能检测结果的因素。一些幕墙的业主、监理方，甚至幕墙的设计者、施工方，认为金属与石材幕墙的背面多为实体墙，其水密性能意义不大。事实上，若金属与石材幕墙发生雨水渗漏，处于隐蔽位置的幕墙连接件、金属板幕墙与石材幕墙常用的钢骨架材料，就有可能因此而发生电化学腐蚀，尤其是不同金属制成的材料相接触之处。在幕墙鉴定工作中，因测试、观察的需要而拆卸板块、打开遮蔽连接件的装修材料，不止一次地发现金属材料的锈蚀现象，那些防锈措施不到位的位置更为突出。不同程度的锈蚀对建筑幕墙可靠性构成不同程度的危害。而渗漏形成的积水使幕墙与建筑间的防火材料(如防火岩棉)改变性状因而失效，则是不易察觉的、危害极大的问题。因此金属板幕墙与石材幕墙的水密性能同样重要。

试件宽度至少应包括一个承受设计荷载的垂直承力构件。试件高度至少应包括一个层高，并在垂直方向上要有两处或两处以上和承重结构相连接。试件的组装和安装时的受力状况应和实际使用情况相符。建筑幕墙水密性能的关键在于各节点构造，而节点构造能否有效防止水的渗漏与幕墙结构承受各类荷载时的变形情况有密切的关系。结构变形可能造成密封胶脱开、板块衔接错位、扇框配合不均等不利于水密性能的试件变化，因此而引起渗水的情况时有发生。如果是因为设计缺陷导致变形偏大，进而导致雨水渗漏，那是检测发现了问题、达到了目的；如果是因为试件选取不当造成试件变形较设计方案偏大，进而导致雨水渗漏，那么这样的结果是不可靠的，不能反映幕墙水密性能真实的情况。且建筑幕墙物理性能检测常常是气密、水密、抗风压三性能检测在同一试件上进行的，水密性能检测的试件也应满足抗风压性能检测对试件的要求：至少包含一个完整的结构单元。本条文即围绕这一宗旨具体阐述了试件如何选取才能包含一个完整的结构单元。

单元式幕墙至少应包括一个与实际工程相符的典型十字缝，并有一个完整单元的四边形成与实际工程相同的接缝。试件应包括典型的垂直接缝、水平接缝和可开启部分，并且使试件上可开启部分占试件总面积的比例与实际工程接近。

幕墙水密性能的关键在于各节点构造，即典型的垂直接缝、水平接缝，包括可开启部分的垂直接缝、水平接缝。随着建筑幕墙技术与设计水平的发展提高，幕墙种类日益增多，分格设计的花样也日益丰富，三角形、梯形、其他多边形板块时常可见，远不止矩形板块一种。因此接缝不应仅限于垂直、水平，而应以所检测幕墙的板块间实际接缝为准。可开启部分既要具备正常开启关闭的性能，又应承担必要时通风和必要时遮风挡雨的功能。因此，可开启部分防止渗水的难度大于固定部分，是幕墙水密性能的薄弱环节，是必须经过水密性能检测的，是试件不可或缺的部分。

建筑幕墙可开启部位多采用上悬式窗扇，扇与窗框的上缝处于防止雨水渗漏的要冲。某些幕墙设计方案即要求在施工中对该缝采取注胶密封，并注明待胶固化后方可开启；某些幕墙是在检测结果显示该缝防渗漏无效、其他调整手段无效后，临时决定采取的补救措施。单元式幕墙接缝注胶与否的问题也有类似情况。对此，检测方应完全明了补充措施的性质与细节，充分认识其对幕墙水密性能结论的决定性影响，将其作为设计方案与检测方案的变更，在检测记录与检测报告中完整说明。

一般地，可开启部分是均匀分布在幕墙各标准层、各结构单元中的，试件需按照标准要求选取，试件上可开启部分占试件总面积的比例就基本上与实际工程接近。这里仅强调指出，在幕墙的同行或同列上有连续可开启部分时，试件也应包含同样的连续可开启部分，以保证可开启部分之间的接缝构造得到水密性能检验。

3.3.4　检测方法

1. 检测前准备

试件安装完毕后应进行检查，符合设计要求后才可进行检测。检查前，应将试件可开启部分开关不少于 5 次，最后关紧。

检测可分别采用稳定加压法或波动加压法。工程所在地为热带风暴和台风地区的工程检测，应采用波动加压法；定级检测和工程所在地为非热带风暴和台风地区的工程检测，可采用稳定加压法。已进行波动加压法检测可不再进行稳定加压法检测。热带风暴和台风地区的划分按照 GB 50178 的规定执行。水密性能最大检测压力峰值应不大于抗风压安全检测压力值。

　　试件安装完毕后的检查，重点确定是否符合设计要求，即将试件与检测方案对照。其中尤其应注意是否有特殊附件或采取其他措施（如进行了不符合设计要求的注胶密封），以确保检测结果基于设计方案的真实性。

　　在检查中应记录与物理性能相关的幕墙试件的各项参数，作为判断试件与设计方案、检测方案一致性的依据和检查结果的汇总，如表 6-3.3-1。

建筑幕墙物理性能检测试件参数记录表 表 6-3.3-1

试件编号			检测日期	
工程（产品）名称				
工程所在地				
委托单位				
施工（生产）单位				
试件尺寸（mm）	宽	高	检测设备	
连接件最大间距		mm	幕墙层高	mm
玻璃最大分格（mm）	宽	高	玻璃厚度（mm）	
石材最大分格（mm）	宽	高	石材厚度（mm）	
铝板最大分格（mm）	宽	高	铝板厚度（mm）	
窗扇最大尺寸（mm）	宽	高	窗铰尺寸（英寸）	
			窗锁/执手	
主受力杆长度（mm）	杆1		杆2	杆3
	杆4		杆5	杆6
立柱规格		mm	横梁规格	mm
主受力部位壁厚		mm	主受力部位壁厚	mm
固定缝长度（mm）				
开启缝长度（mm）				
玻璃压块或勾块间距（mm）			结构胶注胶宽度	mm
			结构胶注胶厚度	mm
空气温度		℃	大气压	kPa
		℃		kPa
		℃		kPa
备注				

　　记录：　　　　　　　核对：

　　可开启部分开关不少于 5 次，目的除检查窗扇启闭是否正常外，还应检查是否采取了不符合设计要求的密封措施。与产品检测、型式检测的目的偏重于质量检验不同，对于工程检测的委托方，委托检测的目的往往重在达到工程验收需求，这有可能导致非正常密封措施的采用，故尤应注意。

　　根据标准规定，稳定加压法与波动加压法只决定加压方式为稳定或波动，而不决定压力差绝对值大小。压力差绝对值大小应根据检测类别（定级检测或工程检测）来确定。而定级检测或工程检测具体采用哪一种加压法，则可根据本标准选择。

考虑到热带风暴和台风袭来时幕墙会承受脉动风压，对该类地区的水密性能工程检测要求按波动加压法进行。由于波动加压法中风压峰值比稳定加压法中对应加压级别的风压高出 25%，该法对试件更为不利，故已进行波动加压法检测者可不再进行稳定加压法检测。前面说过，在计算水密性能指标时不计阵风系数（大于 1），故水密性能指标应低于风荷载标准值。

2. 稳定加压法

按照图 6-3.3-6、表 6-3.3-2 的顺序加压，并按以下步骤操作：

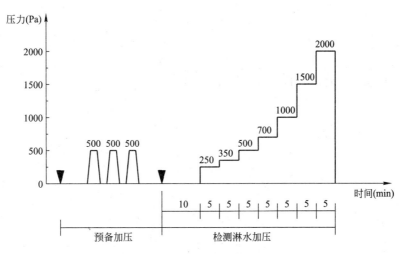

注：图中符号▼表示将试件的可开启部分开关 5 次。

图 6-3.3-6　稳定加压顺序示意

稳定加压顺序表　　　　　　　　　　　　　　　表 6-3.3-2

加压顺序	1	2	3	4	5	6	7	8
检测压力（Pa）	0	250	350	500	700	1000	1500	2000
持续时间（min）	10	5	5	5	5	5	5	5

注：水密设计指标值超过 2000Pa 时，按照水密设计压力值加压。

（1）预备加压。施加三个压力脉冲。压力差绝对值为 500Pa。加压速度约为 100Pa/s，压力持续作用时间为 3s，泄压时间不少于 1s。待压力回零后，将试件所有可开启部分开关不少于 5 次，最后关紧。

预备加压的目的在于消除试件中可能存在的虚位。采用三个 500Pa 的压力脉冲，与现行建筑外窗检测方法的作法一致。与 GB/T 15228—94《建筑幕墙雨水渗漏性能检测方法》相比，各级加压时间缩为 5min；增加了预淋水步骤。

定级检测逐级加压的压力差值是根据 GB/T 21086—2007《建筑幕墙》（产品标准）所规定的水密性能分级指标值而定的。根据 GB/T 21086—2007，水密性能分级指标值最低压力差为 250Pa。故本标准相应减少了原 GB/T 15228—94 所设的加压等级 100Pa、150Pa。原设加压等级 1600Pa、2500Pa 也相应地分别下降为 1500Pa、2000Pa。

水密性能检测数据（包括试件信息与参数、检测步骤、情况记录等）记录可参考表 6-3.3-3 的格式。

水 密 性 能 检 测 　　　　　　　　　表 6-3.3-3

委托编号：　　　　试件编号：　　　　试件规格：宽　高　mm

委托单位：
生产厂家(施工单位)：
试件名称：×××××幕墙

空气温度：25.5℃　　　大气压力：101.3kPa

主受力杆数目：2
主受力杆1长度：m　　　位移计编号：1，2，3
主受力杆2长度：m　　　位移计编号：4，5，6
支座间距：　　　　幕墙层高：
板块分格：
检测日期：　　　检测时间：

风压(Pa)　　　渗漏状况　　　　　　　渗漏部位

250
350
500
700
1000
1500
2000

检测结果：本次检测未出现严重渗漏！

主检人签名：　　　　　　复核人签名：

(2) 淋水。对整个幕墙试件均匀地淋水，淋水量为 3L/(m² · min)。为使试件各部分(包括各种节点构造)在相同的条件下接受检验，不仅要求风压均匀，也要求喷淋均匀。鉴于定级检测时间持续较长，而非热带风暴地区和非台风地区的降雨量一般较小，故本标准的稳定加压法规定的淋水量较小，低于原标准要求的 4L/(m² · min)。

(3) 加压。在淋水的同时施加稳定压力。定级检测时，逐级加压至幕墙固定部位出现严重渗漏为止。工程检测时，首先加压至可开启部分水密性能指标值，压力稳定作用时间为 15min 或幕墙可开启部分产生严重渗漏为止，然后加压至幕墙固定部位水密性能指标值，压力稳定作用时间为 15min 或产生幕墙固定部位严重渗漏为止；无开启结构的幕墙试件压力稳定作用时间为 30min 或产生严重渗漏为止。

稳定加压测试中，在淋水的同时所施加的风压应为稳定的静压。

稳定加压法与波动加压法只决定加压方式为稳定或波动，而不决定各级压力差绝对值的大小(波动加压法仅规定波幅与平均值的比例)。压力差绝对值大小应根据检测类别(定级检测或工程检测)来确定。定级检测所要求施加的压力差应按照表 6-3.3-2 所示，压力差分多级，逐级施加，且加压过程并不区分可开启部位与固定部位。工程检测则要求明确可开启部位与固定部分的水密性能指标值，并由此将加压级别分为两级(无可开启部位的幕墙试件之加压级别仅一级)。

定级检测的终点为"幕墙固定部位出现严重渗漏"，因为固定部位水密性能要求高于可开启部位水密性能，且一般情况下固定部位水密性能高于可开启部位水密性能。即使固定部位先于可开启部位发生渗漏，该幕墙的水密性能也已无法达到要求，检测同样应终止。

工程检测要求委托方根据设计要求提供幕墙可开启部分与固定部位的水密性能指标值。若工程检测项目未提出工程指标值，则按定级检测进行。一般情况下，固定部位水密性能指标高于可开启部位水密指标，故首先加压至可开启部分水密性能指标值，然后加压至固定部位水密性能指标值。

工程检测中，压力稳定作用时间"15min"的确定是基于对工程检测与定级检测的区别的考虑，并借鉴了美国标准。

15min 内无严重渗漏则为达到要求，"或⋯⋯产生严重渗漏"是指 15min 内所发生的现象，即：如果在持续加压、持续喷淋的 15min 内可开启部位或固定部位发生了符合本标准所定义的严重渗漏，则水密性能检测应终止。

"无开启结构的幕墙试件压力稳定作用时间为 30min 或产生严重渗漏为止"，是确保不论有无开启结构，固定部位的加压淋水时间一致。

(4) 观察记录。在逐级升压及持续作用过程中，观察并记录渗漏状态及部位。

水密性能检测中，对渗漏的观察是工作重点。对渗漏的观察应为持续的，以免所记录的发生渗漏的等级不准确。观察的范围为幕墙试件的所有内外通道，包括所有典型的接缝，以及可能发生渗水的其他部位(如点支承幕墙的爪点孔位，可能渗水的石材板块等)。特别应注意幕墙水密性能的各薄弱环节，例如：可开启部位(例见图 6-3.3-7)，单元板块十字接缝，半隐框幕墙的明框缝，板块、框架、密封胶缝的边角位，既有密封作用又有传递荷载作用的全玻璃幕墙肋与面板驳接胶缝，试件中变形可能较大的部位及附近的接缝，等等。

图 6-3.3-7　水密性能检测中观察
可开启部位渗漏状况

标准规定，检测对象只限于幕墙试件本身，不涉及幕墙与其他结构之间的接缝部位。故试件与试验压力箱之间的收口接缝(封边)部位发生渗漏不应归于试件渗漏。但收口接缝(封边)部位也应避免严重渗漏，特别是上下收口接缝(封边)部位。以不影响观察试件的水密性为最低要求。

3. 波动加压法

按照图 6-3.3-8、表 6-3.3-4 顺序加压，并按以下步骤操作：

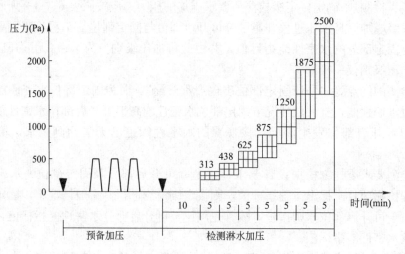

注：图中▼符号表示将试件的可开启部分开关 5 次。

图 6-3.3-8　波动加压示意图

波动加压顺序表 表 6-3.3-4

加压顺序		1	2	3	4	5	6	7	8
波动压力值	上限值(Pa)	—	313	438	625	875	1250	1875	2500
	平均值(Pa)	0	250	350	500	700	1000	1500	2000
	下限值(Pa)	—	187	262	375	525	750	1125	1500
波动周期(s)		—	3～5						
每级加压时间(min)		10	5						

注：水密设计指标值超过 2000Pa 时，以该压力为平均值、波幅为实际压力 1/4

（1）预备加压。施加三个压力脉冲。压力差值为 500Pa。加载速度约为 100Pa/s，压力差稳定作用时间为 3s，泄压时间不少于 1s。待压力差回零后，将试件所有可开启部分开关不少于 5 次，最后关紧。

波动加压法检测的重点控制参数包括波动周期与波动风压的波峰、波谷（上下限值）。加压时间应从波动风压的波形形成且波峰、波谷稳定之时起计。波动加压各级别以稳定加压法的各级别压力差值为波动风压平均值。

（2）淋水。对整个幕墙试件均匀地淋水，淋水量为 4L/(m² · min)。波动加压法规定的淋水量较大，与原标准 GB/T 15228—94 的规定一致。这与要求采用波动加压法进行水密性能检测的地区降雨量较大的情况是相符的。

（3）加压。在稳定淋水的同时施加波动压力。定级检测时，逐级加压至幕墙试件固定部位出现严重渗漏。工程检测时，首先加压至可开启部分水密性能指标值，波动压力作用时间为 15min 或幕墙可开启部分产生严重渗漏为止，然后加压至幕墙固定部位水密性能指标值，波动压力作用时间为 15min 或幕墙固定部位产生严重渗漏为止；无开启结构的幕墙试件压力作用时间为 30min 或产生严重渗漏为止。

波动加压测试中，在淋水的同时所施加的风压应为波动风压。工程检测时，以指标值为平均值、波幅为实际压力 1/4。对波形、周期、波峰、波谷应以有效手段及时监控，见图 6-3.3-9。

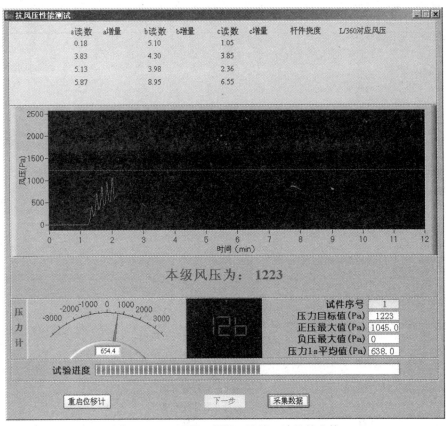

图 6-3.3-9　波形、周期、波峰、波谷的监控

在检测全过程中，淋水量为固定值。

（4）观察记录。在逐级升压及持续作用过程中，观察并参照表 6-3.3-5 和表 6-3.3-6 记录渗漏状态及部位。根据标准定义，严重渗漏是指"雨水从试件室外侧持续或反复渗入试件室内侧，发生喷溅或流出试件界面的现象"。故后两项定为严重渗漏。其中"反复渗入"多发生在波动风压作用下。

渗漏状态符号表　　　　　　　　　　　　　　　　表 6-3.3-5

渗　漏　状　态	符　　号
试件内侧出现水滴	○
水珠联成线，但未渗出试件界面	□
局部少量喷溅	△
持续喷溅出试件界面	▲
持续流出试件界面	●

注：1. 后两项为严重渗漏；

　　2. 稳定加压和波动加压检测结果均采用此表。

试件渗漏情况记录 表 6-3.3-6

水 密 性 能 检 测

委托编号：　　　　　试件编号：　　　　　试件规格：宽　高　mm

委托单位：
生产厂家(施工单位)：
试件名称：×××××幕墙

空气温度：25.5℃　　大气压力：101.3kPa

主受力杆数目：2
主受力杆1长度：m　　位移计编号：1，2，3
主受力杆2长度：m　　位移计编号：4，5，6
支座间距：　　　　　幕墙层高：
板块分格：
检测日期：　　　　　检测时间：

风压(Pa)	渗漏状况	渗漏部位
250	○	可开启部分左下角
350	○	可开启部分左下角
500	□	可开启部分下缝
700	□	可开启部分下缝
1000	▲	可开启部分下缝
1500	●	可开启部分下缝
2000	○	试件第二行第三列板块右竖缝

检测结果：本次检测未出现严重渗漏！

主检人签名：　　　　　复核人签名：

图 6-3.3-10　试件内侧出现水滴
（非严重渗漏）

　　标准对渗漏的定义是基于对幕墙防渗水功能的界定：雨水不应进入持续或反复渗入室内侧。故"严重渗漏"与否是以"试件界面"为界。其次，确定是否严重渗漏还要观察雨水流动的状态。"持续或反复渗入"意味着渗漏或已连续，或间而不断，渗入的水无法及时排出，无法遏止，也无法以擦拭解决，则水密性能的底线已被突破。以此来判断，若试件内侧出现水滴，如图 6-3.3-10 所示，或水珠联成线，但尚未渗出试件界面，或局部少量喷溅，则视为漏水尚可遏止的情况，不视为严重渗漏。

3.3.5　分级指标值的确定

以未发生严重渗漏时的最高压力差值进行评定。

定级检测中，"未发生严重渗漏时的最高压力差值"即初次发生严重渗漏时加压级的前一级，并以此定级。例如：试件在 1000Pa 风压差下初次出现严重渗漏，则"未发生严重渗漏时的最高压力差值"即为 700Pa，级别为国标 2 级。若水密性能检测的全过程均未发生严重渗漏，则水密性能检测所达到的最高检测加压值即为分级指标值。

工程检测中，可开启部位与固定部位各只有一个加压级，即可开启部位或固定部位的水密性能指标值，检测结果只有"未发生严重渗漏"和"发生严重渗漏"两种，故评定也只有"达到…（具体的水密性能指标值）"和"未达到…（具体的水密性能指标值）"两种结论。

波动加压法的分级指标值取未发生严重渗漏时的最高压力差级别的平均值，而非波峰值或波谷值。

3.3.6　检测报告

检测报告可以参照如下格式编写：

建筑幕墙产品质量检测报告

报告编号：　　　　　　　　　　　　　　　　　　　　　　　　　　　　共　　页　第　　页

委托单位				
地　　址			电话	
送样/抽样日期				
抽样地点				
工程名称				
生产单位				
样品	名称		状　态	
	商标		规格型号	
检测	项目		数　量	
	地点		日　期	
	依据			
	设备			
检测结论				
雨水渗漏性：可开启部分属国标 GB××××.× 第　　级 　　　　　　固定部分属国标 GB××××.× 第　　级 （检测报告专用章）				

批准：　　　　　　审核：　　　　　　主检：　　　　　　报告日期：

建筑幕墙产品质量检测报告

报告编号：

缝长：m	可开启部分：	固定部分：
面积：m²	可开启部分：	固定部分：
面板品种	安装方式	
玻璃镶嵌材料	框扇密封材料	
气　　温℃	气　　压 kPa -	
面板最大尺寸 mm	宽：　　　长：　　　厚：	

检测结果

稳定加压法：固定部分保持未发生渗漏的最高压力为＿＿＿＿＿＿＿＿Pa

　　　　　　可开启部分保持未发生渗漏的最高压力为＿＿＿＿＿＿＿＿Pa

波动加压法：固定部分保持未发生渗漏的最高压力为＿＿＿＿＿＿＿＿Pa

　　　　　　可开启部分保持未发生渗漏的最高压力为＿＿＿＿＿＿＿＿Pa

备注：

3.4 抗风压性能检测

抗风压性能的检测按照 GB/T 15227 的规定执行。

3.4.1 检测项目

幕墙试件的抗风压性能，检测变形不超过允许值且不发生结构损坏的最大压力差值。包括：变形检测、反复加压检测、安全检测。

幕墙的抗风压性能检测主要是检测幕墙承受相应压力 P_1、P_2、P_3、P_{max} 的能力。P_1 值的检测是通过测量其相对应的挠度变形而得到的，只有在挠度达到 $f_0/2.5$ 允许挠度时的压力值，才是其 P_1 值；P_2 的检测是要反复进行 10 次的，主要是观察其是否出现功能性障碍或损坏；P_3 值是一个安全检测值，它是 2.5 倍的 P_1，只要正压、负压各冲一次即可。对于工程用幕墙的检测，可能还要进行 P_{max} 的检测。

3.4.2 检测装置

检测采用国际上惯用的模拟静压箱法，原理为试件固定在镶嵌框 e 上，镶嵌框 e 安装在封闭压力箱 a 的开口部位并密封，通过供压设备 c 向压力箱 a 内送风或抽风，使压力箱 a 内产生高(低)于箱外大气压的压力，从而在试件内外表面产生压力差，通过调压系统 b 可以控制产生的压力差值大小，使用位移计 f 记录试件在受到压力作用后的变形情况。根据试件的安装方式，可以分为内喷淋及外喷淋式，分别见图 6-3.4-1、图 6-3.4-2。

图 6-3.4-1 内喷淋方式幕墙动风压性能检测设备

图 6-3.4-2 外喷淋方式幕墙动风压性能检测设备

检测装置由压力箱、供压系统、测量系统及试件安装系统组成，检测装置的构成如图 6-3.4-3 所示。

压力箱的开口尺寸应能满足试件安装的要求，箱体应能承受检测过程中可能出现的压

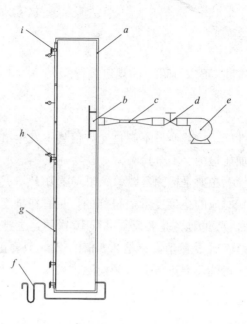

图 6-3.4-3　抗风压性能检测装置示意

a—压力箱；*b*—进气口挡板；*c*—风速仪；*d*—压力控制装置；*e*—供风设备；

f—差压计；*g*—试件；*h*—位移计；*i*—安装横架

力差。压力箱是做检测所必需的装备之一，其高度要足以满足或超过被测幕墙的高度，同样宽度也应达到或超过被测幕墙的宽度。因为幕墙测试时应根据实际情况进行等尺寸的安装，且测试样品也要符合相应的要求，所以幕墙的测试箱体必须具有相应大的开口尺寸才能进行测试。

　　压力箱体见图 6-3.4-4，可用钢筋混凝土或钢结构制作，其宗旨是坚固结实，其强度应能承受在幕墙检测过程中对压力箱体壁所施加的压力荷载，避免因箱体强度达不到要求而造成箱体的严重渗漏。有些检测其压力要达到 10000Pa 以上。

图 6-3.4-4　幕墙检测箱体一（内加压系统）　　图 6-3.4-5　幕墙检测箱体二（安装的是双层幕墙）

　　试件安装系统用于固定幕墙试件并将试件与压力箱开口部位密封，支承幕墙的试件安装系统宜与工程实际相符，并具有满足试验要求的面外变形刚度和强度。幕墙检测是为了验证幕墙安装在墙体上后在经受风压作用下的抵抗变形的能力，所以幕墙的安装应该与工程现场实际安装相同，这样才能说明问题；如不能与工程现场实际相同，即使检测出性能较好，也不能说在工程实际应用时就能满足设计要求，所以安装系统应与工程实际相符。被测幕墙与压力箱体完全密封，是为了保证通过风机产生的风量不会因不密封而过多的泄漏，导致压力加不上去，不能进行正常的检测，并应保证在检测压力下箱体不会发生较大的变形。

　　构件式幕墙、单元式幕墙应通过连接件固定在安装横架上，在幕墙自重的作用下，横架的面内变形不应超过 5mm；安装横架在最大试验风荷载作用下面外变形应小于其跨度的 1/1000。构件式幕墙其立柱应通过安装件安装固定在箱体的横架上，单元式幕墙其铁码也应固定在箱体的横架上，所以箱体的横架是支撑幕墙重量的主要构件之一，也就是说，幕墙的重量主要是施加在箱体的横架上，再通过横架进行传递分解。所以如横架所用材料的刚度不够的话，必将产生较大的变形，且在进行检测时，这变形也会随压力的增大而增大。这些变形将影响对被测幕墙的挠度测量，或说使其挠度测量值不真实，所以在这里对横架自身的变形进行了严格的规定，其目的就是要尽量减少对被测幕墙挠度测量的影响。

　　点支承幕墙和全玻璃幕墙宜有独立的安装框架，在最大检测压力差的作用下，安装框架的变形不得影响幕墙的性能。吊挂处在幕墙重力作用下的面内变形不应大于 5mm；采用张拉索杆体系的点支承幕墙在最大预拉力作用下，安装框架的受力部位在预拉力方向的最大变形应小于 3mm。点支承幕墙和全玻璃幕墙都有自己独特的受力、传力方式，与构件式幕墙的传、受力方式不同，所以对其应使用相对独立的安装框架，以能使其与工程实际上相符。安装框架应具有相应的刚度以保证当全玻璃幕墙的吊挂或点支承幕墙的预拉力作用下都不会产生较大的变形，且应控制在 3mm 之内，以保证测试的正常进行和测量的准确性。

　　供风设备应能施加正负双向的压力，并能达到检测所需要的最大压力差；压力控制装置应能调节出稳定的压力差，并应能在规定的时间达到检测压力差。所谓供风设备是指向箱体内鼓风或抽风的设备，根据被测幕墙安装的室内、室外方向不同，供风设备向箱体内鼓风即产生正压力差(或负压力差)，同样道理，与其相反的抽风就产生负压力差(或正压力差)。由于对被测幕墙的检测必须有正压力差和负压力差，所以供风设备(图 6-3.4-6)就必须既能鼓风又能抽风，以保证能使被测幕墙上承受正压(或负压)。

　　幕墙由于使用的地方不同，检测时要根据计算的强度值来设定检测值。所以供风系统应能提供足够的压差，以达到所要求的压力设计值。稳定的气流是为了保证供风设备所产生的风流不会对被测幕墙产生瞬间的剧烈变动，供风系统同时应具备提供大风量的能力，以使其能在较短的时间内达到检测风压。

　　差压计的两个探测点应在试件两侧就近布置，精度应达到示值的 1%，响应速度应满足波动风压测量的要求。差压计的输出信号应由图表记录仪或可显示压力变化的设备记录。差压计是测定箱体内外压力差的装置，见图 6-3.4-7，它的准确与否直接关系到检测数据的准确与否。因为压力(差)是抗风压性能检测的主要指标之一，误差太大将导致位移挠度检测值的异常或不正确，也不能正确地判定被测幕墙的合格与否。这里采用一定精度的差压计就是要避免由于误差太大而导致检测结果异常。响应速度是为了保证模拟自然界波动加压对幕墙的测试需求。

图 6-3.4-6　供风系统——风机

图 6-3.4-7　风口与差压计

差压计的输出信号应传送到相应的接受设备中，是为了便于记录下压力差的变化。现在多是用计算机来记录压力差数据的。数据记录下来，既保留了实时记录，又便于进行报告的出具和数据的处理。

位移计的精度应达到满量程的 0.25%；位移计的安装支架在测试过程中应有足够的紧固性，并应保证位移的测量不受试件及其支承设施的变形、移动所影响。

位移计是记录幕墙构件位移量的仪器设备，其精度取满量程的 0.25%，是为了更准确的记录下构件的位移变化值，如果以满量程是 50 mm 计，则其精度应达到 0.125 mm，这样就能较好地保证位移值的准确度，以使检测更为准确。位移计是测定构件的位移量的，其本身应该相对的稳定，如其自身也随压力的变化而产生位置变动，则就不能准确地测出真实的被测构件的位移量，这样的检测是失败的，是不可信的。所以位移计的安装见图 6-3.4-8 及图 6-3.4-9，必须牢固，且本身要相对独立，不受被测构件变动的影响。

图 6-3.4-8　位移计的安装

图 6-3.4-9　位移计表头安装

试件的外侧应设置安全防护网或采取其他安全措施。抗风压检测其实是幕墙的一个安全性能的检测，试验中往往发生一些结构的损坏，安全网设置见图 6-3.4-10，目的是为了防止在检测时，玻璃破损飞出或构件损坏飞出打伤到人。其他安全措施也包括设置安全区域见图 6-3.4-11，也就是说，在检测时任何人员不得进入这一区域，以免出现危险。

图 6-3.4-10　设置安全防护网

图 6-3.4-11　设置安全区域

3.4.3　试件要求

　　试件规格、型号和材料等应与生产厂家所提供图样一致，试件的安装应符合设计要求，不得加设任何特殊附件或采取其他措施。幕墙检测是为了验证其设计、制作是否达到相应的要求。所以整个幕墙中试件的规格、型号和材料等应与生产厂家所提供图样一致，并依据图纸进行安装，否则就是有良好的检测结果也不能说明什么问题，或者说没有什么用。同理幕墙试件安装过程中不得增加可能改变其物理性能的附件。

　　试件应有足够的尺寸和配置，代表典型部分的性能。进行幕墙检测要事先划定幕墙板块，在划定板块时应根据幕墙的设计图纸，选取含有各类配置的典型部位进行检测，这样能代表整个幕墙的状况，否则如含有配置的幕墙没能包含在检测的样品板块中，其检测结果难以具有说服力。

　　幕墙检测的尺寸大小同样要根据设计图纸及选定标准来进行选定，高度方向的尺寸应该至少一个楼层高度，宽度方向应该至少三根立柱为宜。应该来说，这种尺寸能较好地代表整个幕墙的状况。

　　试件必须包括典型的垂直接缝和水平接缝。试件的组装、安装方向和受力状况应和实际相符。凡是幕墙必然包含有垂直接缝和水平接缝，而对于一个幕墙来说，它必然有一种主导接缝方式，它应是普遍用于幕墙的绝大部分节点的，这种典型接缝应包含于被测幕墙样品中。否则检测出的结果也不能说明就是这个幕墙的情况。"试件的组装、安装方向和受力状况应和实际相符"，这一条也就是为了保证被测幕墙样品与工程实际相符，也就是为了保证被测幕墙样品可以代表工程实际应用的情况。

　　构件式幕墙试件宽度至少应包括一个承受设计荷载的典型垂直承力构件。试件高度不宜少于一个层高，并应在垂直方向上有两处或两处以上与支承结构相连接。幕墙试件的宽度在选取时，应保证有一个垂直的承力构件按设计情况承受相邻板块传递而来的全部荷载，形成一个完整的受力"单元"。至少一个楼层的高度，满足两点支承的简支梁构造，与设计时的计算模型和实际情况相对来说较为接近。对于构件挠度的检测，也相对地较为完整。

　　单元式幕墙试件应至少有一个与实际工程相符的典型十字接缝，并应有一个完整单元的四边形成与实际工程相同的接缝。单元式幕墙都是有一块一块板块构成，板块之间采用公母槽口的形式进行连接，其四块板的中间必然有一个拼接点，这一点也就是单元式幕墙的最薄弱环节，无论在渗水还是在强度上，这一点都可能是一个失败点，所以对单元式幕墙进行检测时，该薄弱点必须包含在被测幕墙的板块中。同样公母槽口的连接也是单元幕墙较薄弱的环节，因此试验中要求有一个完整单元的四边形成与工程实际相同的接缝就是为了检验其性能。

　　全玻璃幕墙试件应有一个完整跨距高度，宽度应至少有两个完整的玻璃宽度或三个玻璃肋。三个玻璃肋可以看成是三根立柱，其中间一根承受了整个跨距的荷载，所以它比较有说服力，或说具有较强的代表性。而两个完整的玻璃板块，更能说明其与实际工程的相符性了。

　　全玻璃幕墙一般来说玻璃的高度较高，如将其做小了来进行检测，则就又存在与工程实际不相符合的问题了。且做小了的玻璃与整块大的玻璃其受力状态是完全不一样的，一般来说，小的玻璃板块的受力强度要高于大玻璃板块，所以不能以小的来代替大的。在这里规定了必须以一个完整的跨度高度。

　　点支承幕墙试件应满足以下要求：

　　（1）至少应有四个与实际工程相符的玻璃板块或一个完整的十字接缝，支承结构至少应有一个典型承力单元。

　　（2）张拉索杆体系支承结构应按照实际支承跨度进行测试，预张拉力应与设计相符，张拉索杆体系宜检测拉索的预张力。

　　（3）当支承跨度大于8m时，可用玻璃及其支承装置的性能测试和支承结构的结构静力试验模拟幕墙系统的检测。玻璃及其支承装置的性能测试至少应检测四块与实际工程相符的玻璃板块及一个典型十字接缝。

　　（4）采用玻璃肋支承的点支承幕墙同时应满足全玻璃幕墙的规定。

　　点式幕墙是一块块玻璃拼接而成，见图 6-3.4-12，在四块玻璃板块的拼接中，其四块板的交接点实际上是一个薄弱环节，易发生渗水、强度不足、脱胶等缺陷，所以这个十字接缝处必须进行检测。

　　张拉索的设计安装应与设计相符，张拉力（预应力）的大小将直接影响幕墙的结构性能。如张拉力较大时，较能保证幕墙的现状，但在抗风压测试时容易造成内应力过大而导致损坏。

　　玻璃肋是全玻璃幕墙的一种加强方式，见图 6-3.4-13，如在点式幕墙中也采用了玻璃肋，其受力应该按全玻璃幕墙来分析，所以对玻璃肋的性能应该进行检测。

图 6-3.4-12　点支承幕墙

图 6-3.4-13　玻璃肋发生破坏

3.4.4　检测方法

检测压差顺序见图 6-3.4-14。当工程有要求时，可进行 P_{max} 的检测（$P_{max} > P_3$）；图中符号▼表示将试件的可开启部分开关 5 次。

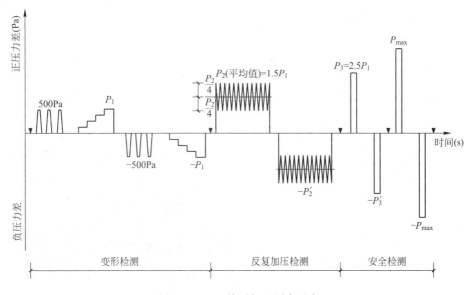

图 6-3.4-14　检测加压顺序示意

1. 试件安装

试件安装完毕，应经检查，符合设计图样要求后才可进行检测。检测前应将试件可开启部分开关不少于 5 次，最后关紧。在这里再次强调了与设计图纸相符，因为幕墙检测的原始依据就是设计图纸。

可开启部分开关 5 次，是要保证可开启部分正常的开启性。如果把开启部分封死，那开启部分的性能就可能被忽略了（开启部位又往往是计算中容易忽视的问题），也就不能说明被检测幕墙是与设计图纸相符、与实际工程相符了。

2. 位移计安装

位移计宜安装在构件的支承处和较大位移处，测点布置要求为：

（1）采用简支梁型式的构件式幕墙测点布置见图 6-3.4-15，两端的位移计应靠近支承点。简支梁型式的构件式幕墙较为简单，其构件的挠度变形一般在一根构件上就能较完全地体现出来，所以采用图 6-3.4-15 的布点，能很好地测出构件在风荷载下的挠度变形值。

（2）单元式幕墙采用拼接式受力杆件且单元高度为一个层高时，宜同时检测相邻板块的杆件变形，取变形大者为检测结果；当单元板块较大时其内部的受力杆件也应布置测点。

单元式幕墙都是由一块一块板块构成，由于材料、加工制作、安装等各种原因，其板块与板块采用公母槽口的方式连接。为保证幕墙的物理性能，幕墙设计时一般考虑公母槽口共同受力，一起变形。图 6-3.4-16 的测量方式能准确地检测出公母槽口的协调变形能力。同时当板块较大时，板块内部的所有构件同样需要变形控制。

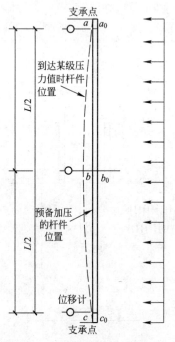

图 6-3.4-15　简支梁型式的构件式
幕墙测点分布

图 6-3.4-16　单元幕墙杆件的变形测试

（3）全玻璃幕墙玻璃板块应按照支承于玻璃肋的单向简支板检测跨中变形，玻璃肋按照简支梁检测变形。全玻璃幕墙的玻璃板块受力与单向简支梁型式的构件型式较为相似，应检测跨中变形；其构件的挠度变形一般一根玻璃肋中就能体现，所以宜采用类似简支梁构件的检测方法进行检测。

（4）点支承幕墙应检测面板的变形，测点应布置在支点跨距较长方向玻璃上。点支承幕墙以玻璃面板的受力为主要受力构件，其力是通过玻璃爪传递到建筑物结构上，玻璃面板的强度要远远低于玻璃爪的强度，所以仅要对玻璃面板进行挠度变形检测即可。

（5）点支承幕墙支承结构应分别测试结构支承点和挠度最大节点的位移，承受荷载的受力杆件多于一个时可分别检测，变形大者为检测结果；支承结构采用双向受力体系时应分别检测两个方向上的变形。

点支承幕墙支承结构是承受幕墙自身重量和风压荷载的构件之一，其变形也会影响整个幕墙的性能，所以在检测面板变形的同时，还要对支承结构进行挠度变形的检测，以观察其是否能满足设计要求。

（6）其他类型幕墙的受力支承构件根据有关标准规范的技术要求或设计要求确定。幕墙种类较多，难以面面俱到，其他类型幕墙的检测也要按照相应的标准规范和设计要求来进行。

（7）点支承玻璃幕墙支承结构的结构静力试验应取一个跨度的支承单元，支承单元的结构应与实际工程相同，张拉索杆体系的预张拉力应与设计相符；在玻璃支承装置位置同步施加与风荷载方向一致且大小相同的荷载，测试各个玻璃支承点的变形。

点支承玻璃幕墙支承结构的结构静力试验是检测玻璃面板强度的一种方法，其也要取一个完整的支承单元，这样才能较好地说明问题。同时支承点是保证该玻璃幕墙结构性能的重要部件，其变形情况有时在保证抗风压性能时起到关键作用，必须在试验中进行变形的测量。

3. 预备加压

在正负压检测前分别施加三个压力脉冲。压力差绝对值为 500Pa，加压速度约为 100Pa/s，持续时间为 3s，待压力差回零后开始进行检测。

对被测幕墙试样施加三个压力脉冲，主要是为了消除幕墙的内应力，使幕墙的受力处于一个正常的情况下，关于加压速度则是与现行的门窗测试标准相统一。

4. 变形检测

（1）定级检测时的变形检测

定级检测时检测压力分级升降。每级升、降压力差不超过 250Pa，加压级数不少于 4 个，每级压力差持续时间不少于 10s。压力的升、降直到任一受力构件的相对面法线挠度值达到 $f_0/2.5$ 或最大检测压力达到 2000Pa 时停止检测，记录每级压力差作用下各个测点的面法线位移量，并计算面法线挠度值 f_{max}。采用线性方法推算出面法线挠度对应于 $f_0/2.5$ 时的压力值 $\pm P_1$。以正负压检测中绝对值较小的压力差值作为 P_1 值。

P_1 值的检测是分正压检测和负压检测两部分。每个方向的检测至少要分四个台阶来进行，而每一台阶的压力差值不应大于 250Pa，这和以前的标准一样。压力检测至构件的面法线挠度达到 $f_0/2.5$，如果在压力达到 ±2000Pa 时构件的变形还没达到 $f_0/2.5$ 值，也停止检测，即最大检测压力为 ±2000Pa。

如在检测压力没达到±2000Pa 时，其挠度变形就达到 $f_0/2.5$ 值的，则以该点的压力值为±P_1 值；如检测压力达到±2000Pa 时，其挠度变形还没达到 $f_0/2.5$ 值的，则采用线性方法推算出与面法线挠度 $f_0/2.5$ 对应的压力值±P_1。

对任何一个被测幕墙试件来说，一般来说幕墙结构所体现的抗风压性能在正、负压力下会略有不同，检测时依据相应的控制值选择一个较低的值为该被测幕墙样品的 P_1 值。

（2）工程检测时的变形检测

工程检测时检测压力分级升降。每级升、降压力差不超过风荷载标准值的 10%，每级压力作用时间不少于 10s。压力的升、降达到幕墙风荷载标准值的 40% 时停止检测，记录每级压力差作用下各个测点的面法线位移量。

对于工程检测来说，统一以幕墙风荷载标准值的 40% 作为类似定级检测的±P_1 值来进行检测，是因为工程中的设计要求明确，检测中可简化推测 P_1 值的过程，只需判断在相应压力下幕墙的有关构件在对应的压力下是否超出控制值即可。

5. 反复加压检测

以检测压力差 P_2（$P_2=1.5P_1$）为平均值，以平均值的 1/4 为波幅，进行波动检测，先后进行正负压检测。波动压力周期为 5～7s，波动次数不少于 10 次。记录反复检测压力值±P_2，并记录出现的功能障碍或损坏的状况和部位。

反复加压检测主要目的是为了观察被测幕墙构件抵抗波动压力状态的能力。有些被测试件在静压或恒定压力下没有什么损坏的现象，一旦遇到波动的压力，其就较难以承受，就会出现损坏等现象。损坏是指加压过程中出现的构件的损坏，而功能性障碍主要指构件虽未损坏，但其保证的功能已经丧失如幕墙窗五金件已不能保证窗的有效关闭。

方法中规定反复加压的压力值是 1.5 倍的 P_1 值，以 P_2 表示。反复加压检测的顺序也是依据先进行正压，再进行负压的检测。如出现功能障碍或损坏的状况，则为不符合要求。

6. 安全检测

（1）安全检测的条件

当反复加压检测未出现功能障碍或损坏时，应进行安全检测。安全检测过程中施加正、负压力差后分别将试件可开关部分开关不少于 5 次，最后关紧。升、降压速度为 300～500Pa/s，压力持续时间不少于 3s。

（2）定级检测时的安全检测

使检测压力升至 P_3（$P_3=2.5P_1$），随后降至零，再降到-P_3，然后升至零，升、降压速度为 300～500Pa/s。记录面法线位移量、功能障碍或损坏的状况和部位。

标准规定安全检测的检测压力值为 P_3，是 P_1 值的 2.5 倍。先进行正压检测，然后进行负压检测。

测试过程中应记录在安全检测压力下的面法线位移量，是为了检验构件的变形量是否超过允许变形量。一般情况下当构件设计存在缺陷时，其变形会急剧增大。

同时大压力所模拟的是自然条件的极端情况，在这种状态下幕墙较有可能出现功能障碍或损坏情况，这些情况必须明确记录下来。

（3）工程检测时的安全检测

P_3 对应于设计要求的风荷载标准值。检测压力差升至 P_3，随后降至零，再降到 $-P_3$，然后升至零。记录面法线位移量、功能障碍或损坏的状况和部位。当有特殊要求时，可进行压力差为 P_{max} 的检测，并记录在该压力差作用下试件的功能状态。

对于工程检测来说，其安全检测压力值应该就是对应的设计要求的风荷载标准值。以工程的风荷载标准值进行安全检测是判断幕墙结构与工程相符合（安全方面）的关键。如在这一过程中同样记录在安全检测压力下的面法线位移量，是为了检验其变形量是否超过允许变形量。

功能障碍或损坏的出现是检测可能出现的结果，必须记录之。

P_{max} 相当于以前标准的 P_4 值，对于有这一要求的幕墙，应进行这一检测。主要是观察是否有损坏及功能是否丧失。

3.4.5　检测结果的评定

1. 计算

变形检测中求取受力构件的面法线挠度的方法，按式(6-3.4-1)计算：

$$f_{max} = (b - b_0) - \frac{(a - a_0) + (c - c_0)}{2} \tag{6-3.4-1}$$

式中　f_{max}——面法线挠度值，mm；

a_0、b_0、c_0——各测点在预备加压后的稳定初始读数值，mm；

　a、b、c——为某级检测压力作用过程中各测点的面法线位移，mm。

面法线挠度的计算采用公式(6-3.4-1)，是为了减去构件支承点的位移量，以使构件中部的位移值为真正的面法线挠度。

2. 评定

（1）变形检测的评定

定级检测时，注明相对面法线挠度达到 $f_0/2.5$ 时的压力差值 $\pm P_1$。

工程检测时，在 40% 风荷载标准值作用下，相对面法线挠度应小于或等于 $f_0/2.5$，否则应判为不满足工程使用要求。

这些都是判定标准。定级检测时以相对面法线挠度达到 $f_0/2.5$ 时的压力差值 $\pm P_1$，这和以前的检测一样。要注意的是对于工程检测，是以 40% 风荷载标准值作用下，相对面法线挠度应小于或等于 $f_0/2.5$，否则应判为不满足工程使用要求。

（2）反复加压检测的评定

经检测，试件未出现功能障碍和损坏时，注明 $\pm P_2$ 值；检测中试件出现功能障碍和损坏时，应注明出现的功能障碍、损坏情况以及发生部位，并以发生功能障碍和损坏时压力差的前一级检测压力值作为安全检测压力 $\pm P_3$ 值进行评定。

这也是些判定标准。要注意的是，当在 P_2 检测时，出现了功能障碍和损坏时，应注明出现的功能障碍、损坏情况以及发生部位，并以发生功能障碍和损坏时压力差的前一级检测压力值进行评定。

（3）安全检测的评定

定级检测时，经检测试件未出现功能性障碍和损坏，注明相对面法线挠度达到 f_0 时的压力差值±P_3，并按±P_3的绝对值较小值作为幕墙抗风压性能的定级值；检测中试件出现功能障碍和损坏时，应注明出现功能性障碍或损坏的情况及其发生部位，并应以试件出现功能障碍或损坏所对应的压力差值的前一级压力差值作为定级值。

和反复加压检测一样，当出现了功能障碍和损坏时，应注明出现功能性障碍或损坏的情况及其发生部位。由于在检测时出现功能障碍或损坏，所以应该以对应的压力差值的前一级压力差值作为定级值。

工程检测时，在风荷载标准值作用下对应的相对面法线挠度小于或等于允许挠度f_0，且检测时未出现功能性障碍和损坏，应判为满足工程使用要求；在风荷载标准值作用下对应的相对面法线挠度大于允许挠度f_0或试件出现功能障碍和损坏，应注明出现功能障碍或损坏的情况及其发生部位，并应判为不满足工程使用要求。

对于工程检测，就要判定其是否满足工程设计要求。同样当检测时未出现功能性障碍和损坏，应判为满足工程使用要求；而当在风荷载标准值作用下对应的相对面法线挠度大于允许挠度f_0或试件出现功能障碍和损坏时，应注明出现功能障碍或损坏的情况及其发生部位，由于工程的抗风压性能是根据荷载规范或风洞试验的结果来选取的，对工程来说不能降低安全性，所以这时应判为不满足工程使用要求。

3.4.6　检测报告

检测报告至少应包括下列内容：

(1) 试件的名称、系列、型号、主要尺寸及图样(包括试件立面、剖面和主要节点，型材和密封条的截面、排水构造及排水孔的位置、试件的支承体系、主要受力构件的尺寸以及可开启部分的开启方式和五金件的种类、数量及位置)。

(2) 面板的品种、厚度、最大尺寸和安装方法。

(3) 密封材料的材质和牌号。

(4) 附件的名称、材质和配置。

(5) 试件可开启部分与试件总面积的比例。

(6) 点支式玻璃幕墙的拉索预拉力设计值。

(7) 水密检测的加压方法，出现渗漏时的状态及部位。定级检测时应注明所属级别，工程检测时应注明检测结论。

(8) 检测用的主要仪器设备。

(9) 检测室的温度和气压。

(10) 试件单位面积和单位开启缝长的空气渗透量正负压计算结果及所属级别。

(11) 主要受力构件在变形检测、反复受荷检测、安全检测时的挠度和状况。

(12) 对试件所做的任何修改应注明。

(13) 检测日期和检测人员。

检测报告可以参照如下格式编写：

建筑幕墙产品质量检测报告

报告编号： 共 页 第 页

委托单位			
地 址		电 话	
送样/抽样日期			
抽样地点			
工程名称			
生产单位			
样品	名称		状 态	
	商标		规格型号	
检测	项目		数 量	
	地点		日 期	
	依据			
	设备			

检测结论

抗风压性能：属国标 GB×××××.4 第 级
满足工程使用要求(当工程检测时注明)

(检测报告专用章)

批准： 审核： 主检： 报告日期：

建筑幕墙产品质量检测报告

报告编号：　　　　　　　　　　　　　　　　　　　　　　　　　　　　　共　　页　第　　页

缝长：m	可开启部分：		
面积：m²	可开启部分：	固定部分：	
面板品种		安装方式	
面板材料		框扇密封材料	
检测室气温 ℃		检测室气压 kPa	
面板最大尺寸 mm	宽：　　　　　长：　　　　　厚：		

检测结果

抗风压性能：变形检测结果为：正压 ＿＿＿＿＿＿＿＿＿＿＿＿＿＿ kPa

　　　　　　　　　　　　　　负压 ＿＿＿＿＿＿＿＿＿＿＿＿＿＿ kPa

　　　　反复加压检测结果为：正压 ＿＿＿＿＿＿＿＿＿＿＿＿＿ kPa

　　　　　　　　　　　　　　　负压 ＿＿＿＿＿＿＿＿＿＿＿＿＿ kPa

　　　　安全检测结果为：正压 ＿＿＿＿＿＿＿＿＿＿＿＿＿＿ kPa

　　　　（3秒阵风风压）负压 ＿＿＿＿＿＿＿＿＿＿＿＿＿＿ kPa

　　　　工程检验结果：正压 ＿＿＿＿＿＿＿＿＿＿＿＿＿＿ kPa

　　　　　　　　　　　负压 ＿＿＿＿＿＿＿＿＿＿＿＿＿＿ kPa

备注：

思考题

1. 请简述建筑幕墙水密性能检测项目、检测装置组成、试件要求、检测方法、检测值处理及指标值的确定。

2. 请简述建筑幕墙气密性能检测项目、检测装置组成、试件要求、检测方法及指标值的确定。

3. 请简述建筑幕墙抗风压性能检测项目、检测装置组成、试件要求、检测方法及结果评定。

第4章 结构胶相容性试验

结构胶相容性试验包括两类：一是结构装配系统用附件同密封胶相容性试验方法；二是实际工程用基材同密封胶粘结性试验方法。

4.1 结构装配系统用附件同密封胶相容性试验方法

建筑用硅酮结构密封胶相容性试验，目的是试验结构胶与实际工程用基材是否相容以及结构胶粘结玻璃结构系统各种附件，经热及紫外线老化处理后，考查试样颜色变化，检验与玻璃、附件的粘结性，确定结构胶与附件的相容性。本试验依据国家标准《建筑用硅酮结构密封胶》GB 16776—2005 进行。

相容性试验主要观测以下指标：①密封胶的变色情况；②密封胶对玻璃的粘结性；③密封胶对附件的粘结性。

在结构胶粘结装配玻璃系统中，该密封胶用作装配系统结构的胶结，又用作该结构的第一道气候密封挡隔层。用作系统结构的装配，胶接接头的可靠性最为关键。

相容性试验是一项试验筛选过程。试验后粘结性和颜色的改变是一项可以用来确定材料相容性的关键，实践表明试验中那些会使粘结性丧失和褪色的附件，在实际使用中也会同样发生。

4.1.1 试验原理

将一个有附件的试验试件放在紫外灯下直接辐照，在热条件下透过玻璃辐照另一个试件，再对没有附件的对比试件进行同样的试验，观察两组试件颜色的变化，对比试验密封胶同参照密封胶对玻璃及附件粘结性的变化。

4.1.2 试验器具和材料

玻璃板：清洁的无色透明浮法玻璃，尺寸为 75mm×50mm×6mm，共 8 块。

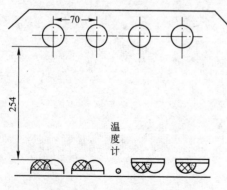

图 6-4.1-1 紫外线曝晒形式

隔离胶带：不粘结密封胶，尺寸为 25mm×75mm，每块玻璃板粘贴 1 条。

温度计：量程 20℃～100℃。

紫外线荧光灯：UVA-340 型。

紫外辐照箱：箱体能容纳 4 支 UVA-340 灯，灯中心的间距为 70mm，与试件上表面的距离为 254mm，试件表面温度（48±2）℃（距试件 5mm 处测量），可采用红外线灯或其他加热设备保持温度，如图 6-4.1-1 所示。

清洗剂：推荐用 50%异丙醇-蒸馏水溶液。

试验密封胶。

参照密封胶：与试验结构胶(或耐候胶)组成基本相同的浅色或半透明密封胶。如果没有，可由供应试验密封胶的制造厂提供或推荐。

4.1.3　试验方法

1. 试件的制备

将无色透明浮法玻璃表面用 50％异丙醇-蒸馏水溶液清洗并用洁净布擦干净，按图 6-4.1-2 在玻璃的一端粘贴隔离胶带，覆盖宽度约为 25mm。制备 8 块试件，4 块是无附件的对比试件，另外 4 块是有附件的试验试件。将附件切成条状，尺寸为 6mm×6mm×50mm，放在玻璃板中间。对比试件和试验试件的制备方法完全相同，只是不加附件。

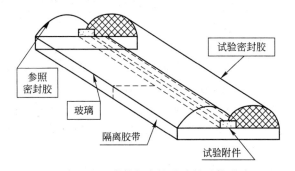

图 6-4.1-2　附件相容性试验的试件形式

将试验密封胶挤注在附件的一侧，参照密封胶挤注在附件的另一侧，用刮刀整理密封胶使之与附件上端面及侧面紧密接触，并与玻璃密实粘结。两种胶的相接处应高于附件上端约 3mm。

2. 试件的养护和处理

制备的试件在标准条件下养护 7d。取两个试验试件和两个对比试件，玻璃面朝下放置在紫外辐照箱中；再放入两个试验试件和两个对比试件，玻璃面朝上放置，在紫外灯下照射 21d，如图 6-4.1-3 所示。

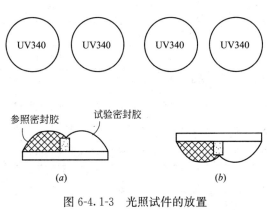

图 6-4.1-3　光照试件的放置

(a)玻璃面朝下；(b)玻璃面朝上

为保证紫外辐照强度在一定范围内，紫外灯使用8周后应更换。为保证均匀辐照，每两周按图6-4.1-4更换一次灯管的位置，报废3♯灯，将2♯灯移到3♯灯的位置，将1♯灯移到2♯灯的位置，将4♯灯移到1♯灯的位置，在4♯灯的位置安装一个新灯管。

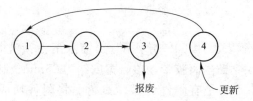

图 6-4.1-4　灯管位置及更换次序

试验箱的温度应控制在(48 ± 2)℃（距离试件 5mm 处测量），试件表面温度每周测一次。

3. 试验步骤

试件编号后将试件放在紫外灯下，按表 6-4.1-2 分别记录各试件的放置方向。

试验后从紫外箱中取出试件，在 23℃冷却 4h。

用手握住隔离胶带上的密封胶，与玻璃成 90°方向用力拉密封胶，使密封胶从玻璃粘结处剥离。测量并按公式(6-4.1-1)计算试验胶、参照胶与玻璃内聚破坏面积的百分率。

$$C_F = 100\% - A_L \tag{6-4.1-1}$$

式中　C_F——内聚破坏面积的百分率，%；

　　　A_L——粘结破坏面积的百分率，%。

检查密封胶对附件的粘结性：与附件成 90°方向用力拉密封胶，使密封胶从附件粘结处剥离。测量并计算试验胶、参照胶与附件内聚破坏的百分率。观察试验胶、参照胶的颜色变化。按表 6-4.1-1 指标检查并记录试验胶与参照胶颜色的变化及其他任何值得注意的变化。

颜色变化的评定　　　　　　　　　　　　　　　　　　　　　　　　表 6-4.1-1

级别	颜色变化	变色描述
0	无变色	颜色无任何变化
1	非常轻微的变色	只有非常轻微的变化，以至通常无法确定
2	轻微的变色	很淡的颜色——通常为黄色
3	明显变色	较轻的颜色——通常为黄色、橙色、粉红色或棕色
4	严重变色	明显的颜色——可能是红色、紫色掺杂着黄色、橙色、粉红色或棕色
5	非常严重的变色	较深的颜色——可能是黑色或其他颜色

4.1.4　试验报告

紫外光曝露后附件同密封胶相容性试验的试验结果可按表 6-4.1-2 格式报告。

附件相容性试验报告　　　　　　表 6-4.1-2

试验开始时间＿＿＿＿＿＿＿＿　试验标准＿＿＿＿＿＿＿＿　登记号＿＿＿＿＿＿＿＿

试验完成时间＿＿＿＿＿＿＿＿　用　户＿＿＿＿＿＿＿＿　试验者＿＿＿＿＿＿＿＿

试验密封胶；基准密封胶；附件类型：		试验试件				对比试件			
		玻璃面朝下		玻璃面朝上		玻璃面朝下		玻璃面朝上	
试件编号		1	2	3	4	5	6	7	8
颜色及外观变化	参照密封胶								
	试验密封胶								
玻璃粘结破坏百分率/%	参照密封胶								
	试验密封胶								
玻璃粘结破坏百分率/%	参照密封胶								
	试验密封胶								
说明									

4.1.5　试验结果的判定

结构装配系统用附件同密封胶相容性试验结果，按表 6-4.1-3 判定。

结构装配系统用附件同密封胶相容性判定指标　　　　表 6-4.1-3

试验项目		判定指标
附件同密封胶相容	颜色变化	试验试件与对比试件颜色变化一致
	玻璃与密封胶	试验试件、对比试件与玻璃粘结破坏面积的差值≤5%

4.2　实际工程用基材同密封胶粘结性试验方法

本试验方法规定了实际工程用基材(如：玻璃、铝材、铝塑板、石材等)与密封胶粘结性试验方法及结果的判定，适用于幕墙工程结构系统的选材。试验方法通过剥离粘结试验后的基材粘结破坏面积来确定基材与密封胶的粘结性。实践表明，在试验中基材产生的粘结破坏在实际工程中也会出现类似的情况。

4.2.1　试验原理

采用实际工程用的基材同密封胶粘结制备试件，测定浸水处理后的剥离粘结性。

4.2.2　试验仪器和材料

基材：实际工程中与密封胶粘结的基材。

清洁剂：供方推荐的清洁剂。

密封胶：工程用密封胶。

水：去离子水或蒸馏水。

拉伸试验机：符合 GB/T 13477.18—2003 中 6.1 的要求。

4.2.3　试验方法

用清洁剂清洗基材表面，用洁净的布擦干。是否使用底涂应按供方要求。

按 GB/T 13477.18—2003 中 7.1～7.5 制备试件，按该标准规定的方法操作后立即复涂一层 1.5mm 厚的试验样品。试件按以下条件养护：双组分样品在标准条件下养护 14d；单组分样品在标准条件下养护 21d。

养护后的试件按 GB/T 13477.18—2003 中 7.7 切割试料带并浸入水中处理 7d，从水中取出试件后 10min 内进行剥离试验。剥离粘结破坏面积测量，以剥离长度×试料带宽为基础面积，计算粘结破坏面积的百分率及算术平均值(%)。

4.2.4　试验报告

报告每条试料带剥离粘结破坏面积的百分率及试验结果的算术平均值(%)，同时报告基材的类型、是否使用底涂。

4.2.5　结果的判定

实际工程用基材与密封胶粘结：粘结破坏面积的算术平均值≤20%。

第5章 建筑幕墙检测实例

5.1 玻璃幕墙检测实例

【工程实例】 北京某大厦，采用铝合金中空玻璃幕墙（全隐），试验采用一榀 4050mm×7400mm 规格幕墙，在国家建筑工程质量监督检验中心幕墙门窗检测部进行动风压三性性能及平面内变形性能检验。试验样品的主要参数见表 6-5.1-1，试件的安装及检测过程参照图 6-5.1-1～图 6-5.1-5。经检验人员检查核实，试件满足以下要求：

(1) 试件规格尺寸与图纸相符。

(2) 试件的角码结构、数量、相互位置关系、连接形式与图纸相符。

(3) 单元板块的规格尺寸、结构及相互位置关系与图纸相符。

(4) 开启窗数量、结构、尺寸、五金件、密封胶条与图纸相符。

(5) 试件玻璃的规格尺寸与图纸相符。

(6) 试件外装饰百叶及玻璃的规格尺寸、位置关系与图纸相符。

(7) 密封材料与图纸相符。

(8) 安装过程中各节点与图纸相符。

试 验 样 品 特 征　　　　　　　　　表 6-5.1-1

缝　　长(m)	开启部分：10.18		固定部分：187.98
面　　积(m²)	开启面积：1.76		固定部分：—
楼层高度(m)	3.6	主受力杆长度(mm)	2930
玻璃品种	钢化 Low-E 中空玻璃 (6+12Air+6)mm	镶嵌方式	干法＋湿法
玻璃镶嵌材料	结构胶 SS622 密封胶 SS881	框扇密封材料	胶条
气　　温(℃)	15.0	气　　压(kPa)	100.4
最大玻璃尺寸(mm)	宽：1960　　长：1220　　厚：6+12Air+6		

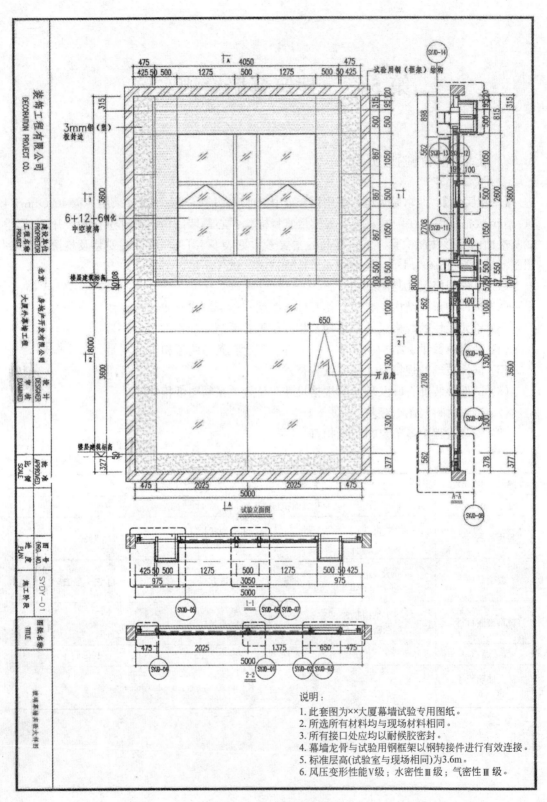

说明：
1. 此套图为××大厦幕墙试验专用图纸。
2. 所选所有材料均与现场材料相同。
3. 所有接口处应均以耐候胶密封。
4. 幕墙龙骨与试验用钢框架以钢转接件进行有效连接。
5. 标准层高(试验室与现场相同)为3.6m。
6. 风压变形性能V级；水密性Ⅲ级；气密性Ⅲ级。

图 6-5.1-1　幕墙试验图纸

图 6-5.1-2　安装后的试件整体

图 6-5.1-3　安装后的试件局部

图 6-5.1-4　幕墙与试验反力架的连接

图 6-5.1-5　水密性试验局部渗漏

5.1.1　检测依据

1. 气密性能、水密性能、抗风压性能

GB/T 15227—2007《建筑幕墙气密、水密、抗风压性能检测方法》

JGJ 102—2003《玻璃幕墙工程技术规范》

2. 平面内变形性能

GB/T 18250—2000《建筑幕墙平面内变形性能检测方法》

3. 性能分级

GB/T 21086—2007《建筑幕墙》。

5.1.2　试件设计要求

1. 气密性能

开启部分空气渗透量应不大于 $2.5 m^3 / (m \cdot h)$；

幕墙整体空气渗透量应不大于 $2.0 m^3 / (m^2 \cdot h)$。

2. 水密性能

开启部分不发生严重渗漏的压力差值不小于 500Pa；

固定部分不发生严重渗漏的压力差值不小于 1000Pa。

3. 抗风压性能

设计风荷载标准值 1.157kPa。

4. 平面内变形性能

层间位移角γ为 1/300。

5.1.3　试验过程及试验结果

1. 试验总顺序

（1）气密性能检测；

（2）抗风压性能检测（变形检测）；

（3）水密性能检测；

（4）抗风压性能检测（反复受荷检测及安全检测）；

（5）平面内变形性能检测。

2. 气密性能检测

（1）试验依据：GB/T 15227—2007

（2）试验过程：幕墙整体空气渗透量试验过程如图 6-5.1-6 所示（开启部分用胶带密封）。开启部分空气渗透量试验过程如图 6-5.1-6 所示（除去开启部分密封胶带）。

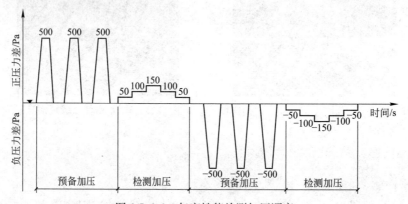

图 6-5.1-6　气密性能检测加压顺序

（3）试验结果：10Pa 压力差作用下开启部分空气渗透量为 0.01m³/(m.h)，满足设计要求。10Pa 压力差作用下幕墙整体空气渗透量为 0.04m³/(m².h)，满足设计要求。

主要试验数据列于表 6-5.1-2。

气密性能检测主要试验数据　　　　表 6-5.1-2

压力差(Pa)	渗透量 q_f(m³/h)	风速 V_1(m/s)	渗透量 q_1(m³/m²·h)（幕墙整体）	风速 V(m/s)	渗透量 q(m³/h)（固定＋开启）	渗透量 q_2(m³/m·h)（开启部分）
100	16.10	0.82	0.039	1.02	29.080	0.560
100	16.25	0.81	0.036	1.06	30.220	0.700

3. 抗风压性能检测（变形检测）

（1）试验依据：GB/T15227—2007

（2）试验过程：见图 6-5.1-7 变形检测阶段，测点布置见图 6-5.1-8。试验数据见表 6-5.1-3。

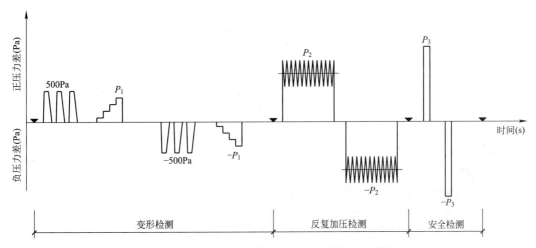

图 6-5.1-7　抗风压性能检测（变形检测）加压顺序

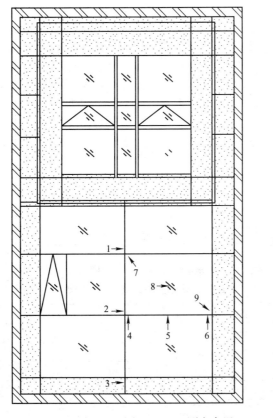

图 6-5.1-8　测点布置

主受力杆件位移值(位移量单位：mm)　　　　表 6-5.1-3

压力差值(Pa)	250	500	750	1000	1250	1500	1750	2000
1 号位移计位移量	0.2	0.6	0.7	1.0	1.4	1.8	2.2	2.6
2 号位移计位移量	0.0	0.1	0.2	0.3	0.3	0.4	0.5	0.6
3 号位移计位移量	0.7	1.2	1.8	2.4	3.2	3.6	4.3	4.8
压力差值(Pa)	−250	−500	−750	−1000	−1250	−1500	−1750	−2000
1 号位移计位移量	−0.3	−0.6	−0.8	−1.2	−1.4	−1.6	−2.2	−2.6
2 号位移计位移量	0.0	−0.1	−0.2	−0.2	−0.3	−0.4	−0.4	−0.5
3 号位移计位移量	−0.6	−1.4	−2.0	−3.4	−3.0	−3.4	−4.2	−4.8

（3）抗风压性能变形检验结果为：正压 4.2kPa；（$L/450$）负压 −3.8kPa。

4. 水密性能检测

（1）试验依据：GB/T 15227—2007

（2）试验过程：加压顺序见图 6-5.1-9，检测过程记录见表 6-5.1-4。

（3）试验条件：淋水量为 3L/（m² · min）。

（4）试验结果：开启部分在压力差为 500Pa 时未发生严重渗漏，满足设计要求。固定部分在压力差为 1000Pa 时未发生严重渗漏，满足设计要求（见图 6-5.1-10）。

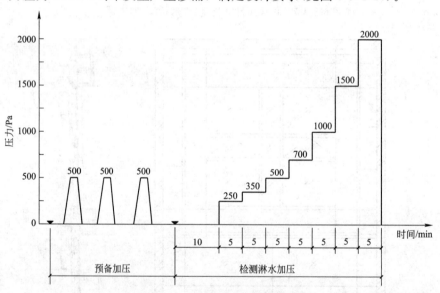

图 6-5.1-9　水密性能检测加压顺序

水密性能检测过程记录　　　　表 6-5.1-4

试验步骤	压力差(Pa)	时间(min)	试件状态
稳定加压	100	10	试件无渗漏
稳定加压	150	10	试件无渗漏
稳定加压	250	10	试件无渗漏
稳定加压	350	10	试件无渗漏
稳定加压	500	10	试件无渗漏
稳定加压	700	10	试件无渗漏
稳定加压	1000	10	固定部分轻微渗漏

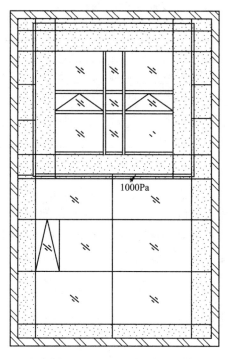

图 6-5.1-10　水密性能检测渗漏部位

5. 抗风压性能检测（反复加压检测及安全检测）

（1）试验依据：GB/T 15227—2007

（2）试验过程：加压过程见图 6-5.1-11（反复加压检测和安全检测阶段）。

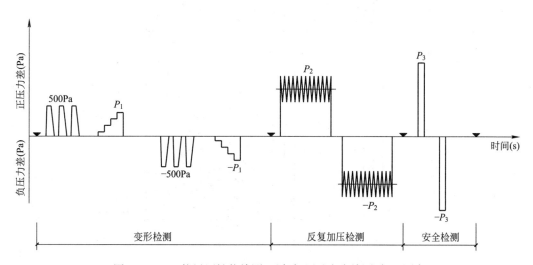

图 6-5.1-11　抗风压性能检测（反复加压及安全检测）加压顺序

（3）反复加压检测

检测过程记录见表 6-5.1-5。

加压顺序	试验过程记录	加压顺序	试验过程记录
1	试件无损坏	6	试件无损坏
2	试件无损坏	7	试件无损坏
3	试件无损坏	8	试件无损坏
4	试件无损坏	9	试件无损坏
5	试件无损坏	10	试件无损坏

反复加压检测过程记录　　　　　　　　表 6-5.1-5

（4）安全检测

正压力差安全检测：压力差值为 1200Pa，持续时间 3s。

负压力差安全检测：压力差值为－1200Pa，持续时间 3s。

安全检测结果：正压力差安全检测 P_3：1.2kPa，试件无损坏，满足设计要求。负压力差安全检测－P_3：－1.2kPa，试件无损坏，满足设计要求。

6. 平面内变形性能检测

（1）试验依据：GB/T 18250—2000

（2）试验过程：试验过程见表 6-5.1-6，检测示意图见图 6-5.1-12。

层 间 位 移 角　　　　　　　　　　表 6-5.1-6

顺序	1	2	3	4
层间位移角γ	1/400	1/300	1/200	1/150

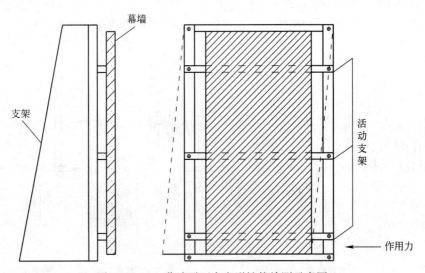

图 6-5.1-12　幕墙平面内变形性能检测示意图

（3）试验结果

层间位移角γ为 1/400 时，试件无损坏。

层间位移角γ为 1/300 时，试件无损坏。

层间位移角γ为 1/200 时，试件无损坏。

层间位移角γ为 1/150 时，试件无损坏，满足设计要求。

5.1.4　检测结果及最终结论

1. 检测结果

气密性能：开启部分，单位缝长，每小时渗透量为 $0.01m^3/(m \cdot h)$

幕墙整体，单位面积，每小时渗透量为 $0.04m^3/(m^2 \cdot h)$

水密性能：固定部分保持未发生渗漏的最高压力为 1000Pa

开启部分保持未发生渗漏的最高压力为 500Pa

抗风压性能：变形检验结果为：正压 4.2kPa

$(L/450)$ 负压 $-3.8kPa$

安全检测结果为：正压 1.2 kPa

（3 秒阵风风压）　负压 -1.2 kPa

平面内变形性能：试件在层间位移角 γ 为 1/150 时，未发生损坏。

2. 检测结论

气密性能：开启部分属国标 GB/T21086—2007　　第 4 级

幕墙整体属国标 GB/T21086—2007　　第 4 级

水密性能：开启部分属国标 GB/T21086—2007　　第 3 级

固定部分属国标 GB/T21086—2007　　第 3 级

抗风压性能：　　　　属国标 GB/T21086—2007　　第 1 级

平面内变形性能：　　属国标 GB/T18250—2000　　第 Ⅱ 级

5.2　金属及石材幕墙检测

【工程实例】　北京某大学环境能源楼，采用单元体铝板幕墙，试验采用一樘 6500mm×8000mm 规格幕墙，在国家建筑工程质量监督检验中心幕墙门窗检测部进行动风压三性性能及平面内变形性能检验。试验样品的主要参数见表 6-5.2-1，试件的安装及检测过程见图 6-5.2-1～图 6-5.2-5。经检验人员检查核实，试件满足以下要求：

试 验 样 品 特 征 表 6-5.2-1

缝　　　长(m)	开启部分：22.10		固定部分：204.98	
面　　　积(m²)	开启面积：7.55		固定部分：—	
楼层高度(m)	3.8	主受力杆长度(mm)		3000
玻璃品种	钢化 Low-E 中空玻璃 (8+20Air+6)mm	镶嵌方式		干法+湿法
玻璃镶嵌材料	结构胶道康宁 993 密封胶道康宁 791	框扇密封材料		胶条
气温(℃)	4.0	气　压(kPa)		102.5
最大玻璃尺寸 (mm)	宽：1240　　长：1690　　厚：8+20Air+6			

图 6-5.2-1　试件与框架连接安装

图 6-5.2-2　试件安装局部一

图 6-5.2-3　试件安装局部二

图 6-5.2-4　试件安装局部三

（1）试件规格尺寸与图纸相符。

（2）试件的角码结构、数量、相互位置关系、连接形式与图纸相符。

（3）单元板块的规格尺寸、结构及相互位置关系与图纸相符。

（4）开启窗数量、结构、尺寸、五金件、密封胶条与图纸相符。

（5）试件玻璃的规格尺寸与图纸相符。

（6）试件外装饰百叶及玻璃的规格尺寸、位置关系与图纸相符。

（7）密封材料与图纸相符。

（8）安装过程中各节点与图纸相符。

图 6-5.2-5　试件与框架连接挂件

5.2.1　检测依据

1. 气密性能、水密性能、抗风压性能

GB/T 15227—2007《建筑幕墙气密、水密、抗风压性能检测方法》

JGJ 102—2003《玻璃幕墙工程技术规范》

2. 平面内变形性能

GB/T 18250—2000《建筑幕墙平面内变形性能检测方法》

3. 性能分级

GB/T 21086—2007《建筑幕墙》

5.2.2　试件设计要求

1. 气密性能

幕墙整体空气渗透量应不大于 $\underline{2.0}$m³/(m². h);

开启部分空气渗透量应不大于 $\underline{2.5}$m³/(m. h)。

2. 水密性能

固定部分不发生严重渗漏的压力差值不小于 $\underline{1000}$Pa;

开启部分不发生严重渗漏的压力差值不小于 $\underline{500}$Pa。

3. 抗风压性能

设计风荷载标准值 $\underline{2.0}$kPa。

4. 平面内变形性能

层间位移角γ为 1/100。

5.2.3　试验过程及试验结果

1. 试验总顺序

(1) 气密性能检测;

(2) 水密性能检测;

(3) 抗风压性能检测;

(4) 平面内变形性能检测。

2. 气密性能检测

(1) 试验依据:GB/T 15227—2007

(2) 试验过程:幕墙整体空气渗透量试验过程如图 6-5.2-6 所示(开启部分用胶带密封)。开启部分空气渗透量试验过程如图 6-5.2-6 所示(除去开启部分密封胶带)。

3. 水密性能检测

(1) 试验依据:GB/T 15227—2007

(2) 试验过程:水密性能试验稳定加压顺序见图 6-5.2-7,水密性能试验波动加压顺序见图 6-5.2-8。

(3) 试验条件:稳定加压:淋水量为 3L/(m²·min);波动加压:淋水量为 4L/(m²·min)。

(4) 试验结果:开启部分保持未发生渗漏的最高压力为 500Pa,满足设计要求。固定部分保持未发生渗漏的最高压力为 1000Pa,满足设计要求。试验过程记录见表 6-5.2-2。

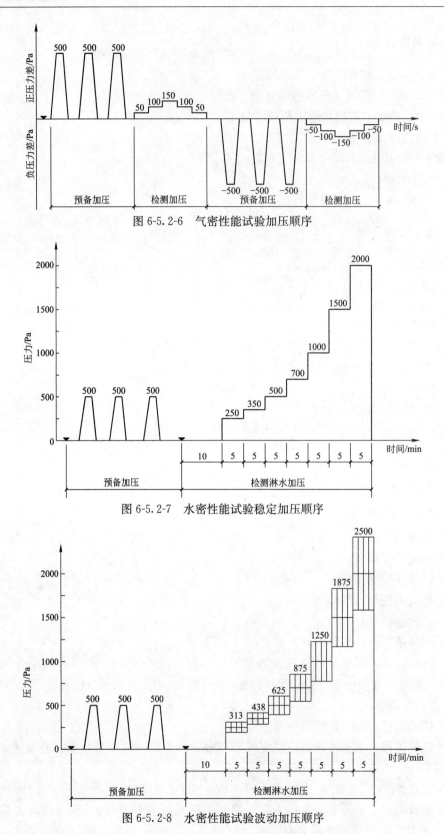

图 6-5.2-6　气密性能试验加压顺序

图 6-5.2-7　水密性能试验稳定加压顺序

图 6-5.2-8　水密性能试验波动加压顺序

水密性能试验过程记录　　　　　　　　　　　　表 6-5.2-2

试验步骤	压力差(Pa)	时间(min)	试件状态
稳定加压	0	10	无渗漏
波动加压	0	10	无渗漏
稳定加压	250	5	无渗漏
波动加压	(187~313)	5	无渗漏
稳定加压	350	5	无渗漏
波动加压	(262~438)	5	无渗漏
稳定加压	500	5	无渗漏
波动加压	(375~625)	5	无渗漏
稳定加压	700	5	无渗漏
波动加压	(525~875)	5	无渗漏
稳定加压	1000	5	固定部分轻微渗漏
波动加压	(750~1250)	5	固定部分轻微渗漏

4. 抗风压性能检测

(1) 试验依据：GB/T 15227—2007

(2) 试验过程：试验过程见图 6-5.2-9，主受力杆件位移值见表 6-5.2-3，测点布置见图 6-5.2-10。

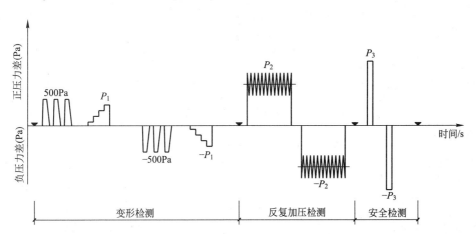

图 6-5.2-9　抗风压性能试验加压顺序

主受力杆件位移值(位移量单位：mm)　　　　　　　　表 6-5.2-3

压力差值(Pa)	250	500	750	1000	1250
1号位移计位移量	0.4	1	1.4	2.2	2.8
2号位移计位移量	1.1	2.5	4	5.5	7.1
3号位移计位移量	0.2	0.5	0.9	1.4	1.8
压力差值(Pa)	−250	−500	−750	−1000	−1250
1号位移计位移量	−0.3	−1	−1.7	−2.3	−2.9
2号位移计位移量	−1	−2.5	−4.2	−5.9	−7.5
3号位移计位移量	−0.1	−0.3	−0.7	−1.1	−1.4

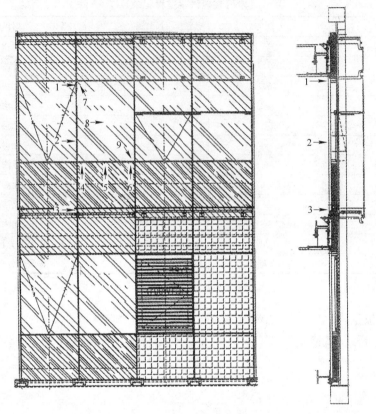

图 6-5.2-10　测点布置

（3）反复加压检测（见表 6-5.2-4，表 6-5.2-5）

反复加压检测加压顺序　　　　　　　　　　　　　　　　　　表 6-5.2-4

加压顺序	1	2	3	4	5	6
压力上限值(Pa)	0	250	500	750	1000	1250
时间(s)	>10	>10	>10	>10	>10	>10
加压顺序	7	8	9	10	11	12
压力上限值(Pa)	0	−250	−500	−750	−1000	−1250
时间(s)	>10	>10	>10	>10	>10	>10

反复加压检测试验过程记录　　　　　　　　　　　　　　　　表 6-5.2-5

加压顺序	1	2	3	4	5	6
试验过程记录	试件无损坏	试件无损坏	试件无损坏	试件无损坏	试件无损坏	试件无损坏
加压顺序	7	8	9	10	11	12
试验过程记录	试件无损坏	试件无损坏	试件无损坏	试件无损坏	试件无损坏	试件无损坏

（4）安全检测

① 正压力差安全检测：压力差值为 2000Pa，持续时间 3s。

② 负压力差安全检测：压力差值为 −2000Pa，持续时间为 3s。

③ 安全检测结果：

正压力差安全检测 P_3：2.0kPa，试件无损坏，满足设计要求。

负压力差安全检测－P_3：－2.0kPa，试件无损坏，满足设计要求。

5. 平面内变形性能检测

(1) 试验依据：GB/T 18250—2000

(2) 试验过程：见表 6-5.2-6，图 6-5.2-11。

层 间 位 移 角　　　　　　　　　　　　　　　　表 6-5.2-6

顺序	1	2	3	4	5
层间位移角γ	1/400	1/300	1/250	1/150	1/100

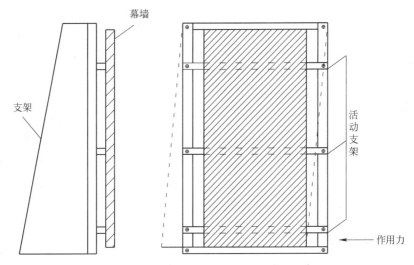

图 6-5.2-11　幕墙平面内变形性能检测示意图

(3) 试验结果：

① 层间位移角γ为 1/400 时，试件无损坏。

② 层间位移角γ为 1/300 时，试件无损坏。

③ 层间位移角γ为 1/250 时，试件无损坏。

④ 层间位移角γ为 1/150 时，试件无损坏。

⑤ 层间位移角γ为 1/100 时，试件无损坏，满足设计要求。

5.2.4　检测结果及结论

1. 检测结果

(1) 气密性能：开启部分，单位缝长每小时渗透量为 $0.03\text{m}^3/(\text{m}\cdot\text{h})$；

幕墙整体，单位面积每小时渗透量为 $0.05\text{m}^3/(\text{m}^2\cdot\text{h})$。

(2) 水密性能：固定部分保持未发生渗漏的最高压力为 1000Pa；

开启部分保持未发生渗漏的最高压力为 500Pa。

(3) 抗风压性能：变形检验结果为：正压 2.1kPa；

$(L/450)$负压－1.9kPa。

（4）安全检测结果为：正压 2.0kPa；

（3 秒阵风风压）负压－2.0kPa。

（5）平面内变形性能：试件在层间位移角γ为 1/100 时，未发生损坏。

2. 检测结论

（1）气密性能：开启部分属国标 GB/T 15227—2007　　第 4 级；

幕墙整体属国标 GB/T 15227—2007　　第 4 级。

（2）水密性能：开启部分属国标 GB/T 15227—2007　　第 3 级；

固定部分属国标 GB/T 15227—2007　　第 3 级。

（3）抗风压性能：属国标 GB/T 15227—2007　　第 3 级；

（4）平面内变形性能：属国标 GB/T 18250—2000　　第 Ⅰ 级。

5.3　框架式幕墙——非单元式框支承玻璃铝板幕墙

非单元式框支承幕墙固定部分防渗水主要靠填缝密封胶，相关因素有密封胶质量、密封胶与板块基材的相容性、密封胶固化程度、注胶质量，最后是节点构造。

可开部分的节点构造决定了它是防渗水的薄弱环节，其密封性能受配件（锁点数量，滑撑规格，密封条质量）、加工精度、装配质量等多项因素影响。由于幕墙构造是一个整体，可开部分与固定部分并未截然分开，可开部分渗水还可能扩散到固定部分，更增加了判断难度，应逐项检查。

图 6-5.3-1～图 6-5.3-3 为非单元式框支承玻璃石材组合幕墙。所属工程所在地为西南内陆地区，水密性能检测按稳定加压法进行。由于委托方所提供的设计要求中无水密性能指标，故按定级检测进行。

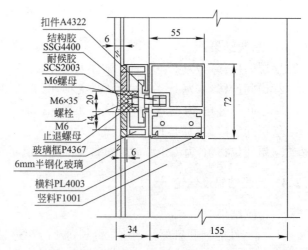

图 6-5.3-1　非单元式框支承玻璃铝板幕墙　　　图 6-5.3-2　立柱与横梁的栓接式连接压块固定板块

检测过程中，开启扇在水密性能检测进行至 350Pa 级别即开始在可开启部分下缝发生持续渗漏，依据 GB/T 15227，判为严重渗漏；依据 GB 21086，可开启部分水密性能定为国标 1 级。

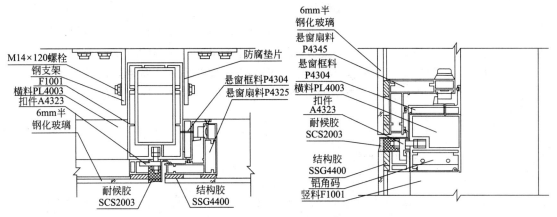

图 6-5.3-3　可开启部分横剖与竖剖节点

　　为尽量减少对检测进程的干扰，在记录了渗漏情况与部位后继续进行固定部分的雨水渗漏性能检测。其后的现象是：随着风压逐级上升，可开启部位的渗漏却逐渐减少，至 1000Pa 加压级别，可开启部位的渗漏完全停止；其周边固定板块则从 1000Pa 加压级别起，在若干拼缝位置接连发生断续或持续渗水，至 1500Pa 加压级别，渗水已持续越出试件玻璃部分的界面。

　　干挂石材部分属于固定部分，检测中发生了一种特殊的渗水情况：喷淋较长时间后，在 1000Pa 加压级别，在石材的室内侧表面可观察到渗透状水迹，属"试件内侧出现水滴、但水珠尚未联成线"。原因可能是石材外表面防水处理措施的质量问题，也可能是石材拼缝密封不善，雨水从上、下边渗入。直至 1500Pa 加压级别时，玻璃幕墙固定部分已发生严重渗漏，石材部分的渗水情况仍属"试件内侧出现水滴，但水珠尚未连成线"。

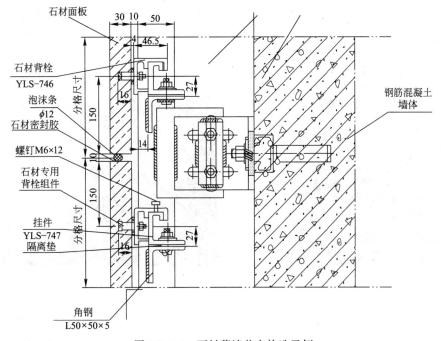

图 6-5.3-4　石材幕墙节点构造示例

依据 GB/T 15227，固定部位综合判为严重渗漏，水密性能定为国标 3 级。

停止检测、打开窗扇检查原因时发现：窗扇所用压紧胶条质量良好，但扇与框配合不均匀，上紧而下松，造成下缝较大，这是可开启部位较早发生渗漏的主要原因；风压加大后将扇与框压紧，使得可开部分渗漏减轻；窗框拼缝、螺孔均未注胶密封，导致渗入可开部分的雨水由此进入固定部分，逐渐上升的风压促进了这一扩散。该实例使我们加深了对幕墙构造防水机理的认识。

5.4　点支承全玻璃幕墙

点支承玻璃幕墙节点构造较为简洁。除封边外，爪点与玻璃连接部位（孔位）较易渗漏。爪点与玻璃间的紧密程度通过爪件的螺纹是可调的；爪点与玻璃间可加衬垫和注胶密封。若玻璃孔与爪件加工精度符合要求，则应检查以上两细节。

本例所示为单索体系结构点支承玻璃幕墙，如图 6-5.4-1 所示。与其他结构形式的幕墙相比，单索体系结构变形较大，容易发生玻璃与玻璃之间、玻璃与爪件之间缝隙密封（密封胶、胶垫）的破损或错位，进而引起渗漏。幕墙结构本身的变形控制属于设计工作范畴，而确保幕墙试件不因支承结构原因或安装原因而产生更大的变形，则是检测工作的职责。本例所示幕墙试件安装所用支承结构除压力箱体、横向平行工字钢梁外，还在横向钢梁间设置了纵向钢立柱支撑，以确保支承结构的足够刚度；并在试件中部布置横向钢梁与各纵向钢立柱连接（该横向钢梁不与试件结构直接连接），对纵向柱起平衡作用。

由于该幕墙工程的风荷载标准值不高，仅为 1251Pa，依据 JGJ 102—2003《玻璃幕墙工程技术规范》，水密性能指标定为国标 3 级，加压至 1000Pa 压差即可。在水密性能检测过程中，有一个爪点部位发生轻微渗水，如图 6-5.4-2 所示，在规定的风压持续作用时间内未形成连续渗漏，且并非普遍现象，故判为"非严重渗漏"。玻璃接缝无渗漏。

图 6-5.4-1　单索体系结构点支承玻璃幕墙　　　图 6-5.4-2　爪点部位发生轻微渗水

在水密性能检测后进行的抗风压性能检测中，单索体系结构挠度与玻璃挠度数据随风压差变化的线性规律性明显，且未超过规范所规定的挠度限值（体系结构跨度即支承点间距的 1/200，玻璃面板支承点间长边边长的 1/60），说明了结构变形情况正常。水密性能检测结论定为"满足工程设计要求"。

5.5 全玻璃幕墙

全玻璃幕墙节点构造更为简洁。驳接缝渗水与否取决于结构变形大小、结构胶固化程度。对于肋驳接点支承全玻幕墙，还应注意爪点与玻璃连接部位（孔位）的密封性能。

本例所示为肋驳接点支承全玻璃幕墙，面板玻璃、肋玻璃均为 12mm＋1.52PVB＋12mm 厚的双钢化夹胶玻璃，如图 6-5.5-1 所示。玻璃肋跨度较大，设计采取两段肋玻璃驳接成一条整肋的方式，驳接方法是：不锈钢垫板将上下玻璃肋夹接（各自设孔，以双头螺栓连接固定），钢板与玻璃之间衬有玻璃纤维加环氧树脂见图 6-5.5-2，加工、安装都有相当难度。

水密性能检测过程中，在进行到 700Pa 波动加压级别时，驳接缝、爪点孔位均未发生渗漏。但当波动加压进行至第七个波峰（875Pa）时，幕墙试件左起第二玻璃肋的上段从中部不锈钢垫板螺丝孔位起放射性破碎，虽为 12mm＋1.52PVB＋12mm 厚的双钢化夹胶玻璃也未能幸免见图 6-5.5-3）。原计划进行至 1000Pa 波动加压级别（波峰 1250Pa）的水密性能检测被迫中止。

图 6-5.5-1 肋驳接点支承全玻幕墙

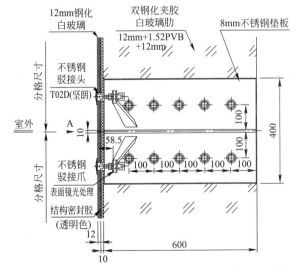
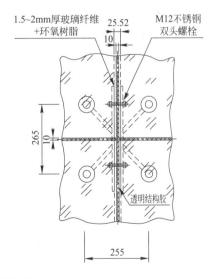

图 6-5.5-2 驳接玻璃肋节点图

经施工方拆卸检查发现：驳接位的不锈钢垫板连接、固定所用螺栓与玻璃的接触部位缺乏有效地避免刚性接触的措施。当试件承受风荷载、构件产生变形时，螺栓与玻璃发生刚性接触，造成玻璃局部应力集中，导致玻璃破碎。

图 6-5.5-3　水密性能检测中玻璃肋破碎

更换玻璃肋、处理驳接位置并重新安装试件后，重新进行水密性能检测。至 1000Pa 波动加压级别无严重渗漏。

随后进行的抗风压性能检测结果显示：玻璃肋的跨中挠度与风压呈线性关系，且根据挠度推算的跨度 1/200 挠度对应风压高达 6000Pa，结构体系刚度很高（相对变形小）。然而，过大跨度的玻璃肋尽管相对变形可能较小，但挠度绝对值并不低，1250Pa 下近 11mm，负压下的中点位移更超过 17mm。如此位移量对大跨度玻璃肋（脆性材料）意味着极大的风险。兼之采用吊夹固定玻璃的方式来驳接玻璃肋，对加工要求很高，稍有不慎就会出现刚性接触。两大隐忧在设计方案中均无可靠的解决措施，致使试件在水密性能检测中即发生破坏。试验证明所设计的幕墙结构体系相当脆弱，该方案不得不重新审查、修改。

本 篇 参 考 文 献

[1] 王洪涛，江勇. 建筑幕墙构造与设计［M］. 北京：中国建筑工业出版社，2011，1

[2] 王洪涛. 建筑幕墙物理性能及检测技术［M］. 北京：化学工业出版社，2010，1

[3] 王洪涛. 中国门窗幕墙检测技术 30 年. 中国建筑科学研究院，2011，10

[4] 刘正权. 建筑幕墙检测［M］. 北京：中国计量出版社，2007，4

[5] 玻璃幕墙工程技术规范 JGJ 102—2003. 北京：中国建筑工业出版社，2004

[6] 金属与石材幕墙工程技术规范 JGJ 133—2001. 北京：中国建筑工业出版社，2004

[7] 建筑幕墙 GB/T 21086—2007. 北京：中国标准出版社，2008

[8] 建筑幕墙气密、水密、抗风压性能检测方法 GB/T 15227—2007. 北京：中国标准出版社，2008

[9] 建筑外门窗气密、水密、抗风压性能分级及检测方法 GB/T 7106—2008. 北京：中国标准出版社，2009

[10] 建筑外门窗保温性能分级及检测方法 GB/T 8484—2008. 北京：中国标准出版社，2009

[11] 建筑门窗空气声隔声性能分级及检测方法 GB/T 8485—2008. 北京：中国标准出版社，2009

[12] 建筑外窗采光性能分级及检测方法 GB/T 11976—2002. 北京：中国标准出版社，2002

[13] 民用建筑热工设计规范 GB 50176—93. 北京：中国标准出版社，1993

[14] 公共建筑节能设计标准 GB 50189—2005. 北京：中国建筑工业出版社，2005

[15] 严寒和寒冷地区居住建筑节能设计标准 JGJ 26—2010. 北京：中国建筑工业出版社，2010

[16] 夏热冬冷地区居住建筑节能设计标准 JGJ 134—2010. 北京：中国建筑工业出版社，2010

[17] 夏热冬暖地区居住建筑节能设计标准 JGJ 75—2012. 北京：中国建筑工业出版社，2013

[18] 建筑气候区划标准 GB 50178—93. 北京：中国计划出版社，1994

[19] 建筑结构荷载规范 GB 50009—2012. 北京：中国建筑工业出版社，2012

[20] 建筑抗震设计规范 GB 50011—2010. 北京：中国建筑工业出版社，2010

[21] 高层建筑混凝土结构技术规程 JGJ 3—2010. 北京：中国建筑工业出版社，2011

[22] 民用建筑隔声设计规范 GB 50118—2010. 北京：中国建筑工业出版社，2011

[23] 玻璃幕墙光学性能 GB/T 18091—2000. 北京：中国标准出版社，2010

[24] 建筑门窗玻璃幕墙热工计算规程 JGJ/T 151—2008. 北京：中国建筑工业出版社，2009

[25] 建筑用硅酮结构密封胶 GB 16776—2005. 北京：中国标准出版社，2006